미래 지속가능 사회의 농업과 농정

이용기李龍耆

· 경희대학교 경제학과
· 미국 일리노이대(Urbana) 대학원 농업경제학과 석사/박사
· 제22회 행정고등고시
· 동력자원부, 농림수산부 행정사무관/서기관 대우
· 영남대학교 식품자원경제학과 조교수/부교수/교수
· 미국 캘리포니아대(Berkeley), 메릴랜드대(College Park) 방문교수
· 영남대학교 자원문제연구소장, 자연자원대학장
· 황조근정훈장 수훈
· 현 영남대학교 명예교수

<저술>

· 「국제농업통상론」, 「한국농업 길을 묻다」 등 저서
· 농업정책 및 통상 관련 다수의 논문

미래 지속가능 사회의 농업과 농정
농업의 다원기능과 직접지불

초판 발행 2025년 8월 25일
지은이 이용기
펴낸이 최외출
펴낸곳 영남대학교 출판부
출판등록 1975년 9월 5일 경산 제16-1호
주소 경북 경산시 대학로 280
전화 053)810-1802~4
팩스 053)810-4722
홈페이지 book.yu.ac.kr
ISBN 978-89-7581-750-2

미래 지속가능 사회의 농업과 농정

농업의 다원기능과 직접지불

이용기 지음

영남대학교출판부

머 리 말

지금까지 우리는 농업의 문제를 주로 경제적 관점에서 인식하고 접근해 왔다. 농업생산을 통해 경제성장에 기여하고 소득을 늘리며 고용을 창출해 내는 산업의 관점에서 보아온 것이다. 농업이 국가 경제의 중심적 위치를 차지하던 시절 1차 산업으로서 농업의 역할이다. 그러나 세계 어느 나라를 막론하고 경제가 발전하고 산업의 고도화가 이루어지면서 농업의 경제적 비중은 줄어들게 마련이다. 우리나라도 1970년대 초까지만 해도 25%에 달하던 농업의 GDP 비중이 지금은 1%대까지 떨어졌다. 농산물 시장개방이 본격화한 1990년대 중반 이후부터는 농업성장이 장기 정체 국면에 빠지고, 농가의 농업소득은 30년 가까이 천만 원 수준을 벗어나지 못하고 있다. 농가소득은 도시 가구소득의 60%까지 벌어지면서 도·농 간 소득 불평등 구조는 날로 심화하고 있다. 정부는 막대한 예산을 투입해가면서 농업성장 정책을 추진해 왔지만 이런 큰 흐름을 바꿔 놓지는 못했다. 경제적 측면에서만 보면 우리 농업은 더 이상 국가의 중요 산업이라고 말할 수 없게 되었다. 지금 농업이 왜 필요한지, 그 역할과 존재가치를 다시 묻지 않을 수 없는 이유이다.

더구나 농촌 경관과 환경 파괴, 농업자원 고갈 문제가 심화하고 기후위기 문제까지 더해지면서 미래 지속 가능한 발전의 시대를 향해 나아가고 있는 지금 농업의 역할이 새롭게 정립되어야 할 필요성은 더욱 커지고 있다. 우리나라 「농업·농촌 및 식품산업 기본법」(농업기본법) 제1조는 국가의 농정방향을 지속 가능한 농업·농촌의 발전으로 명시하고 있다. 그리고 제2조에서 농업은 경제적 및 공익적 기능을 수행하는 기간산업으로서 국가의 경제, 사회, 문화 발전의 기반이 된다고 규정하고 있다. 농업은 토지, 물, 햇빛, 공기 등 자연적 요소를 투입하여 호흡하고 생장하고 병들고 사멸하는 생명체를 길러내는 산업이다. 자연과 생명, 두 키워드가 농업의 본질적 요소이자 농업기본법이 규정하는 공익기능의 원천이다. 공장에서 표준화된 상품을 기계적으로 찍어내는 통상의 산업들과 근본적으로 다른 점이다. 그렇기 때문에 농업을 단순히 경제·산업적 관점으로만 접근해서는 농업이 인간 사회에 왜 필요하고 미래 지향해야 할 역할은 무엇인지 정립하는데 한계가 있는 것이다.

미래 지속가능 사회의 농업의 역할은 분명 달라져야 한다. 단순 경제적 역할을 넘어 식량안보와 환경보호를 포함하여 국가·사회가 요구하는 농업의 다원기능적 공익 서비스를 공급하는 공공적 영역으로 그 외연이 확장되어야 한다. 정부는 지금까지 수출 주도적 성장제일주의 농정을 지속해 왔지만, 농업성장은 지지부진하고 농가의 농업소득은 장기간 제자리걸음만 하고 있다. 게다가 식량자급률은 OECD 국가 중 최하위로 우리는 늘 식량안보 불안을 안고 산다. 여기에 농지를 포함한 농업자원의 급격한 축소, 농촌경관과 자연·환경·생태계 파괴, 농촌 고령화와 공동화(空洞化) 현상 심화, 급기야 지방소멸 문제까지 직면해 있다. 지속 가능한 농업·농촌 발전을 지향하고 있는 농업기본법의 정신을 무색하게 만들고 있다. 그런데도 정부는 여전히 농업은 미래 성장산업이라는 정책 슬로건을 내걸고 수출을 통한 성장전략에 매달리고 있다. 시대를 역행하는 것이다.

이제 정부와 국민 모두 농업을 바라보는 관점, 농업관이 바뀌어야 한다. 미래 지속가능 사회에는 농업이 어떤 모습이어야 하는지, 농업의 역할과 그 존재 이유를 새롭게 정립하지 않으면 안 된다. 농업은 단순히 돈벌이하는 산업이 아니다. 국민과 미래 세대에게 안전한 식량을 장기 안정적으로 공급할 수 있어야 하고, 농업을 통해 자연과 환경, 생태계의 지속가능성이 동시에 확보되어야 한다. 지속 가능한 농업발전을 통해 미래 세대를 포함한 국민 모두가 더불어 행복한 삶을 살아갈 수 있는 지속가능 사회의 실현에 기여할 수 있어야 한다. 지금 농업기본법이 농정방향으로 정하고 있는 지속 가능한 발전과 농업의 공익기능 문제를 소환하는 이유가 여기에 있다.

농정기조와 정책수단도 변해야 한다. 과거 단순 돈벌이 농업, 성장제일주의 농정 시대에는 효율성에 기반한 생산성과 경쟁력 향상을 목표로 가격지지 방식의 정책이 중심이었다. 하지만 이런 농정으로는 미래 사회의 지속 가능한 농업발전을 이룰 수 없다. 국가 재정에 의한 직접지불 중심 농정체제로 바뀌어야 한다. WTO 출범 후 세계의 농정방향도 그렇게 가고 있다. 식량안보 문제, 환경과 자연생태 문제, 자원 및 에너지 문제, 기후변화 문제 등 농업·농촌 관련 문제는 점점 복잡해지고 다양화하고 있다. 그래서 다양한 정책목표에 따라 맞춤형 타게팅이 가능한 직접지불 정책수단이 필요하고, 나아가 통섭적 방식의 새로운 정책적 접근이 필요한 것이다. 자연히 농업의 공공성은 강화되고 큰 정부에 의한 공공적 역할이 요구된다. 그리하여 궁극적으로는 친환경, 친자연적 첨단 기술농업의 도입과 함께 성장을 넘어 '인간, 자연, 기술'이 조화·공존하는 지속 가능한 농업발전 사회를 이루어야 한다.

이 책은 총 4개 부로 구성되어 있다. 제I부는 서론적 도입 부분으로 미래 지속 가능한 발전의 시대를 준비하면서 왜 농업의 다원기능과 직접지불 문제가 중요한지에 대하여 논의한다. 제II부에서는 흔히 공익기능으로 불리는 농업의 다원기능(multifunctionality)에 대하여 논의한다. 다원기능의 의의와 결합생산 관계, 외부성과 시장실패, 공공재 문제, 다원기능의 공익적 가치 평가 문제, 그리고 정책간섭의 문제를 총체적으로 다루었다. 제III부에서는 정책수단으로서 직접지불 문제를 논의한다. 직접지불의 기초를 시작으로 직접지불과 관련한 다양한 주제들에 대하여 종합적으로 살핀다. 한국의 쌀직불제와 미국의 품목지불정책, 그리고 공익직불제에 대하여도 논의한다. 마지막 제IV부는 이 책의 결론 부분으로 미래 지속가능 사회를 위한 농업과 농정 문제를 중심 주제로 하여 한국농업의 지속 가능한 발전 방안을 모색한다. 기후변화와 농업, 농업성장의 한계, 통섭적 농정, 그리고 헌법적 가치로 승화·규정하는 문제에 대하여 살핀다.

정부는 지난 수십 년 농업성장 정책을 추진해왔지만 정작 농민의 삶과 농업·농촌 현실은 크게 나아지지 않았다. 오히려 도·농 간 소득격차는 확대되고 농촌경관 훼손과 환경파괴, 농업자원 감소, 농촌 공동화와 지역소멸 문제만 심화하고 있다. 농업기본법이 정하는 국가 농정방향과 거꾸로 가고 있는 것이다. 자연과 생명을 본질로 하는 농업은 단순히 돈 벌고 성장하여 국부를 키우는 산업이 아니다. 농업기본법의 정신에 부합하는 미래 지향적인 새로운 농업의 역할, 새로운 농정 시스템이 정립되어야 한다. 그리하여 GDP 비중 1%대에 불과한 농업이 미래 지속 가능한 국가발전, 지속가능 사회의 실현에 기여할 수 있어야 한다.

긴 시간 많은 노력의 결과물이지만 여전히 미흡한 점이 적지 않을 것이다. 그러나 적절한 시점이라 생각되어 세상에 내놓기로 했다. 독자들의 비판을 받으며 더욱 완성도 높은 책으로 발전해 갈 수 있기를 기대한다. 미래 지속 가능한 발전의 시대 한국농업과 농정의 변화를 통해 더 좋은 나라, 더 좋은 인간 세상을 만드는 데 작은 길잡이가 될 수 있으면 좋겠다.

2025년 7월

이 용 기

차례

제III부 농업과 직접지불정책

제IV부 미래 지속가능 사회의 농업과 농정

제I부

서 론

제1장 농업의 역할 변화와 미래의 농정

제1장
농업의 역할 변화와 미래의 농정

왜 농업의 다원기능과 직접지불인가? 이곳 제1장에서는 총론적 도입 부분으로서 본서가 농업의 다원기능과 직접지불이라는 얼핏 서로 무관해 보이는 두 주제를 다루게 된 배경을 논의한다. 미래 지속 가능한 발전 시대 새로운 농업의 역할과 중심 농정수단으로서 그 중요성과 상호 관련성에 대한 총론적 논의를 통해 향후 책 서술 방향을 제시한다. 전통적인 농업의 경제·산업적 역할이 왜 지속가능하지 않은지, 다원기능과 직접지불이 왜 미래 지속가능 사회를 위한 새로운 농업의 역할과 중심 농정수단이 되어야 하는지에 대한 문제를 일별함으로써 이 책의 저술 배경과 방향을 설명하는 도입부로 삼고자 한다.

제1장
농업의 역할 변화와 미래의 농정

제1절 왜 농업의 다원기능인가

1.1 농업의 경제적 위상 변화

인간 사회에 농업은 왜 존재해야 하는가? 농업의 역할과 존재 이유에 대한 인식은 국가가 처한 경제발전 단계에 따라 변해왔다. 농업의 비중이 절대적으로 컸던 경제발전 초기에는 농업의 역할은 순전히 경제·산업적 역할에 집중되었다. 농업은 국민에게 필수 식량을 공급하는 역할을 하지만, 상업화 단계를 거치면서 상품으로서의 농산물 생산을 통해 소득증대와 고용을 창출하고 경제성장을 이끄는 중추적 역할을 하기 시작했다. 산업화·도시화가 진행되면서 제조업 분야에 노동력을 제공하고 잉여 생산물을 통해 자본을 축적하는 등 국가 경제발전 과정에서 중요한 역할을 수행했다. 농업이 국가 경제의 중심산업이던 시절 농업성장이 곧 국가의 경제성장이고 국민소득의 증가로 직결되는 시대였다. 생존을 위한 먹거리 공급 산업이라는 점이 중요시되면서 동시에 산업으로서의 경제적 기능에 초점이 맞춰진 전통적인 농업의 역할이다.

그러나 경제성장과 산업구조의 고도화가 이루어지면서 1차 산업으로서 농업의 비중은 축소되고 전통적인 경제·산업적 역할도 약화되기 시작했다. 농업은 더 이상 국가 경제에서 중요한 산업으로서의 위치를 유지할 수 없게 되고 산업으로서의 위상이 크게 약화된 것이다. 우리나라도 산업화의 진전과 1990년대 이후 농산물 시장개방이 확대되면서 농업의 경제적 위상은 급속히 축소되었다. 농업의 GDP 비중은 1% 대까지 추락했다. 농업성장이 장기 정체 국면에 접어들고 농가의 농업소득은 30년 가까운 기간 천만 원 수준에 고착되어 있다. 이제 한국에서 농업은 경제성장에 도움을 준다거나 고용과 소득을 늘리고 국부에 기여하는 산업으로서의 기능은 사실상 거의 사라진 셈이다. 농업은 더 이상 경제적으로는 중요한 산업일 수 없고, 전통적인 경제·산업적 역할만으로는 미래 사회에 농업의 존재 이유를 찾기 어렵게 되었다.

그렇다면 농업의 경제·산업적 위상이 추락한 상황에서 미래 농업의 역할과 존재 이유, 그 중요성과 가치는 어디서 찾아야 하는가? 무엇보다 먹거리 산업으로서 국민에게 안전한 식량을 장기 안정적으로 공급하는 것은 시대를 초월하여 미래에도 제1의 농업의 역할이 되어야 함은 물론이다. 국가적 식량안보 제고 역할은 농업의 다원기능의 가장 중요한 구성요소이다. 단순한 농산물 생산 기능이 아니라, 국가 존립과 식량안보 차원에서 식량을 장기 안정적으로 공급하는 기능을 말한다. 「농업·농촌 및 식품산업 기본법」(농업기본법)은 제1조(목적)와 제2조(기본이념)에서 농업은 국민에게 안전한 농산물과 품질 좋은 식품을 안정적으로 공급하는 공익적 기능을 수행하는 국가의 기간산업이라는 점을 천명하고 있다. 결국 우리나라 농업기본법은 공익기능으로서 식량안보의 제공을 농업의 핵심적 역할로 명시하고 있는 것이다.

농업은 토지, 물, 햇빛, 공기 등 자연적 요소(자연자원)를 투입하여 호흡하고 생장하고 병들고 사멸하는 생명체를 생산해 내는 산업이다. 농업을 생명산업으로 부르는 이유도 여기에 있다. 자연과 생명을 본질적 요소로 하는 농업의 특성에서부터 식량안보 외에 농업의 또 다른 중요한 다원기능적 역할이 나온다. 예를 들면, 농촌

경관 보존, 생물다양성 유지와 자연서식지 제공 등 환경과 생태계 보존, 홍수조절과 수자원 보존, 지역사회 유지와 국토의 균형적 발전에 기여 등이다. 농업기본법(제1조)이 지속 가능한 농업·농촌 발전을 궁극적 농정목표로 규정하고 있듯이 미래에는 자연과 환경, 생태적 요소에 기반한 이들 다원기능적 공익 서비스 제공에서 농업의 새로운 역할과 존재가치를 찾아야 한다.

세계 어느 나라를 막론하고 경제가 성장해 갈수록 1차 산업으로서 농업의 경제적 비중은 작아지게 마련이다. 선진국에 진입한 우리나라도 유례없이 빠른 속도로 농업의 GDP 비중이 1%대로 줄어들었다. 농업의 산업으로서 경제적 역할은 더 이상 기대하기 어려워진 것이다. 미래에는 농업의 경제·산업적 위상이 축소된 자리를 농업 고유의 특성에 기반하여 식량안보를 포함한 농업의 다원기능이 채워나가야 한다. 농산물 시장을 대상으로 하는 사적 영역에서의 경제적 역할은 줄어들고, 식량의 장기 안정적 공급과 환경보호 같은 다원기능에 의한 농업의 공적 영역이 확대된다는 의미이다. 농업기본법은 이를 지속 가능한 농업·농촌 발전 목표와 함께 농업은 공익적 기능을 수행하는 기간산업으로서 국가의 경제·사회·문화 발전에 기여한다고 규정해 놓고 있다.

1.2 국민 의식 수준의 변화

미래 농업의 역할을 농업의 다원기능에서 찾아야 하는 두 번째 이유는 국민 의식 수준의 변화이다. 농업 부문의 급속한 위축과 동시에 우리나라는 한강의 기적이 말해주듯이 단기간에 눈부신 경제성장을 이루었다. 이미 선진국 대열에 진입하고 G7 국가와도 어깨를 나란히 할 수 있을 정도로 경제력이 크게 신장되었다. 소득증가와 생활수준이 향상되면서 교육과 문화, 의식 수준도 함께 향상되고, 농업에 대한 국민적 기대도 경제 외적인 농업의 공익적 기능으로 전환되기 시작했다.

한국농촌경제연구원이 발간한 「2024년 농업·농촌 국민의식 조사」에 의하면 우리 국민의 농업·농촌의 공익적 기능의 중요성에 대한 인식 정도가 매우 높아지고 있음을 알 수 있다. 2024년 기준 농업·농촌의 공익적 가치가 크다는 도시민의 의견은 74.7%, 보통이라는 의견이 20.0%이다. 그런 가치가 없다는 의견은 5.2%에 불과했다. 94.7%가 농업·농촌의 공익적 기능에 대하여 긍정적인 생각을 보인 셈이다. 나아가 농업·농촌의 공익적 기능 유지·확대를 위해 추가로 세금을 부담하는 데 찬성한다는 도시민은 62.3%에 달했다.[1] 이제 우리 국민은 농업의 경제적 역할을 넘어 식량의 장기 안정적 공급과 함께 농업의 자연과 환경, 생태적 역할에서 오는 다원기능적 공익 서비스를 기대하고 있는 것이다. 이런 추세는 소득이 증가하고 의식수준이 높아질수록 앞으로 더 강화될 것으로 예상할 수 있다.

맑은 물, 깨끗한 공기, 농촌의 아름다운 들녘과 자연경관 등의 환경재(environmental goods)는 소득이 증가하면서 그에 대한 수요도 함께 커지는 정상재(normal goods)이다. 소득 증가율보다 수요 증가율이 더 높은 사치재라는 견해도 있다.[2] 우리나라의 1인당 GDP는 이미 35,000달러를 넘어섰고, 국제사회(UNCTAD)는 지난 2022년 한국을 선진국으로 공식 승인했다. 소득의 증가는 교육과 문화, 의식 수준을 향상시키고, 따라서 사람들의 환경재에 대한 관심과 수요가 늘어나게 마련이다. 자연과 환경, 생태 나아가 기후변화 문제에 관심이 커지고 여기에 높은 가치를 부여하게 된다. 언급한 국민 의식조사 결과가 보여주듯이 이제 한국의 국민은 환경재를 위해 기꺼이 일정 금액을 지불할 의사가 있을 만큼 소득과 의식수준이 높아지고 있다. 생명산업으로서 농업의 환경적, 생태적, 또는 사회·문화적 역할에 대한 기대가 커지고 인식의 변화가 일기 시작한 것이다. 경제·산업적 위상이 크게 축소된 농업은 이 같은 국민적 수요와 기대에 부응하기 위해 농업의 다원기능을 통해 새로운 역할을 모색해야 한다. 문제는 국민 의식은 변하는데 국가의 농정기조는 여전히 과거에 머물러 있다는 점이다. 농업기본법은 농업·농촌의 지속 가능한 발전과 농업의 공익기능을 천명하고 있지만, 정부는 이를 도외시한 채 여전히 농업을 미래 성장산업으로 내걸고 성장지상주의 농정을 추진하고 있다. 농업기본

1 김수린·박혜진(2024).
2 이정전(2011), pp. 303-305.

법의 정신에 역행하는 시대착오적 자기모순이 아닐 수 없다.

연구 결과에 의하면 경제성장이 개인의 주관적 행복(well-being)에 중요한 영향을 미치지만, 일정 수준을 넘어서면 더 이상의 성장은 거의 또는 전혀 영향을 미치지 못하게 된다. 경제성장 초기 단계에서는 1인당 국민소득이 증가하면서 사람들의 행복지수는 가파르게 상승하지만, 그 속도는 점차 감소한다. 그러다가 소득이 어느 수준을 넘어서면 행복지수의 상승 속도는 급격히 떨어지고 마침내 소득수준과 관계없이 행복지수는 변하지 않게 된다. 행복과 소득수준 사이의 상관관계가 단절되는 이 디커플링 포인트(decoupling point) 수준을 넘어서면 소득이 더 늘어난다고 해서 인간이 행복해지지 않는다는 것이다.[3] 이 수준이 구체적으로 얼마가 되는지는 논란의 여지가 있겠지만, 그런 수준이 존재할 것이라는 데는 동의하지 않을 수 없다.

이는 결국 그 한계수준을 넘어서는 무한한 경제성장의 무용론으로 연결될 수 있고, 양적 성장이 아닌 질적인 발전을 추구해야 인간이 행복해질 수 있다는 지속가능한 발전 문제로 귀착되는 것이다. 자연과 환경, 생태, 경관 등 자연적 요소들과 정신적·문화적·사회적 요소들이 인간의 행복을 증진시켜 주고 이들에 대한 수요는 소득증가와 함께 계속 증가한다. 물적 풍요를 일정 수준 이룬 나라에서 미래 지속가능 사회를 향한 농업의 새로운 역할로서 다원기능이 주목을 받아야 하는 이유가 여기에 있다. 서유럽이나 북유럽 선진국들의 농업과 농정이 그런 것처럼 미래 농업의 역할이 다원기능에 의한 공익적 가치를 증진시키는 방향으로 확대됨으로써 미래 지속 가능한 사회를 향한 농업의 새로운 역할과 정책 방향의 전환이 필요하다.

1.3 미래 지속 가능한 발전의 시대

1990년대는 세계화와 시장개방 확대라는 신자유주의 물결이 확산되는 시기였지만, 동시에 환경과 기후변화 문제를 포함한 지속 가능한 발전에 대한 국제적 논

3 이정전(2011), p. 51, 재인용.

의가 본격적으로 시작된 시기이기도 하다. 1987년 브룬트란트 보고서에 등장한 지속 가능한 발전(sustainable development) 개념은 1992년 유엔환경개발회의(UNCED)를 통해 리우선언(Rio Declaration)과 어젠더 21(Agenda 21)에 규정되었다. 1972년 로마클럽(Rome Club)에 의한 성장의 한계(Limits to the Growth)가 자원고갈과 에너지 문제, 환경 문제, 식량부족 문제를 제기한 지 20년 만의 일이다. 1995년 WTO 농업협정(Agreement on Agriculture)에서 식량안보와 환경보호의 필요성 같은 비교역적 관심사항(non-trade concerns: NTCs)이 규정될 수 있었던 배경에도 이런 세계적 변화 추세가 작용했다.

농업은 토지, 물, 햇빛, 공기 등 자연적 요소를 투입하여 생명체를 길러내는 생명산업이다. 그렇기 때문에 농업은 국가 경제 시스템 내에서 상품으로서의 농산물을 생산하는 산업을 넘어, 지구 생태계와 밀접히 연결돼 있고 자원과 에너지 문제와도 깊이 관련돼 있다. 특히 농업 생산의 핵심 투입 요소가 토지나 물 같은 자연자본이라는 점이다. 이들은 미래 세대의 식량안보나 생물다양성 유지 등 환경과 생태계 보전에 직접 영향을 미쳐 지속 가능한 발전을 결정짓는 중요한 요소이다. 농업이 미래 지속 가능한 사회를 위해 중요한 역할을 해야 하는 것은 이런 이유이고, 농업기본법이 지속 가능한 농업발전을 궁극적 농정목표로 설정한 배경이다. 농업이 성장지상주의에서 벗어나 미래 지속 가능한 발전의 시대에 부응할 수 있도록 그 역할이 재정립되어야 하고 농정방향도 그에 따라 바뀌어야 한다. 그 동안 경제·산업적 역할에 가려 국민적, 정책적 관심의 대상에서 멀어져 있었지만 미래 지속 가능한 발전을 위해 농업 본연의 다원기능으로 그 역할과 외연이 확대되어야 한다. 토지를 기반으로 자연과 생명을 키워드로 하는 농업이 지속가능하지 못하면 국가의 지속 가능한 발전도 어려워진다. 그래서 미래에는 더욱 농업의 다원기능적 공익 서비스 역할이 중요해지는 것이다. 농업의 역할이 과거의 경제성장과 산업적 기능에 머물러서는 농업의 지속 가능한 발전도, 미래 지속가능 사회의 실현도 불가능하다.

지속 가능한 발전에 최대 위협으로 떠오르고 있는 기후변화 문제 또한 농업과 직결돼 있다. 농업은 토지나 물 등 자연자본이 중요 투입 요소라는 특성으로 기후변화에 매우 취약하다. 기후변화로 식량안보 위협이 점점 커지고 있는 것도 그런 이유다. 유엔의 2030 지속가능발전목표(SDGs)에는 기아 퇴치(zero hunger)와 함께 에너지와 기후 문제가 세부 목표로 포함되어 있다. 지속 가능한 발전의 시대에 농업의 역할이 어떻게 변해야 하는지를 시사해 준다. 성장을 넘어 식량안보와 환경보호 등 농업의 다원기능으로 외연이 확대되는 미래 농업의 역할 재정립이 반드시 필요하다.

1.4 자유무역 시스템의 한계와 식량안보

WTO 출범 이후 국제무역 질서는 세계화를 표방한 신자유주의 시장경제 체제로 새롭게 형성되기 시작했다. 시장개방을 확대하고 효율성과 비교우위 원리에 따른 국가 간 분업화가 진행되면서 글로벌 시장 통합과 공급망 체계가 형성돼 갔다. 여기에 최첨단 과학·기술의 발달은 세계를 한층 더 촘촘한 초연결사회로 만들어 가면서 온전한 자유무역 시스템이 완성돼 가는 듯했다. 하지만 그것도 잠시, 2003년 멕시코 칸쿤에서 개최된 제5차 WTO 각료회의 결렬로 다자주의 무역체제에 대한 신뢰가 손상을 입고, 이어 2008년에는 세계 금융위기를 거치면서 신자유주의 무역 질서에 대한 반성과 함께 탈세계화와 새로운 보호주의 경향이 싹트기 시작했다. 그 후 유럽연합의 브렉시트(Brexit), 헤게모니 쟁탈을 위한 미-중 간 보호주의 무역전쟁과 미국의 자국 우선주의 대외정책, 팬데믹에 따른 국경 봉쇄와 크고 작은 국가 간의 전쟁 발발 등은 글로벌 공급망의 불안정성과 불확실성을 가중시켜 왔다.

이 같은 일련의 변화들로 인한 세계시장의 불확실성과 불안정성은 최근 기후변화가 심화하면서 농업보호와 식량안보의 중요성을 키우고 있다. 특히 농산물 순수입 국가들에게는 식량안보에 대한 위협이 가중되면서 국제무역을 통해 필요한 식량을 안정적으로 조달할 수 있다는 믿음에 의문을 갖게 만들고 있다. 자유무역 시스템이 국가의 식량안보를 담보해 주지 못한다는 우려가 제기되고 국내 농업생산의 중요성이 커지고 있다. 농산물 수입국들에게는 특히 농업기반 확보와 식량안보,

환경 문제 등 농업의 다원기능에 대한 중요성이 더욱 커지는 조건이 되고 있다.

농업의 다원기능 중에서 가장 중요한 구성요소는 국민에게 안전한 식량을 장기 안정적으로 공급하는 국가적 식량안보 제고이다. 농업기본법(제3조의 9)이 이를 농업의 첫 번째 공익기능으로 규정한 이유이다. 자유무역 시스템의 불안정성과 불확실성이 상존하는 상황에서는 시장기능에 의한 식량안보가 아니라 농업의 공익적 다원기능의 관점에서 국가 식량안보 문제를 다루어야 한다. 과거 시장 중심의 사적 영역으로 파악하는 식량안보가 아니라, 불확실성 요소가 상존하는 포스트 신자유주의 시대 공공재로서의 국가 식량안보를 확고히 해야 하는 공익적 다원기능으로서의 접근이 필요하다는 의미이다. WTO 다자주의나 FTA를 중심으로 한 지역주의 무역 시스템도 국제사회의 불확실성과 불안정성 요소 앞에서는 무기력했음을 경험해 왔다. 현실의 자유무역 시스템은 농업 제1의 다원기능인 국가의 식량안보를 담보해 주지 못한다. 이것이 앞으로 식량안보를 포함한 농업의 다원기능으로 외연이 확대되고 농업의 역할이 재정립되어야 하는 또 다른 이유이다.

1.5 첨단 기술농업 시대의 도래

전통적 농업 기술은 토지 생산성 향상을 위한 생물·화학적, 기계적 기술을 기반으로 하고 있다. 농약과 화학비료, 비닐하우스, GMO(genetically modified organism) 기술, 대형 기계화 등이 그런 예이다. 우리나라가 과거 보릿고개를 벗어나고 쌀 자급을 달성할 수 있었던 것도 이런 기술들이 농업 생산성을 크게 향상시켜 준 결과이다. 다른 한편, 이런 토지 생산성 향상 기술진보는 자연히 환경과 생태계 파괴, 자연경관 훼손, 토양 유실과 산성화 등 부정적 외부효과로서 막대한 사회적 비용을 초래하기도 했다. 자연과 생명을 요소로 하는 농업의 다원기능과는 양립할 수 없었다. 지금까지 우리는 이런 지속 가능하지 않은 전통 기술농업에 힘입어 농업 성장을 해왔다.

그러나 4차산업혁명 시대 최첨단 기술의 등장은 농업에서 과거와는 다른 새로운 역할을 요구하고 있다. AI, 로봇, 드론 등 최첨단 기술을 기반으로 한 스마트 정밀농업 같은 미래형 첨단 기술농업은 과거의 전통 기술과 달리 생산성 향상은 물론 동시에 자연과 환경, 생태 친화적 기술이 될 수 있다는 데서 농업 분야에 큰 변화를 기대할 수 있게 되었다. 토지가 아닌 노동 생산성 향상을 위한 기술진보이므로 환경적 지속가능성을 충족할 수 있는 첨단의 기술이다. 이 같은 기술혁신 가능성이 열리고 있다는 것은 미래 지속 가능한 발전 시대에 농업의 다원기능이 새로운 농업의 역할로 재정립될 수 있고, 또 그렇게 되어야 한다는 것을 시사한다.

제2절 왜 직접지불 농정인가

그렇다면 농업의 다원기능을 논하면서 직접지불을 말하는 이유는 무엇인가. 농업의 역할이 경제·산업적 역할을 넘어 공익적 다원기능으로 옮겨간다면 기존의 농정기조와 수단도 변화되어야 한다. 농업의 역할과 함께 농정이 변화해 온 시대적 상황 비교를 통해 직접지불 중심 농정이 필요한 이유, 그리고 농업의 다원기능과의 연관성을 살펴보자.

2.1 GATT 보호주의 농정과 가격지지

한 국가의 농정기조는 농업의 역할이 무엇이냐와 깊은 관계를 갖고 시기에 따라 변해왔다. 1948년 GATT 발효 이후 우루과이라운드 무역협상이 시작되는 1980년대까지만 해도 농업은 보호주의 농정기조 속에 생산증대와 성장 위주의 농업이었다. 식량이 부족하던 시기인데다 농업이 국가 경제에서 차지하는 비중이 컸던 시대의 산물이다. GATT 체제는 기본적으로 자유무역을 지향했지만 농업 분야만큼은 그 특수성으로 인해 제11조 2(c) 조항을 두고 보호주의 입장을 견지했다. 1970년대 세계 식량 부족기의 시대적 상황을 겪으면서 각국의 보호주의 경향은 더욱 강화되었다. 이때의 주요 농정목표는 식량부족을 극복하기 위한 생산증대와 농업성장이었다.

자연히 보호주의적 가격지지조치가 중심적 농정수단이 되었다. 가격지지를 통해 농업 생산을 늘려 성장과 소득증대, 식량안보를 제고하고자 했다. 국내정책은 물론 무역정책에서도 각종 시장 왜곡적 가격지지조치를 시행했다. 농산물 수출 선진국들은 수출증대를 위해, 수입국들은 국내 생산증대와 농업기반 확충을 위해 허약한 GATT 체제의 보호주의 규정을 십분 활용하며 가격지지정책에 매달렸다.

가격지지조치를 통해 정책목표를 달성하기 위해서는 농지를 늘려야 하고 토지생산성을 향상시켜야 했다. 간척과 산림자원 훼손이 이어지고, 화학비료와 농약 사용량이 증가하고 대형 기계화가 진행되고 대규모 단작화 영농이 뒤따랐다. 비닐하우스 같은 시설농업도 확대되었다. 농업 생산활동은 자연히 수질과 토양 오염, 생물다양성 감소 등 환경과 생태계 파괴, 자연경관 훼손으로 이어질 수밖에 없었다. 농업의 경제·산업적 역할이 강조되던 이 시기에는 기술진보 역시 토지 생산성 향상에만 초점이 맞춰진 반자연, 반환경, 반생태적 기술이었다. 이런 상황에서 농업의 다원기능과 그 공익적 가치, 나아가 지속 가능한 농업발전 개념은 생각할 수 없었다. 결국 식량 생산을 통한 성장이 농업의 중심적 역할이고 가격지지가 중심적 정책수단이던 보호주의 농정시대는 설령 농업의 다원기능이 농업에 내재한 본래적 속성이라 해도 그 가치를 인식하고 이를 위한 정책적 필요성을 느낄 수 없었던 것이다.

2.2 WTO 자유주의 농정과 직접지불

1990년대 중반 WTO 체제가 시작되면서 시장 지향적 세계 농업개혁이 추진되고 효율성과 시장원리가 지배하게 되는 시대로 접어든다. 농업의 역할 측면에서는 경제·산업적 역할에서 한 발 더 나아가 농업의 다원기능에 대한 인식이 발아되는 시기이기도 하다.

과거 보호주의 농정이 약화되고, 농업의 역할에 대한 인식도 상품으로서의 농산물 생산을 넘어 환경보호 같은 농업의 외부효과로서의 비상품 산출물 공급에 대한 관심이 높아지기 시작했다. 농업의 역할에 대한 이런 변화는 당시 환경적 이슈가 본격적으로 국제사회의 조명을 받기 시작한 것도 큰 몫을 했다. 1992년 유엔환경개발회의(UNCED)를 계기로 환경과 지속 가능한 발전의 문제가 국제사회에서 본격 논의되기 시작했다. 유엔기후변화협약(UNFCCC)이 설립되고 기후변화에 대한 국제적 논의가 시작된 것도 이때이다. 이런 변화의 흐름 속에서 OECD를 중심으로 농업의 다원기능(multifuntionality)에 대한 연구와 논의가 활발히 진행되었다. WTO 농업협정에는 비교역적 관심사항(NTC)이란 이름으로 그 같은 개념이 반영되었다. 가격지지를 중심으로 한 보호주의 농정시대에서 자유주의 농정시대로 넘어오면서 동시에 농업의 역할과 가치에 대한 인식이 변화하기 시작한 것이다.

이제 과거 GATT 시대의 가격지지 같은 시장 왜곡적 보호조치는 더 이상 중심적 농정수단이 될 수 없게 되었다. 농업의 특수성이라는 이유를 들어 시장원리의 예외적 조치를 주장하는 것도 설득력을 얻기는 어렵게 되었다. 과거처럼 정부의 손이 직접 시장을 간섭·왜곡하는 방식이 아닌 국가 재정을 이용한 직접지불(direct payment)이 중심 농정수단으로 등장하게 되었다. 보호주의에서 자유주의 농정으로 이행하는 측면에서도 그렇지만, 환경과 생태계 보전 측면에서도 시장지향성 요건에 부합하고 환경보호 같은 비시장적 정책목표를 위해서는 직접지불 수단이 등장할 수밖에 없다.

식량안보나 환경보호 같은 농업의 외부효과는 공공재적 서비스로서 거래를 위한 시장이 존재하기 어렵고, 따라서 원천적으로 시장을 통한 가격지지정책을 생각할 수 없다. 과거의 가격지지정책은 상품과 시장을 대상으로 하지만, 농업의 다원기능의 정책 대상은 외부효과에 의한 비상품 산출물이다. 결국 농업의 다원기능에서 오는 외부효과에 직접 영향을 미칠 수 있도록 타게팅(targeting)되고 동시에 농산물 시장과 연계되지 않은(decoupled) 효과적인 정책수단은 직접지불이다. 농업의 경제·산업적 기능이 보호주의 농정시대 가격지지로 뒷받침되었다면, 농업의 다원기능은 미시적 재정정책으로서 직접지불로 제고될 수 있는 것이다. 농업의 다원기능의 중요성이 대두된다는 것은 생산과 성장중심주의에서 벗어남으로써 가능한 것이고, 정책적으로는 가격지지 같은 시장간섭 정책수단에서 벗어난다는 것을 의미한다. WTO 체제의 서장 지향적 농업개혁도 이런 정책 방향의 전환을 요구한다. 결국 농업의 다원기능 문제는 정책적으로는 직접지불 같은 정부 재정에 의한 정책수단과 연계되는 것이다.

농업의 역할이 다원기능으로 확대된다는 얘기는 공적 영역이 커진다는 의미이고, 사유재 시장이 아닌 공공재의 시장실패를 다루어야 할 큰 정부가 필요하다는 의미이기도 하다. 시장가격지지로부터 직접지불 중심, 좀 더 넓게 보면 정부 서비스까지 포함한 국가 재정에 의한 농정으로의 전환이다. 기본적으로 시장기능을 원활히 하면서도 공공의 영역을 위한 큰 정부가 필요하다.

한편, 앞서 언급한 바와 같이 2010년대 이후 세계는 신자유주의적 세계화 이념을 벗어나려는 움직임과 함께 다시 새로운 보호주의 경향이 일고 있다. 영국의 EU 탈퇴(Brexit), 미국의 자국 우선주의와 미·중 무역전쟁, 주요 곡물 수출국들 간의 전쟁 등 세계 식량 공급망의 불안정성과 불확실성의 고조로 자유무역 시스템의 신뢰성을 크게 약화시키고 있다. 지구온난화에 따른 기후변화 문제까지 심화하면서 다시금 식량안보 위기와 그 중요성이 대두되고 있다. 식량의 장기 안정적 공급은 어느 시대 어느 상황에서도 농업의 제1의 역할이 되어야 하는 것은 재론의 여지가 없다. 개별 국가 차원의 식량안보나 글로벌 식량안보는 물론 미래 세대를 위한 전 인류적 지속 가능한 식량안보 문제는 농업이 풀어야 할 핵심 과제이다. 식량안보는 어떤 상황, 어떤 시대에도 농업의 제1의 공공적 기능일 수밖에 없는 것이다. 그러나 탈세계화의 진전 속에서 자국의 식량안보가 중요해진다고 해서 우리가 다시 과거의 체제와 방식으로 돌아갈 수는 없다. 세계 경제·무역 시스템의 기본 틀은 이미 돌이킬 수 없는 자유시장 체제에 와 있다. 설령 탈세계화와 새로운 보호주의가 고개를 들고 있다 해도 우리는 변화된 경제질서의 기본 틀을 과거로 되돌릴 수는 없다. 국가적 식량안보라는 농업의 핵심적 다원기능을 자유주의 경제질서 속에서 제고해 나가야 하는데, 그것이 바로 직접지불 중심 농정이라는 의미이다. 농업의 다원기능은 정책적 측면에서 직접지불과 이렇게 연결돼 있다. 그리고 직접지불은 농업의 다원기능 제고와 나아가 미래 지속 가능한 농업발전 실현을 위한 중심 농정 수단이 되어야 할 것이다.

제3절 미래 지속가능 사회의 농업과 농정

한때 정부는 '돈 버는 농업'을 농정 슬로건으로 내걸고 강력한 수출 드라이브 정책을 추진한 적이 있다. 당시 농식품 수출 100억 달러 목표를 설정하고 수출지원정책과 대외 경쟁력 향상을 위한 투자 촉진 등 전형적인 신자유주의적 시장개방과 성장지상주의 농정을 펼쳤다. 그런데도 결과는 앞서 언급한 바와 같이 농업 성장은 장기 침체에서 탈피하지 못하고, 농가의 농업소득은 근 30년 동안 마(魔)의 천만 원 수준에 묶여 도·농간 소득격차는 더욱 확대되었다. 지속적으로 농업성장 정책을 추진해 왔지만 정작 농가의 농업소득은 1990년대 중반 수준을 지금까지도 그대로 유지하고 있다.

우리나라 농업기본법은 제1조에서 농업·농촌의 지속 가능한 발전을 핵심 농정 목표로 천명하고 있다. 그리고 제2조에서 농업은 경제적·공익적 기능을 수행하는 기간산업으로서 국민의 경제·사회·문화 발전의 기반이 되도록 한다고 규정해 놓고 있다. 지속 가능한 농업·농촌 발전을 궁극적 지향점으로 하면서 농업의 두 역할, 즉 경제적 역할과 공익적 역할을 병렬적으로 명확히 규정해 놓은 것이다. 다시 말하면, 농업은 국가의 기간산업으로서 경제적 역할과 공익적 역할을 동시에 조화롭게 추진함으로써 국가의 경제, 사회, 문화 발전에 기여해야 한다는 것을 말하고 있다. 그러나 지금까지 진행된 우리나라의 농정 역사를 돌아보면 농업의 경제적 역할에만 치중하여 성장제일주의로 일관해 왔음을 부인할 수 없다. 그 결과가 앞서 언급한 초라한 농업 성적표이다. 지금도 정부는 과거와 똑같은 성장지상주의 농업

관과 농정기조에서 벗어나지 못하고 있다. 농업기본법은 지속 가능한 농업발전과 공익적 기능을 천명하고 농업의 역할과 농정기조의 변화를 요구하고 있는데도 현실의 농정은 달라지지 않고 있다. 최근에는 4차산업혁명 디지털 기술의 시대적 추세를 등에 업고 농업을 미래 성장산업으로 포장하여 똑같은 방식의 정책을 밀어붙이고 있다. 경제적 위상의 축소는 곧 낙오 산업이고 존재가치가 부정이라도 되는 듯 국가의 다른 산업정책을 그대로 모방해 가고 있는 것이다.

경제적 성과는 제대로 나타나지 않으면서 막대한 사회적 비용만 초래하고 있다. 농업자원이 고갈돼 가고 농촌경관이 망가지고 자연과 환경, 생태계가 파괴되고 있다. 무분별하게 전국으로 확산하는 비닐하우스 시설농업, 영농형이라는 미명하에 확산되는 태양광 발전 시설은 전국의 농지를 잠식하며 자연(농업)자원을 훼손하고 경관과 생태계, 나아가 농촌 주민들의 평안한 삶까지 망치고 있다. 경쟁적으로 확산하는 식물공장이나 수직농장, 시설 스마트 팜도 같은 문제를 일으키지 않을까 우려스럽다. 제1의 공익기능으로 규정하고 있는 국가의 식량안보 사정도 전혀 나아지지 않았다. 그래서 미래 첨단기술 시대에 우리는 지속 가능한 발전을 위해 농업의 다양한 환경과 생태, 자연 친화적 공익기능을 생각하게 되는 것이다. 장기 안정적으로 식량을 공급할 수 있어야 하고, 기후변화에도 대응해야 하고, 그리고 농지와 산림, 수자원을 포함한 농업자원도 잘 보존해야 한다. 농업기본법이 규정하듯이 농업의 공익적 기능, 즉 다원기능이 충분히 발현될 수 있어야 한다.

우리는 미국이나 캐나다, 호주처럼 광활한 농지를 기반으로 농업에 비교우위를 갖고 있는 나라가 아니다. 네덜란드와도 다르다. 미래 지속 가능한 발전을 지향하는 시대에 농업을 바라보는 관점과 농업의 역할이 분명 달라져야 한다. 돈 벌고 성장을 위한 농업이 아니라 국민과 미래 세대의 행복한 삶을 위해 안정적인 식량안보를 충족하고, 서유럽이나 북유럽의 선진국들처럼 자연·환경·생태계가 잘 보존되고 아름다운 국토를 만드는 데 기여하는 지속 가능한 발전을 위한 농업이 되어야 한다.

정부는 물론 국민 모두 농업관이 변해야 한다. 농업은 왜 존재해야 하고 국가와 인류사회에 기여할 역할은 무엇인가에 대한 인식이 달라져야 한다. 과거에는 농업을 다른 산업과 마찬가지로 경제적 실체로서 하나의 산업으로만 바라보고 이해했다. 성장과 돈벌이 농업이었으니 생산성과 효율성, 경쟁력 향상이 중요했다. 식량안보를 말할 때조차도 경제적 기능의 제한된 틀 내에서의 식량공급이었다. 다시 말하면, 농업의 다원기능의 관점에서 공공재적 특성으로서의 국가적 식량안보라기보다 농업 생산이라는 사적 경제활동의 한 부분으로서, 그 하위 개념으로서 식량공급 기능을 말한 것이었다. 농업을 바라보는 시각이 이렇게 경제·산업적 기능에 초점이 맞춰져 있기 때문에 1990년대 세계적인 신자유주의 이념과 시장개방이 확산되면서 경쟁력이 상대적으로 약한 농업의 위기를 맞게 된 것이다. 그 결과 농업은 이제 경제·산업적 영역에서조차 역할을 제대로 하지 못하는 상황이 되었다.

농정기조와 수단도 변해야 한다. 국민의 자연·환경·생태적 수요를 충족시키고 농업·농촌의 지속 가능한 발전에 기여할 수 있도록 농가소득 안정과 함께 식량안보를 포함하는 농업의 다원기능을 증진시키는 방향으로 정책기조가 바뀌어야 한다. 그리고 그 중심 정책수단은 과거 가격지지 방식에서 벗어나 국가 재정에 의한 직접지불 방식이 되어야 한다. 복잡하고 다양한 농업 문제를 디커플링과 타게팅 조건을 갖추어 효율적·효과적으로 접근할 수 있기 때문이다. 2017년 문재인 정부 들어서 농업의 지속 가능한 발전을 농정목표로 내걸고 농업의 다원기능의 중요성을 부각하면서 직접지불 중심 농정으로 전환을 시도했다. 그 결실은 2020년 「농업·농촌 공익기능 증진 직접지불제도 운영에 관한 법률」의 시행으로 구체화되었다.

결국 우리가 지향해야 하는 궁극적인 농정목표는 농업기본법이 규정하고 있듯이 지속 가능한 농업·농촌 발전을 이루는 것이다. 그리고 이런 미래의 농업·농촌 실현을 위해서는 농정기조도 마땅히 바뀌어야 한다. 막연히 이해하고 말해왔던, 그리고 정책적 관심의 변방에 놓여있던 농업의 다원기능을 다시 미래 농정의 중심 무대로 소환하는 이유이고, 농업의 다원기능 문제와 직접지불이라는 두 갈래의 큰 주제를 이 책에서 함께 집중 조명하고자 하는 이유이다.

제II부

농업의 다원기능과 공익적 가치

제2장
농업의 다원기능 서설

본 장은 농업의 다원기능에 관한 총론 부분으로서 농업의 다원기능이란 무엇인가에 대한 개념적 고찰로부터 논의를 시작한다. 다양하게 해석될 수 있는 농업의 다원기능의 개념 정의와 그 핵심 구성요소에 대하여 먼저 논의한다. 이어서 다원기능의 유형과 분류 문제, 그리고 다원기능에 대한 국제적 논의 배경에 대하여 살펴본다. 나아가 농업의 다원기능이 공익기능과 혼용되고 있는 점을 고려하여 다원기능이 공익기능과 어떤 관계에 있고 어떻게 다른지 고찰한다. 마지막으로 현실 농업의 예를 통해 농업의 다원기능이 구체적으로 어떻게 구현되고 있는지 살펴본다.

제2장

농업의 다원기능 서설

제1절 농업의 다원기능의 의의

1.1 개념 정의

농업은 생산과정에서 상품으로서 유형의 농산물 외에 다양한 유·무형의 비상품 산출물(non-commodity outputs: NCOs)을 동시에 생성해 낸다. 이때 생기는 비상품 산출물이 사회적 편익을 제공하는데, 이를 농업의 또 다른 기능으로 인식하기 시작한 것이다. 1990년대 이후 세계 농업개혁에 따른 시장개방 추세와 함께 확산된 이른바 농업의 다원기능(多元機能, multifunctionality)[1]이다. 전통적으로 이해하던 좁은 의미에서의 농업의 경제·산업적 기능 외에 식량안보적, 환경·생태적, 사회·문화적 다양한 기능들을 총괄적으로 일컫는 개념으로, 다른 산업들에서는 보기 어려운 농업의 독특한 특성이다. 임업 같은 일부 다른 산업들도 본원적 생산 기능 외에 다수

1 농업의 다양한(multiple) 기능(function)을 'multifuntion'이라고 한다면 'multifunctionality'는 그런 기능을 하는 농업의 속성 또는 성질을 의미한다. 그러나 이 책에서는 둘을 명확히 구분하지 않고 사용하고 있다. 우리 말로는 다원적 기능 또는 다원적 기능성으로 옮겨 부르거나, 편의상 압축하여 다원기능 또는 다원기능성으로 부르기로 한다.

의 기능을 갖고 있지만, 그렇다고 농업만큼 다양하지는 않다.[2] 농업의 다원기능이란 형식상 의미로 해석한다면 농업 생산활동을 통해 사회에 편익을 주는 다양한 기능을 일컫는다.[3]

농업의 다원기능에 대해서는 지난 30여 년 동안 국내외적으로 많은 논의와 연구가 있었다. 그럼에도 불구하고 그것이 대체 무엇을 의미하는지 명확한 개념 정의에 대해서는 아직도 확립된 정설이 존재하지 않는다. 국제적으로 30년 이상 오랜 기간 사용돼 오는 용어이지만 여전히 명확히 정의되지 않고 있는 것이다. 중요하기 때문에 많은 사람들이 자주 사용하고 있지만, 그에 대한 정확한 개념 정의는 입버릇처럼 말하고 있는 환경이나 지속 가능한 발전(sustainable development)을 정의하는 것만큼이나 쉽지 않다. 중요한 개념들은 모두 그 경계선이 모호하다고 말하듯이[4] 농업의 다원기능의 개념 정의 또한 정립하기 어렵다. 국가적 필요나 상황에 따라 다른 해석과 의미로 사용되기도 하고 지리적·기후적 조건에 따라 다원기능의 양상도 달리 나타나기 때문이다.

이런 어려움 때문에 OECD는 명확히 이론적으로 정의를 내리는 대신 작업 정의(working definition)라는 우회적 방법으로 다원기능(성)이 갖는 핵심 요소를 특정하여 그 의미를 설명하고 있다. 농업의 다원기능이 갖는 핵심 구성요소는 두 가지로 요약된다. ① 농업에 의해 결합생산되는 다수의 상품 및 비상품 산출물(NCOs)의 존재, ② 이들 비상품 산출물은 시장이 존재하지 않거나 제대로 작동하지 않는 외부성 또는 공공재적 특성을 보인다는 사실이다.[5] 첫 번째는 상품(농산물)과 비상품 산출물 간의 결합생산 특성을 말하는 것이고, 두 번째는 비상품 산출물의 외부성과 공공재적 특성으로 시장실패를 일으키기도 한다는 의미이다. OECD는 농업이 이 두 가지 특징적 요소를 갖출 때 그것을 농업의 다원기능으로 정의한다.

한편, OECD는 농업의 다원기능을 파악하는 접근방법을 실증적(positive) 개념 접

2 생산 과정에서 본질적 기능 외에 부수적으로 다수의 다른 기능을 동시에 수행하는 산업이 비단 농업만은 아니다. 중요한 것은 유의미한 다양한 기능이냐 여부, 즉 사회적으로 얼마나 가치 있는 다양한 기능이냐이다.

3 곧 살펴보겠지만 엄밀한 의미에서는 편익뿐 아니라 사회적 비용을 유발하는 것도 포함한다.

4 All important concepts are dialectically vague at the margins (Daly, 1996, p.2).

5 i) the existence of multiple commodity and non-commodity outputs that are jointly produced by agriculture; and ii) the fact that some of the non-commodity outputs exhibits the characteristics of externalities or public goods, with the results that markets for these goods do not exist or function poorly. OECD(2001), p. 13.

근법과 규범적(normative) 개념 접근법으로 구분하고 있다. 실증적 접근법은 다원기능을 경제활동으로서의 생산과정의 특성(characteristic)으로 파악하는 데 반해, 규범적 접근법은 농업이 수행하는 다양한 역할의 관점에서 파악한다. 실증적 접근법에서 농업활동을 다원기능적으로 만드는 특성이란 농업의 다양하고 상호 연관된 산출물이나 효과를 말한다. 그것은 긍정적이거나 부정적일 수도 있고, 의도적이거나 비의도적일 수도 있으며 보완적이거나 상충적일 수도 있다.[6] 다원기능을 농업의 역할에 중점을 두고 파악하는 규범적 접근법에 의하면 경제활동으로서의 농업은 일정한 사회적 기능을 수행하도록 되어 있다. 따라서 다원기능은 단순한 생산과정의 특성이 아니라 그 자체로 가치를 지닌다고 본다. 그렇기 때문에 규범적 접근법에 의하면 다원기능을 유지하거나 증진시키는 것은 정책적으로 지향해야 할 목적이 될 수 있다.

그런데 실증적 정의이든 규범적 정의이든 접근방법의 차이일 뿐 굳이 그것을 구별하는 실익은 크게 존재하지 않는다. 전자는 농업 활동의 기능적 특성 관점에서 다원기능을 정의하지만, 후자는 농업 활동의 사회적 역할 관점에서 정의한다. 따라서 전자는 기능의 다양한 특성, 즉 다양성이나 다원성으로 보기 때문에 그 기능이 긍정적이든 부정적이든, 의도적이든 비의도적이든 중요하지 않다. 그러나 후자의 규범적 정의는 농업의 역할, 즉 사회에 미치는 영향이나 기여에 초점을 맞추기 때문에 사회에 바람직한 방향으로 역할을 하도록 정책적인 문제가 중요시된다. 사회에 편익을 제공하고 기여하는 기능에 초점을 맞추기 때문에 다원기능의 범위도 전자보다는 좁아진다. 그러나 전자의 관점에서 다원기능을 파악하는 입장에서도 다원기능이 사회에 긍정적인 역할을 해야 되고 그런 정책 방향으로 가야한다는 점을 내포하고 있고, 후자의 접근법도 다원 기능적 특성을 당연한 전제로 한 농업의 역할을 의미하는 것이다. 이렇게 볼 때 두 입장은 접근방식의 문제일 뿐 실질적으로 구별의 실익은 없다.

OECD는 기본적으로 실증적 접근법에 따라 농업의 다원기능을 해석하고 있다. 따라서 다원기능을 하나의 경제 활동이 다수의 산출물을 제공함으로써 동시에 다수의 사회적 목표에 기여할 수 있는 사실로 규정하고, 생산과정과 다수 산출물 특

6 OECD(2001), p. 14.

성을 지닌 활동 지향적(activity-oriented) 개념으로 본다. 즉, 다원기능(성)이란 다수 산출물의 제공을 통해 다수의 사회적 목표를 수행하는 생산 과정상의 하나의 특성으로 보고 있는 것이다.[7] 용어의 선택에 있어서도 OECD가 다원기능(multifunction) 대신 다원기능성(multifunctionality)을 일관되게 사용하고 있는 것도 그런 이유이다.

1.2 본서의 정의

농업의 다원기능이 국가와 상황에 따라 다양한 해석이 가능하고 경계가 모호한 개념이긴 하지만, 그것을 중심 주제로 다루고 있는 본서에서는 앞으로의 논의 진행을 위해 어떤 형태로든 개념 정의가 필요하다. 앞서 살펴본 내용을 토대로 본서에서는 농업의 다원기능을 다음과 같이 정의하고자 한다.

농업의 다원기능(multifunction)이란 "농업에 의해 또는 농업생산 과정에서 상품으로서의 농산물 외에 외부효과로서 유·무형의 상호 연관된 다수의(multiple) 비상품(非商品, non commodity) 결합산출물(joint products)을 공급하는 기능"이다. 그리고 그와 같은 특성을 다원기능성(multifunctionality)이라고 한다.[8] 여기서 '비상품'이란 농업 활동의 본래 목적으로 생산되는 상품으로서의 농산물(품)이 아니라는 의미이다. 그리고 '결합'이란 상품으로서의 농산물의 생산과정에서 동시적으로 함께 생산된다는 의미이다. 즉, 농업 또는 농산물 생산활동이 전제되어야 이와 함께 동시적·부수적으로 생산된다는 것이다. 그런데 결합생산된다 해도 외부효과에 의한 것이 아닌 상품을 생산하는 기능은 여기의 다원기능으로 볼 수 없다. 예를 들어 쌀 생산 과정에서 볏짚이 생산되는 것은 분명 결합생산물이긴 하지만, 이것은 비상품이 아닌 시장에서 거래되는 상품이므로 이것을 외부효과로 볼 수는 없다. 양과 양모의

---

7 "Multifunctionality refers to the fact that an economic activity may have multiple outputs and by virtue of this, may contribute to several societal objectives at once. Multifunctionality is thus an activity-oriented concept that refers to specific properties of the production process and its multiple outputs. … Multifunctionality is a characteristic of the production process that can have implications for achieving multiple societal goals."(OECD, 2001, p. 11)

8 그러나 다원기능과 다원기능성을 구분하지 않고 사용한다는 점은 앞의 각주 1에서 언급하였다.

관계, 쇠고기와 소가죽의 관계 등도 같은 이유에서 결합생산물이긴 하지만 여기서 말하는 농업의 다원기능은 아니다. 외부효과는 긍정적 및 부정적 효과 모두 포함되며, 긍정적 외부효과의 비상품 산출물 대부분은 공공재적 성격을 지닌다.

이렇게 원론적인 정의를 내린다 해도 그 기능의 범위와 경계를 어떻게 정할 것인지에 따라 다원기능의 의미는 조금씩 달리 해석될 수 있다. 먼저 광의(廣義)에서 파악한 농업의 다원기능은 농산물을 생산하는 전통적인 경제·산업적 기능 외에 농업의 결합생산물로서의 비상품 산출물을 공급하는 기능이다. 즉, 결합생산에 의해 외부효과를 일으키는 기능을 다원기능으로 보는 것으로 여기에는 긍정적 외부효과와 부정적 외부효과를 모두 포괄한다. OECD의 입장을 포함하여 일반적인 정의는 이 광의의 다원기능에 가깝다. 본서에서의 정의도 이 광의의 다원기능이다. 다만, 비상품 산출물에서 산출물(outputs)은 보통 긍정적 의미를 담고 있다고 해석된다는 측면에서 부정적 외부효과는 제외하기도 한다. 친환경 농업에서처럼 부정적 외부효과를 줄이는 것이 곧 긍정적 외부효과의 증대로 이어지는 속성이 있으므로 양자는 동전의 양면관계이다. 다음으로 협의(狹義)에서 본 농업의 다원기능은 비상품 결합산출물을 제공하는 농업의 외부효과 중에서 긍정적 외부효과를 일으키는 기능을 말한다. 이 긍정적 외부효과가 개인의 사익에 기여하든 사회의 공익에 기여하든 묻지 않는다. 긍정적 외부효과가 사익에 기여하는 예는 과수원 농업으로 이웃한 특정 꿀벌 농가가 이익을 보는 경우를 들 수 있다. 마지막으로 가장 좁은 최협의(最狹義)에서 파악한 다원기능은 농업의 긍정적 외부효과가 사회의 불특정 다수에게 편익을 주는 기능을 다원기능이라고 본다. 협의의 다원기능에서 앞서 든 예와 같이 특정 개인에게 사적 이익을 주는 부분을 제외한 기능이다. 이때 농업 활동으로 공급되는 비상품 결합산출물은 공공재(public goods)이고, 이때의 다원기능은 곧 공익기능과 동의어가 된다. 농업의 다원기능을 이와 같이 파악할 때 다원기능은 공익기능과 분명히 구별된다고 할 수 있다. 협의의 다원기능이 공익기능과 거의 일치하지만 그렇다고 같은 것은 아니다. 협의의 다원기능에서 사익에 기여하는 긍정적 외부효과를 제외한 다원기능이 공익기능이다. 이론적으로 이렇게 구분할 수 있지만, 현실에서 긍정적 외부효과로서 사익에 기여하는 경우는 많지 않으므로 협의의 다원기능과 최협의의 다원기능의 차이는 크지 않을 것이다.

농업의 다원기능을 이상과 같이 파악할 때 그것이 갖추어야 할 핵심 구성요소는 다음과 같이 요약될 수 있다. 첫째, 농업 활동으로 농산물 생산과 동시적으로 비상품 산출물(NCOs)이 결합되어 생산된다. 농업의 다원기능으로 공급되는 비상품 산출물은 농업생산의 결합산출물이다. 이 결합성 때문에 농업 또는 농업생산이 전제되어야만 다원기능이 성립한다. 그렇다고 해서 다원기능으로 나오는 비상품 산출물이 농업생산을 통해서만 공급될 수 있다는 뜻은 아니다. 농업이 아닌 다른 분야나 다른 방법으로도 같은 유형의 비상품 산출물을 공급할 수 있다. 둘째, 이 비상품 산출물은 농업생산 의사결정 과정에서 생산자가 의도하지 않은 외부효과(external effects)의 결과이다. 그런데 이 외부효과에는 긍정적 효과뿐 아니라 부정적 효과도 함께 존재한다. 또한 긍정적 외부효과로 나오는 이 산출물은 대부분 공공재적 특성을 보인다.[9] 셋째, 이 같은 외부효과나 공공재적 특성으로 말미암아 해당 농산물 시장이 제 기능을 다 하지 못하는 시장실패, 즉 자원배분의 비효율성 현상이 발생하기도 한다.[10]

결국 농업의 다원기능의 공통적 특성은 생산의 결합성, 외부성, 공공재 문제, 그리고 시장의 실패로 요약할 수 있다. 생산의 결합성이 비상품 산출물의 공급 측면의 특성이라면, 공공재 문제는 그 수요 측면의 특성이다. 이들은 본서 제3장 이후에서 중점적으로 고찰하게 될 주제들이다.

1.3 농업의 비상품 산출물

여기서 개념을 좀 더 명확히 하기 위해 농업의 다원기능으로 생기는 비상품 산출물에 대해서는 부연 설명이 필요할 듯하다. 농업의 다원기능으로 다양한 비상품

9 생산자가 의도적으로 비상품 산출물을 공급할 수도 있다. 예를 들면, 농가가 의도적으로 경관을 아름답게 만들기 위해 비용을 들이는 행위이다. 그러나 이 경우에는 이미 생산 의사결정에 비용이 내부화된 것이므로 외부효과로 보기 어렵다. 따라서 이런 경우에는 특별히 관심의 대상이 되지는 않는다.

10 OECD, *Multifunctionality: Towards an Analytical Framework*, 2001a.

산출물이 생기지만, 양자는 구별되어야 한다. 다원기능은 농업 활동이며, 비상품 산출물은 그 활동의 결과물이다. 예를 들면, 농촌의 아름다운 자연경관은 농업활동 과정에서 생성된 것으로 비상품 산출물인데, 생산활동을 통해 이를 조성·보존하는 기능이 농업의 다원기능이다. 비상품 산출물은 농업 생산과정에서 부수적으로 생성되는 것이 보통이지만, 때로는 의도를 갖고 생산의사결정에 반영된 결과로 나오기도 한다. 이렇게 공급되는 농업의 비상품 산출물들은 상호 깊은 유기적 관련성을 갖고 복잡하게 얽혀있다. 예를 들면, 생물다양성이나 동·식물 서식지, 자연경관은 모두 토지(농지)자원을 매개로 서로 밀접하게 연결돼 있고 상호 의존성도 크다. 하나의 변화는 다른 요소에 영향을 주게 된다.

또한 농업생산 과정에서 결합생산물로 나오는 상품으로서의 농산물과 비상품 산출물은 서로 명확히 구별된다. 농산물은 사적 재화(사유재)이지만, 비상품 산출물은 대부분이 공공재이다. 그래서 농산물은 시장에서 그 가치가 평가되고 거래의 대상이 되지만, 비상품 산출물은 사적 거래의 대상이 아니라 누구나 그 편익을 향유할 수 있는 공공재가 대부분이다. 농산물은 유형의 상품(commodity)이지만, 비상품 산출물은 유·무형의 비상품(non-commodity)이다. 식량안보 같은 무형의 공공재 서비스뿐 아니라 농촌경관이나 자연 서식지 같은 유형의 비상품 산출물도 있다. 식량을 포함한 유형의 농산물을 생산하는 활동이 농업의 본원적 기능이라면, 이를 통해 비상품 산출물을 공급하는 기능이 농업의 다원기능이다. 따라서 전자가 시장 메커니즘에 의해 작동하는 사적 영역이라면 자연·환경·생태적, 사회·문화적 기능을 포함한 후자는 공공의 영역이다. 농업의 역할을 다원기능으로 확대하면 정부의 공적 역할이 자연히 커질 수밖에 없고 재정적 정책수단이 필요하게 되는 것은 이런 이유이다.

제2절 농업의 다원기능의 유형과 분류

앞 절에서 농업의 다원기능의 개념 정의가 쉽지 않다는 점에 대해 살펴보았지만,

그 포괄 범위나 분류체계 역시 아직 통일된 입장이 정립돼 있지 않다. 개념 자체의 모호성 문제이기도 하지만 농업의 다원기능은 국가와 지역에 따라, 지리적·기후적·자연적 조건에 따라 다르게 나타나는 지역 특정적(site specific) 속성을 갖고 있기 때문이다. 또는 영농방식이나 기술에 따라서도 다양한 형태로 나타날 수 있고, 국가 정책이나 사회·문화적 특성 등에 따라서도 다를 수 있다. 본서에서는 긍정적 기능과 부정적 기능으로 구분하고, 각각 세부적으로 어떤 것들이 포함되는지 살펴본다.

2.1 긍정적 기능

농업의 다원기능은 지역 특정적 속성을 갖고 있기 때문에 그 나라가 처한 여건에 따라 조금씩은 다른 방식의 분류가 가능하다. 농업자원이 부족한 우리나라의 입장에서는 무엇보다 중요한 농업의 다원기능으로는 식량안보(food security) 제고를 들 수 있다. 다음으로는 농촌 경관(landscape) 조성, 그리고 생물다양성(biodiversity)과 동·식물 자연 서식지 보존, 토양 보존과 침식 방지, 대기 정화 같은 환경과 자연 생태계(ecosystem) 보존 기능이다. 또한 홍수조절과 수자원 보존, 농촌 지역사회의 지속성(rural viability) 유지와 국토의 균형적 발전, 민족 고유의 전통 문화유산의 계승·보존 기능[11] 등이다. 이 밖에도 농촌 어메니티(amenity)나 휴가와 관광자원을 제공하기도 하고, 산림이나 다년생 작물, 그리고 토양에 의한 탄소흡수를 통해 지구온난화를 완화하는 기능도 있다. 유럽에서는 농촌고용, 식품안전(food safety), 동물복지(animal welfare)도 각각 농업의 다원기능의 범주에 포함하는 경향이 있다. 본서는 생산 단계의 식품안전을 식량안보에 포함하여 농업의 다원기능으로 보고 있다.[12]

앞서 예시한 농업의 다원기능들의 공통점은 모두 사회적 편익을 제공하는 긍정적

11 전통문화의 보존은 헌법 규정 사항이기도 하다. 헌법 제9조는 "국가는 전통문화의 계승·보전과 민족문화의 창달에 노력하여야 한다."라고 규정하고 있다.

12 FAO 세계식량정상회의(World Food Summit, 1996)가 내린 식량안보에 대한 정의는 안전한(safe) 식량의 충분한 공급을 식량안보의 핵심 요소로 보고 있다. 식량을 아무리 충분히 공급한다 해도 오염되거나 비위생적인 식량(품)으로 인해 건강과 생명에 위해가 된다면 식량안보가 담보될 수 없다. 본서에서도 식품안전은 식량안보에 포함되는 농업의 다원기능으로 본다. 이에 대해서는 제3장에서 상세히 논의한다.

외부효과로서의 순기능(function)이라는 점이다. [표 2-1]은 긍정적 외부효과로서 농업의 다원기능의 유형을 정리해 놓았다. 다원적 기능 요소들은 많은 부분이 환경, 자연 생태 시스템과 복잡하게 얽혀있기 때문에 경계를 명확하게 구분하기 어렵고, 따라서 연구자에 따라 다르게 분류될 수 있다. 이런 방식과 다른 분류도 얼마든지 가능하고 관점에 따라 여기에 포함되지 않은 것도 있을 수 있고 혹은 제외되어야 할 것도 있을 수 있다.

농업의 범위를 어떻게 볼 것이냐도 다원기능의 유형 분류에 영향을 미친다. 통상적으로는 농업을 논 농업, 밭 농업, 초지 농업으로 보지만, 넓은 의미로는 축산과 낙농을 포함하고 때로는 임업까지 농업의 범주에 포함하기도 한다. 이럴 경우 산림에 의한 환경 및 생태계 보존이나 홍수조절과 수자원 보존 기능, 그리고 온실가스 흡수 기능, 나아가 휴양과 치유 기능 등 농업의 다원기능은 훨씬 더 넓어지고 강화될 것이다. 실제 우리나라 농업기본법(제3조)은 농업에 축산업과 임업이 포함되는 것으로 정의하고 있다. 사전적(辭典的) 의미로도 농업은 넓은 의미에서 임업을 포함하고 있다.[13]

표 2-1 농업의 다원기능의 유형

- 식량안보 제고
- 농업·농촌 경관 제공
- 환경 및 생태계 보존
  - · 생물다양성 유지 및 자연 서식지 보존
  - · 토양 침식 방지 등 토양 보존
  - · 대기 정화
- 홍수조절과 수자원 보존
- 농촌 지역사회 유지 및 국토 균형발전에 기여
- 전통 문화유산 보존
- 휴양, 여가활동, 치유, 관광 자원 제공
- 탄소의 흡수·저장을 통한 지구온난화 완화에 기여

13 농업의 사전적 의미는 다음과 같다. "땅을 이용하여 농작물과 그 밖의 유용한 식물을 가꾸고, 가축 또는 유용한 동물을 키워내는 유기적 생산업. 넓은 뜻으로는 농산가공이나 임업도 포함한다."(브리태니커 세계 대백과사전, 1998) "땅을 이용하여 인간 생활에 필요한 식물을 가꾸거나, 유용한 동물을 기르거나 하는 산업. 또는 그런 직업. 특히 농경을 가리키는 경우가 많고, 넓은 뜻으로는 낙농업과 임업 따위도 포함한다."(네이버 국어사전) 그러나 한국표준산업분류(KSIC) 체계상으로는 임업은 농업에 포함되지 않는다(통계청).

2.2 부정적 기능

농업의 다원기능을 실증적 접근법에 따라 정의할 때 여기에는 긍정적 기능만 포함되지 않는다. 농업은 생산과정에서 사회적 비용을 초래하는 비재화(非財貨, bads)도 부수적으로 생성하는 부정적 외부효과, 즉 역기능(malfunction)도 하고 있다.[14]

농업 활동을 시작하는 단계에서는 농지를 조성하거나 혹은 늘리기 위해 자연상태의 환경과 생태계를 훼손하게 된다. 세계의 허파라 불리는 브라질 열대우림이 농지로 전환되면서 환경과 생태계를 파괴하는 것이 이런 유형의 부정적 기능의 좋은 예이다. 화전농이나 농지 확보를 위해 간척사업을 하는 것도 같은 예이다.

일단 농지가 확보된 후에는 농업 생산 과정에서 농약이나 화학비료의 사용, 축산 폐수와 오물의 배출로 환경과 생태계가 파괴되고, 수질과 토양 및 공기오염을 일으키며 농촌경관을 훼손하기도 한다. 논 농업이나 축산에서 메탄가스가 배출되고, 비닐 등 각종 농자재와 영농폐기물은 환경을 악화시키는 요인이다. 비닐하우스는 그 자체로도 경관 훼손과 환경악화의 요인일 뿐 아니라 실내 온도 유지를 위한 화석연료 사용으로 탄소배출의 원인이 되고 있다. 여기에 농약이나 화학비료 사용에 따라 식품안전에 위협이 되는 것 또한 부정적 기능으로 볼 수 있다.

부정적 기능은 크게 보면 농업 또는 농업 생산과정에서 결합산출물로 나오는 경우와 생산성 향상을 위한 인위적인 활동의 결과로 생기는 경우가 있다. 본래 농업의 다원기능으로서의 부정적 외부효과는 전자의 경우를 말한다. 예를 들면, 논 농업 과정에서 메탄 같은 온실가스가 발생한다거나 농지를 늘리기 위해 개간을 하여 환경을 해치는 경우, 경운 활동으로 생물다양성에 영향을 주는 경우, 축산의 경우에는 배설물이나 온실가스가 생기는 경우 등이다. 이런 부정적 외부효과가 본래적 의미에서 농업의 다원기능이다. 농약이나 화학비료 투입으로 생기는 부정적 외부효과는 생산성 향상을 위한 추가적인 활동의 결과이지, 본래적인 농업의 다원기

14 function은 통상 순기능(順機能)을 의미한다. 본래의 목적을 다 하지 못하는 부작용이나 역기능(逆機能)을 malfunction 또는 dysfunction이라고 부르는 이유는 function이 순기능을 전제로 하기 때문이다.

능으로서의 부정적 기능이라고 말할 수는 없다.

다양한 부정적 기능들을 열거했지만, 이는 긍정적 기능과 분리하여 생각할 수 없다. 부정적 기능의 증가로 인한 사회적 비용은 그만큼 긍정적 기능으로 인한 사회적 편익을 감소시킨다. 예를 들면, 농약이나 화학비료의 과다 사용에 따른 환경 및 생태계 훼손은 앞서 논의한 긍정적 기능으로서의 환경 및 생태계 보전을 그만큼 약화시키는 것과 같다. 다시 말하면, 농업의 다원기능에서의 긍정적 기능과 부정적 기능은 환경 및 생태계 보전 같은 특정 기능에서는 동전의 양면의 관계이다. 부정적 기능을 위한 별도의 분류가 큰 의미를 갖지 않는 이유이다. 그럼에도 긍정적 기능과 부정적 기능으로 구분하는 것은 [표 2-1]에서 보듯이 대부분의 다원기능들은 긍정적 기능으로서 부정적 기능을 훨씬 능가하기 때문이다. 실증적 접근에 따른 농업의 다원기능이 개념상으로는 역기능까지 포괄하지만, 중점은 긍정적 기능에 있음은 물론이다. 무엇보다 정책적 관점에서 농업이 갖는 다양한 긍정적 기능이 중요하다. 다원기능에 의한 외부효과는 시장실패 가능성을 높이고, 이는 정책간섭 문제와 연결되면서 직불제에 대한 논의가 따라오게 된다.

제3절 농업의 다원기능에 대한 국제적 논의

3.1 우루과이라운드와 OECD의 논의

농업의 다원기능 문제가 국제사회에서 논의되기 시작한 것은 1980년대 중·후반 GATT 우루과이라운드(Uruguay Round: UR) 무역협상이 진행되면서부터이다. 농업 분야 무역협상의 궁극적 목표는 WTO 농업협정에 반영돼 있듯이 공정하고 시장 지향적인 농산물 무역 시스템을 확립하는 것이다. 그러기 위해서는 농산물 무역을 자유화하고 국내정책에서도 가격지지 같은 보호주의적 조치를 감축해야 했다.

당시까지 농업보호주의를 견지해온 국가들, 특히 EC(European Community)와 스위스, 북유럽 국가들로서는 자국의 농업보호를 위해 UR 협상이 지향하는 자유주의 무역 질서 확립에 대한 대응 논리가 필요했다. 시장개방과 국내지지조치의 감축으로 농업생산이 줄면 동시에 식량안보나 환경보호 같은 농업의 비상품 산출물을 제공하는 긍정적 기능이 사회가 요구하는 적정 수준 이하로 축소됨으로써 국가·사회적으로 큰 피해를 입게 된다는 점을 내세웠다. 농산물 무역협상 과정에서 농업보호의 필요성과 그 근거로 농업의 다원기능 문제를 제기한 것이다. 농업의 다원기능의 외부효과나 공공재 문제에 따른 시장실패에 대해 정부 간섭이 불가피하다는 논리이다. 다시 말하면, 시장실패에 따른 정책적 간섭의 당위성을 내세워 농산물 시장개방에 대한 예외 조치나 가격지지의 방어논리를 찾고자 했던 것이다. 그들과 마찬가지로 강한 농업 보호국이었던 한국이나 일본도 같은 입장이었다. 반면 미국, 캐나다 등 농산물 무역의 완전 자유화를 지지했던 나라들은 이 문제가 위장된 무역장벽으로 작용할 수 있다는 점을 들어 농업의 다원기능 문제에 대해 부정적 또는 소극적 입장을 견지했다.

한편, 당시 농산물 무역협상이 진행되는 상황에서 OECD를 중심으로 농업의 다원기능에 대한 연구와 논의가 활발히 진행되었다. 농업의 다원기능에 의해 외부효과가 강하게 나타난다면 시장실패를 교정하기 위한 일정한 정책간섭이 필요해지는데, 이에 대한 이론적 체계를 정립할 필요가 있었던 것이다. OECD에서는 이미 농업과 환경의 문제, 농촌 어메니티, 지속 가능한 농업, 무역자유화와 환경 등을 주제로 한 관련 분야의 연구가 꾸준히 진행되고 있었다. 같은 선상에서 그 동안 축적된 관련 연구들을 바탕으로 무역협상과 함께 농업의 다원기능에 대한 연구도 본격적으로 진행되었다. WTO가 출범한 이후 2000년대에 들어서도 OECD는 농업의 다원기능에 관한 연구를 계속 이어갔다. 마침 당시에는 1992년 유엔환경개발회의(UNCED)에서 리우선언과 어젠더 21이 발표되면서 지속 가능한 발전과 환경, 기후변화 문제의 중요성에 대한 국제사회의 관심이 고조되고 있었다. 이런 국제사회의 움직임은 농업 분야에서 다원기능에 대한 논의를 더욱 촉진시킬 수 있었다.

3.2 WTO 농업협정과 NTC

농업의 다원기능에 대한 농산물 수출입국들 사이의 첨예한 논쟁과 협상의 결과는 WTO 농업협정(Agreement on Agriculture)에 비교역적 관심사항(non-trade concerns: NTC)이란 이름으로 반영되어 나타나 있다. 농업협정은 그 서문에서 식량안보와 환경보호의 필요성을 포함한 비교역적 관심사항을 고려하여 농업개혁을 공정한 방법으로 추진해 나가야 한다고 규정하고 있다.[15] 제20조에서도 미래 농업협상을 계속 이어갈 때 고려사항 중의 하나로 비교역적 관심사항을 규정하고 있다.

식량안보나 환경보호 같은 개별 국가들이 관심을 갖고 필요로 하는 문제를 국제규범으로 명문화했다는 점, 그리고 비록 선언적 규정이기는 해도 이를 농업개혁 과정에서 고려하도록 요구했다는 점은 중요한 의미를 갖는다. 비교역적 관심사항이란 식량안보나 환경보호 같은 국가의 비경제적 목표는 국가 간 교역을 통해 달성할 수 있는 것이 아니라는 의미다. 국가 간 거래의 대상이 아니기 때문에 수입으로도 대체될 수 없고 무역을 통해 획득할 수 없는 비상업적 공공의 영역으로 국가적 관심사항이라는 뜻이다. 세계 농업개혁을 추진하는 과정에서 개별 국가의 식량안보와 환경이 악화될 수 있다는 점을 고려하여 공정한 방법으로 개혁을 추진해야 한다는 데 합의한 것이다.

농업협정에서 예시적으로 열거한 식량안보와 환경보호는 [표 2-1]에서 보듯이 대표적인 농업의 다원기능이다. 그러나 농업의 다원기능 개념이 농업협정에 명시적으로 사용된 것은 아니다. 대신 무역의 대상이 아니고 무역으로 달성할 수 없다는 의미로 '비교역적(non-trade)'이라는 용어를 사용했다. 농업의 다원기능에 의한 비상품 산출물 공급이 '비교역적'이라는 수식어에 함축되어 있는 셈이다. 농업의 다원기능 개념을 명시적으로 규정하지는 않았지만 농업협정의 NTC 규정은 농업이 갖고 있는 다원 기능적 특성과 그 중요성을 국제사회가 인정하고 세계 농업개

15 Noting that commitments under the reform program should be made in an equitable way among all Members, having regard to *non-trade concerns, including food security and the need to protect the environment* ⋯ . (Agreement on Agriculture, WTO)

혁 과정에서 고려해야 한다는 원칙을 선언한 것이다. 명시적으로 열거된 식량안보나 환경보호는 예시일 뿐 비교역적 관심사항에는 여기에 국한하지 않고, 규정의 취지상 이 외에 비교역적인 농업의 다양한 기능들이 포함된다고 볼 것이다.

언급한 바와 같이 농업의 다원기능에 대한 국제적 논의가 본격화된 배경은 농산물 수입국들을 중심으로 한 농업보호의 필요성이다. 다자간 무역협상에서 시장지향적 세계 농업개혁이 진행되는 가운데 국내 농업을 유지하기 위한 대응 논리가 필요했다. 국가적 식량안보를 포함하여 국제무역으로 해결할 수 없는 환경·생태적, 사회·문화적 가치와 서비스를 농업이 제공하고 있기 때문이다. 이런 국가적 관심사항은 무역협상 대응 논리가 아니더라도 국제경쟁력이 약한 농산물 순수입국들에게는 실제로 매우 중요한 문제이다. 특히 식량안보까지 자유무역 시스템에 맡기려는 신자유주의적 식량안보관을 받아들이기는 어려웠을 것이다. 자유무역 시스템으로 해결할 수 없기 때문에 특별한 고려가 있어야 한다는 점을 국제사회가 합의를 통해 공식적으로 확인하고 인정했다는 점에서 큰 의미를 찾을 수 있다. 농업의 다원기능에 대한 국제사회의 논의 결과와 그 기본정신은 이렇게 비교역적 관심사항이라는 이름으로 농업협정에 규정되었다.

그러나 이 같은 서문의 명시적인 규정에도 불구하고 농업협정에는 이를 구체화하는 조항이 없어 선언적 의미에 그치고 있다. 예컨대, 식량 순수입국이 농산물 시장개방을 확대하고 국내지지조치를 감축하면 자연히 식량안보에 위협을 받게되는 상황이 올 수 있다. 자유무역 시스템이 개별 국가의 식량안보를 온전히 담보해 주지는 못한다. 그렇다면 이들 식량 순수입국에게는 시장개방에서의 우대조치나 일정 수준의 국내지지조치가 허용될 수 있어야 하지만, 이런 부분을 규율할 구체적인 감축 모댈리티에 관한 규정을 두고 있지 않다는 것이다. 그럼에도 불구하고 주목해야 할 부분은 식량안보나 환경보호 같은 농업의 다원기능의 중요성을 국제사회가 공식적으로 합의하고 인정했다는 점이다. 그리고 이에 관한 논의는 그 후에도 OECD를 중심으로 생산의 결합성, 다원기능의 범위 등에서 계속 이어지고 이론적 분석도 더욱 정밀화되어 갔다(OECD, 2008).

제4절 농업의 다원기능과 공익기능

4.1 농업의 공익기능

지금까지 농업의 다원기능에 대하여 살펴보았지만, 국내에서는 농업의 다원기능을 자주 공익기능과 혼용해 오고 있다. 때로는 두 개념을 구분하지 않고 사실상 같은 의미로 사용하기도 한다. 국제적으로 관례처럼 통용돼온 다원기능을 공익기능으로 바꿔 부를 수 있는 것은 농업의 다원기능을 긍정적 외부효과 측면에서만 파악하기 때문이다. 농업의 다원기능을 규범적 접근에 따라 다원적 공익기능으로 이해한다면 공익기능이란 무엇인가? 농업의 공익기능은 다원기능과 어떤 관계에 있고, 또 어떻게 다른 것인가?

공익(公益)은 사익(私益), 즉 사적 이익에 대립되는 개념이다. 전통적인 농업의 역할은 생산자의 사적 이윤 동기에서 이루어지는 경제행위에 초점이 맞춰진다. 농업의 기능과 역할을 사익을 추구하는 경제·산업적 관점에서 파악하는 것이다. 이런 관점에서 접근할 때는 농업의 공익기능을 논할 여지는 없어진다.

농업의 공익기능은 시장참여자로서의 생산자나 소비자가 아닌 사회의 불특정 다수를 대상으로 한 공공의 이익을 증대시키는 기능이다. 농업 활동으로 인해 농산물 생산자와 소비자뿐 아니라 지역주민이나 국민 등 불특정 다수의 편익이 증가하거나 미래 세대의 이익이 증가하는 기능이 공익기능이다. 농업생산 과정에서 또는 그 결과로 아름다운 전원적 경관이 만들어져 사람들이 이것을 즐김으로써 행복감을 얻고, 생물다양성 유지로 환경과 자연생태계가 잘 보존되고, 혹은 농촌사회의 지속가능성 제고로 국토의 균형적 발전에 도움이 되어 사람들이 편익을 얻게 된다면 이것이 공익의 증진이다. 또는 농업생산으로 국가적 식량안보가 강화된다면 이 또한 국가·사회의 공익 증진에 기여하는 것이다. 농업의 결합생산물로서 다양한 공공재 서비스를 공급함으로써 사회적 편익을 증진하는 농업의 다원기능이 공익기능이다.

농업의 공익기능을 이렇게 이해할 때 농업의 다원기능이 곧 공익기능은 아니라는 것을 알 수 있다. 다원기능에 의한 긍정적 외부효과도 반드시 사회적 편익 증대에 기여하는 것은 아니다. 농업의 다원기능 중에서 긍정적 외부효과가 개인의 사적 이익에 기여하는 경우도 있을 수 있다. 예를 들면, 과수원 경영으로 꿀벌의 채밀(採蜜)에 도움을 주어 의도하지 않게 옆집 양봉 농가에게 이익을 주는 경우이다. 이때 과일 생산 과정에서 생기는 긍정적 외부효과는 특정 양봉 농가 개인에게 돌아가는 사적 이익이다. 결국 농업의 공익기능이란 농업의 다원기능으로서 순전히 공공의 이익에 기여하는 긍정적 외부효과를 일으키는 기능을 말한다. 다시 말하면, 다원기능 중에서 부정적 외부효과를 배제하고, 다시 특정 개인의 사익에 기여하는 긍정적 외부효과를 제외한 나머지 기능을 말한다. 이때 결합생산물로 나오는 비상품 산출물은 공공재(public goods)이다.

살펴본 바와 같이 엄밀한 의미에서 농업의 공익기능은 다원기능과 명백히 다르기 때문에, 상황에 맞도록 잘 구별하여 두 개념을 적절히 사용해야 한다.[16] 농업의 다원기능을 중요시하는 유럽이나 일본 등 국제사회에서는 우리나라와 달리 공익기능이라는 용어를 사용하지 않는다. 그것은 농업 활동에서 긍정적 효과와 부정적 효과가 동시에 생기는 경우가 적지 않아 농업의 부정적 외부효과를 간과할 수 없기 때문일 것이다.

앞서 개념 정의에서 보았듯이 농업의 다원기능의 핵심 구성요소는 생산 결합성, 외부성, 그리고 공공재적 특성 등 세 가지다. 다원기능 개념은 이 중에서도 특히 농산물 생산과 함께 다수의(multiple) 비상품 결합산출물이 생성되는 특성, 즉 결합성을 핵심 요소로 하고 있다. 그런데 공익기능 개념에는 그 자체만 보면 상품(농산물)과 다수의 비상품 산출물 간의 결합생산 관계를 나타내는 의미를 내포하고 있지는 않다. 외부성(긍정)과 공공재 특성만을 읽을 수 있을 뿐, 가장 중요한 기능

16 다원기능은 농업생산이 전제되는 생산과정의 특성이므로 농업에 국한한 기능이지만, 공익기능은 농업과 농촌에 공히 적용 가능한 기능이란 점에서도 차이가 있다. 이 문제에 대해서는 제13장에서 상세히 논의한다.

의 다원성 요소를 포함하지 않고 있다. 또 농산물 생산이라는 농업의 본래적·본원적 기능이 자칫 의미가 왜곡될 가능성도 있다. 농업은 사적인 생산활동을 통해 소득을 창출하는 통상적인 산업이지 공익을 추구하는 공익산업이 아니다. 본서에서 책 제목을 포함하여 원칙적으로 공익기능이 아닌 다원기능 개념을 사용하고 있는 배경도 여기에 있다.

이론적으로는 두 개념을 이렇게 구별할 수 있지만, [표 2-1]에 나타난 긍정적 외부효과로서의 다원기능은 거의 모두 공익기능이다. 뿐만 아니라 다원기능을 논의하고 관심을 갖는 우리의 궁극적인 지향점 또한 공익기능에 초점이 맞춰져 있다. 농업의 다원기능을 공익기능으로 혼동하여 부르고 있는 현실은 이 같은 사회적 관심이 반영된 결과일 것이다. 즉, 농업의 다원기능의 중심은 공익기능이다. 본서에서는 국제적 관례에 따라 농업의 다원기능을 원칙으로 하면서 때로는 공익적 다원기능도 사용할 것이다. 동시에 의미상 공익기능이 명확한 경우에는 다원기능 대신 공익기능 또는 다원적 공익기능으로 부르게 될 것이다.

고찰한 바와 같이 농업의 다원기능을 광의로 해석하면 농업의 긍정적 외부효과로서의 순기능과 부정적 외부효과로서의 역기능을 모두 포함한다. 이것이 실증적 접근에 의한 다원기능이다. 그러나 농업의 다원기능이 등장한 배경을 고려한다면 긍정적 외부효과, 즉 순기능에 중점이 놓이게 된다. 농업의 다원기능을 규범적으로 접근하는 것이다. 어휘의 의미상으로 보더라도 'function'은 통상 순기능을 의미한다는 점과 그 사전적(辭典的) 의미 또한 순기능에 방점이 놓여있다. 만일 농업의 다원기능이 사회적 편익이 아닌 단순한 기능의 다원성, 다양성에 그친다면 사회적 관심이나 정책적 고려의 대상이 되기는 어려울 것이다. 기능의 다양성을 넘어 그런 기능으로 인해 사회적 편익, 즉 공익의 증진에 기여한다는 점 때문에 국가적 관심과 정책적 고려의 대상이 되는 것이다.

우리나라는 2000년대 들어 「농업·농촌 및 식품산업 기본법」에서 농업의 다원기능에 관한 사항을 처음 규정하면서 국제적으로 통용되는 다원기능 대신 공익기능 개념을 사용했다. 이 법이 시행되면서 국내에서는 농업의 공익기능을 다원기능과 거의 동의어처럼 사용해 오고 있다. 2020년에는 공익기능 증진을 위한 직접지불제법이 시행되면서 공익기능 개념은 더욱 확고히 자리를 굳히게 되었다. 그러나 논의한 바와 같이 이론상으로 보면 공익기능은 다원기능과 명백히 다른 개념이다. 따라서 이 책에서는 원칙적으로 농업의 다원기능을 사용하되, 상황에 따라 공익기능 또는 다원적 공익기능도 함께 사용하게 될 것이다.

4.2 공익성의 원천

농업이 결합생산물로서 공공재를 공급하고 공익기능을 수행한다면 그 공익성(公益性)은 어디에서 오는 것인가? 농업의 어떤 특성이나 요소들이 이 같은 공공의 이익을 증진시킬 수 있는 것인지, 좀 더 넓은 의미로는 무엇이 긍정적 외부효과를 일으키는지 의문이 생긴다.

생산 주체로서 기업은 노동, 자본, 토지 등 물적 생산요소에 기술을 결합하여 재화와 서비스를 생산한다. 산업은 이런 기업 또는 개별 생산자들의 집합체이다. 어느 산업이든 이런 방식으로 생산을 하고 경제 활동을 영위한다는 데서 다를 바 없다. 하지만 농업은 이 같은 통상적 생산방식을 공유하면서도 다른 산업들과 명확히 구별되는 특징을 갖고 있다. 설령 순전히 사적인 이윤 동기에서 생산활동을 한다고 해도 투입되는 생산요소가 다르고 산출물의 성격이 다르다. 농업은 자연적 요소(자연자원)[17]를 이용하여 생명체를 생산해 내는 산업이다. 대부분 농업의 공익기능은 이 두 가지 본질적 특성 - 투입요소 특성(자연)과 산출물 특성(생명) - 으로부터 나온다. 결국 자연과 생명, 이 두 요소가 농업의 다원기능이 갖고 있는 공익성의 원천(源泉)이다.

먼저 투입요소 측면의 특성이다. 농업생산에도 노동과 자본(인공자본)이 투입되는 것은 당연하지만, 중요한 것은 이 외에 농업은 토지(흙, 땅), 물, 햇빛, 공기 등

17 석유, 석탄, 천연가스, 각종 광물자원 등 지하자원도 넓은 의미의 자연자원이지만 여기서 말하는 자연자원이 이들을 의미하는 것이 아님은 물론이다.

자연적 요소들이 함께 투입되어야만 생산이 가능해진다는 사실이다.[18] 농업에서는 이 자연 요소(자연자본)들이 노동이나 자본(인공자본)보다 훨씬 중요하다. 토지, 물, 햇빛, 공기만 있으면 자본이 없더라도 생산성은 떨어질 수 있어도 생산은 얼마든지 가능하다. 하지만 이런 자연요소의 투입 없이 노동과 자본만으로는 농산물 생산은 불가능하다. 토지의 경우도 다른 산업에 이용되는 토지와는 성격이 완전히 다르다. 농업 생산에서의 토지는 거기에 영양분을 함유하고 미생물이 살 수 있는 비옥한 토지(흙, 토양)이어야 한다. 공장이나 건물을 짓기 위한 단순한 공간적 요소로서의 토지와는 다른 토지이다. 콘크리트 바닥 위에서도 공장은 돌아가지만, 농업을 위한 토지는 생명체가 자랄 수 있는 흙이어야 한다. 종종 축산이 농업의 공익기능 논의에서 소홀히 다루어지는 이유도 축산업은 토지를 포함한 자연적 요소들이 직접 투입되는 산업과는 다소 거리가 있기 때문이다. 농업은 대자연의 요소들, 즉 자연자원을 이용하기 때문에 아름다운 자연경관을 조성하고 생물다양성을 유지하여 환경과 생태계를 보존하는 등 농업의 다원기능이 가능해지는 것이다.

다음으로는 산출물이 생명체라는 점이다. 농업은 호흡하고 생장하고 병들고 사멸하는 생명체를 생산하는 산업이라는 데서 공익기능이 나온다. 농업의 생산활동은 결국 생명체가 성장하는 과정이고 그 결과물이다. 생명체의 성장 과정에서 줄기와 잎이 자라고, 꽃이 피고 열매를 맺으면서 철따라 각양각색의 아름다운 경관을 연출하기도 하고, 동·식물 서식지를 제공하고 생물다양성을 유지하며 자연생태계 보존에 기여한다. 광합성 과정에서 대기 중의 이산화탄소를 흡수하고 산소를 배출하여 맑은 공기를 제공하기도 한다. 농업의 산출물이 태양 에너지를 받아 성장해 가는 생명체이기 때문에 가능한 일이다. 인간은 이렇게 생산된 생명체로서의 식량을 섭취함으로써 생명을 유지하고 생존할 수 있는 것이다. 다원기능에 의한 긍정적 외부효과는 추가적인 비용이나 자원을 들이지 않고 사회가 덤으로 얻는 이익으로 자연이 인간에게 주는 혜택이다.

18 여기서는 식물공장이나 수직농업 같은 공장식 농업을 말하는 것은 아니다. 이런 공장식 농업은 농업의 공익기능 논의의 대상에서 제외된다.

결국 농업이 다양한 사회적 편익을 제공하는 공익기능은 자연적 요소를 투입하여 생명체를 생산하는 농업의 본질적 속성에서 비롯되는 것이다. 농업생산의 원천인 비옥한 토지(토양)와 맑은 물, 깨끗한 공기, 그리고 햇빛은 생명을 탄생·유지시키고 환경과 생태계를 구성하는 핵심 요소이다. 농업생산이 본질적으로 자연 생태계와 연결돼 있다는 데서 다원기능이 나온다. 자연과 생명을 본질적 요소로 하는 농업의 다원적 공익기능은 농업이 갖고 있는 본래적 속성이다.

제5절 농업의 다원적 공익기능의 예시

농업의 다원기능으로 나오는 비상품 산출물은 시장에서 거래되고 가치가 평가되지 않는다. 그렇기 때문에 그것이 구체적으로 무엇을 의미하는지, 어떻게 그리고 얼마나 인간 사회에 이익을 주는지 잘 와닿지 않는 게 사실이다. 한때 다원기능의 화폐적 가치를 추정하기 위한 연구가 많이 있었던 것도 이런 문제를 극복하기 위한 노력의 일환이다. 다원기능이 주는 사회적 편익의 구체적인 예시를 살펴봄으로써 다소 추상적으로 인식되는 다원기능에 대한 이해를 돕고자 한다. 다원적 공익기능의 예를 살핀다.

5.1 논 농업

쌀은 한국 농업의 근간일 뿐 아니라 농업 분야에서 다원적 공익기능이 가장 잘 드러나는 대표적인 품목이다. 농가가 쌀을 생산하는 행위는 식량을 얻기 위한 목적 외에 소득을 얻고 수익을 창출하기 위한 통상적인 경제활동이다.[19] 이런 사적 이윤 동기를 갖고 쌀 생산을 하지만 동시에 쌀 외에 의도하지 않은 다양한 비상품 산출물이 결합되어 나온다.

쌀 생산이 언제나 식량안보의 제고로 직접 이어지는 것은 아니지만, 국내 생산과

19 취미농이나 텃밭 가꾸기 같은 소규모 농업은 제외한 일반적인 농업을 말한다.

이를 통한 농업기반 유지는 비상시 한 나라의 식량안보 제고에 기여하는 것은 틀림없다. 쌀 생산을 통한 식량안보 제고 기능은 우리나라의 여건에서 농업의 다원기능 중에서도 가장 중요한 기능이다. 다음으로 논 농업은 쌀 생산 과정에서 생산 농가가 의도하지 않았어도 자연스럽게 아름다운 경관을 제공하는 데 기여한다. 가을 들녘 무르익은 벼이삭이 연출해 내는 아름다운 경관을 보고 행복감을 갖지 않는 사람은 없을 것이다. 봄철 모내기가 끝난 후 연녹색의 광활한 논 풍경도 마찬가지다. 필리핀의 예처럼 다랑논은 그 자체가 아름다운 자연자원으로 문화적 보존가치가 높아 세계 문화유산으로 등재되기도 했다. 아름다운 경관을 제공하여 사람들에게 행복감을 주었다면 이것이 공공의 이익에 기여한 것이다. 쌀 농가가 그럴 의도를 갖고 농사를 지은 것이 아니라 생산 과정에서 부수적으로 결합산출물로 생긴 것이다.

논은 여름철 집중호우가 계속될 때 댐을 대신하여 홍수조절 역할을 하고 물이 땅속으로 스며들어 수자원을 보존하는 기능도 크다. 아시아 몬순기후대에 속해있는 우리나라의 경우 특히 이 홍수조절 기능은 중요하다. 이를 위해 댐을 건설했다면 생길 막대한 비용 절감은 물론 환경과 생태계 파괴를 예방한 셈이다. 논 농업을 통해 각종 생물종들을 유지하고 자연생태계를 보존하며 환경을 보존하는 데서 오는 편익도 크다. 논은 생물다양성을 유지하는 인공 습지로서의 가치도 크다. 논은 물론 주변의 도랑이나 논둑은 각종 어류, 양서류, 파충류, 메뚜기 등 다양한 동·식물의 서식처가 되고 겨울에는 먹이를 찾아드는 철새들의 도래지가 되기도 한다. 벼가 생장하면서 광합성을 통해 탄소를 흡수하고 대기를 맑게 정화하는 기능으로 도움을 주기도 한다. 또한 논 농업을 통해 토양 유실을 방지하고 토양의 탄소저장 기능도 크다.

우리나라의 논은 전체 경지면적의 52%를 차지하고, 전체 농가의 54%가 쌀을 생산하며 농촌에서 살아가고 있다. 쌀 농업이 존재함으로 인해 농촌사회의 지속성(viability)이 유지되고 토지자원이 보존되고 있다. 나아가 농촌사회의 유지를 통해 국토의 균형적 발전에 기여하고 있다. 수천 년 쌀농사를 통해 이어지는 민족 고유의 전통문화를 보존하는 소중한 가치도 크다. 논 농사가 수천년 이어져 오면서 형

성된 고유의 농경문화는 길이 보존되어야 할 소중한 민족문화 유산이다.[20]

이상에서 살펴본 다양한 사회적 편익들은 논 농업을 통해 결합생산물로 나오는 긍정적 외부효과이다. 공공재 또는 공공재적 특성을 지닌 비상품 산출물로서 생산 농가들에게 귀속되는 사적 이익이 아니다. 지역주민이나 방문객, 아니면 전체 국민 등 국가·사회의 이익 혹은 미래 후손들의 이익으로 돌아가는 공공의 이익이다. 논 농업이 주는 다원기능의 실제 사례들이다.

5.2 밭 농업과 초지 농업

밭 농업의 다원기능도 논 농업 못지않다. 밭 농업으로 생산되는 품목은 매우 다양하고 지역이나 국가마다 다르기 때문에 실제로 나타나는 농업의 다원기능은 지역이나 국가에 따라 다 다를 수 있다. 밭작물로는 밀, 보리, 콩, 옥수수 등 곡물은 물론 사과, 배, 복숭아, 포도, 감귤 같은 과실류, 각종 채소류, 그리고 과일과 채소의 중간 형태로서의 과채류 등 매우 다양하다. 이 밖에도 각종 화훼류, 목화, 담배, 인삼, 그리고 고구마나 감자 같은 구황작물 등 이루 헤아릴 수 없이 많은 작물들이 밭 농업을 통해 생산된다.

품목에 따라 다소 차이는 있겠지만 이들 밭 농업으로부터도 다양한 공익기능이 발현됨은 물론이다. 밀이나 보리 같은 곡물류는 무엇보다 쌀과 함께 식량안보에 긴요한 품목들로서 그 중요성이 크다. 각종 비타민과 영양소의 공급원인 과일과 채소 농업 역시 식량안보 제고에 도움을 준다. 또한 밭 농업은 아름다운 자연경관을 조성해 준다. 밀밭, 청보리밭, 유채밭, 메밀밭의 아름다운 풍경이 그 예이다. 또 밭 농업은 수자원 보존, 동·식물 서식지, 생물다양성, 환경보전과 생태계 유지 등 논 농업에서의 공익기능과 다름없는 역할을 한다. 밭은 물을 가두어야 하는 논과 달리 사람들이 안으로 쉽게 접근하여 즐길 수 있어 녹색관광(green tourism) 자원이나 휴식과 치유의 공

20 농가월령가 등 농요나 사물놀이 같은 농경문화 외에도 농업과 농촌을 소재로 한 시·소설 등 문학작품이나 음악, 미술작품도 헤아릴 수 없이 많다. 농업·농촌이 존재함으로써 세상에 나올 수 있었던 작품들이다.

간이 될 수 있다. 어린이들이 자연과 환경에 친해지고 생명 존중 의식을 기를 수 있도록 정서 함양과 교육의 장이 될 수도 있다.[21] 이 밖에도 농촌사회 유지와 농경문화의 계승 등 앞서 논의한 논 농업의 공익기능을 거의 그대로 갖고 있다.

논이나 밭 농업 수준까지는 아닐지라도 목초지를 기반으로 소나 양을 기르는 낙농업의 경우에도 공익기능을 말할 수 있다. 초지를 기반으로 한 낙농업은 우유 등 유제품 공급을 통해 식량안보 제고에 기여한다. 대관령 목장의 목가적 풍경처럼 소들이 평화로이 풀을 뜯는 목장이 아니더라도 넓게 펼쳐진 푸르른 초지는 그 자체로 아름다운 자연경관이다. 초지 농업은 토양 유실 방지 등 농지자원을 보존하고 생물다양성과 동·식물 서식지 등 자연생태계 보존에 기여한다. 탄소저장을 통해 지구온난화 완화에도 기여한다. 그러나 아시아 몬순 기후대에서 논 농업이 중심인 우리나라는 산지가 많고 험하여 상대적으로 초지농업이 발달하지 못했다. 반면 논 농업이 거의 없고 넓은 농경지와 목초지를 보유한 유럽이나 오세아니아, 북미 국가들에서는 초지농업이 많이 발달했다. 스위스나 오스트리아처럼 알프스산맥을 끼고 있는 유럽 국가들의 아름다운 농촌 경관은 그 나라의 중요한 관광자원이 되어 세계의 관광객을 끌어들이고 있다.[22]

지금까지 우리는 논 농업, 밭 농업과 초지 농업에서 일어나는 농업의 다원기능의 사례들을 긍정적 효과에 초점을 맞춰 살펴보았다. 이것은 다원기능이 존재한다는 의미이지 그로 인한 편익이 실제 어느 정도 가치가 크고 중요한지를 말한 것은 아니다. 다원적 공익기능이 주는 이익의 유형과 크기는 나라와 지역에 따라, 지리적·기후적 조건에 따라 다르다. 더욱 중요한 것은 수요 측면에서 지역주민이나 국민이 어떻게 인식하고 평가하느냐에 따라 달라진다. 예를 들면, 농업·농촌이 주는

21 우리나라의 밭 농업은 선진 외국과 달리 비닐하우스, 유리온실 농법이 일반화되어 있다. 특히, 채소나 화훼 등 원예농업은 더욱 심하다. 이런 시설농업이 자연경관과 환경, 생태계 등에 미치는 악영향은 매우 크고 온실가스 배출 문제도 있다. 이런 측면을 고려하면 밭 농업의 공익기능은 말하기 어렵다. 최근에는 생산성 향상을 위해 과수나무 등을 온전히 자라지 못하도록 형체를 인위적으로 변형하는 사례들도 많이 보이고 있다.

22 농촌경관이 개인 소유의 농지에서 관광 수입을 얻기 위한 수단으로 사용되는 경우, 이때의 농촌경관은 공공재가 아니며 그 기능 또한 공익기능이 아니다.

아름다운 자연경관이라 해도 느끼는 행복감이나 가치 평가는 개인이나 국민에 따라 다를 수 있다. 마치 같은 사과 하나를 소비하더라도 그 사람의 선호체계에 따라 효용의 크기가 다를 수 있듯이 말이다. 같은 미술작품을 놓고도 그 가치 평가는 사람에 따라 천양지차가 나게 마련이다. 경관뿐 아니라 생물다양성이나 동·식물 서식지 같은 환경과 생태계를 보존하는 기능, 식량안보 제고 기능 등 대부분의 다원기능들은 개인의 평가에 따라 다 다를 수 있다는 한계를 내재하고 있다. 이는 다원기능의 가치평가에 관한 문제로 제6장에서 상세히 논의하게 된다. 그럼에도 분명한 것은 살펴보았듯이 농업의 다원기능의 긍정적 외부효과로 인한 사회적 편익이 상당히 존재한다는 사실이다.

제3장 농업의 다원기능과 결합생산

농업의 다원기능은 생산과정에서 농산물 외에 다수의 비상품 산출물이 외부효과로서 동시에 생성돼 나오는 현상, 즉 농업의 결합생산 관계로부터 출발한다. 이 장에서는 농업의 다원기능의 핵심 요소인 결합생산 문제에 대하여 고찰한다. 먼저 결합생산의 개념과 결합성의 요인을 살펴보고, 결합생산의 최적 공급량 결정 원리를 논의한다. 다음으로 농업의 다원기능에 의한 각 비상품 산출물별 농업생산과의 결합성 문제, 특히 식량안보의 결합생산 관계를 상세히 살펴본다. 마지막으로 농업의 다원기능에서 결합생산이 갖는 정책적 함의에 대하여 논의한다.

제3장

농업의 다원기능과 결합생산

제1절 결합생산의 개념과 농업

1.1 결합생산의 개념

하나의 생산과정에서 상호 연계된(interlinked) 둘 또는 그 이상의 산출물이 동시에 생산되어 나올 때 이런 현상을 결합생산(joint production)이라고 한다. 그리고 이때 생긴 다수의 산출물(outputs)이 결합 생산물(joint products)이다. 원유(原油) 생산과정에서 천연가스가 함께 생산된다거나, 쌀 생산과정에서 쌀과 함께 볏짚이 나온다거나 또는 양계 농가가 닭과 계란을 동시에 생산하는 것 등이 그 예이다. 마찬가지로 쇠고기와 소가죽, 양고기와 양모, 고기(소, 양)와 우유, 대두유와 대두박 등도 같은 결합 생산물이다. 이때 산출물들 사이에 존재하는 결합성(jointness)으로 인해 어느 하나의 산출물 변화는 다른 결합 생산물의 변화를 일으킨다는 게 결합생산의 특징이다. 쇠고기 생산을 위해 소를 도축하면 쇠고기와 함께 가죽이나 가죽제품도 동시에 생산되는데, 가죽이나 가죽제품의 생산량은 쇠고기 생산량의 변화에 따라 영향을 받는다.

농업의 다원기능에서도 같은 결합생산 관계를 말할 수 있다. 앞 장의 논 농업 사례에서 보았듯이 대부분의 농업은 식량 등 농산물을 생산하는 과정에서 외부효과로서 다양한 비상품 산출물이 동시에 생긴다. 다만 이때 결합생산으로 나오는 산출물은 통상적인 상품이 아니라는 점이다. 이 결합생산 현상이 농업의 다원기능의 본질적 특징이며, 따라서 상품으로서의 농산물과 비상품 산출물 사이의 결합성의 정도와 성격이 농업의 다원기능 문제의 주요 논점이 된다. 농업의 결합생산물로 나오는 비상품 산출물은 식량안보, 아름다운 농촌경관, 환경 및 생태계 등 [표 2-1]에서 살펴보았다. 농업 활동 또는 농산물과 이들 비상품 산출물 사이에 어느 정도의 연계성과 상관관계(correlation)가 존재하는지가 농업의 다원기능 논의에서 중요 관심 대상이 된다.

본서에서는 결합성을 넓게 해석하여 농업 또는 농업생산과 비상품 산출물 사이에 존재하는 일정한 상관관계로 본다. 농업이 존재함으로써 또는 농업 생산활동으로 말미암아 농산물과 동시적·부수적으로 생성되는 비상품 산출물과의 관계성을 결합성으로 본다는 의미이다. 때로는 농업 생산요소(농지)와의 결합 관계로 비상품 산출물이 생성되기도 한다. 결합생산 관계로 인해 농산물 생산이 변하면 비상품 산출물이 변하고, 반대로 비상품 산출물 변화를 위한 정책 개입은 농산물 생산과 무역에 영향을 주게 된다. 양자 사이의 결합도가 높을수록 농산물 생산이나 무역에 미치는 영향을 최소화하면서 다원기능을 제고할 수 있는 가능성은 낮아진다.

1.2 농업의 다원기능과 결합생산

앞 장에서 고찰한 바와 같이 결합생산 관계는 농업의 다원기능을 규정하기 위한 가장 중요한 요건이다. 농업의 다원기능의 핵심은 사유재로서의 농산물과 비상품 산출물 간의 결합생산 관계이다. 농업생산을 통해서 또는 그 과정에서 농산물과 결합되어 동시적으로 다수의 비상품 산출물이 공급된다는 것이다. 다양한 결합생산물들이 동시에 나오기 때문에 다원기능이다. 이 결합성 관계가 존재하지 않는다면 농업의 다원기능 문제는 성립할 수 없다. 농업의 다원기능 논의에서 결합생산이 중요한 것은 이런 이유이다. 그런데 농업의 다원기능에서의 결합성 문제는 생성되는 비상품 결합 산출물이 갖는 특징 때문에 앞서 논의한 일반론적 결합생산과는 다르다.

첫째, 통상적인 결합생산물들은 사유재로서 시장이 형성되고 가격이 매겨진다. 이윤 동기와 시장원리에 따라 결합생산물의 최적의 생산과 자원배분이 이루어진다. 그러나 농업의 다원기능에 의한 결합생산물은 외부효과로 생기는 비상품 산출물이다. 상품도 아니고 사적 재화도 아니기 때문에 시장이 존재한다거나 가격이 형성되지도 않는다.

둘째, 대부분의 경우 농가가 의도적·계획적으로 생산한 것이 아니고 외부효과로 자연히 생성된, 즉 농산물의 결합생산물로서 부수적으로 생성되는 결합생성물(生成物)이다. 결합성은 존재하지만 그렇다고 의도를 갖고 생산해 낸 결합생산물(生産物)은 아니다.[1] 결합생산물은 의도적, 계획적으로 생긴 것임에 반해 결합생성물은 비의도적, 부수적으로 생긴 것으로 내부화되지 않은 외부효과이다. 현실의 다원기능에는 둘 다 존재하며 결합생산이든 그냥 결합생성이든 모두 결합생산 이론으로 설명하고 있다. Steedman(1984)은 의도했든 아니든 이 모두를 결합생산 관계로 본다. 이중 의도 여부와 관계없이, 즉 부산물인지 여부와 관계없이 내부화되지 않은 비상품 산출물이 외부효과이다. 때로는 비상품 산출물의 공급이 의도적, 계획적일 수도 있다. 이 경우에는 생산자의 이윤 추구 행위에 따라 최적의 자원배분과 결합생산물 구성의 문제가 생긴다. 그러나 농업의 다원기능에서의 결합생산은 일반적으로는 생산자의 의사결정에 반영되지 않는 비의도적 결과물이다. 이런 의도하지 않은 결과물들로 인해 외부성 문제가 생기고 시장실패와 정부의 시장간섭 문제로 이어진다.

앞서 예를 든 쇠고기와 소가죽, 양고기와 양모 등의 관계가 통상적인 상품으로

1 생산은 의도(목적)를 갖고 하는 행동으로 최적화 원리가 작용하는 공급임에 반해, 생성은 비의도적, 부수적인 공급이다. 의도하지 않고 생기는, 즉 생성되는 것을 생산 개념에 포함된다고 보면 농업의 다원기능으로 나오는 모든 비상품 산출물은 결합생산물이다. 농업생산의 부산물로 나오는 산출물까지 모두 결합생산으로 보는 견해도 있다(Steedman, 1984).

서의 결합생산 관계이다. 하지만 본서에서 논의하고 있는 농업의 다원기능에서의 결합생산은 쌀과 식량안보, 쇠고기와 전원적 목장 풍경 등과 같이 사유재가 아닌 비상품 산출물을 공급하는 결합관계이다. 이점이 통상적인 결합생산 관계와 구별되는 점이다. 그렇기 때문에 결합산출물의 적정 수준 결정 원리나 정책적 함의도 달라진다.

결합생산 관계가 쇠고기와 소가죽, 양고기와 양모의 관계처럼 거의 비례적으로 생산되는 경우라 해도 이때 결합생산물로 나오는 소가죽과 양모 모두 시장이 존재하는 사적 재화이다. 따라서 농가는 이들 결합생산물의 상대가격의 시그널에 따라 이윤극대화 조건을 충족하는 최적의 소가죽과 양모 생산량을 생산해 낼 것이다.

그러나 농업의 다원기능에 의해 생성되는 비상품 산출물은 이 같은 최적화 행동의 원리가 적용되지 않는다. 농산물 생산과 함께 결합산출물로서 '생성'될 뿐이다. 농가는 사적 재화인 농산물의 최적 산출량만 결정하면 되는 것이고, 다원기능으로 나오는 비상품 산출물은 농가의 의지와는 무관하게 농산물과의 결합성의 정도와 성격에 따라 자동으로 결정되어 나오게 된다. 때로는 농산물과 관계없이 생산요소(농지)와 결합되거나 농업의 존재 자체와 결합되어 생기기도 한다. 예를 들면, 자연 서식지나 생태계, 전통 문화유산 보존 등이다. 이때 비상품 산출물에 의한 외부효과를 내부화하지 않는 한 농가의 이윤에도 아무런 영향을 미치지 않는다. 농업의 다원기능에 의한 결합생산 문제는 일반적인 결합생산의 최적화 원리를 적용하기 어렵다.

셋째, 긍정적 외부효과로 나타나는 농업의 결합생산물은 대부분 공공재(public goods) 또는 공공재적 성격을 지닌다. 예를 들면, 농업 생산과정에서 생성되는 아름다운 농촌경관을 사람들이 보고 즐긴다고 해서 생산농가가 별도의 요금을 부과한다거나 즐기는 것을 막을 수 없다(비배제성). 또한 이런 경관을 어느 한 사람이 즐긴다고 해서 다른 사람이 같은 즐거움을 누리는 데 영향을 주는 것도 아니다(비경합성). 다시 말하면 농업의 다원기능 문제는 필연적으로 공공재 문제가 따르게 된다. 결국 하나의 농업생산 과정에서 사유재, 즉 사적 재화와 공공재가 동시에 결합생산 관계로 나오는 상황인 것이다.

따라서 농산물 생산의 변화는, 그것이 정책에 의한 것이든 아니면 시장기능에 의한 것이든, 결합생산 관계에 놓여 있는 비상품 산출물의 변화를 일으킨다. 반대로 비상품 산출물의 변화(예, 무농약 정책에 의한 농업환경의 개선)는 그와 결합생산되는 농산물의 변화를 초래한다. 이로 인한 농산물 생산의 변화는 무역에 영향을 미칠 수도 있다. 생산의 변화는 투입요소의 변화를 수반하므로 투입요소에 기반한 결합산출물도 변하게 된다. 따라서 생산의 결합성은 농업의 다원기능에 관한 정책적 문제의 전제가 되는 것이다. 결합성이 존재하지 않는다면 다원기능에 의한 비상품 산출물은 농업생산과 독립적으로 공급될 것이므로 정책적 문제가 생길 수 없다. 사유재인 농산물과 공공재로서의 비상품 산출물의 결합생산 관계가 전제될 때 최적의 비상품 산출물 수준을 제공하기 위해 어떤 정책 수단이 필요한지를 모색하게 되는 것이다.

제2절 결합성의 요인

농업 부문에서 나타나는 결합생산은 크게 세 가지 요인에 기인한다. ① 생산과정에서 기술적 상호의존성(technical interdependencies), 즉 상호연계성(technical inter-linkage)이 존재하는 경우, ② 동일한 비분할 투입요소(non-allocable input)가 공통적으로 사용되는 경우, ③ 고정된(주어진) 분할 가능한 투입요소가 사용되는 경우이다. 이 같은 요인들에 의한 결합성으로 인해 하나의 결합생산물의 변화는 다른 결합생산물(들)의 공급량에 변화를 주게 된다는 것이 결합생산의 특징이다.[2]

2.1 기술적 상호의존성

첫 번째 기술적 상호의존성이란 결합생산물 사이에 투입 요소 배분의 변화 없이

2 본절의 내용은 OECD(2001a)를 주로 참고하여 작성하였다.

하나의 산출물의 변화가 다른 산출물의 공급에 영향을 주는 관계를 말한다. 농업에서의 결합생산물은 대부분 생산과정에 내재한 본연의 기술적 또는 생물학적(biological) 상호의존성에 기인하기 때문에 이를 생물학적 상호의존성이라고도 한다. 즉, 기술적·생물학적 상호의존성은 농업 생산과정에서 발생하는 결합생산물 간의 상호의존적 관계를 말한다. 예를 들면, 꿀벌과 과수나무의 관계에서처럼 각각의 결합산출물이 생산과정에서 쌍방에게 서로 이익이 되는 관계가 여기에 해당한다.

산출물 간의 상호연계성이 생산과정에서의 기술적 상호의존성에 기인할 때 어느 한 결합산출물의 생산은 투입된 생산요소뿐 아니라 다른 결합산출물의 생산량에도 의존한다. 두 개의 결합산출물의 생산량을 Q_1, Q_2라 하고, 투입되는 생산요소 벡터를 각각 x_1, x_2라고 하자. 그러면 이때 결합생산물의 생산함수는 다음과 같이 표시될 수 있다.

$$Q_1 = f(x_1, Q_2),\ Q_2 = g(x_2, Q_1) \qquad x_1 + x_2 = X \tag{3.a}$$

식 (3.a)가 보여주듯이 결합생산물의 생산량은 생산요소 외에 그와 결합생산 관계에 있는 다른 결합산출물의 생산량에 의존한다. 두 결합생산물이 상호 의존관계에 있기 때문이다. 기술적 상호의존 관계에 있는 결합생산물에서는 하나의 생산물의 증가가 다른 결합 생산물의 생산요소의 한계생산에 영향을 준다. 그 생산요소의 한계생산이 늘어날 때 두 결합생산물은 기술적으로 보완적(complementary)이라고 말하고, 감소할 때 기술적으로 경쟁적(competing)이라고 말한다.[3] 앞의 예 꿀벌과 과수나무의 관계가 보완적 관계라 할 수 있다. 꿀 생산이 늘면 단위 면적당 과일 생산도 증가하기 때문이다. 또 논에 화학비료나 농약을 줄이면 생물다양성은 향상되지만 쌀의 토지생산성은 줄어든다. 이때 두 결합생산물 쌀과 생물다양성의 관계는 경쟁적이라고 할 수 있다.

3 OECD(2001a), Beattie and Taylor(1985).

2.2 비분할 생산요소의 공유

두 번째는 다수의 결합생산물이 분할할 수 없는 공통의 투입요소를 사용하여 생산되는 경우이다. 양고기와 양모, 쇠고기와 소가죽, 우유와 고기의 생산 관계가 여기에 속한다. 양이나 소를 기르면서 분할할 수 없는 하나의 동일한 투입요소(양, 소)로부터 두 결합생산물이 나온다. 이 예들은 결합생산물이 유형의 상품 형태를 띠지만 비상품 산출물이 생성되는 농업의 다원기능의 결합생산 관계도 대부분 이 요인에서 비롯된다. 예를 들면 동일한 면적의 토지를 이용하여 농산물과 함께 비상품 산출물로서 농촌경관이 결합생산되는 것이 그 예이다. 알프스 목장에서 나오는 쇠고기나 우유와 아름다운 농촌마을 경관의 관계도 마찬가지다. 아름다운 경관이 농업생산의 비상품 결합산출물로 공급되는 예는 이 밖에도 많다. 포도원, 유채꽃밭, 계단식 논 등의 아름다운 경관은 하나의 논이나 밭에서 포도, 유채, 쌀을 생산하는 과정에서 동시에 생성되는 비상품 결합산출물들이다. 이 유형에 속하는 결합생산물의 생산함수는 비분할 생산요소 벡터를 z라 할 때 다음과 같이 표시된다.

$$Q_1 = f(z),\ Q_2 = g(z) \tag{3.b}$$

농업의 다원기능을 말할 때의 비상품 결합산출물은 대부분 농지 같은 비분할 투입요소에 의해 발생한다. 식량안보, 생물다양성과 생태계 보존, 수자원 보존 등이 모두 여기에 해당한다. 그러나 이들이 같은 비분할 투입요소로부터 결합생산된다 해도 생산비율이 반드시 고정되어 있는 것은 아니다. 생산방식과 기술에 따라, 또는 생산수준에 따라 비상품 결합산출물의 생성 비율은 얼마든지 달라질 수 있다. 농산물과 아름다운 경관의 결합생산 관계는 어떤 방식으로 농업생산을 하는가에 따라, 그리고 생산 규모가 변함에 따라 여기서 나오는 비상품 산출물로서의 경관과 그것이 주는 편익은 달라질 것이다.

2.3 분할 가능 생산요소

세 번째의 결합생산은 일정하게 주어진 생산요소가 다수의 결합산출물 생산에 분할 투입되는 경우이다. 이때 결합산출물들은 상호 밀접한 의존관계에 놓여있지만 결합도는 낮다. 고정된 양의 투입요소를 놓고 결합생산물 간 경쟁 관계에 있기 때문이다. 한쪽의 생산 증가는 다른 쪽 생산에 투입될 생산요소를 줄이기 때문에 하나의 결합생산물의 생산이 증가하면 다른 쪽 생산은 줄어드는 방식으로 상호 연결돼 있다. 이때의 결합생산물의 생산함수는 다음과 같이 표시된다.

$$Q_1 = f(x_1),\ Q_2 = g(x_2) \qquad x_1 + x_2 = X \tag{3.c}$$

농업의 다원기능 관점에서 이런 결합생산 관계의 예는 찾기 어렵다. 굳이 예를 든다면, 주어진 토지자원을 두고 경관작물과 농산물을 생산하는 경우, 또는 습지나 초지를 보존하면서 식량을 생산하는 경우를 들 수 있다. 그러나 이 경우는 농업생산의 외부효과로 나오는 다원기능은 아니고 생산요소(농지)를 두고 경합관계에 놓이게 되는 예이다. 주어진 농지를 어떻게 분할·투입하여 경관 조성과 식량 생산을 하는 것이 가장 효율적인가의 문제로 본래적 의미의 농업의 다원기능은 아니다.

고찰한 바와 같이 농업의 다원기능의 결합생산 관계는 이들 세 요인에 의해 발생한다. 그런데 현실의 농업에서 보는 다원기능의 결합생산물은 위 각각의 요인별로 명확히 구별되지 않고 많은 경우 세 요인들, 특히 앞의 두 요인이 복합적으로 작용하여 나타난다. 혹은 농업의 다원기능 중에는 이렇게 분류한 세 요인에 꼭 들어맞지 않는 경우도 있을 수 있다. 예를 들면, 전통 문화유산 보존 같은 다원기능은 세 요인 중 어느 것으로도 설명될 수 없다. 전통 문화유산 보존 기능은 농업을 전제로 하지만 상품으로서의 농산물과의 결합생산 관계는 아니다. 그러나 농업 없이 가능하지도 않으므로, 즉 농업과 결합성이 있으므로 농업(농촌)의 다원기능이라고 보는 것이다. 앞 장에서 언급한 바와 같이 농업의 다원기능에서의 결합생산 관계를 광의로 파악하는 이유이다.

비상품 산출물의 결합생산은 보통은 농산물과의 결합 관계를 의미하지만, 농산물 외에 투입요소와의 결합 관계로 나오기도 하고 두 경우가 복합적으로 결합되어 나오는 경우도 있다. 또는 농산물이나 투입요소 외에 농촌의 자연환경이나 지리적·문화적 조건에 의해 나오는 경우도 있다. 비상품 산출물의 농산물과의 결합성보다 투입 요소(토지 등)와의 결합성이 더 강하고 중요한 경우도 많다. 식량안보는 명백히 농산물, 즉 식량과 결합생산된다. 홍수조절이나 수자원 보존은 생산요소인 토지와 물의 결합생산 관계이다. 생물다양성과 자연생태계 보존은 농산물, 토지, 물, 햇빛 등이 결합되어 나오는 비상품 산출물이다. 광합성 작용에 의한 공기정화 기능은 농산물뿐 아니라 공기, 물, 햇빛이 결합되어 나온다. 그럼에도 불구하고 그 모든 이면에는 농업이나 농업생산 활동이 존재하고 농산물이 생산되는 과정에서 나오는 것이기 때문에 직접이든 간접이든 상품으로서의 농산물 생산과 관계가 있다고 말할 수 있다. 농산물 생산이 전제되지 않는 투입요소(토지, 물, 공기, 햇빛 등)의 이용은 생각하기 어렵기 때문이다.

비상품 산출물의 생산 결합성은 지리적·기후적 조건은 물론 농업기술 수준이나 영농방식에 의존한다. 비료나 농약을 얼마나 투입할 것인가, 퇴비 같은 유기농법으로 할 것인가 노지에서 재배할 것인가, 아니면 비닐하우스를 이용하여 생산할 것인가 등에 따라 자연경관 조성, 환경과 자연생태계 보존 등 농업의 다원기능에 미치는 영향은 크게 달라진다.[4]

4 농업의 다원기능은 환경오염이나 생태계 파괴, 경관 훼손 등 부정적인 비상품 결합산출물도 생성한다. 이때 나오는 비상품 결합산출물은 두 번째 요인인 공통의 동일 투입요소에 기인한다. 생산성 향상을 위해 투입되는 농약, 화학비료, 그리고 비닐하우스나 유리온실 등이 그 예이다. 이들 공통의 투입요소를 사용함으로써 쌀 생산과 동시적으로 부정적인 비상품 산출물이 결합생산되어 나온다. 축산의 경우에도 동일한 투입요소인 가축(소, 돼지)을 이용함으로써 쇠고기, 돼지고기 생산과 함께 축산 폐수와 분뇨, 온실가스가 결합생산물로 나온다. 논 농업의 경우에도 동일한 토지 사용의 결과 쌀과 동시에 온실가스가 생성돼 나온다. 그러나 이들 부정적 외부효과를 결합생산물이라 부를 수 있는지에 대해서는 비판이 제기될 수 있다.

2.4 다원기능에서의 결합성 문제와 그 특성

농업의 다원기능을 전통적인 결합생산 관계의 틀로 설명할 수 있을 것인가? 결합생산에서 '생산'이란 생산 주체의 이윤 동기에 의한 의도적, 계획적인 경제 행위이다. 그러나 농업의 다원기능에 의해 나오는 비상품 산출물은 의도적인 생산활동의 결과가 아니라 농산물과 결합 관계로 나온 것이기는 하지만 부수적으로 생성된 것, 즉 생긴 것이 대부분이다. 예를 들어, 많은 경우 농업 경관은 농업생산 활동의 결과 부수적, 비의도적으로 생성(生成)된 것이지 계획적으로 생산(生産)한 것이 아니다. 마찬가지로 기업의 상품 생산 과정에서 폐수가 부수적으로 결합되어 나오지만, 이를 결합생산이라 부르지는 않는다. 이 또한 부수적, 비의도적으로 생성된 것, 생긴 것이다.

제2장에서 다원기능의 정의를 내릴 때에도 결합성 외에 외부성 요건을 들었다. 이것은 비상품 산출물이 비의도적, 비계획적으로 생긴 것이라는 의미이다. 그렇다면 다원기능의 결합성을 결합생산으로 부르는 것은 모순으로 보인다. 결합생산이 아니라, 결합되어 생성된 것이므로 결합생성이 좀 더 정확한 표현이 될 것이다. 결합성의 세 요소 중에서 농업의 다원기능은 첫째와 둘째 요소에 의해 결합된 것이라는 점, 즉 전통적인 결합생산 관계가 성립하는 세 번째 요소에 의한 것이 아니라는 점에도 주목하여야 한다. 같은 맥락에서 앞에서 결합생산 관계의 생산함수식을 설정하였지만, 외부성에 의해 비의도적, 부수적으로 생성돼 나오는 비상품 산출물을 이렇게 '생산' 함수식으로 표현하는 것이 타당한지도 의문이다. 물론 비상품 산출물을 의도적으로 결합 '생산'할 수도 있다. 예를 들면 벼 농사를 하면서 의도적으로 어떤 이미지를 연출하는 경관을 만들어 낸다거나, 더 아름답게 보이기 위해 추가적인 노력을 기울일 수 있다. 그러나 이때는 그 비용이 내부화되었기 때문에 부수적인 생성이 아니라 계획된 생산으로서 외부효과로 나타난 것이 아니다.

결국 대부분의 농업의 다원기능에 의한 비상품 산출물은 결합생산된 것이라기보다 부수적으로 결합 생성된 것이라고 보는 것이 더 타당할 것이다. 이렇게 볼 때 전통적인 결합생산 이론은 농업의 다원기능의 결합성 현상을 설명하는 데 그대로 적용할 수는 없다. 그럼에도 농업의 다원기능에서 중요한 것은 결합'생산'이냐 아니냐가 아니라 결합성(jointness)이다. 즉, 농업생산 과정에서 또는 그것을 통해 농산물과 함께 다양한 비상품 산출물들이 동시에 생산 또는 생성돼 나온다는 사실이다. 농업 생산활동은 본래 농산물 생산이 목적이다. 그런데 이것과 결합되어 비상품 산출물이 나오는 것이다. 따라서 여기서 말하는 결합성은 농업생산(활동)과 비상품 산출물 간 또는 농업생산으로 나온 농산물과 비상품 산출물 간의 결합 관계로 볼 수 있다.

이때의 결합성은 농산물의 생산량 또는 생산 집약도, 즉 수율(yield)에 직접 의존하는 경우는 많지 않고, 보통 농업 생산활동이나 생산요소(토지, 가축)에 의해 결정된다. 비상품 산출물에 따라 식량안보처럼 농산물 생산과의 직접적 결합성이 존재하는 경우라 해도 일정 생산수준의 지속성 유지에 의존할 뿐 그 이상의 생산량 증가가 필요하지는 않다. 때로는 문화유산처럼 농업생산 수준과의 결합성이 매우 약한 비상품 산출물도 있다. 그러니까 전통 문화유산 보존은 농업생산과의 직접적 결합성이 거의 없는 농업의 다원기능인 셈이다. 또한 비상품 산출물이 가변투입요소에 의존할 때는 비상품 산출물과 생산 집약도 간에 간접적인 결합관계가 존재할 수 있다. 예를 들면, 농촌경관으로서 목가적 풍경의 가치가 가축 수의 증가와 함께 커지는 경우이다. 그러나 이 경우에도 생산요소 간의 기술적 대체성으로 인해 결합성이 일대일의 고정 관계는 아니다. 반면 식량안보의 경우에는 일정 한도까지는 생산량 또는 생산 집약도와 직접적 결합성이 존재한다고 말할 수 있다. 또한 언급한 바와 같이 농업의 다원기능에 의한 외부효과는 많은 경우 지역 특정적이다. 한 나라의 모든 지역에 모든 비상품 산출물에 의한 같은 외부효과가 나타나는 것이 아니라, 지역에 따라 다른 특성의 비상품 산출물에 의한 외부효과가 나타나게 된다.

제3절 결합산출물의 공급량 결정

농업의 다원기능으로 공급되는 비상품 결합산출물의 사회적 최적 수준은 어떻게 결정되는가? 상품으로서의 농산물은 사유재로서 시장기능에 의해 결정되지만 비상품 결합산출물은 시장이 존재하지 않는다. 먼저 통상적인 결합생산물 결정 원리를 살펴보고, 농업의 다원기능에서의 최적 공급량 결정 문제를 논의한다.

3.1 결합생산물의 최적 생산

먼저 주어진 생산요소를 다수의 상품 생산에 배분하여 결합생산물을 생산하는 상황을 고려해 보자. 앞서 고찰한 결합성의 세 번째 요인에 따른 결합생산 관계이다. 이 경우는 단순한 다수 상품의 최적 선택의 문제로 파악하기도 하지만,[5] 넓은 의미에서 결합생산 관계로 분류하고 있다.[6] 언급한 바와 같이 농업의 다원기능 문제와 관련하여 이런 유형의 결합생산 관계의 예는 찾기 어렵다. 하지만 매우 제한적인 경우 양고기와 양모, 쇠고기와 소가죽, 쌀과 볏짚 등의 관계가 여기에 적용될 수 있다. 이 예들은 동일한 투입요소가 사용되어 발생하는 두 번째 결합성 요인에 해당하지만, 예외적으로 생산 대체가 일어나는 범위 내에서 제한적으로 이 원리를 적용할 수 있다는 의미이다. 그러나 이들은 비상품 산출물을 포함하고 있지 않으므로 농업의 다원기능에서의 결합생산은 아니다.

<그림 3-1>은 쌀 생산과정에서 쌀과 함께 볏짚이 결합생산되는 상황을 보여준다. X와 Y는 각각 쌀과 볏짚의 생산량이다. 쌀을 생산하는 것이 주 목적이지만 하나의 생산과정에서 두 상품이 동시에 생산되기 때문에 이들은 결합생산의 관계에 놓여있다. 원점에 대하여 오목한 곡선 X_oY_o는 주어진 생산요소를 모두 투입하여

5 Doll and Orazem(1978).

6 Henderson and Quandt(1980), OECD(2001a).

그림 3-1 결합생산물의 최적 생산

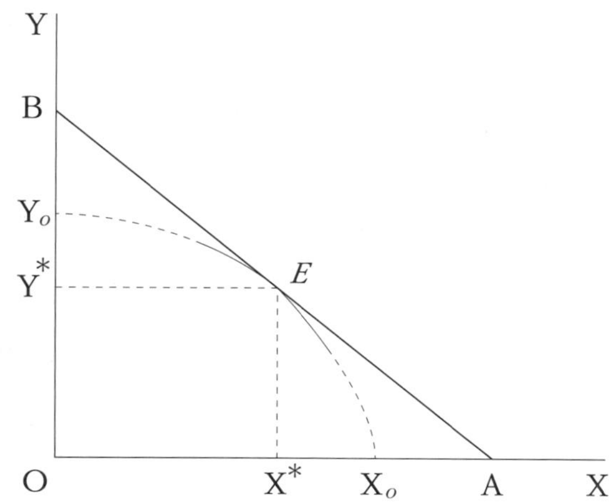

최대로 생산할 수 있는 두 상품 조합들의 집합이다. 이를 생산가능곡선(production possibility curve) 또는 생산변환곡선(production transformation curve)이라고 부른다. 그러나 지금의 예에서처럼 농업 부문의 결합생산 관계에서 보이는 두 상품 간의 대체관계는 매우 제한적이므로 실제 생산가능 부분은 중간에 실선으로 표시한 일부 구역에 국한된다. 이 구역을 제외한 나머지 부분은 점선으로 표시하여 가상적인 생산가능곡선을 그려 놓았다.[7] 실선 부분의 구역에서는 제한적이지만 생산기술이나 방법, 종자의 변경 등으로 두 상품 간 대체가 가능하다. 그러나 점선 부분에서는 결합생산이 사실상 불가능하다. 이 곡선의 기울기는 Y재로 표시한 X재의 기회비용(opportunity cost)으로 두 상품 간의 한계비용(marginal cost)의 비율로 표시될 수 있다. 즉, $\frac{\Delta Y}{\Delta X} = \frac{MC_X}{MC_Y}$ 이다.[8] 이를 한계생산변환율(marginal rate of product

7 Doll and Orazem(1978)은 이런 점을 고려하여 실선 부분으로 생산가능곡선을 표시할 수 있는 경우만을 결합생산으로 간주하고 있다.

8 두 재화 생산에 소요되는 총비용이 z로 주어졌다면 생산가능곡선 함수식은 $z = f(X, Y)$로 표시될 수 있다. 생산가능곡선 상에서는 총비용이 불변이므로 이 식을 전미분한 값은 0이 되어야 한다. $dz = \frac{\partial f(\cdot)}{\partial X}dX + \frac{\partial f(\cdot)}{\partial Y}dY = 0$. 이 식을 정리하면, $\frac{dY}{dX} = -\frac{\partial f(\cdot)/\partial X}{\partial f(\cdot)/\partial Y}$이다. 오른쪽 항의 분자와 분모는 각각 X와 Y의 한계비용이다.

transformation) 또는 한계생산대체율(marginal rate of product substitution)이라고 한다. 이 기울기(절대값)는 오른쪽으로 갈수록 커지는데 X재 생산이 증가할수록 그 상품의 기회비용이 증가한다는 것을 의미한다.

선분 AB는 두 상품을 생산하여 판매할 경우 동일한 수입을 보장하는 두 상품의 조합들의 집합으로, 등수입선(iso-revenue line)이라고 부른다. X와 Y의 가격을 각각 P_X, P_Y라고 하면 수입(R)은 $P_X X + P_Y Y = R$이다. 여기서 P_X, P_Y가 주어질 때 R을 일정한 값으로 유지해 주는 두 재화의 조합들을 연결하면 선분 AB를 얻게 된다. 이 등수입선의 기울기는 $-\frac{P_X}{P_Y}$가 된다. 두 상품을 동시에 생산하는 농가의 입장에서 쌀과 볏짚을 각각 얼마나 생산해야 이윤을 극대화할 수 있는가? 생산가능곡선은 주어진 생산요소를 모두 투입했을 때 가장 효율적으로 생산할 수 있는 점들의 집합이다. 이 곡선상의 어떤 조합을 선택하든 비용은 동일하다. 그렇다면 주어진 비용, 즉 생산가능곡선 하에서 수입을 최대화할 수 있는 상품 조합이 이윤을 극대화할 것이다. 이 최적 균형점이 E이다. 따라서 쌀과 볏짚을 각각 X^*, Y^*만큼 생산할 때 이 농가는 극대의 이윤을 얻을 수 있다. 여기서 이윤극대화 균형점 E의 특징은 생산가능곡선과 등수입선의 기울기가 같다는 점이다. 결국 결합생산시 이윤극대화 조건은 다음과 같이 표시할 수 있다.

$$\frac{MC_X}{MC_Y} = \frac{P_X}{P_Y} \tag{3.d}$$

결합생산되고 있는 두 상품의 한계생산의 비가 두 상품의 가격비와 같아질 때의 생산량 조합이 극대 이윤을 보장해 주는 최적점이다. 결합생산물이 다수일 경우에도 모든 상품 사이에 한계생산의 비와 가격비가 같아지는 조건이 충족될 때 기업(농가)은 이윤극대화를 달성할 수 있다. 여기서 살펴본 결합생산물은 모두 사유재이고 시장이 존재한다. 따라서 가격 신호에 따라 시장에서 최적의 공급량이 결정될 수 있는 것이다.

3.2 다원기능에서 결합산출물의 선택

그러나 농업의 다원기능에서의 결합생산물은 앞에서 설명한 일반론적인 결합생산 원리가 그대로 적용될 수 없다. 농산물과 함께 나오는 결합생산물은 외부효과로서 시장도 가격도 존재하지 않는 비상품이고 공공재 또는 공공재 성격이기 때문이다. 농산물과 비상품 산출물 간에 대체관계도 거의 존재하지 않는다. 앞에서와는 다른 접근이 필요하다.

<그림 3-2>는 농업의 다원기능의 핵심 요소로서의 결합생산의 작용 메커니즘을 보여준다. 최적의 농산물과 비상품 산출물이 어떻게 결정되는지 설명하고 있다. 패널 (a)는 상품으로서의 농산물시장 상황을 나타낸다. 여기서는 대표적 농산물인 쌀 시장을 상정하였다. *D*와 *S*는 각각 쌀의 수요와 공급곡선이다. 패널 (b)는 다원기능으로서 쌀 생산과정에서 생성되는 다양한 비상품 결합산출물과 쌀 생산의 결합성 관계를 보여준다. 횡축은 쌀 생산, 종축은 비상품 산출물(NCO)을 측정하고 있다. 비상품 산출물은 측정 가능하다는 가정하에 금액 단위로 표시되어 있다. 이때 생기는 비상품 산출물로는 식량안보, 아름다운 농촌경관, 생물다양성과 자연 서식지, 수자원 보존과 홍수조절 등을 들 수 있다. 종축은 이 모든 다원기능으로부터 나오는 긍정적 외부효과의 총합으로서 금액 단위로 표시되어 있다. 우상향하는 *JP*선은 쌀과 비상품 산출물 간의 결합생산 관계를 보여주는 결합생산곡선(joint production curve)이다. 여기서는 비상품 산출물이 쌀 생산의 고정 비율(k)로 공급되는 것으로 가정하였다.[9] 만일 종축의 비상품 산출물을 금액이 아닌 횡축처럼 물량 단위로 표시할 수 있다면 우상향하는 이 선상의 점들은 생산가능곡선상의 최적 생산 가능점이 된다. 즉, *JP*선은 투입요소가 변하면서 형성되는 최적의 결합생산 가능점들의 집합, 일종의 확장선(expansion path)이 된다. 고정 비율, 즉 정비례 관계로 결합되어 생산되기 때문에 직선의 형태로 나타나 있다.

쌀 재배면적을 L, 단위면적당 평균수량(收量, yield)을 Y라 할 때 쌀 생산량(Q)은

9 강한 가정이지만 설명의 편의상 양자 간 정비례 관계의 결합성을 가정하였다.

그림 3-2 농업의 다원기능과 결합생산물의 최적 수준 결정

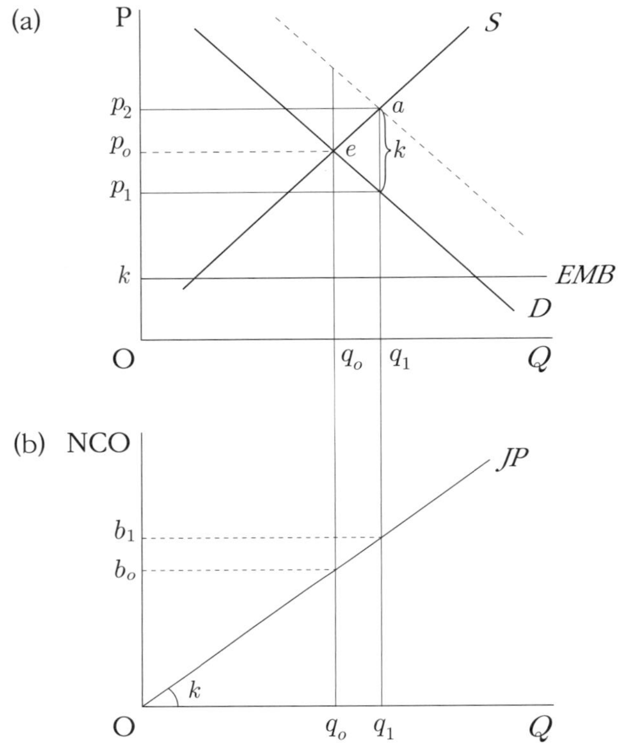

$Q = YL$로 표시된다. 수량이 일정하다고 가정하면 생산량은 면적에 비례한다. 여기서 $NCO = kYL$이므로 비상품 산출물은 쌀 재배면적에 kY의 비율로 증가하게 된다. 즉, 생산면적이 증가하면서 앞서 열거한 비상품 산출물이 비례적으로 증가한다. 쌀 생산이 증가하면 투입 농지도 늘면서 식량안보, 농촌경관, 생물다양성과 자연서식지, 수자원 보존과 홍수조절 등의 사회적 편익도 비례하여 증가하는 것으로 가정한 것이다.

패널 (b)의 우상향하는 *JP*선의 기울기는 k로 일정하다. 이 기울기$\left(\dfrac{\Delta NCO}{\Delta Q}\right)$의 의미는 쌀 한 단위, 따라서 생산면적 한 단위 증가에 따른 비상품 산출물 가치의 변화이다. 다시 말하면 쌀 생산의 외부한계편익(external marginal benefit: EMB)이다. 이것을 패널 (a)에 그려 넣으면 k에서 수평선이 된다. 쌀이 생산되면서 동시에 비상

품 산출물이 생성되는데, 그 한계가치(편익)가 k로 일정하다는 의미이다.

이제 쌀 생산의 다원기능을 고려하지 않을 때와 고려할 때 각각 쌀 시장의 균형이 어떻게 달라지는지, 그리고 결합생산 관계는 어떻게 나타나는지 살펴보자. 패널 (a)에서 다원기능이 고려되지 않을 때의 균형은 수요와 공급이 일치하는 점 e에서 생긴다. 이때 균형 생산량은 q_o이고, 균형가격은 p_o이다. 이 균형은 쌀 시장만 고려한 사적 최적점이면서 동시에 사회적 최적점이다. 이때 결합생산물로 생성되는 비상품 산출물의 수준은 b_o이다. 그리고 이는 패널 (a)에서 원점에서 q_o까지의 EMB 아래 면적에 해당하는 금액이다.

여기서 쌀 농업의 다원기능을 고려해 보자. 경쟁시장 균형점 q_o에서는 비상품 산출물은 b_o이다. 쌀 생산과 동시에 이만큼의 사회적 편익을 더해주는 것이다. 그런데 이 추가적 이익이 생긴다고 해서 비용이 더 들지는 않는다. 즉, 비상품 산출물 공급에 따른 한계비용은 0이다. 결합생산물로 생긴 외부효과이기 때문이다.

다시 쌀 시장 균형점으로 돌아가 이제는 사회 전체의 관점에서 접근해 보자. q_o에서 (사회적) 한계비용은 공급곡선의 높이 p_o이다. 그런데 사회적 한계편익은 $p_o + k$로 수요곡선의 높이에 외부한계편익을 더한 값이다. q_o 쌀 생산과 동시에 생성된 비상품 산출물의 가치 때문에 사회적으로는 '한계편익(사적 한계편익 + EMB) > 한계비용' 상황이 된 것이다. 쌀 생산이나 비상품 산출물 수준 모두 (q_o, b_o)가 사회적 최적이 아니라는 의미이다. q_o에서 쌀 한 단위 더 생산하면 사회적으로는 k만큼의 이익이 추가되기 때문에 쌀 생산은 더 늘어나고 동시에 비상품 산출물도 비례적으로 늘어난다. 쌀 생산이 증가할수록 한계비용은 공급곡선을 따라 증가하고 쌀 소비에서 오는 한계편익은 감소하지만, 동시에 다원기능에 의한 비상품 산출물에서 k만큼의 한계편익이 증가한다. 결국 사회적 한계비용과 한계편익이 일치하는 점 a에서 균형이 성립하고 이 점이 사회적 최적점이 된다. 이때 비로소 '한계비용(p_2) = 한계편익$(p_1 + k)$' 관계가 성립하게 되고 더 이상 생산량 변화의 필요성이 없어진다. 이때 사회적 최적 쌀 생산은 q_1, 최적의 투입농지는 q_1/Y이 되며 최적의 비상품 산출물은 b_1이 된다. 시장기능에 맡기면 이 사회적 최적 균형은 달성될 수 없다. 이윤을 추구하는 생산자들은 결합생산물로 나오는 다원기능의 가치를 생산 의사결정에 반영하지 않기 때문에 과소 생산되어 자원배분의 비효율을 초래하게 된다. 이때 시장실패를 시정하기 위해 정부의 시장간섭 정책이 필요해진다. 즉, 다원기능에서 최적의 결합생산물 q_1, b_1의 결정은 앞서 살펴본 통상의 결합생산물 결정 원리와 달리 정책적 간섭에 의해 정해질 수 있는 것이다.

지금까지의 분석은 두 가지 강한 가정을 전제로 하고 있다. 하나는 쌀 생산의 다원기능 중 긍정적 외부효과만을 고려했다는 점이고, 다른 하나는 비상품 결합산출물이 쌀 생산과 비례적으로 변하는 관계에 있다고 가정했다는 점이다. 그러나 앞서 논의한 바와 같이 쌀 생산에는 부정적 외부효과도 적지 않다. 이때에는 그만큼 사회적 비용이 증가하게 되는데, 이런 부정적 외부효과가 어느 정도 되는가에 따라 앞의 분석 결과는 달라질 수 있다. 또한 비상품 결합산출물이 쌀 생산, 즉 투입 농지에 비례하여 변하지 않는다면 이때도 결과는 달라질 것이다.

3.3 결합생산 관계의 복잡성

앞서 논의한 결합생산 관계는 설명의 편의를 위해 NCO가 고정된 일정 비율로 생기는 매우 단순한 관계를 가정하였다. 그러나 공산품 생산과 달리 현실의 농업생산에서의 결합생산 관계는 복잡하여 앞의 예처럼 정비례 관계를 보이는 경우를 찾기는 어렵다. 농업에서의 결합생산인 경우에도 비례적 관계를 보일 수는 있다. 예를 들면, 쌀과 볏짚, 쇠고기와 소가죽, 고기(소, 양)와 우유, 대두유와 대두박 생산 같이 결합생산물이 모두 상품인 경우에는 두 결합생산물 간에 어느 정도 일정한 비례관계가 성립될 수 있다.

그러나 농업의 다원기능에서처럼 결합생산물이 비상품 산출물인 경우에는 상황은 달라진다. 비상품 산출물의 유형에 따라 농업 생산과의 결합 관계의 정도와 성격이 다 다를 것이다. 같은 유형의 다원기능이라 해도 생산 방법과 기술에 따라, 지역과 지형 등 지리적 조건, 기후조건 등에 따라 모두 다를 것이다. 농업의 비상품 산출물은

그림 3-3 비선형 결합생산 관계

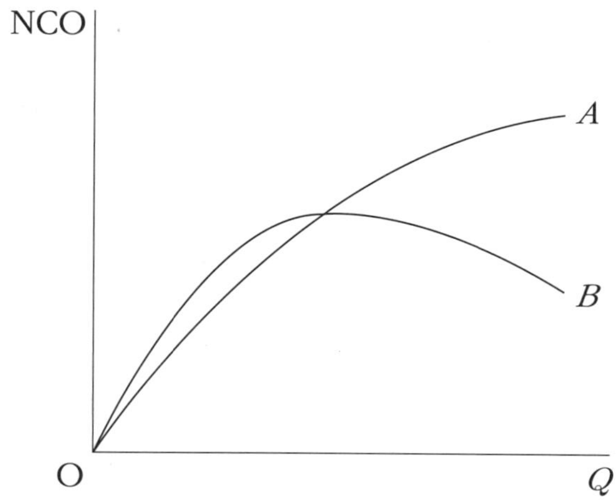

자연적, 생태적, 생물학적 특성과 조건에 따라 복잡하게 얽혀있기 때문이다. 또한 앞에서 논의한 세 가지 결합성 요인 중 어떤 요인에 속하는가에 따라서도 다를 것이다. 기술적·생물학적 상호의존성 요인인가, 비분할 투입요소의 이용에 의한 결합생산인가, 아니면 이들의 복합적인 작용에 의한 것인가에 따라 달라진다.

앞서 논의한 비례형과 다른 유형의 결합생산 관계의 예시가 <그림 3-3>에 나타나 있다. A는 농산물 생산이 증가하면서 NCO 공급도 증가하지만, 증가 속도는 차츰 감소하는 속도로 증가한다. 외부한계편익이 감소하는 경우이다. B는 농산물 생산이 증가하면서 NCO도 증가하지만 농업생산이 일정 수준이 되면 NCO는 극대치에 도달하고 그 이후에는 감소하는 형태이다. 농산물 생산이 증가하면서 외부한계편익이 감소하지만, 극대점까지는 플러스 값을 유지하다가 극대점을 지나면 마이너스로 돌아서는 경우이다. 식량안보가 이런 예에 속할 수 있다.

현실의 결합생산 관계는 이상의 유형 외에도 많이 존재할 수 있다. 동일 커브 내에서도 단조적으로 증가하거나 감소하지 않고 불규칙적으로 증가나 감소하는 형태를 띨 수도 있고, 중간에 단절이나 불변 구간이 생길 수도 있다. 자연과 생명을 본질적 요소로 하는 농업생산은 기후나 지리적 조건에 직접 영향을 받고 기계적·물리적인 관계를 정립하기 어렵다.

또 한 가지 다원기능에서 주목할 점은 결합생산 관계가 상품(농산물)의 생산량뿐 아니라 거기에 투입된 자연자원의 양과 결합되어 있다는 점이다. 대부분의 경우에는 토지(농지)나 물의 양, 즉 자연요소의 양과 결합되어 있다. 식량안보처럼 생산량에 직접 연계된 경우도 있지만 많은 경우 토지나 물, 햇빛, 오염되지 않은 공기 등 자연요소, 환경재의 양과 결합되어 있다. 이런 자연요소들이 증가할수록 생물다양성과 자연생태계가 유지되고 아름다운 자연경관이 연출된다. 같은 농산물을 생산한다고 해도 비닐하우스 농업으로 생산한다면 생물다양성이나 자연생태계, 아름다운 경관이 만들어질 수는 없을 것이다. 결국 농업의 다원기능의 결합생산 관계는 농산물의 생산량의 변화 외에 거기에 투입된 자연자원, 주로 토지와의 결합관계이다. 이런 문제는 다원기능의 결합생산 관계를 더욱 복잡하게 만드는 요인이다. <그림 3-3>의 비선형 곡선들이 어떻게 나타나게 될지 예측하기 매우 어렵다. 횡축을 생산량으로 측정하고 있지만, 실은 이것이 자연적 투입요소들과 어떤 관계로 변해가는지를 관찰해야 한다.

이렇듯 농업의 다원기능에서의 결합생산 관계는 매우 복잡하기 때문에 다원기능의 구체적인 경우를 대상으로 한 실증분석에 의존하는 수밖에 없다. 그러나 설령 구체적 상황에서의 실증분석을 수행한다 해도 보편적 규칙성을 발견하기는 쉽지 않을 것이다. 결합생산 관계가 어떤 형태이고 어느 정도인가의 문제는 정책적 측면에서 중요하다. 다원기능을 제고할 것인가 아닌가, 제고한다면 어느 정도로 유지하고 이때 어떤 정책수단을 동원할 것인가, 농산물 생산이나 무역에는 어떤 영향을 미칠 것인가 등에 대한 문제에 직면하기 때문이다. 그럼에도 중요한 것은 사회에 긍정적 외부효과를 일으키는 농업의 결합생산 관계가 분명히 존재한다는 점이다. 다시 말하면 농업과의 결합생산 관계로 인해 비상품 산출물이 생기는 농업의 다원기능이 존재한다는 사실, 이 점이 중요한 것이다.

제4절 농업의 다원기능별 생산 결합성

농업의 다원기능에서 결합생산 관계는 실제 어떤 요인에 의해 어떻게 나타나는지 각각의 다원기능 유형별로 살펴본다. 외부효과로 나오는 비상품 산출물이 어떻게 결합되어 있는지의 문제이다. 농산물과 직접 결합생산 관계에 있을 수도 있고, 또는 투입요소와 간접적으로 연계되거나 아니면 농업 생산활동과 연계돼 있을 수도 있다. 다원기능에 의한 각각의 비상품 산출물이 어떻게 결합돼 있는지 고찰한다.[10]

4.1 긍정적 외부효과의 생산 결합성

(1) 농촌 경관

농촌 경관(rural landscape)은 농업 활동으로 말미암아 농업 생산물이 주변의 자연과 지형, 지리적 조건, 혹은 인공물 등과 조화를 이루어 형성하는 경관이다. 농업 생산활동으로 농산물이 생산되면서 동시에 아름다운 농업·농촌 경관이 조성된다고 볼 때, 농산물과 비상품 산출물로서의 농촌 경관은 결합생산 관계이다. 농산물과 농촌 경관의 결합생산 관계는 농지나 초지 같이 공통적으로 사용되는 토지가 기반이 되어 생긴다. 주로 토지나 가축(소, 양 등) 같은 비분할 생산요소로 인한 결합생산 관계이다. 생장하는 농작물이나 목초지의 가축들이 경관을 구성하기도 한다. 각종 건물이나 구조물, 울타리, 주변의 개울이나 호수, 오솔길 등은 농업 생산물은 아니지만, 농촌경관은 이들 모두가 조화를 이루어 아름다운 경관을 만들어 낸다. 그래서 넓게 보면 농업·농촌경관이다. 논 농업이 연출하는 가을 들녘의 황금물결, 밀밭이나 보리밭, 과수원의 풍경, 대관령 목초지의 목가적 풍경 등이 그 예다. 농촌마을 전체가 잘 가꾸어 놓은 큰 정원 역할을 하기도 한다.

농업과 결합생산되는 농촌경관은 소규모 면적을 좁은 시야로 볼 때보다 넓은 면

10 식량안보의 결합생산 관계에 대해서는 다음 절에서 별도로 논의한다.

적을 거시적으로 조망할 때 그 효용성을 더 느끼게 된다. 그렇다고 농촌경관이 주는 효용의 크기가 농산물 생산량이나 면적과 비례하는 것은 아니다. 또한 동일한 경관이라 해도 사람에 따라 인식하는 가치는 많이 다를 수 있다. 아름다움을 느끼고 감상하는 문제는 주관적 영역으로 개인마다 다 다르기 때문이다. 길가의 들꽃 한 송이를 보고도 아름다움을 노래하는 시인이 있고, 알프스 산자락의 목가적 풍경을 보고도 무덤덤한 사람이 있을 수 있다. 농업의 다원기능과 관련하여 중요한 것은 이런 경관이 농업생산 활동으로 인한 외부효과로서 결합생산물로 생긴다는 사실이다.

(2) 환경 및 생태계 보존

농업은 땅(흙), 물, 햇빛, 공기 등 생명의 근원이 되는 자연자원을 투입하여 생명체를 생산하는 산업이다. 생명을 기르는 산업이므로 제조업과 달리 물도 맑고 깨끗해야 하고, 땅도 미생물이 사는 비옥한 땅이어야 한다. 농산물이 생산되면서 동시에 생명체가 살 수 있는 깨끗한 환경이 자연히 결합생산물로 생성되고 생태계가 유지·보존되는 것이다. 생물다양성이 유지되고 동·식물의 서식지도 생긴다. 논과 밭, 목초지는 다양한 동·식물들이 자라고 철새들 도래지가 되기도 한다.

이때의 비상품 산출물들은 농산물로 인해 생기거나 토지나 물 등 투입되는 자연자원으로 생기기도 하고, 또는 농산물과 자연자원이 복합적으로 작용하여 환경과 생태계 보존이라는 비상품 산출물이 결합되어 생성된다. 이들은 모두 농업 생산과정에서 또는 농업 활동으로 인하여 농산물과 함께 생긴다는 점에서 농업의 결합생산물로서 농업의 다원기능의 중요한 부분을 구성하고 있다. 결국 농업생산 과정에서 또는 그 결과 농산물과 함께 부수적으로 비상품 결합산출물로서 환경과 자연생태계가 생성되고 보존된다고 말할 수 있다.

(3) 홍수조절과 수자원 보존

2023년 기준 우리나라 경지면적은 1,512.1천ha로 전체 국토 면적의 15.1%를 차지한다. 이중 물을 가둘 수 있는 논이 764.0천ha이고 밭이 748.2천ha이다. 논은 여름철 강수량이 많아지는 계절에는 댐의 역할을 하면서 홍수조절을 한다. 쌀 생산 과정에서 쌀과 함께 부수적으로 나오는 중요한 비상품 결합산출물이다. 물이 논과 밭의 지하로 스며들면서 수자원을 보존하는 기능 또한 크다. 쌀과 각종 밭작물 생산 과정에서 생기는 결합산출물이다. 우리나라 산림 면적은 6,298천ha로 국토의 62.7%에 이른다. 농업기본법이 규정하고 있듯이 농업을 임업으로까지 확대한다면 숲과 산림지역의 수자원 보존과 홍수조절 기능은 막대하다. 이때는 산림의 존재로부터 비롯되는 기능이지만 목재, 버섯, 산나물, 밤 등 임산물의 생산과 결합되어 나오는 비상품 결합산출물이기도 하다.

홍수조절과 수자원 보존 기능 역시 농업이 존재하고 농업생산과 함께 토지 이용 면적이 늘면서 같이 증가한다. 논 농업이든 밭 농업이든 농업 생산활동이 있음으로써 가능해진다는 의미에서 이 또한 농업의 비상품 결합산출물이다.

(4) 농촌사회 유지와 국토의 균형적 발전

농업은 농촌 지역사회 유지(rural viability)와 국토의 균형적 발전에도 긴요한 역할을 한다. 농촌의 중심 산업은 농업이다. 농업 외에 다른 산업들도 얼마든지 있을 수 있지만 농업을 빼놓고 농촌이라고 말할 수는 없다. 사전적 의미로도 농촌은 "주민의 대부분이 농업에 종사하는 지역이나 마을"이다. 농업기본법(제3조)에서의 정의도 농업이 중심이 된다는 데서 다르지 않다. 결국 농업이 핵심 산업인 지역을 농촌이라고 부를 수 있다. 그렇다면 농촌 지역사회가 유지·발전할 수 있는 전제 조건은 중심 산업인 농업의 발전이다. 농업 활동으로 식량을 포함한 다양한 농산물이 생산되어 나오는데, 이는 농가의 소득증대와 농촌고용 증대로 이어진다. 이것이 농촌사회 유지의 기반이 되고 나아가 국토의 균형적 발전으로 이어진다. 이렇게 볼 때 농촌사회 유지와 국토균형 발전은 농업 또는 각종 농업 산출물과 결합 관계에 있는 중요한 비상품 결합산출물인 것이다.

농업이 발전하지 않고서는 농촌의 발전이 불가능하다. 농업 없이 농촌을 생각할 수 없고, 농업이 성장·발전하면 농촌 지역사회도 동시에 활기를 띠고 발전하게 돼 있다. 전 국토의 대부분을 농·산촌 지역이 차지하고 있다는 점을 고려하면 궁극적으로는 국토의 균형적 발전으로 이어지게 된다. 결국 농촌사회 유지는 농업 활동과 함께 가능해진다는 점에서 농업의 비상품 결합산출물로 이해하는 것이다.

전국에 많은 지역의 소멸 문제가 대두되는 원인도 그 지역 농촌의 농업이 쇠퇴하는 현상과 깊은 상관관계를 갖고 있다. 지역의 중심 산업인 농업이 성장·발전하는데 지역소멸 문제가 생길 수는 없다. 이렇게 볼 때 농촌 지역사회의 유지·발전, 나아가 국토의 균형적 발전은 농업의 성장, 즉 농업생산의 활성화와 직결돼 있고 따라서 농업생산과의 결합성을 말할 수 있는 것이다.[11]

(5) 전통 문화유산의 계승·보존

농업은 1만여 년 전 서남아시아의 비옥한 초승달 지대(fertile crescent)에서 작물화·가축화와 함께 시작되었다. 수렵과 채집, 어로의 원시적 유목민 생활 방식으로부터 정착하여 농작물을 재배하고 가축을 사육하는 방식으로 바뀌면서 식량 생산이 크게 증가하게 되는데, 이를 농업혁명(Agricultural Revolution)이라 부르기도 한다. 여기서부터 인류 문명의 발달과 함께 최초의 농경문화가 꽃피기 시작했다.

농업을 뜻하는 'agriculture'는 'agri'와 'culture'의 합성어이다. 'agri'는 흙, 땅을 의미하는 'agro'에서 유래했다. 'culture'는 재배 또는 경작한다(cultivate)는 의미이지만 문화, 교양, 수양의 뜻도 함께 갖고 있다. 땅을 이용하여 경작·수양(갈고 닦음)하는 것이 곧 농업이며, 따라서 경작은 개인 수양의 의미이고 사회집단의 문화로 이어지는 것이다. 농업의 출현과 함께 식량문제가 해결되면서 유럽을 중심으로 서구 문명이 시작되었다는 사실, 그것은 인류 문명사에서 농업이 얼마나 중요한 역할을 해왔는지 말해 주고 있다.

---

11 이와 관련하여 농촌고용을 농업의 다원기능으로 볼 것인지에 대해서는 논란이 있다. 다원기능에 포함하는 입장에서는 농촌고용은 농촌 지역사회를 유지하고 대도시 인구집중과 이로 인해 파생되는 각종 도시 문제들을 완화하여 국가의 균형발전에 기여할 수 있다는 데서 긍정적 외부효과를 일으킨다고 본다. 반면, 다른 산업도 농촌지역에 고용을 늘릴 수 있고 농촌 고용을 위해 농업이 더 효율적인 산업이 아니라는 이유로 이에 대해서는 부정적인 입장도 존재한다(OECD, 2001a, p. 75). 그러나 농촌고용이 긍정적 외부효과로서 효용을 발휘하기 위해서는 그것이 농업 부문의 고용이 늘어 농촌 지역사회가 농촌 고유의 기능을 유지하면서 발전할 때에 가능하다. 뿐만 아니라 고용은 기본적으로 산출물이 아니라 투입물이고 다원기능의 세 구성요소에 적합하지도 않다. 따라서 농촌고용은 농업의 비상품 결합산출물이라고 볼 수 없고 외부효과로 볼 수도 없다. 논란의 여지는 많아 보이지만, 본서에서는 이를 농업의 다원기능으로 보지 않는다.

우리나라에서도 농업을 통해 수천 년 이어져 오는 농경문화는 국가 문화체계의 중요 부분을 이루고 있다. 우리 조상들은 농자천하지대본(農者天下之大本)이라 하여 농업을 세상의 가장 근본이 되는 토대로 보았다. 농업의 중요성을 보여주는 이런 사상으로부터 민족 고유의 문화가 형성되고 국민의 생활양식에 영향을 미쳐왔다. 농악, 사물놀이, 윷놀이, 제기차기, 연날리기, 전통 가옥이나 각종 농기구 등 우리 고유의 전통 농경 문화유산들은 여전히 우리의 삶에 깊은 영향을 미치고 있다.

농업 문화유산이 농업생산과 어떤 상관관계가 있는지에 대해서는 논란이 있을 수 있지만, 농업생산과의 결합성이 약하다는 점은 부인할 수 없다. 농업 생산활동이 계속되고 있음에도 이런 전통 문화유산들이 많이 사라지고 박물관 속의 유물로 남겨지고 있다는 것은 생산 결합성이 낮다는 것을 의미한다. 그럼에도 농업이 존재하기에 이들 문화가 지속돼 왔다는 점에서 농업생산과의 직접적 결합성은 약해도 전통 문화유산의 계승·보존이 농업의 주요 기능 중의 하나로 이해되고 있다.

자본주의 대량생산 체제와 생산성에 기반한 기술농업의 확산으로 다양한 문화를 만들어내고 보존해 왔던 전통적 농업은 점차 사라지고 있다. 이런 추세와 함께 우리 고유의 전통 문화유산들도 하나 둘 잊혀져 가고, 농업(생산)과의 결합성을 논하기는 점점 어려워지고 있다. 현대의 첨단 과학·기술 농업, 대량생산 농업, 식물공장이나 수직농장 등에서 문화의 향기를 찾기는 어렵다. 그럼에도 우리나라는 여전히 중·소 가족농이 많은 부분을 차지하고 있다는 점이 전통문화와의 느슨한 관련성을 유지하고 있다. 우리나라는 전통문화의 보전을 헌법에 규정할 만큼 중요시하고 있다. 헌법 제9조는 “국가는 전통문화의 계승·보전과 민족문화의 창달에 노력하여야 한다”라고 규정하고 있다. 최첨단 과학·기술의 디지털혁명 시대에도 농업을 통해 우리의 전통 문화유산을 계승하고 보존해 나가는 것은 농업의 공익적 다원기능으로서 국가적으로 충분히 가치 있는 일이다.

(6) 휴양, 여가활동, 치유, 관광 자원 제공

농촌의 목가적인 풍경과 아름다운 자연경관, 맑은 물과 신선한 공기, 넓은 들판 등 농촌의 자연환경으로부터 느끼는 편안하고 쾌적한 기분이나 행복감을 농촌 어메니티(rural amenity)라고 한다. 농촌지역에서 느끼는 편안함과 행복을 주는 농촌 어메니티 자원은 여기에 그치지 않는다. 숲과 강, 호수, 길, 담장, 각종 야생 식물과 꽃, 가축, 농촌 주택과 돌담 등도 농업이 자연과 어우러져 만들어내는 아름다운 농촌 어메니티 자원이다.

농촌 어메니티로 인해 사람들은 여기서 휴양과 여가를 즐기고 관광(green tourism)을 하며 또는 심리적 안정과 치유를 구하기도 한다. 농업 생산활동이 있기에 농촌 어메니티 자원인 아름다운 경관, 목가적 풍경, 환경과 생태계가 유지되고, 사람들은 여기서 휴양과 여가를 즐길 수 있는 것이다. 결국 농촌 어메니티 자원은 농업이 있기에 존재할 수 있고 다양한 농업 생산물과 결합 관계에 있는 비상품 결합산출물이다.

4.2 부정적 외부효과의 생산 결합성

지금까지는 농업의 긍정적 외부효과들의 생산 결합성 문제를 살펴보았지만, 농업 생산활동은 환경과 자연생태계에 부정적 영향을 주기도 한다. 생산을 위해서는 기본적으로 필요한 토지가 있어야 한다. 농업생산에 적합한 토지가 충분하지 않을 때에는 농지 확보를 위해 때로는 산림이나 초지를 개간하고 바다의 간척사업도 이루어질 수 있다. 농작물 생육에 필요한 물을 공급하고, 가뭄 극복과 홍수로부터 농작물 피해를 줄이기 위해 각종 관개시설이나 저수지, 댐 건설도 한다. 이 모든 활동들이 환경과 자연생태계에 부정적인 영향을 줄 수밖에 없다. 농업생산이 증가할수록 이런 유형의 피해도 늘어나는데, 이들이 농업의 부정적 비상품 결합산출물이다.

인구와 소득의 증가는 식량에 대한 수요증가로 이어진다. 농업 생산성 향상을 위한 기술개발은 제한된 토지자원의 한계를 극복해 왔다. 1960년대 녹색혁명(Green Revolution)으로 생산성을 획기적으로 제고할 수 있었던 것은 생물·화학적, 기계적 기술혁신의 결과이다. 그 후 우리나라도 농약과 화학비료 등 각종 화학약품의 투입과 중대형 농기계에 의한 기계화의 급속한 진전으로 농업 생산성을 크게 향상시켜 보릿고개를 극복하고 주식인 쌀 자급을 이루었다. 하지만 기술혁신의 대가 역시 컸다. 토양과 물, 공기를 오염시키고 논·밭에 서식하는 각종 동·식물 개체 수를 줄이거나 멸종시키기도 했다. 새소리가 줄어들고 철새 도래지에도 악영향을 주었다. 생물다양성이 위협받고 자연 생태계에 피해를 주었다. 기술혁신에 따른 환경훼손은 이뿐이 아니다. 백색혁명으로 불리는 비닐하우스가 전국의 농지를 뒤덮고 있는 사이 경관 훼손과 온실가스 배출, 땅속에 묻어도 분해되지 않는 화학비닐 쓰레기를 양산하고 있다. 각종 농자재 및 영농 폐기물들도 환경을 훼손하고 있다. 농업기술의 발달은 나아가 식물공장 같은 공장식 농업을 출현시켰고 수직농장의 시대를 열어놓았다. 생산성 향상에는 기여했지만 또 다른 자연환경 훼손 요인을 제공한 것이다. 기술진보의 역설(paradox) 현상이다.

축산업의 환경훼손 문제는 더 말할 나위 없다. 축산폐수와 가축 배설물, 악취 등은 물, 공기, 토양을 오염시키는 원인이다. 소득의 증가는 육류 수요를 크게 증가시킴으로써 돼지, 소, 닭 사육을 급속히 늘렸다. 환경 훼손이라는 비싼 대가를 지불하지 않으면 안 되게 되었다. 농업생산은 온실가스를 배출함으로써 기후변화에도 영향을 미친다. 논벼 생산으로 인한 온실가스(메탄, 아산화질소), 가축 배설물과 방귀, 트림에서 나오는 메탄가스는 지구온난화를 촉진하는 요인이 되고 있다. 쌀 생산을 많이 할수록 투입되는 논 면적과 화학비료 사용은 늘어날 것이고, 그럴수록 논에서 나오는 온실가스 배출도 증가할 것이다. 또한 소, 양, 염소 등 되새김질 가축의 사육 규모가 커질수록 이로부터 나오는 메탄가스의 양도 많아질 것이다.

이들 모두가 농업생산과 함께 생성된다는 점에서 부정적 측면의 비상품 결합산출물이다. 인간의 생존을 위해서 일정 수준의 농지는 반드시 필요하고 영농을 해야 한다. 그래서 토지, 물 등 자연자원, 환경자원을 사용하는 농업생산의 경우에는 최소한의 오염이나 훼손은 불가피한 필요악이다. 농업과 결합 관계에 있다는 의미이다. 농업에서도 생산성 향상과 좋은 환경은 여전히 상충관계(trade-off)로 이해되고 있다.[12]

---

12 유기농법, 친환경 자연농법, 자원 순환형 축산을 최대한 확대해야 한다. 이로 인해 생산성이 떨어지고 농가소득이 줄어드는 문제는 직불제 같은 재정지원 정책으로 보완해 나가야 한다. 미래 지속 가능한 농업발전을 위해서는 생산성과 소득을 떨어뜨리지 않으면서 동시에 친자연, 친환경적인 농업이 되어야 한다. AI, 로봇, 드론 등을 활용한 디지털혁명 시대 최첨단 기술이 이를 가능하게 할 것이다.

제5절 식량안보와 생산 결합성

5.1 식량안보의 개념과 요건

식량안보(food security)는 연구자에 따라 다양한 방식으로 정의할 수 있지만, 유엔 식량농업기구(FAO)가 세계식량정상회의(World Food Summit)에서 정의한 식량안보 개념은 다음과 같다.

> "식량안보는 모든 사람이 활동적이고 건강한 삶을 위해 필요한 식이(食餌) 욕구와 식품 선호를 충족시킬 수 있도록 충분하고 안전하며 영양가 있는 식량에 언제라도 물리적·경제적 접근을 보장받을 수 있을 때 확보된다." Food security exists when all people, at all times, have physical and economic access to sufficient, safe and nutritious food to meet their dietary needs and food preferences for an active and healthy life (World Food Summit, 1996).

많은 사람들에 의해 금과옥조처럼 인용돼 오고 있는 이 FAO 정의에 의하면 결국 한 국가의 식량안보는 모든 국민이 활동적이고 건강한 삶을 영위하는 데 필요한 안전하고 영양적인 식량을 충분히 획득할 수 있는 상태를 말한다. 식량안보 요건은 양적 요건과 질적 요건을 동시에 충족해야 한다. 양적으로 충분해야(sufficient) 하고 질적으로도 안전하고(safe) 영양가 있는(nutritious) 식량(품)에 접근할 수 있는 충분성, 안전성, 그리고 영양 요건을 모두 충족할 때 식량안보가 확보되는 것이다. 여기에 더하여 사람들의 식품 선호(food preferences)까지 충족시킬 것을 요구한다. 이 중에서 안전성 요건이 다름 아닌 식품안전(food safety)의 문제로 식품안전이 보장될 때 식량안보가 확보된다고 보는 것이다.[13]

13 식량안보를 이런 관점에서 파악할 때 소득증가에 따라 식량안보에 대한 수요가 줄어든다거나 저소득 국민이 식량안보 수요가 더 크다는 일반론은 반드시 타당하다고 말할 수는 없다.

FAO는 그냥 식량이 아니라 '안전한' 식량으로 한정하여 식량안보를 정의하고 있다. 따라서 이런 관점에서 보면 식품안전은 식량안보에 포함되어 농업의 다원기능으로 보아야 한다. 영양적인 식량(품)을 아무리 많이 섭취한다 해도 식품 안전성에 문제가 있다면 식량안보가 확보되었다고 말할 수 없을 것이다. 생산 단계에서의 식품안전성을 위해서는 부정적 외부효과를 일으키는 농약(살충제, 살균제, 제초제)이나 화학비료의 투입을 최소화해야 한다. 또 GMO 종자 문제도 있다. 농업의 다원기능의 생산결합성은 식품안전을 포함한 식량안보와 식량 생산의 관계, 즉 식품안전성이 담보된 식량 생산과 식량안보의 결합성을 의미한다. 본서에서는 이런 관점에서 식품안전을 농업의 다원기능으로 보고 있다. 그렇지 않을 경우 식량 생산과 식량안보의 결합성은 상당 부분 약화되고, 따라서 농업의 다원기능으로서의 식량안보의 지위도 약해질 것이다.

식량안보는 공급 측면은 물론 수요 측면에서의 요건도 충족되어야 온전히 확보된다. 공급 측면에서 식량안보에 영향을 미치는 요소는 생산(국내, 해외), 무역, 비축, 원조 등이다. 필요한 식량을 충분히, 안정적으로, 적기에, 적정 가격으로 공급할 수 있는지가 주요 관건이다. 수요 측면에서는 식량에 대한 소비자의 경제적 접근성이 보장되도록 소비자의 실질소득이 뒷받침되어야 한다. 한 나라의 거시적 경제성장과 소득분배 시스템이 여기에 영향을 미친다. 가격안정도 수요에 영향을 미치는 중요한 변수이다. 공급과 수요 측면 외에도 식량이 전달되는 중간 과정에서의 유통과 분배 시스템, 수송과 저장 능력 등 인프라도 식량안보에 직접 영향을 미치는 요소들이다. 식량안보는 국가나 지역 단위에서 파악할 수도 있고, 세계 전체의 글로벌 식량안보를 얘기할 수도 있다. 단기적 관점에서 식량안보를 얘기할 수도 있고, 장기적 관점에서 식량안보를 파악할 수도 있다. 식량안보에 영향을 미치는 이런 요소들이 원활히 충족되지 않을 때 식량안보는 위기를 맞게 된다. 공급량이 부족하거나 생산기반이 위축될 때 식량 수요가 증가하여 수급 불균형이 심화하면 식량위기는 찾아온다. 수급 불균형이 아니더라도 유통과 분배, 수송 등 공급망 시스템에 문제가 생기면 식량안보는 위협을 받게 된다.

농업의 다원기능 요소로서의 생산 결합성 논의에서 말하는 식량안보는 공급 측면에서의 식량안보 문제이다. 식량안보는 농업의 결합 생산물인가? 즉, 식량안보가 국내 농업생산과 결합생산 관계에 있는 비상품 산출물인지가 논의의 초점이다. 만일 그렇다면 국내 생산의 증가는 식량안보의 제고로 이어지고, 이때 비로소 식량안보는 농업의 중요한 다원기능으로 간주되는 것이다. 다시 말하면 농업생산이나 생산기반(농지 등)이 증가할수록 식량안보는 강화되는가의 문제가 중심 논점이다. 상품으로서의 식량 생산을 늘리면 비상품 산출물인 식량안보가 강화되는가이다.[14]

식량안보를 앞에서 논의한 바와 같이 건강한 삶을 위해 필요할 때 충분한 식량을 확보할 수 있는 상태로 정의할 때, 공급 측면에서 식량안보를 제고할 수 있는 방법은 생산과 무역, 그리고 합리적인 재고관리(공공비축), 좀 더 장기적으로는 생산성 향상을 위한 연구개발 투자와 기술혁신 등이다. 이 중에서도 관심의 대상은 생산과 무역이다. 국내 생산과 무역 중에서 어느 쪽이 더 식량안보 제고에 긴요한지는 관점에 따라 많은 논란의 여지가 있지만, 국내 생산이 중요한 요소임은 부인할 수 없다. 하지만 국내 생산만이 식량안보를 보장하지 못한다는 점 또한 부인할 수 없다. 자급자족의 폐쇄경제를 채택하고 있지 않은 한 세계 어느 나라도 식량안보를 국내 생산에만 의존하지는 않는다. 논점은 국내 농업생산이 무역 등 다른 방법에 비해 상대적으로 식량안보에 얼마나 큰 영향을 주는가, 즉 식량안보는 국내 생산과 어느 정도 밀접한 결합생산 관계인가이다. 먼저 식량과 식량안보의 관계, 국내 생산과 무역의 관계 등 식량안보를 둘러싼 관련 문제들에 대해 좀 더 상세히 살펴볼 필요가 있다.

5.2 식량과 식량안보

식량안보는 식량이라는 사유재이자 교역재(tradable goods)를 전제로 생기는 농

---

14 식량안보가 공공재인가의 문제는 결합성 문제와 별도로 수요 측면에서의 문제이다. 결합성은 농업의 다원기능의 필요조건이지만 이것만으로 식량안보가 농업의 공익기능이라거나 공공재라고 말할 수는 없다. 식량안보가 소비 측면에서 공공재 요건을 충족할 때 비로소 농업의 다원기능은 공익기능이 된다. 수요 측면에서의 식량안보 문제는 별도로 공공재 관련한 제5장에서 논의한다.

업생산의 비상품 결합산출물이라는 점에서 다른 비상품 산출물들과 구별되는 특징을 갖고 있다. 따라서 다른 다원기능들은 무역(수입)으로 대체가 불가능하지만, 식량안보는 무역을 통해서도 일정 부분 확보가 가능하다.

이런 이유로 식량안보는 농업생산이 아닌 무역의 결합생산물이고, 따라서 자유무역에 의해 식량안보를 강화해야 한다는 주장도 나오고 있다. 1980년대 후반 이후 세계화 추세와 농산물 무역 완전 자유화를 지향하는 신자유주의 이데올로기의 산물로서 이런 주장이 더욱 힘을 얻고 있다. 이 같은 신자유주의적 식량안보관 입장에서는 국내 생산이 오히려 식량안보를 해칠 수 있다고도 한다. 국내 생산에 의한 식량안보는 무역장벽을 쌓게 되고 수입 다변화를 소홀히 함으로써 무역에 의한 식량 조달을 어렵게 할 수 있다는 주장이다. 식량안보의 국내 생산과의 결합생산 관계를 부정하거나 소극적인 입장은 농업의 다원기능으로서의 식량안보 문제에 대해서도 부정적이거나 소극적이다. 식량안보가 농업의 다원기능인지에 대한 논란이 제기되는 배경이다.

논란의 중심에는 식량(food)과 식량안보(food security)를 동일시하거나 그 개념적 차이를 혼동하는 문제가 놓여있다. 식량이 곧 식량안보이므로 무역을 통해 식량을 확보할 수 있으면 식량안보 제고도 충분하다고 보는 것이다. 그러나 식량과 식량안보는 명확히 구별해야 한다. 식량은 농업활동 본래의 생산 대상으로서 유형의 상품이다. 따라서 식량은 사적 재화로서 교역 대상이고 시장이 형성되어 시장원리가 지배하는 사적 영역이다. 이에 반해 식량안보는 농업 활동의 외부효과로 나오는 비상품 결합산출물로서 무형의 안보 서비스이다. 생산 농가들은 소득을 얻기 위한 경제활동으로 식량을 생산하지만, 의도와는 관계없이 그 생산활동은 국가의 식량안보를 제고하는 데 기여하게 된다. 더구나 식량안보는 식량 자체뿐 아니라 식량 생산기반, 즉 농지나 물 등 농업자원에 크게 의존한다. 이런 기반 위에서 식량안보라는 외부효과가 농업생산의 결합생산물로 생기는 것이다. 그런데 식량안보는 사적 거래의 대상이 아니기 때문에 시장이 존재하지도 않고 가격으로 평가되지도 않는 공공재이다. 또한 식량안보는 환경처럼 국제 교역의 대상이 될 수 없고(NTC), 사회

표 3-1 식량과 식량안보의 비교

	식량(food)	식량안보(food security)
재화 유형, 성격	유형의 상품, 사유재	비상품 결합산출물(서비스), 공공재
교역 가능성	교역재	비교역재(NTC)
대상 영역	사적 영역	공공의 영역
지배 원리	시장원리, 효율성	공익성 원리, 안정성, 지속성
목적	이윤 추구, 소득 증대	국민의 건강한 삶, 국가안보

적 적정 수준의 공급을 위해 정부의 개입이 필요한 공공의 영역으로 시장원리 대신 공익성의 원리가 지배한다. 식량을 생산하는 것은 경제활동으로서 이윤 추구와 소득 창출을 목적으로 하지만, 식량안보를 제고하는 것은 국민 생존과 건강한 삶을 유지하고, 국가안보에 기여하는 것이다(표 3-1).

식량의 구매는 국제무역으로 가능하지만, 식량안보는 직접 구매의 대상이 아니다. 농지 같은 농업기반이 일정 수준 확보될 때 식량안보는 장기 안정적이고 지속 가능한 식량안보가 될 수 있다. 무역이 식량안보를 온전히 담보해 주지 못하는 이유다. 무역의 대상이 되는 것은 식량이지 식량안보는 아니다. 식량안보는 농업협정이 규정하듯이 비교역적 관심사항(non-trade concerns), 즉 비교역재이다. 식량을 무역으로 획득할 수 있다는 사실만으로 식량안보의 결합생산 관계, 따라서 농업의 중요한 다원기능이라는 사실을 부정하는 근거가 될 수는 없다.

5.3 국내 생산과 무역의 관계

식량안보에 있어서 생산과 무역(수입)은 정도의 문제는 있지만 대체 관계로 이해할 수 있다. 자유무역 시스템이 완벽히 작동하고 세계시장의 가격변동이나 공급망 문제 등 불확실성이 전혀 존재하지 않는다면, 다시 말하면 세계가 국내시장처럼 온전히 하나의 시장으로 통합된다면 무역은 국내 생산의 좋은 대안이 될 수 있다. 이때는 시장기능과 자유무역의 원리에 따라 국내 생산으로 충당되지 못하는 부분을 수입을 통해 조달하는 식량안보 공급구조가 될 것이다. 국내 어느 지역 소비자가 다른 지역에서 생산된 농산물을 소비하듯이. 비교열위에 놓인 국내 생산의 비효율성이 클수록 수입으로 충당되는 비중은 높아질 것이다.

그러나 현실의 세계시장은 결코 온전할 수 없고 잠재적 불확실성과 불안정성 요소들로 가득 차 있다. WTO 체제나 FTA 같은 자유무역 시스템도 불안정성과 불확실성 요소들을 항상 내포하고 있다. 국제무역은 순전히 경제적 동기에 의해서만 움직이지 않는다. 자유무역 시스템이 제 기능을 다 하지 못하고 보호주의가 고개를 들 때, 국가 간 외교·안보적 요인이나 전쟁, 팬데믹 등에 의해 세계 식량 공급망에 문제가 생길 때, 주요 수출국들의 식량 생산에 문제가 생기거나 아니면 기후위기로 인한 세계 식량 공급이 부족해질 때 등 세계시장의 불확실성 요인들은 상존하고 있다. 이럴 때 무역이 한 국가의 식량안보를 담보해 주지 못하는 건 자명하다. 세계시장의 불확실성과 불안정성이 상존하는 상황에서 국내 생산과 생산기반 유지는 유효한 식량안보 확보 수단임은 분명하다. 글로벌 식량위기는 언제라도 닥칠 수 있다. 기후위기가 심화하는 미래에는 더욱 그 가능성은 높다. 세계적 공급 부족 사태가 발생하면 식량 순수입국의 식량안보는 치명적으로 위협을 받는다. 수입선을 다변화하고 장기 계약을 체결했다 해도 이런 상황에서는 수입으로 해결할 수 없다. 최근 경험했듯이 세계를 강타한 코로나-19 팬데믹이나 곡물 수출국들 간의 전쟁으로 인한 세계 공급망 문제는 자유무역 시스템이 한 국가의 식량안보 문제를 해결할 수 없음을 실증적으로 보여주었다.

무역이 식량안보를 강화해 준다는 주장의 논거는 여러 가지다. 먼저 수입국 입장에서 식량공급원을 다양화할 수 있어 국내 생산이 부족해지는 상황에서 쉽게 대처할 수 있다는 점이다. 그리고 자유무역은 비교우위에 의한 글로벌 효율성 증가로 전 세계의 식량생산을 증가시키고 식량가격이 하락 안정화된다는 점이다. 또한 자원배분의 효율성 증가로 성장이 촉진되고 소득이 증가하기 때문에 저소득 국가들의 수요 측면에서의 식량안보가 제고된다는 논리이다. 같은 맥락이지만 수입국이 정책간섭을 통해 경쟁시장 수준 이상으로 생산량을 늘리면 비교우위에 있는 다른 국가들의 생산을 줄여 글로벌 공급량의 감소를 초래하게 되고, 이는 결국 수입국에게는 비상시 식량안보의 안정성이 약화하는 부메랑이 되어 돌아오게 된다는 것이다.

그런데 문제는 언급한 것처럼 현실의 자유무역 시스템이 그렇게 이상적으로 움직이지 않는다는 데 있다. 더구나 식량의 국제적 거래는 그 특수성으로 인해 무역의 이익(gains from trade)에 따라 이루어지기보다, 자국민의 소비에 충당하고 남을 때 수출하기 마련이다. 생존의 문제이기 때문이다. WTO 농업협정(제12조)에서 수출국의 의무를 약하게 규정하고 있는 것은 다른 상품과 달리 식량은 생존의 문제이므로 수출국에게 자국민을 희생하면서 수출 의무를 강요할 수 없기 때문이다. 세계 무역의 불안정성, 불확실성이 상존하는 상황에서 수출국들은 얼마든지 임의로 수출제한조치가 가능하다. 아무리 자유무역을 지향한다 해도 식량이 부족한 비상시에는 국제사회도 자국 우선주의 편에 설 수밖에 없다. 장기계약을 체결했다 해도 불가피한 상황에서는 계약 파기가 일어날 것이다. 농업협정 같은 국제규범의 입장도 이런 현실적 한계를 반영한 것이다. 따라서 글로벌 공급 부족시 수입국은 속수무책이 될 수밖에 없다.

결국 불안정성과 불확실성 요소가 상존하는 세계시장에서 효율성과 비교우위에 의한 무역만으로는 진정한 식량안보의 확보 수단이 될 수 없다. 적정 수준의 국내 농업자원(농지, 물 등)을 유지하고 국내 생산이 이루어져야 한다. 주식(staple food)의 자급률을 제고시키는 노력이 필요한 이유는 여기에 있다. 이렇게 볼 때 식량자급률은 식량안보와 밀접한 관련성을 갖고 있고, 자급률이 높아질수록 식량안보는 강화된다고 볼 수 있다.[15] 그렇다고 자급률이 100%에 이를 때 국가의 식량안보가 극대가 된다고 말할 수는 없다. 식량안보는 국내 생산 외에도 무역이나 비축 등에 의해서도 영향을 받기 때문이다. 해외 농업개발을 포함한 식량자주율을 높이면 무역에 따른 불확실성은 더 줄어들 수 있을 것이다. 국내 생산이 특히 긴요한 나라는 농산물 순수입국들이다. 이들 나라에서는 국내 생산의 증가와 농지 등 농업자

15 유엔의 정의에 따른 식량안보를 위해서는 안전하고 영양가 있는(safe and nutritious) 식량을 공급해야 하므로 곡물자급률이 아닌 식량자급률이 좀 더 의미 있는 지표이다. 영양 조건을 충족시키려면 곡물(탄수화물) 외에도 육류와 낙농품, 채소와 과일 등 골고루 균형 있는 식단이 필요하다.

원 보존이 곧 식량안보의 제고로 이어진다. 이렇게 볼 때 식량안보는 농업(생산)과 깊은 결합성 관계에 있고, 농업의 비상품 결합산출물로 이해될 수 있다. 무역이 국내 생산을 온전히 대체할 수 없고, 식량안보는 더욱 농업생산의 중요한 비상품 결합산출물이 되어 가고 있다.[16]

5.4 국가적 식량안보와 글로벌 식량안보

개별 국가의 식량안보와 세계의 식량안보는 상호 밀접하게 연결돼 있다. 한 나라의 생산 증가는 세계 식량공급 증대에 기여하고 그만큼 세계 식량안보에도 기여한다. 개별 국가의 생산이 하나하나 모여 세계의 총공급량이 되고, 각 나라의 농업생산기반이 모두 모여 글로벌 농업생산 기반을 이룬다. 무역 역시 개별 국가의 식량안보를 제고하는 한 요인이지만 무역은 생산된 식량의 장소적 이전 행위, 즉 국가 간의 교환행위일 뿐 글로벌 식량안보 차원에서 보면 세계 어디에선가 생산이 전제되지 않고 무역 자체만으로 식량안보를 담보할 수는 없다. 따라서 지금 논의하고 있는 공급측면에서 본 식량안보(글로벌)는 생산이 중요한 것이다. 무역이라는 국가 간 교환행위를 전제로 할 때 우리는 개별 국가의 식량안보가 세계 식량공급, 즉 세계 식량안보 역량에 의존한다고 말한다. 식량안보가 무역의 결합생산물이라는 주장도 이를 전제로 나오는 것이다. 그러나 반대로 개별 국가의 식량안보는 세계의 식량안보에 직접 영향을 미친다. 한 나라의 식량생산 증가는 그만큼 세계 전체의 공급량 부담을 덜어주고 다른 나라에 대한 공급의 여력이 그만큼 생기는 것이기 때문이다. 아프리카의 식량안보 불안은 크게 보면 결국 세계의 식량안보 불안이다. 미국이나 유럽의 국가들이 국내 생산을 늘리면 자국의 식량안보는 물론 세계의 식량안보를 제고하는 것과 같은 이치이다.

16 종종 식량안보 평가지표로 각종 식량안보지수 개념을 사용하기도 한다. 그러나 본서 농업의 다원기능 논의에서의 식량안보는 공급 측면에서 농업의 결합생산 관계를 판단하기 위한 개념으로 통상적인 식량안보 개념이나, 특히 식량안보지수와는 다른 것이다. 예를 들어 싱가포르의 식량안보지수가 높다고 하여 농업의 비상품 결합산출물로서의 식량안보적 가치가 퇴색되는 것은 아니다.

공급 측면에서만 보면 한 나라의 생산은 어디서 생산하는가와 별개로 세계 식량안보에 기여하게 된다. 실제로 이것이 다른 어느 나라의 식량안보에 기여할 것인지의 문제는 그 다음 수요측에서의 성장과 소득, 그리고 분배의 문제이다. 식량 순수입국의 경우라 해도 한 나라의 식량생산 증가는 그 나라뿐 아니라 다른 나라와 세계의 식량안보의 부담을 덜어준다는 데서 글로벌 식량안보에도 기여하는 것이다. 결국 중요한 것은 생산이지 무역이 아니다. 어디에서 생산하는가는 글로벌 식량안보 측면에서 보면 중요하지 않다. 마치 국내 어느 지방에서 생산되는지가 국가적 식량안보에는 영향을 미치지 않는 것과 같다. 이것은 곧 식량안보가 농업 생산의 결합산출물, 즉 개별 국가 차원에서는 국내 생산의 결합산출물이라는 의미이다. 다만, 글로벌 차원에서 자원배분의 효율성 문제가 제기될 뿐이다. 그러나 효율성과 비교우위를 논하는 것은 어느 나라에서 생산해야 하는가에 대한 문제이지만, 비상시를 전제로 한 식량안보 측면에서는 중요하지 않다.

글로벌 식량안보가 위험에 처하면 개별 국가, 특히 식량 순수입국의 식량안보는 치명적 위험에 빠진다. 생산은 어느 나라에서 하든 글로벌 식량안보 관점에서 보면 모두 도움이 된다. 세계의 총공급이 총수요에 미달하는 상황은 언제라도 올 수 있다. 이런 상황에서는 아무리 장기 계약을 다수 국가와 체결했다 해도 자유무역 시스템은 제대로 작동하기 어렵다. 농업협정 제12조의 규정은 이를 뒷받침한다. 뿐만 아니라 총공급이 부족하여 가격이 폭등하는 상황이 되면 자유무역이 식량안보를 담보해 주지 못한다. 이런 상황에서 아프리카의 최빈개도국들에게 아무리 자유무역이 보장된다 해도 그들에게는 아무런 소용이 없는 장치일 뿐이다. 오히려 해외원조나 집 앞 작은 텃밭에라도 곡식을 스스로 심는 게 그들의 기아와 영양 문제 해결에 도움이 될 것이다. 그것이 비효율적이고 시장원리에 어긋난다 해도 그렇다. 중요한 것은 생산이지 무역이 아니다. 식량안보는 농업생산의 비상품 결합산출물인 것이다.

결국 한 국가의 식량안보는 국내생산, 무역(수입), 공공비축 간의 합리적인 조합의 문제이다. 특히 생산과 무역 간 최적의 배분 조합을 찾아야 하는 문제이다. 이때 고려해야 할 요소는 경제적 효율성 외에 미래 불확실성 하에서의 위험관리이다. 시장원리가 다소 훼손된다 해도 일정 수준 국내 생산 유지와 생산기반의 확충은 반드시 필요하고 이런 측면에서 식량안보 문제를 접근해야 한다.

5.5 식량안보, 농업의 비상품 결합산출물

흔히 식량안보는 국가안보에 비견되곤 한다. 그만큼 식량안보는 국민의 생명과 국가 존립을 위해 반드시 지켜야 할 긴요한 가치라는 뜻이다. 비용의 문제를 떠나 만에 하나 국가안보에 구멍이 뚫릴 때를 대비하여 평소에 막대한 국방비를 지출하듯이 식량안보에서도 효율성 논리만으로 평가할 수는 없다. 단 1%, 아니 그보다 훨씬 낮은 확률로 세계 식량위기 가능성이 존재한다 해도 이를 대비하기 위한 지출은 해야 하는 것이 식량안보다. 발생할 확률이 매우 낮다는 걸 알면서도 자동차보험이나 화재보험에 가입하여 지출을 감수하는 것과 같다. 그렇다면 설령 국내생산이 무역에 비해 비효율적이라 해도, 안보 측면에서 필요하다면 시장간섭 정책을 통해서라도 이 방식을 선택해야 한다. 식량안보는 공공재로서 사회가 필요로 하는 최적 수준으로 그것을 강화하는 일은 공적 영역이기 때문이다. 식량안보에 관한 한 효율성 기준은 보조적인 판단 준거이다. 효율성 논리로만 본다면, 시장지향성을 추구하는 농업협정이 그 서문에서 식량안보를 비교역적 관심사항으로 규정하여 명시적으로 못 박지는 않았을 것이다. 국가안보에 비견되는 한 국가의 식량안보는 결코 시장의 효율성 논리로 재단할 수 없다.

국가안보의 핵심을 이루는 국방 서비스를 예로 들어보자. 국방 서비스는 대표적인 공공재이다. 국가안보 강화를 위해 국내에서 필요한 무기를 생산하는 것은 사적 재화의 공급이다. 따라서 이 무기 거래를 위해 시장이 형성되고, 방위산업은 국가의 경제성장에 중요한 역할을 하기도 한다. 국방을 튼튼히 하는 데 필요한 무기도 무역을 통해 얼마든지 조달할 수 있다. 하지만 국내에서 무기를 많이 생산할수록 자주국방이 강화되고 국가안보에 기여하게 된다는 점을 부인할 수 없다. 국가는 때로 민간 군사기업이나 용병을 활용하기도 한다. 국가안보라는 공공재 공급을 위해 사적 재화인 민간 자원을 이용하는 것이다. 그런데 사유재인 민간 자원을 이용한다고 해서 국방과 국가안보의 공공재적 기능이 달라지는 것은 아니다. 이때 비용과 효율성 문제만 고려하여 자주국방을 포기하고 자유무역의 원리에 따라 수입만으로 모든 무기체계를 구성하는 것은 국가안보를 위태롭게 할 가능성이 높다. 현실 세계는 각종 불확실성 요소들로 가득 차 있기 때문에 값비싼 대가를 치르고 자주국방을 추구하는 것은 그 같은 위험을 회피하기 위해 보험료를 부담하는 셈이다. 효율성이나 비용 문제를 떠나 자주국방을 강조하는 것은 이런 이유이다. 에너지 문제도 같다. 석유나 천연가스 등 에너지를 생산하고 교역하는 것은 시장기능이 작동하는 민간의 영역이지만, 에너지 안보를 제고시키는 것은 국가가 해야 할 공공의 영역이다. 에너지는 사적 재화이고 교역재이지만 에너지 안보는 비교역재이다. 에너지 안보 강화의 좋은 방안은 국내 생산을 통해 자급률을 높이는 것이다. 수입의존도가 매우 높은 우리나라가 막대한 투자 비용과 경제적 손실을 감수하면서 낮은 확률에도 불구하고 국내 유전개발 노력을 지속해 온 이유도 세계 에너지 시장에 상존하는 불확실성 요소들 때문이다. 자유무역 시스템이 국가 에너지 안보를 온전히 담보해 줄 수 없는 것이다.

식량안보에도 동일한 논리가 그대로 적용된다. 국내 생산과 생산기반을 필요한 만큼 일정 수준 유지하는 건 분명 식량안보에 기여한다. 국가의 식량안보가 확고해지면 국민들의 미래에 대한 불안이 줄어들면서 식량안보에 대한 수요도 더 늘고 효용수준, 복지수준도 증가할 것이다. 더구나 국내에 농경지를 상당히 보유하고 있는 나라에서 국내 자원을 유휴화시키면서까지 효율성의 논리로 무역에 식량안보를 맡기는 것은 잘못이다. 효율성의 이름으로 국가안보를 미래 위험에 노출시키는 행위이다.

종합할 때 식량안보는 농업생산의 비상품 결합산출물이다. 자유무역 시스템이 완벽하지 않다면, 더구나 탈세계화와 보호주의가 다시 고개를 들고 세계 공급망의 불안정성과 불확실성이 상존하는 상황에서 무역은 국내 생산의 온전한 식량안보 대체 수단이 될 수 없다. 이상의 논의에서 얻을 수 있는 결론은 국가적 식량안보는 식량과 결합생산 관계에 있는 비상품 산출물, 즉 농업의 중요한 다원기능으로 나오는 비상품 결합산출물이라는 점이다. 또한 농업의 비상품 결합산출물로서 공공재이기 때문에 식량안보 제고는 민간의 시장기능에 맡겨서는 안 되고 국가가 개입해야 하는 공공의 영역이다. 세계 모든 나라들이 핵심 농정목표로 삼고, 우리나라 농업기본법(제3조)이 제1의 공익기능으로 규정하고 있는 이유이다.[17]

제6절 결합생산의 정책적 함의

6.1 결합성의 정책적 중요성

생산의 결합성으로 인해 농산물의 변화는 비상품 결합산출물의 변화를 일으키고, 반대로 비상품 산출물에 변화가 생기면 그와 결합생산 관계에 있는 농산물의 변화로 이어진다. 시장기능에 따른 변화이든 아니면 정책에 의한 것이든 사유재로서의 농산물의 변화는 시장에서 일어난다. 하지만 시장이 존재하지 않는 비상품 산출물의 변화는 정책간섭 등 외부요인에 의해 일어난다. 그 변화가 어느 정도 생기는지는 결합성 관계의 성격과 정도에 따라 달라진다. 결합관계가 비례적인지 아닌지, 규칙적인지 불규칙적인지, 연속적인지 단속적인지 등에 따라 다양한 결과로 나타날 것이다. 결합성의 정도에 따라 농산물의 생산과 무역에 미치는 영향이 달라지기 때문에 비상품 산출물이 농업생산과 어느 정도 결합되어 있는가를 정하는 문제가 중요하다. 결합성이 약할수록 농산물의 생산과 무역에 영향을 적게 주면서 비상품 산출물 목표를 달성할 수 있다.

이처럼 생산의 결합성이 주는 정책적 함의는 농산물 생산의 변화가 비상품 산출물에 영향을 주고 반대로 비상품 산출물의 변화는 농산물 생산에 영향을 미친

17 농업기본법의 공익기능 문제에 대해서는 제III부 별도의 장에서 상세히 고찰한다.

다는 데 있다. 상품으로서의 농산물과 비상품 산출물이 농업생산 과정에서 결합되어 나오는데, 하나는 시장원리가 지배하는 사유재이고 다른 하나는 공공재이다. 하나의 생산과정에서 시장에 의한 사적 재화와 정부 간섭이 필요한 공공재가 동시에 결합되어 나오는, 정책적으로는 상반된 상황에 놓이게 된다. 결합생산 관계가 아니라면 이런 문제는 생기지 않을 것이다. 농산물에 대해서는 시장원리에 충실하면 되고, 비상품 산출물은 농업과 별도로 공급하면 된다.

그렇다면 이 상충되는 상황을 어떻게 조화시킬 것인지가 농업의 다원기능에서 결합생산 관련하여 중요 정책 문제가 된다. 농산물시장의 왜곡을 최소화하면서 동시에 사회적 최적 수준의 비상품 산출물을 공급할 수 있어야 한다. 긍정적 외부효과를 일으키는 비상품 산출물이 사회적 최적 수준을 초과한다면 별도의 정책적 간섭은 필요하지 않다. 이때 비상품 산출물은 추가적인 비용의 발생 없이 농산물과 함께 부수적으로 공급된 것이기 때문이다. 그러나 이 수준이 사회적 수요에 미치지 못하면 정책적 간섭이 필요한데, 이때는 비상품 산출물을 최적 수준으로 공급하기 위해 추가적인 비용이 발생하게 된다. 비상품 결합산출물을 어떻게 사회적 수요에 부합하는 수준으로 공급할 것인가? 농업생산을 통해서 할 것인가, 아니면 생산과는 무관하게 공급할 수 있는 것인가? 이와 관련한 정책적 문제에 대해서는 제7장에서 종합적으로 논의하게 될 것이다. 여기서는 간략히 언급하고 넘어가고자 한다.

농산물시장을 통해서 특정의 비상품 산출물에 영향을 미치는 정책은 바람직하지 않다. 농산물시장을 왜곡시킬 뿐 아니라 다른 비상품 산출물에도 원치 않는 결과를 초래할 수 있다. 예를 들면, 농촌경관(보리밭 풍경)을 유지할 목적으로 보리 생산에 보조금을 지급하는 정책을 시행한다면 경관은 조성되겠지만 생산과 무역에 영향을 줄 뿐 아니라 화학비료나 농약의 사용 증가로 다른 환경이나 생태계에도 악영향을 주게 된다. 이때는 대신 목표로 하는 비상품 산출물을 직접 대상으로 타게팅(targeting), 즉 표적화하여 농산물시장과 연계되지 않는 방법으로 시행하여야 한다. 비상품 결합산출물에 대한 표적화 정책은 농산물 생산이나 무역에 직접 영향을 미치지 않고 목적을 달성할 수 있다. 비상품 산출물에 직접 타게팅 되고 디커플된(decoupled)

정책수단으로서 직접지불이 제시되는 이유이다. 비상품 산출물 공급에 직접 인센티브를 제공함으로써 그것을 농업생산과 분리하는 정책이 바람직한 방법이다. 그러나 농업의 다원기능 요소 중에는 식량안보 제고처럼 해당 비상품 산출물이 아닌 농산물을 대상으로 정책을 시행해야 하는 경우도 있다. 식량안보는 식량 생산과 깊은 결합관계에 있기 때문이다. 하지만 이런 경우에도 자원의 효율적 배분의 관점에서 또는 세계 농업개혁과의 조화 관점에서 최대한 농산물시장이 결합생산 관계로 인해 왜곡되지 않는 방향으로 정책간섭이 이루어져야 한다.[18]

6.2 범위의 경제

앞에서는 결합생산의 정책적 문제를 생산 기술적 측면에서 살펴보았지만, 이를 비용 측면에서 보면 범위의 경제(economies of scope) 문제와 맞닿게 된다. 다수의 상품이 하나의 생산과정에서 동시에 생산된다면 그것을 분리하여 공급할 때와 비용상의 이점을 비교하는 문제는 자연스러운 일이다. 만일 농업의 결합생산 관계에 있는 비상품 산출물의 공급에 사회적 비용이 추가로 많이 들어간다면 농업의 다원기능 문제는 경제적 효율성 측면에서 그 의미를 잃게 된다. 범위의 경제가 농업의 다원기능 문제에서 중요 논점이 되는 배경이다.

한 기업이 두 개 이상의 상품을 동시에 생산하는 비용이 각 상품을 서로 다른 기업이 별도로 생산하는 비용보다 더 작을 때 범위의 경제가 존재한다고 말한다. 농업의 다원기능으로 농산물과 비상품 산출물을 결합생산하는 비용이 각각을 별개로 생산할 때의 비용보다 작다면 범위의 경제에 의한 효율성이 나타나는 것이다. 다원기능에 의한 공급에 범위의 경제가 작용할 때 비로소 정책적 간섭의 필요성이 생긴다. 결합생산의 정책적 문제에서 범위의 경제 여부에 대한 판단이 중요한 이유이다. 다음의 부등식 관계가 성립할 때 우리는 범위의 경제가 존재한다고 말한다.

---

18 예를 들면 비현행 면적기준 직접지불 방식 등이 있는데, 이에 대해서는 제III부에서 상세히 논의한다.

$$C(q_{1,} \cdots q_n) < C_1(q_1) + \cdots + C_n(q_n) \tag{3.e}$$

위의 식이 의미하는 것은 n개의 결합생산물을 하나의 기업(농가)이 동시에 생산할 때의 비용 $C(q_{1,} \cdots q_n)$이 각각의 산출물을 별개의 기업이 독립적으로 생산할 때의 비용보다 작을 때 범위의 경제가 존재한다는 의미이다. 농업의 다원기능의 핵심 요소로서의 생산결합성은 농업생산과 동시에 나오는 비상품 산출물의 분리가 가능하고 범위의 경제가 존재할 때 정책적 의미를 갖게 된다. 이 같은 비용상의 이점은 결합생산 요인들 중 기술적 상호의존성이나 비분할 투입요소에 기인한다. 알프스 산자락의 목장에서 우유와 함께 아름다운 목가적 경관이 결합생산물로 나오는 상황을 상정해 보자. 이때 목가적 풍경을 분리할 수 있고, 우유 생산과 이 풍경을 별도로 공급할 때의 비용이 더 크다면 범위의 경제가 존재하는 것이다. 결합성의 정도에 따라 비상품 산출물의 분리 가능성이 달라지는데, 분리가 가능하고 범위의 경제가 나타날 때 농업의 다원기능에 의한 비상품 산출물 공급이 타당성을 갖게 되고, 이때 정책적 문제가 제기된다. 만일 범위의 경제 이익이 존재하지 않는다면 농업의 다원기능 제고를 위한 정책적 간섭의 이유도 사라질 것이다.

결합성의 성격과 정도는 범위의 경제 여부 판단에 영향을 미친다. 농업의 다원기능에 의한 비상품 산출물 중에는 농업생산으로부터 분리하여 비농업 부문이나 활동에 의해서도 공급되는 경우도 있다. 농업의 결합생산으로부터 분리될 수 있다는 뜻이다. 예를 들면, 쌀 농업에서의 홍수조절 기능은 댐 건설을 통해서도 얼마든지 가능하다. 이때 쌀 농업의 결합생산으로 공급되는 비용과 쌀은 수입으로 충당하면서 홍수조절에 필요한 댐을 건설할 때의 총비용 중 어느 방식이 더 적은 비용이 드는지가 범위의 경제 문제이다. 농업의 결합생산 방식으로 공급될 때 더 비용을 절감할 수 있다면 농업의 다원기능은 범위의 경제가 존재하고, 이때 정책적 간섭의 정당성을 확보할 수 있다. 생산 결합성이 강하고 분리가 불가능하다면 농업의 다원기능에 의해 비상품 산출물을 공급하는 것이 바람직할 것임은 물론이다.

제4장
농업의 다원기능과 외부성

앞 장에서는 농업의 다원기능의 첫 번째 요소로서 공급 측면에서의 생산 결합성 문제를 살펴보았다. 본장에서는 그 두 번째 요소인 외부성(externality)에 대하여 논의한다. 외부성은 공공재 특성과 함께 농업의 비상품 결합산출물이 갖는 수요 측면에서의 특성이다. 먼저 외부성의 의의와 유형, 그리고 외부성이 어떻게 시장실패를 일으키는지 그 작용원리를 살펴본다. 이를 토대로 농업의 다원기능에서는 어떻게 외부효과가 나타나는지 살핀다. 그리고 외부성에 의한 시장실패 교정에 관한 이론과 정책적 문제를 고찰한다. 이어서 농업의 다원기능에서 오는 외부효과의 복잡성과 특성, 그에 따른 정책간섭의 어려움에 대하여 논의한다. 마지막으로 농업의 다원기능에서의 시장실패 치유를 위한 정책적 문제를 고찰한다.

제4장

농업의 다원기능과 외부성

제1절 외부성의 의의와 유형

1.1 외부성의 의의

한 경제주체가 자신의 행위로 인해 의도하지 않게 제3자 또는 사회에 이익이나 손해를 끼치는 현상을 외부성(外部性, externality)이라고 한다. 그리고 이 결과로 나타나는 경제적 효과가 외부효과(external effect)이다. 의도하지 않았다는 것은 타인이나 사회에 미친 영향이 행위 주체인 생산자나 소비자의 생산 또는 소비 의사결정 과정에 고려되지 않았다는 의미다. 즉, 시장 메커니즘의 작용에 의해 나타난 효과가 아니라, 이와 무관하게 부수적으로 생긴 효과라는 뜻이다. 이런 이유로 외부성을 시장가격에 의하지 않는 방식으로 직접 타인의 후생에 영향을 미치는 현상으로 정의하기도 한다.[1] 예를 들어, 어느 기업의 생산과정에서 생긴 소음으로 인해 주변 사람들이 피해를 본다고 할 때, 그 소음은 일부러 발생시킨 것이 아니므로 그로 인

1 Katz and Rosen(1991).

한 사회적 손실을 기업이 생산 의사결정 과정에서 비용으로 반영하지 않는다. 보통은 그런 외부효과를 거래하는 시장 자체가 존재하지 않고, 따라서 시장 내의 가격 메커니즘과 무관하게 그 밖에서 발생한 현상이라는 뜻에서 외부성이라고 부른다. 이 기업의 입장에서 볼 때 소음으로 인한 주변의 피해는 생산활동 의사결정에 반영되지 않은 외부의 비용이다. 만일 외부효과가 생산자나 소비자의 의사결정 과정에 반영되었다면 생산이나 소비, 그리고 시장가격 등 시장 상황과 자원배분에 다른 변화가 생겼을 것이다. 따라서 외부효과는 자원배분의 효율성과 시장실패의 문제와 직결된다.

그런데 의도하지 않은 영향이라고 해서 모두가 외부성은 아니다. 타인에게 물리적인 영향을 주는 경우만을 외부성이라고 하는데 이를 기술적 외부성(technical externality)이라고 한다. 이에 반해 의도하지 않게 외부에 영향을 미쳤지만 그것이 시장을 통해 나타난 결과라면 이를 금전적 외부성(pecuniary externality)이라고 부르는데, 이때는 여기서 말하는 본래 의미의 외부성은 아니다. 예를 들어 보자. 어느 마을에 태양광 발전 사업자가 들어와 대형 태양광 발전설비를 설치했다고 가정해 보자. 그 결과 농촌 경관과 환경이 훼손되어 이 마을과 인근의 농지와 집값이 하락했다고 하자. 이때의 가격하락 피해는 발전 사업자가 의도한 것은 아니다. 사람들이 떠나고 이 지역의 농지와 주택에 대한 수요가 감소하면서 시장기능의 작용에 의해 발생한 결과이다. 따라서 이때의 농지와 집값 하락의 피해는 외부효과라고 하지 않는다. 그러나 발전시설로 인해 농촌 경관과 환경이 훼손되는 사회적 손실은 명백한 외부효과이다. 경제학에서 말하는 외부성은 기술적 외부성을 의미한다.

외부성에 의해 생산자나 소비자의 경제 행위로 타인에게 의도(계획)하지 않은 결과가 발생하는 경우, 이익을 줄 수도 있고 손해를 끼칠 수도 있다. 그러나 행위 주체는 이익을 주었다고 해서 대가를 받지도 않고 손해를 끼쳤다고 해서 보상을 해 주지도 않는다. 생산이나 소비행위의 의사결정에 반영되지 않는 비의도적·비계획적인 결과이기 때문이다. 따라서 외부성이 존재할 때에는 생산자의 사적 비용이 외부효과가 포함된 사회적 비용과 차이가 생기게 마련이다. 이익을 주는 외부성이라면 사회적 한계비용은 사적 한계비용보다 작아지고, 손해를 끼치는 외부성의 경우에는 사회적 한계비용이 더 커진다. 그렇기 때문에 생산을 시장기능에 맡길 경우 이익을 주는 외부성이라면 사회적으로 바람직한 최적의 수준(파레토 최적)보다 더 적게 생산되고, 반대로 손해를 입히는 외부성이 존재하면 사회적 최적 수준보다 더 많은 생산이 이루어진다. 사회적 관점에서 자원배분의 비효율성, 즉 시장실패를 초래하게 되는 것이다.

외부효과는 그것을 거래하는 시장이 존재하지 않거나 제대로 작동하지 않기 때문에 생긴다. 기업의 생산활동으로 인해 의도하지 않게 대기 환경을 오염시켰다고 가정해 보자. 만일 깨끗한 공기를 거래하는 시장이 존재한다면 이 외부효과가 시장에 반영되고 기업은 그만큼 추가 비용을 부담하게 되므로 생산은 더 줄어들 것이다. 그런데 깨끗한 공기와 같은 환경재(environmental goods)는 시장이 존재하지 않기 때문에 외부효과 비용이 의사결정 과정에 반영되지 않아 최적 수준보다 과대 생산되는 것이다. 보통은 정부가 세금이나 보조금 같은 경제적 인센티브 방법으로 외부효과에 의한 비용이나 이익을 경제주체의 의사결정에 반영되도록 하여 사회적 최적 생산을 유도하게 되는데, 이렇게 외부효과를 시장 메커니즘 내로 통합하는 것을 외부효과의 내부화(internalization)라고 한다.

쌀 농업의 예를 들어 보자. 농가는 봄철에 논에 물을 가두어 모를 심고 가을에 추수를 한다. 이 긴 과정 동안 생물다양성 유지와 동·식물 서식지를 제공하여 생태계 유지에 도움을 주고, 토양과 수자원 보존이나 홍수 예방에도 도움을 준다. 광합성 작용을 통해 공기를 정화하는 데도 일조한다. 봄철 넓은 들판에 모가 심어져 있는 풍경이나 가을의 누렇게 익은 들녘의 아름다운 자연경관도 연출해 낸다. 식량안보 제고에 기여하는 것은 두말할 필요도 없다. 그런데 이런 사회적 이익들은 보통은 생산농가가 의도한 것이 아니다. 농가는 그냥 소득을 얻기 위한 경제활동으로 농사를 지은 것뿐이다. 생산 농가의 의도와 관계없이 부수적으로 생긴 이 사회적 편익이 외부효과이다. 그런데 농업 생산과정에서 이런 사회적 편익이 생겼음에도 농가는 그에 대한 대가를 받지 않는다. 그래서 쌀 생산은 사회적 최적 수준보다 적어지고 시장실패가 일어난다. 만일 이런 사회적 편익 제공에 대하여 보조금 같은 대가를 받는다면 이윤을 추구하는 생산농가의 최적 쌀 생산량은 더 늘어날 것이다. 외부효과에 대한 인센티브로 인해 외부효과가 내부화되어 생산이 증가하는 것이다. 사회적으로 최적의 생산량은 이런 부분까지 고려했을 때의 생산량이다.

1.2 외부성의 유형

(1) 효과의 성격에 따른 분류

외부효과는 사회 또는 제3자에게 이익이 되는 경우도 있고 반대로 손해를 끼치는 경우도 있다. 양봉업자가 꿀벌의 수분(受粉) 활동으로 인근 과수 농가에게 이익을 주는 것은 전자의 예이고, 공장의 폐수 배출로 인해 어민에게 피해를 주는 것이 후자의 예이다. 전자의 경우를 긍정적 외부성(positive externality) 또는 양(陽)의 외부성이라 하고 후자의 경우를 부정적 외부성(negative externality) 또는 음(陰)의 외부성이라고 한다.[2] 외부성을 일으키는 주체가 누구이든 그 영향을 받는 자의 입장에서 이익(편익)을 주는 외부성인가 아니면 손해(비용)를 일으키는 외부성인가에 따른 분류이다.

(2) 행위 주체와 대상에 따른 분류

외부효과를 일으키는 행위의 주체와 그 영향을 받는 객체가 누구인지에 따라 외부성을 분류할 수도 있다. 생산자의 행위가 다른 생산자 또는 소비자(국민, 주민)에게 영향을 미치기도 하고, 아니면 소비자의 행위가 다른 생산자나 소비자에게 영향을 미치기도 한다. 생산자는 이윤 추구를 위한 생산활동을 하는 과정에서, 소비자는 효용극대화를 위한 상품 소비과정에서 타인과 사회에 긍정적 혹은 부정적인 영향을 미치게 된다.

생산자가 일반 소비자, 즉 불특정 대중에게 영향을 미치는 외부성이 가장 일반적이다. 대표적인 예로 환경오염이나 공해 문제를 들곤 한다. 기업이 생산활동을

2 긍정적 외부성은 외부경제(external economy), 부정적 외부성은 외부불경제(external diseconomy)라고도 부른다.

하는 과정에서 유해한 매연을 공기 중으로 배출하거나 오염물질을 공장 밖으로 배출하는 경우이다. 양돈 농가들이 돼지를 사육하는 과정에서 배설물이나 악취를 발생시키는 것도 같은 사례이다. 이때 생산자가 의도적으로 오염물질을 배출한 것은 아니다. 생산과정에서 자연히 생긴 것인데, 이것이 환경오염과 자연생태계에 악영향을 미치고 인근 주민들에게 피해를 주게 된다. 그러나 의도하지 않은 피해에 대하여 생산자가 보상하지는 않기 때문에 사회적 최적 수준보다 많이 생산하게 된다. 이때의 외부효과는 부정적 외부효과로서 생산자가 다수의 불특정 소비자에게 영향을 미치는 경우라 할 수 있다. 목재회사의 벌목으로 자연경관을 훼손하고 홍수를 유발하는 외부성, 화원의 꽃을 행인이나 이웃이 감상함으로써 즐거움을 얻는 외부성 등도 모두 이 첫 번째 유형에 속하는 외부성의 예이다. 대부분의 외부성 문제는 생산자가 소비자 또는 사회에 영향을 미치는 경우인데, 농업의 다원기능에서의 외부성 문제도 대부분은 농업생산자가 불특정 다수의 주민이나 국민에게, 혹은 미래세대에게 미치는 것이다.

다음으로 생산자가 다른 생산자에게 미치는 외부성의 예로는 공장의 폐수로 양식업자의 어패류를 죽이는 경우, 공장에서 배출된 분진으로 세탁업소에 피해를 주는 경우, 농약을 살포함으로써 인근의 양봉업자의 벌을 죽이는 경우가 여기에 속한다. 이들은 모두 생산자가 다른 생산자에게 미치는 부정적 외부효과이다. 과수원의 과실 생산이 양봉업자의 꿀 생산 증가로 이어지는 외부효과는 생산자의 생산자에 대한 긍정적 외부효과이다.

소비자의 소비행위가 외부효과를 일으키는 경우도 있다. 먼저 소비자가 다른 소비자 또는 사회에 영향을 미치는 경우인데, 예를 들면 개인의 흡연으로 인해 주변의 비흡연자에게 미치는 영향이다. 한 사람의 흡연 행위가 다른 사람에게 불쾌감(효용 감소)을 주고 건강에 피해를 주는 것이다. 자동차 운전으로 배기가스나 미세먼지를 발생시키는 경우, 한밤중의 피아노 연주로 이웃에게 피해를 주는 경우, 음주행위로 교통사고가 증가한다거나 길거리에 휴지를 버리거나 침을 뱉어 주위에 피해를 주는 경우도 모두 소비자가 사회에 미치는 외부효과에 속한다. 마지막으로 현실에서 사례를 찾기는 어렵지만, 이론적으로는 소비자가 생산자에게 미치는 외부효과도 있을 수 있다.

본서에서 다루고 있는 농업의 다원기능에서의 외부성은 농업생산 과정에서 발생하는 비상품 결합산출물이 외부효과를 일으키는 문제로 대부분은 생산자-소비자 간의 외부효과이지만, 드물게는 생산자-생산자 간의 외부성도 있다. 여기에는 긍정적 외부효과와 부정적 외부효과 모두 포함된다. 식량안보 제고, 아름다운 경관 제공, 자연생태계와 생물다양성 유지, 홍수조절과 수자원 보존 등과 축산폐수나 농약으로 인한 환경파괴나 건강에 미치는 악영향 등은 모두 생산자(농가)가 소비자(대중, 국민)에게 미치는 긍정 또는 부정적 외부효과의 예들이다. 생산자가 다른 생산자에게 미치는 외부효과의 예로는 과수원과 양봉업의 관계, 한 농가의 방제 작업으로 옆 논의 생산성이 증가하는 것 등을 들 수 있다.

(3) 농업의 다원기능과 OECD의 분류

OECD는 농업의 다원기능 문제를 다루는 데 있어서 생산자(농가)가 사회에 미치는 외부효과에 초점을 맞추어 분석하고 있다. 외부성을 긍정적 외부성과 부정적 외부성으로 나누고, 다시 긍정적 외부성은 추가적인 비용(기회비용)을 유발하는 외부성과 유발하지 않는 외부성으로 분류한다.[3] 농산물의 결합생산물로 생기는 비상품 산출물을 늘리는 데 추가로 비용이 발생하는지 여부에 따른 분류이다. 그리고 기회비용을 유발하지 않는 긍정적 외부효과는 다시 농산물 생산의 증가에 따라 외부효과로 인한 한계편익이 어떻게 변하는지를 기준으로 다섯 가지 유형으로 구분하고 있다. ① 한계편익 불변 외부성, ② 한계편익 증가 외부성, ③ 한계편익 감소 외부성, ④ 불연속 한계편익(discontinuous marginal benefits) 외부성, ⑤ 제로(零) 한계편익 외부성이다. 이 같은 분류는 외부효과가 존재한다고 해서 항상 시장실패로 이어지지는 않는다는 점, 따라서 정책적 함의와 간섭의 필요성 여부가 달라진다는 데서 그 의미가 있다.

3 OECD(2001a), p. 61.

제2절 외부성과 시장의 실패

2.1 시장기능과 파레토 효율성

자원이 사회적으로 바람직하게 배분되었는지에 대한 두 가지 판단 준거(criteria)는 효율성(efficiency)과 형평성(equity)이다. 만일 시장이 완벽히 제 기능을 수행한다면 자원은 가장 효율적으로 배분되는데, 이때 최적의 자원배분 상태를 파레토 최적(Pareto optimum) 또는 파레토 효율성(Pareto efficiency)이라고 한다. 파레토 최적 상태에서는 새로운 배분으로 다른 누군가에게 손해를 끼치지 않고는 어느 한 사람의 이익도 증대시킬 수 없다. 자원이 더 이상 개선의 여지 없이 최적의 상태로 배분되어 있기 때문이다. 다른 누군가에게 피해를 주지 않고 내가 이익을 볼 수 있는 새로운 배분이 가능하다면, 즉 파레토 개선(Pareto improvement)의 여지가 있다면 현재의 배분 상태가 효율적으로 배분되지 않았다는 증거이다.

그렇다면 완벽한 시장기능의 조건, 즉 파레토 최적의 자원배분 상태를 만들기 위해 시장은 어떤 조건이 충족되어야 하는가? 완전경쟁 구조와 완전한 정보 조건을 갖추고 외부성이 존재하지 않을 때 시장은 온전히 기능한다. 이런 조건들이 모두 갖추어지면 공공재가 아닌 사유재 시장은 자율적으로 보이지 않는 손(invisible hand)에 의해 효율성 측면에서 최선의 결과, 즉 파레토 최적의 자원배분 상태를 가져온다. 이들 조건 중에서 어느 하나라도 충족되지 못하면 시장은 제 기능을 다하지 못하여 최적의 자원배분에 이르지 못하는 결과가 된다. 경제 내의 모든 시장에 이런 조건이 충족되어 총체적으로 자원이 효율적으로 배분될 때 성립하는 균형을 왈라스 균형(Walrasian equilibrium), 즉 일반경쟁균형(general competitive equilibrium)이라고 한다. 다시 말하면, 일반경쟁균형 상태의 자원배분은 파레토 효율적이다.[4]

그런데 시장이 어떤 이유에서건 파레토 최적의 효율적 자원배분을 달성하지 못

4 이를 후생경제학 제1정리(First Theorem of Welfare Economics)라고 한다.

할 때 우리는 이를 시장이 제 기능을 다 하지 못했다는 의미에서 시장의 실패(market failure)라고 부른다. 그러니까 시장이 실패한 상황에서는 새로운 배분을 통해 좀 더 나은 파레토 개선의 여지가 남아있는 상태이다. 이때 정부의 시장간섭 정책이 정당성을 갖게 되는 것이다.

그러나 효율적인 자원배분이 되어 파레토 효율성을 달성했다고 해서 사회적으로 가장 바람직하고 이상적인 자원배분이 되었다는 뜻은 아니다. 사회적으로 가장 바람직한 자원배분은 효율성 외에 형평성, 즉 공평성 조건까지 갖추어야 하기 때문이다. 그런데 시장은 효율성을 추구할 뿐 규범적 가치판단이 개입되는 형평성 문제까지 해결하지는 못한다. 정부의 시장간섭이 필요한 또 다른 이유는 시장이 제 기능을 다 하지 못하는 시장실패 외에 형평성 가치를 실현해야 하기 때문이다.

2.2 시장실패의 요인

완전경쟁 상태에서 시장이 완벽히 작동하여 성립하는 시장균형에서는 기업의 한계수입(marginal revenue: MR)이 한계비용(marginal cost: MC)과 일치하게 돼 있다. 즉, $MR = MC$이다. 그렇지 않을 경우 기업의 극대 이윤이 달성되지 않는다. 이 조건이 성립하는 상태에서는 기업 입장에서 생산을 더 늘리거나 줄일 유인이 존재하지 않는다. 시장 전체로 보면 사회적 후생수준이 극대가 되어 자원이 가장 효율적으로 배분된 상태가 된다. 완전경쟁 하에서 기업의 한계수입은 시장가격과 같아지므로 ($MR = P$) 결국 $P = MC$ 조건에서 기업의 극대 이윤 균형이 성립한다. 즉, 가격이 한계비용과 같아질 때 자원배분이 가장 효율적으로 이루어지게 된다. 이는 시장균형 상태에서 수요곡선의 높이와 공급곡선의 높이가 같아진다는 의미로 소비자의 한계편익과 기업의 한계비용이 같아진다는 뜻이기도 하다. 이 상태가 되면 이윤 극대화를 추구하는 기업 입장에서는 생산을 더 늘리거나 줄일 유인이 존재하지 않는다.

이 파레토 효율성 $P = MC$ 조건이 깨지면 시장실패가 일어나게 되는데, 몇 가지 요인들이 이런 상황을 초래한다. 시장실패를 일으키는 요인은 불완전 경쟁, 외부성, 공공재, 불완전 정보 등이다. 이런 요인들이 존재하지 않고 시장이 완벽히 작동한다면 시장은 보이지 않는 손에 이끌려 자동으로 파레토 최적을 달성하게 된다. 만일 시장이 완전경쟁 구조이고, 시장참여자들이 완전한 시장정보를 갖고 있고, 외부성이나 공공재적 특성이 존재하지 않는다면 시장은 그 기능을 완벽히 수행하면서 최적의 자원배분을 자동으로 이루게 된다는 것이다. 이 중 어느 한 가지라도 결여하면 시장은 제 기능을 다 하지 못하고 실패하게 된다.

시장실패의 첫 번째 요인은 불완전경쟁이다. 파레토 최적이 완전경쟁에서 성립하는 조건이라는 점을 전제로 한다면 불완전경쟁이 시장실패를 초래한다는 것은 자명한 이치이다. 독점이나 과점 등 불완전 경쟁 시장은 공급자의 시장지배력으로 인해 기업이 직면하는 수요곡선은 우하향한다. 완전경쟁 시장에서 개별 기업이 직면하는 수요곡선이 수평인 것과 대비된다. 이때 가격은 한계수입보다 커지고 따라서 시장균형이 이루어지는 $MR = MC$ 상태에서 가격은 한계비용보다 커지면서 $(P > MC)$ $P = MC$ 조건이 깨지게 된다. 이때는 사회적으로 보면 한계지불의사액, 즉 한계편익이 한계비용보다 크기 때문에 생산을 한 단위 더 늘리면 가격과 한계비용의 차이만큼 사회후생, 즉 사회적 편익이 증가한다. 현재의 균형이 최적 배분이 아니라는 의미다. 이것이 불완전경쟁이 만들어낸 시장의 실패다. 이때 비효율적 자원배분으로 인해 생기는 사회적 후생손실을 자중손실(deadweight loss)이라고 한다.

다음으로 외부성이 존재하거나 공공재의 경우 시장기능이 제대로 작동하지 않아 역시 시장은 실패한다. 이때에도 $P = MC$ 조건이 깨져 시장의 실패가 발생한다. 외부효과가 존재하면 언급한 바와 같이 기업의 사적한계비용이 외부효과를 포함한 사회적한계비용(social marginal cost: SMC)과 차이가 생기기 때문에 자원배분의 비효율이 발생한다. 긍정적 외부효과일 때는 $P > SMC$, 부정적 외부효과일 경우에는 $P < SMC$ 상황이 발생하여 시장실패에 이르게 된다. 따라서 시장에서는 긍정적 외부효과가 존재할 때는 사회적 최적 수준보다 과소 생산되고, 부정적 외부효과가 존재할 때는 과잉 생산되는 것이다.

공공재(public goods)는 소비의 비배제성과 비경합성을 특징으로 하는 재화이다.

이런 소비적 특성 때문에 공급을 시장에 맡기면 비배제성으로 인한 무임승차 문제가 생기고 일단 공급되면 추가 소비에 드는 한계비용이 0이 되는 문제도 생긴다. 이윤을 추구하는 기업 입장에서는 $P = MC$ 조건 하에서 생산이 불가능해지는 시장실패가 일어나게 된다. 공공재 문제와 농업의 다원기능에 대해서는 다음 장에서 상세히 고찰한다.

앞서 논의한 완전경쟁 상황은 불확실성이 존재하지 않고 시장정보가 완전하다는 전제하에서 성립한다. 이런 조건하에서 시장기능은 자동으로 파레토 최적을 만들어 낸다. 그러나 현실 세계의 시장에는 불확실성과 위험 요소들이 상존한다. 시장이 실패할 수 있다는 얘기다. 이를 극복하기 위한 방안의 하나로 보험제도를 이용하지만 보험만으로 불확실성 하에서의 위험을 완전히 제거하는 것이 사실상 불가능하다. 두 가지 이유다. 정보의 불완전성으로 인한 역선택(adverse selection)이나 도덕적 해이(moral hazard) 문제이다. 역선택이나 도덕적 해이 문제가 발생하기 때문에 완벽한 보험은 불가능하고, 따라서 정보의 불완전성 하에서 시장의 실패는 불가피하다는 것이다.

2.3 외부성과 시장실패

그렇다면 외부성이 존재할 때 시장실패가 어떻게 일어나는지 그 작용 메커니즘을 고찰해 보자. 먼저 생산과정에서 공해물질을 배출하는 부정적 외부효과의 경우를 살펴보자. 기업은 생산과정에서 발생하는 공해물질로 인한 사회적 비용을 통상 자신의 생산 의사결정에 반영하지 않는다.[5] 즉, 이윤 극대화를 추구하는 기업이 생산요소를 얼마나 투입하여 상품을 얼마나 생산할지 결정하는 과정에서 외부효과로 인한 비용을 고려하지 않는다. 공해비용은 비의도적으로 발생한 사회적 비용이기 때문에 통상 기업의 사적 비용(private cost)에 포함시키지 않는 것이다. 따라서 기업은 사회적으로 최적의 생산량보다 상품을 더 많이 생산하고 공해물질도 과다 배출하게 되면서 자원

5 환경문제, 특히 최근에는 기후변화 문제로 외부비용을 내부화하는 조치들이 시행되고 있으나 여기서는 설명을 위해 이렇게 가정하고 있다.

배분의 왜곡과 시장실패를 초래하게 된다. 그림을 통해 이 문제를 살펴보자.

앞서 우리는 $P = MC$ 조건이 깨질 때 시장실패가 일어난다는 사실을 살펴보았다. 외부성이 존재하면 이 파레토 최적을 위한 황금률이 깨진다. 사회적한계비용(SMC)과 사적한계비용(private marginal cost: PMC)의 불일치(부정적 외부성), 또는 사회적한계편익(social marginal benefit: SMB)과 사적한계편익(private marginal benefit: PMB)의 불일치(긍정적 외부성)가 생기면서 $P = MC$ 황금률 조건이 깨지게 되는 것이다.

<그림 4-1>은 외부효과가 존재할 때 시장실패가 일어나는 원리를 설명해 주고 있다. 여기서 PMC와 PMB는 기업의 사적한계비용과 사적한계편익으로 각각 공급 및 수요곡선, 즉 그 높이와 같다. 먼저 부정적 외부효과만 존재한다고 가정하자. 그러면 PMB는 SMB와 같아진다. 외부효과가 없을 때 시장균형은 점 $e(p_o, q_o)$이다. 부정적 외부효과가 일으키는 외부한계비용(external marginal cost: EMC)이 일정하다고 가정하면 사회적한계비용은 사적한계비용 PMC에 이를 수직으로 더한 SMC_1이 된다. SMC_1과 PMC의 수직 거리가 부정적 외부효과에 의한 EMC이다. 현재의 균형 생산량 q_o에서 보면 $SMC_1 > SMB(= PMB = P)$로 사회적으로 보면 한계비용이 한계편익을 초과하고 있어 그만큼 손실을 보고 있다. 여기서 생산량을 줄여나가면 손실액이 점차 줄어든다. 이는 지금 과다 생산되고 있다는 뜻으로 시장실패 상태이다. 이때 생산이 한 단위 감소하면 SMC_1 - SMB 거리만큼 사회적 이익이 증가(손실 감소)하므로 생산은 줄어야 한다. 생산이 q_1까지 줄어들면 비로소 손실이 사라지고 다시 황금률 조건인 $SMC_1 = SMB(= P)$가 성립하게 된다. 결국 점 $a(p_1, q_1)$가 사회적으로 파레토 최적 균형점이 된다. EMC만큼의 부정적 외부효과가 존재할 때 사회적으로 최적의 생산수준은 q_1이다. 그럼에도 불구하고 시장기능에 따라 q_o에서 생산이 이루어진다면, 이때 시장실패로 인해 삼각형 면적 aec에 해당하는 금액만큼 사회적 후생(효율)손실이 발생한다.

긍정적 외부효과가 존재할 때 시장이 실패하는 원리도 같은 논리로 설명할 수 있다. 이때는 두 가지 접근방법이 가능하다. 외부효과만큼 사회적 비용이 줄어든다고 파악할 수도 있고, 또는 외부효과만큼 사회적 편익이 증가한다고 볼 수도 있다.

그림 4-1 외부효과와 시장실패

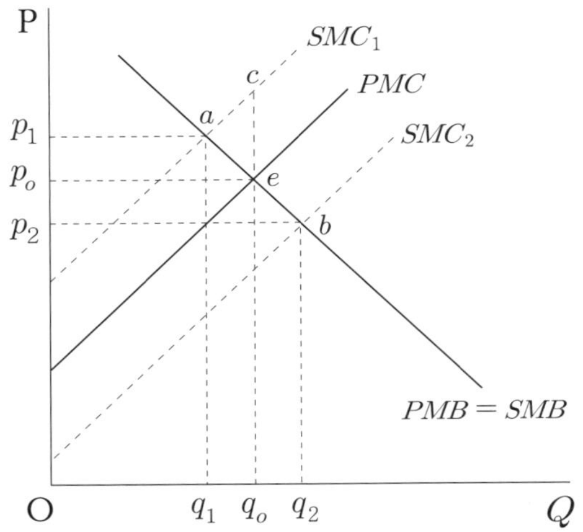

어느 경우든 같은 결론에 도달하게 된다. 여기서는 전자의 접근방식으로 살펴보자. 긍정적 외부효과로 인한 외부한계편익 EMB(external marginal benefit)는 편의상 일정 불변이라고 가정한다. 이때 사회적 한계비용은 PMC에서 EMB만큼 수직으로 뺀 SMC_2가 된다. 비용은 다름 아닌 마이너스 편익이다. 그러면 현재의 균형 생산량 q_o에서는 $SMC_2 < SMB$가 되어 사회적 한계편익이 한계비용을 초과하게 된다. 여기서 생산을 한 단위 더 늘리면 그 차액만큼의 이익이 생긴다는 의미다. 사회적 관점에서 과소 생산이 되고 있다는 뜻으로 시장의 실패이다. 따라서 생산은 더 늘어야 하고, 생산량이 q_2가 될 때 $SMB = SMC_2$ 조건이 다시 성립하게 된다. 긍정적 외부효과가 존재할 때 사회적 최적 생산은 q_2가 되어야 하는 것이다.[6]

지금까지 우리는 외부성이 어떻게 시장실패를 일으키는지 고찰했다. 외부성이 존재하면 시장실패가 일어날 수 있는 조건이 되지만, 그렇다고 외부성이 있다고 해서 반드시 시장실패로 이어지는 것은 아니다. 외부성의 특성에 따라 시장실패로 이

6 만일 외부한계편익만큼 사회적 편익이 증가한다고 보면 PMB 곡선이 EMB만큼 위로 평행이동하게 되는데, 이때에도 동일한 결과에 도달하게 된다. 뒤에서 농업의 다원기능 문제를 분석하면서 이 접근법을 사용하게 될 것이다.

어지지 않을 수도 있다. 앞서 논의한 바와 같이 OECD는 긍정적 외부성을 다섯 가지 유형으로 분류하고 있다. 외부효과의 한계편익이 어떤 유형인지에 따라 시장실패가 일어나지 않을 수도 있다. 특히 농업의 다원기능과 관련한 긍정적 외부성의 경우에는 비상품 산출물의 결합성의 성격이나 정도에 따라 외부편익의 형태가 다양하게 나타난다. 지리적 특성, 기후조건, 자연 및 생태 환경, 지형적 특성 등 다양한 요인에 따라 다양하게 나타나는 비상품 산출물의 외부한계편익곡선이 어떤 형태를 띠는가에 따라 다르다. 시장실패가 발생하는 것은 시장 균형점 또는 그 부근에서 사회적한계편익과 사적한계편익이 일치하지 않을 때 일어난다. 이는 외부한계편익의 특성(유형)에 의존한다. 만일 불연속적 외부한계편익곡선이거나, 또는 균형점 이전 생산 단계에서는 외부한계편익이 플러스로 나타나다가 균형점 부근에서 그 값이 0이 된다면[7] 시장 균형점이나 그 부근에서 사회적한계편익과 사적한계편익 간에 불일치 현상이 발생하지 않을 수 있다. 이때에는 설령 전반적으로 외부효과가 존재한다 해도 시장은 실패하지 않고 정상적으로 작동하게 될 것이다.

제3절 농업의 다원기능과 외부성

농업의 다원기능에 의한 개별 비상품 산출물은 어떻게 외부효과를 일으키는가? 이는 결국 비상품 산출물들이 농업 활동에 의한 결합생산물인가, 즉 농업 또는 농산물과의 결합성 관계가 존재하는가의 문제이다. 우리는 앞장에서 이 문제에 대하여 상세히 고찰했다. 생산 결합성이 존재한다는 것은 다원기능에 의한 비상품 산출물이 농업의 외부효과라는 의미이다. 본 절에서는 중복을 피하기 위해 대표적인 비상품 산출물을 선별하여 이 문제를 살펴본다.

7 외부한계편익이 0이 되더라도 총편익은 사회에 그대로 존재하기 때문에 농업의 다원기능에 의한 사회편익은 존재하는 것이다.

3.1 농촌 경관

과수원, 보리밭, 벼가 익어가는 황금빛 들녘 등 농업·농촌의 풍경은 농업 생산 과정에서 만들어지는 아름다운 경관이다. 그 자체로도 아름답고 주변의 자연이나, 때로는 인공물들과 조화를 이루면서 또 다른 농촌의 경관을 만들어낸다. 이런 풍경은 과일, 보리, 쌀을 생산하는 과정에서 부수적으로 만들어진 농업의 비상품 결합 산출물로 생산농가가 그런 경관을 만들어야겠다는 의도가 있었던 것은 아니다. 이 외부효과는 이곳을 방문하여 감상하고 즐기는 사람들에게 사용가치(use value)로서 편익을 제공하여 행복감을 느끼게 한다.

그러나 이런 편익을 제공했다고 해서 생산농가는 별도로 그에 대한 대가를 받지는 않는다. 비용 측면에서 농산물 생산비용 외에 이 비상품 결합산출물을 공급하는 데 별도로 비용이 들어간 것도 아니다. 의도한 결과가 아니라는 것을 비용 측면에서 보면 이런 의미다. 뿐만 아니라 그곳에 다른 사람들이 더 많이 와서 경관을 보고 즐긴다고 해서 추가로 들어가는 비용도 없다.

이때 외부효과로 나오는 한계편익이 농산물 생산 변화와 어떤 관계를 갖고 움직여 나갈 것인지가 중요한 관심 사항이다. 시장실패 여부를 판단하는 중요한 요소가 되기 때문이다. 경관은 농산물만으로 형성되는 것은 아니다. 농경지나 초지 또는 소나 양 등 가축 같은 투입요소들이 경관을 만들어내는 요소가 되기도 한다. 또는 생산방식이나 영농활동에 의해 경관이 영향을 받기도 한다. 농촌경관이라는 외부효과의 결합성 관계가 전적으로 농업 산출물과 연계되지는 않는다는 것이다. 이는 외부한계편익이 농산물 생산량 변화와 어떤 관계에 있는지를 결정하는 데 어려움이 되는 요인이다. 면적과 함께 생산이 늘어나면서 비상품 산출물에 의한 총 외부효과도 증가할 것으로 예상되지만, 한계편익이 어떤 형태로 변할지는 농산물과 비상품 산출물의 결합생산의 구체적인 조건과 상황에 따라 달라지는 실증적 분석의 문제로 귀착된다. 생산기술이나 영농방식, 또는 생산성 향상으로 동일한 면적에서 생산량이 늘어날 수 있기 때문에 일률적으로 말할 수는 없다. 더구나 아름다운 농촌 경관이 농산물의 결합산출물이기는 하지만, 이 외에도 주변의 자연이나 인공 구조물 등이 농산물과 함께 어우러져 복합적으로 만들어지는 것이기 때문에 농산물 생산과 비례적일 수는 없다. 그러나 한 가지 분명한 것은 농업생산활동으로 비상품 결합산출물로서 농촌 경관이 외부효과로 나온다는 사실이다.

농촌 경관은 농업 활동에서 결합산출물로 자연히 부수적으로 생성되기도 하지만 때로는 생산자가 의도적으로 만들어 낼 수도 있다. 경관을 해치는 비닐이나 농자재들을 제거·정돈하는 행위, 관목으로 보기 좋게 울타리를 치고 화단을 조성하는 행위는 모두 농촌 경관을 더욱 아름답게 만든다. 이때의 농촌 경관은 농산물 생산비용 외에 추가로 비용이 들어간다. 그렇다고 해서 본질적인 결합생산 관계와 그에 따른 외부효과가 부정되는 것은 아니다.

3.2 식량안보

식량안보가 외부효과인가의 문제도 식량안보의 결합생산 관계가 어떤 것인지에 의존한다. 우리는 이미 제3장에서 식량안보의 생산 결합성과 관련한 문제들을 상세히 고찰하였다. 농업은 상품으로서 식량을 생산하면서 동시에 비상품 결합산출물로서 식량안보를 제공한다. 식량생산이 증가하고 농업 생산기반이 확충될수록 식량안보 또한 강화된다는 측면에서 식량과 식량안보는 결합생산 관계에 놓여있다. 국내 생산과 생산기반 확충은 불안정한 자유무역 시스템에서 오는 위험과 세계시장의 불확실성에서 오는 위험을 줄여주는 역할을 한다. 국내 생산이 늘어 비상용(非常用) 비축이 증가하고, 토지 등 농업자원이 잘 보존되어 생산기반이 공고해질수록 미래 식량위기시 직면할 위험은 줄어들고 그만큼 식량안보는 강화된다. 미래의 위험이 비용이라면 그것이 줄어드는 것은 편익이다. 따라서 미래의 위험을 줄여주는 식량안보는 농업생산의 긍정적 외부효과로서의 사회적 편익이다.

수입국 입장에서는 국내 생산보다 무역으로 확보하는 것이 더 효율적일 수도 있지만, 문제는 세계 공급량이 부족해지거나 공급망 문제로 수입이 어려워지는 위기상황이 언제라도 발생할 수 있다는 점이다. 국내 생산은 불확실한 미래의 위험을 담보해 주는 보험과 같은 것으로 미래 위기 상황이 발발했을 때 그 가치가 발현된다. 생산이 위험을 줄여 식량안보를 제고한다면 식량안보는 분명 농업생산의 긍정적 외부효과이다. 식량의 자유무역을 주장하는 입장처럼 국내 생산은 때로는 식량안보에 부정적 영향을 줄 수도 있다. 국내 생산에 집중하면 국가 간 보호장벽이 생기게 되고 무역을 통한 식량공급의 다양화 노력을 약화시켜 국내 생산 부족시 식량안보에 위협이 될 수 있다는 것이다. 하지만 식량 순수입국 입장에서는 세계 공급망의 각종 불안정성과 불확실성 요소가 상존하는 현실 상황에서 긍정적 외부효과가 클 건 분명하다.

제3장에서 고찰한 바와 같이 식량과 식량안보는 명백히 다르고, 따라서 식량 생산 자체가 식량안보 제고는 아니다. 단순히 식량생산이 곧 식량안보라면 시장경제와 자유무역을 지향하는 WTO 농업협정에서 식량안보를 특별히 국가의 비교역적 관심사항으로 규정하지 않았을 것이다. 식량 생산은 통상적인 농업의 생산기능이지만 식량안보는 그 과정에서 나오는 외부효과이다. 생산뿐 아니라 농업자원의 유지·강화도 직접 영향을 미친다. 식량안보가 주는 긍정적 외부효과는 사용가치와 비사용가치, 두 성격 모두 갖고 있다. 식량 생산에 중점을 두는 현 세대의 식량안보는 사용가치이지만, 농지를 포함한 농업자원의 보존을 통한 미래 세대를 위한 식량안보라면 비사용가치인 유산가치로 이해할 수 있다.

식량안보의 가치, 즉 식량안보로부터 얻는 사회적 편익은 식량생산이 변할 때 어떻게 변해갈 것인지 역시 정책적 측면에서 매우 중요하다. 식량 순수입국을 전제로 할 때 이 외부효과가 주는 총 편익은 식량 생산의 증가와 함께 증가하겠지만 무한히 증가하지는 않을 것이다. 식량 생산(기반)이 증가할수록 식량안보의 한계편익은 줄어들고, 일정 생산(기반) 수준을 넘어서면 그 한계편익은 0으로 접근해 갈 것으로 추정해 볼 수 있다.[8]

3.3 기타 비상품 결합산출물

식량안보나 농촌 경관 외에도 농업의 다원기능에 의해 생성되는 비상품 결합산출

8 이 문제에 대해서는 제5절에서 상세히 논의한다.

물들은 농업의 외부효과이다. 환경 및 생태계 보존, 홍수조절과 수자원 보존, 농촌사회 유지와 국토의 균형발전 등 농업의 결합생산 관계로 나오는 비상품 산출물은 거의 모두 농업생산의 외부효과이다. 우리는 이미 제3장에서 각 비상품 산출물별로 농산물과의 결합생산 관계를 고찰했다. 결합생산 관계가 존재하면서 사회에 편익을 제공하고 그것이 내부화되지 않는다면 외부성이 존재한다고 말할 수 있다. 외부효과에 의한 한계편익곡선이 어떤 유형인지는 실증분석을 통해 결정할 문제이고 그 형태와 정도에 따라 시장실패 여부, 그리고 정책적 간섭과 방향이 결정될 것이다.

농촌사회 유지와 국토의 균형발전을 예로 들어보자. 농업생산은 농촌사회가 유지될 수 있는 필요조건이다. 농업생산이 이루어져야 농가소득과 농촌고용이 유지되고 농촌사회도 활성화되면서 국토의 균형적 발전의 토대가 된다. 그렇다고 이런 국가·사회적 이익이 시장에서 평가되고 거래되지는 않는다. 이런 측면에서 농촌사회 유지와 국토 균형발전은 농업의 다원기능에 의한 비상품 결합산출물로서 긍정적 외부효과이다.[9]

문제는 이들 다양한 비상품 결합산출물들은 농업에서 오는 외부효과이지만 어느 정도나 외부효과가 나타나고 시장실패가 일어나는지 여부를 판단하는 것은 간단하지 않다. 농업 현실에서의 외부효과 문제는 환경적, 지리적, 기후적 요인 등에 의해 매우 복잡하게 얽혀있기 때문이다. 또한 개별 비상품 산출물을 독립적으로 분석해서는 정확한 결과를 얻을 수 없고 농업의 다원기능에서 오는 다양한 비상품 결합산출물들을 종합적으로 고려해야 한다. 많은 경우 비상품 산출물 간에는 대체 또는 보완관계가 존재할 수 있고, 이때는 개별 비상품 산출물의 외부효과의 단순 합산이 다수 비상품 산출물들의 외부효과와 같아지지 않는다. 예를 들면, 쌀 생산의 외부효과로 나오는 생물다양성과 자연 서식지는 사회적 수요 측면에서는 일정 부분 상호 대체관계에 있다. 이때 이 둘의 대체관계를 고려하지 않고 단순 합산으로는 정확한 외부효과를 얻을 수 없다.

한편, 다원기능에 의한 비상품 산출물은 대부분 긍정적 외부효과를 일으키지만

9 농촌고용이 농업의 외부효과인가에 대해서는 논란의 여지가 많지만, 농촌고용은 농업생산의 투입요소이지 결합산출물로 나오는 것이 아니고 따라서 외부효과로 볼 수 없다. (제3장 각주 11 참조)

부정적 외부효과가 동시에 작용하여 그 효과를 상쇄시키는 경우도 적지 않다. 그런 부정적 외부효과가 작용하는 비상품 산출물로는 농촌경관, 생물다양성과 자연 서식지 등 환경이나 생태계 관련된 비상품 산출물들이다. 이들 비상품 산출물은 농약이나 비료 같은 화학물질, 비닐하우스 등의 시설물, 축산 분뇨, 각종 농자재 등에 의해 긍정적 외부효과가 영향을 받는 대표적인 예이다. 부정적 외부효과는 주로 투입요소 사용으로 야기된다. 농업 부문의 시장실패 문제를 판단하고 이 결과를 근거로 정책수단 선택과 방향을 정하는 데는 이들 부정적 외부효과를 긍정적 외부효과와 함께 종합적으로 고려해야 한다.

제4절 시장실패의 교정

외부성이 문제가 되는 것은 시장의 실패로 자원이 효율적으로 배분되지 못한다는 데 있다. 외부효과로 인해 사적 비용과 사회적 비용이 일치하지 않거나(부정적 외부성), 사적 편익이 사회적 편익과 일치하지 않기(긍정적 외부성) 때문이다. 시장실패를 교정하기 위해서는 이 불일치를 일으키는 외부효과를 시장 메커니즘 내로 내부화(internalization)하여야 한다. 외부한계비용이나 외부한계편익을 생산자나 소비자의 의사결정 과정에 통합하여 반영시킨다는 의미다. 그리하여 사적 비용과 사회적 비용, 사적 편익과 사회적 편익을 일치시켜 파레토 최적 조건($P=MC$)을 회복시켜 주는 것이다. 이것이 시장실패의 교정(矯正) 조치이다.

농업의 다원기능 문제로 돌아가 보자. 식량안보, 아름다운 농촌경관, 환경과 자연생태계 등은 모두 사회에 긍정적 외부효과를 일으키는 농업의 비상품 결합산출물이다. 농업생산을 시장기능에만 맡기면 식량을 포함한 농산물과 이들 비상품 결합산출물은 사회가 필요로 하는 최적 수준에 미치지 못하게 된다. 비상품 산출물이 주는 사회적 가치가 시장의 가격결정 과정에 고려되지 않기 때문이다. 다시 말하면, 생산 농가들이 그에 대한 대가를 받지 못하여 외부효과가 생산 의사결정에 반영되지 않기 때문이다. 결국 최적의 농산물 생산 수준에 미치지 못하는 시장실패를 초래하게 된다.

교정 방법은 크게 두 가지다. 하나는 시장기능을 통해 해결하는 사적 방법이다. 외부성은 본래 시장이 존재하지 않거나 제 기능을 못하여 발생하는 문제이므로 외부성을 일으키는 환경재 등에 제도적으로 시장기능이 회복되도록 만들어 줌으로써 자율적으로 시장실패가 치유되게 하는 방법이다. 다른 하나는 통상적으로 많이 사용되고 있는 정부의 공공 정책적 개입에 의한 방법이다. 먼저 사적 방법을 고찰함으로써 외부성과 시장실패의 관계를 좀 더 명확히 이해하고자 한다. 본 절에서는 부정적 외부효과를 전제로 살펴보고, 농업의 다원기능에서 오는 긍정적 외부효과에 의한 시장실패 교정 문제는 다음 절에서 설명한다.

4.1 코우즈 정리

시장실패 현상이 나타나는 원인은 외부효과를 야기하는 환경재(공기, 물 등)를 거래할 수 있는 시장이 존재하지 않기 때문인데, 시장기능의 핵심은 거래되는 재화나 서비스의 소유권(재산권) 관계이다. 소유권이 명확히 설정되기만 하면 시장기능은 보이지 않는 손(invisible hand)에 의하여 자동으로 살아난다. 결국 외부성은 환경재에 대한 소유관계가 설정돼 있지 않아 시장이 정상적으로 작동할 수 있는 조건이 충족돼 있지 않기 때문이다. 대기 중의 깨끗한 공기는 누구의 소유도 아니기 때문에 그것을 거래할 수 있는 시장이 존재하지 않는다. 만일 공기에 대한 소유자가 있어 그에 대한 권리를 주장한다고 가정해 보자. 이때 공장에서 배출되는 매연으로 공기가 오염되어 피해를 준다면 공기 소유자는 그 피해에 대해 적정한 보상을 청구할 수 있을 것이다. 그러면 기업은 그 비용을 생산 의사결정 과정에 반영하여 생산량을 조정하지 않을 수 없다. 그러나 대부분의 경우 대기는 누구의 소유도 아닌 개방자원이기 때문에 상품이 최적 수준보다 많이 생산되고 매연이 과다 배출되는 시장실패 현상이 발생하게 된다.

외부효과로 시장실패가 생기는 원인은 결국 자원에 대한 소유권이 존재하지 않는 데서 비롯된다. 소유관계만 명확해지면 그것이 누구에게 있는지와 무관하게 시장이 자연히 형성되면서 당사자 간 자율적 거래와 협상이 가능해져 보이지 않는 손은 자동으로 효율적인 결과를 만들어낸다. 정부가 환경자원에 대한 제도적·법적 소유관계만 명확히 해 주면, 그 권리가 누구에게 귀속되는지와 관계없이 이해 당사자들 사이에서 자율적인 협상이 이루어져 효율적인 자원배분이 자동으로 이루어지고, 최적의 생산량과 오염배출량이 결정되는 것이다. 이를 코우즈 정리(Coase Theorem)라고 한다.

다음과 같은 가상적 상황을 상정해 보자. 마을 뒤쪽 산 아래 위치한 양돈 농가에서 축산 폐수가 흘러나와 마을 앞 개울을 오염시키고 바람이 불면 악취까지 마을 쪽으로 날아오고 있다. 양돈 농가에 의해 발생한 부정적 외부효과이지만 그 농가가 일부러 의도를 갖고 한 행위는 아니다. 따라서 마을 사람들과 이 지역을 오가는 사람들이 입는 피해를 보상하지 않는다. 양돈 농가가 이 사회적 손실을 생산 의사결정에 반영하지 않기 때문에 돼지 생산은 사회적 최적 수준보다 많아지고 오염물질 역시 최적량을 초과하게 된다. 이때 만일 개울물에 대한 소유권이 마을 주민들에게 있다면 주민들과 양돈농가는 상호 협상을 통해 최적의 오염배출과 돼지 생산 수준에 이를 수 있다. 양돈 농가는 일정 금액의 피해 보상금을 해당 주민들에게 지불해야 할 것이고, 이 금액만큼이 생산비용으로 내부화되어 돼지 생산량에 조정이 이루어지게 된다. 이때의 수준이 사회적으로 최적의 돼지 생산량이면서 오염배출량이다.

<그림 4-2>에서 PMC는 양돈농가의 사적한계비용을 나타내는 돼지 공급곡선이고 PMB는 돼지에 대한 사적한계편익을 나타내는 수요곡선이다. 수요 측면에서 외부효과가 없다고 가정하면 PMB는 사회적 한계편익(SMB)과 같아진다. EMC는 돼지 생산으로 발생하는 분뇨와 오염물질 등으로 인한 피해를 나타내는 외부한계비용으로, 여기서는 일정한 것으로 가정하여 수평으로 그려져 있다. 돼지 생산이 한 단위 증가할 때 오염물질로 인한 피해액이 p_e로 일정하게 증가한다는 의미이다. 오염물질과 생산되는 돼지는 앞 장에서 논의한 결합생산 관계이다. 따라서 돼지 생산을 줄이면 자동으로 오염물질도 줄어드는 관계에 있기 때문에 오염물질을 줄이기 위해서는 결합생산 관계에 놓인 돼지 생산을 줄여야 가능해진다. 이것이 결합생

그림 4-2 시장실패의 교정과 코우즈 정리

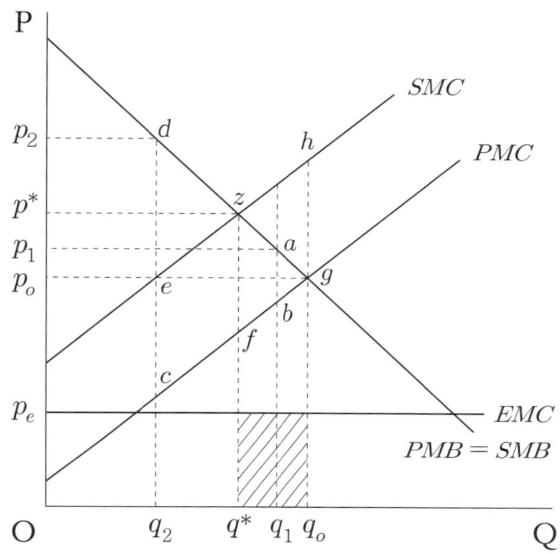

산 관계에서의 정책적 문제이다.

외부효과를 고려하지 않는다면 시장균형은 점 $g(p_o, q_o)$에서 일어난다. 그러나 외부효과를 고려하면 사회적 한계비용 SMC는 PMC에 EMC를 합한 것만큼 증가하여 위로 평행 이동한다. 이때 현재의 균형 생산량 q_o에서 사적 한계비용과 사회적 한계비용 간 괴리가 생기는데, 시장실패가 일어나고 있다는 뜻이다. $SMC > SMB$이므로 그 차액만큼 사회적 손실이 발생한다. 여기서 생산이 줄어들면 그만큼 사회적 편익이 증가하게 되는데, 외부효과를 고려한 균형은 점 $z(p^*, q^*)$가 된다. 따라서 사회적 관점에서 최적의 돼지 생산량은 q^*로 줄어들어야 한다. 그리고 생산이 q^*로 감소하면 외부효과로 인한 피해액은 빗금친 면적(=$zfgh$)만큼 줄어든다.

이제 개울물에 대한 소유권이 정해지기만 하면 정부의 개입 없이도 어떻게 시장실패가 시정되는지, 즉 어떻게 돼지 생산량이 자동으로 q^*로 줄어드는지 그 과정을 살펴보자. 협상 비용 등 거래비용(transaction cost)은 없다고 가정한다.

먼저 개울물에 대한 소유권이 양돈농가에게 있다고 가정해 보자. 소유권을 갖고 있는 양돈농가는 냇물을 임의로 사용하고 오염시킬 권리도 갖고 있는 셈이다. 주민들이 피해를 줄이기 원한다면 양돈농가에게 일정한 댓가를 지불하고 축산폐수를 덜 배출하도록 요구하는 수밖에 없다. 현재의 균형 생산량 q_o에서 돼지 한 단위 생산으로 발생되는 부정적 외부효과로 인한 주민들의 피해액은 EMC, 즉 p_e $(= hg)$이다. 이것은 주민들이 피해를 줄이기 위해 지불의사가 있는 최대 금액이다. 이 이상의 금액을 지불할 바에는 피해를 감수하고 지내는 편이 이익이다. 그런데 양돈농가 입장에서는 현재의 균형 생산량에서 가격, 즉 한계수입이 한계비용과 일치하여(완전경쟁 가정) 극대이윤을 달성하고 있는 상태이다. 이때 0원을 초과하는 금액만 받더라도 한계수입이 한계비용 PMC보다 커지므로 생산량의 변화(감소)가 가능해진다. 양돈농가 입장에서 생산을 한 단위 줄이기 위해 수용할 수 있는 최소 금액은 0원 초과 금액이다. 따라서 EMC보다는 작고 0원을 초과하는 금액을 제시하면 현 생산 수준에서 돼지 생산을 한 단위 줄일 수 있다. 만일 생산량이 q_1이라면, 주민들의 최대 지불의사금액은 여전히 EMC, 즉 p_e이다. 그런데 양돈농가 입장에서는 한계수입이 한계비용보다 ab만큼 더 크다. 따라서 생산량을 한 단위 더 줄이도록 만들기 위해서는 이보다 많은 금액을 지불하여 농가의 수취가격이 p_1 이상이 되도록 해야 한다. 따라서 ab보다 크고 EMC보다는 작은 금액을 제시함으로써 돼지 생산은 더 줄어들 수 있다. $SMC > SMB(= PMB)$ 상태가 계속되는 한 생산이 줄어들 여지는 계속 남아있다.

생산이 q^*에 이르면 주민들이 지불 가능한 최대 금액 EMC가 양돈농가가 수용할 수 있는 최소금액과 일치해지기 때문에 더 이상의 거래나 협상은 불가능해진다. 이점(z)이 사회적 최적 균형점으로서 $SMC = SMB$ 조건이 성립된다. 여기서 생산을 한 단위 더 줄이면 주민들에게는 냇물 오염피해는 EMC만큼 더 줄어들겠지만, 그러기 위해서는 최대 지불의사 금액(EMC) 이상을 제공해야 하므로 이런 결과가 일어날 수는 없다.

결국 환경재(개울물)에 대한 소유권 관계가 확정됨으로써 시장이 형성되고, 따라서 양 당사자 간에 자율적인 협상이 이루어져 사회적으로 최적의 생산량 q^*에 도달하게 된 것이다. 이때 부정적 외부효과 감소에 의해 마을주민들이 받는 총이익은 빗금친 부문의 면적, 즉 $zfgh$ 면적이고 양돈농가에게 지불한 금액은 이보다 작을 것이므로 이것을 뺀 나머지가 주민들의 순이익으로 돌아가게 된다. 양돈농가에게 지불한 최소 금액은 삼각형 면적(zfg)이다. 실제 지불한 금액은 협상결과에 달려 있는데 빗금면적($=zfgh$)과 이 삼각형 면적(zfg) 사이의 금액이 될 것이다.

이제 반대로 개울물에 대한 소유권이 마을주민에게 있다고 가정하고 어떻게 사회적 균형이 달성되는지 살펴보자. 이때는 주민들이 개울의 맑은 물을 사용할 권리를 갖고 있기 때문에 양돈농가가 돼지 생산을 늘리기 위해서는 냇물 오염에 대해 주민들에게 지불(보상)을 해야 하는 상황이다.

이 상황에서 돼지 한 단위 생산 증가로 피해가 늘어나는 데 대해 주민들이 수용할 수 있는 최소 보상액은 EMC보다 커야 한다. q_2에서 출발해 보자. 이 생산량에서는 한계수입($=p_2$)이 한계비용보다 dc만큼 더 큰데, 이것은 양돈농가가 생산을 늘리기 위해 지불할 수 있는 최대 금액이다. 이때 양돈농가는 $EMC(=ec)$ 이상의 금액을 지불하고도 초과이윤을 얻을 수 있는 여지가 있기 때문에 생산을 늘리기 위해 거래가 이루어진다(ec보다 크고 dc보다 작은 금액). 주민 입장에서는 EMC 이상의 금액만 받는다면 생산이 한 단위 늘어 오염 피해를 이만큼 입는 것보다 이익이다. 따라서 상호 이익이 되므로 협상이 이루어지고 생산은 증가한다. 이런 식으로 생산이 계속 늘어 q^*에 이르게 되면 주민이 받아야 할 최소금액과 양돈농가가 지불 가능한 최대 금액이 같아지고 더 이상 거래가 진행될 유인은 사라진다. 결국 소유권이 반대편에 있어도 당사자 간 자율적 거래에 의해 사회적 최적 산출량 수준에 도달하게 된다. 환경재에 대한 소유권이 확정됨으로써 거래와 협상이 가능한 시장이 형성되면서 외부효과가 내부화되어 시장은 자동으로 최적점을 찾아가고 시장실패가 치유되는 것이다. 소유권이 누구에게 있는가에 따라 외부비용을 마을주민 또는 양돈농가가 부담함으로써 내부화가 이루어지는 셈이다.

이상의 분석이 말해주는 것은 소유권이 어느 쪽에 있든 관계없이 동일한 결과에 도달한다는 점이다. 자원에 대한 소유권이 어느 쪽에 있느냐와 관계없이 일단 소유권이 정해지기만 하면 자연히 시장이 형성되면서 시장기능이 살아날 수 있기 때문이다. 환경자원에 대한 소유권만 확정되면 시장의 보이지 않는 손에 이끌려 자율적인 협상과 거래를 통해 최적의 자원배분 상태에 도달하게 되는 것이다. 이것이 코우즈 정리이다.

코우즈 정리는 외부효과를 일으키는 자원에 대한 소유권 관계만 명확히 정립되면 정부의 직접적 개입 없이도 이해 당사자 간의 자율적인 협상으로 효율적인 자원배분 상태에 도달한다는 것을 말해주고 있다. 그럼에도 불구하고 코우즈 정리가 성립하기 위해서는 앞에서도 가정한 바와 같이 협상 과정에서 거래비용이 없거나 미미해야 한다는 점이다. 양 당사자 간 지불 가능한 최대 금액과 받아야 할 최소 금액이 있어 이 사이에서 협상결과에 따라 각자의 이익이 결정된다. 만일 거래비용이 각자가 얻는 이익을 초과한다면 협상은 이루어지지 않을 것이고 효율적 자원배분은 달성될 수 없을 것이다. 이 밖에도 이해 당사자가 많아 소유권 관계를 명확히 할 수 없는 경우에도 코우즈 정리가 제대로 작동하지 않을 것이다. 이 같은 한계에도 불구하고 코우즈 정리는 외부성에 의한 시장실패가 존재할 때 정부의 개입 없이 어떻게 효율적인 자원배분을 달성할 수 있는지에 대한 통찰을 제공하고 있다는 데서 큰 의의가 있다.[10]

<공유의 비극>

코우즈 정리는 소유관계가 정립되기 어려운 자연자원의 관리 문제에도 시사하는 바가 크다. 예를 들면 강, 바다, 호수, 목초지 등이 왜 쉽게 오염되고 황폐화되는지 원인을 알 수 있다. 공유(共有)의 비극(tragedy of the commons)은 자원에 대한 소유권이 확정되지 않아 비효율과 자원을 낭비하고 시장실패를 야기하는 사례이다.

하딘(G. Hardin)의 논문[11]에서 비롯된 공유의 비극은 소유주가 특정되지 않은 개방자원(open access resources)이나 공유자원(common property resources)이 어떻게 낭비되고 비효율을 초래할 수밖에 없는지를 설명해 준다. 논문의 내용을 간략히 인용해 보자. 모두에게 개방된 목초지(pasture)를 생각해 보자. 누구에게나 제한 없이 개

10 부정적 외부효과의 예를 통해 코우즈 정리를 살펴보았지만, 긍정적 외부효과에 대해서도 동일한 논리로 코우즈 정리를 설명할 수 있다.

11 Garrett Hardin, "The Tragedy of the Commons", *Science*, Vol. 162, 1968, pp. 1243-1248.

방된 초지이므로 가축을 기르는 목자(牧者)라면 가급적 많은 가축을 그곳에 방목하고자 할 것이다. 만일 어느 목자가 가축을 한 마리 더 늘린다고 가정하면, 이때 추가되는 이익은 모두 자신에게 돌아온다. 하지만 그로 인해 추가되는 과잉 방목 피해는 그곳에서 방목하는 다른 모든 목자들과 분담하게 되므로 개인으로 볼 때는 한 마리 더 늘리는 것이 합리적인 행동이 된다. 하딘은 비극이 바로 여기에 있다고 보는데, 개별 목자로 하여금 한정된 세계(자원)에 무한히 가축 수를 늘리도록 만드는 시스템에 갇히게 된다는 것이다. 공유의 자유(freedom of the commons)를 믿는 사회에서 각자 최대의 이익을 추구하는 모든 목자들이 같은 생각을 갖고 몰리게 됨으로써 종국에는 모두가 망하는 길이 된다는 것이다. 소유관계가 특정되지 않은 공유의 자유가 모두에게 파멸을 갖다준다고 말하고 있다. 그는 해결 방안으로 몇 가지 대안을 제시하고 있는데, 그 중 첫 번째가 바로 목장을 개인 소유로 만드는 것이다. 소유권 확립이 중요하다는 코우즈 정리와 맥을 같이 하고 있다.

이 자원이 특정인의 소유라면 그렇게 되지 않았을 것이다. 불특정 다수의 소유나, 아니면 특정되어 있지만 매우 많은 사람들의 공동소유의 경우에도 자원이 낭비되는 상황은 크게 달라지지 않는다. 모두의 소유는 누구의 소유도 아닐 수 있기 때문이다. 지구 온난화로 인한 기후변화 문제도 같은 맥락에서 설명할 수 있다. 지구 대기권은 누구의 소유도 아니다. 함부로 온실가스를 배출하고 지구환경과 생태계를 파괴하여 결국 기후위기를 초래하여 모두의 피해로 되돌아 온다. 만일 지구의 대기권이 특정 국가의 소유라면 이런 결과가 발생하지는 않았을 것이다. 어쩌면 당연해 보이는 것이지만 한정된 자원으로 살아가고 있는 인류가 각자의 이익만을 추구할 때 어떤 결과가 초래되는지 주는 교훈이다. 개인에게 합리적인 행동이 전체에는 비합리적인 결과를 초래하여 결국 모든 개인에게도 손해가 된다는 구성의 오류(fallacy of composition)의 사례이기도 하다.

결국 토양, 물, 대기 등 환경자원, 자연자원에 대한 소유권이 명확하지 않기 때문에 시장실패가 일어나고 환경오염과 훼손, 자원고갈이 심화되고 있다. 내가 소유권을 가진 주인이라면 이런 결과는 발생하지 않았을 것이다. 한때 국내에서 자연보호 캠페인을 벌일 당시 주인의식을 강조한 이유도 같은 맥락에서 이해할 수 있다.

4.2 정부 규제와 공공정책

다음은 정부가 직접 공공정책을 통해 시장실패를 치유하는 방법이다. 환경오염 같은 부정적 외부효과를 전제로 할 때 정부가 최적 배출량을 직접 통제하는 방법이나, 시장 메커니즘 내에서 경제적 인센티브를 이용하여 외부효과를 내부화하는 방법이 있다. 후자의 방법으로는 환경세나 배출부과금제, 그리고 배출권거래제 등이 있다. 긍정적 외부효과의 경우에는 반대로 보조금을 지급함으로써 외부효과를 내부화하여 최적의 자원배분을 유도할 수 있는데, 이에 대서는 다음 절에서 별도로 고찰한다.

(1) 환경세(배출부과금) 부과

앞서 살펴본 <그림 4-2>로 다시 돌아가 보자. 현재의 시장균형점 g에서 부정적 외부효과로 인해 시장실패가 일어나고 있다. 여기서 어떻게 사회적 최적 자원배분 균형점 z로 이동하여 생산량을 q^*로 줄일 것인가? 시장실패의 요인인 외부비용을 내부화시켜 기업의 생산비용으로 반영시켜야 한다. 그러기 위해 EMC에 상응하는 hg만큼의 세금을 부과하는 정책이 필요한데, 이때의 세금이 환경세다. 환경세가 부과되어 기업의 한계비용이 그만큼 증가하면 현재의 한계비용곡선 PMC는 SMC로 이동하여 새로운 시장균형이 점 z에서 달성되는 것이다. 그러면 생산은 q^*로 감소하면서 시장가격은 p^*로 상승하게 된다. 이때의 세금을 연구자 피구(A. C. Pigou)의 이름을 따서 피구세(Pigouvian tax)라고도 한다. 시장실패가 교정되면서 삼각형 hgz 면적만큼의 후생 증가가 일어나게 된다.

상품 시장에서 세금을 통해 내부화하는 방법 대신 직접 오염 배출을 대상으로 배출부과금(effluent fee)을 부과하여 시장실패를 교정할 수도 있다. 배출부과금제 역시 시장원리를 이용한 대표적인 정부간섭 정책이다. 그림을 이용하여 살펴보자. <그림 4-3>에서 횡축은 오염배출량, 종축은 금액을 표시한다. 오염물질 배출량과 이로 인한 피해의 관계를 함수식으로 나타내 준 것이 피해함수(damage function)인데, MD는 이 피해함수로부터 도출된 한계피해(marginal damage: MD)곡선이다. 오염물질이 증가할수록 MD는 증가하는데, 이는 자연환경의 오염이 심해질수록 한 단위 오염물질 방출로 인한 피해액이 증가하는 경향을 반영한 것이다. 한편, 오염물질을 줄이는 데 소요되는 비용을 저감비용(abatement cost)이라고 하며, 저감비용함수로부터 한계저감비용(marginal abatement cost: MAC)곡선 MAC를 얻을 수 있다. 오염 수준이 높을 때는 한 단위 줄이는 데 많은 비용이 들지 않지만 오염 정도가 낮아질수록 같은 한 단위 줄이는 데 들어가는 비용은 증가하는 경향을 보인다. 원점에 가까워져 환경이 깨끗한 상태일수록 오염물질 한 단위 줄이는 데 소요되는 비용은 커진다는 의미다. 이를 반영한 곡선이 우하향하는 MAC 곡선이다. 반대 방향에서 보아도 마찬가지다. 횡축의 오른쪽 끝으로 갈수록 오염배출량이 많아 환경이 심하게 오염된 상태인데 이럴수록 오염물질 한 단위 줄이는 데 드는 비용은 적어진다. 따라서 원점 쪽으로 갈수록 MAC 곡선은 좌상향하는 모양을 그리게 된다.

그렇다면 사회적으로 최적의 오염배출량은 어느 수준인가? 환경만을 생각한다면 배출량을 0으로 만드는 것이 최선이지만 이는 경제활동을 완전히 중단한다는 의미이므로 현실적으로 불가능하다. 반대로 경제적 측면만 고려하여 무작정 배출량을 늘릴 수도 없다. 두 측면을 모두 고려한 사회적으로 최적의 오염배출량은 한계피해곡선과 한계저감비용곡선이 교차하는 e^*이다. 이보다 낮은 수준에서는 오염물질 한 단위 배출로 인한 사회적 손실(피해)보다 이를 한 단위 줄이는 데 들어가는 비용이 더 크다. 따라서 이때는 배출하는 게 사회적으로 이익이다. 반면, e^*보다 배출량이 많은 상황에서는 반대로 오염물질 한 단위 줄이는 비용이 그로 인한 피해액보다 적기 때문에 배출량을 줄이는 게 이익이다. 결국 e^* 수준이 사회적으로 최적의 배출량이 된다.

그러면 어떻게 이 최적의 배출 수준을 달성할 것인가? 최적 배출수준 e^*에서 외부효과로 인한 외부한계비용, 즉 여기서 한계피해액에 해당하는 OF를 오염 배출기업에게 부담시키는 내부화 정책이 시행되어야 한다. 이 금액이 배출부과금으로 일종의 환경세이다. 기업이 배출하는 오염물질 한 단위당 이만큼의 부과금을 징수

그림 4-3 최적 오염배출 수준의 결정과 배출부과금

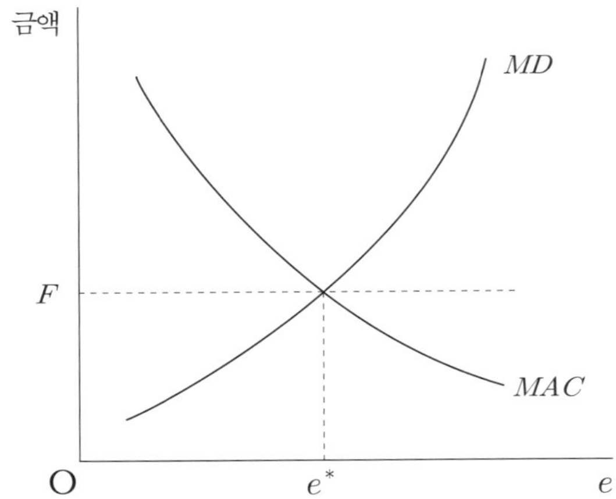

하는 것인데, 그러면 이윤을 추구하는 기업은 자동으로 e^* 수준을 배출하면서 상품 생산량도 이에 상응하는 수준으로 조정된다. 이 배출부과금 정책이 시행되는 상황에서 만일 현재의 배출량이 e^*보다 많다고 해보자. 이때 기업은 배출량 한 단위 줄이는 데 드는 비용(MAC 높이)보다 단위당 배출부과금이 더 크기 때문에 배출량을 줄이는 게 이익이다. 반대로 e^*보다 낮은 수준에서 배출되고 있다고 해보자. 이때는 배출량 한 단위 줄이는 데 들어가는 비용이 배출부과금보다 크므로 오염물질을 배출하고 부과금을 내는 것이 이익이다. 따라서 배출부과금을 OF 수준으로 부과하면 기업은 자동으로 최적의 배출량 수준 e^*를 찾아가게 된다. 문제는 어떻게 한계피해곡선과 한계저감곡선을 찾아내느냐이다.

(2) 배출권거래제

배출권거래제(transferable emission rights)는 정부가 오염물질을 배출할 수 있는 권리를 거래할 수 있는 시장을 만들어 주어 기업들이 자율적으로 최적의 배출 수준을 찾아가도록 유도하는 방법이다. 이 또한 경제적 유인을 제공함으로써 시장 메커니즘의 자동조절 기능에 의해 해결하는 방법이다.

먼저 정부가 대상 지역 전체의 허용 가능한 오염 배출총량을 정한다. 이때 배출총량은 이상적으로는 상품시장의 사회적 최적 산출량에 상응하는 배출량이 될 것이다. <그림 4-2>의 최적 생산량 q^*에 상응하는 배출량, 즉 <그림 4-3>의 e^*에 해당하는 배출량인 셈이다. 그리고 이 총량 범위 이상으로 배출량이 늘어나지 않도록 각 기업이 배출할 수 있는 상한을 정하여 배출권을 할당한다. 정부는 경매 방식에 의해 유상으로 배출권을 판매할 수도 있다.[12] 이 경우에는 외부비용이 기업의 생산비용으로 내부화되는 셈이 된다. 기업들은 할당된 배출권 범위 내에서 오염물질을 배출할 수 있는데, 이를 권리로 인정하여 기업들 간 배출권을 거래할 수 있도록 시장을 만들어 주는 것이다. 오염물질을 할당량보다 더 배출하고자 하는 기업은 할당량보다 적게 배출한 기업으로부터 배출권을 구입해야 한다. 그만큼 추가 비용을 부담하게 함으로써 비용을 내부화시키는 것이다. 결국 배출권거래제는 정부가 총량을 규제하면서 동시에 시장기능을 활용하는 방법이다. 기후변화 문제를 완화하기 위해 시행되는 탄소배출권 거래제도 역시 동일한 원리로 설명된다. 배출권의 할당은 유상이나 무상, 또는 이를 혼합하여 할 수 있다. 유상으로 할당한다는 것은 오염자부담원칙에 따라 외부효과로 인한 사회적 비용을 기업에게 부과시켜 내부화하는 조치이다. 유상의 비중이 커질수록 더 강한 환경정책이 되는 것은 물론이다.

이때 허용 가능한 배출 총량을 어떻게 정할 것인지가 사실상 어려운 과제이다. 정부는 앞의 <그림 4-3>에서 e^* 같은 사회적 최적 수준의 배출량을 찾아야 하는데, 이를 위해서는 MD와 MAC 추정 문제 등 필요한 정보들이 많이 요구된다. 설령 이 총량이 정해진다 해도 기업 간 할당량을 어떻게 정할 것인지도 과제이다. 통상적으로는 기업들의 과거 배출실적을 기준으로 할당하는 방식을 사용하기도 한다.

(3) 직접통제

정부가 최적의 오염 배출 수준을 정하여 각 기업에게 이 배출량을 준수하도록

12 경매 방식으로 배출권을 할당할 경우 기업이 지불하는 (최대)가격을 배출부과금(effluent fee)으로 부르기도 한다(Katz and Rosen, 1991).

직접 통제하고, 이를 위반할 때 벌칙을 부과하는 방식이다. 예를 들면, <그림 4-3>에서 최적의 배출 수준 e^*를 찾아 이를 지키도록 정부가 강제하는 방법이다. 각 기업별로 최적 배출량을 찾아 이를 준수하도록 강제해야 하지만, 최적의 배출 수준을 찾는 일은 정보의 부족으로 사실상 거의 불가능하다. 이런 문제를 극복하기 위해 동일 비율로 배출량을 감축하는 방법을 사용할 수도 있지만, 이는 비효율적인 결과로 이어진다. 직접 수량을 통제하는 방식 대신 배출 저감 시설의 설치를 의무화함으로써 오염 배출을 규제할 수도 있다.

어떤 것이든 정부가 직접 배출량을 정하여 통제하는 방식은 비효율을 초래하는 문제는 물론 최적의 배출 수준을 알기 어렵다는 근본적인 문제를 안고 있다. 이 외에도 직접 통제 방식은 기업들이 정해진 배출량만 준수하면 되기 때문에 자발적인 환경오염 방지 또는 감축을 위한 기술 개발을 유인하는 효과가 적다는 단점도 있다.

4.3 정부의 실패

정부가 비효율적인 시장에 간섭한다고 해서 시장실패가 온전히 교정된다는 보장은 없다. 오히려 정부의 잘못된 시장개입으로 비효율을 더 심화시킬 수도 있다. 이를 정부의 실패(government failure) 또는 정책실패(policy failure)라고 한다. 시장개입을 위해 정책수단을 선택하고 개입 수준을 결정할 때에는 치밀한 분석과 신중한 접근이 필요하다. 예를 들면, 최적의 조세(피구세)나 부과금 또는 최적의 보조금(피구보조)을 어떻게 찾을 것이냐를 치밀히 검토해야 한다. 그렇지 않을 경우에는 좋은 의도를 갖고 시장간섭을 하지만 효율성은 오히려 더 악화될 수도 있다.

그런데 피구세나 피구보조(Pigouvian subsidy)를 찾아내기 위해서는 한계비용이나 한계편익에 대한 정확한 정보가 있어야 한다. 하지만 현실적으로 이를 알기가 매우 어렵고, 그렇기 때문에 정책간섭의 실패에 이를 수 있다. 같은 이유로 배출권 거래제나 직접 통제 방식 등도 정부정책이 반드시 합리적인 결과를 초래한다는 보장은 없다. 정보의 부족 외에도 본인-대리인 문제(principle-agent problem)나[13] 관료제의 경직성에 기인하는 비능률성 등으로 정부의 간섭이 오히려 더 큰 경제적 손실을 초래하는 경우도 있다. 결국 시장실패가 있다고 해서 항상 정부의 시장간섭이 정당화되는 것은 아니라는 점이다. 더구나 자연현상이나 환경, 생태계의 문제는 현대 과학으로도 그 신비의 실체를 정확히 밝혀내기 어렵다. 이로 인한 외부성과 시장실패의 문제에 대한 정책간섭은 더욱 어려워진다. 그럼에도 불구하고 시장실패를 방치할 때의 결과보다는 개선이 이루어진다면 이런 정책적 간섭은 충분히 가치가 있다고 보아야 할 것이다.

제5절 농업의 다원기능에서 외부효과의 특성

본 절에서는 농업의 다원기능에 의한 긍정적 외부효과의 한계편익이 어떤 유형과 특성을 띠는지 살피고, 구체적 유형에 따른 시장실패와의 연관성 문제를 고찰한다. 대표적인 유형으로서 불변인 경우와 감소하는 경우, 특히 식량안보의 외부한계편익의 유형과 그에 따른 정책적 문제를 살펴본다.

5.1 외부편익의 비정형성

농산물 생산이 변함에 따라 외부효과로 나오는 비상품 결합산출물의 외부한계편익은 아주 다양한 형태로 변한다. 외부효과가 그 지역의 지리적·환경적 또는 기후적 조건 등에 따라 다양하게 나타나기 때문에 규칙성을 찾거나 정형화하기 어렵다.

OECD는 농업의 긍정적 외부성을 비용을 유발하는 외부성과 그렇지 않은 외부성으로 나누고, 후자는 다시 그 한계편익이 어떤 형태로 변하는가에 따라 다섯 가

13 공공선택이론은 국민과 정부의 관계도 주인(본인)과 대리인의 관계로 파악한다. 관료는 주인인 국민의 대리인으로서 항상 국민의 이익을 위해 일하지는 않는다. 때로는 자신이나 부처의 이익을 위해 주인인 국민의 이익에 배치되는 결과를 초래할 수 있다. (이정전, 2011; 이준구, 2019)

지로 분류하고 있다. 외부성은 그 정의상 비용을 추가로 유발하지 않는 경우가 원칙이지만 OECD는 비용이 들어가는 긍정적 외부효과도 인정하고 있다. 예를 들면, 농촌경관을 더 아름답게 조성하기 위해 밭둑을 정리하고 꽃을 심는다거나, 농약 투입량을 줄여 논밭에 생물다양성과 자연서식지 기능을 강화하는 것을 들 수 있다. 비용이 들지 않는 긍정적 외부효과의 경우에는 외부한계편익이 연속적이면서 불변인 경우, 증가하는 경우, 감소하는 경우, 그리고 불연속인 경우, 0인 경우 등 다섯 가지로 분류하고 있다. OECD는 나아가 비상품 산출물별로 대략적인 외부편익 유형을 제시하고 있다. 생물다양성, 자연서식지 같은 환경보전이나 농촌경관은 농산물 생산과 함께 한계편익이 감소, 비연속 또는 0으로 나타나고 식량안보는 외부한계편익이 감소하는 것으로 보고 있다.[14] 설명을 위해 이렇게 유형화했지만 현실 세계에서는 이보다 훨씬 복잡하고 다양한 유형이 존재할 수 있다. 예를 들면 연속적으로 감소하는 경우에도 단조적으로 감소하는지 아니면 굴곡 형태를 띠면서 감소하는지 등 다양한 방식으로 감소할 수 있다.

이처럼 외부효과의 한계편익을 유형화하는 이유는 외부성이 존재한다고 해서 시장실패가 항상 일어나는 것은 아니기 때문이다. 외부한계편익이 어떤 형태를 보이느냐에 따라 시장실패가 일어날 수도 있고 아닐 수도 있다. 시장실패 여부를 판단하는 기준은 시장균형점이다. 농산물의 균형 생산량 하에서 생기는 외부효과가 시장실패를 일으켜야 하는 것이다. 만일 시장균형점 또는 그 부근에서 시장실패 요건이 충족되지 않는다면 설령 농업의 다원기능에 의한 외부효과가 존재한다 해도 정책간섭의 필요성은 사라진다. 외부한계편익이 연속적이면서 불변이거나 상승하는 경우에는 그 값이 0보다 큰 한 시장실패는 발생하고 따라서 정부의 정책적 개입이 필요해진다. 그러나 외부한계편익이 단속적(斷續的)이거나 연속적이라 해도 감소하는 경우에는 시장실패가 일어나지 않을 수 있다. 이때에는 물론 정부의 시장간섭은 필요하지 않다. 시장균형점에서 외부한계편익이 0이 되어 사적한계편익과

14 OECD(2001a), Table III.3, p. 73. 외부한계편익이 0인 경우는 생산량이 일정 수준에 이르면 더 이상 외부편익은 증가하지 않는 경우, 또는 외부효과 요인이 이미 존재하여(토지에서 생성) 농산물 생산과 관계없이 늘어나지 않는 경우이다.

사회적한계편익이 같아지기 때문이다. 외부성을 일으키는 시장의 부존재는 시장실패의 필요조건일 뿐 충분조건은 아니다.

논의한 바와 같이 농업의 다원기능으로 인한 외부효과는 불규칙하고 복잡한 비정형성(非定型性) 특징을 갖고 있어 시장실패 문제와 정책적 측면에서 어려움을 주고 있다. 여기에 농업의 부정적 외부효과까지 고려한다면 상황은 더욱 복잡해지고 정책적 판단은 더 어려워진다.

5.2 외부한계편익과 시장실패

현실에서의 외부한계편익은 매우 다양하게 나타날 수 있고, 그 형태에 따라 시장실패 여부가 결정된다는 점을 고찰했다. 여기서는 대표적으로 외부한계편익이 불변인 경우와 감소하는 경우를 선정하여 시장실패 문제를 고찰한다. 각각 연속적일 때와 불연속일 때로 나누어 살펴본다.

<그림 4-4>는 외부한계편익(MB)이 불변인 경우를 보여주고 있다. 패널 (a)는 연속하는 경우, (b)는 불연속(단속적)인 경우의 상황을 그려놓았다. 횡축은 농산물 생산량이고 종축은 이것과 결합생산물로 나오는 비상품 산출물의 외부효과(금액표시)이다. 두 경우 모두 외부한계편익은 k 수준에서 일정하다. 농산물 생산이 증가하면서 외부한계편익은 계속 일정하게 움직인다. 외부한계편익이 고정돼 있으므로 외부총편익(TB)은 위의 그림에서 보듯이 기울기가 k로 일정한 직선이 된다. 농업 생산이 증가하면서 외부총편익은 일정한 k 속도로 계속 증가해 나간다. 생산량이 q_o일 때 외부총편익은 B_o이며, 이는 아래 그림에서 빗금친 면적과 같아진다. 농업 생산량이 증가하면서 결합생산물로 나오는 비상품 산출물의 긍정적 외부효과는 비례적으로 늘어나는 것이다.

오른쪽 그림 패널 (b)는 외부한계편익이 일정하긴 하지만 불연속적인 경우이다. 아래쪽 그림을 보면 생산량이 q_1에 이를 때까지 외부효과가 일정한 속도로 생성되다가 갑자기 더 이상 생기지 않아 외부한계편익이 0이 된다. 그러다가 생산량

그림 4-4 불변 외부한계편익과 외부총편익

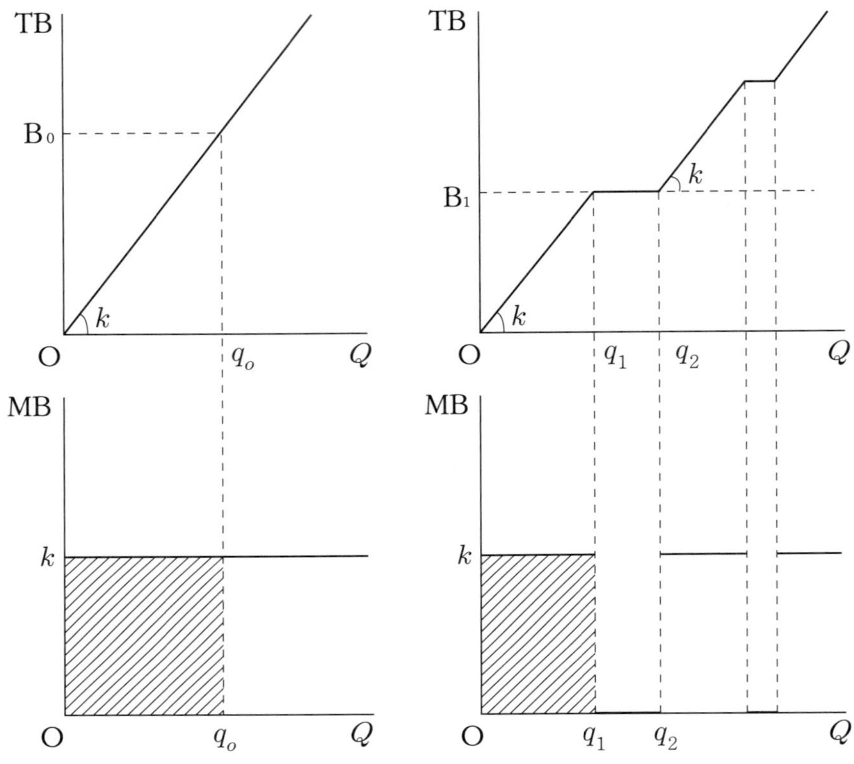

(a) (b)

이 q_2 이상이 되면 다시 외부한계편익이 k로 증가한다. 이처럼 외부효과가 농산물 생산과 함께 생성되다가 어느 수준이 되면 더 이상 농산물과 함께 결합되어 나오지 않는 경우이다. 이때 사회의 외부총편익곡선이 위에 그려져 있다. 농산물 생산 증가와 함께 증가하다가 q_1이 되면 더 이상 증가하지 않다가 q_2 이상이 되면 다시 증가한다. 생산량 q_1, q_2 구간에서 모두 외부총편익은 B_1이며, 이는 이 구간의 각 생산 수준까지 외부한계편익곡선 아래의 면적에 해당하는 금액과 같다.

여기서 농업의 다원기능에 의한 외부효과의 한계편익이 패널 (b) 형태를 띤다고 가정해 보자. 앞서 언급한 바와 같이 비상품 산출물에 따라서 해당 지역의 지리적, 기후적, 환경적 특성에 따라 이런 유형의 한계편익곡선이 나타날 수 있다. 이때 농산물시장이 q_1과 q_2 사이에서 균형을 이루고 있다면 외부성이 존재함에도 불구하고 시장실패는 일어나지 않는다. 이때 사적한계편익과 사회적한계편익이 같아지기 때문이다. 따라서 정책적 간섭의 필요성도 생기지 않는다. 농업의 다원기능으로 인해 사회에 미치는 긍정적 외부효과, 즉 사회적 편익은 B_1만큼 분명히 존재한다. 그럼에도 불구하고 이때 시장은 효율적 자원배분 상태를 유지하고 있다. 우리가 농업의 다원기능 혹은 공익기능을 자주 얘기하면서도 선뜻 이를 위한 정책수단을 동원하는 데 주저하는 것은 이런 상황을 염두에 두고 있기 때문이다. 자연과 환경, 기후조건 등에 영향을 받는 현실의 농업생산은 매우 복잡하여 그로 인한 외부효과의 유형을 정확히 파악하기 어렵다.

<그림 4-5>는 외부한계편익이 감소하는 경우를 그려놓았다. 앞서 논의한 불변인 경우는 설명을 위한 것으로 현실 세계에서는 찾아보기 어려운 예이다. 좀 더 현실적인 유형은 감소하는 경우로, OECD는 환경보전이나 농촌경관, 식량안보 등의 경우 이런 형태를 띨 가능성을 언급하고 있다. 연속적인 경우와 불연속적인 경우로 구분하여 각각 패널 (a)와 (b)에 나타내 주었다.

연속적인 경우 외부한계편익은 단조적으로 감소하고, 외부총편익은 단조적으로 증가하도록 그려져 있다. 외부한계편익이 감소하기 때문에 외부총편익은 농산물 생산과 함께 증가하지만 점차 감소하는 속도로 증가한다. 외부총편익곡선의 접선의 기울기가 생산량 증가와 함께 점차 감소하고 있다. 농산물 생산이 q_o일 때 외부한계편익은 k인데 이는 점 A에서의 접선의 기울기와 같다. 이때 외부총편익은 B_o이고, 이는 아래 그림의 빗금친 면적에 해당하는 금액이다.

오른쪽 패널 (b)는 패널 (a)와 같은 유형이지만 단속적, 불연속적인 경우이다. 다른 조건은 모두 동일한데, 농산물 생산이 q_1에서 q_2에 이르는 구간에서 외부한계편익이 0이라는 점이 다르다. 이 구간에서는 외부총편익곡선은 수평으로 더 이상 증가하지 않는다. 그러다가 생산량이 q_2 이상이 되면 다시 추가적인 외부효과가 나타나기 시작한다. 생산량 q_3에서의 외부총편익은 B_2로 아래의 빗금친 두 면적의 합과 같다. 외부한계편익이 연속적이지 않다는 것은 이 생산 구간에서 한계편익이 0이라는 의미로, 이는 외부

그림 4-5 감소 외부한계편익과 외부총편익

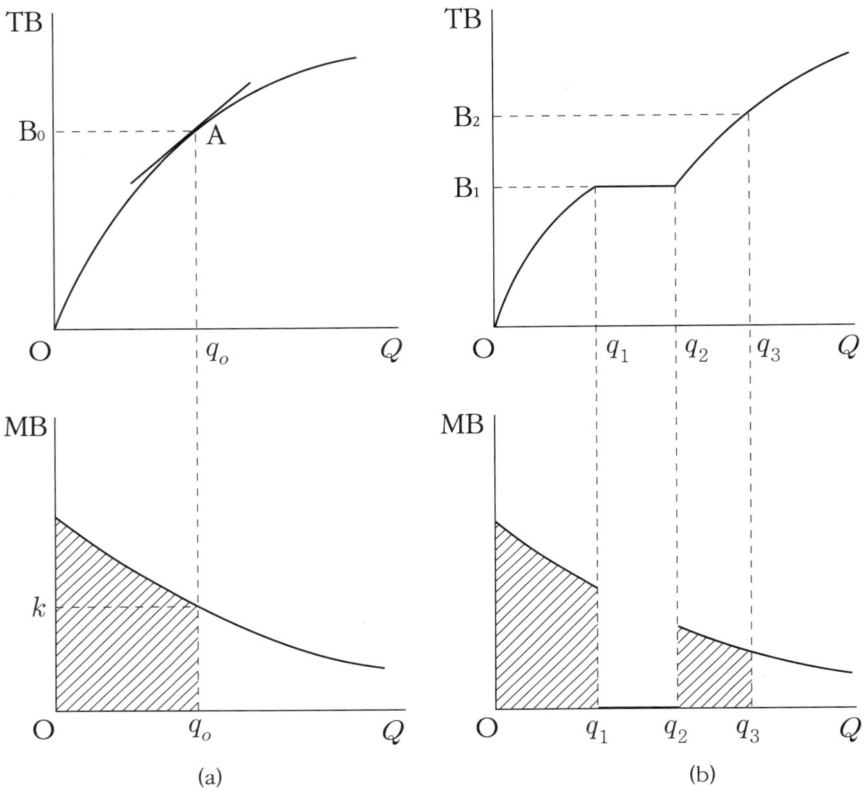

총편익이 이 구간에서 더 이상 증가하지 않는다는 뜻이지 0이 된다는 것은 아니다.

이 구간에서는 외부한계편익이 0이기 때문에 사적한계편익과 사회적한계편익 간에 괴리가 생기지 않는다. 따라서 만일 농산물 시장의 수요와 공급이 이 구간에서 균형을 이루고 있다면 시장은 자원을 효율적으로 배분하고 있고, 생산량도 최적 수준을 유지하고 있는 셈이다. 이때에도 농업의 다원기능은 발휘되어 긍정적 외부효과가 사회에 B_1만큼의 편익을 제공하고 있지만 시장실패는 일어나지 않고 있다는 의미이다. 효율성 관점에서 정책적 간섭 필요성도 제기되지 않는다.

5.3 식량안보의 외부한계편익

식량안보에 의한 외부효과의 한계편익은 어떤 유형인지 생각해 보자. 식량안보가 주는 한계편익은 그 나라가 처한 농업 여건 등에 따라 다르게 나타나겠지만, 일반적으로는 단조적으로 감소하는 형태를 띤다고 보는 것이 타당할 것이다. OECD 역시 같은 입장을 보이고 있다. 국내 농업생산이 증가하고 비축 여력도 커지면서 미래 식량 부족시 위험이 줄어들게 되므로 식량안보에 의한 사회적 한계편익은 점차 감소할 것이다. 생산의 증가는 생산기반(농지 등)이 그만큼 유지되고 있다는 뜻이고 생산성도 향상되었다는 측면에서 미래의 식량위기 위험을 줄여주기 때문이다.

이런 추론에 기반하여 식량안보의 외부한계편익과 외부총편익곡선이 <그림 4-6>에 나타나 있다. 외부한계편익은 식량 생산 증가와 함께 지속적으로 감소하고 있다. 이때 외부총편익은 증가하지만 감소하는 속도로 증가한다. 그러다가 생산이 일정 수준에 이르면 극대점에 도달하고 외부총편익은 더 이상 증가하지 않는다. 이때 외부한계편익은 0이 된다. 이 생산 수준이 그림에서는 q_o으로 표시되어 있다. 식량 생산이 이 수준을 초과하는 구간에서 외부한계편익은 0이 되고 총편익은 극대수준 B_o에서 불변으로 일정하게 유지되고 있다.

문제는 q_o 생산량이 어느 수준인가이다. 완전 100% 국내 자급을 달성하는 생산량인지, 아니면 그 이하에서 생산이 이루어지고 일부는 수입으로 충당하는 상황이 되는지이다. 이는 국가마다 처한 여건에 따라 다 다를 것이다. 국민의 소득수준에도 영향을 받을 것이다. 스위스 같은 군사적 비동맹국은 더 높을 것이고, 반대로 싱가포르처럼 자유무역에 의한 식량 조달을 할 수밖에 없거나 선호하는 국가는 낮을 것이다. 어쨌든 q_o의 최대 수준은 100% 자급을 달성하는 생산 수준이 될 것이다. 그 이상이 되면 식량안보에서 오는 한계편익은 0이 된다. 이는 결국 경험적, 실증적 분석의 영역이다. 국내 생산도 가뭄 등으로 식량 부족 상황을 맞을 수 있고, 세계시장 상황은 더구나 말할 필요 없다. 어느 경우든 미래 불확실성에 따른 위험은 존재하고 어느 쪽 확률이 더 큰가의 문제이다. 결국 q_o가 어느 정도 수준이 될지는 각 나라가 처한 농업

그림 4-6 식량안보의 외부효과

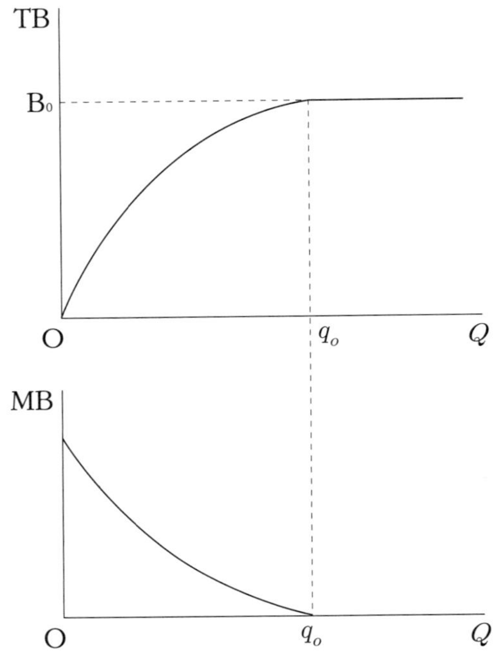

여건 등에 따라 다 다를 것이므로 일률적으로 말할 수는 없다. 한편, 그림에는 표시되지 않았지만 생산이 q_o 수준을 넘어서면 외부한계편익이 마이너스가 되면서 계속 더 감소할 수도 있다. 만일 그렇게 된다면 총편익곡선은 q_o에서 극대에 이른 후 점차 감소하는 형태를 띠게 될 것이다. 국내 생산을 일정 수준(q_o) 이상으로 확대하면서 부정적 외부효과가 커진다거나, 수입 다변화 정책이 약화되고 식량 공급원이 줄어들면서 식량 부족시 위험이 더 증가할 상황이 올 수 있다는 의미이다.

한편, 수입을 통한 식량안보 제고는 국내 생산에 의한 식량안보와 비교하여 고려해야 할 부분이 있다. 앞 장에서 논의한 바와 같이 식량안보는 생산 단계에서의 식품안전을 포함한다. 그러나 수입은 국내 생산만큼의 식품안전을 담보할 수 없다. 뿐만 아니라 장거리 수송 과정에서 막대한 온실가스도 증가시킨다. 식품안전의 부정적 효과와 기후변화에 부정적 효과를 미친다는 점을 고려하면 동일한 생산량과 수입량이라면 수입에 의한 식량안보에 대한 한계편익은 이런 부정적 효과만큼 더 작아질 것이다. 이런 측면에서 본다면 q_o 수준은 더욱 높아질 것이다.

총소비량에서 국내 생산이 차지하는 비중, 즉 자급률이 몇 % 될 때 식량안보가 충족된다고 판단할 것인가? 다른 관점에서 말하면, 국내 생산으로 총소비를 충족시킬 수 있는 확률이 몇 % 이상일 때 식량안보가 확보되었다고 말할 수 있는가이다. 이에 따라 <그림 4-6>의 외부한계편익곡선의 형태와 q_o 점도 달라질 것이다. 이는 국가의 농업자원 부존도 등 농업 여건, 자본과 기술수준 등 생산 능력, 국민의 식량안보 서비스에 대한 수요, 해당 품목 등에 따라 다를 것이다. 한국의 경우 식량 순수입국으로서 또한 시장개방의 큰 충격을 경험하고 그 피해를 받고 있는 나라로서 만일 이것이 쌀이라면 q_o 수준은 거의 완전 자급에 가까운 생산량이 아닐까 판단된다.[15]

제6절 농업의 다원기능과 시장실패의 교정

6.1 외부편익과 시장실패의 교정

농업의 다원기능에 의한 긍정적 외부효과가 존재하는 경우의 시장실패 문제를 살펴보자. 쌀 농업을 전제로 한다면 식량안보, 농촌경관, 홍수방지와 수자원보존, 환경보존 등 긍정적 외부효과로서 다양한 비상품 결합산출물이 농업생산과 함께 생성된다. 이때 시장실패가 발생한다는 가정하에 이를 교정하는 문제를 고찰해 본다. 외부한계편익은 연속적이고 불변이라고 가정하자. 폐쇄경제를 가정하고[16] 시장실패가 어떤 정책수단에 의해 어떻게 교정되는지 살펴보자.

<그림 4-7>에서 S는 공급, 즉 사적한계비용으로 부정적 외부효과는 없다는 전

15 앞으로 농업의 다원기능에 의한 비상품 결합산출물의 외부효과 분석을 위해서는 주로 식량안보를 이용한다. 식량안보는 다원기능의 결합성, 외부성, 공공재 요건을 보다 잘 충족하고, 외부한계편익의 비연속성 문제로부터도 상대적으로 자유로워 시장실패가 안 일어날 가능성도 낮기 때문이다.

16 개방경제 하의 시장실패 문제를 포함한 상세한 정책적 분석은 제7장에서 다룬다.

제하에 사회적한계비용과 같다. D는 수요곡선으로 사적한계편익곡선이다. EMB는 농업의 다원기능에 의한 긍정적 외부효과가 일으키는 외부한계편익이다. 농산물 생산이 한 단위 늘어날 때 긍정적 외부효과가 주는 사회적 편익의 증가분이다. 설명의 편의를 위해 이 값은 일정하다고 가정한다. 즉, 농산물 생산량의 변화와 관계없이 높이 A로 고정돼 있다.

외부효과를 고려하지 않는다면 시장의 균형은 점 e에서 성립한다. 이때의 균형가격과 생산량은 각각 p_o, q_o이다. 여기서 외부효과를 반영하면 사회적한계편익곡선이 SMB로 상향 이동하고 균형은 점 z에서 성립한다. 이때 본래의 균형 생산량 q_o에서 보면 한계편익이 한계비용보다 fe만큼 크므로 생산을 늘려야 사회적으로 이익이다. 외부효과의 존재로 한계편익과 한계비용이 불일치하는 시장실패가 일어나고 있다. 즉, $SMB > SMC$이므로 생산은 더 늘어나야 한다. 결국 생산량은 q^*로 증가하면서 사회적 최적 상태가 된다. 이 같은 변화로 인한 사회적 후생 증가는 삼각형 efz의 면적이 된다. 이 금액은 농업의 다원기능에 의한 긍정적 외부효과가 존재하는 상황에서 생산이 q_o에서 일어날 때 시장실패로 인한 비효율, 즉 사회적 손실 총액이다.

그렇다면 이 시장실패를 교정하기 위해 어떻게 생산량을 q^*로 늘릴 수 있는가? 생산량 q_o에서 시장실패를 유발하는 요인, 즉 긍정적 외부효과로 인한 한계편익만큼을 생산자에게 보상하여 이를 내부화시키는 정책수단이 필요하다. 다시 말하면, 사회적 최적점 z를 달성하기 위해서는 EMB에 해당하는 보조금(생산보조금)을 지급함으로써 생산자가 긍정적 외부효과를 생기게 한 데 대한 보상을 받도록 해주는 것이다. 그렇게 함으로써 새로운 균형에서 사회적 한계편익과 한계비용이 같아지도록 만들어준다. 이때 지급되는 보조를 피구보조(Pigouvian subsidy)라 한다. 농업의 다원기능이 긍정적 외부효과에 의해 시장실패를 일으키면 보조금 정책이 필요한 것이다.[17]

이만큼의 단위당 보조금 s를 생산농가에게 지급하면 농가 입장에서 한계비용이 그만큼 감소하므로 공급곡선, 즉 한계비용곡선이 S'로 이동하면서 생산량은 q^*로 증가하게 된다. 공급 증가로 시장가격은 p^*로 하락하지만 생산자는 여기에 보조금을 합한 p_1을 수취하게 된다. 이런 보상으로 외부효과를 내부화함으로써 시장실패

그림 4-7 농업의 다원기능과 시장실패의 교정

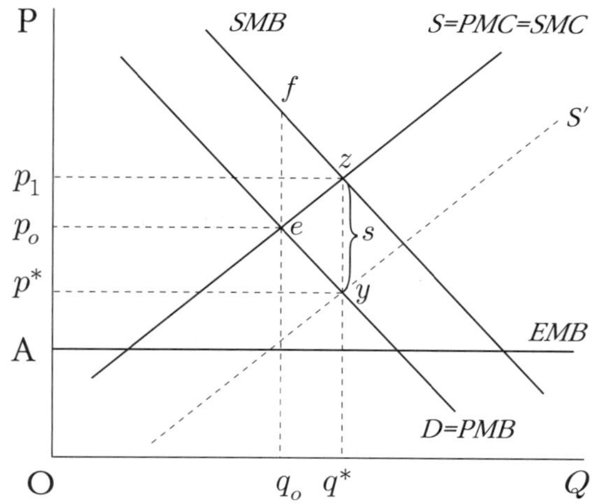

가 교정되어 사회적 최적 생산량을 달성하게 되는 것이다. 만일 외부효과가 존재하는데도 불구하고 생산량이 그대로 q_o에 머물러 있다면, 이때 시장실패로 인한 사회적 효율손실은 언급한 바와 같이 삼각형 efz 면적에 해당하는 금액이 된다.

보조금 정책으로 생산량이 q_o에서 q^*로 증가하면 시장참여자들의 후생변화도 일어난다. 생산 농가와 소비자 모두 이익을 보게 되는데, p_op_1ze에 해당하는 생산자잉여와 p_op^*ye 면적의 소비자잉여가 증가한다. 단위당 보조금 s가 지급되었으므로 정부의 재정지출이 사각형 면적 p_1p^*yz만큼 증가한다. 그리고 여기에 생산이 늘어남에 따라 $feyz$만큼 외부효과에 따른 사회적 이익이 생긴다. 이들을 모두 합하면 삼각형 efz 면적만큼 사회적 순후생의 증가가 생긴다. 이 금액은 외부효과에 따른 시장실패를 교정함으로써 얻어지는 사회적 편익이다. 만일 시장실패를 그대로 두어 생산이 q_o 수준에 있었다면 입었을 사회적 손실 부분이다.[18]

17 제III부에서 논의하게 되겠지만 공익기능 증진을 위한 공익직불제 시행도 반드시 시장실패가 전제되지는 않지만 큰 틀에서 보면 같은 이론적 배경을 갖고 있다.

18 이상의 분석은 한계편익만큼 SMC가 감소한다고 볼 수 있으므로 SMB 대신 S'을 이용하는 접근방법으로도 동일한 결과를 얻게 된다.

6.2 한계 및 정책적 함의

그러나 한편 농업생산 과정에서 부정적 외부효과가 동시에 존재한다면 상황은 달라진다. 만일 부정적 외부효과로 인한 외부한계비용(EMC)이 EMB와 같다면 긍정적 외부효과는 완전히 상쇄되어 e 점이 곧 사회적 최적점이 되고 시장실패는 외부효과의 존재에도 불구하고 발생하지 않는다. 정책간섭의 필요성도 사라진다. 만일 부정적 외부효과가 긍정적 외부효과보다 오히려 더 크다면 농업생산은 오히려 줄어야 사회적 최적 상태에 도달하는 상황도 배제할 수 없다. 긍정과 부정 외부효과의 크기, 즉 외부한계편익과 외부한계비용의 크기에 따라 최적의 생산점이 달라지고, 시장실패에 따른 정책간섭도 달라진다. 부정적 외부효과가 더 지배적이라면 정책간섭 수단은 보조금 대신 세금 부과 방식이 되어야 할 것이다.

설령 부정적 외부효과가 아니더라도 시장실패가 일어나지 않을 가능성은 또 있다. 만일 농산물 생산이 증가하면서 외부한계편익이 감소하고, 그것이 균형 생산량 q_o 이전에서 0이 된다면 여전히 시장실패는 일어나지 않는다. 이때는 긍정적 외부효과의 존재에도 불구하고 균형 생산량 q_o에서 $SMB = SMC$ 효율성 조건이 충족되기 때문이다. 그렇다고 해서 농업의 다원기능에 의한 사회적 편익, 즉 긍정적 외부효과가 존재하지 않는 것은 아니다. 시장균형 상태에서 외부한계편익이 0이 될 뿐이다. 이때 외부효과의 사회적 총편익은 우하향하는 외부한계편익 곡선 아래의 면적에 해당하는 금액이 될 것이다. 농업의 다원기능에 의한 비상품 결합산출물에 대한 사회적 수요가 현재의 시장 상황에서 충분히 충족되고 있다는 의미다. 한계편익곡선이 단속적(斷續的)인 경우에도 시장실패가 생기지 않을 수 있다. 예를 들면, 플러스의 외부한계편익이 존재하다가 균형 생산량 q_o 부근에서 그 값이 0이 된다면 시장실패는 생기지 않고 정책간섭의 이유도 사라진다.

결국 농업의 다원기능에서 외부효과가 존재한다고 해서 항상 정책간섭이 필요한 시장실패가 일어나지는 않는다는 사실이다. 긍정과 부정적 외부효과가 동시에 혼재되어 있고, 지역에 따라 환경적, 지리적, 기후적 조건이 다른 복잡한 요소들이 얽혀있기 때문에 외부효과의 양태나 크기를 정하기 매우 어렵다. 이와 같은 이유로 농업의 다원기능에서 외부성에 의한 시장실패 현상을 규명하는 것은 매우 어렵고, 이를 근거로 정책간섭을 하는 것 또한 쉽지 않다. 외부효과가 상당히 존재하는 것은 분명하지만 그 복잡성 때문에 시장실패를 판단하여 정책간섭을 하는 데는 현실적으로 한계가 있다는 뜻이다.

농업의 다원기능 문제에서 외부성과 공공재 특성을 함께 다루고 정책간섭의 정당성을 찾는 것은 이런 측면에서 중요하다. 외부성 외에 공공재 논리와 공공성을 더하여 정책간섭 문제에 접근하는 것이다. 다음 장에서 집중적으로 다루게 될 공공재는 성격상 시장실패가 일어나기 마련이지만 외부성과 같은 복잡한 문제에 직면하는 상황을 피할 수 있다. 적어도 부정적 외부효과 문제는 피할 수 있다. 식량안보 같은 농업의 중요한 비상품 결합산출물을 공공재로 인식한다면 판별이 어려운 외부효과의 시장실패 문제를 떠나 사회의 적정 수준 공급을 위한 정부 정책이 시행될 수 있는 것이다.

6.3 지역소멸 문제와 시장실패

우리는 앞서 농업의 중요 다원기능 중 하나로 농촌 지역사회 유지(rural viability)를 얘기했다. 이는 국가적 중요 관심사항인 지역소멸 문제와 직결되는데, 그 중심에 농촌의 공동화(空洞化)가 자리하고 있다. 농촌사회 유지는 농업의 중요한 다원기능의 하나로 농업 생산활동의 비상품 결합산출물이다. 농업생산이 활발히 일어나 농가의 소득과 농촌의 고용이 늘면 자연히 농촌사회가 발전하게 돼 있다. 물론 이런 경제적 측면 외에도 교육, 의료, 복지, 문화 등 다양한 요인들이 농촌사회 유지에 영향을 미치지만 농촌의 핵심 산업인 농업이 중요한 역할을 한다는 데 이의를 달 수 없다. 이 긍정적 외부효과에 대한 사회적 수요는 매우 클 것이다. 사회적 수요가 어느 정도일지 정확히 측정하는 것은 사실상 불가능하지만, 어느 누구도 농촌사회가 지속가능하게 잘 유지되어 국토가 균형적으로 발전하는 것을 마다할 사람은 없다.

사회적 수요는 큰데 이 외부효과로 인한 시장실패 현상을 정부는 간과해 왔다. 대표적인 예가 WTO 체제 출범 이후 농산물 시장개방이다. 대외 개방 경제정책을 추진하면서 정부는 농업의 다원기능에 의한 사회적 편익, 즉 외부효과 이익을 전혀 고려하지 않았다. 농업생산과 생산기반이 축소되면 비상품 결합산출물로 나오는 다양한 사회적 편익도 함께 사라진다는 점이 우루과이라운드 농산물 무역협상 과정에서 전혀 반영되지 못했다. 농업협정에 비교역적 관심사항 규정은 있지만 세부적인 감축 모댈리티로 구체화 되지는 못했다. 지역주의적 시장개방에서는 개별 국가의 입장이 훨씬 수월하게 반영될 수 있는데도 한-미, 한-EU FTA 등 자유무역협정 협상에서도 경제적 피해 외에 외부효과에 의한 사회적 손실을 반영하지 못했다. 외부효과로 인한 시장실패 교정이 고려되지 않아 시장개방 폭이 훨씬 커졌을 것이다.

결과는 농산물 시장개방 확대로 농업생산 및 생산기반의 축소, 인구 감소와 고령화 추세 심화, 농업성장의 장기 정체와 농가의 농업소득 천만 원대 고착, 나아가 농촌의 경관과 환경, 생태계 파괴를 초래했다. 유휴농지의 확대도 이로 인한 결과이다. 자연히 사람들은 농촌을 떠나고 농촌 공동화와 급기야 지역소멸의 문제로까지 이르게 되었다. 국토의 대부분을 차지하는 농·산촌 지역의 소멸 문제는 국토 균형발전을 심각히 저해할 수밖에 없다. 대표적인 시장실패 현상이다. 농업의 다원기능에 의한 외부효과의 국가·사회적 이익을 예견·평가하고 시장실패를 시정할 정책적 간섭(무역 및 국내 정책)이 일찍부터 이루어졌다면 오늘날 농촌의 지역소멸이라는 심각한 문제는 없거나 훨씬 적었을 것이다.

제5장
농업의 다원기능과 공공재

농업의 긍정적 외부효과로서의 비상품 결합산출물은 대부분 공공재이다. 외부효과이면서 동시에 공공재적 성격을 갖고 있다는 것은 정책적 측면에서 중요한 의미를 지닌다. 효율성 관점에서 외부효과로 인한 시장실패 여부의 판단이 어려운 상황에서는 공공재적 특성을 근거로 정책간섭의 정당성을 확보할 수 있기 때문이다. 더구나 공익 직접지불제까지 시행하고 있는 한국으로서는 더욱 다원기능의 공공재적 특성 논의가 중요하다. 이 장에서는 공공재에 관한 일반론적 논의와 함께 농업의 다원기능에서의 공공재 문제를 집중적으로 살펴본다.

제5장

농업의 다원기능과 공공재

제1절 공공재의 개념과 특성

1.1 공공재의 개념

공공재(公共財, public goods)는 사유재(私有財) 혹은 사용재(私用財)로 불리는 사적 재화(private goods)에 대응되는 개념으로 불특정 다수인 누구나 제약 없이 소비할 수 있는 재화나 서비스를 말한다. 사유재가 그에 대한 대가를 지불하거나 소유권을 보유한 사람에게만 배타적인 소비가 가능한 데 반해, 누구나 아무런 제약 없이 소비하고 누릴 수 있는 상품을 공공재라고 한다.

좀더 엄밀히 정의하자면 공공재는 소비 측면의 두 가지 핵심 구성요소를 충족해야 한다. 대가를 지불하지 않아도 소비를 배제시킬 수 없는 비배제성(non-excludability), 그리고 한 사람의 소비가 다른 사람의 소비를 감소시키지 않는 비경합성(non-rivalry)이다. 이 두 특성을 지닌 재화나 서비스를 공공재라고 한다. 일반적으로 사유재 또는 사용재는 한 사람이 그것을 소비하는 순간 그만큼 다른 사람의 소비가 줄어들거나 불가능해지는 이른바 소비의 경합성(rivalry)을 띠고 있다. 동시에 그 값을 지불하지 않고는 소비할 수 없는 배제성(excludability)을 갖는다. 그러나 공공재는 일단 공급되어 누군가에 의해 소비가 이루어지면 다른 모든 사람에게도 동일한 양의 소비가 가능할 뿐 아니라 대가를 지불하지 않아도 소비할 수 있는 특징을 지닌다. 요컨대, 대가를 지불하지 않아도(비배제성) 남에게 피해를 주지 않고 누구나 원하는 만큼 충분히 소비하고 즐길 수 있는(비경합성) 특성을 지닌 재화가 공공재이다. 국방 서비스가 대표적인 예이지만, 이 밖에도 경찰이나 소방, 가로등 서비스, 깨끗한 공공도로, 공영방송이나 일기예보 등이 모두 공공재 또는 공공재 부류에 속하는 예들이다.

공공재는 공급 주체가 누구인가와 관계없이 소비의 비배제성과 비경합성이라는 두 소비적 특성에 따라 정의되는 개념이다. 시장실패 문제 때문에 국가나 공공기관에 의해 공급되는 것이 일반적이긴 하지만 이것이 공공재 정의의 기준은 아니다. 국가나 공공기관이 공급하는 재화나 서비스라 해도 공공재가 아닌 것도 얼마든지 존재할 수 있다. 예를 들면, 국립공원이 입장료를 부과하여 대중에게 개방한다면 이 공원은 국가가 공급하고 운영 주체가 된다 해도 그 서비스는 엄밀한 의미에서 순수 공공재라 할 수 없다. 입장료를 지불하지 않은 사람은 공원 서비스 소비로부터 배제되기 때문이다. 지역의 지자체가 바닷가에 등대를 설치하고 관리하면서 입항하는 선박에게 사용료를 부과한다면 이때 제공되는 등대 서비스도 같은 이유에서 순수한 공공재가 아니다. 공기업 또는 공공기관이 공급하는 사유재의 예도 많다. 한국전력이 공급하는 전기는 사적 재화이다. 전기료를 내야 전기를 사용할 수 있고, 한 사람이 사용한 전력량만큼 다른 사람의 사용량에 영향을 준다. 전기료나 가스료를 보통 공공요금이라고 부르지만, 그렇다고 전기나 가스가 공공재를 의미하는 것은 아니다. 결국 공공재 여부는 공급 주체가 국가나 공공기관이기 때문에 정의되는 개념이 아니라 비배제성과 비경합성이라는 두 가지 소비 특성을 가질 때 공공재로 정의되는 것이다.

개인이나 사기업이 공공재를 생산해 내는 건 사실상 어렵다. 무엇보다 비배제성으로 인한 무임승차(free riding)의 문제가 발생하기 때문이다. 또한 이로 인해 소비자들이 정확한 선호를 감출 가능성이 높아 수요에 대한 정보를 알 수 없고, 따라서 적정 가격을 매길 수도 없기 때문이다. 한편, 공공재의 비경합성 특성은 이를 소비자에게 추가로 한 단위 제공하는 데 소요되는 한계비용이 0이라는 의미를 갖는다. 이윤극대화를 위해 가격이 한계비용과 일치하는 데서 균형 생산에 도달하는 경쟁기업이 이를 공급한다면 가격이 0이 되는 상황에 직면하게 된다. 결국 사기업에 의해서는 공급될 수 없고 시장은 이 문제를 해결할 수 없는 시장실패가 일어나는 것이다. 그렇기 때문에 공공재는 국가나 공공기관에 의해 강제적인 재정 수단을 동원하여 공급하기 마련이다. 그렇더라도 앞서 논의한 바와 같이 국가나 공공기관에 의한 재화나 서비스가 모두 공공재적 특성을 갖는 것은 아니다.

1.2 공공재와 시장실패

언급한 바와 같이 공공재는 소비의 비배제성으로 인해 무임승차 문제가 발생한다. 일단 공급이 되면 대가, 즉 비용을 지불하지 않아도 누구나 소비에서 배제되지 않고 동일한 편익을 얻을 수 있기 때문이다. 소비자들이 대가를 지불하지 않아도 아무런 제약 없이 원하는 소비가 가능하다는 사실을 알고 있다면 그들은 공공재에 대한 진정한 선호를 숨기는 경향을 보일 것이다. 다른 사람들이 값을 지불하고 공공재가 공급되면 자기는 공짜로 소비할 수 있기 때문이다. 이때 문제는 공공재에 대한 지불의사액(willingness to pay)이 제대로 표출되지 않아 공급자가 수요를 파악할 수 없게 된다는 점이다. 모든 소비자들이 이 같은 무임승차를 시도하려고 한다면 결국 사회적 수요에 맞는 적정의 공공재는 공급될 수 없다. 사기업이 운영 주체라면 생산을 시작하자마자 바로 문을 닫는 상황이 오거나, 아니면 사회적으로 최적 수준보다 훨씬 적은 공공재 서비스가 공급될 수밖에 없다. 시장의 실패이다.

다음으로는 앞서 잠깐 언급했듯이 추가 소비에 드는 한계비용이 0이라는 점 또한 시장실패에 이르게 하는 요인이다. 비경합성이 의미하는 바는 공공재가 일단 공급되면 또 다른 사람이 공공재 한 단위를 추가로 소비하는 데 소요되는 한계비용이 0이라는 의미이기도 하다. 그렇기 때문에 한 사람이 공공재를 소비했다고 해서 다른 사람이 같은 공공재를 소비하는 데 영향을 주지 않는다. 추가되는 비용이 0이란 의미는 이 사람들에게는 값을 물을 수 없다는 의미이다. 이윤극대화 조건에 따라 가격이 한계비용과 같도록 공급량을 정하는 기업으로서는 이 상황에서 받는 가격이 0이 되어야 한다. 그러나 이렇게 될 수는 없으므로 공공재는 가격을 매기는 것이 불가능하여 시장기능에 의해서는 공급이 이루어질 수 없는 시장의 실패를 초래하게 된다. 이런 상황에서는 원하는 사람에게 모두 무제한으로 소비를 허용해야 사회적으로 후생수준이 극대화된다. 소비자 한 사람을 더 추가하는 데 들어가는 한계비용이 0이기 때문에 추가 소비를 막을 수도 없고, 사회적 관점에서도 원하는 소비자는 모두 허용하는 것이 사회 후생을 증대시키는 길이기 때문에 공짜로 소비하려는 소비자들만 늘어날 것이다. 결국 개인이나 기업에 의해 공급된다면 시장실패에 이르게 된다. 이와 같은 이유에서 소비의 비배제성과 비경합성을 갖는 공공재는 개인이나 기업이 이윤 동기에서 공급할 수 없고 정부가 재정을 투입하여 공급할 수밖에 없다.[1]

하지만 예외적인 경우가 있다는 점을 주목해야 한다. 공공재의 공급이 생산활동의 직접 목적이 아니라, 즉 이윤 동기가 아니라 결합생산물로서 외부효과로 나오는 경우이다. 농업의 다원기능에 의해 긍정적 외부효과로 나오는 비상품 결합산출물이 여기에 해당한다. 예를 들면, 아름다운 농촌 경관이나 생태계 유지 등 농업생산 과정에서 창출되는 다원적 공익 서비스는 소비의 비배제성과 비경합성을 지니고 있다는 점에서 공공재이다. 누구나 대가를 지불하지 않고도 들녘의 전원적 농촌 풍경을 즐기며 행복감을 누릴 수 있다. 내가 그 경관을 즐긴다고 다른 사람이 같은 즐거움을 얻는 데 영향을 주는 것도 아니다. 농가들이 의식했든 아니든 결과적으로

1 그러나 이윤 동기가 아니라면 개인이 공공재를 공급할 수도 있다. 예를 들면, 어느 개인이 자기 집 정원을 아름답게 꾸며 놓았다고 해 보자. 지나가는 사람들이나 이웃들이 이것을 보고 즐기면서 행복감을 얻을 수 있는데, 이것은 소비 특성상 공공재이다. 개인이 기부 행위를 통해 공공재를 공급하는 경우도 있을 수 있다. 예컨대, 세계적 거부 빌 게이츠가 공공 도서관을 기증하고 모든 사람들에게 아무런 대가 없이 사용을 개방하는 경우이다.

공공재를 공급한 셈이다. 농업의 다원기능에 의해 의도하지 않게 결합산출물로 공공재가 생산될 경우에는 개인이나 사기업에 의해서도 공급될 수 있다는 의미이다. 이때의 공공재는 외부효과로서 공급자의 생산의사결정에 반영되지 않아 추가 비용을 발생시키지 않기 때문에 가능하다. 농업의 다원기능 논의에서 공공재 문제가 중요한 이유가 여기에 있다.[2]

제2절 공공재의 최적 공급 수준 결정

공공재를 누가 공급할 것인지는 차치하고 사회적 필요를 충족시킬 수 있는 공공재의 최적 공급량을 결정하는 문제가 생긴다. 여기서는 공공재의 최적 공급 수준, 즉 균형 공급량 결정 원리를 살핀다. 사유재와 마찬가지로 공공재 역시 수요와 공급이 균형을 이루는 곳에서 최적의 공급량 수준이 결정되는 것은 다르지 않다. 다만, 앞서 논의한 바와 같이 공공재의 소비적 특성으로 인해 수요 측면에서 개별적 수요추정이 어렵다는 점과 시장수요의 도출 방식도 약간 달리 접근해야 한다는 점이다.

우선 공공재에 대한 사회적 수요를 알아야 하지만 공공재의 특성에서 오는 무임승차 문제로 개인의 수요(함수) 추정이 어렵다. 여기서는 설명의 편의를 위해 공공재에 대한 사회적 수요를 정확히 파악할 수 있다고 가정하자. 다시 말하면 비배제성에도 불구하고 모든 소비자들이 자신들의 공공재에 대한 선호를 명확히 표출하고, 이것이 시장수요에 정확히 반영된다고 가정한다는 것이다. 그러면 공공재에 대한 수요(함수)를 추정해 낼 수 있다.

통상적인 사유재의 시장수요는 주어진 가격에서 개별 소비자들의 수요량을 모두 합산하면 얻어진다. 이론적으로 경쟁시장에서의 소비자들은 모두 동일한 가격에 직면하기 때문이다. 수요곡선 평면(종축 가격, 횡축 수요량)에서 보면 개별 수요곡선을 수평으로 더한다는 의미가 된다. 그러나 사유재와 달리 일단 공급된 공

2 이 문제에 대해서는 제4절에서 상세히 논의한다.

그림 5-1 공공재의 최적 공급량 결정

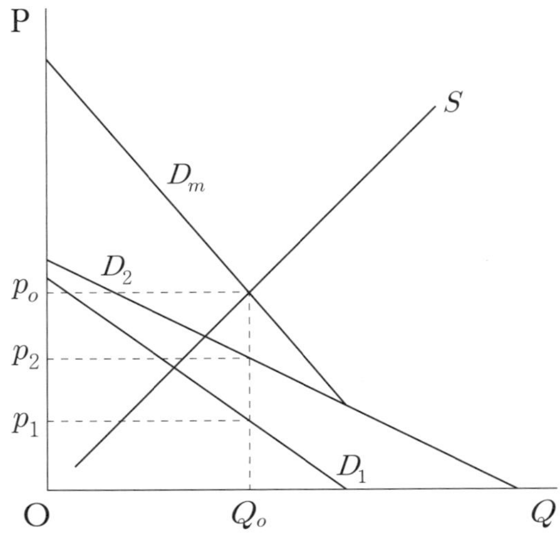

공재는 모든 소비자들이 동일한 양의 공공재 서비스를 누리게 된다. 소비의 비경합성으로 인하여 누구나 동일한 수요량에 직면하게 되는 것이다. 따라서 공공재의 시장수요, 즉 사회적 수요는 사유재와 반대로 주어진 수요량에서 개별수요 곡선을 수직으로 합산하여 얻는다. 그리고 이렇게 얻어진 수요곡선이 공급곡선, 즉 한계비용곡선과 일치하는 곳에서 시장균형이 성립하고 이것이 해당 공공재의 사회적 최적 공급 수준이 된다. 이때의 공급량을 모든 소비자들이 동일하게 소비하게 되는 것이다.

<그림 5-1>은 공공재의 최적 공급 수준 결정 원리를 보여준다. 시장 내에 소비자가 둘만 존재한다고 가정하자. 두 사람의 공공재에 대한 개별 수요곡선은 각각 D_1, D_2이다. 이 수요곡선의 높이는 각자 공공재를 소비할 때 최대의 지불의사액(willingness to pay), 즉 한계편익을 나타낸다. S는 시장공급곡선으로서 그 높이는 공공재 공급의 한계비용이다.

개별 수요곡선은 언급한 대로 개인의 공공재 선호가 정확히 표출된다는 강한 가정하에 도출된 것이다. 시장수요곡선은 수량 축인 수평선으로부터 수직으로 더함으

로써 얻을 수 있으므로 D_m은 D_1과 D_2를 수직으로 합하여 얻은 공공재의 시장수요곡선이다. 따라서 시장수요곡선의 높이는 두 사람의 지불의사액을 합한 금액, 즉 한계편익의 사회적 총합이다. 사유재 시장이라면 시장수요곡선은 두 사람의 수요곡선을 수평으로 더하여 얻지만, 공공재의 경우에는 모든 소비자가 동일한 양을 누리게 되므로 각자의 수요곡선을 수직으로 더하여 시장수요를 얻게 된다.

시장균형은 수요와 공급이 균형을 이루는 점, 즉 사회적 한계편익과 사회적 한계비용이 일치하는 D_m과 S가 교차하는 데서 생긴다. 따라서 공공재의 최적 공급량은 Q_o이 되고 두 사람 모두 이만큼의 공공재를 동시에 누리게 된다. 일단 공공재가 공급되면 두 사람은 대가를 지불하지 않아도 각자 Q_o의 공공재를 소비할 수 있다. Q_o에 상응하는 p_o는 공공재가 이만큼 공급될 때 마지막 한 단위가 사회에 주는 공공재의 가치로서 사회적 한계편익이다. 즉, 사회 구성원들(여기서는 두 사람)이 평가하는 한계편익의 총합이다.

그런데 만일 소비자들에게 가격을 부과하는 가상적 상황을 가정한다면 얼마를 부과해야 되는가? 가격이 한계편익과 같아지는 일반원리에 따라 한계지불의사액, 즉 한계편익을 나타내 주는 각각의 수요곡선의 높이에 해당하는 가격을 부과하면 될 것이다. 따라서 두 소비자는 Q_o의 공공재 소비로부터 얻는 각자의 한계편익에 해당하는 p_1과 p_2의 가격을 지불하게 된다. p_1과 p_2를 합한 값이 p_o인데, 이는 두 소비자가 이 공공재 소비로부터 얻는 한계편익의 총합이다. 개념적으로는 이렇게 가격을 부과할 수 있다고 하지만, 앞서 논의한 바와 같이 실제로는 공공재의 비배제성에 따른 무임승차의 문제로 소비자들에게 가격을 부과시키기는 어렵다. 따라서 이윤을 추구하는 개별 기업들이 공공재를 공급하는 것은 사실상 불가능하고 정부가 나설 수밖에 없다.

앞에서 살펴본 균형시장 조건을 수식으로 표시해 보자. 균형 공급량 Q_o에서 개별 소비자들이 얻는 한계편익 MB_i의 총합은 사회적 한계비용 MC와 같아지고, 이것은 개별 소비자들의 최대 지불의사 금액, 즉 부담 용의가 있는 가격 p_i의 총합과 같아져야 한다. 요약하면, 공공재 시장의 균형 조건은 다음과 같이 표시될 수 있다.

$$\sum_i MB_i = \sum_i p_i = MC \qquad (5.a)$$

위의 식을 만족시키는 공급량이 공공재의 사회적 최적 공급량이다.[3] 우리는 여기서 개별 및 시장수요를 정확히 파악할 수 있다는 매우 강한 가정을 전제로 하여 공공재의 최적 공급 수준 결정 원리를 고찰했다. 그러나 만일 공공재에 대한 가격 책정을 전제로 수요 조사를 한다면 소비자들은 공공재에 대한 각자의 선호를 정확히 표출하지 않을 가능성이 높다. 이런 무임승차 문제 때문에 공공재의 사회적 최적 수준을 얻지 못하는 결과를 초래하게 되고 시장에 의한 공급이 어려워지는 것이다.

제3절 공공재의 분류

3.1 공공재의 다양성과 복잡성

살펴본 바와 같이 비배제성과 비경합성을 완전히 갖춘 재화와 서비스를 순수 공공재(pure public goods)라고 한다. 흔히 국방 서비스가 여기에 가장 근접한 예로 들긴 하지만 현실적으로 비배제성과 비경합성을 엄밀히 충족시키는 공공재를 찾기는 쉽지 않다. 반면 배제성과 경합성의 조건을 온전히 갖춘 재화와 서비스를 사유재(private goods) 또는 사용재라고 한다.

소비의 경합성과 배제성을 기준으로 공공재를 정의하고 사유재와 구별하고 있지만 모든 재화와 서비스가 공공재와 사유재로 명확히 구분되는 것은 아니다. 경합성의 정도와 배제성의 조건에 따라 순수 공공재와 순수 사유재 양 극단의 중간 영역에 속하는 재화나 서비스도 많다. 그만큼 공공재의 다양한 스펙트럼이 존재한다는 의미이다. 이 두 극단의 중간에 위치한 재화를 비순수 공공재로 분류하고 있다.

3 반면 사유재의 경우 시장균형 조건은 $MB_1 = MB_2 = \cdots = p = MC$ 이다.

사유재가 아닌 대부분의 공공재는 비순수 공공재로 이 중간 영역 어디엔가 속할 것이다. 배제성과 경합성 두 소비 특성을 기준으로 재화를 분류하는 방식은 대체로 비슷하지만 본서에서는 기본적으로 OECD가 분류하고 있는 방식에 따라 공공재의 분류 문제를 살펴보고자 한다.[4]

3.2 비순수 공공재

[표 5-1]은 배제성과 경합성을 좀 더 세분하여 순수 공공재로부터 사유재 사이에 존재할 수 있는 다양한 비순수 공공재(impure public goods)를 유형화하고 있다. 배제성 기준을 세분화하여 두 경우를 추가하였다. 먼저 특정 관할지역 내에서만 비배제성이 적용되는 경우이다. 비배재성이 전국적으로 모두에게 적용되지 않고 특정 지역(행정구역) 내에서만 적용되는 경우이다. 또 다른 세분류는 특정 공동체의 자원에 대하여 공동체에 속하지 않은 외부인에게는 배제성을 적용하는 경우이다. 이 같이 배제성을 기준으로 2개의 중간 영역을 설정하였다. 전자는 지역(행정구역)을 기준으로 한 배제성인데 반해, 후자는 재산권을 공유하고 있는 지역사회나 특정 공동체를 기준으로 한 배제성이라는 데서 구별된다. 그리고 경합성 정도에서도 비경합과 경합의 중간 지대에 혼잡 상황을 상정하고 있다.

배제성과 경합성을 이 같은 방식으로 세분하면 특성별로 4×3 개의 조합을 얻을 수 있다. 이들 조합 중에서 비배제성과 비경합성을 갖춘 순수 공공재에 대해서는 이미 설명하였다. 순수 공공재와 사유재를 제외하면 아래와 같이 경제적으로 유의미한 다섯 가지 유형의 비순수 공공재를 도출하게 된다.

(1) 유형 I (지역 순수 공공재)

비경합성은 갖추었지만 비배제성은 특정 영역, 즉 특정 관할지역에만 적용되어 이 지역 내에서만 공공재를 소비할 수 있는 경우이다. 그러니까 해당 지역 밖의 사

4 OECD(2001a), p. 77.

표 5-1 공공재의 분류

	비경합 (Non-rival)	혼잡 (Congestible)	경합 (Rival)
비배제 (Non-excludable)	순수 공공재 (국방)	유형 II : 개방 자원 (어업)	유형 II : 개방 자원
특정 지역내 비배제	유형 I : 지역 순수 공공재		
공동체 외부인 배제		유형 III : 공유자원 (공동체 소유 관개시설)	유형 III : 공유자원
배제 (Excludable)	유형 IV	유형 V : 클럽재	사유재

출처: OECD, 2001a.

람들에 대해서는 배제성이 적용된다. 이 공공재는 순수 공공재와 성격상 동일하지만 특정 지역에 한정하여 그 속성을 유지하는 순수 공공재이다. 이를 지역적 순수 공공재로 분류하고 지역 소방 서비스를 그 예로 들고 있다.

일반적으로 지역 순수 공공재는 순수 공공재에 비해 시장실패 또는 정부실패의 정도가 적다. 지역 내에서만 공급되는 공공재이기 때문에 지역 주민에 의한 공공재 수요를 좀 더 정확하게 파악할 수 있기 때문이다. 소비자들은 관할지역 내에서 제공되는 공공재 서비스에 대하여 보다 덜 무임승차 유혹에 빠지게 되고, 공공재에 대한 선호나 지불의사액을 더 정확히 표출하게 된다. 따라서 시장실패가 줄어들고 공공재의 적정 공급 가능성이 높아진다. 특히 일반 국가재정이 아닌 그 지역의 지방재정에 의해 공공재 사업이 추진될 때는 더 정확하게 수요를 예측할 수 있다. 이것이 국가재정에 의해 공급될 경우에는 무임승차 심리가 작동하여 선호가 과대 표출될 가능성이 높다.

(2) 유형 II (개방자원)

비배제성을 갖추고 있지만 경합 관계에 놓인 재화와 경합까지는 아니더라도 혼잡한(congestible) 상황에 있는 비순수 공공재를 개방자원(open access resources)으로 분류하고 있다. 누군가의 한 단위 소비가 다른 사람의 소비에 영향을 주어 그의 효용에 부정적인 영향을 미치지만, 그렇다고 그 사람의 소비를 동일하게 한 단위 줄이는 것은 아닐 때 혼잡하다고 말한다.[5] 다시 말하면 내가 소비하는 만큼 다른 사람의 소비가 줄어드는 것은 아니지만 효용수준은 줄어들게 하는 경우를 말한다. 그만큼 다른 사람에게 혼잡에 따른 비용을 유발하기 때문이다. 경합은 한 사람의 소비가 다른 사람의 소비를 그만큼 줄이지만 혼잡은 그렇지 않다는 데서 경합과 차이가 있다. 혼잡 비배제성인 개방자원의 예는 어업, 무료 공영 주차장 서비스 등을 들 수 있다.

이 경우 사회적으로 최적의 공급 수준은 혼잡비용을 포함한 사회적 한계비용과 사회적 한계편익이 같아지는 수준이다. 하지만 보통은 다른 사람에게 일으키는 혼잡비용, 즉 부정적 외부효과를 고려하지 않고 소비행위(개방자원의 이용)를 하는 경향이 있기 때문에 과다 사용에 따른 자원의 황폐화나 고갈 또는 환경파괴 등 문제가 생긴다. 앞 장에서 설명한 공유의 비극(tragedy of the commons) 문제이다.

(3) 유형 III (공유자원)

특정 공동체 내부에서는 비배제성이지만 외부인에게는 배제성이 유지되면서 경합 또는 혼잡 상황인 경우의 비순수 공공재를 공유자원(common property resources)으로 분류한다. 공동체 외부에는 배제성이 유지되고 경합될 수 있다는 점에서는 사유재 성격이 존재하지만, 해당 공동체 내에서는 누구도 사용을 배제시킬 수 없다는 점에서 비순수 공공재이다.

공유자원 역시 공동체에 속한 사람은 누구나 제약 없이 접근과 이용이 가능한 개방자원이긴 하지만, 개방자원과 달리 자원에 대한 재산권이 존재한다는 데서 차이가 있다. 마을 등 지역 공동체의 공동 소유이기 때문에 해당 지역사회의 구성원들에게만 비배제성이 유지되고 자유로운 접근이 개방된 자원이다. 지역 소유 관개시설이나 마을 공동 소유의 초지 등이 공유자원으로 분류되고 있다.

그러나 개별 소유와 달리 공동 소유이기 때문에 자원의 과다 사용과 남용의 가능성이 존재한다. 공유의 비극 문제가 여기서도 발생하여 사회적으로 최적의 사용 수준

---

5 OECD(2001a), p. 78.

을 초과하여 비효율을 일으키는 시장의 실패 현상이 발생하게 된다. 이런 문제를 방지하기 위하여 공동체 구성원들 간 공동의 규칙을 만들어 준수하도록 하고 이를 위반할 때는 제재를 가하는 방법으로 자원의 남용을 막고 최적 이용 수준을 유도한다.

(4) 유형 IV, 유형 V (클럽재)

유형 IV는 비경합성 요건은 갖추었지만 동시에 배제성 상황에 있는 비순수 공공재이다. 사기업이나 공기업이 사용료를 부과하여 공공재 서비스를 공급·운영하는 경우가 여기에 해당한다. 예를 들면 혼잡 없는 유료도로, 유료 공원 등이다. 이 경우에도 효율 손실을 초래하는 시장의 실패를 피하기 어렵다. 왜냐하면 공공재 서비스 시설은 예상되는 사회적 수요를 전제로 만들지만, 실제 공급량은 사용료를 지불하고 이용하는 사람들에 의해 정해지기 때문에 최적의 이용량보다 적게 공급되는 경향이 있기 때문이다.

유형 V는 사유재처럼 배제성을 지니고 있지만 경합 상태까지는 이르지 못하여 혼잡한 상황의 비순수 공공재이다. 이때 소비에서의 배제성 특성을 살려 클럽을 형성하는 방식으로 자원의 효율적 사용을 도모할 수 있다. 여기에 해당하는 예는 골프 클럽, 피트니스 클럽 같은 클럽재(club goods)가 있다.

제4절 농업의 다원기능과 공공재

4.1 의의

농업생산 과정에서 나오는 다양한 비상품 결합산출물은 대부분 공공재(순수 또는 비순수)이다. 사람들은 이들 농업의 비상품 결합산출물로부터 편익을 얻고 행복감을 느끼지만, 보통은 누구도 이 소비로부터 배제되지 않고 또 소비의 경합 관계에 놓이지도 않는다. 예를 들면 전남평야의 들판이 농업 활동으로 아름다운 농촌

경관을 제공하지만, 지역주민은 물론 국민 누구나 공짜로 경관을 즐기는 데 아무런 방해를 받지 않는다. 어느 사람이 즐긴다고 다른 사람이 동일한 즐거움을 얻는 데 영향을 주지도 않는다. 이처럼 농업의 긍정적 외부효과로 생기는 다원기능 서비스는 공공재적 성격을 갖는다.

그렇다면 농업의 다원기능에서 오는 이들 외부효과는 앞서 살펴본 공공재 유형 중에서 어떤 유형으로 분류되는가? 이 문제는 다원기능 제고를 위한 정책간섭 문제와 관련하여 중요한 의미를 갖는다. 해당 외부효과가 어떤 공공재적 특성으로 분류되는가에 따라 효율적인 정책수단의 선택이 달라진다. 때로는 정부가 직접 간섭하지 않는 방안이 효율적인 경우도 있다.

통상적인 환경재와 마찬가지로 농업의 다원기능에 의한 비상품 결합산출물이 주는 가치는 크게 사용가치(use value)와 비사용가치(non-use value)로 구분할 수 있다. 사용가치는 사람들이 실제 그것을 이용(소비)함으로써 효용을 얻는 가치임에 반해, 비사용가치는 실제 사용하지는 않지만 그 존재 자체에 대해 사람들이 가치를 부여하는 존재가치(existence value)이다. 사용가치 중에는 미래에 사용할 수 있는 선택권을 보유하는 데 부여하는 가치로서 옵션가치(option value)가 포함되고, 비사용가치에는 미래 세대를 위해 지금 자원을 보유하는 데 부여하는 유산가치(bequest value)가 포함된다.[6] 농업의 다원기능으로 나오는 비상품 산출물은 그것이 사용가치로 소비되는 것인지 아니면 비사용가치로서 존재하는 것인지 여부에 따라, 그리고 어떤 조건에서 어떻게 이용되는 것인지 등에 따라 순수 공공재로부터 다양한 비순수 공공재로 분류된다. 때로는 사유재가 되기도 한다.

OECD는 농업의 다원기능에 의한 비상품 결합산출물의 공공재 유형을 예시적으로 [표 5-2]와 같이 분류하고 있다. 예시적이라고 표현하는 이유는 모든 경우를 다 망라하지 못하여 보편적 원칙이라고 볼 수 없고 다른 분류도 얼마든지 가능하다는 의미이다. 환경, 생태, 자연 현상을 기반으로 한 현실의 다원기능은 매우 복잡하여 이를 정형화, 일반화하기 어렵다. 순수 공공재에 속하는 다원기능의 비상품

6 사용가치, 비사용가치에 대해서는 제6장에서 상세히 논의한다.

표 5-2 농업의 다원기능의 공공재 분류 예시

	비경합 (Non-rival)	혼잡 (Congestible)	경합 (Rival)
비배제 (Non-excludable)	<순수공공재> 농촌경관(비사용가치) 자연서식지(비사용가치) 생물다양성(비사용가치)	<개방자원> 식량안보 농촌경관(사용가치)	
특정 지역내 비배제	<지역순수공공재> 홍수 조절 토양 보존 농촌경관(사용가치) 문화유산(비사용가치)		
공동체 외부인 배제		<공유자원> 지하수 보존 자연서식지(사용가치) 생물다양성(사용가치)	
배제 (Excludable)	자연서식지(비사용가치) 생물다양성(비사용가치)	<클럽재> 식량안보(특별협정) 자연서식지(비사용가치, 특수조건) 생물다양성(위와 동일)	<사유재> 농촌경관(방문자 사용) 문화유산(사용가치) 식량안보(농가 사용)

출처: OECD(2001a), p. 80.

결합산출물의 예로 농촌경관, 자연서식지, 생물다양성을 들고 있는데, 이들 모두 비사용가치로 인식될 때 순수 공공재로 본다. 사람들이 직접 방문하여 즐기지 않더라도 그 존재 자체로 국가적 공공의 가치를 보유한다고 보는 것이다. 홍수 조절, 토양 보존 같은 비상품 산출물은 해당 지역 내에 한정된 순수 공공재이다. 농촌경관이 지역주민의 사용가치로 평가될 경우도 마찬가지다. 논 농업으로 인해 홍수 피해를 예방하고 토양을 보존했다면 그 이익은 주로 논 농업이 이루어지고 있는 해당 지역에 국한된다. 식량안보나 농촌경관(방문객의 사용가치)은 개방자원으로서의 공공재로 분류되고, 지하수 보존(recharge)이나 사용가치를 제공하는 자연서식지, 생물다양성 등은 공유자원으로서의 공공재로 분류하고 있다. 농업활동 과정에서 형성되는 지하의 수자원은 통상 그 지역 주민들에게만 이익이 돌아가는 것으로 본 것이다. 자연서식지나 생물다양성을 그 지역주민들이 즐기고 이익을 얻는 경우도 같은 범주로 분류하고 있다. 다원기능별 세부적인 공공재 특성에 대해서는 다음 항에서 별도로 살펴본다.

4.2 농업의 다원기능별 공공재적 특성

(1) 농촌 경관

아름다운 농촌경관은 농업의 대표적인 긍정적 외부효과이다. 농촌경관은 그것이 비사용가치로 보존되는 경우 순수 공공재이다. 설령 그곳을 직접 방문하여 즐기지 않는다 해도 한 나라에 그런 아름다운 농촌경관이라는 소중한 자원이 존재한다는 것만으로도 사회에 큰 편익을 제공한다. 또한 경관의 가치는 사람들이 직접 방문하여 감상하고 즐길 때 그 가치를 인식하게 된다. 해당 지역주민들이 경관을 즐길 경우에는 지역적 순수 공공재가 된다. 그 지역 내의 모든 사람들의 이용을 배제할 수 없고 경합이 생기지도 않기 때문이다. 다른 지역 사람들이 방문하여 즐기는 경우에는 농촌 경관은 개방자원과 같은 비순수 공공재가 된다. 이때는 비배제성이지만 많은 사람들이 방문함에 따라 혼잡을 유발할 수 있다는 측면에서 개방자원으로서의 비순수 공공재로 분류할 수 있다.

한편, 농촌경관은 때로는 사유재가 되기도 한다. 농촌 특정 지역의 소유자가 입장료를 부과하고 주차비를 징수하는 등 사용자에게 비용을 부담시키고 있다면 이때의 농촌경관은 공공재가 아닌 사유재가 된다.

(2) 생물다양성, 동·식물 서식지

농업의 비상품 결합산출물인 생물다양성과 동·식물 서식지는 자연 생태계를 구성하는 중요 부분이기 때문에 존재 그 자체로 가치를 보유하고 사회적 편익을 제공한다. 이 자원은 현재 세대뿐 아니라 미래 세대의 이익을 위해, 그리고 국가의 지속 가능한 발전을 위해 잘 보존해야 할 자연자원이다. 이때 비사용가치로서의 생물다양성과 자연서식지는 순수 공공재이다.

혹은 사용가치를 제공하여 비순수 공공재일 경우도 있다. 생물다양성 지역과 자연서식지에서 동·식물들을 관찰하는 등 학습활동이나 연구활동을 하고, 때로는 생태계 유지를 위한 수렵활동을 허용하는 경우가 여기에 해당한다. 이런 활동이 마을 공동체 소유의 농경지에서 이루어질 때에는 관련자 외의 외부인에게는 배제성이 적용되고 혼잡을 유발할 수 있기 때문에 이 경우에는 공유자원으로서의 비순수 공공재로 볼 수 있다.

(3) 식량안보

일반적으로 식량안보는 국가안보(국방)처럼 국가가 책임져야 할 공익서비스라는 인식하에 순수 공공재로 이해하고 있다. 하지만 보통 순수 공공재로 분류되는 국방과는 성격이 조금은 다르고, 국방보다는 공공성이 다소 약하다는 견해도 존재한다. 비배제성에 있어서는 차이가 없다고 할 수 있지만, 인구가 많아질수록 식량안보 외부효과의 혜택은 줄어들기 때문에 소비의 경합 또는 혼잡을 피할 수 없다는 것이다. 특히 식량이 부족해지는 상황에서는 더욱 경합이 심해질 수밖에 없고, 그런 의미에서 식량안보는 국방과 달리 개방자원 성격의 공공재로 이해되기도 한다.[7] [표 5-2]의 OECD 분류가 이런 입장이다.

그러나 한편 식량안보는 순수 공공재일 수도 있다. 세계시장의 불안정성과 불확실성이 커지는 상황을 전제로 국내 식량 생산 수준과 생산기반이 식량안보에 대한 사회적 수요를 충족하지 못한다면 어떻게 해야 하나? 먼저 정부가 생산을 촉진하고 생산기반 확충을 위한 정책, 예를 들면 생산보조조치를 시행할 수 있다. 이때 정부의 시장간섭 정책은 시장실패를 시정하는 조치이다. 사회적 수요에 미치지 못해 시장실패가 현저하다면 정부가 나설 수밖에 없다. 이때 정부 정책에 의해 달성하려는 식량안보는 모든 국민을 위한 국가적 식량안보로 비배제성과 비경합성을 갖춘 순수 공공재이다. 또한 국가의 식량안보는 비상시를 위한 공공비

7 국방 서비스도 국가의 영토가 매우 넓고 많은 인구가 넓은 지역에 산재해 살고 있다면 한정된 국방력 조건하에서 경합이 이루어질 수 있다. 이런 경우에는 식량안보와 차이를 보이지 않을 것이다.

축(public stockholding)으로도 강화된다. 농업협정(부속서 2의 3)은 이를 감축 면제되는 정부서비스(government service)로 규정하고 있는데, 이는 식량안보 서비스가 곧 공공재라는 의미이며 이때의 식량안보는 순수 공공재로 보아야 한다. 충분한 양의 공공비축으로 제고되는 식량안보 서비스는 경합이나 혼잡 없이 모든 국민이 대가를 지불하지 않고도 동일한 편익을 누릴 수 있기 때문이다. 만일 이 사업을 국가가 하지 않고 민간 기업에 맡긴다면 금방 망할 것이다. 많은 국민은 비용 부담을 피하려고 진정한 수요를 숨기고 무임승차자가 되려 할 것이기 때문이다. 공공비축의 목적인 식량안보는 전체 국민을 위해 국가가 시행하는 것으로 비배제성과 비경합성 조건을 충족하므로 국방 서비스와 같은 순수 공공재이다. 비경합성이 제한받는 예외적인 상황을 얘기하지만, 국가 영토가 넓고 많은 인구가 전국에 산재해 살고 있다면 국방 서비스도 비경합성에 제한을 받게 되는 것은 마찬가지일 것이다.

한편, [표 5-2]에서 보듯이 OECD는 경우에 따라 식량안보에 배제성이 작용할 수도 있다고 본다. 소비자들이 식량 부족시를 대비하여 식량 공급자(생산자, 유통업자)와 계약을 체결하고 직접 구매할 경우에는 다른 소비자들은 그 소비로부터 배제된다. 이때는 클럽재로서의 비순수 공공재로 분류될 수 있다. 생산자가 자신의 식량안보를 위해 식량을 비축하고 소비한다면 이때의 식량안보는 사유재가 될 것이다. 자신이 소비한 만큼 다른 사람들의 소비가 줄어들 것이고, 배제성 또한 유지될 것이기 때문이다.

그러나 식량안보는 FAO의 정의를 통해 살펴본 바와 같이 '모든 국민'이 필요할 때 충분한 식량을 획득할 수 있는 상태에서 확보되는 것으로 국가적 식량안보를 의미한다. 따라서 소수의 사람이 공급자와 계약을 체결하는 경우나 아니면 생산자가 자가 소비용으로 비축하는 경우에 그것을 국가적 식량안보라고 말할 수 있는지는 의문이다. 모든 국민이 미래 불확실성 상황에 대비하기 위해 식량안보를 누리도록 하는 것은 국가의 책무이다. 이런 역할을 기업에 맡긴다면 무임승차의 문제로 곧 문을 닫고 말 것이다. 국가 차원의 식량안보는 소비에서의 비배제성과 비경합성 측면에서 국방 서비스와 같은 공공재로 보아야 한다.

미래 세대를 위해 또는 미래의 국가 존립을 위해 충분한 농지와 농업 인프라를 확보하고 보존하는 것 역시 국가의 중요한 식량안보 제고 활동이다. 이때의 식량안보는 순수 공공재(유산가치)이다. 우리나라 농업기본법은 식량의 안정적 공급을 농업의 제1의 공익기능으로 규정하고 있고, 공익기능 증진을 위한 별도의 직불제법도 시행되고 있다. 이는 식량안보 제고가 국가적 책무이며 농업의 공공성을 천명한 것으로 식량안보가 공공재라는 의미를 내포하고 있는 것이다. 최근 기후위기로 농산물과 식품가격이 급상승하여 서민들의 밥상을 위협하고, 특히 사회의 저소득 취약계층에게는 더 큰 위협이 되고 있다. 식량안보는 이런 가격상승으로 인한 밥상 위협까지 포함함은 물론이다. 국민을 위한 식량안보 확보는 국가 고유의 책무라는 점에서 공공성이 특히 강하게 나타나는 농업의 다원기능이다.

(4) 홍수조절과 토양보존

농지(논, 밭, 초지 등)는 인간 삶에 있어서 없어서는 안 되는 자연자원(자본)으로 농업의 다원기능의 토대이고 원천이다. 농업을 통해 농지가 보존되고[8] 토양 유실을 방지하며 홍수조절과 수자원을 보존한다. 이때 홍수조절(flood control)이나 토양보존(soil conservation)은 지역적 순수 공공재로 분류된다. 여기서 얻는 사회적 편익은 해당 지역에 국한되는 것이 보통이다. 이 편익이 미치는 지역 내에서만 비배제성과 비경합성이 적용되기 때문에 지역적 순수 공공재이다.

홍수조절 서비스가 주는 편익은 이 경우 개인의 선호에 대한 정보가 필요 없기 때문에 다른 편익에 비해 그에 대한 사회적 수요를 추정하기가 상대적으로 용이하다. 이 서비스에 대한 사회적 편익은 그것이 존재하지 않는다면 발생하게 될 경제적 손실의 가치를 추정함으로써 찾아낼 수 있고, 또는 동일한 편익을 얻기 위해 다른 대안적 수단(예, 댐 건설)을 시행했을 때 소요되는 비용을 추정함으로써도 평가할 수 있다.

8 농업 활동이 없으면 농지가 산업용이나 주거용 등 타 용도로 전환되거나 아니면 황폐화될 수 있다는 데서 농지가 보존된다는 의미이다.

(5) 전통 문화유산

농업·농촌이 존재함으로써 그 나라와 지역 고유의 농경문화, 농업 관련 전통과 풍습이 유지·보존되기도 한다.

농업·농촌의 전통 문화유산이 주는 가치는 사용가치일 수도 비사용가치일 수도 있다. 고유의 전통이나 풍습 등의 농경문화 유산들은 대개는 무형 문화재로서 존재 자체에 가치가 부여되고 보존·계승시킬 가치가 있다. 이 경우 비사용가치로서 순수 공공재로 분류되거나, 또는 지역 특정적 문화유산의 경우 지역적 순수 공공재로 분류될 수 있을 것이다. 농업 박물관이나 역사적 건축물, 또는 전통 농촌마을(양동마을, 하회마을)을 방문하여 이용할 경우에는 사용가치이다. 이때 입장료를 부과하는 등 소비의 배제성이 적용된다면 사유재 혹은 클럽재 같은 비순수 공공재가 될 수도 있을 것이다.[9]

지금까지 농업의 다원기능에 의한 비상품 결합산출물의 공공재적 특성과 분류에 대하여 살펴보았다. 하지만 농업의 다원기능으로 인한 비상품 산출물들은 그것의 공공재적 특성 분류가 명확히 되지는 않는다. 동일한 다원기능이라 해도 그로 인한 외부효과, 즉 비상품 결합산출물이 어떤 조건 하에서 제공되는가에 따라 분류가 달라지고 중복 분류도 가능해진다. 국가와 지역에 따라 달라질 수도 있다. [표 5-2]에서 보듯이 농촌경관은 일반적으로 순수 공공재로 이해하고 있지만, 때로는 지역 순수 공공재나 개방자원 같은 비순수 공공재로 구분하기도 한다. 농업의 다원기능에 의한 긍정적 외부효과이지만 사유재로 분류되는 경우도 있다. 예를 들면, 농촌경관(방문객의 사용가치), 문화 유산(역사적 건물의 사용가치) 등이다. 이 경우는 모두 이용자들이 대가를 지불하거나 비용을 부담하고 사용하는 경우이기 때문에 소비의 배제성과 경합성이 그대로 적용되는 사유재로

9 한편, 이 밖에 글로벌 공공재(global public goods)는 그 이익이 2개국 이상의 국민들에게 미치면서 어느 국민, 어느 누구에게도 소비에서 차별되지 않는 공공재이다. 농업의 다원기능과 관련하여 생물다양성, 동·식물 서식지(겨울 철새 도래) 등은 비사용가치로서 다른 나라 사람들에게도 이익이다. 필리핀의 다랑논 같이 농업 관련 세계적 자연경관이나 문화유산, 브라질의 열대우림 등도 농업의 다원기능과 관련한 글로벌 공공재의 예이다.

분류된다.

자주 언급하듯이 농업의 다원기능은 자연과 환경, 생태, 기후, 지리적 여건 등 매우 복잡한 문제가 얽혀있기 때문에 어떤 분류 방식도 확정적일 수는 없고 다소 자의적 요소도 개입될 수 있다. [표 5-2]의 분류도 그 중의 하나이다. 그러나 다원기능에 의한 비상품 산출물들이 순수 공공재이든 아니면 여러 다른 유형의 비순수 공공재이든 정도의 차이일 뿐 정부의 정책적 간섭이 필요한 공공재 또는 공공재적 성격을 지니고 있다는 점에서는 공통적이다. 즉, 공공재적 특성을 강하게 갖고 있다는 점을 부인할 수 없다. 정부의 정책적 지원이나 간섭의 정당성과 필요성은 여기서 시작된다. 농업의 다원기능을 논하면서 공공성과 공익기능, 시장실패와 정부의 역할, 직접지불을 말하는 이유이기도 하다.

4.3 정책적 함의

농업의 다원기능에서 공공재적 특성이 중요한 의미를 갖는 것은 외부효과에 의한 시장실패 기준만으로는 정책간섭에 관한 판단이 어렵다는 데 있다. 앞 장에서 우리는 농업의 다원기능에서 외부효과가 반드시 시장실패로 이어지지는 않는다는 점을 언급했다. 그리고 자연과 환경, 생태적 속성을 지닌 농업의 특수성으로 인해 외부효과가 주는 사회적 한계편익이 비정형적이라는 점과 여기에 부정적 외부효과까지 얽혀 매우 복잡하다는 점을 살펴보았다. 농업의 다원기능이 주는 긍정적 외부효과의 존재에도 불구하고 이런 여러 복잡한 요인들로 인해 많은 경우 시장실패로 이어지지 않을 수 있다. 아니 시장실패를 판단하는 것 자체가 매우 어렵고 사실상 불가능하다고 말하는 편이 더 정확할 수 있다. 효율성 기준에 의한 시장실패를 판단하기 위해서는 외부한계편익과 외부한계비용에 대한 정보가 있어야 하지만, 이 또한 언급한 그 비정형성과 복잡성으로 인해 사실상 알기 어렵다.

이런 상황의 복잡성은 농업의 다원기능 제고와 관련한 정책간섭의 딜레마에 빠지게 하는 요인이 되고 있다. 예를 들어 한국은 곡물자급률 22%의 농산물 순수입국으로서 식량자급률이 OECD 국가 중 최하위 수준이다. 그리고 농업기본법에서 식량의 안정적 공급을 농업의 제1의 공익기능으로 천명하고 있는 나라다. 이런 나라에서 식량안보 외부효과에 의한 시장실패 여부를 알 수 없다는 이유로 국가가 식량자급률 제고 정책을 시행할 수 없다면 이는 명백한 자기모순이고 넌센스가 아닐 수 없다.

농업의 다원기능 문제에서 공공재 문제가 중요한 이유는 여기에 있다. 공공재의 공급은 무임승차 문제 등으로 시장이 해결할 수 없는 공적 영역이라는 점은 이미 살펴보았다. 식량안보를 포함한 농업의 다원기능에서 오는 비상품 결합산출물은 공공재(순수 또는 비순수)로서 사회적 수요 충족을 위해 정부가 나서야 하는 대상이다. 외부효과이면서 동시에 공공재이다. 따라서 통상적으로는 농업의 비상품 결합산출물은 긍정적 외부효과로서 시장실패를 일으킨다는 전제하에 공공재 문제를 논의하게 되는 것이다. 그러나 설령 효율성 관점에서의 시장실패 여부를 판단할 수 없다 해도 국가적 필요와 목적에 따라 정책적 간섭은 얼마든지 가능하다. 효율성 외에도 식량안보나 환경 같은 국가의 비경제적 목표가 공공의 영역으로서 정책 시행의 중요한 판단 준거가 될 수 있기 때문이다. 농업의 다원기능에 있어서 공공재 문제가 정책적으로 중요한 이유가 여기에 있다. 농업기본법(제6조)이 국가의 농정 추진에 있어서 효율성 외에 농업의 공익기능을 최대한 고려해야 한다고 규정한 점이나, 공익기능 증진을 위한 공익직불제법을 시행하고 있는 것도 같은 맥락으로 이해할 수 있을 것이다.

제6장
농업의 다원기능의 가치 평가와 한계

본 장에서는 농업의 다원기능이 주는 사회적 편익의 화폐적 가치 평가 문제에 대하여 논의한다. 수요 측면에서의 가치 평가 문제는 농업의 다원기능 논의에서 가장 복잡하고 어려운 논제 중 하나이다. 먼저 사용가치와 비사용가치의 개념에 대하여 설명하고, 시장에서 평가되지 않는 비시장 가치의 화폐적 가치 추정 방법과 그 한계에 대하여 살핀다. 다음으로 우리나라 농업의 다원기능의 가치 평가에 관한 최근의 실증분석 연구 결과들을 비교해 봄으로써 정량적 가치 추정의 문제점을 살펴본다. 그리고 농업의 다원기능에 대한 정확한 화폐 가치 추정의 근원적 한계점에 대해 논의하고, 농업의 다원기능이 주는 진정한 가치가 무엇인지 생각해 본다.

제6장

농업의 다원기능의 가치 평가와 한계

제1절 의의

지금까지 농업의 다원기능의 구성요소로서 생산결합성, 외부성, 그리고 공공재 문제에 대하여 살펴보았다. 그렇다면 농업의 다원기능이 주는 사회적 편익, 즉 공익적 가치는 대체 얼마나 되는지 의문이 생긴다. 아무리 사회적 편익을 제공하는 외부효과가 있다고 해도 그 가치가 보잘것없다면 다원기능 문제를 별도로 논의하거나 관심을 가질 필요는 없을 것이다. 농업의 다원기능의 가치는 곧 그로 인해 외부효과로 나오는 다수의 비상품 결합산출물이 어느 정도의 가치를 갖느냐의 문제이다. 이 가치 평가를 통해 결합산출물에 대한 사회적 수요를 파악하면, 시장실패 여부를 판단하고 정책적 문제로 이어지게 된다는 점에서도 중요한 의미를 갖는다. 본장에서는 이런 다원기능의 가치 평가에 관한 문제를 다룬다.

그런데 농업의 다원기능이 주는 그 공익적 가치는 보통의 재화나 서비스처럼 시장에서 객관적으로 평가되지 않는다는 데서 어려움이 있다. 앞서 살펴보았듯이 다원기능에서 오는 비상품 결합산출물은 그것을 거래하는 시장이 존재하지 않는 외부효과이다. 시장에서 평가되지 않는 비시장 가치이다. 언제부터인가 환경의 중요성이 커지면서 경제학, 특히 환경경제학을 중심으로 비시장 가치 평가에 관한 연구가 꾸준히 이어져 왔다. 비시장 가치를 금전적·화폐적 가치로 평가하는 방법을 개발하고 실증적 분석을 시도해왔다. 1990년대 들어서는 농업의 다원기능에 대한 가치 평가도 같은 맥락에서 연구가 진행되기 시작했다. 농업의 다원기능의 원천은 대부분 자연요소를 투입하여 생명체를 생산해 내는 농업의 본질적 속성으로부터 온다고 했다. 이런 부분들이 농업의 다원기능의 가치 평가를 어렵게 만들고 있다. 시장기능이 작동하지 않는 농업의 다원기능의 비상품 결합산출물의 가치를 어떻게 평가하고 그 한계는 무엇이며, 농업의 다원기능의 진정한 가치는 무엇인지 살펴본다.

제2절 사용가치와 비사용가치

상품의 가치는 그것을 소비함으로써 얻는 개인의 만족도, 즉 효용의 크기가 가치 평가의 기초가 된다. 한계효용이 클수록 소비자들이 상품에 부여하는 가치가 커지고, 공급측 요인과 함께 시장가격 결정에 영향을 미친다. 수요곡선의 높이는 소비자가 상품을 한 단위 추가로 소비함으로써 얻는 효용, 즉 한계편익을 나타낸다. 이 한계편익은 소비자가 최종 한 단위 소비하는 대가로 지불 가능한 최대의 지불의사액(willingness to pay)이다. 결국 상품의 가치란 소비자가 그것을 사용할 때 얻어지는 효용의 크기로 평가되는 사용가치를 일컫는 것이다. 그렇다고 이 사용가치가 시장가치 혹은 교환가치와 일치하는 것은 아니다. 교환가치로서의 시장가격은 소비자에 의한 수요측 요인 외에 공급측 요인이 더해져 상호작용의 결과로 한계편익과 한계비용의 균형에 의해 결정된다.

환경재나 농업의 다원기능에서 오는 비상품 결합산출물의 가치에 대해서도 같은 얘기를 할 수 있다. 그것을 소비·사용함으로써 얼마나 효용, 즉 편익을 얻을 수 있는지가 가치 척도의 기준이 되는 것이다. 기본적으로는 통상의 상품처럼 사용가치가 평가의 기준이라는 얘기다. 그러나 여기에는 일반 상품과는 다른 특징이 있다. 첫째는 거래되는 시장이 존재하지 않기 때문에 그 가치를 객관적으로 표시하기가 어렵다는 점이다. 소비자가 느끼고 평가하는 가치는 있지만 시장에서 거래되어 형성되는 시장가치, 즉 시장가격은 존재하지 않는다. 또 하나는 직접 사용하지 않더라도 존재하는 것만으로도 사회적인 가치를 보유하기도 한다는 점이다. 환경재나 농업의 다원기능의 비상품 결합산출물은 불특정 다수나 사회 전체의 이익을 위한 공공재적 성격이 있기 때문이다. 이렇듯 환경자원이나 농업의 다원기능의 비상품 산출물의 가치는 사용가치(use value)와 비사용가치(non-use value)를 모두 포괄하고 있다.

사용가치는 환경재(자원)나 다원기능의 비상품 결합산출물을 직접 사용함으로써 얻는 이익(편익)으로서, 여기에는 옵션가치(option value)를 포함한다. 예를 들면, 농촌지역에서 아름다운 농촌경관을 직접 즐기고 감상하면서 만족감, 행복감을 얻는다면 이것이 사용가치이다. 농촌경관을 현장에서 직접 즐긴다는 것은 그것을 사용(소비)하는 것이다. 그런데 사용가치는 이를 더 세분하여 직접사용가치(direct use value)와 간접사용가치(indirect use value)로 구분하기도 한다. 농촌경관을 다시 예로 들어본다면, 이를 대상으로 그림을 그린다거나 사진 촬영, 또는 그것을 배경으로 영화를 제작한다면 이때의 농촌경관의 가치는 직접사용가치이다. 그리고 그 경관에서 느껴지는 어메니티 쾌적함으로부터 행복감을 얻는다면 이때의 가치는 간접사용가치라고 말할 수 있다는 것이다. 환경재인 갯벌의 예를 들어보자. 갯벌에서 모래를 채취하거나 휴양과 관광을 즐긴다면 직접사용가치이다. 반면, 갯벌의 경관을 즐기거나 찾아오는 철새떼를 감상하는 것은 갯벌이라는 환경재의 간접사용가치에 해당한다. 옵션가치는 미래 불확실성이 존재하는 상황에서 환경재가 주는 가치로서, 불확실한 미래에 특정의 환경재(자원)를 사용할 수 있는 옵션(선택권, 기회)을 보유하기 위해 기꺼이 지불의사가 있는 금액이다. 다시 말하면, 옵션가치는 불확실성 하에서 미래에 특정의 환경재 또는 환경자원을 이용할 수 있는 옵션을 보유하는 것에 가치를 부여하고 기꺼이 지불하고자 하는 금액이다. 따라서 이를 선택가치라고도 부른다.

비사용가치는 환경재를 직접 사용하지는 않지만 그것의 존재 자체에 부여하는 가치이다. 여기에는 유산가치(bequest value)를 포함한다. 존재 자체의 중요성을 인정하고 그로부터 일정한 만족을 얻게 되는 가치로서 이를 존재가치(existence value)라고도 한다. 예를 들면, 생물다양성이나 자연 서식지는 사람들이 직접 사용하여 어떤 이익을 얻지 않더라도 그 존재 자체가 자연생태계를 형성하고 인간 사회에 막대한 영향을 미치기 때문에 가치를 부여할 수밖에 없는 자원이다. 환경보전이나 생물다양성 유지, 생태계 보전을 위해 사람들은 기꺼이 기부를 하고 중요성 홍보를 위한 노력을 아끼지 않는 경우가 많다. 가본 적도 없는 지역의 환경, 생태계 문제이긴 하지만 사람들은 기꺼이 그런 지불이나 노력을 한다. 그 존재 자체로 가치가 있다고 생각하기 때문이다. 전 지구적인 환경과 생태 문제, 기후변화 문제는 단순히 내 지역만의 문제가 아닌 인류 전체의 글로벌 문제이다. 또한 현 세대뿐 아니라 미래 세대에도 똑같이 중요하고 가치가 있다고 보는 것이다. 이때 자연자원, 환경자원, 생태자원은 그것이 국내 또는 지구촌 어디에 존재하든 인류 생존과 행복에 큰 영향을 미친다. 농업의 다원기능이 주는 사회적·공익적 가치의 많은 부분도 이와 같다.

유산가치는 미래 세대의 편익을 담보하기 위해 환경자원을 보전함으로써 얻는 가치이다. 즉, 환경자원을 보전함으로써 미래 세대들이 그로부터 편익을 얻을 수 있도록 기꺼이 지불할 의사가 있는 금액이다. 농촌의 아름다운 자연경관과 농촌마을을 잘 유지·보존하는 것은 설령 지금 당장 나에게 이익을 주지는 않는다 해도 미래 세대가 편익을 얻을 수 있도록 그들에게 아름다운 강토를 물려주는 것이다. 유산가치는 이런 미래 후손들의 이용 기회를 확보하기 위해 기꺼이 지불하고자 하는 금액이다.

한편, 사용하는 어떤 상품의 가치는 그것을 사용할 수 없는 상황을 가정했을 때 직면하게 될 효용감소, 손실의 크기로도 평가할 수 있다. 부존재를 통해 존재의 가치를 가늠하는 것이다. 획득과 소유의 효용(만족감)은 상실과 결핍의 비효용(고통)과 동전의 양면 관계로 보는 것이다.[1] 환경재나 자연자원의 가치도 마찬가지다. 우

1 그러나 소비를 위한 지불의사액과 소비를 할 수 없는 경우의 보상의사액(willingness to accept compensation)이 정확히 같다고 할 수는 없다. 동등변화(equivalent variation)와 보상변화(compensating variation)가 서로 일치하지 않기 때문이다.

리가 혜택을 얻고 있는 환경과 자연자원이 이 땅에서 사라진다고 가정하고 그런 상황을 상상해 보자. 그것이 사용가치이든 비사용 존재가치이든, 아니면 미래 나와 후손이 얻게 될 옵션가치나 유산가치이든 우리는 기꺼이 큰 금액을 지불하고라도 그런 상황의 도래를 막고자 할 것이다. 이때 기꺼이 지불하고자 하는 최대의 금액, 이것이 지금 존재하는 환경재와 자연자원이 우리에게 주는 가치이다.

농업은 자연요소를 투입하여 생명체를 키우는 산업이다. 농업의 다원기능이 주는 대부분의 가치는 여기에서 나온다. 농업자원(자연자원, 환경자원)의 가치는 현재의 사용가치뿐 아니라 국가의 지속 가능한 발전에 긴요한 존재가치이자 미래 세대를 위한 가치이다.

제3절 화폐적 가치 추정 방법과 그 한계

3.1 추정 방법

경제학자들은 비시장가치(non-market value)를 화폐적 가치로 평가하는 방법들을 오래 전부터 연구해 왔다. 핵심은 소비자가 최종 한 단위 소비에서 얻는 한계편익, 즉 지불의사액(willingness to pay)을 추정하는 것이다. 여기에는 직접적 방법과 간접적 방법으로 나뉜다. 직접적 방법은 이 지불의사(용의)액을 설문 방식을 통해 개인에게 직접 물어서 가치를 추정하는 방법이다. 대표적인 방법으로 가상가치평가법, 선택실험법 등이 있다. 간접적 방법은 직접 개인의 지불의사액을 묻는 것이 아니라 간접적인 방법을 통하여 그것을 추정해 내는 방법이다. 개인의 선호가 객관적으로 시현(示顯)된 시장자료를 이용, 필요한 함수를 도출하여 추정하거나 또는 실제 지불한 비용을 토대로 간접적으로 지불의사액을 추정해 내는 방법이다. 여기에는 특성가격법, 여행비용법 등이 있다. 본서에서는 대표적으로 많이 사용되고 있는 이들 방법 몇 가지만 간략히 소개한다.

먼저 직접적 방법으로서 가상가치평가법(contingent valuation method: CVM)은 조건부가치추정법이라고도 하는데, 평가하고자 하는 환경(자연)자원의 이용·보존과 관련한 가상적 상황을 설정하고 이에 대한 설문조사를 통하여 개인의 지불의사액을 추정하는 방법이다. 환경·자연자원을 직접 사용하지 않고 설정된 가상적인 상황을 전제로 하여 질문 방식으로 지불의사액을 추정하므로 사용가치뿐 아니라 비사용, 존재가치도 추정할 수 있다. 가상적 상황을 이용하기 때문에 활용 범위가 넓다는 장점이 있지만, 그만큼 오류의 가능성도 커진다는 단점이 되기도 한다. 따라서 이 가상가치평가법은 설문의 내용과 구성, 질문 방식 등 설문지 작성이 매우 중요하다. 설문지를 어떻게 작성하는가에 따라 가치 평가의 결과에 큰 영향을 미치게 된다.

또 다른 직접적 방법인 선택실험법(choice experiment: CE)도 질문을 통해 개인의 지불의사액을 추정하는 방식이다. 이 방법은 응답자에게 다양한 정책대안 특성과 정책비용의 조합들을 제시하여 가장 선호하는 것을 선택하게 한다. 양자택일의 가상가치평가법과 달리 다수의 조합들을 제시하여 선택하게 한다. 이 자료를 토대로 효용함수를 도출하여 지불의사액을 추정하는 방법이다.

간접적 방법으로서 특성가격법(hedonic price method), 즉 속성가격법은 환경이나 자연자원의 특성(속성)이 개인의 상품 구입 의사결정에 영향을 미쳐 시장가격에 반영된다는 점을 이용한다. 똑같은 주택이라 해도 그것이 어떤 지역에 소재하느냐에 따라 가격은 달라지게 마련이다. 깨끗한 공기와 자연환경이 좋은 곳, 교육환경이 좋은 곳, 교통이 편리한 곳 등에 위치하면 집값은 상승한다. 특성가격법은 집값 상승에 영향을 미친 이런 비시장 속성을 분리하여 추정해 내는 방법이다. 객관적으로 관찰되는 시장자료들을 이용하여 특성가격함수(hedonic price function)를 도출하고, 이로부터 그 특성의 한계가격회귀식을 도출함으로써 그 자원 특성에 대한 개인의 지불의사액을 추정하게 된다. 가상적 상황을 전제로 하는 가상가치평가법과 달리 개인이 실제로 선택한 결과로 나타난 시장자료를 분석하여 가치를 평가한다.

사람들은 깨끗하고 쾌적한 환경에서, 때로는 고요하고 아름다운 자연 속에서 살기를 원한다. 또는 환경 친화적으로 생산한 상품을 원한다. 자연히 쾌적하고 아름다운 자연 속의 집값이 비싸지고 친환경 상품도 더 비싸지게 마련이다. 친환경 농산물이 많이 비싼데도 기꺼이 값을 지불하고 소비하는 것도 같은 이유이다. 깨끗한 환경이나 아름다운 자연의 속성이 집값이나 상품가격에 반영되고 체화된 결과이다. 속성가격법은 이런 속성으로 인해 비싸진 가격에서 그 속성(환경, 자연)의 가치를 분리하여 추정해 내는 방법이다.

마지막으로 여행비용법(travel cost method)은 사람들이 자연 휴양지 등을 방문하여 즐기기 위해 지출하는 비용을 분석함으로써 해당 자연자원의 가치를 평가하는 방법이다. 사람들이 아름다운 자연경관을 즐기기 위해 비용을 들여가면서 그런 곳을 찾는 이유는 그만큼 그 자연경관에 가치를 부여하기 때문이다. 이점에 착안하여 지불의사액을 추정하는 방법이다. 회귀분석을 통해 여행수요함수를 도출하고, 이를 토대로 얻은 여행총수요곡선을 이용하면 총여행객들의 소비자잉여를 산출할 수 있다. 이렇게 평가한 소지자잉여는 총편익에서 실제 지출한 총여행비용을 빼준 값이므로 이것이 그 자연자원이나 환경재가 주는 편익, 즉 그 가치가 된다고 보는 것이다.[2]

3.2 추정의 한계

이상에서 가상가치평가법을 포함한 주요 비시장가치 추정 방법에 대하여 살펴보았지만, 이 방법들은 실증분석 적용에 있어서 여러 한계점을 갖고 있다. 가상가치평가법은 가상적 상황을 전제로 평가하는 방법이므로 비사용가치까지 평가할 수 있는 장점이 있다. 하지만 가상적 상황을 어떻게 설정하느냐에 따라, 설문지를 어떤 내용으로 어떻게 설계하는가에 따라 응답자의 평가와 지불의사액이 달라질 수 있다. 최초에 제시하는 지불의사액에 따라 편의(偏倚, bias)가 발생할 수 있고, 경우에 따라서는 무응답으로 인한 평가의 오류와 편의가 발생할 수도 있다. 속성가치법의 경우에는 상품 가격에 미치는 비시장적 요인은 매우 다양하고 복잡할 수 있는데, 여기서 환경이

2 세부적인 추정 방법론이나 그 밖의 추정 방법에 대하여는 권오상(2014), 이정전(2011), 곽승준·전영섭(1995) 등 국내외 환경경제학 관련 문헌들을 참조할 수 있다.

나 자연자원의 속성이 미친 순수 효과를 분리해 내는 것이 쉽지 않다. 여행비용법은 실제로 방문하여 지출한 여행비용을 토대로 계산하기 때문에 존재가치나 옵션가치는 포함될 수 없다는 문제점이 있다. 따라서 이 방법을 사용할 경우 자연자원, 환경재 등에 대한 가치를 크게 과소평가하는 문제를 야기한다. 존재가치를 제대로 평가할 수 없다는 점은 대부분의 추정 방법의 공통적인 한계이다.

환경이나 생태, 자연, 경관, 어메니티 등은 통상의 상품과는 다르다. 대부분의 사람들은 환경, 생태, 자연 같은 개념에 대해 잘 모른다. 중요해서 늘상 입에 오르내리는 개념일수록 잘 안다고 생각하지만 실제로는 잘 모른다. 이런 상황에서 표출되는 개인의 지불의사액이 어느 정도 진실에 가까운 가치를 반영할 수 있는지 의문이다. 모르기는 전문가들도 크게 다르지 않고, 설문지를 설계하여 연구하는 사람의 입장도 마찬가지일 것이다. 그러니 아무리 설문지의 설계를 잘 한다 해도 분석자에 따라 결과에 큰 차이가 나기 마련이다. 더구나 비사용가치, 존재가치에 대한 평가는 더욱 어렵다. 여기서 소개한 방법들을 포함한 대부분의 비시장가치 평가 방법들은 존재가치를 제대로 추정하지 못하는 문제를 안고 있다. 환경과 생태계, 자연계는 다차원적으로 매우 복잡하게 얽히고설켜 있는 유기적 복잡계이다. 그렇기 때문에 추정에 필요한 관련 자료나 정보가 제한적일 수밖에 없고 정확한 가치 평가가 사실상 불가능한 것이다.

설문지에 따라 응답자의 답변이 달라질 수 있는 것처럼 분석자의 자의성도 많이 개입될 수 있다. 특히 가상가치평가법의 경우가 그렇다. 환경이나 자연자원의 가치 평가는 개인의 주관적, 심리적 요인이 크게 작용하고 그가 처한 경제·사회적 조건에 따라 평가가 달라질 수 있기 때문에 금전적 가치로 환산하는 데 근본적인 한계가 존재하는 것이다. 농업의 다원기능 문제에서도 같은 말을 할 수 있다. 농촌 경관의 가치, 환경과 생태계 보전의 가치, 식량안보의 가치 등 농업의 다원기능에 의한 비상품 결합산출물의 가치에 대한 화폐적 가치 추정에 있어서도 동일한 문제를 안고 있다. 이 문제는 다음 절에서 논의할 한국농업의 다원기능의 가치 추정에 관한 실증적 연구결과를 보면 더욱 명확해진다.

제4절 한국 농업의 다원기능의 가치

우리나라 농업의 다원기능이 주는 화폐적 가치 추정에 관한 실증적 연구는 그동안 많이 시도되었다. 1990년대 들어 농산물 시장개방이 확산되는 상황에서 국내 농업 보호를 위한 대응 논리 개발의 필요성이 대두되면서 본격적으로 연구되기 시작했다. 시장개방이 일단락된 후에도 농업의 중요성과 공익적 가치를 부각하기 위해 다원기능의 가치 평가 작업은 계속되었다.

본서에서는 그 중에서 2000년대 이후 비교적 최근에 이루어진 분석 결과들을 일별해 보고자 한다. 연구방법은 대부분 가상가치평가법, 대체비용법(replacement cost method)[3], 여행비용법, 선택실험법 등이 사용되었다. 이들 연구결과에 의하면 우리나라 농업·농촌의 공익적 다원기능의 화폐적 가치는 적게는 6조 원에서부터 많게는 86조 원에 이르는 것으로 나타나고 있다.[4] 2022년 기준 농업 부문의 부가가치 30.8조 원, 생산액 57.9조 원[5]을 고려하면 적지 않은 금액이다.

이 분석 결과들을 비교할 때 제일 두드러진 특징은 연구자에 따라 가치 평가액에 매우 큰 편차를 보이고 있다는 점이다. 총액에서의 편차뿐 아니라 다원기능에 포함되는 세부 항목별 가치에 있어서도 연구자에 따라 많은 차이를 보이고 있다. 어떤 연구는 환경보전의 가치를 압도적인 큰 비중으로 평가한 반면 어떤 연구는 식량안보의 가치를 가장 높게 평가하기도 했다.

[표 6-1]은 대표적인 연구결과 3개(A, B, C)를 선정하여 비교해 놓았다. 각각 2012년, 2013년, 그리고 2018년에 나온 연구들이다. 이들 세 연구결과를 대상으로 다원기능의 총가치와 다원기능의 핵심인 식량안보와 환경보전의 가치 중심으로 비교하

3 대체비용법은 환경보전 등 농업의 다원기능의 가치를 다른 인위적인 방법으로 대체하여 같은 편익을 얻는다고 전제하고, 이 대체 방법의 시행에 소요되는 비용을 그 환경보전의 화폐적 가치로 평가하는 방법으로 경제 이론적 근거는 약하다.

4 구체적인 결과에 대해서는 정혜경 외(2021) 및 그 안에 소개된 관련 문헌들을 참조할 수 있다. 본서에서 세부적으로 소개하지 않는 이유는 연구결과들 간 편차가 극심하여 어느 것도 유의미한 결과로 단정하기 어려울 뿐 아니라 이런 분석이 지닌 근본적 한계를 믿기 때문이다.

5 농림축산식품부, 「농림축산식품 주요통계」, 2023.

표 6-1 우리나라 농업·농촌의 다원기능 가치 평가결과의 비교

	연구 A (2012)		연구 B (2013)		연구 C (2018)	
	금액(억원)	비중(%)	금액(억원)	비중(%)	금액(억원)	비중(%)
총 가 치	862,907	100.0	63,468	100.0	278,993	100.0
식량안보	20,550	2.38	17,110	26.96	31,158	11.17
환경보전	796,178	92.27	13,157	20.73	186,343	66.79
기　타[a]	46,179	5.35	33,201	52.31	61,492	22.04

출처: 정혜경·김승규·김태균(2021) <표 14>, p. 525.
a: 연구 A는 농촌활력과 문화·경관 포함, 연구 B는 지역사회 및 경제, 경관 및 전통, 국격 제고 포함, 연구 C는 사회문화 기능과 농업경관 포함.

였다. 총가치의 경우 연구 A는 86조 2,907억 원, 연구 B는 6조 3,468억 원, 연구 C는 27조 8,993억 원으로 나타났다. 연구 A와 연구 B 사이에는 어마어마한 차이를 보이고 있다. 이중 식량안보의 가치는 연구 A가 2조 550억 원(2.38%), 연구 B는 1조 7,110억 원(26.96%), 연구 C가 3조 1,158억 원(11.17%)이다. 절대 금액에서 어느 정도의 차이는 날 수밖에 없겠지만, 전체 다원기능 가치에서 식량안보의 가치가 차지하는 비중이 2%에서 27%에 이르기까지 엄청난 차이를 보이는 것은 이해하기 어렵다. 또 특이할 점은 연구 A의 경우 한국농업의 다원기능의 가치를 매우 높게 평가하면서도 식량안보의 가치는 고작 전체의 2% 남짓으로 보고 있다는 점이다. 식량자급률 OECD 최하위인 나라에서 식량안보의 가치가 이 정도로 극단적으로 저평가될 수 있는지는 의문이 아닐 수 없다. 더구나 기후변화가 심화하는 상황에서 농업의 식량안보의 가치는 다른 다원기능들보다 더욱 커질 것이다. 한편 환경보전의 가치는 연구 A가 79조 6,178억 원(92.27%), 연구 B는 1조 3,157억 원(20.73%), 연구 C가 18조 6,343억 원(66.79%)이다. 한국 농업의 환경보전 기능의 가치에 있어서도 절대액은 물론 그 비중이 연구결과 간 현격한 차이를 보이고 있다.

살펴본 것처럼 한국 농업의 다원기능의 화폐적 가치에 대한 실증적 분석은 비슷한 시기의 연구임에도 연구결과 간 극심한 편차를 보이고 있다. 연구자에 따라 다원기능에 포함하는 범위, 분석방법, 평가대상 연도 등이 다르고, 앞서 논의한 바와 같이 비시장가치의 추정방법 자체가 안고 있는 한계 때문일 것이다. 뿐만 아니

라 농업의 다원기능의 세부 항목별 분류체계도 연구자에 따라 통일성 없이 다양한 양상을 보이고 있다. 다원기능들 간 경계를 명확히 구분하기 어렵거나 상호 밀접히 연결돼 있기도 하다. 이런 문제는 가치 추정을 더욱 복잡하고 어렵게 만들고 있다.

이상의 여러 문제점들로 인해 지금까지 실증적 연구결과들이 많이 축적돼 왔음에도 불구하고 우리나라 농업의 다원기능의 화폐적 가치가 얼마나 되는지에 대한 객관적이고 유의미한 정보를 얻기는 어렵다. 더구나 지금까지의 연구들은 모두 다원기능의 총가치, 즉 외부총편익의 화폐적 가치이다. 외부효과로 인한 시장실패 여부를 판단하고 이를 토대로 올바른 정책간섭과 정책수단을 결정하기 위해서는 개별 외부효과에 대한 사회적 수요(함수)와 이로부터 유도되는 외부한계편익에 대한 정보를 알아야 한다. 그러나 이에 대한 실증분석 연구는 발견할 수 없다. 앞에서 언급한 여러 복잡한 요인들에 따른 현실적 한계 때문일 것이다. 그럼에도 지금까지 다양한 실증분석 시도로부터 우리가 얻을 수 있는 결론은 농업은 시장에서 평가되는 부가가치액이나 생산액 이상으로 긍정적 외부효과에 의한 공익적 가치가 매우 크다는 사실을 확인해 주고 있다는 점이다. 그리고 이 같은 사실이 주는 정책적 함의 또한 매우 클 수밖에 없다. 다음에는 농업의 다원기능의 화폐적 가치 추정이 어려운 근본적인 한계점이 무엇인지 좀 더 상세히 살펴본다.

제5절 농업의 다원기능 가치 추정의 한계

5.1 본질적·내재적 한계

근본적으로는 속성상 개인의 주관적·내면적 인식 세계에 속하는 비시장적 가치를 경제적 잣대로 평가하고자 했다는 한계점이다. 뿐만 아니라 대부분 복잡한 자연계의 환경, 생태적 요소들이 작용하고 있어 본질적으로 화폐적 가치 추정이 어려운 대상이다. 특히 비사용가치는 더욱 추정이 어렵다.

식량안보의 가치를 돈으로 따져 얼마가 될 것인가? 환경이나 생태계, 아름다운 농촌경관에서 얻는 즐거움을 화폐적 가치로 대체 얼마로 평가해야 한단 말인가? 농업과 함께 장구한 세월 이어져 온 민족 고유의 전통 문화유산의 가치를 어떻게 돈으로 환산한다는 말인가? 사람들에게 행복감을 주는 세상의 가치 중에는 화폐가치로 환산할 수 없는 것들도 많다. 철학과 문학의 가치, 예술의 가치, 종교의 가치, 도덕과 윤리의 가치 … . 이들은 분명히 인간의 삶을 풍요롭게 해주는 소중한 가치들이다. 이들도 앞서 고찰한 평가 방법들을 통해 개인의 내면적 지불의사액을 추정하여 화폐적 가치를 도출해 낼 수는 있을 것이다. 그렇다고 이 결과가 진정한 가치라고 말할 수 있는가? 농업의 다원기능 가치 추정도 마찬가지다.

원론적으로 말하면 경제학에서 평가하는 상품의 화폐적 가치는 최종 한 단위 소비가 주는 가치, 즉 한계지불의사액이다. 시장가격이란 균형점에서 형성되는 소비자의 이 지불의사액을 말하는 것이다. 농업의 다원기능의 가치 평가의 경우도 가상적 시장 상황을 전제로 사회의 구성원 모두에게 지불의사액을 물어 그 값을 합산하면 사회적 가치를 구할 수 있을지 모르지만, 이것이 과연 농업이 주는 다원기능의 진정한 가치라고 단정할 수 있는가이다. 앞의 [표 6-1]에서 보듯이 우리나라의 식량안보와 환경보전의 가치가 연구결과 간 천양지차의 격차가 벌어지는 것을 어떻게 설명할 것인가? 시장이 존재하지 않아 객관적 화폐가치로 평가할 수 없는 대상을 마치 시장이 작동하는 것처럼 의제(擬制)하여 개인의 지불의사액을 추정하려는 데서 오는 오류이다.

이런 질문을 한다고 가정해 보자. 당신의 생명의 가치는 돈으로 환산하면 얼마나 된다고 생각합니까? 현답을 바라지만 성립하기 어려운 질문이기에 우문우답이 될 수밖에 없다. 섣불리 화폐단위로 평가하려는 시도보다 그냥 무엇과도 바꿀 수 없는 무한한 가치를 갖고 있다고 이해하는 편이 오히려 진실을 덜 왜곡하는 길이다. 자연, 생명, 환경적 속성을 지닌 농업의 외부효과의 공익적 가치도 그중의 하나이다. 이런 이유로 농업의 다원기능이 주는 화폐적 가치를 정확히 추정하는 것은 불가능한 일이다. 다양한 방법을 동원하여 일정한 가정과 제약조건 하에서 결과를 얻을 수는 있겠지만, [표 6-1]에서 보았듯이 어떤 연구 결과도 객관적 신뢰성을 갖는다고 단정할 수 없다. 농업의 다원기능의 가치에 대한 실증분석 연구가 한국이나 일본처럼 국제 무역협상에서 농업보호 논리가 절실했던 일부 국가들 외에는 찾기 어려운 이유도 이와 무관하지 않을 것이다.

5.2 개인차와 상황에 따른 한계

자연, 환경, 생태에 대한 태도와 평가는 개인 간에 차이가 많이 나게 마련이다. 개인의 내면적 선호체계에 따라 그것으로부터 얻는 행복감이 달라진다. 자연이나 환경자원을 좋아하는 사람이 있는가 하면, 오히려 도회적이고 인공적인 것을 선호하는 사람도 있다. 전자의 경우에는 농촌경관이나 환경보호 같은 농업의 다원기능에 관한 질문에 대해 지불의사액이 더 클 것이고, 자연경관을 즐기기 위해 더 자주 그런 곳을 방문할 것이며, 기꺼이 더 큰 금액을 지불하고라도 농촌의 전원주택을 구매할 것이다. 같은 농업자원이라도 환경보호론자나 생태주의자들이 인식하는 가치와 일반 사람들 간에는 천양지차일 것이다. 어떤 사람은 자연을 선물한다는 이유로 농업은 위대하다고 말한다. 그런 사람이 인식하는 농업의 다원기능의 가치가 얼마나 클지는 충분히 짐작할 수 있다.

개인의 소득이나 교육, 의식 수준에 따라서도 평가가 달라진다. 일반적으로는 이런 수준이 높을수록 자연과 환경, 생태적 가치를 높게 평가하는 경향이 있다.[6] 같은 대상을 놓고도 빈곤 계층과 부유층의 지불의사액은 분명 다를 것이다. 개인의 가치관이나 인생관에 따라서도 달라진다. 이렇듯 개인마다 다 다른 내면적 평가를 모두 합하여 사회적 수요를 추정하는 일은 사실상 불가능할 것이다. 같은 사람에게 같은 대상을 놓고 지불의사액에 대한 질문을 한다 해도 주어진 조건과 상황, 즉 장

6 소득증가에 따라 농업의 비상품 결합산출물에 대한 수요는 증가하는 경향을 보인다. OECD(2001a. p. 89)는 그 중에서 환경에 대한 수요는 대단히 많이(very much) 증가하고, 농촌 어메니티에 대한 수요는 보통 정도로(moderately) 증가하며, 농지보존에 대한 수요는 약간(slightly) 증가한다. 반면 식량안보에 대한 수요는 소득증가에 따라 보통 정도로 감소하는 것으로 보고 있다.

소적 또는 시간적 상황에 따라 답은 크게 달라질 수 있다. 사람들에게 깨끗한 공기에 대한 지불의사액을 묻는다면 과연 얼마라고 답할 것인가? 보통은 그리 높은 금액을 말하지는 않을 것이다. 일상에서 어렵지 않게 마실 수 있기 때문이다. 그런데 그가 살고 있는 지역에 미세먼지나 황사 현상이 자주 발생한다고 해보자. 그의 깨끗한 공기에 대한 지불의사액은 전과 달리 크게 높아질 것이다. 식량안보의 가치에 대하여 묻는다고 해보자. 먹을거리가 풍족하고 공급도 원활하며 가격도 안정된 평상시 상황에서 인식하는 식량안보는 전시나 세계 공급망에 애로가 생기고 기후변화로 인한 공급부족과 가격이 폭등하는 상황에서 인식하는 식량안보의 가치, 지불의사액에 대한 답변 결과는 천양지차일 것이다. 동일한 사람이라도 어떤 상황에서 지불의사액을 묻느냐에 따라 결과가 달라지는 것이다.

이런 부분들에 대한 충분한 고려 없이 지불의사액을 측정할 수는 없다. 개인 간 또는 상황에 따른 차이를 어떻게 모두 고려하여 사회의 총지불의사액을 산출할 수 있는가이다. 이들 개인차와 상황의 변화를 모두 고려하여 사회적 수요와 가치를 평가하는 것은 사실상 불가능한 일이다.

5.3 방법론상의 한계

추정 방법상의 일반적 한계에 대해서는 이미 언급했지만, 이 외에도 전반적인 과소 또는 과대평가 가능성 문제도 있다.

한국농촌경제연구원의 국민 의식조사 결과[7]에 따르면, 2024년의 경우 농업·농촌의 공익적 기능의 가치가 크다는 답변(74.7%)과 보통이라는 답변(20.0%)을 합하면 도시민의 94.7%가 공익기능에 대하여 긍정적으로 인식하고 있다. 가치가 없다는 부정적 답변은 겨우 5.2%에 불과했다. 그런데 그렇게 중요하다고 생각하는 농업의 공익기능 증진을 위해 세금을 더 부담할 의향이 있는지에 대한 질문에는 찬성이 62.3%, 반대와 모른다를 합한 부정적 답변이 37.7%이다. 이런 모순된 태도

7 김수린·박혜진(2024).

를 보이는 것은 무엇을 의미하는 것일까? 사람들이 내면적으로 인식하는 농업의 가치 평가와 이것을 실제 화폐가치로 구체화하는 것 사이에 괴리가 존재한다는 것을 시사한다. 다원기능의 가치에 관한 기존 연구결과들은 직접적 방법이든 간접적 방법이든 구체적인 지불의사액을 추정한다. 국민의식 조사결과에서 보듯이 중요하긴 하지만 세금을 내는 데는 소극적인 태도를 보이는 것을 미루어 볼 때 내면적으로 인식하는 지불의사액이 실제 지불 상황에서의 가치와는 차이가 있을 수밖에 없다는 것이다. 이렇게 본다면 지불의사액 질문 방식에는 실제 가치가 과소 또는 과대 평가되었을 가능성이 존재한다. 특히 비사용가치일 경우에는 그럴 가능성은 더 높다. 더구나 사람들은 환경이나 자연생태의 의미, 그것이 나와 사회에 어떤 영향을 어떻게 미치는지 잘 모른다. 나와 직접 관련되지 않은 존재가치에 대해서는 더더욱 그렇다. 내가 직접 사용하지 않고 경험하지 않은, 때로는 보이지도 않는 대상에 대한 가치를 지불의사액으로 제대로 나타낼 수 있을지 의문이다.

과소평가의 가능성이 큰 경우도 있다. 농업의 비상품 결합산출물들은 긍정적 외부효과로서 대부분 공공재 성격이다. 공공재의 특성상 소비자는 그에 대한 정확한 선호를 숨기고 과소 표출하는 경향이 있다는 것은 이미 살펴보았다. 공공재의 비배제성으로 지불하지 않아도 누릴 수 있는 무임승차가 가능하기 때문이다. 중요하기는 해도 세금을 더 내는 데는 주저하는 이유와도 맥을 같이 한다. 중요하다고 보는 것은 그로부터 얻게 될 이익이 크다는 뜻이다. 그러나 개인들은 소비의 비배제성이 작용한다는 것을 알기 때문에 그 비용을 다 부담하지는 않겠다는 것이다. 본인이 직접 비용을 지불하는 상황에 직면하면 무의식적으로라도 무임승차 심리가 작용하여 그에 대한 선호가 과소 표출될 가능성이 존재하는 것이다.

반대로 과대평가의 가능성도 존재한다. 농업의 다원기능에 의한 비상품 결합산출물들은 상호 독립적이지 않은 경우가 많다. 예를 들면 농촌경관, 환경 및 생태, 생물다양성, 자연서식지 등의 사이에는 생물학적 복잡한 관계로 상호 밀접히 얽혀있다. 토지나 물 같이 동일한 자연자원을 기반으로 하기 때문이다. 다수의 비상품 결합산출물은 그들 상호 간 대체관계 또는 보완관계에 놓인 경우가 많이 있을 수 있다. 농촌경관의 가치, 환경과 생태의 가치, 생물다양성의 가치를 정확히 독립적으로 분리할 수 없다. 이런 경우 개별 비상품 산출물의 가치의 단순 합이 사회적 총가치, 총수요가 될 수 없다. 농촌경관에 환경과 생태 요소가 들어가 있을 수도 있고(대체관계), 또는 생물다양성 때문에 농촌경관에 대한 수요가 더 커지는 관계(보완관계)에 있을 수도 있다. 대체관계와 보완관계에 대한 분석이 명확히 되어야 정확한 수요와 가치 추정이 가능해진다. 유기적인 관계로 복잡하게 얽힌 생태계와 자연현상을 어떻게 정확히 분리하여 평가할 것인가이다. 모든 다원기능의 가치를 개별적으로 추정하여 이를 합산하면 과대 또는 과소 추정될 가능성이 존재한다. 이중계산 가능성이란 측면에서 보면 과대평가 가능성이 높고, 보완관계를 정확히 밝혀내지 않는다면 과소평가 가능성이 존재한다.

5.4 부정적 외부효과 문제

농업의 다원기능의 가치를 말할 때 부정적 외부효과도 함께 고려해야 한다. 그렇지 않을 경우 과대 평가될 것이다. 부정적 외부효과가 어느 정도인가에 따라 농업의 다원기능의 가치는 크게 영향을 받게 된다.

부정적 외부효과는 농업 생산과정에서 부수적으로 자연히 발생하는 경우도 있고, 의도적인 생산성 향상 노력의 결과로 생길 수도 있다. 경종 농업이나 축산에서의 온실가스 배출은 생산과정에서 불가피하게 생기는 대표적인 부정적 외부효과이다. 그런데 많은 부분은 투입요소 과다 사용 같은 생산성 향상을 위한 적극적인 활동으로 생기는 부정적 외부효과이다. 예를 들면, 농약이나 화학비료, 비닐 등을 사용함으로 인해 자연경관과 환경, 생태계를 훼손하는 경우이다. 부정적 외부효과를 일으키는 농약이나 화학비료는 생산성을 향상시키는 수단일 뿐 농업 생산에 반드시 필요한 요소는 아니다. 농업의 본래적 속성으로 자연히 발현되는 긍정적 외부효과를 생산성 향상을 위한 인위적인 추가 활동으로 상쇄시키고 있는 것이다. 불가피하게 생기는 농업의 본질적 요소라기보다 생산자가 의도적으로 추가한 행위의 결과로 생긴 부정적 효과라는 점이다. 원한다면 친환경 농업 방식으로 그런 결과를 초래하지 않을 수 있었다는 의미이다. 영농기술이나 방식을 바꾸면 부정적 효과는 크게 줄일 수 있고 긍정적 효과를 강화할 수도 있다.

여하튼 농업 생산과정에서 일정 부분 부정적 외부효과가 생기게 마련인데, 부정적 외부효과가 클수록 농업의 다원기능의 공익적 가치는 그만큼 줄어들 수밖에 없다. 이런 부분이 종합적으로 고려될 때 농업의 다원기능 가치 평가 문제의 진실에 접근할 수 있음은 물론이다.

제6절 농업의 다원기능의 참 가치

지금까지 농업의 다원기능의 화폐적 가치 추정이 어렵다는 점을 살펴보았다. 그렇다고 해서 농업의 다원기능의 가치에 대한 논의가 소홀히 될 수는 없다. 그 진정한 가치는 무엇이고, 또 어떻게 이해해야 하는지 생각해 본다.

6.1 GDP 문제와 농업의 다원기능

GDP(gross domestic product)는 국가의 경제규모와 국민의 소득수준을 나타내 주는 대표적인 경제지표이다. 일정 기간 국내에서 생산된 최종 생산물의 시장가치의 총합, 다시 말하면 부가가치의 총합이다. 그러나 GDP가 국민의 진정한 후생수준이나 행복수준을 평가하지 못한다는 비판은 오래 전부터 이어져 왔다. 그 정의에서 알 수 있듯이 시장에서 거래되고 시장가치로 평가한 것만 포함되기 때문이다. 그래서 경제후생지표(Measure of Economic Welfare: MEW), 녹색 GDP(green GDP), 국민총행복(Gross National Happiness: GNH) 같은 대안 지표 개발을 모색해 오고 있다. 그러나 이런 노력에도 불구하고 아직까지 GDP를 대체할 만한 새로운 지표가 통용되지는 못하고 있다. 그 이유 중 하나가 환경이나 생태, 자연자원의 가치 같은 인간의 후생 수준에 큰 영향을 미치지만 이를 정확히 평가할 수 있는 방법을 개발하기 어렵기 때문이다. GDP가 진실을 말해주지 못하지만, 다양한 비시장가치 요소들에 대한 적절한 화폐적 가치 추정 방법을 찾지 못해 그것을 버리지 못하고 있는 것이다.

농업의 다원기능이 주는 공익적 가치도 이와 같다. 앞서 논의한 바와 같이 많은 실증적 연구를 통해 가치 추정을 시도해 왔지만 우리는 그 값을 정확히 알지 못한다. 아니 대략적인 값조차 모른다. 농업은 자연과 환경, 생태, 생명의 요소들이 복합적으로 얽혀있다. 농업의 다원기능이 주는 참 가치를 알아내는 작업은 경제이론이나 경제학자의 역량을 넘어서는 것일지 모른다.

GDP는 최종 '생산물'의 시장가치로 평가한 것이다. 생산은 결국 소비를 위한 경제활동이다. 소비가 전제될 때 GDP가 경제지표로서 의미를 갖는다. 그런데 인간이 소비하여 효용을 얻는 재화나 서비스에는 의도적으로 생산되지 않는 것들도 많다. 생산된 것이 아니라 그냥 존재하거나 부수적으로 생긴 것을 즐김으로써 효용과 행복감을 얻기도 한다. 자연, 환경, 생태 같은 것들이다. 농업의 다원기능으로 나오는 대부분의 비상품 산출물들도 여기에 속한다. 이들은 생산된 것이 아니라 생산과정에서 외부효과로 나온 것이다. 식량안보의 가치, 아름다운 농촌경관의 가치, 환경과 생태계의 가치, 홍수조절과 수자원의 가치, 농촌 지역사회와 균형발전의 가치 등. 농업의 다원기능이 주는 이런 가치는 인간 사회의 행복과 후생 증진에 큰 역할을 하면서도 GDP에는 산정되지 않는다. 농업의 다원기능이 주는 참 가치의 화폐적 가치를 찾아 포함시킬 수만 있다면 농업의 가치는 크게 증가할 것이다. GDP 비중이 낮다는 이유로 농업이 자주 경시되는 일도 없을 것이다. GDP는 경제지표일 뿐 인간 사회가 궁극적으로 지향하는 후생과 복지, 행복을 평가하기 위한 지표는 아니다. 농업 부문 GDP의 크기가 농업의 가치와는 거리가 한참 멀다는 의미이다.

6.2 농업의 다원기능과 농업의 가치

그렇다면 농업의 다원기능의 진정한 가치는 어떻게 말할 수 있는가? 우리는 늘

입버릇처럼 자연, 환경, 생태 문제에 대하여 얘기하지만 사실 이것이 정확히 무엇을 의미하는지 잘 알지 못한다. 사람들은 자연, 환경, 생태에 대해 막연히 중요하다고 생각할 뿐이다. 전문가들조차도 자연계, 생태계, 환경이 우리 인간의 삶에 어떻게 얼마나 영향을 미치는지에 대해 정확한 답을 주지 못하고 있다. 지구환경과 생태계는 그만큼 복잡하기 때문이다. 일반 사람들이야 더더욱 말할 필요가 없다. 장님 코끼리 만지듯 막연히 중요하다고 느끼고 있을 뿐이다. 앞서 언급한 한국농촌경제연구원의 공익기능 인식조사에서 응답한 사람들도 잘 알아서 그렇게 답한 것은 아닐 것이다. 농업의 다원기능이 주는 화폐적 가치가 제대로 평가될 수 없는 근본원인이 여기에 있다. 식량안보의 가치나 농촌 지역사회 유지의 가치, 전통 문화유산의 가치 등도 마찬가지다.

다원기능의 유형에 따라서는 홍수조절 기능처럼 어느 정도 화폐적 가치 추정이 가능한 것도 있지만 대부분은 그렇지 못하다. 우리는 농업의 본질적 속성인 자연, 환경, 생태에 대한 지식과 정보가 너무 부족하다. 잘 모르기 때문에 지불의사 금액도 저평가 혹은 과대 평가될 가능성이 높다. 항상 곁에 있기 때문에 그 가치를 모른다. 희소해지거나 없어져 봐야 비로소 진정한 가치를 알게 된다. 과거에는 맑은 물의 가치를 우리는 제대로 몰랐다. 손쉽게 어디서든 얻을 수 있었으니까. 오염이 되기 시작하고 쉽게 맑은 물을 구할 수 없게 되자 비로소 그 가치를 인식하기 시작했다. 농업의 다원기능의 가치도 마찬가지다. 그것이 없어져 봐야 안다. 그렇지 않은 상태에서 표출되는 지불의사 금액은 제대로 평가되지 않았을 것이다.

화폐적 지불의사액 추정 방법으로 환경과 자연자원의 가치를 평가하는 것은 마치 교통사고로 사망한 사람에 대해 호프만식 또는 라이프니츠식 계산법을 사용하여 그가 살았다면 평생 얻을 것으로 예상되는 소득액으로 보상하는 것만큼이나 진실과는 괴리가 있다. 중세시대 노예들처럼 인간의 생명을 시장에서 거래되는 상품으로 취급하고 있는 것이나 진배없다. 그러나 이렇게 보상액을 정한다고 해서 이것이 그 사람의 잃어버린 생명의 가치를 의미하지는 않는다. 사람의 생명의 가치를 평생 벌어들일 예상 소득으로 평가할 수는 없다. 같은 인간의 생명을 소득의 크기로 재단하여 차등화할 수 없다. 이는 유족에 대한 위로금일 뿐 생명의 가치는 아니다. CVM 같은 방식으로 농업의 다원기능이 주는 공익적 가치를 평가하는 것도 진실에서 멀어져 있다는 점에서는 크게 다르지 않다. 인간의 셈법과 자연의 법칙 간의 차이일 것이다. 그렇기 때문에 연구결과에 따라 신뢰할 수 없을 정도의 큰 편차가 나오는 것이다. 그럼에도 연구자들은 여전히 이런 방법에 집착하고 있다.

농업의 다원기능이 주는 참 가치는 분명히 존재할 것이다. 다만 인간의 능력으로 그것을 정확히 측정할 수 없을 뿐이다. 진실은 존재하지만 알 수는 없다. 생명, 자연, 환경의 문제를 금전으로 환산하고자 하기 때문이다. 금전적 가치로 평가하고자 노력할수록 진실은 점점 더 왜곡되고 멀어진다. 시장에서 평가되지 않는 가치를 마치 시장이 존재하는 것처럼 평가를 시도하는 것 자체가 진실에서 멀어져 있다는 뜻이다. 그럼에도 불구하고 원론적으로 보면, 효율성 관점에서 시장실패 여부를 판단하고 그에 따라 정책간섭의 정당성을 확보하기 위해서는 그 가치 평가와 사회적 수요 추정 작업은 해야 한다. 이것이 우리가 직면한 현실적인 딜레마이다. 그래서 우리는 효율성이 아닌 공공성이나 때로는 공평성 준거를 내세우고, 식량안보나 환경보호 같은 긍정적 외부효과에 대한 사회적 수요와 필요성이 매우 크다는 전제로 공공재 문제를 논하는 것이다. 농업의 다원기능 대신 공익기능 개념을 사용하고, 공익직불제를 시행하는 것도 같은 맥락에서 이해되고 있다.

6.3 농업의 가치, 농산물의 가치

농업의 가치는 다원기능에 의한 긍정적 외부효과로 인해 부가가치 총량이나 총생산량의 시장가치로 평가되지 않는다. 다른 산업과 구별되는 농업의 특징이다. 우리나라의 2022년 농업 부문의 부가가치는 경상가격 기준 30.8조 원으로 국가 전체 GDP의 1.6%에 불과하다. 이 수치만 보면 농업은 보잘것없는 산업임에 틀림 없다. 그래서 효율성과 경제논리에 묻혀 경시당하고 시장개방 무역협상에서 희생양이 되었던 것이다.[8] 그런데 농업의 다원기능에서 오는 외부효과를 고려하면 상황은 달라진다. GDP나 생산액으로 평가한 농업의 가치는 모두 시장에서 거래된 상품으로서의 농산물만 계산한 가치이다. 이 금액만큼 생산하여 부가가치를 만들어내고 또 소비한 것이다.

그러나 식량안보를 비롯해 아름다운 농촌경관, 생물다양성과 자연생태계, 맑은 공기와 깨끗한 물, 홍수조절과 수자원 보존, 토양 침식 방지, 농촌사회 유지 등 [표 2-1]의 농업이 주는 긍정적 외부효과를 모두 계산에 넣는다면 농업의 참 가치는 시장이 만들어낸 가치를 훨씬 능가하게 될 것이다. 이런 가상적 상황의 질문을 상정해 보자. 우리나라 국민(농민)이 매년 농업 GDP에 해당하는 30.8조 원을 해외로부터 받는 대가로 농지 등 모든 농업자원을 포기하고 농업 활동을 영구히 중단해야 한다면 우리 국민은 이를 수용할 것인가? 당장 국민의 생존과 국가 존립의 문제를 포함해 자연환경과 생태계 문제, 농촌 지역사회 문제 등 상상하기 어려운 사태가 발생할 것은 명약관화하다. 30.8조 원이 있다고 전량 수입으로 식량안보를 충족시킬 수도 없을 것이다. 농업의 GDP가 30.8조 원이라고 하여 이것이 연간 국민에게 주는 농업의 가치가 결코 아니다. 한 나라의 농업의 진정한 가치는 여기에 다원기능에서 오는 가치를 더하여야 얻어질 수 있다.

$$\text{농업의 가치} \fallingdotseq \text{농업 GDP} + \text{농업의 다원기능의 가치} \qquad (6.a)$$

농업의 가치는 시장가치로서의 농업 부문 GDP에 시장에서 평가되지 않는 다원기능이 주는 공익적 가치를 합할 때 비로소 진정한 가치에 접근할 수 있다. (6.a)식은 농업의 가치는 농산물의 시장가치가 아니며, 농업의 다원기능의 가치를 제대로 알아야 농업의 진정한 가치를 이해할 수 있다는 의미를 함축하고 있다. 이 값이 얼마나 크냐에 따라 농업의 가치가 결정된다. 따라서 식량안보, 환경과 생태, 경관

8 이를 극복하기 위해 정부는 식품산업과 투입요소산업 등 전후방 연관산업을 끌어들여 농업 부문의 비중을 부풀리려는 노력을 해왔다. 그러나 식품산업이 성장할수록 농업은 더 쪼그라들었다. 식품산업이 국내농업과 연계되지 않고 외국의 값싼 원료 농산물을 수입하여 사용해 왔기 때문이다. 농업이 아닌 식품 제조업만 키워온 결과가 된 셈이다.

등 농업의 다원기능의 가치에 대한 인식이 큰 국가일수록 농업의 가치는 커질 것이다. 농업의 GDP 비중 1% 또는 그 이하에 불과한 선진국 국민들이 농업을 중요시하는 것은 이런 이유이다. 이 1%는 생산된 농산물 가치의 비중일 뿐 농업의 가치의 비중이 아니다. 농업의 가치는 다원기능의 가치에 절대적으로 영향을 받는다. 그리고 미래 지속 가능한 발전의 시대에는 이런 경향은 더욱 두드러질 것이다. 신뢰성 문제와 한계점에도 불구하고 다원기능의 화폐적 가치 추정에 관한 실증분석이 지속돼 왔다는 것은 농업의 다원기능이 주는 가치의 무게를 시사하는 것이다.

외부효과로 생기는 가치가 생산물 자체의 시장가치보다 이렇게 큰 경우를 농업 외에는 찾을 수 없다. 또한 이 가치는 개인의 사적 이익이 아닌 국민과 사회, 그리고 미래 세대에게 돌아가는 사회적 편익, 공익적 가치이다. 사적 이익을 평가하는 GDP와 다른 점이기도 하다. 농업은 지구상에 존재하는 모든 자연자원 중에서 수요를 고려한 상대적 희소성이 매우 큰 토지자원을 기반으로 한다는 데서 오는 특징이다. 국가적 관심과 정책 개입의 당위성도 여기서 비롯된다.

그럼에도 농업의 다원기능의 공익적 가치는 사람들로부터 제대로 평가받지 못하고 있다. 한국농촌경제연구원의 조사 결과에서 보듯이 사람들은 중요하다고 응답은 하지만, 실제 현실은 그렇지 못하다. 쉽게 화폐화되는 이익도 아니고, 크기가 어느 정도 되는지도 알기 어렵다. 따라서 개인(국민)은 그 중요성을 말하면서도 추가 세금 부담에는 소극적이듯이 나서서 이를 제고하기 위한 노력이나 행동으로 보여주는 데는 주저한다. 관심에서 멀어지고 경시되기 일쑤다. 공공재 속성인 무임승차 현상으로 누구도 앞장서 그걸 적극적으로 실현하려 들지 않는다. 다른 사람의 노력이나 비용 부담으로 발현되면 나는 그에 편승하여 이익을 누리면 된다는 생각 때문에 농업의 다원기능 문제가 제대로 부각되고 조명받지 못하고 있다. 정책 추진에서 힘을 받지 못하는 것도 같은 맥락일 것이다. 그러나 우리가 지향하는 미래 지속가능 사회에서는 분명히 달라져야 한다. 농업의 공공성이 대폭 강화되어야 한다.

농업의 가치는 다원기능의 외부효과로 인해 단순히 부가가치나 생산액의 크기로 평가할 수 없다. 비록 농업의 긍정적 외부효과의 크기가 정확히 얼마가 되는지에 대한 정보는 알 수 없더라도 이런 농업의 중요성과 가치, 존재이유에 대한 인식의 변화가 무엇보다 중요하다. 이럴 때 국내정책이든 무역정책이든 정책의 변화가 일어날 수 있다. 생활 수준이 향상되고 사회가 발전하면서 국민 의식과 교육·문화 수준이 높아짐에 따라, 특히 기후변화가 심화하면서 농업의 이런 가치는 더욱 증가할 것이라는 점은 분명하다. 이에 대한 준비와 정책적인 뒷받침이 중요하다. 국격 문제와도 닿아 있다. 우리는 이미 국제사회로부터 공식 선진국으로 인정을 받았다. 국격이 높아질수록 자연과 환경, 생태와 생명, 농업·농촌에 대한 인식 수준은 함께 높아진다. 북미나 서유럽과 북유럽의 선진국들의 예가 이를 증명하고 있다. 이들 국가는 농업의 GDP 비중이 1%까지 낮아져도 농업의 중요성에 대한 인식과 정책적 배려는 점점 커지고 있다. 먹고사는 식량안보 문제를 넘어 자연과 환경의 가치, 생태와 생명의 가치를 중요시하기 때문일 것이다. 농업의 다원기능이 바로 그 중심에 있다. 우리나라 농업기본법이 농업의 공익적 기능을 농업의 핵심 역할로, 그리고 지속 가능한 농업·농촌 발전을 궁극적 농정목표로 규정한 배경이다.

제7장
농업의 다원기능과 정부 정책

농업의 다원기능과 관련한 마지막 주제로 다원기능 제고를 위한 정책적 문제를 고찰한다. 농업의 외부효과로 인한 비상품 결합산출물의 공급이 사회적 수요를 충족시키지 못하는 시장실패 상황에서 정책간섭의 문제와 그 한계에 관한 논의이다. 먼저 정부의 정책적 간섭 필요성의 일반론적 판단 준거에 대하여 논의하고, 농업의 다원기능 문제에서 효율성 준거에 따른 정책간섭의 조건에 대하여 살펴본다. 이어서 외부성과 공공재로 인한 시장실패 상황을 전제로 정책수단의 선택 문제와 효율성 기준 정책의 한계, 그리고 미래 농정수단으로서 직접지불의 필요성을 논의한다. 마지막으로 정책간섭을 통한 시장실패의 치유와 그 효과에 대하여 고찰한다.

제7장

농업의 다원기능과 정부 정책

제1절 정책간섭의 판단 준거

지금까지 농업의 다원기능의 구성요소로서 생산 결합성, 외부성과 시장실패, 공공재 문제, 그리고 비상품 결합산출물에 대한 사회적 수요의 화폐적 가치 추정 문제에 대해 고찰했다. 다음은 이를 토대로 다원기능 문제의 정책적 측면을 살펴볼 차례이다.

우리는 농업의 다원기능을 제고시켜야 한다는 말을 자주 한다. 농업기본법은 공익기능을 농업의 핵심 역할로 규정하면서 지속 가능한 농업발전을 위한 공익기능 증진을 농정방향으로 명시하고 있다. 그리고 농업·농촌 공익기능 증진을 위한 공익직불제법도 시행하고 있다. 이런 법률 규정의 배경에는 농업의 다원기능 증진이 바람직하다는 당위론적 전제와, 현실에서 농업의 다원기능이 사회적으로 바람직한 수준만큼 공급되지 못하고 있다는 인식이 깔려있다. 먼저 정부에 의한 정책간섭 필요성의 판단 준거는 무엇인지 살펴본다.

1.1 효율성과 시장실패

정부의 시장간섭 여부에 대한 첫번째 판단 준거(criteria)는 경제적 효율성(efficiency)이다. 시장이 제 기능을 다하여 자원이 최적 상태로 배분되고 사회적 후생수준이 극대화된 상태라면 국가에 의한 정책적 간섭의 여지는 없어진다. 그렇지 못한 시장실패 상황이 발생할 때 정책간섭이 필요해진다. 그런 의미에서 효율성은 정부의 정책간섭 여부를 결정하는 가장 기본적인 판단 준거가 된다.

농업은 다원기능이라는 다른 산업과 구별되는 특성을 갖고 있지만, 동시에 시장에서 거래되는 상품을 생산하면서 시장 메커니즘에 따라 움직이는 통상적 산업이기도 하다. 개방경제 상황에서 세계 무역 시스템과 밀접히 연결되어 있다는 점도 고려하여야 한다. 그렇기 때문에 농업의 다원기능은 효율적인 방법으로 발현되어야 하면서 동시에 상품으로서의 농산물 시장에서 생산이나 무역을 왜곡시키지 않는 시장원리, 시장지향성을 충족시켜야 한다. 다원기능과 관련한 정책의 문제는 여기서 출발한다.

농업의 다원기능을 제고하는 문제, 즉 다원기능에 의한 비상품 결합산출물을 최적 수준으로 공급하는 문제는 국가 정책의 문제이다. 정부가 직접 시장개입을 하든 아니면 다른 제도적 장치를 통하든 시장에만 맡겨서는 안 되고 어떤 인위적인 노력이 필요하다는 의미이다. 농업의 다원기능으로 인한 외부성과 공공재적 특성에서 오는 시장실패는 효율성 측면에서 자연히 정책적 간섭의 문제로 이어진다. 농업의 다원기능이 제대로 발현되지 못했다는 것은 사회적으로 바람직한 수준의 비상품 산출물이 공급되지 못한 시장실패를 의미한다. 이를 시정하기 위해 어떻게 사회적으로 최적의 수준을 공급할 것인가의 문제가 생긴다. 농산물 생산과 무역에 미치는 영향을 최소화하면서 농업의 다원기능의 비상품 결합산출물을 사회적 최적 수준으로 공급해야 하는 자원배분의 효율성 문제이다. 만일 시장실패 상황이 아닌데 정책수단을 통해 다원기능을 제고시키는 시도를 한다면 오히려 비효율을 초래하여 경제적 자원을 낭비하는 정책실패 혹은 정부실패에 이를 수 있다.

1.2 형평성

국가의 경제적 자원은 효율적으로 배분되어야 하지만, 골고루 공평하게 배분되는 것도 중요하다. 형평성(equity)은 효율성 못지않게 국가가 달성해야 할 중요한 가치로 정책간섭의 또 다른 중요한 판단 준거이다. 그러나 형평성은 가치판단(value judgment)이 개입되기 때문에 그것을 향상시키기 위해서는 일정 부분 효율성은 희생되어야 한다. 그만큼 자원배분의 왜곡이 생기지만 공평한 배분으로 사회적으로 더 바람직한 결과를 얻게 되기도 한다. 이때 보통 두 판단 준거인 효율성과 형평성은 상충관계(trade-off)에 놓이게 마련이다.

농업의 다원기능 제고를 위한 정책간섭에서도 형평성 기준은 중요한 의미가 있다. 비상품 결합산출물의 공급 정책으로 누가 이익을 보고 재원 조달을 위한 비용을 누가 부담하는가는 사회의 소득분배 구조에 영향을 미친다. 비상품 산출물의 유형에 따라 소득 계층별 수요의 소득탄력성은 다 다르다. 따라서 그것을 어떤 정책수단으로 어느 정도로 공급할 것인가가 소득재분배에 영향을 미치게 된다. 예를 들면, 식량안보의 한계편익은 고소득 부유층보다 저소득 계층이 더 큰 경향을 보이지만, 농촌경관이나 환경, 생태계 조성에 대한 수요는 소득이 증가할수록 더 커진다. 세계 식량공급에 문제가 생기고 가격이 급등하면 부유층보다 엥겔계수(Engel coefficient)가 높은 저소득 계층에게 더 큰 위협이 된다. 모든 국민은 누구나 공평하게 식량안보의 위협으로부터 보호를 받을 수 있어야 한다. 이를 위해서는 효율성 문제를 넘어 국가의 책임있는 정책적 개입이 필요하다. 식량안보나 환경보호 같은 비교역적 관심사항을 자유무역에만 맡길 수 없는 이유이기도 하다. 농업의 다원기능을 사회적으로 바람직한 수준으로 유지하기 위해서는 소득재분배 효과가 어떻게 나타날 것인지에 대한 형평성 문제 또한 중요한 판단 준거가 되는 것이다.

1.3 국가의 비경제적 목표

효율성이나 형평성 외에도 국가가 추구하는 다양한 비경제적 목표를 달성하기 위해 정책적 간섭은 필요하다. 대표적인 예가 식량안보를 위한 국가의 식량자급률 제고이다. 불확실한 미래의 위험을 관리하는 식량안보는 국가안보에 직접적으로 영향을 미치는 중요한 국가적 과제이다. 이런 문제를 순전히 효율성 준거로만 판단한다면 국민의 건강과 안위, 나아가 국가안보의 위기로까지 발전할 수 있다. 세계 모든 나라들, 특히 농산물 순수입국들이 시장개방과 농업개혁이 진행되는 상황에서도 자국의 식량자급률 향상에 집착하는 이유도 이것이 국가적 중대 과제이기 때문이다. 보통은 효율성 준거에 따라 시장실패 교정을 위해 정책간섭을 시행하지만, 국가가 필요로 하는 중요 목표를 위해서는 설령 경제적 효율성 기준에 의한 시장실패가 아니더라도 정책적 시장간섭이 이루어질 수 있는 것이다. 더구나 농업의 다원기능에 의한 비상품 결합산출물은 외부효과이면서 동시에 공공재적 특성을 갖는다. 그렇다면 효율성 관점에서 시장실패가 아니더라도 국가의 비경제적 목표(식량안보 제고, 농촌 지역사회 유지 등)에 따라 정책적 간섭은 정당성을 가질 수 있다.

인간 사회의 모든 문제를 효율성 기준으로만 평가한다면 국가의 역할은 대폭 축소되거나 불필요할 수도 있다. 영리를 목적으로 하는 기업에 맡기고, 정부는 시장이 실패하는 경우 다른 효율적인 교정 수단이 없을 때 최종적으로 정책간섭만 하면 될 것이다. 그러나 국가안보, 교육, 복지, 문화, 환경 등과 같이 국가가 수행해야 할 비경제적 과제는 많다. 사회가 복잡해질수록 시장의 역할은 줄어들고 국가의 공적 영역은 더욱 넓어지는 경향을 보인다. 이제는 이윤을 추구하는 기업들조차 사회적 공공의 역할을 요구받고 있다. 기업의 ESG(Environment, Society, Governance) 경영이나 사회적 책임, 윤리경영이 요구되고 있는 게 그 예다. 기후변화와 관련한 기업들의 RE100(Renewable Energy 100%) 참여도 그 중의 하나이다.

식량안보의 문제를 시장의 논리와 효율성 관점에서만 판단한다면 WTO 체제의 자유무역 시대에 자급률을 높이려는 정책은 어리석은 짓이다. 외부성에 의한 시장실패를 전제로 한다 해도 수입국의 입장에서 자급률을 향상시켜야 할 이론적 근거를 찾기는 어려울 것이다. 스위스 같은 군사적 비동맹 중립국이 식량자급률을 높이기 위해 강한 농업보호정책을 시행해 왔고, 지금도 여전히 세계 최고 수준의 강한 보호정책을 견지하고 있는 것은 식량안보는 곧 국가안보로서 효율성 관점에서 접근할 수 없는 국가적 과제이기 때문이다.[1] 세계 유일의 분단 국가로서 공산정권의 핵 위협으로 국가안보 상황이 중대한 한국으로서도 마찬가지다. 한국에서 식량안보는 국방이나 에너지 안보와 함께 국가안보의 토대이다. 농업협정은 식량안보나 환경보호 필요성을 비교역적 관심사항으로 규정했다. 이런 문제는 국가의 비경제적 목표로서 효율성 기준, 시장논리로 평가할 수 없는 대상이라는 의미이다.

앞서 제3장에서 논의한 바와 같이 국가의 식량안보는 생산과정에서의 식품안전을 내포하고 있다. 식품 안전성이 담보된 식량안보를 일컫는 것이다. 그렇다면 더더욱 효율성 기준으로 시장실패를 치유하는 정책간섭이 되어서는 안 된다. 효율성 기준이 아닌 다른 비경제적 목적을 이루기 위해 정부의 시장간섭은 정당화되고, 경우에 따라서는 시장 왜곡적 정책간섭도 정당성을 가질 수 있다. 농업협정이 비교역적 관심사항을 규정한 취지이기도 하다. 국가의 재정 수단을 통한 지불정책이 필요한 이유도 이와 맥을 같이 한다. 이 밖에도 농업의 다원기능과 관련하여 국가가 달성해야 할 비경제적 목표는 많다. 농촌사회의 지속성 유지와 지역소멸 문제, 국토 균형발전, 그리고 자연생태계와 환경의 보전 등. 이들은 모두 효율성 잣대로만 판단할 수 없는 국가가 관여해야 할 중요한 사회적 가치이다. 더욱이 앞장에서 논의한 바와 같이 현실적 제약 요인으로 시장실패 여부를 판단하는 것이 매우 어렵다. 그래서 식량안보 같은 국가의 비경제적 목표의 경우에는 효율성 기준을 떠나 정부의 정책간섭이 필요하다. 우리나라 농업기본법 제6조(정책 수립·시행의 기본원칙)는 국가와 지자체는 농정 시행에 있어서 효율성을 추구하되, 농업의 공익기능을 최대한 고려해야 한다고 규정하고 있다.

1 Honma and Hayami(1986).

제2절 농업의 다원기능과 정책간섭의 조건

그렇다면 우선 농업의 다원기능이 효율성 준거에 따라 사회적 최적 수준에서 발현되도록 하기 위해서는 구체적으로 어떤 정책간섭의 조건이 필요한지에 대하여 살핀다. 여기서는 여러 정책간섭의 판단 준거 중 효율성 기준에 따라 농업의 다원기능의 최적 발현을 위한 정부의 시장간섭 문제를 논의한다. 이때 정책간섭이 이루어지기 위해서는 결합생산 관계와 범위의 경제가 충족되어야 하고 최종적으로는 시장실패가 존재해야 한다.

2.1 결합생산 관계

농업의 다원기능 문제에 있어서 정부의 시장간섭이 필요하다면 몇 가지 조건이 충족되어야 한다. 그 첫 번째가 농산물과 비상품 산출물 사이의 결합생산 관계이다. 농업의 다원기능이 정책적 문제로 이어지기 위해서는, 즉 정책적 간섭을 위해서는 생산 결합성이 전제되어야 한다는 것이다. 다시 말하면, 비상품 산출물들이 농업생산의 외부효과로 생겨야 한다. 결합생산 관계가 존재하지 않아 농업 또는 농업생산과 무관하게 비상품 산출물이 공급될 수 있다면 다원기능 제고를 위한 정책간섭의 문제는 생길 수 없다. 그렇기 때문에 농산물과 외부효과를 일으키는 비상품 산출물 사이에는 결합생산 관계가 있어야 한다. 이처럼 농업의 다원기능 문제에서 결합성 조건은 정책적 측면에서 매우 중요한 요소이다. 결합성 조건은 결국 농업생산의 외부효과로서 비상품 결합산출물이 존재해야 한다는 것을 의미한다.

생산 결합성은 비상품 산출물이 농산물 생산과 직접 결합 관계에 있는 경우도 있고, 또는 투입요소(농지, 비분할 가변요소)를 통하여 간접적으로 농산물 생산과 결합되는 경우도 있다. 전자의 예로는 식량안보가 대표적이고, 후자의 예로는 농촌 경관을 들 수 있다. 또한 결합의 정도에 따라 강한 결합생산과 약한 결합생산이 있을 수 있다. 어떤 유형의 결합 관계인가에 따라 정책수단의 선택이나 시행범위 등 정책적 함의가 달라진다.

그러나 현실의 농업에서 비상품 산출물의 결합생산 관계는 매우 복잡하다. 결합성이 존재한다고 해서 농산물과 비상품 산출물이 항상 고정된 비례관계로 공급되는 경우는 극히 드물다. 예를 들면, 환경보존은 영농기술이나 영농방식의 변화로도 영향을 받을 수 있고, 전통 문화유산의 보존은 농업생산 활동과 무관하게 이루어질 수 있다. 또 농업의 비상품 결합산출물은 지리적, 기후적 상이성 등에 따라 공급 비용이나 품질에 차이가 난다. 모든 지역에 공통적으로 적용되는 단일의 최적 정책수단의 선택이 어렵다는 점을 시사한다. 이런 다양한 현상들은 정책 시행을 어렵게 한다.

한편, 농산물과 비상품 결합산출물은 생산에 있어서 보완적 관계일 수도 대체 관계일 수도 있다. 부정적 외부성의 감축은 농산물 생산을 줄이지만 긍정적 외부성 증가는 농산물 생산을 늘릴 수 있다. 이 경우 양자가 보완적 관계에 있다는 의미다. 비상품 산출물이 농산물과 농지 사용에 있어서 경쟁 관계에 있다면 비상품 산출물의 증가는 농산물 생산을 줄어들게 할 것이다. 이때 양자의 관계는 대체관계이다. 보완관계인지 아니면 대체관계인지에 따라 정책적 함의도 달라지게 마련이다.

2.2 범위의 경제

다음은 범위의 경제(economy of scope) 문제이다. 외부효과로서의 비상품 산출물이 농산물과 결합생산 관계에 있다면 양자를 분리할 수 있는지, 만일 분리하여 독립적으로 생산할 수 있다면 결합생산할 경우와 비교하여 어느 쪽이 더 싸게 효율적으로 공급할 수 있는지의 문제이다. 농업 외의 방식으로도 같은 비상품 산출물의 공급이 가능하다면 농업의 결합산출물로 공급하는 것이 사회적으로 바람직한 것인지, 즉 최소의 비용으로 공급할 수 있는지이다. 여기서 범위의 경제에 의한 이익의 문제가 제기된다. 만일 분리 공급이 불가능하다면 결합생산할 수밖에 없으므로 이때에는 범위의 경제 논의는 무의미해진다. 농업의 다원기능에 의한 비상품 산출물의 공급에 범위의 경제가 작용한다면 정책간섭의 정당성을 갖추게 된다. 만일 농업생산과 분리하여 비상품 산출물 공급이 가능하고 이때의 비용이 더 저렴하여 농업생산에 범위의 경제가 작용하지 않는다면 농업의 다원기능 측면에서의 정책간섭은 필요하지 않을 것이다.

하나의 기업이 둘 이상의 상품을 동시에 생산할 때 소요되는 비용이 각각을 별도의 기업에서 생산할 때 소요되는 총비용보다 작을 때 범위의 경제가 존재한다고 말한다. 자연경관이나 홍수조절 같은 농업의 비상품 결합산출물은 농업이 아니더라도 얼마든지 별도의 방법으로 공급이 가능하다. 식량안보도 무역을 통해 일정 부분 제고할 수 있다. 범위의 경제가 존재하는지 여부는 비상품 결합산출물을 농업과 분리하여 다른 방식으로 공급하면서 농산물을 공급할 때의 총비용이 농업의 결합생산물로 공급될 때의 비용보다 클 때 범위의 경제가 존재한다고 말할 수 있다. 이때 국내 농업생산을 통해 비상품 결합산출물을 공급하는 것이 효율적이고 이를 위한 정책적 간섭이 필요해진다.

쌀 생산을 예로 들어보자. 쌀 생산과정에서 식량안보, 농촌경관, 생물다양성, 홍수조절 등 다수의 비상품 결합산출물들이 동시에 생긴다. 만일 이들 비상품 산출물들을 다른 방식으로도 공급할 수 있다고 가정해 보자. 예를 들면, 홍수조절 기능을 대신하여 이에 상응하는 댐을 건설할 수 있다. 그러면 쌀은 수입하고 비상품 산출물들은 다른 방법으로 공급할 때 소요되는 총비용을 쌀을 국내에서 생산할 때 들어가는 비용과 비교하여 후자의 경우가 더 싸다면 범위의 경제가 있다고 말한다.[2] 따라서 정책간섭의 당위성이 존재하고 쌀 농업의 비상품 결합산출물들에 대한 사회적 수요를 충족시키기 위한 정책적 지원이 필요해진다.

범위의 경제는 생산 결합성을 전제로 하지만, 그렇다고 결합성이 있다고 해서

2 쌀(X) 생산에서 나오는 비상품 결합산출물은 식량안보(n_1). 자연경관(n_2), 생물다양성(n_3). 홍수조절(n_4)이라 하고 $C(m(X))$ 는 해외로부터의 쌀 수입 비용이다. 다음 식이 성립하면 범위의 경제가 존재한다고 말할 수 있다.

$$C(X, n_1, n_2, n_3, n_4) = C(X) < C(m(X)) + C(n_1) + C(n_2) + C(n_3) + C(n_4)$$

여기서 다원기능에 의한 결합생산 관계에서는 $C(X, n_1, n_2, n_3, n_4) = C(X)$이다. 쌀 생산비용 외에 별도의 추가 비용 없이 결합산출물도 동시에 공급되기 때문이다.

모두 범위의 경제를 논할 수 있는 것은 아니다. 개별 비상품 결합산출물들이 농업과 분리되어 생산이 가능할 때에 범위의 경제 여부를 판단하게 된다. 최종적으로 농업의 다원기능에 의한 비상품 결합산출물 공급에 범위의 경제가 존재한다면 농업의 다원기능 제고를 위한 정책간섭이 정당성을 갖게 되고 최적의 정책 수단의 문제가 제기되는 것이다.

2.3 시장의 실패

결합생산 관계에서 범위의 경제가 존재한다면 농업을 통해 다원기능의 공익적 가치를 실현하는 것이 사회적으로 이익이고 바람직하다. 그렇다고 해서 이 단계에서 바로 정책간섭이 필요해지는 것은 아니다. 위 두 조건이 충족되었다 해도 최종적으로는 외부효과에 의한 시장실패의 존재가 확인되어야 한다. 그런데 제4장에서 살펴본 바와 같이 외부효과가 존재한다고 해서 반드시 시장실패가 생기는 것은 아니다. 폐쇄경제뿐 아니라 개방경제에서도 마찬가지다. 예를 들어 세계 농업개혁 조치에 따라 농산물 수입이 확대되고 가격이 하락하여 생산이 감소한다고 가정해 보자. 이때 소국의 경우라면 시장개방은 일반적으로 후생증가가 일어나지만 농업의 다원기능에 의한 외부효과를 고려한다면 반드시 그렇지는 않다. 왜냐하면 생산감소로 긍정적 외부효과가 줄어드는 후생손실이 생기기 때문이다. 이런 부분들을 종합적으로 평가하여 사회 전체의 후생손실, 즉 효율손실이 생기는 경우에는 정부의 정책적 간섭이 필요해진다.

시장실패 여부를 판단하기 위해서는 비상품 결합산출물에 대한 사회적 수요 추정이 필요하다. 좀 더 구체적으로는 외부한계편익 또는 외부한계비용에 대한 정보를 정확히 알아야 한다. 그러나 현실에서는 이 작업이 매우 어렵다는 것은 이미 살펴보았다. 이는 구체적인 상황과 조건에 따른 실증적 문제로 아주 많은 유형이 가능하다. 설령 긍정적 외부효과가 상당 수준 존재하고 외부한계편익이 크다 해도 시장균형점 부근에서 그 값이 미미하거나 0이 된다면 이론적으로 시장실패는 일어나지 않는다. 또 다수의 비상품 결합산출물이 동시에 존재할 때 사회적 수요 산정 문제는 더욱 복잡해진다. 비상품 결합산출물 간에는 상호 보완관계나 대체관계가 존재할 수 있다. 상호 독립적 관계가 아닌 한 이들에 대한 수요를 단순 합산해서는 안 된다. 보완적 관계에 있을 때에는 사회적 총수요는 단순 합계액보다 더 커질 것이고 대체관계일 때는 더 작아질 것이다.

부정적 외부효과도 함께 고려해야 한다. 하나의 농업 생산과정에서 긍정적 외부효과뿐 아니라 부정적 외부효과까지 동시에 생성되는 경우도 많다. 따라서 이 두 효과를 모두 고려하여야 정확한 사회적 수요 파악과 효율성 준거에 의한 시장실패 여부를 판단할 수 있다. 긍정적 외부효과만 보고 시장실패를 잘못 판단하여 정책간섭을 하면 정부실패를 야기할 가능성이 커진다. 부정적 외부효과의 존재는 그만큼 긍정적 외부효과에 대한 사회적 수요를 상쇄시키기 때문에 시장실패를 야기할 가능성을 줄여준다. 이점은 농업의 공익기능 제고를 위해 직불제 같은 정부간섭의 정당성 확보를 위해서도 부정적 외부효과를 줄이는 노력이 왜 중요한가에 대한 시사점을 준다. 농업의 공익기능은 부정적 외부효과에 의해 직접 영향을 받고, 이에 따라 긍정적 외부효과에 의한 시장실패 여부에 영향을 준다. 부정적 외부효과에 대한 고려 없는 공익기능 증진이나 이를 위한 정책은 있을 수 없다. 농업의 공익기능 증진 정책을 추진하는 데 있어서 긍정적 효과와 부정적 효과를 동시에 고려하는 농업의 다원기능적 접근이 필요하다. 본서에서 공익기능 대신 다원기능 용어 사용을 원칙으로 하는 이유도 여기에 있다.

그림을 통해 이 문제를 살펴보자. <그림 7-1>은 부정적 외부효과가 어떻게 시장실패 여부에 영향을 미치는지 설명해 주고, 농업의 다원기능 증진을 위한 정책간섭의 정당성 여부를 개념적으로 보여준다. 폐쇄경제를 전제로 긍정과 부정 두 외부효과가 동시에 존재하는 상황을 상정하고 있다. 패널 (a)에는 쌀 시장의 수요와 공급곡선이 각각 D와 S로 나타나 있다. 이들은 각각 쌀 소비에서 얻는 사적한계편익과 쌀 생산에 따른 사적한계비용을 나타낸다. 아래 패널 (b)는 쌀 생산에 따른 외부효과를 보여주는 그림이다. EMB는 외부한계편익곡선, EMC는 외부한계비용곡

그림 7-1 부정적 외부효과와 시장실패의 관계

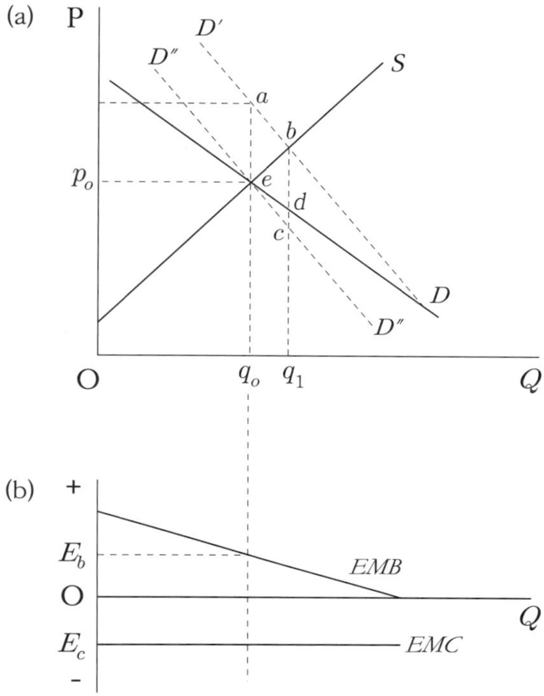

선이다. 긍정적 외부효과를 반영하고 있는 외부한계편익은 쌀 생산에 따른 식량안보, 농촌경관, 생물다양성, 자연서식지, 수자원 보존 등의 사회적 편익을 포함한다고 가정한다. 그리고 이 한계편익은 쌀 생산이 증가하면서 단조적으로 감소한다고 가정하고 있다. 외부한계비용은 투입요소 증가에 따른 사회적 비용으로, 예를 들면 농약이나 화학비료의 투입량 증가에 따른 수질오염, 생물다양성 감소, 관개시설 운용에 따른 생태계 악영향이나 염분 증가, 온실가스 발생 등을 들 수 있다. 이들 외부한계비용은 쌀 생산 변화와 관계없이 일정하다고 가정하였다. 설명의 편의를 위해 EMB와 EMC의 크기는 균형 생산량 q_o에서 같도록 그려져 있다.

만일 외부효과를 고려하지 않는다면 시장균형은 점 e에서 성립하고 균형 생산량은 q_o이다. 이제 여기서 쌀의 결합생산물로 나오는 외부효과를 고려해 보자. 우선 부정적 외부효과는 무시하고 긍정적 외부효과만 고려한다면 사회적 한계편익 곡선은 D에서 D'으로 이동하게 된다. 본래의 수요곡선에서 EMB의 수직거리를 더한 것이다. 현재의 균형 생산량에서 ea만큼 한계편익이 한계비용을 초과하는 비효율이 발생하여 시장실패 현상이 일어난다. 이때 사회적으로 최적 상태의 균형점은 b로 이동하면서 최적 생산은 q_1이 된다. 따라서 생산량을 여기까지 늘리기 위한 정책 개입이 필요해진다.

이제 부정적 외부효과까지 모두 고려해 보자. 이 경우 사회적 한계편익곡선은 D'에서 EMC 높이만큼을 빼면 D''이 된다. 균형 생산량 q_o에서 가정에 의해 긍정적 외부효과와 부정적 외부효과가 서로 상쇄되므로($E_b = -E_c$), 현재의 균형 생산량 q_o에서 사회적 한계편익은 사회적 한계비용과 일치하고 어떤 사회적 비효율도 생기지 않는다. 다시 말하면 외부효과가 존재하는데도 불구하고 시장실패는 일어나지 않고, 따라서 정부의 시장간섭은 요구되지 않는다. 이때 만일 부정적 외부효과가 존재하는데도 불구하고 이를 고려하지 않은 채 앞에서와 같은 정책 판단에 따라 생산을 q_1로 늘리는 정책이 시행되었다면 삼각형 면적 ebc만큼의 사회적 비효율, 즉 후생손실을 일으키는 결과를 초래했을 것이다. 이는 사적한계비용이 사적한계편익을 초과하여 생긴 손실 부분 삼각형 면적 bed와 외부한계비용이 외부한계편익을 초과하는 손실 부분 ecd 면적의 합이다. 결국 부정적 외부효과를 고려하지 않고 공익기능 증진을 위한 정책을 시행하면 사회적 후생수준을 오히려 감소시키는 정부실패 결과를 초래하게 된다.

여기서 얻을 수 있는 정책적 시사점은 명확하다. 농업의 긍정적 외부효과를 증진시키는 것이 중요하지만, 이에 못지않게 부정적 외부효과를 제거하는 것도 중요하다는 점이다. 부정적 외부효과를 제거 또는 축소시키는 정책을 시행하면 EMC가 사라지거나 줄어들면서 긍정적 외부효과로 인한 시장실패가 생기게 된다. 부정적 외부효과를 줄이는 노력은 EMC 곡선을 원점 방향으로 평행이동시키게 되는데, EMC가 사라지면 긍정적 외부효과 EMB가 온전히 살아나게 된다. 결국 외부효과로 인한 비효율로 시장실패가 발생하게 되므로 이때 다원기능 증진을 위한 정책간섭의 정당성을 확보할 수 있게 된다. 부정적 외부효과를 제거 감축시키는 노력(무농약 시책 등)이 정책적 측면에서 매우 중요하다는 점을 시사한다. 긍정적 부분만 보면 시장실패 여부, 따라서 정책간섭의 정당성을 판단하기 어려워진다. 반대로 부정적 효과에 초점을 맞춰 이를 줄여나가면 자동으로 긍정적 외부효과가 살아나면서 시장실패에 의한 정책간섭의 정당성은 커진다. 농업의 공익기능 증진이라는 명분하에 긍정적 외부효과만 보면 정책실패에 이를 수 있다. 부정적 외부효과가 어느 정도인가에 따라 결과는 크게 달라지므로 시장실패 여부를 판단하는 데 있어서 반드시 부정적 외부효과까지 모두 포함하여 종합적으로 판단해야 한다.[3]

지금까지 폐쇄경제를 가정하고 효율성 관점에서 시장실패 문제를 고찰했지만, 개방경제 하에서의 시장실패 문제는 좀 더 복잡해진다. 농산물 수입국의 시장개방 조치로 국내 농산물 가격이 하락하고 생산이 감소하는 상황을 상정해 보자. 생산은 감소하지만 가격의 하락과 수입 증가로 수요는 늘어난다. 농업의 다원기능에 의한 외부효과를 고려하지 않는다면 소비자잉여 증가가 생산자잉여 감소를 능가하여 전체 사회후생은 증가한다. 이 효과만 보면 폐쇄경제 하에서 자원배분의 왜곡으로 생겼던 효율손실과 시장실패가 교정된 셈이다. 그러나 여기서 다원기능에 의한 외부효과를 고려하면 시장실패 여부에 대한 판단이 그리 간단하지는 않다. 국내 생산의 감소는 결합생산 관계에 있는 비상품 산출물의 긍정적 외부효과도 줄여 그만큼 후생손실을 가져온다. 동시에 부정적 외부효과 감소에 의한 이익도 생긴다. 만일 이 효과가 앞의 사회후생 증가를 초과한다면 시장개방 조치는 오히려 사회후생 감소와 시장실패를 초래하게 된다. 예를 들어 식량안보와 밀접히 결합생산되는 농산물(쌀, 밀 등) 시장이 개방된다고 가정해 보자. 그리고 지정학적 이유로 국민의 안보 의식이 높아 식량안보에 대한 사회적 수요가 매우 크다고 하자. 이때 농산물 시장개방에 따른 생산량과 생산기반 감소로 식량안보의 사회적 가치 손실은 매우 클 것이다. 그리고 이것이 개방에

3 농업의 다원기능 논의의 본래 취지에 부합하지는 않지만, 부정적 외부효과가 더 커서 시장실패를 야기하는 경우도 생각할 수 있다. 채소나 과채류 재배를 위한 비닐하우스 농업의 예(성주 참외)를 들 수 있다. 비닐하우스 농업은 통상의 다원기능을 발현하는 노지 재배 방식과 비교할 때 경관 훼손, 환경과 생태계, 생물다양성 감소, 온실가스로 인한 기후변화 악영향 등 부정적 외부효과가 훨씬 클 것이다. 사회적 후생 손실을 일으키는 시장실패 가능성이 높다. 이때도 정책간섭은 당연히 필요하다. 원론적으로 보면 직불금 지급 대상 제외는 물론 세금을 부과하여 시장실패를 교정하여야 한다.

의한 경제적 이익을 초과할 가능성 또한 높다. 시장개방은 오히려 폐쇄경제에서의 효율손실을 더 심화시킬 뿐이다.

그렇다고 문제가 그리 간단한 것은 아니다. 이때 만일 농업생산에 따른 부정적 외부효과가 함께 감소함으로 인한 사회적 편익 증가 효과가 크다면 위의 식량안보 감소에 따른 손실에도 불구하고 시장개방 조치는 시장실패를 교정하는 결과를 낳게 될 수도 있다. 또한 시장개방 조치에 따른 생산자들의 반응에 따라 결과는 많이 달라질 수 있다. 만일 생산 포기가 늘면서 농지의 황폐화나 산업용 전환이 늘어난다면 시장실패는 더욱 심화할 것이다. 하지만, 생산자들이 영농 방식을 바꾸고 친환경 농법의 새로운 기술을 도입한다면 그렇지 않을 수 있다. 생산성 향상 기술로 식량의 생산감소 효과가 크지 않아도 마찬가지다. 또한 효율적인 생산자들을 중심으로 시장개방에 따른 이익을 누리기 위해 오히려 생산 농지를 늘리고 친환경적 농법 도입에 적극적이라면 역시 후생수준 감소는 일어나지 않을 것이다.

아무튼 농업의 다원기능 문제와 관련한 시장실패를 판단하는 일은 어려운 일이다. 이론과 달리 현실의 농업에 있어서는 매우 복잡한 문제들이 얽혀있기 때문이다. 특히 개방경제 하에서 긍정적 및 부정적 외부효과를 모두 고려하여 시장실패 여부를 판단하는 것은 더더욱 어렵다. 시장실패 여부에 대한 판단이 중요한 것은 이것이 바로 효율성 기준에 따른 정책간섭의 문제로 연결되기 때문이다.

제3절 정책 수단의 선택과 미래 농정

농업의 다원기능에 의한 외부효과로 시장실패가 확인되었다면 이를 교정하는 조치가 필요해진다. 시장실패를 교정하는 방법은 시장조성(market creation)이나 자율적 공급(voluntary provision) 같은 방법도 있으나 여기서는 정부의 직접적 시장간섭을 통한 비상품 결합산출물의 적정(최적) 공급 문제를 논의한다. 이때의 정책간섭은 외부효과를 내부화(internalization)하여 시장실패를 교정하는 조치이다.

3.1 선택의 기준

효율성 준거에 따라 비상품 결합산출물의 적정 공급을 위해 어떤 정책수단을 동원할 것인가? 어떤 수단이 최선인가는 비상품 결합산출물의 생산 결합성과 공공재적 특성에 의존한다. 그리고 어떤 유형의 공공재인가에 따라 정책비용의 귀속 문제도 달라진다. 여기서는 공유자원이나 클럽재 같이 시장 메커니즘을 이용한 비정부적 수단이 동원될 수 있는 비순수 공공재의 경우를 제외하고, 정부에 의한 직접적 정책간섭이 필요한 순수 공공재 성격을 가진 비상품 결합산출물을 대상으로 살펴본다. 정부가 직접 시장간섭을 할 경우에는 지불(payment) 방식인지 아니면 전통적 가격지지 방식인지, 그리고 지불의 경우에도 생산 비연계(decoupled) 타게팅 지불이나 생산과 연계된 지불등 다양한 정책수단의 선택이 있을 수 있다.

[표 7-1]은 비상품 결합산출물의 생산결합성과 공공재적 특성에 따른 최적의 정책수단을 정리해 놓은 것이다. 비상품 산출물의 생산 결합성의 정도와 성격, 사회적 수요 등에 대한 완전한 정보를 전제로 하고 정책 시행에 따른 거래비용은 없다는 가정하에 최적의 정책수단이 무엇인지 보여주고 있다. 생산 결합성의 정도는 범위의 경제가 작용하는 강한 경우와 약한 경우로 나누어져 있다. 결합성이 강한 경우는 다시 외부효과에 의해 시장실패가 일어나는 경우와 그렇지 않은 경우로 나누고, 시장실패가 일어나는 경우는 시장실패를 일으키는 외부효과가 전국 단위 정도로 광범위하게 일어나는 경우와 제한된 지역에만 국한하는 지역 특정적인 경우로 나누어져 있다. 이때 비상품 결합산출물의 공공재적 특성은 순수 공공재와 지역(순수) 공공재 두 유형의 경우로만 구분하였다. 공유자원이나 클럽재 같이 정부의 직접적 정책간섭이 불필요하거나 비효율적인 경우는 제외하였다. 각 유형의 공공재에서 다수의 비상품 산출물이 동시에 나올 때는 모두 같은 공공재 성격을 가진다고 전제하고 있다. 즉, 다수의 비상품 산출물들이 동일한 순수 공공재 또는 동일한 지역 공공재라고 전제한다는 의미이다.

먼저 비상품 산출물이 농업생산과 강한 결합성이 존재할 경우를 보자. 이때는 강한 결합성으로 인해 농업을 통해 비상품 산출물을 공급하는 데 범위의 경제가 작용하고 있다. 우선 외부효과로 인해 시장실패가 존재하는 경우이다. 시장실패 여부를 판단할 때에는 부정적 외부효과까지 모두 고려해야 함은 물론이다. 지역적으로 넓은 범위에서 시장실패가 일어나고 있다면, 그것이 순수 공공재라면 광범위한 지역을 대상으로 해당 비상품 산출물과 연계된 타게팅 지불(payment)이 최적의 정책수단이다. 이 지불은 농산물 생산과 연계되지 않지만, 비상품 산출물 공급을 위해 생산활동을 하는 조건으로 지급된다. 정책 비용은 중앙정부의 예산으로 지원되어야 한다. 예를 들어 전국의 논에서 쌀 생산으로 생물다양성이 보존되고 있다면 이는 비사용가치로서 순수 공공재로 이해될 수 있다. 이것이 시장실패를 일으켜 생물다양성이 사회적으로 최적 수준에 이르지 못하고 있다고 하자. 이때 중앙정부가 지불액을 생물다양성에 직접 연계하여 그 정도를 기준으로 지불 정책을 시행하는 것이 최적의 방안이라는 의미이다. 그러나 그 지불은 쌀의 생산(면적)수준과 연계되지는 않고 다만, 생물다양성 유지를 위해 쌀 생산활동 자체는 계속되어야 한다. 만일 비상품 결합산출물이 지역 순수 공공재라면 이 경우 해당 지방정부에 의한 지불 정책을 같은 방식으로 시행하는 것이 바람직하다.

비상품 산출물을 일으키는 원천(sources)에 대하여 정책간섭을 할 때는 그 비상품 결합산출물과 가장 밀접히 결합되면서 생산과는 직접 연계되지 않는 활동이나 요소를 타게팅하여 지불해야 한다. 생산 결합성이 강하지만 농산물과 비상품 산출

표 7-1 농업의 다원기능을 위한 최적 정책수단

<table>
<tr><th colspan="3"></th><th>순수 공공재</th><th>지역 공공재</th></tr>
<tr><td rowspan="3">강한 결합성</td><td rowspan="2">시장 실패</td><td>넓은 범위</td><td>NCO 연계 및 타게팅 지불/ 광범위 기반 지불 (중앙정부)</td><td>NCO 연계 및 타게팅 지불 (지방정부)</td></tr>
<tr><td>제한된 범위</td><td>NCO 연계 및 타게팅 지불 (중앙정부)</td><td>위와 동일</td></tr>
<tr><td colspan="2">시장실패 무</td><td>정책 불필요</td><td>정책 불필요</td></tr>
<tr><td colspan="3">약한 결합성</td><td>NCO 공급자에 대한 비연계 지불 (중앙정부)</td><td>NCO 공급자에 대한 비연계 지불 (지방정부)</td></tr>
</table>

출처: OECD(2003), *Multifunctionality: The Policy Implications*, Table 2(p. 42)로부터 재구성.

주: NCO = Non-commodity Outputs (비상품 산출물)

물이 직접 연계되지 않고 투입요소 등을 통해 간접적인 결합관계에 있는 경우에는 경지 면적 등의 생산 요소와 연계된 지불이 지급된다. 생산 결합성의 많은 경우 생산량 자체보다 생산요소(농경지, 초지, 가축 등)나 생산활동(논둑 관리 등)과 연계된다. 이때는 면적 지불 같이 생산요소와 연계된 지불정책이 사용된다. 생산 결합성의 성격에 따라서도 달라질 수 있다. 비상품 산출물이 토지와 같은 고정된 비분할 요소와 연계된 경우에는 재배면적 기준 지불정책을, 비분할 가변요소(가축 등)에 연계된 경우에는 해당 가변요소에 연계된 지불정책이 시행될 수 있다. 예를 들어 목가적 농촌 경관을 위해 가축 두수당 지불을 시행하는 것이다.

설령 생산 결합성이 강하고 범위의 경제가 나타나더라도 시장실패를 일으키지 않는다면 물론 정책적 간섭의 필요성은 제기되지 않는다. 외부성 문제와 관련하여 이미 논의하였듯이 외부효과가 존재한다고 해서 항상 시장실패가 일어나는 것은 아니다. 예를 들어, 만일 현재 공급되고 있는 청보리밭의 아름다운 경관이 그에 대한 사회적 수요를 초과하고 있다면 긍정적 외부효과가 나타나고 있어도 시장실패를 일으키지는 않는다.

한편, 생산 결합성이 약하여 범위의 경제가 존재하지 않는다면 농업생산과는 분리된 정책을 통하여 비상품 산출물을 공급하여야 한다. 이때 정책간섭은 비상품 산출물 자체에 타게팅되어야 하며 어떠한 생산활동과도 연계되어서는 안 된다. 즉, 이때는 농업생산과 관계없이 비상품 산출물을 공급하는 방법이 항상 더 효율적이기 때문에, 생산과 연계되지 않는 지불을 비상품 산출물을 공급하는 농가에게 중앙정부(순수 공공재) 또는 지방정부(지역 공공재)의 예산으로 지급하는 정책이 시행되어야 한다. 그렇게 함으로써 농산물시장에는 영향을 미치지 않으면서 비상품 산출물만 적정 수준으로 공급할 수 있다. 여기서 생산과 연계되지 않는다는 것은 생산활동이나 농업 산출물과 연계되지 않는다는 것을 의미한다. 이 경우 약한 결합성으로 범위의 경제가 존재하지 않으므로 농업생산과 별도로 해당 비상품 산출물을 분리 공급하는 것이 더 효율적이다. 예를 들면, 농촌의 경관 조성을 위해 제주의 전통 돌담을 유지하는 데 지불한다거나, 전국 농촌의 전통 가옥이나 초가집을 유지하는 데 지불하는 경우를 들 수 있다.

3.2 정책적 함의: 비연계 타게팅 지불

살펴본 바와 같이 효율성 관점에서 보면 생산 비연계 타게팅(targeting) 지불 조치가 가장 바람직한 정책이다. 정책목표로 하는 비상품 산출물을 직접 표적으로 시행하기 때문에 결합관계에 있는 농산물 생산과 무역에 영향을 최소화할 수 있다. 다시 말하면, 농업의 다원기능에 의한 외부효과로 발생한 시장실패를 치유하기 위해서는 비연계 타게팅 지불이 가장 효율적인 정책수단이다. 해당 비상품 산출물에만 정책효과가 나타나도록 하여 시장실패를 치유하고, 결합생산 관계에 있는 농산물의 생산에는 영향을 최소화하는 것이다.

타게팅은 지리적, 공간적으로 하거나 또는 구체적인 비상품 산출물을 타게팅할 수 있다. 때로는 생산 요소를 타게팅하거나 비상품 산출물, 즉 외부효과를 일으키는 원천에서의 활동에 타게팅할 수도 있다. 이때 지불 조치는 농산물 생산과 연계되지 않아야 하는 것이 중요하다. 만일 면적지불(area payments)이나 생산 연계 조치처럼 비상품 산출물에 정책이 타게팅되지 않는 경우에는 목표로 하는 비상품 산출물을 효과적으로 공급하기 위해 세부적인 규제나 감시, 상호준수의무(cross compliance) 조건이 별도로 부과되어야 한다. 통상 면적지불은 생산요소 보조나 산출물 보조, 또는 가격지지보다 생산과 무역에 미치는 영향이 적다. 현실적으로 다원기능 관련 면적지불은 지리적으로 타게팅되고 영농 방식에 관한 상호준수의무를 조건으로 하는 경향이 있다.[4]

전통적인 생산보조나 가격지지조치는 타게팅 지불에 비해 비효율적이고 비효과적이다. 농산물 전체를 대상으로 시행되는 가격지지는 특정의 긍정적 외부효과를 발현시키기 어려울 뿐 아니라 농산물 생산을 자극하면서 부정적 외부효과도 동시에 증가시킨다. 그러나 만일 생산결합성이 광범위한 상황에서 시장실패가 존재

4 OECD(2003).

하는 경우에는 이런 전통적인 생산 연계 조치들도 효율적인 정책수단이 될 수 있다. 식량안보처럼 농산물 생산량과 직접적으로 결합된 경우, 즉 생산을 통해서만 비상품 산출물을 공급할 수 있는 경우에는 이들 전통적 시장간섭 조치들은 충분히 시장실패의 시정조치로서 사용될 수 있다. 식량안보처럼 농산물(예, 쌀) 생산량과 직접 결합된 비상품 산출물인 경우에는 생산보조 같이 농산물과 연계된 지불도 시장실패 치유를 위한 효율적인 정책수단이 될 수 있다는 것이다. 더구나 타게팅 지불 방식의 경우 설계와 시행, 감시, 각종 행정비용 등 많은 거래비용(transaction cost)이 소요된다면 타게팅 지불이 생산과 연계되지 않고 효과성이 크다 해도 바람직한 효율적 정책수단이 될 수는 없을 것이다. 거래비용의 크기에 따라서는 생산보조나 가격지지 방식이 더 효율적일 수도 있다. [표 7-1]에 의한 정책수단의 선택기준은 거래비용이 없다는 것을 전제로 하고 있다. 디커플링과 타게팅 요건을 충족한 정책수단이라 해도 지불제의 거래비용이 크다면 오히려 생산에 연계되고 영향을 주는 가격지지나 생산기준 지불조치가 더 효율적일 수 있다. 부정적 외부효과를 최소화하는 것 역시 중요한데, 이를 위해서는 각종 규제나 상호준수의무 조건의 부과 등이 필요하다. 이 또한 설계와 시행에 큰 거래비용이 소요될 수 있다.

한편, 앞서 논의한 바와 같이 비상품 산출물에 대한 사회적 수요추정이 어렵다는 점은 효율성 준거에 의한 정책 시행의 한계로 작용한다. 수요추정의 방법상 문제뿐 아니라 외부한계편익 등 필요한 정보와 자료의 부족으로 수요추정을 어렵게 한다. 그렇다고 이것이 필요한 정책간섭을 어렵게 만들거나 농업의 다원기능을 소홀히 하는 이유가 될 수 없다. 다원기능의 비상품 산출물에 대한 수요는 고정된 것이 아니라 시간이나 상황에 따라 변하는 동태적 수요이다. 소득수준이 향상되면서, 교육과 문화, 의식 수준이 변하면서, 지속가능성이나 기후변화 같은 국제적 이슈의 등장과 국제사회의 움직임이 변하면서 동시에 변하는 수요이다. 현재의 사회적 관심과 수요가 적다고 해서 무시되거나 그것만을 기준으로 정책간섭 여부를 결정해서는 안 되고 미래 지향적으로 판단해야 한다. 미래 국민 의식수준이 더욱 향상되고 미래 지속가능 사회를 준비하면서 지금의 정책을 추진해야 하는 것이다. 예를 들어보자. 농촌의 들판과 산촌 지역에 무분별하게 들어서고 있는 태양광 발전시설들, 특히 농가소득에 도움이 된다는 이유로 논밭의 영농형 태양광 사업들이 무분별하게 추진되고 있다. 미래 농업의 다원기능에 의한 사회적 가치와 지속가능 사회의 실현을 생각한다면 자제되었을 사업들이다. 농촌과 산촌의 자연경관과 환경, 생태계를 파괴하고 자연자원의 미래 지속가능성을 말살시키는 근시안적 행태이다.

3.3 효율성 기준 정책 시행의 한계

지금까지 우리는 농업의 다원기능 제고를 위한 정부의 정책적 간섭 문제를 고찰했다. 정책 판단의 준거와 간섭의 조건, 그리고 효율성 기준에서 정책수단 선택의 문제에 대하여 상세히 논의했다. 그럼에도 불구하고 이를 실제 적용하는 데 있어서는 한계가 존재한다.

무엇보다 정보의 제약으로 시장실패 여부를 판단하는 데 어려움이 상존한다는 점이다. 시장실패 여부를 판단하기 위해서는 외부한계편익을 포함하여 외부효과에 대한 사회적 수요를 정확히 추정할 수 있어야 한다. 그러나 이는 시장정보의 불완전성과 자료의 부족 등으로 거의 불가능하다. 농업의 다원기능의 속성상 시장실패 여부를 판단하기 위한 외부효과의 한계편익과 한계비용에 대한 정보를 알기 매우 어렵다는 점이다. 개중에는 홍수조절처럼 쉽게 측정할 수 있는 다원기능도 있지만 대부분의 경우에는 그렇지 못하다. 경제학자들이 환경재의 가치를 추정하기 위한 다양한 방법들을 연구해 왔지만 어떤 방법도 정확한 값을 추정하는 것은 불가능하다. 만일 그렇다면 시장실패를 전제로 한 정책적 간섭은 불가능해진다. 마찬가지로 농업생산에서 발생하는 부정적 외부효과를 모두 고려해야 정확한 시장실패 여부를 판단할 수 있는데 이 또한 쉽지 않다. 예를 들어 식량안보라는 긍정적 외부효과가 분명 존재하는데도 이와 관련한 정보의 부족으로 시장실패 여부에 대한 판단을 못 한다면 적어도 효율성 관점에서 식량자급률 제고를 위한 정책간섭은 할 수 없는 것이다. 외부효과에 의해 시장실패가 실제로 존재한다고 해도 객관적 데이터를 근거로 그것을 확인하는 일은 매우 어렵다. 그렇다면 효율성 관점에서는 정책간섭의 정당성도 사라지는 것이다.

그럼에도 불구하고 분명한 것은 농업의 다원기능에 의해 외부성이 존재하고, 긍정적 외부효과는 공공재적 성격을 갖는다는 사실이다. 예를 들어보자. 농업생산으로 아름다운 농촌경관이 조성되는 외부효과가 나타난다. 그런데 우리는 이 외부효과가 시장실패를 일으키고 있는지, 있다면 어느 정도인지를 판단할 수 없다. 생산량 또는 생산면적이 한 단위 늘어나면서 농촌경관이 사회에 주는 편익이 얼마나 증가하는지(결합성의 정도) 정확히 알 수 없다. 뿐만 아니라 이 한계편익이 어떻게 변하는지(결합성의 양태)도 알 수 없다. 시장실패가 일어나기 위해서는 이 값이 시장균형점(부근), 즉 균형 생산량에서 정(+)의 값을 가져야 한다. 생산이 증가하면서 부정적 외부효과가 생겨 농촌경관에서 오는 편익을 상쇄할 수도 있다. 그러나 시장실패 여부를 알 수는 없지만 농촌경관으로부터 많은 사람들이 편익을 얻고 있다는 사실은 분명하고, 따라서 정부는 이를 증진하기 위한 적정한 정책적 지원을 할 수 있는 것이다. 농업기본법이나 공익직불제법이 정하는 농업의 공익적 기능 규정은 시장실패를 당연한 전제로 한 농업의 공공재적, 공공적 기능을 증진하고자 하는 취지로 볼 것이다.

논의한 바와 같이 효율성 준거 외에도 국가의 비경제적 목표를 위해서도 정책간섭은 필요하다. 비경제적 영역에 효율성 잣대로 시장실패 여부를 논하고 적용하는 것은 바람직하지 않은 결과를 초래할 수 있다. 농업협정에서는 이를 비교역적 관심사항으로 규정하고, 식량안보와 환경보호의 필요성을 대표적인 예시로 들고 있다. 예컨대 식량자급률 향상은 국가 안보적 측면에서 중요한 농정목표이다. 이때 효율성 기준으로 식량안보의 시장실패 여부를 판단하여 정책간섭을 결정하는 것이 바람직하다고 볼 수는 없다. 그렇다면 효율성 기준의 [표 7-1]은 식량안보 같은 비상품 결합산출물에는 그대로 적용할 수 없다는 의미이다. 때로는 생산과 연계된 지불정책이나 생산보조 같은 정책수단이 시행될 수도 있다. 세계 어느 나라도 국가안보, 국방 서비스 제공을 위해 사회적 수요를 추정하고 시장실패 여부를 판단하여 국방정책을 시행하지는 않는다. 국가안보 서비스는 공공재로서 경제적 효율성에 의한 시장실패를 따지기 전에 국가가 마땅히 책임지고 공급해야 하는 기본 책무이다. 농업의 다원기능으로서 식량안보도 마찬가지다. 시장실패 여부를 판단하기도 어렵거니와 국가의 비경제적 목표로서 국가가 마땅히 제공해야 하는 중요한 공공재이다. 다른 농업의 다원기능 서비스도 크게 다르지 않다. 농업의 다원기능 정책에 있어서는 경제적 효율성이 정책간섭의 제1의 판단 준거가 될 수는 없다.

농업의 공익적 다원기능 문제에서 효율성 기준에 의한 시장실패 여부를 판단하는 것은 사실상 불가능하다. 그럼에도 우리는 앞 장에서 논의한 바와 같이 식량안보나 환경보호를 포함한 농업의 다원기능에서 오는 공익적 가치는 매우 클 것으로 판단한다. 소득증가로 교육과 문화, 의식 수준이 높아지고 기후변화가 심화하면서 사회적 수요는 더 커질 것이고, 지속 가능한 발전을 향한 미래 사회에는 더욱 그럴 것이다. 도시민 90% 이상이 농업의 공익기능에 대하여 긍정적이라는 한국농촌경제연구원의 국민 의식조사 결과는 그만큼 시민의식이 변화하고 성숙해 가고 있다는 뜻이다.

현실적 한계로 시장실패를 판단할 수는 없다 해도 국민 의식조사 결과가 보여주듯이 사회적 수요가 크다는 점, 더구나 그것이 공공재적 특성을 지닌 것이라면 사회적 수요 충족을 위한 정부의 정책적 간섭은 당연히 필요하다. 우리가 농업의 다원기능을 다루면서 공공재 문제를 깊이 논의한 이유는 바로 이점에 있다. 시장실패 여부를 알 수는 없지만 이를 당연한 전제로 하여 공공재 논리로 정책적 간섭의 당위성을 찾게 되는 것이다. 우리나라 농업기본법이 농업의 중심 역할로 공익기능을 규정하고, 공익기능 증진을 위한 공익직불제법을 시행하고 있는 것도 같은 맥락으로 이해할 수 있을 것이다.[5]

3.4 농업의 다원기능과 미래 농정

식량안보나 환경보호 등 농업의 다원기능에 의한 비상품 결합산출물은 외부효과이면서 공공재이다. 시장실패 교정을 위해서든, 아니면 국가의 비경제적 목표 추구 차원이든 이들 농업의 다원기능 서비스를 사회가 요구하는 적정 수준으로 공급

5 농업기본법(제6조)은 농정 시행에 있어서 국가는 효율성을 추구하되, 공익기능을 최대한 고려해야 한다고 규정하고 있다.

하기 위해서는 정부의 정책적 간섭은 불가피하다.

농업의 다원기능의 생산 결합성으로 인해 농산물시장의 변화는 비상품 결합산출물에 영향을 주고, 반대로 정책간섭에 의한 비상품 산출물의 변화는 결합생산 관계에 놓인 농산물의 생산과 무역에 영향을 미치게 된다. 이 생산 결합성이 주는 정책적 함의를 전제로 효율성 준거에 의한 정책수단의 선택 문제를 살펴보고, 비연계 타게팅 지불이 대안 정책수단으로 제시되었다. 뿐만 아니라 WTO 농업협정에 의한 국제사회의 시대적 흐름 또한 디커플링 요건을 갖춘 직접지불을 미래의 정책대안으로 요구하고 있다. 공공재란 측면에서 보더라도 농업의 다원기능 제고를 위한 지불정책은 타당성을 갖는다. 식량안보나 환경보호 같이 국가가 공급해야 할 공공재 서비스를 의도한 것은 아니지만 생산 농가가 공급한 셈이므로 그에 대한 보상으로 국가재정에 의한 지불은 필요하다고 볼 것이다.

미래 사회는 지속 가능한 발전을 지향한다. 우리나라 농업기본법은 농업·농촌의 지속 가능한 발전을 농정목표로 규정하면서 농업을 공익기능을 수행하는 기간산업으로 천명하고 있다. 경제적 기능 외에 농업의 공익적 기능 수행을 통해 지속 가능한 농업·농촌 발전을 이루는 것이 농정의 궁극적 목표라는 의미이다. 그리고 공익직불제법을 시행함으로써 농업의 공익기능 증진을 위한 정책수단이 직접지불이라는 점을 밝히고 있다. 농업의 역할과 농정방향을 이렇게 정립해 나갈 때 농업이 국가의 지속 가능한 발전에 기여하게 될 것이다.

결국 미래 지속가능 사회를 향한 농업의 역할은 다원기능에 의한 공익적 가치를 사회가 요구하는 적정 수준으로 제고하는 것이고, 이를 위한 정책수단이 바로 지불정책이다. 이어지는 제III부에서는 이 직접지불 정책에 대하여 집중적으로 논의하게 될 것이다.

제4절 정책간섭의 효과

농업의 다원기능에 의한 외부효과로 시장실패가 일어나고 있다면, 그리고 비상품 산출물이 농산물과 강한 결합생산 관계에 있어 범위의 경제가 존재한다면 시장실패를 시정하기 위한 조치가 필요해진다. 사회가 요구하는 적정 수준의 비상품 산출물 공급을 위해 어떤 정책수단이 사용되어야 하는가 하는 문제이다. 정부에 의한 직접적 시장간섭 이전에 제도적으로 시장을 조성하고 클럽을 만들거나 아니면 자율적으로 공급하는 방안을 우선 모색할 수 있다. 그러나 이런 사적인 방법이 가능하지 않다면 직접 정부에 의한 정책간섭이 불가피하다. 본 절에서는 긍정적 외부효과 존재시 정부의 정책적 간섭의 효과와 시장실패가 치유되는 내부화 작용 메커니즘을 고찰한다.

<그림 7-2>는 개방경제 상황을 전제로 식량안보 외부효과가 존재할 때 정부의 정책적 간섭이 어떻게 작용하는지 보여준다. 식량안보 외에 농업의 다원기능에 의한 다른 외부효과는 없는 것으로 가정한다. 그리고 식량안보의 사회적 수요에 관한 정보를 정확히 알 수 있고, 따라서 효율성 기준에 의한 시장실패 여부를 판단할 수 있다고 가정한다. 식량안보의 외부효과는 제4장에서 논의한 <그림 4-6>과 같은 유형을 전제로 하고 있다. 패널 (a)는 식량안보 품목(예, 쌀)의 수급상황을 보여주고 있다. S와 D는 쌀의 공급과 수요곡선으로, 각각 사적한계비용과 사적한계편익을 나타낸다. p_w는 국제가격으로 소국(small country) 개방경제 가정하에 주어지는 가격이다. 이 가격에서 수평으로 그은 선은 이 나라가 세계시장에서 직면한 초과공급곡선(excess supply curve)이다. 이때 개방경제 시장균형에서 생산과 소비는 각각 q_o, q_1이고, 수입량은 q_oq_1이다.

이 상황에서 식량안보 외부효과 문제를 고려해 보자. 패널 (b)는 식량안보에 의한 외부총편익곡선이다. 식량안보는 쌀 생산량과 직접적으로 밀접한 결합생산 관계에 놓여있으므로 외부총편익곡선은 쌀 생산량의 증가함수로 그려져 있다. 그러나 생산이 늘어날수록 그 증가 속도는 감소한다. 부정적 외부효과까지 고려한 외부한계편익곡선 EMB는 패널 (c)에 우하향하는 형태로 그려져 있다. 여기서는 국내 생산이 총소비량 q_1에 이를 때 식량안보 외부효과의 한계편익이 0이 되는 것으로 가정하고 그려져 있다. 이때 외부총편익이 극대에 도달한다는 의미이다. 외부한계편익곡선의 높

그림 7-2 식량안보와 정책간섭

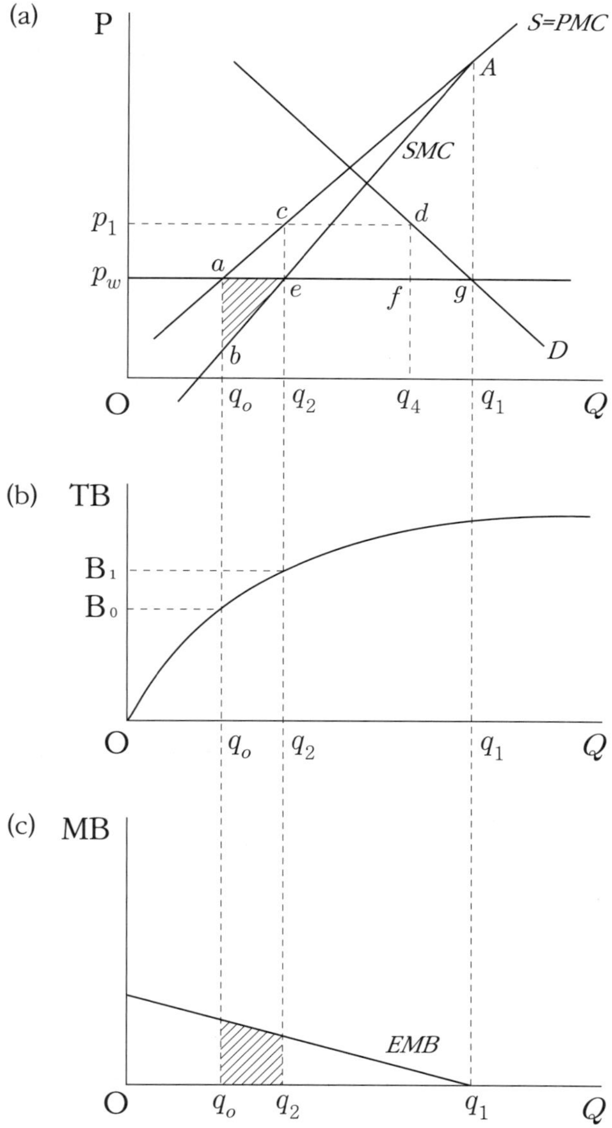

이는 패널 (b) 외부총편익곡선의 접선의 기울기와 같다. 국내 소비량을 완전히 자급할 수 있을 때 식량안보 수요가 극대에 이르는 것으로 가정한 그림이다.

식량안보 외부효과를 고려하면 시장균형은 어떻게 변하는지 보자. 외부한계편익의 크기만큼 사회적한계비용은 줄어들게 되므로 패널 (a)에서 SMC는 점 A에서 꺾여 사적한계비용곡선 S의 아래로 그려져 있다. 따라서 주어진 가격 p_w하에서 사회적 최적 생산은 q_2에서 일어난다. 이때 q_o에서는 사회적 한계편익(p_w)과 한계비용 간 불일치가 생기는 시장실패 현상이 발생한다. 식량안보 외부효과가 일으키는 시장실패이다. 이때 사회적 한계편익이 한계비용보다 EMB만큼 초과하기 때문에 생산을 늘리면 그만큼 사회적 이익이 증가하므로 생산은 늘어나야 한다. 사회적 비효율이 사라져 사회적 한계편익과 한계비용이 일치하는 q_2까지 증가할 때 사회적 후생수준이 극대화된다. 이때 늘어나는 사회의 순후생증가는 패널 (a)의 빗금친 면적이다. 식량안보에 의한 외부총편익은 패널 (c)의 빗금친 면적만큼 늘어나는데, 이는 패널 (b)에서 $B_1 - B_o$의 거리에 해당하는 금액이다.

그렇다면 어떻게 식량안보 외부효과로 생긴 시장실패를 치유하여 q_2에서 생산이 일어나도록 만들 것인가? 식량안보는 생산과 결합성이 매우 강한 비상품 산출물이다. 따라서 식량안보에 직접 타게팅하는 정책은 생산과 무역에 바로 영향을 주게 된다. 역으로 보면 생산을 통해서만 식량안보에 영향을 줄 수 있다. 즉, 현 상황을 전제로 할 때 생산에 영향을 미치지 않고는 시장실패를 치유하여 사회적 최적 상태를 실현할 수 없다는 의미이다. 이 경우 두 가지 정책수단을 생각할 수 있다. 사회적 최적 생산량 q_2에서의 외부한계편익($p_1 - p_w$)만큼 보조금을 주는 방법과 이에 해당하는 수입관세를 부과하여 생산자가 수취하는 가격을 그만큼 상승시키는 방법이다. 생산을 통해 식량안보라는 긍정적 외부효과를 사회에 제공했으므로 이를 생산자의 사적 이익으로 내부화(internalization)시켜 주는 것이다.

먼저 생산보조정책이다. 보조금을 지급하면 그만큼 한계비용의 감소로 이어져 공급곡선 $S(PMC)$가 아래로 같은 거리만큼 평행이동하여 점 e를 통과하게 되면서 q_2까지 생산이 증가하게 된다. 이때 소비량은 그대로인데 생산이 늘었기 때문에 수입량은 q_2q_1으로 감소한다. 이 정책은 최적의 식량안보 수요를 충족시키기 위해 결국 생산과 무역에 영향을 미친 셈이다. 이 같은 시장실패에 대한 정책간섭의 결과 사회의 식량안보 편익은 패널 (c)의 빗금친 면적만큼 늘어나고 사회순후생은 패널 (a)의 빗금친 삼각형 abe 면적만큼 늘어나는 효과가 생긴다. 생산자잉여 증가 p_1p_wac, 정부의 재정지출 p_1p_wec, 그리고 식량안보 외부효과로 인한 사회적 편익 증가 $abec$를 모두 합하면 삼각형 abe 면적만큼 사회적 순후생 증가가 생긴다.[6]

다음으로 동일한 외부한계편익(p_1-p_w)만큼의 수입관세를 부과하는 방법이다. 소국이 관세를 부과하면 국내가격이 p_w에서 p_1으로 상승하면서 생산은 q_2까지 증가한다. 다만, 이때는 보조금 정책과 달리 소비자가격도 상승하므로 소비량이 q_4로 감소하고 따라서 수입량은 q_2q_4로 줄어든다. 이때는 앞서 살펴본 생산보조와는 다른 후생변화가 일어난다. 생산자잉여는 동일하게 p_1p_wac 면적만큼 증가한다. 그러나 관세로 국내가격이 상승하고 수요도 줄어 소비자잉여는 p_1p_wgd 면적만큼 감소한다. 여기에 정부의 관세수입이 $cefd$ 면적만큼 증가한다. 식량안보 외부효과로 인한 사회적 편익 증가 $abec$까지 모두 합하면, $abe-dfg$에 해당하는 순후생 효과가 생기게 된다. 이 값은 플러스가 될 수도, 마이너스가 될 수도 있다. 순후생 손실이 될 수도 있는 것은 관세 부과로 인해 소비자잉여가 감소하기 때문이다. 만일 순후생 손실이 발생했다면 이때 식량안보 제고를 위한 관세정책은 잘못된 정책간섭으로 정부의 실패에 해당할 것이다.

이렇게 볼 때 정책 시행에 거래비용은 고려하지 않고 다른 조건도 모두 동일하다면 생산보조 정책이 수입관세보다 더 효율적인 정책수단이라는 것을 알 수 있다. 생산보조 정책과 달리 관세는 시장가격 상승과 수요를 줄여 소비효율 손실이 생기기 때문이다. 만일 보조금 정책을 시행하는 데 각종 행정비용 등 거래비용이 많이 들어간다면 관세정책이 더 효율적일 수도 있을 것이다. 어쨌든 이 분석을 통해 알 수 있는 것은 경우에 따라서는 전통적인 생산보조나 가격지지(관세)도 시장실패 치유를 위한 효율적인 정책수단이 될 수 있다는 사실이다. 다만 이때는 외부효과를 일으키는 비상품 산출물에 대한 사회적 수요가 상당히 커야 할 것이다. 만일 식량안보의 외부효과가 매우 크다면 패널 (c)의 외부한계편익곡선은 더 위로 이동하고, 점 A에서 꺾인 SMC는 공급곡선으로부터 더욱 아래쪽으로 멀어진다. 시장실패는 더욱 심화하면서

6 $abec$ 면적은 패널 (c)의 빗금친 면적과 같다.

사회적 최적 생산량은 q_2보다 더 증가한다. 그럴수록 이를 달성하기 위한 정책수단으로서 생산보조금은 더 커진다. 결국 식량안보의 가치를 소비자 국민들이 어떻게 평가할 것인가에 따라 사회적 최적 상태의 국내 생산량은 달라진다.

한국 쌀의 경우 세계 농업개혁의 일환으로 2015년 매우 높은 초기 관세율(513%)로 관세화하였는데 사실상의 수입 금지적 관세이다. 이 초기 관세율은 농업협정의 규정에 따라 기본적으로는 국내외 쌀 가격차를 기초로 산정한 것이다. 그러나 다른 한편으로는 지금 논의하고 있는 식량안보 외부효과에 의한 시장실패 교정을 위한 정책 분석의 틀 내에서 해석해 보면 왜 이 정도로 높은 수입 금지적 관세가 필요한지에 대한 설명이 가능해진다. 한국 국민에게 쌀이 주는 식량안보적 중요성, 즉 사회적 수요가 대단히 크다는 것이다. 이것은 앞 그림에서 외부한계편익이 매우 커 패널 (a)의 *SMC*가 아래로 그만큼 더 이동하면서 사회적 최적 생산량이 폐쇄시장 균형 수준, 즉 *S*와 *D*가 교차하는 수준까지 증가하게 된다는 의미이다. 그만큼 한국 국민들은 식량안보에 대한 가치를 높게 평가하고 있다는 의미로 해석할 수 있다. 여기서는 식량안보 외부효과만을 고려한 분석이지만, 쌀은 논의한 바와 같이 이 외에도 다양한 긍정적 외부효과를 제공한다. 이런 효과들까지 모두 포함한다면 외부한계편익곡선은 더욱 위로 이동할 것이고 사회 전체의 외부총편익도 더욱 커질 것이다. 이에 따른 사회적 최적의 생산수준 또한 더 증가할 것이다.[7]

7 식량안보가 아닌 다른 비상품 결합산출물의 경우에는 품목에 따라서는 세계 농업개혁으로 시장이 개방되고 가격이 하락하는 상황에서 시장실패 가능성은 그리 크지 않을 수 있다. 이때 시장실패가 나타나 정책간섭의 정당성을 확보하기 위해서는 농산물 생산 감소시 긍정적 외부효과 감소에 따른 효율손실이 부정적 외부효과 감소에 따른 사회적 편익과 시장 참여자들의 후생증가를 합한 효과를 능가해야 한다. 그러나 긍정적 외부효과의 손실이 매우 크지 않은 한 현실적으로 그렇게 되기는 쉽지 않다.

제III부

농업과 직접지불정책

제8장
직접지불의 기초적 논의

제III부에서는 미래 농정기조의 중심이 될 직접지불 정책에 대하여 집중적으로 논의한다. 직접지불에 관한 전반적인 내용을 총체적으로 고찰하면서 우리나라 현행 직접지불 체제의 근간을 이루는 공익직불제에 대해 살펴본다. 우선 본 장에서는 직접지불의 등장 배경과 의의, 기본개념과 특성, 디커플링의 개념과 직접지불의 관계, 가격지지와의 비교, 그리고 직접지불의 정책목표 등 직접지불과 관련한 총론적인 내용들을 종합적으로 고찰한다. 직접지불이 세계 농업개혁 이후 가격지지의 대안 정책수단으로 등장한 점을 고려하여 가격지지와 대비하는 접근방법으로 논의를 진행한다.

제8장

직접지불의 기초적 논의

제1절 직접지불의 등장배경

1.1 세계 농업개혁과 농정의 변화

제2차 세계대전 이후 세계 무역질서를 규율해 온 GATT 체제 47년(1948-1994)은 농업 분야에 관한 한 보호주의 시대였다. 농업보호를 위한 국경조치를 예외적으로 허용한 GATT 규정(제11조 2)이 각국의 보호주의 농정을 합법화하는 근거가 되었다. 당시 수입국, 수출국 가리지 않고 농업 보호조치를 강하게 추진했던 배경이다. 국내적으로는 정부구매, 생산보조 등 각종의 국내지지조치를 통해 농업 생산을 자극했고, 국경에서는 수입쿼터, 관세, 수출보조 등 수입제한 및 수출촉진정책을 통해 국내 농업을 보호했다. 이런 조치들의 공통점은 모두 국내 농업보호를 위한 가격지지 성격의 정책이라는 점이다. 이 같은 가격지지 방식의 국내 및 무역정책은 결국 세계 농산물 시장을 심각하게 왜곡시키는 결과를 초래했다. 여기에 통상분쟁을 효과적으로 해결할 수 있는 사법적 제도가 미비한 GATT 체제의 허약성도 세계 농산물 시장을 왜곡시킨 또 다른 원인이 되었다. 1980년대 중반에는 OECD 평균 %PSE가 35.4% 수준에 이를 정도로 세계 농산물 시장은 극도로 왜곡돼 있었다.

각국의 농정에 변화가 일기 시작한 것은 1995년 WTO 체제가 출범하고 세계 농업개혁이 본격화하면서이다. WTO 농업협정(Agreement on Agriculture)이 발효되면서 이를 토대로 시장 지향적인 자유주의 농정체제로 전환되는 농업개혁이 시작되었다. 농업협정에 나타난 세계 농업개혁의 장기 목표는 공정하고 시장 지향적인 세계 농산물 무역질서의 확립이다. 이를 위해 국내정책이든 무역정책이든 시장을 왜곡하는 조치들은 철폐하거나 감축해야 한다. 국내정책 분야에서는 과거 세계 농산물시장 왜곡의 주요 원인이었던 시장가격지지 방식에서 벗어나 시장왜곡 효과가 적은 새로운 정책수단으로의 변화를 모색했다. 직접지불(direct payment)이 시장 지향적 중심 농정수단으로 전면에 등장하게 된 것이다.

한편, 농업의 국제경쟁력이 상대적으로 약하여 강한 보호주의 농정을 견지해 온 농산물 수입국들에게는 시장 지향적 농업개혁으로 여러 문제에 직면하게 되었다. 농업 생산기반의 축소와 생산 농가들의 소득감소, 구조조정의 문제, 식량안보나 환경보호 같은 농업의 다원기능 축소 문제 등이다. 따라서 시장왜곡을 최소화하면서 이런 문제들에 대응할 수 있는 정책 변화가 필요했다. 직접지불은 농산물 수입국들에게는 보호주의 농정이 막을 내리고 시장 지향적 세계 농업개혁 상황에서 가격지지 대체 수단으로서 농가소득 안정화와 구조조정 지원, 그리고 농업의 다원기능 제고 등을 위해 필요했던 것이다.

그렇다고 GATT 보호주의 농정체제에서 지불(payment) 정책이 없었던 것은 아니다. 당시에도 일부 지불정책이 시행되었지만 이들은 미국의 결손지불제(deficiency payments program: DPP)처럼 모두 가격지지 효과가 강하게 나타나는 지불이었고, 이를 직접지불로 불렀다. 그러나 직접지불이란 이름이 농업 분야의 중심적 정책수단으로 등장한 시기는 세계 농업개혁 이후이다. 가격지지 조치에 가려져 있던 보호주의 농정시대의 지불 조치는 농업개혁의 진행과 함께 가격지지 조치가 서서히 줄어들면서 전면에 등장하기 시작했다. 중심적 농정수단으로 등장한 뒤 지불정책은 과거와 달리 그 성격이 바뀌고 다양한 정책목적을 위해 다양한 방식으로 시행되었다. 시장지향성 요구에 따라 디커플링 요건을 갖춘 지불을 원칙으로 하고, 정책 대상 범위도 농업의 다원기능 문제로까지 크게 확대되었다.

1.2 농업의 역할 변화와 농정목표의 복잡다기화

직접지불이 등장하게 된 또 다른 배경은 농업의 역할이 변하고 확대되면서 농정목표가 복잡해지고 그에 따라 농정수단의 변화도 불가피해졌다는 점이다. 농업이 과거 경제·산업적 역할에 머물던 시대에는 농업성장과 농가소득 보장, 생산증대와 식량안보의 제고가 주요 농정목표였다. 생산과 성장이 중요했기 때문에 농정수단은 자연히 보호주의적 가격지지정책이 중심을 이루었다. 그러나 농업의 역할이 확대되고 다원화하면서 과거의 획일적 가격지지 중심 농정으로는 이런 농정목표를 달성할 수 없게 되었다. 새로운 농정목표는 과거와 달리 농업의 다원기능 제고를 포함하여 농가소득 안정과 삶의 질 향상, 농업 구조조정 지원, 농업재해지원, 기후변화 대응, 농촌개발 등 매우 복잡다기화(複雜多岐化)하였다. 미래 지속 가능한 발전 사회를 지향하는 자연스러운 추세이다. 생산에 직접 연계되는 기존의 가격지지 방식과는 다른 새로운 농정수단이 필요했다. 다양하고 복잡한 정책목표를 효율적이고 효과적으로 달성하기 위해 정책목표에 맞춤형으로 타게팅할 수 있는 국가재정지출에 의한 지불정책이 필요했던 것이다.

특히 WTO 세계 농업개혁이 진행되는 과정에서 식량안보나 환경보호 같은 국가의 비교역적 관심사항과 관련한 농업의 다원기능 문제가 대두되었다. 시장 왜곡을 최소화하면서 농업과 결합생산 관계에 있는 다원기능적 외부효과를 제고시킬 수 있는 정책수단으로 직접지불이 주목을 받게 되었다. 1990년대 이후 OECD를 중심으로 농업의 다원기능과 그 정책수단으로서 직접지불에 대한 연구가 활발히 진행된 것도 이런 배경이 깔려있다. 직접지불과 농업의 다원기능의 관련성은 직접지불이 갖는 두 가지 정책적 특성, 즉 시장지향성과 타게팅에서 찾을 수 있다. 시장

왜곡을 최소화하면서 농업의 다원기능별 정책목표를 타게팅하여 효과적으로 제고시킬 수 있는 정책수단이 직접지불인 것이다. 우리나라도 세계 농업개혁 추세에 따라 1990년대 이후 다양한 직접지불제를 시행해 왔다. 2020년에는 총체적인 직불제 개편을 단행하고 농업·농촌의 공익기능 증진을 위한 공익직불제법을 도입했다. 농업의 다원기능의 중요성에 대한 국민적 인식의 변화를 반영한 것으로 직접지불을 통해 농업의 다원기능에 의한 공익적 가치를 증진시키고자 하는 것이다.

종합하자면 직접지불은 세계 무역질서의 변화에 따라 농업도 시장 지향적이어야 한다는 요구와 농업의 다원기능으로의 역할 변화가 반영된 정책적 산물이다. 다시 말하면, 직접지불은 시장 지향적 자유주의 농정시대의 요구에 부응하면서 동시에 농업의 다원기능적 역할을 통한 미래 지속 가능한 농업발전에 기여할 수 있는 정책대안인 것이다.

제2절 농정구조와 지불정책

2.1 농업지원과 농정의 기본구조

농민, 농업, 농촌은 농업 분야를 구성하는 3대 핵심 구성요소이다. 농업정책, 즉 농정은 이 농업 분야의 세 개 핵심 기둥인 3농(農)을 대상으로 하는 정책이다. 생산활동의 주체로서 농민의 삶의 질을 향상시키고, 산업으로서의 농업을 발전시키며, 농민의 주거 및 생활 공간이며 지역사회를 이루고 있는 농촌을 발전시키는 것이 농정의 중심이다. 특히, 농민(농가)에 대한 지원정책은 농정에 있어서 가장 중요하고 핵심이 된다. 농민은 생산 주체로서 농업성장과 발전에 직접 기여하고, 농촌 지역사회의 중심 구성원이자 청지기 역할을 하고 있기 때문이다. 따라서 농민에 대한 지원이 곧 농업에 대한 지원이고, 결국에는 농촌의 발전으로 이어지는 것이다. 우리가 농업지원이라고 말할 때 이것이 농민(농가)에 대한 지원과 같은 의미로 이해하는 것은 이 때문이다. 농가 지원은 농가의 소득안정과 삶의 질 향상은 물론 길게는 농업·농촌의 발전으로 이어진다. 이런 이유로 농정에 있어서 농민(농가)에 대한 지원정책은 매우 중요한 의미를 갖고 있다.

3농을 대상으로 한 정부의 지원정책은 크게 두 가지 방식으로 이루어진다. 하나는 시장간섭을 통한 방법이고, 다른 하나는 정부 재정지출을 통한 방법이다. 농산물 시장간섭을 통한 정책은 농산물 가격 변화와 농가소득에 영향을 주고, 생산의 변화로 이어져 농업에 영향을 미친다. 그럼에 반해 국가의 재정지출을 이용한 방법은 농민과 농업, 또는 농촌 모두를 대상으로 하여 이들에 직접 영향을 미치게 된다.

농업 생산자로서의 농민을 대상으로 한 정책은 농가소득과 삶의 질을 향상시키고 나아가 농업발전으로 이어진다. 여기에는 농업 생산활동을 지원하는 정책과 생산과는 관계없이 농민 복지를 향상시키는 정책이 포함된다. 여기서 생산활동을 지원하는 정책이 곧 농업에 대한 지원이고 농업성장과 농가의 소득증가로 이어진다. 이 같은 생산 농민 지원을 위해 시행되는 정책수단이 가격지지와 지불정책이다. 3농의 나머지 두 축인 농업과 농촌을 대상으로 한 정책수단은 정부의 재정지출인데, 이를 정부 서비스(government service)라고 한다. 예를 들면, 연구·개발 투자지원, 농산물 품질 및 표준화 검사 지원, 마케팅과 판매촉진 지원, 인프라 구축 지원 등이다.

결국 3농을 대상으로 하는 농정수단은 가격지지, 지불정책, 그리고 정부서비스 등 세 가지로 요약된다. 정부의 예산구조도 결국 3농을 대상으로 한 세 유형의 정책 시행에 대한 지출로 구성된다. 그런데 이 중 정부 서비스 농정수단은 농산물시장과는 관계없고, 농가소득이나 삶의 질 향상에는 간접적으로 영향을 미치는 정책이다. 그래서 통상적으로 농정의 관심은 3농 중 농민, 즉 농가 지원을 중심으로 하는 가격지지와 지불정책에 집중되는 것이다.

통상적인 농정의 기본 목표는 농민의 소득안정과 삶의 질 향상, 그리고 농업·농촌의 발전이지만 좀 더 넓은 시각에서 보면 이를 통해 국민과 미래 세대의 삶을 행복하게 만드는 것이다. 농정의 궁극 목표는 농민을 포함한 모든 국민과 미래 세대의 행복 증진이 되어야 한다. 농업의 경제·산업적 역할로부터 국민과 미래 사회를 위한 농업의 다원기능적 공익가치 증진으로 중심 역할이 변해야 하는 이유이다.

2.2 농업지원 정책의 두 축

살펴본 바와 같이 농정의 핵심은 농민, 즉 농업생산자에 대한 지원정책이다. 전통적으로 정부에 의한 농업(생산자) 지원 정책은 두 유형의 큰 흐름으로 이루어져 왔다. 하나는 가격지지(price support) 방식이고 다른 하나는 지불(payment) 방식이다. 시장가격을 정책적으로 경쟁시장 균형가격 이상으로 높여 농가소득을 지원하는 것이 전자의 방식이고, 후자는 정부가 재정자금으로 직접 생산농가에게 일정 금액을 지급함으로써 지원해 주는 방식이다.[1] 전자가 시장간섭을 통해 시장 메커니즘을 이용하는 방식이라면, 후자는 국가의 재정자금을 이용한다. 따라서 가격지지는 필연적으로 시장왜곡을 초래하게 된다. 후자는 재정자금의 지급방식과 조건 등 지불제를 어떻게 설계하는가에 따라 시장을 왜곡할 수도, 아닐 수도 있다. 지불 방식의 소득 지원정책은 농가의 소득향상이 궁극적 목적인 경우도 있지만, 다른 다양한 농정목표 달성을 위한 인센티브로 지급하는 경우도 많다.

가격지지는 소비자로 하여금 시장에서 농산물을 경쟁시장 균형가격 이상으로 높은 가격에 구매토록 함으로써 간접적으로 농업 생산자와 농업을 지원해주는 조치이다. 정부가 시장간섭을 통해 가격을 지지해 주는 조치이므로 시장가격지지(market price support)라고도 하는데, 필연적으로 생산을 자극하고 무역에도 영향을 미치게 된다. 농산물에 대한 가격지지는 국내정책으로 할 수도 있고 무역정책을 이용할 수도 있다. 정부구매(government purchase), 생산통제(production control), 휴경제(acreage control) 등은 대표적인 국내 가격지지조치이다. 무역정책으로는 관세(tariff)나 수입쿼터(import quota), 수출보조(export subsidy) 등이 자주 이용되는 가격지지조

1 정부 재정지출에 의한 지원으로는 지불제 외에 생산자가 아닌 농업이나 농촌사회를 대상으로 하는 정부서비스(government service)도 있다. 예를 들면 연구개발, 인프라 등에 대하여 지원하는 일반서비스와 식량안보용 공공비축, 국내식량지원 등이다.

치이다. 인위적으로 수입을 제한하거나 수출을 촉진함으로써 생산자가격을 지지해 주는 것이다. 가격지지는 정책비용을 보통 소비자가 부담하게 되므로 소비자로부터 생산자로 소득의 이전과 재분배가 일어난다. 가격지지는 생산요소시장을 통해 이루어지기도 한다. 생산물 시장에서의 가격지지는 경쟁시장가격보다 높은 지지가격을 생산농가가 받을 수 있도록 정부가 시장에 간섭하는 조치이지만, 생산요소 시장에서의 가격지지는 요소가격을 낮춰주는 방식으로 생산자를 지원해 준다.

이런 방식들의 특징은 생산물 시장이든 요소시장이든 정부의 간섭으로 시장왜곡에 따른 자원배분의 효율성 저하라는 사회적 비용을 유발하게 된다는 점이다. 해당 농업 분야로 자원이 과다 투입되어 농가 지원의 대가로 사회적 후생손실을 초래하게 된다. 국내정책이든 무역정책이든 가격지지조치는 생산에 영향을 주고 세계시장에서 무역왜곡효과를 일으킨다. 수입을 억제하고 수출을 촉진함으로써 국내에서는 높은 가격이 유지되고 세계시장에서는 공급과잉과 가격침체를 일으켜 무역질서를 왜곡하게 된다. WTO 체제에서 공정하고 시장 지향적인 세계 농산물 무역질서 확립을 목표로 농업개혁을 추진해 온 배경이다.

농업(생산자) 지원정책의 다른 한 축인 지불 방식은 정부가 국가재정에서 직접 대상 농가에게 일정 금액을 지급하는 방식으로 지원하는 조치이다. 시장을 통해 간접적으로 지원하는 가격지지와 달리 정부재정에서 생산자에게 바로 지급한다는 점에서 세계 농업개혁 이전에는 모든 지불을 직접지불(direct payment)이라고 불렀다. 이 경우에는 담세자(tax payers)가 정책비용을 부담하므로 담세자로부터 생산자로 소득재분배가 이루어진다. 그런데 지불 방식은 어떻게 설계하는가에 따라 시장왜곡을 일으키거나 아닐 수도 있고, 왜곡의 정도도 다양하게 나타난다. 정부의 재정지출이 수반되는 조치로 그 설계 방식에 따라 다양한 유형의 지불조치가 존재할 수 있다.

그런데 과거 GATT 시대의 지불정책은 대부분 시장을 왜곡하는 지불이었다. 가격지지가 중심적 농정수단이고 시장왜곡이 문제되지 않던 보호주의 농정시대였기 때문에 지불 방식의 정책도 생산과 직접 연계되는 유형의 지불정책이 시행되었다.

대표적인 예가 미국에서 1973년부터 1996년까지 오랜 기간 시행되었던 결손지불제(deficiency payments program: DPP)이다. 이 제도는 목표가격을 설정하고 시장가격이 여기에 미치지 못할 때 그 차액을 정부 재정에서 생산자에게 직접 지불하는 정책이다. 지불 형식이면서 가격지지와 같이 강한 시장왜곡 효과가 나타나는 제도이다. 당시 이 지불은 시장 왜곡 여부와 관계없이 직접지불이라고 불렸다.[2] 시장을 통한 가격지지 조치가 중심이었던 당시 상황에서 정부가 '직접' 생산농가에게 '지불'한다는 소득지원의 방법을 가격지지와 대비하기 위한 것으로 보인다. 따라서 정부가 농가에게 지불하여 지원하는 이런 유형의 지불은 모두 직접지불로 간주한 것인데, 이것이 WTO 출범 이전 초기 형태의 직접지불이었던 셈이다.

2.3 지불정책의 변화와 직접지불

이런 지원정책의 흐름에 변화가 일기 시작한 것은 1980년대 중·후반 GATT의 우루과이라운드 다자간 무역협상이 진행되고 WTO 출범과 세계 농업개혁이 시작되면서이다. 농업정책 수단으로서 직접지불(direct payment)이라는 이름이 국제사회에서 새롭게 조명을 받기 시작한 시기도 이때이다. 모든 지불을 직접지불로 이해하고 간주하던 생각에 변화가 일고, 지불과 직접지불을 구분하려는 움직임도 보이기 시작했다. 구분의 핵심 요소는 시장왜곡 여부와 그 정도이다.

WTO 농업협정(Agreement on Agriculture)은 공정하고 시장 지향적인 농산물 무역시스템 확립을 장기 목표로 하고 있다. 농업협정을 관통하는 핵심 키워드는 시장지향성(market orientation)이다. 농산물 무역을 포함하여 농업 분야에서 시장기능을 회복시키는 것이 농업협정의 기본정신이다. 이 궁극적 목표를 달성하기 위한 정책적 개혁이 국내정책은 물론 무역정책에 있어서 모든 시장 왜곡적인 가격지지조치를 감축해 나가고 세계시장에서는 농산물 무역자유화를 확대해 나가는 것이다. 국내지지(domestic support) 분야에서는 전통적인 가격지지 방식 대신 시장 비왜곡적 직

2 Helmberger(1991), Gardner(1987).

접지불로 전환할 것을 요구하고 있다.

이를 계기로 보호주의 농정시대의 가격지지와 시장 왜곡적 지불에 대한 변화가 일기 시작했다. 한편으로 가격지지를 포함하여 시장을 왜곡하는 국내지지조치는 감축 대상이 되면서 서서히 자취를 감추어야 하는 상황에 처하게 되었고, 다른 한편으로는 지불조치 중에서 시장을 왜곡시키지 않는 지불이 정책대안으로 등장하였다. WTO 농업협정(부속서 2)은 이런 시장 비왜곡적 지불을 감축이 면제되는 허용되는 직접지불로 간주하고, 그 요건을 엄격히 규정했다. 이른바 디커플링(decoupling) 요건이다.[3] 이처럼 WTO 체제 이후에는 지불조치를 허용되는, 즉 디커플링 요건을 갖춘 것과 그렇지 못한 것으로 구분했다. 그렇다고 농업협정이 그 요건을 갖춘 지불만을 직접지불로 부른 것은 아니다. 예를 들면, 농업협정(제6조의 5)은 성격상 시장 왜곡적 조치로서 디커플링 요건을 갖추지 못했지만 일정한 생산제한 요건을 충족하는 지불도 직접지불로 부르고 허용되는 정책으로 규정하고 있다.

한편, OECD는 시장 왜곡효과가 적은 지불을 직접지불로 보고 있는데, 이에 발맞춰 미국이나 EU 등 세계 주요국들도 시장왜곡 요소를 기준으로 직접지불을 통상적인 지불조치와 구별하는 경향을 보이기도 했다. DPP나 보상적 지불(compensatory payment)처럼 과거에 여러 명칭으로 지불제도를 시행했던 미국과 EU도 WTO 출범 이후에는 시장 왜곡이 없거나 최소화한 지불을 직접지불로 간주하여 다른 지불제와 구별하는 경향을 보이고 있다. 결국 WTO 출범 이후 세계 농업개혁이 진행되면서부터는 과거 모든 지불이 직접지불로 간주되던 시대에서 벗어나 시장왜곡의 정도, 시장지향성에 따라 지불과 직접지불을 구분하려는 노력이 있었다. 그러나 언급한 바와 같이 농업협정은 디커플링 요건을 갖춘 허용되는 지불만 직접지불로 부르지는 않았다. 이처럼 지불정책은 WTO 출범과 세계 농업개혁을 전후하여 그 성격이 점차 변해왔다.

요약하면, 과거 WTO 출범 이전의 보호주의 농정시대에는 지불 방법에 초점을 맞춰 정부가 재정자금으로 농가에게 직접 지불하는 조치는 실제 그 명칭이 무엇이

3 디커플링 요건에 대해서는 제9장에서 상세히 고찰한다.

든 직접지불로 이해했다. 그러나 WTO 출범 이후에는 지불 방법뿐 아니라 시장왜곡 정도를 기준으로 직접지불을 통상적인 지불과는 구분하는 경향을 보여 왔다. 세계 농업개혁으로 가격지지 조치가 폐지돼 가는 상황에서 그 대안으로 제시된 정책수단이 직접지불이란 점을 고려하면 직접지불은 시장을 왜곡하는 통상의 지불조치와 구분하는 것이 타당할 것이다. 그러나 언급한 바와 같이 WTO 농업협정은 시장왜곡 여부와 관계없이 직접지불을 사용하고 있는 점을 고려하면 이 구분은 실익이 없거나 논란의 여지가 많아 보인다. 이 문제는 다음 절에서 상세히 논의한다.

제3절 직접지불의 개념

세계 농업개혁 이후 직접지불을 통상의 지불과 구분하려는 경향을 보여왔다 해도 아직 직접지불 개념이 명확히 정의된 것은 아니다. 국가마다 그 설계방식에 따라 사용하는 용어나 시장왜곡의 정도가 다양하고, 학술적으로도 개념 정립이 돼 있지 않다. 농업협정은 직접지불이 감축 면제를 받기 위한 요건을 규정하고 있지만, 이 요건을 갖추지 못한 지불조치도 모두 직접지불로 부르고 있다. 본서에서는 농업협정의 직접지불 사용 예와 관계없이 시장지향성(market orientation), 즉 시장왜곡의 정도에 따라 협의(狹義), 광의(廣義), 최광의(最廣義)로 나누어 직접지불의 개념을 정의하고자 한다.

3.1 협의의 직접지불

좁은 의미에서 직접지불은 해당 지불이 현재나 미래의 생산뿐 아니라 과거의 생산 및 생산요소와도 연계되지 않고 수혜자인 대상 농가에게 어떤 형태의 지불 조건이나 제약을 부과하지 않는 순수한 형태의 지불이다. 시장 메커니즘에 전혀 또는 거의 영향을 미치지 않는 온전히 시장중립성 요건을 갖춘 형태의 지불이다. 아마도 정부의 일반 예산에서 농가에게 아무런 조건 없이 지급하는 정액이전지출(lump-sum transfer) 같은 지불을 시행한다면 여기에 해당할 수 있을 것이다. 직접지불이 가격지지를 대신하여 시장 지향적 농정개혁의 대안으로 등장한 배경을 감안한다면 이런 유형의 순수 직접지불이 시장지향성 조건에는 가장 잘 부합할 것이다.

그러나 현실적으로 농업 분야에서 이 범주에 속하는 직접지불은 찾아보기 어렵다. WTO 농업협정 부속서 2가 정하는 직접지불, 즉 감축의무에서 면제되는 허용되는 국내지지 조치로서의 녹색정책(Green Box)은 생산에 미치는 효과나 무역왜곡 효과가 없거나 최소한(at most minimal)에 그쳐야 할 것을 요구하고 있다. 이 기준에 맞는 직접지불도 순수 직접지불에 근접해 있기는 하지만 엄밀히 여기에 속한다고 할 수는 없다. 왜냐하면, 과거의 생산이나 생산요소에 연계된 지불은 부속서 2가 허용하는 직접지불로 간주될 수 있기 때문이다. 뿐만 아니라 이 직접지불은 일정한 수급조건(受給條件, conditionality)과 수급자격(eligibility) 요건을 부과하고 있기 때문이다.

3.2 광의의 직접지불

협의의 순수 직접지불 요건을 갖춘 정책을 시행하는 데는 현실적으로 한계가 있을 수밖에 없다. 그런 유형의 직접지불을 설계할 수 없어서가 아니라 각 나라의 농업 여건, 농정기조나 방향에 부합할 수 있는지의 문제가 있기 때문이다. 광의의 직접지불은 이런 현실적 문제를 고려하여 그 요건을 다소 완화하여 직접지불을 정의한다.

OECD는 '경제적으로 덜 왜곡된(less economically-distorting)' 지불을 직접지불로 정의하고 있다.[4] 농업협정은 언급한 바와 같이 직접지불이 감축의무에서 면제되기 위한 요건으로 원칙적으로 생산에 미치는 효과와 무역왜곡 효과가 없거나 최소한에 그쳐야 한다는 기준을 제시한다. OECD가 말하는 '덜(less) 왜곡'하는 지불은 이 기준 정도로 엄격하지는 않더라도 왜곡효과가 매우 적은 지불을 직접지불로 본다는 의미이다. 그리고 이를 순수 직접지불에 대비하여 넓은 의미의 직접지불로 정의하고 있다.

4 OECD(1994). 가격지지와 달리 직접지불은 바로 농가의 소득 증가로 이어지기 때문에 OECD는 이를 직접소득지불(direct income payment)로 더 자주 부르고 있다(특히, 소득지원이 지불제의 목적일 경우).

이 정의에 따르면 그 지불이 현재와 미래의 생산에 영향을 미치지 않는 한 생산이나 생산요소 또는 소득에 연계되는 지불도 이 광의의 직접지불에 포함되고, 수급 농가에게 일정한 조건을 부과할 수도 있다. 그러므로 경우에 따라서는 생산과 연계된 시장 왜곡적 조치도 이 광의의 직접지불에 포함될 수 있다. 예를 들면, 과거 특정 시점의 생산량을 기준으로 한 지불조치가 이 범주에 속하는 직접지불이 된다. 그러나 이 '덜 왜곡'의 기준도 현실 적용에 있어서 그 경계를 명확히 구분 짓기가 쉽지는 않다.

농업협정 부속서 2의 1항은 기본원칙으로서 생산이나 무역에 미치는 효과가 없거나(no) 최소한(at most minimal)에 그치도록 매우 좁은 조건을 요구하고 있다. 그리고 5항 이후의 개별 직접지불의 요건에서는 기준 기간(base period) 이후의 생산이나 생산요소에 영향을 주지 않는 조건만 요구하고 있다. 즉, 지불이 과거 시점의 생산이나 생산요소에는 연계되더라도 이 조항의 요건을 충족하는 직접지불로 본다는 것이다. 그렇다면 OECD의 '덜(less) 왜곡'하는 광의의 직접지불과 비슷한 수준의 요건으로 볼 수 있다. 우리나라의 과거 쌀 고정형 직접지불과 현행 공익형 직접지불, 그리고 미국이 2002년, 2008년 농업법에서 시행한 고정 직접지불 모두 여기 광의의 직접지불에 포함될 것이다.

3.3 최광의의 직접지불

가장 넓은 의미로 정의하는 직접지불은 시장왜곡 여부나 정도와 관계없이 정부 재정자금에서 농업생산자에게 직접 지원하는 모든 유형의 지불이다. 세계 농업개혁 이전 보호주의 농정시대에 시행한 시장왜곡적 지불조치도 모두 이 최광의의 직접지불에 해당한다. 가격지지 같이 시장을 통해 간접적으로 지원하는 조치에 대응되는 개념으로서, 생산자에게 직접적으로 지불한다는 형식에 초점을 맞춰 정의할 때의 직접지불이다.

미국이 시행했던 결손지불제(DPP)가 대표적인 예인데, 이는 시장왜곡 효과가 시장가격지지에 버금가지만 당시에는 그것과 대비하기 위해 이를 직접지불로 부르고 그렇게 이해했다. 2021년 초반까지 시행했던 우리나라의 쌀 직불제(변동)는 아예 명칭 자체를 직접지불로 정했다. 쌀 변동직불은 목표가격과 연계된 지불로 인해 시장을 명백히 왜곡시키는 정책으로 실질적으로는 가격지지나 다름없는 조치이다.[5] EU가 1992년 맥셔리 개혁으로 시행했던 보상적 지불(compensatory payments)도 여기에 속한다. 이런 지불들이 모두 최광의의 직접지불에 해당한다.

그러나 직접지불이 가격지지 같은 시장 왜곡적 정책을 철폐 또는 제한하고 대안 정책수단으로 부각되기 시작했다는 점을 고려한다면 직접지불은 원칙적으로 시장왜곡 효과를 최소화해야 한다. 이렇게 본다면 현실적으로 각 나라들이 직접지불 용어를 어떤 방식으로 사용하는가와는 별개로 최광의의 입장은 받아들이기 어려울 것이다.

3.4 WTO 농업협정에서의 직접지불

농업협정(부속서 2의 5)은 직접지불(direct payments)을 통한 지원(support)이 감축의무에서 면제되기 위해서는 기본적으로 부속서 2의 1이 정하는 요건을 충족해야 한다고 규정한다. 이 요건을 충족하는 지원정책이 허용되는 녹색정책(Green Box)으로 분류된다. 그렇다고 부속서 2의 1이 정하는 디커플링 요건을 충족하는 지불만을 직접지불로 본다는 의미는 아니다. 농업협정 제6조의 5는 생산제한 조치하에 시행되는 지불의 감축 면제 요건을 규정하고 있는데, 이때의 지불은 일정 부분 시장왜곡을 초래하지만 여기서 정하는 요건을 갖출 경우 감축의무에서 면제되는 지불로서 직접지불이라고 부르고 있다. 이런 정책은 성격상 왜곡적 조치이지만 일정 조건하에 감축의무만 면제해 준다는 점에서 청색정책(Blue Box)이라고 부른다. 이뿐만이 아니다. 농업협정(부속서 3, 4)은 비면제 직접지불(non-exempt direct payments) 용어 사용 예에서 보듯이 감축의무에서 면제되지 않는 시장 왜곡적 지불까지도 직접지

5 협의나 광의의 직접지불 정의 관점에서 보면 우리나라의 쌀 직불제(변동) 명칭은 잘못 사용된 것이다. 미국의 결손지불제처럼 직접지불이 아닌 단순 지불제가 옳은 표현이다. 한국의 쌀 직불제에 대해서는 제12장에서 상세히 논의한다.

불로 부르고 있다.[6] 그러니까 농업협정상으로는 시장왜곡 여부나 정도가 직접지불을 구별하는 기준은 아닌 것이다.

농업협정은 또 소득보험(income insurance)이나 작물보험(crop insurance) 같은 보험 프로그램에 정부가 재정적으로 참여하여 생산자를 지원하는 정책도 직접지불의 범주에 넣고 있다(부속서 2의 7, 8). 이 경우에는 정부가 농업생산자에게 일정 금액을 직접 지불하는 것은 아니고, 보험 프로그램의 비용을 정부재정에서 일부 부담해 주는 것이다(간접지불). 보험의 조건이 성취되었을 때, 예를 들면 작물보험의 경우 자연재해로 생산량에 일정 수준 이상의 피해가 발생했을 때 농업생산자가 피보험자로서 보험금을 지급받게 되고 이때 비로소 실질적인 지원이 이루어진다. 농업협정은 이런 경우의 지불조치도 직접지불로 간주하고 있다. 이렇게 본다면 농업협정의 입장이 반드시 정부재정으로부터 농업생산자에게 직접 지불한다는 형식적 요건을 기준으로 직접지불을 구별하는 것도 아니다. 결국 농업협정은 지불과 직접지불을 구별하지 않고 있는 셈이다.

이상을 종합적으로 고려할 때 농업협정의 직접지불에 대한 태도는 통상의 지불과 동일하게 보고 있는 것이다. 정부의 재정부담으로 생산자에게 지원되는 모든 유형의 지불을 직접지불로 보는 셈이다. 시장왜곡이 직접지불을 구분하는 기준이 아니라, 형식 논리적으로 정부의 재정부담으로 생산 농가에게 직접(혹은 간접) 지불하여 지원하는 조치는 모두 직접지불로 본다. 최광의의 직접지불 입장을 견지하고 있는 것이다. 농업협정은 시장 지향성을 향한 세계 농업개혁의 일환으로 가격지지의 대안으로서 시장 비왜곡적 직접지불을 요구하지만, 정작 협정의 규정에서는 시장 왜곡적인 지불까지도 별도의 구분 없이 직접지불로 함께 부르고 있다.

---

6 1. Subject to the provisions of Article 6, … market price support, *non-exempt direct payments*, or … . 10. *Non-exempt direct payments: non-exempt direct payments* which … . 12. *Non-exempt direct payments* which are … . (Agreement on Agriculture, Annex 3). 1. … as well as any *non-exempt direct payments* and … . 3. … are the subject of *non-exempt direct payments* or any … . (Agreement on Agriculture, Annex 4)

3.5 본서에서의 직접지불

직접지불을 형식 논리적으로 정부가 재정자금으로 생산농가에게 직접 지불하여 지원하는 정책으로 이해한다면 앞에서 분류한 세 개념 정의 구분은 무의미하다. 그러나 직접지불이 세계 농업개혁 이후 가격지지조치의 대안 정책수단으로 등장했다는 점을 고려하면 시장왜곡 요소를 추가하여 정의하는 것은 중요한 의미를 가진다. 앞에서 우리는 협의, 광의, 그리고 최광의로 구분하여 시장왜곡 정도에 따라 직접지불을 정의했다. 하지만 현실에서 지불정책의 시장왜곡 정도는 다양한 스펙트럼을 보인다. 그렇기 때문에 협의와 최광의 중간에는 매우 다양한 시장왜곡의 정도가 존재할 수 있다는 점 또한 염두에 두고 있어야 한다.

모든 지불은 그 명칭이 암시하듯 정부(중앙, 지방)의 예산을 재원으로 하여 개별 농업생산자에게 직접 지급하는 지원방식이다. 정부 재정으로부터 생산자에게 직접 지급되는 형식적 지원방식 측면만 보면 모든 지불은 직접지불이다. WTO 출범 이전 가격지지가 중심 농정수단이고 지불정책은 제한적으로 시행되었던 시대에는 시장왜곡 여부와 관계없이 모든 지불을 직접지불로 이해했던 것도 이런 이유이다. 이 당시의 지불은 실제 명칭과 관계없이 시장가격지지에 대응되는 개념으로 직접지불과 동의어로 사용되었다. 그러나 WTO 세계 농업개혁에 따라 가격지지조치가 축소되고 지불정책이 대세를 이루어가고 있는 지금 직접지불은 다른 개념으로 인식되는 경향을 보이고 있다. 직접지불은 지불이지만, 모든 지불을 직접지불이라고 단정하여 말할 수 있는지 의문이라는 것이다. OECD가 '경제적으로 덜 왜곡된' 지불을 직접지불로 정의하고 있는 것도 그런 입장이다.

그렇다고 이런 구분이나 직접지불의 개념 정의가 꼭 그렇게 되어야만 하는 타당한 이유나 이론적 근거를 갖고 있는 것은 아니다. 가격지지 방식에서 비왜곡적 지불 방식으로의 농정개혁 과정에서 만들어진 결과물일 뿐이다. 명칭의 문제이지 본질의 문제는 아니라는 얘기다. 예를 들면, 통상의 지불을 과거에 그랬듯이 지불하는 방식에만 초점을 맞춰 직접지불이라고 부르고, 농업협정의 디커플링 요건을 갖춘 지불은 시장(생산)중립적 직접지불, 비연계 직접지불, 시장비왜곡 직접지불 등 다른 명칭을 붙여도 되는 것이다.[7]

사실 지불(payment)에는 직접의 의미가 내포된 것으로 이해될 수도 있다. 정부가 재정자금으로 농업생산자에게 바로 지급한다는 의미로 해석될 수 있기 때문이다. EU나 미국 등에서도 특별히 '직접'이라는 수식어를 붙이지 않고 그냥 지불이라고 부르는 경우도 흔하다. 그러니까 지불이라고 하면 굳이 직접을 사용하지 않아도 직접지불을 의미하는 것으로 이해하는 것이다. 때로는 문제의식 없이 모든 지불을 직접지불이라고 부르기도 한다.[8] 다만, OECD의 정의에 따르면 경제적으로 덜 왜곡된 지불을 넓은 의미의 직접지불로 보고, 좁은 의미에서의 순수 직접지불은 온전히 시장 중립적인 지불을 일컫는다. 때로는 2002년 미국에서 CCP와 함께 도입한 고정된 직접지불(Fixed Direct Payment)의 예처럼 명시적으로 직접지불로 칭하는 경우도 있다. 이런 경우는 어떤 조건이나 특별한 목적 없이 CCP를 시행하는 데 보조적으로 지급되는 것이기 때문에 굳이 무슨 무슨 지불이라는 명칭을 붙일 필요가 없기 때문일 것이다. 어쨌든 농업협정 발효 이후 세계 농업개혁 방향에 따라 지불조치도 디커플된 지불로 전환되고 있다. 그렇다고 이런 지불을 반드시 직접지불이라고 구별지어야 할 이론적 근거는 없고, 또 현실적으로 그렇게 사용하고 있지도 않다.

결국 어디에 방점을 둘 것인지의 문제이다. 과거처럼 정부가 농업생산자에게 직접 지불한다는 형식 논리에 따라 정의할 것이냐, 아니면 세계 농업개혁 취지와 변화된 농정 추세에 따라 실질적인 시장왜곡 요소를 더하여 정의할 것이냐의 문제이다. 언급한 바와 같이 WTO 농업협정은 형식 논리에 따라 직접지불 개념을 사용하고 있다. 디커플링(부속서 2)을 감축 면제 요건으로 하지만 그 요건을 갖춘 지불만을 직접지불로 보지는 않는다. 직접지불이냐 아니냐가 중요한 것이 아니라 세계 농업개혁 추진을 위해 디커플링 요건을 갖춘 감축 면제 지불이냐 여부를 중요시하

7 OECD의 PSE 구성요소로서 '지불'에는 직접지불 등 모든 유형의 지불이 다 포함된다. 미국의 PLC(price loss coverage)처럼 사실상 지불이지만 payment 용어는 사용하지 않는 경우도 있다.

8 Aebi(2015).

고 있는 것이다.[9]

그럼에도 직접지불이 세계 농업개혁의 일환으로 가격지지의 대안으로 제시되었다는 점을 고려한다면 분명한 것은 직접지불은 시장왜곡을 최소화하는 방식이어야 한다. OECD가 직접지불을 광의로 시장왜곡 요소를 포함하여 정의하고 있는 점이나, EU나 미국이 농업개혁 이후 세계적 추세에 조화하는 경향을 보이고 있는 것도 같은 이유이다. 그러나 한국은 쌀 변동직불제의 예에서 보듯이 시장왜곡과 관계없이 최광의로 직접지불을 사용해 왔다.

종합할 때 본서에서는 직접지불을 광의로 해석하는 입장에서 다음과 같이 정의하고자 한다. 직접지불이란 "정부(중앙, 지방)의 재정자금으로부터 개별 농업생산자에게 직접 지급되는 금전적 지불 또는 기타 이에 상응하는 재정적 손실을 수반하는 지불로서 시장왜곡 효과가 미미한 지불"이다. 따라서 본서에서는 광의로 정의하는 입장에서 협의의 순수 직접지불은 물론 농업협정의 디커플링 요건을 충족하여 감축의무에서 면제되는 지불(부속서 2)을 직접지불로 보는 입장을 견지하고자 한다.[10] 그 밖의 다른 지불은 직접지불이 아닌 통상의 지불로 부를 것이다. 기본적으로는 1990년대 이후 OECD가 정의하는 '경제적으로 덜 왜곡된 지불'과 같은 입장이고, EU나 미국 등 세계적인 추세로도 볼 수 있다. 그리고 이 직접지불을 수단으로 특정의 정책 목적을 달성하려는 개별적인 제도를 직접지불제(직불제), 그리고 이 같은 직접지불을 이용한 농업정책을 총체적으로 직접지불 정책이라 부르고자 한다.[11]

---

9 현실에서도 때로는 시장왜곡 요소를 직접지불의 본질적 요소로 보고 사용하지는 않는다. 예를 들면, 비연계 직접지불(decoupled direct payment) 혹은 고정된 직접지불(fixed direct payment) 등으로 사용되는 경우이다. 직접지불이 비왜곡을 본질적 요소로 인정한다면 '비연계'나 '고정된' 같은 수식어를 사용할 필요는 없을 것이다.

10 농업협정 제6조의 5는 조건부 감축의무 면제 직접지불로 보고 있으나, 이는 성격상 왜곡적 지불이기 때문에 본서에서의 개념 정의상 직접지불로 보기는 어려울 것이다.

11 지불(payment)은 support(지지, 지원)의 하위 개념으로 그것의 구체적인 한 유형, 형식, 방법이다. 예를 들면, OECD의 PSE 구성요소 중 support와 payment의 관계이다. support는 시장을 통한 가격지지와 지불 방식의 지지가 모두 포함되는데, 지불 방식의 지지는 다시 비왜곡적 지불과 왜곡적 지불로 나누어진다. 유사한 개념으로 assistance(지원)는 support와 거의 같은 의미로 사용되고 있다. 예를 들면, 농업협정 부속서 2의 6은 support(소득지지), 9-11(구조조정 지원)은 assistance로 사용되고 있다. 이로 미루어보아 양자는 같은 의미인데 support는 경제적(소득) 지원, assistance는 구조조정처럼 비소득, 비경제적 지원까지 포함하여 사용되고 있다. 결국 지불은 support나 assistance의 하위 개념으로 사용되고 있는 셈이다.

3.6 직접지불의 구성요소

고찰한 바와 같이 본서에서는 직접지불을 광의로 정의하는 입장을 견지하고 있다. 이 같은 입장에서 직접지불이 갖추어야 할 핵심 구성요소는 다음과 같이 요약할 수 있다.

첫째, '정부재정'으로부터 지급되어야 한다. 중앙정부는 물론 각 도나 시·군 등 지방정부의 예산을 재원으로 하여 지원되어야 한다. 그렇다고 반드시 농업생산자에게 직접 금전적 지급이 발생해야 하는 것은 아니다. 현물 지원을 포함하여 정부의 재정적 손실이 수반되면서 농가에게 실질적인 소득지원이 이루어진다면 직접지불에 속한다. 정부의 작물보험 프로그램(농업협정 부속서 2의 8) 참여와 같이 재정적 손실이 수반되면서 농가에게 실질적인 소득지원이 이루어진다면 이것도 직접지불이다.

둘째, '농업생산자'에게 지급되어야 한다. 즉, 직접지불의 수급 대상은 개별 농업생산자(농가)이다. 농업이나 농촌지역을 대상으로 지원하는 연구개발, 인프라 구축, 마케팅 등을 위한 정부의 투자나 예산지출은 직접지불이 아니다. 개별 농업생산자가 아닌 일반적으로 시행되는 농업·농촌의 발전을 위한 정부의 투자 지출 등은 그것이 정부재정으로부터 직접 지출된다 해도 여기서 말하는 직접지불은 아니다.[12]

셋째, 수혜자에게 '직접' 지급되어야 한다. 정부 재정으로부터 농업생산자에게 직접 지불되어 바로 소득증가로 이어져야 한다. 이는 가격지지처럼 시장을 통하여 간접적으로 농가소득을 지원하는 방식이 아니라는 것을 의미한다. 이때 정책비용은 담세자(擔稅者, taxpayers)로부터 징수되는 셈인데, 담세자로부터 생산자로 소득재분배가 일어나게 된다.[13] 그러나 생산자에게 직접 지불되지는 않더라도 소득보험이나 작물보험 같은 보험 프로그램에 정부가 참여하여 보험료의 일정 부분을 재정자

12 WTO 농업협정은 이를 '정부 서비스(government service)'라고 한다.

13 조세전가(租稅轉嫁) 문제를 고려하면 납세자(納稅者)가 아닌 실제 세금을 부담하는 담세자(擔稅者)가 정확한 표현이다. 예컨대 기업에 부과된 물품세(부가가치세) 수입을 재원으로 하여 직불제 예산으로 사용되었다고 해 보자. 이때 기업은 납세자이긴 하지만 납부하는 세금 모두가 기업이 부담한 것은 아니다. 세금 부과는 상품의 가격 인상으로 이어지므로 부과된 세금의 일부는 소비자에게 전가되는 셈이다.

금으로 지원하여 생산자에게 실질적인 이익이 되는 경우에도 직접지불로 본다(농업협정 부속서 2의 7, 8).

넷째, 앞의 세 요소는 직접지불을 어떻게 정의하든 반드시 갖추어야 할 지불 형식상의 특징이다. 이 외에 직접지불은 시장 비왜곡적이어야 하는 실질적 요소를 갖추어야 한다. 그 지불로 인해 생산이나 무역에 영향을 미치는 등 시장 메커니즘을 왜곡해서는 안 된다. 이것이 전통적 가격지지의 대안 정책수단으로서의 실질적 특성이다. 이때의 시장중립성 경계선은 직접지불을 협의로 볼 것인가, 광의로 볼 것인가에 따라 달라진다. 직접지불을 협의로 정의한다면 지불은 온전히 시장 중립적이어야 한다. 하지만 광의의 직접지불은 농업협정 부속서 2의 그린박스 정책 수준의 디커플링(decoupling) 요건, OECD에서 정의하는 경제적으로 덜 왜곡된 지불 정도의 시장 중립성 요건을 갖추어야 한다. 따라서 지불액은 고정돼 있거나 현재나 미래의 생산 의사결정에 영향을 미쳐서는 안 된다. 즉, 현재나 미래의 농산물 생산 또는 투입요소 수준에 영향을 주어서는 안 된다.

제4절 직접지불과 디커플링

4.1 디커플링의 개념

세계 농업개혁의 기본 방향을 규정한 농업협정은 그 부속서 2의 1에서 국내지지조치(domestic support measures)가 감축의무에서 면제되기 위해서는 무역 왜곡 효과나 생산에 미치는 효과가 없거나 최소한에(no, or at most minimal) 그칠 것을 요구하고 있다. 즉, WTO 체제에서 국내지지조치가 허용되기 위해서는 생산이나 무역에 영향을 미치지 않도록 디커플되어야(decoupled) 한다는 의미이다. 다시 말하면, 국내지지조치가 생산과 연계되지 않아야 한다. 이 디커플링 개념은 시장지향성을 향한 세계 농업개혁 추진 과정에서 국내 농업정책이 생산과 무역에 미치는 영향을 최소화해야 한다는 전제에서 출발했다. 그리고 그것이 농업협정 부속서 2에 규정된 것이다.

그런데 농업협정은 이 디커플링의 개념을 명시적으로 규정하고 있지는 않다. 이 개념이 사용된 곳은 부속서 2의 6의 비연계소득지원(decoupled income support)이 유일하다. 이 조항에 디커플링의 정의가 체화되어 있다고 보는 것이다. 감축의무에서 면제되는, 즉 허용되는 직접지불이 갖추어야 할 이 조항의 기본요건을 생산이나 무역에 연계되지(coupled) 않는다는 의미에서 디커플링(decoupling)이라고 한다. 이 조항이 정하는 디커플링 요건을 갖춘 국내지지조치(직접지불, 정부서비스)는 총 AMS(Aggregate Measurement of Support) 산정에 포함시키지 않음으로써 감축의무에서 면제되는 것이다. 결국 디커플링이란 농업협정상 허용되는 국내 정책인 그린박스 여부를 판단하는 시장중립성 요건의 구체적인 기준인 셈이다. 국내 농업정책이 생산을 자극하여 무역에 미치는 영향을 규제하기 위한 것이므로, 생산을 줄이는 정책은 디커플링 논의의 중심 대상은 아니다.

엄밀한 의미에서는 디커플링은 해당 국내지지조치가 시장 메커니즘에 전혀 영향을 미치지 않는 완전 시장 중립적인 상태를 일컫는다. 그 정책으로 인해 최종 시장균형점에 변화가 없어야 함은 물론, 중간 조정과정에 있어서도 영향이 없어야 한다. 정책으로 인해 수요와 공급 구조에 아무런 영향을 주지 않는, 즉 시장 메커니즘의 작용에 영향을 주지 않아야 한다. 그러나 현실적으로는 어떤 정책이라도 이 정도로 완벽하게 시장 중립적일 수는 없다. 농업협정이 시장지향성을 궁극적 목표로 하고 있지만, 그 부속서 2에서 생산효과나 무역 왜곡 효과가 없거나 최소한에 그쳐야 하는 지불을 허용하는 정책으로 규정한 것은 이런 이유이다. 그리고 해당 조치가 생산과 어느 정도 연계되지 않는지, 즉 어느 정도 영향을 미치지 않는지가 관심의 대상이 된다. 생산에 영향을 미치지 않는다는 의미는 생산요소와도 연계되지 않고 무역에도 영향을 미치지 않아야 한다.

이런 관점에서 디커플링은 완전 디커플링(full decoupling)과 유효 디커플링

(effective full decoupling)으로 나뉜다.[14] 완전 디커플링은 정책이 생산 의사결정에 전혀 영향을 주지 않아 수급과 가격결정이 온전히 자유 경쟁 시장 메커니즘에 의해 조정되고 결정되는 비연계 상태를 일컫는다. 해당 정책이 시장균형뿐 아니라 균형에 이르는 조정과정에서도 시장에 영향을 미치지 않아야 한다. 이에 반해 유효 디커플링이란 정책의 시행으로 인해 결과적으로 초래된 생산과 무역 수준이 그것이 없었다면 발생했을 수준과 같을 때의 비연계 상태를 말한다. 따라서 이 유효 디커플링은 정책의 시행이 조정과정에서 어떤 영향을 미치는지와 무관하게 결과적으로 발생한 균형 상태에서의 생산과 무역 수준의 변화에 초점이 맞춰진 개념 정의이다. 농업협정 부속서 2의 규정은 이 유효 디커플링 관점에서의 요건이다.

4.2 디커플링도의 측정

디커플링에 대한 개념을 이와 같이 이해한다 해도 현실의 지불정책에서는 그 설계 방식에 따라 생산과 무역에 미치는 왜곡의 정도가 다양하게 나타난다. 거의 영향을 미치지 않는 정도의 직접지불이 있는가 하면, 가격지지 정도의 왜곡효과를 보이는 지불조치도 가능하다. 이 영향의 정도를 구체적인 수치로 나타낼 수 있는 지표가 필요한데, 이를 디커플링도(degree of decoupling: DD)라고 한다.

디커플링도는 일반적으로 지불정책이 생산에 어느 정도 영향을 미치는지, 즉 생산과의 연계 정도를 기준으로 측정한다. 생산의 변화는 무역에 영향을 미치지만, 생산의 변화 없이 소비의 변화만으로도 무역은 변할 수 있기 때문이다. 따라서 디커플링도는 유효 디커플링의 관점에서 정책 시행 전후 시장균형점에서의 생산량 변화를 비교하여 측정한다. 비교 기준점을 정하기 위해 완전히 커플된(연계된) 정책의 시행 상황을 가정하여 이때의 생산량 변화를 상정하고, 여기에서 지불정책으로 인해 발생한 실제 생산량의 변화가 차지하는 비중으로 측정한다. 다수의 개별 조치가 패키지를 이루어 정책조합이 시행될 경우에는 생산에 영향을 주지 않을 수

14 Cahill(1997), OECD(2001b).

도 있고 또는 마이너스 효과를 줄 수도 있다. 예를 들면, 생산조정제와 지불제가 동시에 시행되는 경우이다. 또한 하나의 정책이 다수의 품목(시장)에 동시에 시행될 경우에도 대체효과로 인해 생산에 미치는 효과가 줄어들 수 있다. 따라서 여기서 논의하는 디커플링도는 개념적 이해를 위해 하나의 정책이 단일 시장에 미치는 경우를 전제로 하고 있다.

이제 지불정책의 시행으로 농가에 지급된 총지불액을 G라고 해 보자. 그리고 오직 이 지불조치만 시행되고 있다고 가정한다. 이때 디커플링도 측정을 위한 절차를 살펴보자. 먼저 이 금액이 완전히 커플된 방식으로 지원될 경우의 가상적 생산량을 찾아야 한다. 만일 이 금액이 생산과 완전히 커플(연계)되어 가격지지효과가 그대로 나타나는 생산보조(production subsidy) 방식의 지불로 지원되었다고 가정해 보자. 그러면 생산은 물론 가격(P)에 영향을 미치게 되는데, 정책 시행 전의 균형 생산량을 Q_o라고 하면 다음의 관계가 성립한다.

$$\Delta P \times Q_o = G \tag{8.a}$$

이 식의 의미는 해당 정책이 사전적으로(*ex ante*) 시장가격지지와 동일한 PSE 값의 효과를 준다고 전제하고 있는 것이다.[15] 즉, 총지불액 G를 가격지지 방식으로 지원했을 때의 PSE 값과 같아진다면 가격은 얼마나 변하게 되는지를 말해주는 항등식이다. 이 식으로부터 가격의 변화 $\Delta P = P_1 - P_o = G/Q_o$이다. 여기서 변화 전 가격($P_o$), Q_o, G 값은 주어져 있으므로, 변화 후 상승한 가격(P_1)을 얻을 수 있다. 그리고 P_1에 상응하는 생산량 Q_1은 공급함수를 이용하여 구할 수 있다. 즉, $Q_1 = S(P_1)$이다. 이때 생산량 Q_1은 결국 지불액 G가 완전히 커플된 가격지지 방식으로 시행되었다면 일어나게 될 생산량 수준인 셈이다. 그런데 지불액 G는 동일한 금액이라도 정책 설계를 어떤 방식으로 하는지에 따라 생산에 미치는 정도는

15 OECD(2001b). 생산자지지추정치(producer support estimate: PSE)에 대해서는 제10장에서 상세히 논의한다.

다양하게 나타난다. 이때의 지불조치로 발생한 실제 생산량을 Q_d라고 부르자. 그러면 디커플링도(DD)는 정책 시행 전의 균형 생산량 Q_o를 기준으로 한 생산량 변화의 비율을 이용하여 다음과 같이 정의될 수 있다.

$$DD = 1 - \frac{\Delta Q_d}{\Delta Q_1} \tag{8.b}$$

여기서 $\Delta Q_1 = Q_1 - Q_o$, $\Delta Q_d = Q_d - Q_o$이다. ΔQ_1은 완전 연계시, 즉 동일한 지불액이 가격지지(생산보조) 방식으로 지원된다면 발생했을 생산의 변화이고, ΔQ_d는 실제 지불정책 시행에 따른 부분 연계 생산변화이다. 분자의 ΔQ_d가 작아질수록 DD 값은 커지면서 1에 접근해 간다. ΔQ_d가 0이 되면, 즉 지불정책으로 생산이 전혀 변하지 않으면 $DD = 1$이 되는데 완전 비연계된 직접지불이라는 의미이다. 통상 DD 값은 0(완전 연계)부터 1(완전 비연계)까지 변한다. 그렇지만 경우에 따라 패키지에 의한 정책조합이 시행될 때는 이 값은 1보다 커질 수도 있고 마이너스가 될 수도 있다. 지불이 생산통제와 결합될 때는 생산이 줄어들 수 있고 이때는 1보다 커진다. 반대로 정책의 효과가 실제로 분모보다 커지면 마이너스가 되는 경우도 생길 수 있다. 이 DD 값이 1에 가까울수록 정책이 생산에 덜 연계되어 있다는 의미이다. 따라서 이 값이 1이면 완전히 비연계, 0이면 완전 연계되었다는 의미가 된다. 그러나 DD 값이 어느 정도로 커져야 시장 중립적인 직접지불에 해당한다고 판단할 수 있는 기준은 없다. 마찬가지로 이 값이 어느 정도 되어야 농업협정에서 정하는 허용되는 직접지불이라는 기준도 존재하는 것은 아니다.

디커플링도는 생산량의 변화율을 이용하여 표시할 수도 있다. 이 경우 디커플링도는 다음과 같이 정의할 수 있다.

$$DD = 1 - \frac{\left(\frac{\Delta Q}{Q}\right)_d}{\left(\frac{\Delta Q}{Q}\right)_1} \tag{8.c}$$

여기서 $(\Delta Q/Q)_1 = \Delta Q_1/Q_o$, $(\Delta Q/Q)_d = \Delta Q_d/Q_o$이다. 각각 완전 연계시 산출량 변화율, 부분 연계시 산출량 변화율을 의미한다.[16]

디커플링의 정도는 직불제 설계를 어떻게 하느냐에 따라, 때로는 그 정책변수 운용을 어떻게 하느냐에 따라 달라진다. 이론적·선험적으로(*a priori*) 정해지는 문제라기보다 구체적 사안의 실증적·경험적 문제이다. 예컨대, 과거 한국의 쌀 직불제에서 고정직불은 생산과 거의 디커플된 데 반하여, 변동직불은 반대로 거의 커플된 직접지불이다.[17] 하나의 쌀 직불제에 두 상반된 성격의 지불조치가 혼재되도록 설계되어 있던 셈이다. 여기서 두 지불은 상호 독립된 것이 아니라 하나의 변화는 다른 지불의 변화를 일으키는 구조로 설계되어 있다. 즉, 고정직불을 어떻게 정하느냐에 따라 변동직불에 영향을 주는 구조이다. 따라서 고정직불의 크기(비중)에 따라 변동직불의 디커플링의 정도, 나아가 쌀 직불제 전체의 디커플링도가 영향을 받는다. 고정직불의 비중이 커질수록 변동직불의 디커플링도는 커진다. 만일 고정직불의 비중이 매우 크다면 변동직불을 지급한다고 해서 그것이 생산에 영향을 미치는 효과는 미약해진다.

설계방식이란 주로 지불의 조건을 어떻게 정하느냐의 문제이다. 먼저 지불액 산정기준이다. 생산이나 생산요소를 기준으로 하거나 또는 농가의 소득(income)이나 수입(revenue)을 기준으로 할 수도 있다. 생산요소를 기준으로 할 때는 재배면적, 가축 두수, 기타 가변투입요소를 기준으로 지불액을 산정할 수 있다. 다음은 지불액 결정의 기준 시점이다. 지불 기준으로 삼는 생산량이나 면적, 두수 또는 소득을 어느 시점으로 하느냐 하는 문제이다. 어느 시점으로 하느냐에 따라 생산에 영향을 주는 정도가 결정된다. 현행으로 하는지 비현행, 즉 과거의 고정된 시점으로 하느냐에 따라 생산과 시장왜곡 효과가 달라진다. 현재의 면적이나 두수를 기준으로 지불액이 정해지면 당연히 생산에 직접 영향을 미친다. 그러나 과거 특정 시점의 면적이나 두수를 기준으로 하면 지불액은 고정되기 때문에 현재나 미래의 생산에 직

---

16 이용기(2005b)는 이 접근법을 한국의 쌀 직불제에 적용하여 디커플링도를 추정하고 있다.

17 지원율이 85%이기 때문에 완전한 연계라고 볼 수는 없지만 사실상의 완전 연계에 가깝다. 이에 대해서는 제12장에서 상세히 고찰한다.

접 영향을 미치지 않는다. 때로는 생산(활동)을 지불의 조건으로 할 수도 있다. 이 경우에는 당연히 시장을 왜곡하게 된다. 경우에 따라서는 목표가격을 설정하고 지불을 이 목표가격과 연계하기도 한다. 이때에는 시장가격이 어떻게 형성되든 관계없이 지불액이 목표가격과 연계되기 때문에 정도의 문제는 차치하고, 가격지지 효과가 나타나 생산에 직접 영향을 주게 마련이다. 미국의 DPP나 한국의 쌀 변동 직접지불제가 여기에 해당한다.

그러나 지불을 위해 이상의 어떤 기준이나 조건도 요구하지 않는 경우도 있을 수 있다. 이것이 협의의 순수 비왜곡적 직접지불이다. 이때의 *DD* 값은 1이 될 것이다. 디커플링은 결국 정책 시행에 대한 생산(자)의 반응 문제이다. 우리가 농업협정 부속서의 2 조항을 디커플링으로 해석하고 있지만, 정작 농업협정은 언급한 바와 같이 이 조항의 규정과 관련하여 명시적으로 디커플링이라는 개념을 사용하지는 않고 있다. 농업협정에서 디커플링 개념이 사용된 곳은 디커플된 소득지지(decoupled income support)에 대하여 규정한 부속서 2의 6 조항이 유일하다. 지불정책이 어느 정도 시장을 왜곡하는가는 설계 방식에 따라 달라지고 디커플링도 역시 다른 값을 띠게 된다. 이 값이 클수록 생산증대 효과 등 시장왜곡의 정도는 낮아지며, 따라서 농업협정의 감축 대상 면제 요건을 충족하게 된다. WTO 농업협정은 여러 조항에 걸쳐 감축의무에서 면제되는 직접지불이 갖추어야 할 요건을 세부적으로 규정하고 있다.[18]

제5절 직접지불의 정책목표

직접지불을 통해 달성하고자 하는 정책목표는 농업 전 분야에 걸쳐 다양하다. 직접지불은 수혜 농가의 소득에 바로 영향을 주기 때문에 농가소득 안정을 목적으로 시행되는 것이 보통이지만, 소득증대라는 경제적 유인(incentive)을 통해 환경보

18 이에 대한 상세한 내용은 제9장에서 논의한다.

전이나 구조조정 등 다양한 정책 목적을 위해 시행되기도 한다. 농업의 역할과 외연이 확대되면서 가격지지의 대안 정책수단으로 지불정책이 등장할 수 있었다는 점도 이미 언급했다. 어느 경우든 직접지불의 1차적인 효과는 대상 농가들의 소득 증가로 나타난다는 점이다. 이런 이유로 OECD는 직접지불을 직접소득지불(direct income payments)이라 부르기도 한다.[19] 그리고 소득지원을 활용해 다양한 목적의 직접지불을 시행할 수 있는 것이다.

5.1 농가소득 안정화

개별 농업생산자들의 소득을 지원하고 안정화시키는 것은 직접지불의 가장 중요한 목적이다. 생산 주체인 농민의 소득이 일정 수준 유지되어 생활이 안정되지 않고는 다른 어떤 농업·농촌 정책의 추진도 실현되기 어렵다. 어떤 정책목표를 갖고 시행하든 직접지불은 농가소득 지원이 기본적으로 전제되어야 한다. 농민은 농업생산의 주체이자 동시에 농촌 지역사회의 중심적 구성원이기 때문이다. 농가소득 문제를 농업소득만으로 해결하는 것은 불가능하다. 따라서 농가소득의 안정화를 위한 직접지불의 역할은 특히 중요하다. 이를 통해 도·농 간 격차를 완화하고 농업과 비농업 간 및 농업 내의 불평등을 완화할 수 있어야 한다.

농가소득 안정화를 위한 직접지불은 평균적 소득수준 향상과 최저소득을 일정 수준 이상 보장해 주기 위한 것이 모두 포함된다. 또한 변동성이 심한 농산물 가격의 불안정성에서 오는 소득 불안정성 완화나 소득감소 보상을 위한 지불, 그리고 자연재해 등으로 인한 일시적인 소득손실 보상 지원 등의 소득 안정화도 포함된다. 형평성 측면에서 보면 평균소득의 향상은 농업 부문과 비농업 도시 가구와의 소득 불균형을 해소하기 위한 것이고, 최저소득 수준의 보장은 농업 내에서의 양극화 해소를 통해 형평성을 제고하는 것이다.

19 OECD(1994). 농가소득안정화나 최저소득보장 등 소득지원이 직접적 목적인 경우에는 직접소득지불이라고 하지만, 환경보존 같은 다른 목적의 경우는 그냥 직접지불이라 부르고 있다. 어느 경우나 지불은 농가소득의 증가를 가져오지만 궁극적 목표가 서로 다른 데서 오는 차이이다.

농가소득 안정화를 위한 직접지불 조치에는 통상적인 소득지원 직접지불, 시장개방 피해 지원을 위한 직접지불, 소득보험이나 작물보험 지원 지불, 자연재해 지원 직접지불 등을 들 수 있다. 농업협정 부속서 2의 6, 7, 8 항의 규정은 농업생산자에 대한 여러 유형의 소득지원 및 안정화를 위해 허용되는 직접지불을 규정하고 있다.

5.2 농업 구조조정 촉진

순전히 생산자의 소득지원을 위한 지불 외에 이를 지렛대 삼아 다른 정책목적을 위해 시행되는 직접지불도 많다. 그중 하나가 농업의 구조조정 촉진을 위한 직접지불이다. 시장 지향적 세계 농업개혁 과정에서 농업의 생산성 향상과 국제경쟁력 제고는 중요한 농정 과제이다. 토지, 노동, 자본 등 농업자원의 합리적 배분과 효율적 이용을 촉진하기 위해 직접지불이 시행될 수 있다.

구조조정을 위한 직접지불은 특히 시장개방과 농업개혁 과정에서 농산물 순수입국들에게 필요한 조치이다. 농산물 가격이 하락하고 농업 투입요소가 재배분되는 과정에서 농지 등 생산자원이 축소되고 농지의 유휴화가 일어나 생산과 농가소득 감소로 이어지게 된다. 직접지불은 이에 대한 사후적인 소득보상이나 지원, 즉 구조조정 과정에서 발생하는 손실과 피해를 보상해 주는 지불이다. 우리나라의 FTA피해보전직불제가 그런 예이다.

구조조정을 촉진하기 위해 사전적 인센티브로서의 직접지불도 필요하다. 농지나 자본의 구조조정은 물론 노동력의 구조조정을 위해서도 직접지불이 시행된다. 시장개방 상황에서 노동력의 재배분, 특히 고령 노동자들의 농업 생산활동에서의 탈퇴를 촉진하기 위한 지불정책도 시행된다. 농업협정은 몇 가지 구조조정 촉진을 위한 직접지불을 규정하고 있다. 생산자 은퇴를 위한 구조조정, 생산자원 은퇴를 위한 구조조정, 그리고 투자지원을 위한 구조조정 직접지불이다. 우리나라의 경영이양직불제나 EU의 청년농지불제 등도 구조조정을 촉진하기 위한 것으로 여기에 포함될 것이다.

5.3 농업의 다원기능 증진

농가소득 지원이나 구조조정 촉진 못지않게 직집지불이 시행될 수 있는 중요한 정책목적은 농업의 다원기능 증진이다. 긍정적 외부효과를 촉진하거나 부정적 외부효과를 최소화하기 위한 직접지불이 모두 포함된다. 특히 시장개방이 확대되는 과정에서 농산물 순수입국들은 식량안보나 환경보호 등 농업의 다원기능이 심각하게 위협받는 상황으로 이어질 수 있다는 데서 이에 대한 정책적 개입이 필요해진다. 이를 위한 정책수단이 지불정책이다. 친환경직접지불, 경관보전 직접지불, 조건불리지역 직접지불 등이 그런 예이다. 농업협정은 서문에서 식량안보와 환경보호의 필요성 같은 농업의 비교역적 관심사항을 명시하고, 그 부속서에서 환경 직접지불, 조건불리지역 직접지불 등 몇 가지 농업의 다원기능 증진을 위해 허용되는 직접지불을 규정하고 있다.

전통적 가격지지조치는 환경보호 같은 농업의 다원기능적 측면에서는 부정적 영향을 미친다. 가격지지는 필연적으로 생산증대를 일으키게 되는데, 이 과정에서 농지가 늘어나거나 생산성 향상을 위해 화학비료, 농약, 농기계 등 투입요소도 증가할 수밖에 없다. 비닐하우스 같이 자본재가 많이 투입되는 시설형 영농방식도 확산된다. 그 결과 경관 훼손, 환경과 생태계 파괴, 산림벌채 등을 초래하게 된다. 농업의 다원기능 증진이라는 측면에서 보면 가격지지 방식은 결코 바람직한 정책수단이 될 수 없다. 그러나 정부재정을 통한 직접지불 정책수단은 앞서 논의한 바와 같이 생산과 연계되지 않는 방식으로 목표변수나 그룹, 지역에 타게팅하여 정책목표를 효과적, 효율적으로 달성할 수 있기 때문에 이런 문제로부터 훨씬 자유롭다. 뿐만 아니라 지불 조건으로서 수혜자에게 일정한 의무(상호준수의무)를 부과할 수도 있으므로 더더욱 그런 문제를 피할 수 있다.

농가소득 안정화를 위해 지불조치가 필요한 것은 당연하다고 볼 때, 구조조정 목적을 제외한다면 직접지불은 결국 농업의 다원기능을 위한 정책수단이라고 말할 수 있다. 직접지불은 농업의 다원기능적 공익가치를 실현하기 위한 정책목적에 잘 부합하는 정책수단이 된다는 의미이다. 미래 지속 가능한 발전의 시대, 농업의 역할이 경제·산업적 역할을 넘어 다원기능으로 확대되면서 직접지불 중심 농정으로 바뀌어야 하는 것도 이런 이유이다.

5.4 기타 다양한 정책 목적

정부 재정을 이용하는 직접지불은 바로 농가소득의 증대로 이어지기 때문에 농정 전 분야에 걸쳐 거의 제한 없이 시행될 수 있다. 예를 들면 식품위생과 안전(food safety), 동물복지(animal welfare) 또는 청년농 육성, 나아가 기후변화 대응 등 광범위한 정책 목적을 위해 직접지불을 활용할 수 있다. 더구나 정책목표에 타게팅하여 정책의 효과성과 효율성을 기할 수 있다는 이점도 갖고 있다. 전통적 가격지지 방식이 해낼 수 없는 지불정책의 장점이다. 미래 지속 가능한 농업발전을 위한 바람직한 농정수단이 될 수 있는 이유이다.

직접지불은 정책목표를 직접 타게팅하여 인센티브(지불금)를 제공하는 것이므로 시장에 영향을 주지 않고 목표를 달성할 수 있는 모든 정책영역에 사용할 수 있다. 결국 정부서비스(government service)처럼 농업 전반을 대상으로 하는 재정지원 정책 분야를 제외한다면 직집지불은 미래 거의 모든 농정목표 달성을 위한 유효한 정책수단이 될 것이다. 세계 농업개혁 이후 EU 등 농업 선진국들을 중심으로 지불정책의 농정 비중이 급증하고 있는 것이나, 우리나라의 농정기조가 직불제 중심 농정으로 가고 있는 것도 이런 추세를 반영하고 있다. 따라서 직접지불은 제한된 목적을 위한 단편적인 제도(program)의 차원을 넘어 미래 지속 가능한 농업·농촌 발전을 위한 중심적인 농정수단이 되어야 한다.

제6절 직접지불과 가격지지

직접지불은 세계 농업개혁 과정에서 가격지지의 대안 정책수단으로 등장했다는 점을 살펴보았다. 농업정책의 중심은 생산자에 대한 소득지원이다. 소득지원 자체가 궁극적 목적인 경우도 있지만, 다른 목적을 위해 소득지원을 인센티브로 활용하는 경우도 적지 않다. 어느 경우든 모든 농업정책에는 농가소득 지원이 기본 전제로 들어가게 마련이다. 생산주체이자 농촌 지역사회의 중심 구성원으로서 농가의 실질소득이 일정 수준 유지되지 않고서는 농업도 농촌사회도 지속가능하지 않을 뿐 아니라 다른 농정목표의 달성도 어렵다.

지금 세계 대부분의 나라들의 농정은 가격지지에서 지불 방식으로의 개혁과정에 있지만, 여전히 가격지지의 틀을 완전히 벗어나지는 못하고 두 정책수단이 일정 부분 공존하는 상황이다. 두 정책은 생산농가의 소득을 증가시키는 메커니즘과 효과가 다르다. 농가소득을 지원하는 데 있어서 직접지불은 그 대척점에 있는 가격지지와는 어떤 차이가 나는지, 그리고 미래 지속가능 사회의 중심적 농정수단으로서 그 장점과 특징은 무엇인지 살펴보자.

6.1 가격지지와 지불정책의 작용 메커니즘

농산물시장에서 가격지지조치는 두 경로를 통해 생산농가의 소득증대로 이어진다. 첫 번째 경로는 가격지지조치가 시장가격을 상승시키고, 이는 다시 생산의사결정에 영향을 미쳐 생산증대로 이어지는 경로이다. 그 결과 농가의 총수입이 증가하면서 소득이 증가하게 된다.[20] 가격지지조치는 바로 시장가격을 상승시키거나, 아니면 생산보조의 경우에는 농가의 수취가격을 상승시킨다. 이는 생산량 증가로 이어지면서 결국 농가의 수입(소득)이 늘어나게 된다. 국내정책으로는 정부구매와 생산보조가 있고, 무역정책 중에는 수입제한정책으로서 관세, 수입쿼터, 최저가격제, 수입부과금제 등이 있고 수출촉진정책으로는 수출보조를 들 수 있다.

두 번째 경로는 생산량을 줄여 시장가격을 인상시키는 방식의 가격지지조치이

20 비용구조에 따라 총수입의 증가가 반드시 순소득(이윤)의 증가로 이어지지 않을 수도 있지만, 일반적으로는 총수입의 증가는 소득의 증가로 볼 수 있다.

다. 생산통제(조정), 휴경제 같은 국내지지조치들이 여기에 속한다. 다만, 이 경우 가격은 상승하지만 생산량이 감소하기 때문에 첫째 경로와 달리 총수입이 반드시 증가하지 않을 수도 있다는 점이다. 여기서 총수입의 증가 여부에 영향을 미치는 요소는 수요의 가격탄력성이다. 가격지지조치로 가격이 상승할 때 가격상승률보다 수요 감소율이 작으면, 즉 수요의 가격탄력성이 1보다 작으면(비탄력적) 총수입은 증가하여 소득도 따라서 증가할 수 있다. 다행스럽게도 대부분의 농산물은 필수 식량(품)이기 때문에 수요가 비탄력적이다. 이런 이유로 농업에서는 생산량을 통제(조정)하는 방식이 농가의 소득증대를 위한 가격지지 정책으로 사용될 수 있는 것이다. 총수입(R)의 변화가 수요탄력성과 어떤 관계에서 영향을 받게 되는지는 다음과 같은 관계식을 통해 알 수 있다. 총수입은 시장가격 P와 균형 생산량(소비량) Q의 곱이므로 $R = P \times Q$로부터 다음의 관계식이 성립한다.

$$\frac{dR}{R} = \frac{dP}{P} + \frac{dQ}{Q} = \frac{dP}{P}(1+\eta) \tag{8.d}$$

여기서 $\eta(<0)$는 수요의 가격탄력성이다. 이 식에서 보듯이 수입의 변화율은 가격 변화율에 $(1+\eta)$ 값을 곱하여 구해진다. 정부의 가격지지조치로 농산물 가격이 상승하면 $dP/P > 0$이다. 이때 만일 해당 농산물의 수요가 탄력적이라면 $(1+\eta)$ 값이 마이너스가 되어 수입변화율(dR/R)은 마이너스가 된다. 즉, 수입은 가격지지조치에도 불구하고 오히려 줄어든다. 반대로 수요가 비탄력적이라면 $(1+\eta) > 0$이므로 수입변화율은 플러스가 되어 수입이 증가하게 된다. 생산통제 방식의 가격지지조치로 농가소득을 증가시키는 정책은 농산물에 대한 수요가 가격에 대하여 비탄력적인 특성 때문에 가능한 것이다.

가격지지를 위한 각 정책수단들이 국내 농산물 가격을 어떻게 변화시키는지는 해당 조치들의 특성에 따라 그 작용 메커니즘과 효과가 조금씩 다를 수 있다. 그러나 공통된 효과는 어느 조치이든 생산농가의 수취가격이 상승한다는 점이다. 시장가격이 상승하는 것이 일반적이지만 그렇지 않은 경우도 있다. 생산보조 조치가 시행될 경우에는 공급의 증가로 시장가격은 오히려 하락한다. 그렇지만 여기에 보조금을 더한 생산자의 수취가격은 상승하게 되어 결국 농가의 수입이 증가한다.

이상에서 논의한 가격지지정책의 특징은 공통적으로 시장을 통해서, 즉 시장 메커니즘의 작용으로 정책효과가 나타난다는 점이다. 지지조치로 인해 시장가격과 생산은 경쟁시장의 최적 균형점을 벗어나게 되면서 효율적 자원배분을 왜곡하고 사회적으로는 후생손실을 일으킨다. 대부분은 자원이 과다 투입되지만 때로는 과소 투입되는 경우(생산통제)도 발생한다. 어느 경우든 시장기능을 저해하고 왜곡시키는 결과를 초래한다. 전통적 가격지지 정책은 어느 방식이든 필연적으로 시장왜곡을 초래하게 돼 있다. 나아가 이로 인해 세계시장에서의 공급과잉과 가격침체, 무역왜곡 등 부작용들이 2차적으로 발생한다. 이것이 WTO 출범을 계기로 시장지향적인 농정개혁을 일으키게 된 배경이고, 농업협정을 통해 감축 면제 직접지불을 가격지지의 대안정책으로 제시하게 된 이유이다.

가격지지와 달리 직접지불은 정부재정에서 지급되는 즉시 농가의 소득증가로 이어진다. 소득보험이나 작물보험 지원처럼 농가로 직접 소득이전이 이루어지지 않는 지불도 있지만,[21] 거의 모든 지불정책은 바로 농가의 소득증가로 이어진다. 그리고 농가 입장에서 지불액은 곧 소득(income)이다. 가격지지정책이 소득이 아닌 수입(revenue)의 증가라는 점에서 명확히 다르다. 그리고 가격지지의 경우 비용을 고려한 실제 소득(이윤)은 수입과 달라진다는 점에서 농가 입장에서는 지불이 그만큼 좋은 것이다. 농가의 손으로 직접 이전되기 때문에 정부의 재정지출과 동시에 소득이 바로, 즉각 증가한다.

시장 왜곡 여부는 지불제의 설계방식에 따라 달라지는데, 시장 메커니즘의 작용으로부터 온전히 중립적일 수도 있다. 이것이 앞에서 논의한 시장 중립적인 협의의 순수 직접지불이다. 그런데 이 순수 직접지불에 지불의 조건과 기준이 끼어들게 되면서 지불정책이 복잡해진다. 지불의 조건과 기준에 따라 다양한 방식으로 지불제도를 설계하는 것이다. 그 설계방식에 따라 지불정책은 시장왜곡 정도 또는 생산

21 농업협정은 정부의 이 같은 지원조치도 직접지불로 부르고 있다(부속서 2의 7, 8).

과의 연계성의 다양한 스펙트럼이 생기게 된다.

그럼에도 불구하고 분명한 것은 어떤 유형의 지불이라 해도 보험지원 같은 일부 예외적인 지불을 제외하면 농가소득이 지불액만큼 바로 증가한다는 점이다. 이 점이 전통적 가격지지 정책과 다른 특징이다. 설령 지불의 직접 목적이 소득증대가 아닌 다른 데 있다 해도 지불정책은 반드시 농가의 소득증가를 수반한다. 이런 특성 때문에 농업의 다원기능 제고 같은 다른 정책목표와 연계하여 목적을 효과적으로 달성할 수 있는 장점이 생기는 것이다. 예를 들면, 경관 유지를 위한 지불은 해당 품목의 생산 면적을 연결고리로 하면 농가소득 증대와 함께 아름다운 농촌경관을 창출해 낼 수 있다. 조건불리지역 지불은 해당 지역의 농가만을 대상으로 타게팅하여 지불함으로써 지역균형과 농촌지역사회 유지를 도모할 수 있다. 모두 소득증대를 지렛대로 활용하여 소기의 정책목표를 달성할 수 있는 것이다.

6.2 직접지불의 장점

(1) 시장 지향성과 효율성

직접지불이 가격지지에 비해 우월한 첫 번째 특징은 효율성이다. 모든 가격지지 조치는 시장왜곡적이다. 시장을 왜곡시키지 않는 가격지지조치는 없다. '가격지지'라는 용어 자체에 이미 가격을 인위적으로 조정·왜곡한다는 의미가 들어있다. 그것이 국내정책이든 무역정책이든, 생산물 시장에서의 지지이든 아니면 요소시장에서의 지지이든 가격지지효과가 있는 정책은 모두 시장을 왜곡시키게 돼 있다. 생산과 무역에 영향을 미치고 자원배분을 왜곡시켜 사회적 효율손실을 초래한다. 그러나 재정지출에 의한 지불은 어떻게 설계하느냐에 따라 시장을 왜곡시키지 않거나 최소화할 수 있는 지불이 얼마든지 가능하다. 설계방식에 따라 다양한 왜곡효과의 정도가 나타날 수 있지만, 앞서 논의한 협의 또는 광의의 직접지불은 왜곡효과가 없거나 미미하다. 시장지향성을 추구하는 WTO 농업협정이 직접지불을 대안정책으로 제시하는 배경이다. 가격지지에 버금가는 시장왜곡적 지불이 있기는 하지만, WTO 체제 이후에는 원칙적으로 시장왜곡 효과가 없거나 매우 미미한 직접지불을 요구한다.

디커플링 요건을 갖춘 직접지불이 되기 위해서는 시장왜곡을 최소화하면서 생산자에게 소득이 이전되도록 설계되어야 한다. 이런 방식으로 직불제가 설계되고 운영된다는 점을 고려하면 경제적 효율성 제고야말로 가격지지가 갖지 못하는 직접지불의 중요 특징이자 장점이다. 결국 직접지불은 시장왜곡을 최소화함으로써 농업개혁에 부합하고 자원배분의 효율성을 증대시킬 수 있는 정책수단이라는 점이다.

(2) 타게팅과 효과성

직집지불의 또 다른 장점은 정책 대상에 타게팅(targeting), 즉 표적화함으로써 정책 목적을 효과적으로 달성할 수 있다는 점이다. 전통적인 시장가격지지는 소득지원이나 생산증대 외에는 그 효과가 매우 제한적이지만 직집지불은 어떤 정책목표를 위해서라도 직불금 지급을 통해 효과적으로 달성할 수 있다. 타게팅을 통해 특정 목표 그룹이나 지역(저소득 농가, 구조조정 피해 농가, 조건불리지역 농가 등)에 대한 소득지원을 집중할 수 있고, 특정 환경보호 같은 비경제적 정책목표에 적합하도록 맞춤형 표적화 방식으로 정책효과를 높일 수 있다.

가격지지조치는 대상 농산물시장 전체에 대하여 적용되므로 타게팅을 원천적으로 할 수 없다. 직접지불은 목적에 따라 생산자 그룹이나 지역 등 정책대상을 정확히 타게팅하여 맞춤형으로 정책을 시행함으로써 정책의 효과성을 제고시킬 수 있다(환경직불, 조건불리지역직불, 청년농직불 등).[22] 또한 지불 대상 농가에게 수급을 위한 이행 조건을 부과하여 지불액과 이 상호준수의무(cross compliance) 조건을 연계함으로써 정책목표 달성의 효과성을 더욱 제고할 수 있다. 나아가 타게팅은 정책 목적에 따른 선택과 집중을 가능하게 하므로 주어진 자원(예산)을 낭비 없이 효율적으로 사용할 수 있다는 장점도 있다.

22 직접지불의 '직접'은 시장을 통하지 않고 정부재정으로부터 생산자, 즉 정책대상 그룹에게 직접 지불한다는 의미와 함께 정책목표를 직접 겨냥, 즉 타게팅하고 있다는 의미도 있다.

(3) 소득재분배와 형평성

가격지지나 직접지불이나 모두 소득재분배 효과를 일으키지만, 소득재분배의 성격이나 분배구조, 효과에 있어서 서로 다르다.

가격지지는 해당 농산물시장을 통해 이루어지는 품목정책이다. 따라서 가격지지는 기본적으로 소득이 해당 품목의 소비자로부터 그것을 생산하는 농가로 이전된다. 그러나 직접지불은 설령 소득지원이 목적이라 해도 특정 품목과 관계없이 이루어지기 때문에 소득이 불특정의 일반 담세자(擔稅者)로부터 직접지불의 목적에 따라 타게팅한 농업 생산자로 이전된다. 따라서 정책비용을 전자는 해당 품목의 소비자가 부담하는 데 반하여 후자는 정부 재정(담세자)이 부담한다.[23] 소득재분배의 성격과 비용부담의 주체가 다르다. 재분배 효과에 있어서도 가격지지는 농가의 수입(revenue)을 증가시키지만, 지불조치로는 소득(income)이 증가하기 때문에 동일한 정책비용이라면 직접지불의 재분배 효과가 더 크다고 할 수 있다.

다음으로 농업 내부에서의 소득재분배 문제이다. 가격지지는 해당 품목의 생산자 모두에게 같은 지지가격이 적용된다. 모든 농가들이 가격지지의 혜택을 동일하게 본다. 대농이든 소농이든 동일한 지지가격을 시장에서 받는다는 얘기다. 영농규모가 크고 시장에 유통시킬 수 있는 농산물 생산량이 많은 농가일수록 이익이 클 것은 자명하다. 당연히 대농, 부농이 유리하다. 이는 정책으로 인해 부익부 빈익빈의 소득 불평등과 양극화 문제를 더욱 심화시킬 가능성이 크다. 이 효과가 누적되면 장기적으로는 자산의 불평등으로 이어진다. 따라서 생산량이 많은 대농에게 더 큰 이익이 돌아가고 생산규모가 작은 중·소농들에게는 불리하다. 시장에 판매할 양이 없거나 적은 영세 또는 중·소 농가들은 아무리 높은 지지가격이 주어진다 해도 정책 시행의 혜택을 볼 수 없다. 또한 가격지지조치는 장기적으로는 농지에 대한 수요 증대로 임차료 상승과 농지가격 상승을 통한 자본화(capitalization)가 이루어져 소득 불균형은 물론 자산 불균형을 심화시킬 수 있

---

23 더 정확히 말하면, 가격지지의 정책비용은 소비자가 대부분 부담하지만 일부는 정부 재정에서 함께 부담한다. 예를 들어 정부구매를 통한 가격지지의 경우 정부가 가격지지를 위해 구매하는 비용은 재정부담이다. 물론 추후 재판매를 하여 상환하기는 하지만 보관 및 관리비 등의 비용이 들어가며 재판매 가격도 구입가격보다는 낮아 결국 정부재정의 손실이 발생하게 된다.

다. 결국 가격지지는 농업 부문 내에서도 부익부 빈익빈의 소득 및 자산의 불평등과 양극화를 심화시킨다.

그럼에 반해 직집지불은 그 목적에 따라 정책 대상에 타게팅하여 맞춤형 정책을 시행할 수 있기 때문에 이런 문제를 원천적으로 차단하고 소득재분배 효과를 제고할 수 있다. 필요한 그룹이나 계층, 분야에만 표적화(targeting)한 정책이므로 어떻게 설계하느냐에 따라 소득재분배 효과를 크게 제고시킬 수 있는 형평성 원리에 부합하는 정책이다. 여기에 면적지불 같은 경우에는 지불단가 등 지불액의 역진적 지급방식을 도입함으로써 소득재분배 효과를 더욱 제고할 수 있다. 나아가 지불정책의 재원 조달을 누진세 조세수입으로 충당한다면 형평성 효과는 더욱 커질 것이다.

(4) 농업의 다원기능 증진

앞서 언급한 직접지불의 우월적 특성들은 농업의 다원기능 증진을 위해 직접지불이 활용될 수 있는 근거가 된다. 농업의 외연과 역할은 과거의 경제·산업적 역할에서 다양한 분야로 크게 확대되고 복잡 다기화되었다. 미래의 농정은 이런 농업의 다원기능적 역할을 제대로 수행할 수 있도록 지원하고 촉진할 수 있어야 한다. 특히 식량안보나 환경보호 같은 농업의 다원기능 증진 문제는 미래 지속가능 사회에 더욱 중요해질 것이다. 가격지지 방식은 이런 변화된, 그리고 변화될 농업환경에 대응할 수 있는 정책수단이 될 수 없다. 정책의 주요 목적이 생산에 초점을 두고 있기 때문이다.

가격지지는 생산을 자극하는 효과가 나타나므로 자연과 환경, 생태계에 악영향을 주게 된다. 생산성 향상을 위한 농약과 화학비료 투입 증가 등으로 농업의 다원기능에 의한 공익적 가치를 증진하기 위한 정책수단이 될 수 없다. 가격지지는 대상 농산물시장 전체에 대하여 적용되므로 타게팅이 많이 필요한 다원기능 증진을 위한 정책으로 사용할 수 없다. 직접지불을 최광의 시장왜곡적 지불까지 포함한다면 지불정책은 식량안보의 제고 같이 생산에 영향을 미치게 되는 다원기능 정책목표를 위해서도 시행할 수 있다. 이렇게 본다면 농업의 외연이 확대되고 다원기능적 역할이 중요시되는 미래에 지불정책은 농업정책 전 영역에 시행될 수 있는 전천후 농정수단이 될 수 있다.

6.3 직접지불에 대한 비판

살펴본 바와 같이 직집지불은 시장지향성, 소득재분배와 형평성, 정책의 효과성 기준에서, 그리고 농업의 다원기능 제고와 다양한 정책목표를 위해 시행될 수 있는 정책수단이라는 측면에서 가격지지에 비해 우월한 정책이다. 그럼에도 불구하고 다른 한편에서는 비판적 견해가 제기되기도 한다.

첫째, 직접지불은 가격지지와 달리 전적으로 재정자금에 의존하는 정책이기 때문에 국가의 재정능력이 뒷받침되지 않으면 시행할 수 없다. 충분한 재정확보는 직접지불 정책이 성공하기 위한 전제조건으로 개도국들이 시행하는 데는 한계가 있는 제도이다. WTO 체제에서 가격지지 조치가 제한되는 상황에서 개도국들은 농업지원정책을 사실상 시행할 수 없다는 뜻이다. 직접지불이 농업개혁 이후 중심 농정수단으로 등장했지만 경제규모가 큰 부국들을 위한 정책수단이라는 비판이 제기될 수 있다.

둘째, 직접지불은 영세 소농을 농업 부문에 고착시킬 가능성, 그리고 한계농지를 계속 생산활동에 이용함으로써 농업의 구조조정을 지연시킬 수 있다는 비판이다. 그렇지만 직접지불이 구조조정을 저해한다고 단정적으로 얘기할 수는 없다. 기본적으로 직접지불은 생산에 영향을 미치지 않도록 시행하는 정책수단이기 때문에 소농과 한계농지가 직접지불 때문에 고착된다는 비판은 설득력이 떨어진다. 직불제를 어떻게 설계하는가에 따라 그 효과는 다르게 나타난다. 오히려 가격지지정책 하에서 구조조정이 지연될 가능성이 더 크다. 가격지지와 비교하여 직접지불이 상대적으로 구조조정에 더 불리하다고 단정할 수는 없다. 앞서 언급한 바와 같이 직접지불은 구조조정을 촉진하기 위한 목적으로도 시행된다. 고령 및 영세농 탈농지원, 한계농지 탈농 지원, 청년농 지불 등은 구조조정을 촉진하는 지불이다.

셋째, 직불제 시행에는 직접적인 정책비용 외에 각종 거래비용(감시비용, 정보 비용 등)이 들어간다. 만일 거래비용이 매우 크다면 가격지지 방식에 비해 더 비효율적인 정책이 될 가능성도 배제할 수는 없다. 또한 직불제의 경우 재원조달을 위한 세금 부과는 그 자체로 자원배분을 왜곡하여 경제적 효율성을 떨어뜨리게 된다는 점도 지적될 수 있다. 국가의 직불금 예산 규모가 커질수록 그 가능성은 더 커진다.

<보론> 지불정책 vs 보조정책

흔히 지불이나 직접지불을 보조와 동일시하여 두 개념을 혼용하는 경우를 본다. 하지만 엄밀한 의미에서 (직접)지불은 보조가 아니다. 일반적으로 보조(subsidy)란 대상 정책변수의 변화를 유도하기 위해 인센티브를 지급하는 정책수단이다. 생산보조, 소비보조, 수출보조 등이 그런 예다. 이들 보조 조치는 각각 생산, 소비, 수출을 촉진하는 것이 목적이다. 따라서 보조금의 지급 대상도 각각 생산자, 소비자, 수출업자이고 각각 생산, 소비, 수출에 연계되어 지급된다. 그러나 지불(payment)은 그 자체가 바로 소득증대를 가져오는 정책수단이고, 어떤 정책 목적이든 지불 대상은 개별 생산자이다. 지불은 보조가 아니라 소득이전(income transfer)이다. 보조정책은 시장 메커니즘을 통한 정책이다. 앞서 예시한 생산보조, 소비보조, 수출보조 등은 보조금 지급을 통해 시장에서 정책변수의 변화를 도모하는 것이기 때문에 시장왜곡을 일으킨다. 그러나 지불정책은 원칙적으로 시장을 통하지 않고 바로 생산자 소득을 증가시킨다.

가격지지 성격이 강해 생산보조로 종종 오해되는 미국의 결손지불제(DPP)나 한국의 쌀직불제(변동)도 실은 지불로서 생산보조와 다르다. 예를 들어, DPP의 경우에는 설정된 목표가격으로 인해 생산이 증가하여 가격이 하락하면 그 차액을 지불하는데, 생산자 소득지원이 목적이다. 그러나 생산보조의 경우에는 보조금 지급이 공급곡선(한계비용)을 하향 이동시켜 생산 증가로 이어지는데, 생산증대가 목적이다. 쌀직불제(변동)도 같은 논리에서 생산보조가 아니다. 생산보조는 생산증대가 목적으로 이로 인해 생산이 증가하는 건 당연하지만, 쌀직불제에서는 지불액이 생산을 증가시키는 것이 아니라 설정된 목표가격 때문에 생산이 증가하는 것이다. 결과적으로 생산이 늘어나기는 하지만, 이것은 소득증대라는 정책목표를 달성하는 과정에서 생기는 의도하지 않은 결과일 뿐이다. 지불정책은 보조정책이 아니다.

지불과 보조는 정부의 재정적 지원이라는 점에서는 같지만 정책의 목적, 작용 메커니즘, 효과, 적용대상 등에서 모두 다르다. 직접지불이 보조라는 입장은 재정지출에 의한 지원이라는 측면에서만 타당하다. 모든 재정지출에 의한 지원을 보조로 보는 경우에만 타당하다는 의미이다. 그린박스로서 직접지불을 규정하고 있는 농업협정 부속서는 어디에도 보조(subsidy)라는 용어를 사용하고 있지 않다. 대신 support, assistance 등을 사용하고 있다.

제9장
WTO 농업협정과 직접지불

본 장에서는 WTO 농업협정이 규정하고 있는 직접지불 관련 문제들에 대하여 논의한다. 먼저 직접지불이 감축의무에서 면제되는, 즉 허용되는 국내지지조치가 되기 위해서는 어떤 요건을 갖추어야 하는지 살펴본다. 그리고 가격지지 효과 여부가 감축의무 면제의 핵심 기준인 점을 고려하여 가격지지조치의 시장 왜곡 메커니즘을 알아본다. 마지막으로 농업협정이 규정하는 허용되는 직접지불의 세부 유형들에 대하여 논의한 후, 농업의 다원기능 지원조치에 관한 농업협정의 규정을 살펴본다.

제9장

WTO 농업협정과 직접지불

제1절 국내지지조치의 허용요건과 직접지불

1.1 농업협정의 규정

WTO 농업협정(Agreement on Agriculture)은 공정하고 시장지향적인 세계 농산물 무역질서 확립을 장기적 목표로 설정하고 있다. 세계 농업개혁의 기본방향이 농산물시장과 무역에서의 공정성(fairness)과 시장지향성(market orientation) 확립이라는 얘기다. 이를 위해 농산물 무역을 자유화하고, 국내 분야에서는 시장을 왜곡하는 각종 국내지지조치들에 대하여 총AMS(Aggregate Measurement of Supports)를 산정하여 이를 점진적으로 감축해 나가도록 했다.[1] 감축 대상이 되는 시장왜곡적 국내지지조치들은 산정된 총AMS 한도를 초과하지 않는 범위 내에서만 시행할 수 있으므로, 이것이 감축된다는 것은 해당 국내지지조치의 시행이 국제법상 제약을 받게 된다

1 총AMS(Aggregate Measurement of Supports)는 한 나라의 국내 농업지지 수준을 나타내 주는 지표로 감축의무의 기준이 된다. 계산 방법은 농업협정 부속서 3, 4에 규정되어 있다. 이에 대한 상세한 논의는 이용기(2001, 2016), 「국제농업통상론」을 참조할 수 있다.

는 의미이다. 따라서 장기적으로 보면 이런 시장왜곡적 조치들은 결국 폐지될 수밖에 없다.

이런 기본원칙을 전제로 국내지지조치가 총AMS 산정 대상에 포함되지 않는, 즉 감축의무에서 면제되는 요건을 별도로 규정함으로써 WTO 체제에서 허용되는 조치들을 정하고 있다. 농업협정(부속서 2)은 이들이 갖추어야 할 시장 비왜곡적 요건을 엄밀히 규정하고 있다. 대상 정책으로는 직접지불(direct payment)과 정부 서비스로서 일반 서비스(general services),[2] 식량안보용 공공비축(public stockholding), 그리고 국내 식량지원(food aid)이 포함된다. 이들 국내지지조치가 농업협정이 정하는 요건을 충족하면 WTO 체제에서도 계속 허용된다. 특히, 감축의무 면제 요건을 갖춘 직접지불은 가격지지조치의 대안정책으로서 미래 핵심 농정수단으로 등장하게 된 것이다. 농업협정 제7조의 1은 부속서 2의 요건을 충족하여 감축의무에서 면제되는 농업 생산자 지원조치는 계속 유지된다는 일반 원칙을 규정하고 있다.

결국 세계 농업개혁의 핵심은 GATT 체제에서 예외 분야로 취급되어 정부의 시장간섭과 보호주의 조치가 만연했던 농업 분야에 시장기능을 회복시키자는 것이다. 보호주의 농정으로부터 자유주의 농정으로 전환하면서 직접지불이 핵심적 국내지지조치 농정수단으로 등장하는 계기가 되었다. 국경조치에서는 시장접근과 수출경쟁 분야 개혁을 통해 농산물 무역의 완전 자유화를 지향해 나가고 있다.

WTO 농업협정은 직접지불이 감축의무에서 면제되어 허용되는 국내지지조치가 되기 위해 갖추어야 할 요건을 부속서 2의 5에서 규정하고 있다. 직접지불이 이 요건을 갖추기 위해서는 기본적으로 부속서 2의 1에서 정하는 감축의무에서 면제되는 국내지지조치(domestic support measures)들의 공통적 요건을 충족해야 한다. 그리고 부속서 2의 6-13에서 정하는 개별 직접지불에 요구되는 별도의 세부적인 요건들을 충족해야 한다. 먼저 부속서 2의 1이 정하는 공통요건을 살펴보고 개별 요건에 대해서는 제3절에서 상세히 고찰한다. 부속서 2의 1은 직접지불과 정부서비

2 정부 일반 서비스에는 연구지원, 병해충 방제 지원, 훈련 서비스 지원, 현장지도 및 자문, 마케팅 및 판매촉진, 하부구조(인프라) 서비스 등이 포함된다(농업협정 부속서 2의 2).

스 등 모든 국내지지조치들이 감축의무에서 면제되기 위해 충족해야 할 조건으로서 다음과 같이 기본요건(fundamental requirement)과 세부기준(basic criteria)을 규정하고 있다. 이른바 디커플링(decoupling) 요건이다.

1.2 기본요건

농업협정(부속서 2의 1)은 직접지불 등 국내지지조치가 감축의무에서 면제되기 위해서 충족해야 할 기본요건을 다음과 같이 규정하고 있다. "무역왜곡효과 또는 생산에 미치는 효과가 없어야, 즉 최소한에(at most minimal) 그쳐야 한다."[3]

여기서는 무역왜곡효과 또는 생산에 미치는 효과가 '없어야' 하는 정도를 부연 설명하여 최소한, 즉 아주 미미해야 한다고 규정하고 있다. 시장 중립적인 정책을 아무리 정교하게 설계한다 해도 완벽히 왜곡효과가 나타나지 않을 수는 없다는 현실적 한계를 반영한 것이다. 정액이전지출(lump-sum transfer) 같은 순수한 형태의 시장중립적 재정지원이라 해도 재원 마련을 위한 세금 징수조치로 경제 부문 어디엔가는 왜곡이 생기게 마련이다. 원칙은 왜곡효과가 전혀 없어야 하지만, 현실 문제를 고려하여 아주 미미한 수준의 왜곡은 사실상 왜곡이 없는 것으로 본다는 의미이다. 이 규정만 놓고 본다면 WTO에서 허용하는 그린박스로서의 직접지불은 본서의 개념 정의 분류상 협의의 직접지불에 가깝다.

다음으로 무역왜곡효과와 생산에 미치는 효과 둘 중 어느 하나만 충족하면 된다. 무역왜곡효과와 생산효과 사이에는 어떤 관계가 존재하는가? 소비는 불변이라고 할 때, 만일 생산에 변화가 없다면 무역왜곡효과는 생기지 않는다. 그러나 무역왜곡효과가 없다고 해서 반드시 국내지지조치가 생산에 영향을 미치지 않았다고, 즉 생산에 변화가 없다고 볼 수는 없다. 시장개방 상황에서 생산에는 영향을 미쳤으나 무역왜곡효과는 나타나지 않는 국내지지조치가 있을 수 있다. 소국이 무역 비

3 "Domestic support measures … the fundamental requirement that they have no, or at most minimal, trade-distorting effects or effects on production."

중이 매우 미미한 농산물의 생산을 조금 늘린다고 해서 수입은 그만큼 줄겠지만, 그렇다고 이것이 세계 시장가격에 영향을 주는 등 무역을 왜곡하지는 못한다. 어쨌든 허용되는 국내지지조치로서 인정받기를 원한다면 무역왜곡효과나 생산에 미치는 효과 둘 중 어느 하나의 요건 충족을 원용하면 된다.

1.3 세부 기준

기본요건에 따라 국내지지조치가 감축의무에서 면제되기 위해서는 무역왜곡효과나 생산에 미치는 효과가 없어야, 즉 최소한에 그쳐야 한다. 하지만 이는 개념적인 요건으로서 어느 정도가 최소한의 왜곡인지는 판단하기 어려운 모호한 기준이다. 앞 장 직접지불의 정의에서도 살펴본 바와 같이 시장왜곡 정도의 경계선을 명확히 설정한다는 것은 어렵다. 실제 적용에 있어서는 좀 더 구체적이고 실용적인 기준이 필요하다.

따라서 아래 두 가지 조건의 충족을 요구하고 있는데, 농업협정은 이를 모든 감축의무 면제 국내지지조치들이 공통적으로 갖추어야 할 세부기준(basic criteria)으로 명시해 놓았다(부속서 2의 1). 아래의 세부기준을 충족하면 앞의 기본요건은 충족하는 것으로 간주된다는 의미이다.

(a) 소비자로부터 소득이전이 아닌 공공재원(publicly-funded)을 통한 재정지출에 의한 정책이어야 할 것(세금감면 조치 포함); 그리고,

(b) 생산자에 대한 가격지지(price support) 효과가 없어야 한다.

기준 (a)는 정부(중앙, 지방)의 예산지출 등 재정적 부담을 통한 정책이어야 한다는 조건이다. 과거처럼 정부가 시장에 직접 간섭하여 시장가격을 왜곡(상승)시키고 정책비용의 부담을 소비자가 지도록 해서는 안 된다는 조건이다. 기준 (b)는 가장 핵심이 되는 요건으로 생산자에게 가격지지 효과가 없어야 한다는 것이다. 가격지지조치를 없애고 시장지향성을 확립하기 위해 농정개혁을 추진하고 있다는 점을 고려하면 가격지지 효과가 없어야 한다는 것은 당연한 요건이다. 그런데 이 세부기준이 기본요건에 비해 좀 더 구체성이 있기는 하지만 그렇다고 문제가 깔끔

히 정리되는 것은 아니다. 여전히 가격지지 효과가 없다는 것을 판단하는 문제는 이론과 달리 현실의 적용에서는 그리 간단하지 않다. 이들 세부기준 (a), (b)는 직접지불을 포함하여 감축면제 되는 모든 국내지지조치가 공통적으로 갖추어야 할 조건이다. 농업협정은 이 공통요건 충족을 전제로 다시 각 국내지지조치별로 정책 특정적 기준과 조건들을 세부적으로 규정하고 있다(부속서 2의 2-13).[4]

종합하면, WTO 농업협정이 규정하고 있는 감축의무에서 면제되는 모든 국내지지조치는 무역왜곡효과나 생산에 미치는 효과가 없어야, 즉 최소한에 그쳐야 한다. 좀 더 세부적으로는 정부재정을 통한 정책으로서 생산자에게 가격지지 효과가 없어야 한다. 직접지불 역시 감축의무에서 면제되기 위해서는 이 공통적 요건을 충족해야 한다. 그리고 개별 직접지불의 특성에 따라 그에 요구되는 구체적인 요건들은 별도로 규정하고 있다(부속서 2의 6-13). 이에 대해서는 다음 제3절에서 상세히 살펴본다.

제2절 가격지지의 시장왜곡 메커니즘

살펴본 바와 같이 농업협정이 정하는 허용되는 국내지지조치의 핵심 요건은 생산자에 대한 가격지지 효과가 없어야 한다. 생산에 영향을 주고 무역을 왜곡하여 시장 지향적 세계 농업개혁 방향에 어긋나기 때문이다. 지불정책이 시장 비왜곡적 직접지불에 해당하는지 아닌지의 판단 기준은 결국 그것이 생산자에 대한 가격지지 효과가 있는지 여부에 달려있다. 그런 측면에서 직접지불을 논함에 있어서 가격지지조치가 어떻게 시장왜곡을 일으키고 어떤 영향을 미치는지 그 메커니즘을 이해하는 것이 중요하다. 그렇게 함으로써 가격지지의 대안으로서 미래 국내 농정수단으로 제시되고 있는 직접지불을 좀 더 명확히 이해할 수 있을 것이다.

생산농가 지원이나 농업보호를 위한 가격지지조치는 생산물시장을 대상으로

4 정부서비스 중 일반서비스, 식량안보 목적의 공공비축, 국내 식량 지원에 관하여 각각 부속서 2의 2, 3, 4에서 규정하고 있고, 직접지불에 관해서는 부속서 2의 6-13에서 규정하고 있다.

시행할 수도 있고 때로는 요소시장에서 할 수도 있다. 또한 국내정책으로 시행할 수도 있고 아니면 세계시장을 대상으로 무역정책을 통해 이루어질 수도 있다.

2.1 국내정책에 의한 시장왜곡

먼저 생산물시장에서의 조치이다. 국내 정책수단으로서 생산물시장에 대한 가격지지조치로는 정부구매, 생산통제(조정), 생산보조 등이 주로 사용된다. 가격지지란 이들 정책수단들을 통해 생산농가가 경쟁시장가격 이상의 높은 가격을 수취하도록 지원하는 조치이다. 그러나 구체적인 효과와 작용 메커니즘에 있어서는 서로 조금씩 다르다.

정부구매(수매)는 가장 일반적으로 시행되는 정책수단으로 사전적으로 생산의 사결정이 이루어지기 전에 정부가 지지가격을 설정하고 이 가격이 보장되도록 일정 물량을 구매하겠다고 약속하는 방법이다. 두 번째는 사후적으로, 즉 생산이 종료된 후에 일정 물량을 구매하여 시장 공급량을 줄임으로써 시장가격을 지지하는 방법이다. 어느 경우든 시장가격이 상승하고 생산자는 높아진 가격을 받을 수 있다. 다음으로 생산량을 직접 통제·조정하는 방식이다. 일정 면적을 휴경하도록 정책적으로 유도함으로써 시장의 공급량을 줄여 가격을 상승시키는 것이다. 정부구매나 생산통제 모두 소비자들은 높아진 시장가격을 지불하게 된다. 생산보조 방식 역시 넓은 의미의 가격지지조치이다. 단위 생산량당 일정 금액의 보조금(subsidy)을 지급하면 그만큼 한계비용이 낮아져 생산이 늘어난다. 그러면 시장가격은 하락하지만 보조금을 포함한 생산농가의 수취가격은 상승하게 된다. 이 조치의 주요 목적은 생산 촉진이지만 이와 함께 결과적으로 생산자에 대한 가격지지 효과가 나타나게 된다는 점에서 가격지지조치로 볼 수 있다. 앞의 두 조치가 가격지지를 직접적 목적으로 함에 반해 생산보조는 생산증대와 가격지지를 통한 농가 지원을 동시에 목적으로 한다는 점이 다를 뿐이다.

위 세 경우 모두 생산자 수취가격이 상승하고, 생산통제 외에는 생산량이 증가한다. 다른 조건이 불변이라면 국내 생산의 증가는 수입감소 효과로 나타난다. 이 나라가 대국(large country)이라면 세계시장의 공급과잉과 가격침체 등 무역왜곡으로 이어질 수 있다. 1980년대 중반 EU 등 선진국들의 강한 농업 보호조치로 인해 세계 농산물시장의 공급과잉과 가격침체 등으로 세계시장이 극심하게 왜곡되었던 상황이 좋은 예이다. 생산자 수취가격 상승과 생산의 증가는 자연히 생산자잉여(producer surplus)의 증가, 즉 생산 농가의 실질소득의 증가로 이어진다. 생산통제 방식의 경우에는 시장가격 곧 농가 수취가격은 상승하지만 생산량이 감소한다. 그러나 이 경우에도 농산물의 수요의 비탄력성으로 농가의 수입은 일반적으로 증가한다는 점은 앞 장에서 살펴보았다. 정부구매와 생산통제 두 경우 모두 시장가격 상승으로 소비자잉여(consumer surplus)는 감소한다. 결국 정책의 시행으로 소비자로부터 생산자로 소득재분배가 일어나게 된다. 생산보조의 경우에는 농가 수취가격은 상승하지만 소비자가 지불하는 시장가격은 하락하고 소비량도 늘어나면서 소비자잉여 역시 증가한다. 이때 정책비용은 정부의 재정지출로 충당하게 되는데, 정부재정(담세자)으로부터 생산자와 소비자로 소득재분배가 일어나게 되는 셈이다. 이들 국내지지조치 어느 경우든 효율적 자원배분을 저해하여 사회적 순후생 감소를 초래하게 되는 것은 동일하다. 시장왜곡과 그로 인한 사회적 후생손실은 생산자 지원이라는 정책목표 달성을 위해 치러야 하는 대가인 셈이다.

다음은 생산요소시장에서의 가격지지이다. 정부는 요소시장을 통해서도 생산자를 지원하고 농업을 보호할 수 있다. 농기계나 비료, 농약, 종자 등 투입요소 가격에 대한 보조나 저리 융자 등 정책금융을 통한 지원을 통해 생산요소 가격을 낮춰주는 방식의 지지조치이다. 이 같은 방식의 비용감소를 통한 소득증가 역시 생산자에 대한 가격지지 효과이다. 생산비용(한계비용)이 낮아지면서 공급곡선의 우측 이동과 생산증대를 가져온다. 이때 농산물 시장가격은 하락하지만 요소가격 보조로 농가의 이윤은 증가한다. 생산증대는 수입 감소로 이어지고 생산물시장의 가격지지와 마찬가지로 이 나라가 대국일 경우에는 세계시장의 공급과잉과 가격침체 등 무역왜곡 효과로 나타날 수 있다. 또한 해당 분야로 생산요소가 과다 투입됨으로써 자원배분의 왜곡과 경제적 효율 손실을 일으키게 된다.

살펴본 바와 같이 국내시장에서의 가격지지는 국내시장(산출물 및 요소시장)을 왜곡시킬 뿐 아니라 세계시장에도 영향을 미친다. 특히 교역 비중이 큰 대국의 경우에는 세계시장의 왜곡을 초래하고 교역 상대국의 국내 농산물시장에도 영향을 미치게 된다. 무역 질서를 규율하는 국제규범에서 각국의 국내 정책 문제에까지 간섭하고 규제하는 이유이다.

2.2 무역정책에 의한 시장왜곡

국내 농산물시장에 대한 가격지지는 무역정책을 통해서도 이루어진다. 크게 보면 수입제한과 수출촉진 두 정책수단이 동원된다. 수입제한을 위한 조치로는 관세와 수입쿼터(import quota)가, 수출촉진을 위한 조치로는 수출보조(export subsidy)가 대표적이다.

수입 농산물에 대한 관세 부과나 수입쿼터에 의해 인위적으로 수입물량을 제한하면 국내 시장가격은 상승하면서 생산증가로 이어진다. 세계시장에도 영향을 주게 되는데, 대국의 경우에는 수입제한조치로 세계시장에 공급물량이 쌓이면서 가격을 하락시킨다. 결국 관세든 쿼터든 모두 국내시장과 무역을 동시에 왜곡시키게 된다. 수출보조도 마찬가지다. 수출 농산물에 대한 보조금 지급은 보조금을 받은 만큼 수출 농산물의 가격 경쟁력을 향상시켜 수출이 증가한다. 수출 증가와 함께 국내시장의 공급량이 줄면서 가격을 상승시키고 동시에 생산도 증가한다. 세계시장에서는 공급물량이 늘어나면서 가격침체와 무역을 왜곡하고 다른 수출국들에게도 수출감소 등 악영향을 주게 된다.

제3절 감축의무 면제 직접지불 유형과 요건

농업협정이 감축의무 면제 대상으로 규정하고 있는 직접지불은 크게 세 가지 유형으로 구분된다. ① 생산자의 소득안정 직접지불, ② 구조조정 직접지불, 그리고 ③ 농업의 다원기능 관련 직접지불이다. 생산자의 소득안정 직접지불은 비연계(decoupled) 소득지원, 소득보험 및 소득안전망 지원, 자연재해 구제 지불 등이다. 구조조정 직접지불로는 생산자 은퇴정책을 통한 구조조정 지원, 생산자원 은퇴정책을 통한 구조조정 지원, 그리고 투자보조를 통한 구조조정 지원 등이다. 농업의 다원기능 제고를 위한 직접지불로는 환경정책 수행을 위한 지불, 지역적 지원정책 위한 지불 등이 포함된다. 이들 직접지불이 감축의무에서 면제되기 위해서는 각각 그 특성에 따라 세부적인 기준들을 충족해야 한다. 개별 직접지불별로 그 요건을 살펴보자.

3.1 비연계 소득지원

농업협정 부속서 2의 6에서 규정하고 있는 비연계 소득지원(decoupled income support)은 농업 생산자에게 소득을 지원해 주기 위한 대표적인 직접지불이다. 이 지불을 받기 위한 수급자격(eligibility)은 사전에 정의되고 고정된 기준기간(base period)의 소득, 생산자 또는 토지 소유자로서의 지위, 생산요소 사용이나 생산량 등과 같이 명백히 정의된 기준에 의해 결정되어야 한다. 또한 이 지불을 받기 위해서는 어떠한 생산활동도 그 전제로서 요구되어서는 안 된다. 직접지불을 받기 위해서는 과거의 특정 기준기간에 있어서의 실적이나 신분을 기준으로 지급되기 때문에 이 지불로 인해 현재나 미래의 생산에는 영향을 미치지 못하도록 한 것이다.

협정은 또 다음과 같이 지불액에 관한 세부적 요건도 충족시키도록 요구하고 있다. 지불액은 그 기준기간 이후의 생산활동에 의한 생산량이나 생산형태, 그리고 거기에 사용된 생산요소, 또는 그 기간 이후의 생산물에 적용되는 국내 및 국제 가격과 연계되거나 이에 기초하여 산정되어서는 안 된다. 이 지불로 인해 생산이나 가격, 생산요소 등 어떤 형태로든 현재나 미래의 시장 메커니즘과 연계되지 않는(decoupled) 지불이다. 우리나라의 현행 공익직접지불(기본형)이나 과거 쌀 고정직접지불이 여기에 해당한다.

3.2 소득보험 및 소득안전망 지원

농산물 가격의 불안정성으로 농가의 소득이 감소할 경우 이를 보전해 주기 위한 지불이 이 소득보험(income insurance) 및 소득안전망(income safety-net)에 대한 지원이다. 여기서는 생산자에게 직접 지불하는 것이 아니라 소득보험이나 소득안전망 프로그램에 정부가 재정적 참여를 통해 생산자를 지원하는 것이다. 농업협정은 이런 방식의 재정적 지원 역시 직접지불로 보고 있다. 농산물은 기상조건 같은 공급 측면에서의 불확실성 요인이 많이 존재한다. 뿐만 아니라 대부분의 농산물은 필수 식량으로서 수요의 비탄력성으로 인해 약간의 공급량 변화로도 가격이 급등락하는 경향을 보이고, 가격의 불안정은 바로 농가소득의 불안정으로 이어진다. 농업협정 부속서 2의 7은 이런 유형의 소득손실을 지원하기 위한 규정으로, 이 요건을 충족할 때 농업생산자에 대한 정부의 재정적 지원을 감축의무 면제 직접지불로 본다.

부속서 2의 7 규정에 따르면 지불을 받기 위한 자격은 농업소득의 손실이 직전 3년 간의 평균 총소득(gross income) 또는 이에 상응하는 순소득(net income)의 30%를 초과하거나, 또는 직전 5년 중 최고 및 최저 소득 연도를 제외한 3개년 평균소득의 30%를 초과하여야 한다. 지불액은 생산자가 수혜 자격을 취득한 해의 소득손실의 70% 이상을 초과할 수 없다. 또한 지불액은 오직 소득에만 관련되어야 하며, 생산량이나 생산형태, 국내외 가격, 또는 생산요소와 연계되어서는 안 된다. 동일 연도에 이 조항에 의한 소득보험 지불과 다음 조항(부속서 2의 8)에 의한 자연재해 지불을 동시에 받게 될 경우에는 지불총액은 총 손실의 100% 이상이 되어서는 안 된다.

3.3 자연재해 구제 지불

이 규정(부속서 2의 8)에 의한 직접지불은 홍수, 가뭄, 병해충 등 자연재해로 인한 생산량 감소에 따른 농가소득의 피해를 지원해 주기 위한 지불이다. 생산자에 대한 직접적 지불일 수도 있고 또는 작물보험(crop insurance) 프로그램에 재정적 참여 방식을 통한 지불일 수도 있다.

이 지불을 받기 위한 자격은 자연적 재해 또는 이와 유사한 재난(질병 발생, 병해충, 핵사고, 국가 영토 내에서의 전쟁 발발 등)이 발생하거나 발생 중이라는 것을 정부 당국이 공식적으로 승인하여야 하고, 생산량의 손실이 존재해야 한다. 직전 3년 간의 생산량 평균의 30%를 초과하는 생산손실이 있거나, 직전 5년 중 최다 및 최소 생산량의 연도를 제외한 3개년 평균의 30%를 초과하는 생산손실이 있는 경우에 이 지불을 받을 수 있다.

재해 발생 이후에 시행되는 지불은 당해 자연재해에 기인하는 소득의 손실이나 가축, 토지 또는 기타 생산요소의 손실에만 적용된다. 이 지불은 당해 손실을 보상하는 데 필요한 총비용을 초과할 수 없고 장래 생산량이나 생산 형태를 요구하거나 지정해서도 안 된다. 재해 발생 중의 지불은 재해 발생 후의 지불기준에 의한 손실이 확대되는 것을 방지하거나 경감시키는 데 필요한 수준을 초과할 수 없다. 생산자가 같은 해에 자연재해에 의한 지불과 소득보험에 의한 지불(부속서 2의 7)을 동시에 받을 경우에는 지불 총액은 총 손실의 100% 미만으로 한다.

3.4 구조조정 지원

농업의 구조조정(structural adjustment)을 촉진하기 위한 목적으로 생산자에게 지급되는 직접지불이다. 농업협정(부속서 2의 9-11)은 생산자나 생산자원의 은퇴 정책을 통한 구조조정, 그리고 투자보조를 통한 구조조정 등 세 가지 유형을 규정하고 있다.

(1) 생산자 은퇴정책을 통한 구조조정 지원

이는 농업 부문의 노동시장 구조조정을 지원하기 위한 지불이다. 직접지불 수단을 이용하여 생산성이 낮은 농업생산자, 예컨대 고령 농업생산자 등을 생산활동으로부터 은퇴시키거나, 또는 다른 부문으로의 전업을 유도함으로써 노동시장의 효율적 자원배분과 생산성 향상을 위한 지불정책이다(부속서 2의 9).

이 정책에 의하여 지불을 받을 수 있는 자격은 상업적(marketable) 농업생산에 종사하고 있는 사람의 은퇴 또는 비농업 활동으로의 전업을 촉진하기 위한 프로그램에 명확히 정의된 기준에 따라 정해진다. 지불은 수혜자가 상업농 생산으로부터 완전히 그리고 영구히 은퇴하는 조건으로 이루어진다.

수급 자격요건으로서 상업적 농업생산에 종사하는 사람에 국한하고 있다는 점이다. 따라서 농업 생산물을 시장에 유통시켜 판매하지 않고 모두 자가 소비에 충당하는 농업생산자는 대상에서 벗어나 있다. 여기 농업 생산활동에 참여하고 있는 사람은 자영업자로서의 노동자와 고용된 농업 노동자를 모두 포함한다. 그리고 농업 생산활동으로부터 은퇴시키는 경우뿐 아니라 다른 직업으로 전환하는 경우에도 직접지불을 받을 수 있도록 하였다. 또한 은퇴는 부분적 은퇴나 일시적 은퇴는 포함하지 않는다. 파트타임으로 농업활동에 참여한다거나 일정 기간 경과 후 다시 농업활동에 복귀하는 일시적인 은퇴는 여기의 직접지불 수혜대상이 되지 않는다.

(2) 생산자원 은퇴정책을 통한 구조조정 지원

토지나 기타 가축을 포함하는 생산자원을 효율적인 부문으로 재배분시키기 위한 직접지불이다. 이 지불을 받기 위한 자격요건은 이들 생산요소들을 상업적 농업생산으로부터 이탈시키기 위한 프로그램에 명확히 정의된 기준에 의하여 결정된다(부속서 2의 10).

지불은 토지의 경우에는 상업적 농업생산으로부터 최소 3년 간 사용하지 않는 조건으로, 그리고 가축의 경우에는 도살 또는 완전한 처분을 조건으로 한다. 따라서 3년 미만의 기간 동안 토지를 상업적 농업생산에 사용하는 경우에는 여기의 직접지불 대상이 될 수 없다. 또한 지불은 토지나 기타 자원이 상업적 농업생산이 포함되는 어떠한 형태의 대체 이용을 요구하거나 구체화해서는 안 된다. 다시 말하면 농업 생산에서 이탈되는 토지 등의 생산자원을 지불을 조건으로 농업생산과 관련되는 다른 생산활동에의 사용을 요구하거나 지정해서는 안 된다는 의미이다.

이 지불은 생산의 형태나 생산량과 연계되어서는 안 되며, 또 이탈되지 않고 남아 있는 토지나 기타 자원을 이용한 생산에 적용되는 국내외 가격에도 연계되어서는 안 된다.

(3) 투자보조(investment aids)를 통한 구조조정 지원

이 지불은 구조적으로 불리한 여건에 처한 생산자의 영농활동(operations)을 재정적 또는 물리적으로 구조조정하기 위한 지원과 농지의 재사유화(reprivatization)를 위한 지원을 포함한다. 이를 위한 자격요건도 명확히 정의된 정부 프로그램의 기준에 따라 정해져야 한다(부속서 2의 11).

지불액의 산정은 기준연도 이후의 생산 형태나 생산량 그리고 국내외 가격과 관련되거나 이에 근거해서는 안 된다. 지불은 그것으로 인해 투자가 실현되는 데 필요한 기간 동안만 지급되어야 한다. 또 지불액은 수혜자에게 농산물 생산을 의무화하거나 생산할 농산물을 지정할 수 없고, 다만 특정 품목을 생산하지 못하도록 요구할 수는 있다. 지불은 구조적 불리성을 보상하는 데 필요한 금액에 한정된다.

3.5 환경정책 수행 위한 지불

(1) 농업협정의 규정

농업협정(부속서 2의 12)은 정부의 환경정책 수행의 일환으로 생산자에게 직접지불을 지급할 수 있도록 규정하고 있다. 농업은 농약이나 화학비료의 사용, 축산배설물의 배출 등으로 자연과 환경을 오염시키고 생물다양성 감소 등 생태계에 악영향을 주며, 수자원 및 토양을 오염시키기도 한다. 화학 비닐하우스 사용으로 인한 경관 훼손과 온실가스 배출에 따른 기후변화에도 악영향을 미친다. 농업의 결합생산물로 나오는 이들 부정적 외부효과를 줄이기 위한 정부의 정책간섭은 보통 생산과 소득감소를 초래하게 된다. 다른 한편 정부는 농업을 통해 경관보존, 생물다양성과 자연서식지 보존, 토양 보존 등 긍정적 외부효과를 증진하는 노력도 필요하다. 긍정적 외부효과 증진은 농업의 부정적 외부효과를 줄이거나 아니면 생산과는 별도의 적극적인 행위를 통해 이루어지기도 한다. 이때에도 소득 손실이나 별도의 추가적인 비용이 발생하게 된다. 농업협정 부속서 2의 12 조항은 이 두 경우를 포함하는 정부의 환경정책 수행에 필요한 지불에 관한 규정이다.

이 조항에 의한 지불의 수급자격은 명백히 정의된 정부의 환경계획 또는 보존계획(conservation program)의 일환으로 결정된다. 그리고 생산방법 또는 투입요소와 관련한 조건을 포함하여 정부계획에 의해 정해진 구체적인 조건(specific conditions) 충족 여부에 따라 결정된다. 즉, 이 정부계획이 정하는 상호준수의무(cross compliance) 조건을 충족시켜야 지불의 수급자격이 주어진다는 의미이다. 지불액은 정부계획을 수행함으로써 발생하는 추가적 비용이나 소득 손실에 한정된다.

(2) 재정지원의 이론적 배경

부정적 외부효과로 인한 시장실패를 교정하기 위한 정책적 대응은 두 가지 접근법이 시행될 수 있다. 하나는 오염자부담원칙(polluter-pay-principle)에 따라 환경을 오염시키는 주체에게 환경오염 배출에 대해 배출부과금을 부과하는 것이다. 사회적 최적 배출량 수준에서 외부한계비용만큼 배출부과금, 즉 환경세를 부과하여 효율적 자원배분을 유도한다. 두 번째는 반대로 보조금을 지급하는 방법이다. 이때는 오염자에게 환경오염을 감축하는 데 대해 보조금을 지급하여 최적 배출 수준에 이르도록 유도하는 정책이다. 보조금의 재원은 환경오염을 감축함으로써 이익을 얻게 되는 수혜자, 즉 피해자로부터 징수하거나 일반 재정으로부터 조달할 수 있다. 그렇게 본다면 이는 수혜자부담원칙(beneficiary-pay-principle) 또는 피해자부담원칙(victim-pay-principle)에 따른 정책 대응이다. 그러나 보조금 방식은 신상필벌(信賞必罰)의 사회정의, 공정의 관념에 어긋날 수 있다는 비판이 제기될 수 있다. 농업생산자의 환경 보존 행위로 인해 발생하는 추가 비용을 지원하는 것은 타당하다고 하겠지만, 농약이나 화학비료를 사용하여 환경을 악화시키는 자에게 이를 줄이도록 유도하기 위해 재정자금을 지원하는 것이 타당한 것인지에 대해서는 의문이 제기될

그림 9-1 배출부과금과 보조금의 동등성

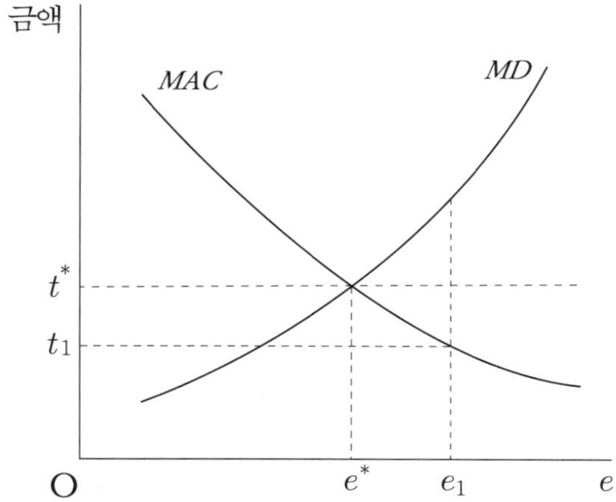

수 있다.[5]

그런데 자원배분의 효율성 측면에서는 오염자부담원칙에 의한 접근이든 반대로 수혜자부담원칙에 의한 방식이든 동일한 결과에 이르게 된다는 사실이다. 배출부과금(환경세)과 보조금 간의 이 자원배분의 동등성(equivalence) 문제를 그림을 통해 살펴보자. <그림 9-1>은 제4장에서 고찰한 <그림 4-3>과 같은 것으로 횡축은 오염물질의 배출량, 종축은 금액을 표시한다. MD는 오염물질의 배출로 사회에 미치는 한계피해액을 보여주는 한계피해곡선이다. 오염물질이 많아지면서 배출량 한 단위로 인한 사회의 피해액은 점점 증가한다는 점을 고려하여 우상향 곡선으로 그려져 있다. MAC는 한계저감비용곡선으로 오염물질 한 단위를 추가로 줄이는 데 소요되는 비용을 보여준다. 수평축 오른쪽 끝으로 갈수록 오염물질 배출량이 많아지는데, 배출량이 많은 상황일수록 한 단위 줄이는 데 그리 큰 비용이 들지 않는다. 그러나 배출량이 줄어 환경이 깨끗해지면 오염물질 한 단위 더 줄이는 데 더 높은 기술과 많은 비용이 들어간다. 이런 상황을 반영하여 MAC는 우하향, 즉 원점으로

5 미국의 캘리포니아주, 아이오아주 등은 농약과 화학비료의 과다 사용을 억제하기 위해 세금을 부과하고 있고, 유럽에서는 오스트리아, 핀란드, 노르웨이, 스웨덴 등의 국가들이 화학비료 사용에 환경세를 부과하고 있으며 노르웨이와 스웨덴에서는 농약에 대해서도 환경세를 부과하고 있다(이정전, 2011, pp. 217-218).

갈수록 좌상향하는 형태로 그려져 있다. 이때 MD와 MAC가 교차하는 배출 수준 e^*가 오염물질 최적 배출량이다. 배출량이 이 수준보다 많으면 한 단위 줄이는 데 소요되는 비용이, 줄이지 않고 그대로 배출할 때 사회에 주는 피해액보다 작다. 따라서 이때는 줄이는 것이 사회적으로 이익이다. 반대로 e^*보다 낮은 배출량 수준에서는 같은 논리로 늘리는 것이 사회적으로 이익이다. 따라서 e^* 수준이 사회적으로 최적의 배출량이다.

그렇다면 e^* 수준을 어떻게 달성할 것이가? 언급한 바와 같이 두 가지 상반된 방법이 가능하다. 오염원인 생산자에게 오염 배출에 대하여 배출부과금을 부과하거나 아니면 반대로 오염을 줄이는 데 대하여 보조금을 지급하는 방법이다. 전자의 방식이 오염자부담원칙, 후자가 수혜자부담원칙에 따른 접근법이다. 어느 방법을 시행하든 자원배분의 효율성 관점에서는 동일한 결과에 도달하게 된다. 먼저 오염자부담원칙에 따라 t^* 만큼의 배출부과금(환경세)을 부과하는 경우를 살펴보자. t^*는 두 곡선의 교차점 e^*에서의 금액으로 사회적 최적 배출 수준에 이르게 하는 일종의 피구세이다. 생산자가 배출하는 오염물질 한 단위당 그만큼의 부과금을 부과하는 것이다. 이제 현재의 배출량이 e_1에 있다고 가정해 보자. 이때 생산자 입장에서는 오염물질 한 단위 줄이는데 t_1의 비용이 드는데, 그대로 배출하면 t^*만큼의 부과금을 납부해야 한다. 생산자 입장에서는 당연히 배출을 줄이는 것이 이익이다. t^*가 MAC보다 큰 한 배출을 줄이는 것이 이익이기 때문에 결국은 e^*에 도달하게 된다.

이제 반대로 생산자에게 오염 배출을 한 단위 줄이는 데 대해 동일한 금액의 보조금을 지급한다고 가정해 보자. 마찬가지로 현재의 배출량은 e_1 수준에 있다. 배출량 한 단위 줄이는 데 t_1의 비용이 들지만 t^* 보조금을 받게 되므로 한 단위 줄일 때마다 그 차액만큼의 이익이 생긴다. 따라서 생산자 입장에서는 배출량을 줄이게 된다. 결국 이 경우에도 e^*에 도달하게 된다. 오염물질 배출원에게 오염자부담원칙에 따라 세금을 부과하든 아니면 수혜자(피해자)부담원칙에 따라 정부재정으로부터 보조금을 지급하든 자원배분의 효율성 측면에서 보면 같은 결론에 이르게 된다. 다만, 두 경우 정책비용의 부담자가 달라지고, 따라서 소득분배구조가 달라진다는 차이점이 생긴다. 어느 경우나 환경개선으로 인해 사회적 편익이 동일하게 증가하지만, 보조금을 지급하는 경우에는 오염물질을 배출하는 생산자도 이익을 보게 된다.

(3) 농업협정 규정의 평가

농업 생산으로 환경을 훼손하는 부정적 외부효과 측면에서 보면 생산자에게 직접지불을 지급하는 것은 오염자부담원칙에서 합리성을 갖기 어렵다. 그럼에도 이에 대한 정당성을 부여할 수 있는 근거는 자원배분의 효율성과 소득재분배 두 측면에서 찾을 수 있다. 고찰한 바와 같이 부정적 외부효과의 내부화 조치는 오염자부담원칙이나 수혜자부담원칙 모두 자원배분의 효율성 측면에서는 동일하다. 두 접근 모두 부정적 외부효과로 생기는 시장실패를 동일하게 치유하게 된다는 점이다. 부속서 2의 12 규정에 따라 지불을 구체적 조건(specific conditions)에 연계하여 상호준수의무를 부과하는 것은 부정적 외부효과를 줄이는 데 대한 지원이라는 것을 의미한다. 두 번째로 농업의 특수성을 고려하고 시장개방 등 농업개혁 과정에서 소득손실을 겪는 농가들에게 환경개선에 따른 부담을 보전해 준다는 측면에서 보면 수혜자부담원칙에 의한 직접지불은 바람직한 소득재분배 정책이 될 수 있다. 이 경우 특정의 수혜자가 아니라 정부의 일반 재정에 의해 지원된다는 측면에서 보면 더욱 소득재분배 차원의 지원으로 볼 수 있을 것이다.

한편, 농업의 다원기능 측면에서 보면 부정적 외부효과를 줄임으로써 긍정적 외부효과에 의한 농업의 공익적 가치를 증대시키기 때문에 정부 재정에 의한 지불이 정당성을 가질 수 있다. 결국 직접지불을 지급하는 농업협정의 규정은 농업의 다원기능 관점에서 수혜자부담원칙에 의한 시장실패의 시정 조치로 이해할 수 있다. 다만, 이때 농업협정 규정은 지불액을 추가적으로 소요되는 비용이나 소득손실로 한정하고 있지만, 이것이 시장실패를 교정하여 효율적 자원배분을 도모할 수 있는 외부한계편익에 해당하는 적정 금액인지에 대해서는 판단하기 어렵다. 이론적으로 보면 이 지불액은 <그림 9-1>의 t^*에 해당하는 금액을 기초로 산정되어야 한다.

그러나 제II부에서 고찰한 바와 같이 관련된 정보와 자료의 부족 등으로 이 금액을 알아내는 일은 현실적으로 매우 어렵다. 뿐만 아니라 시장실패를 판단할 때에는 긍정적 및 부정적 외부효과를 모두 종합적으로 고려하여야 하고, 그 결과에 따라 최적의 직접지불 금액을 지급해야 한다. 시장실패의 교정은 긍정적 외부효과에 의한 것은 보조금을, 부정적 외부효과에 의한 시장실패는 세금을 부과하는 것이 원칙이다. 그러나 농업의 경우에는 부정적 외부효과를 줄이면, 농업의 본질적 속성이 살아나 그만큼 긍정적 외부효과가 증대된다. 즉, 부정적 효과의 치유는 곧 긍정적 효과에 의한 시장실패를 치유하는 것과 동일하다고 볼 수 있다. 이 또한 농업의 다원기능 측면에서 본 수혜자부담원칙에 의한 직접지불 지원의 정당성에 대한 설명이 될 수 있을 것이다. 요약하면, 이 규정에 의한 직접지불의 지급은 기본적으로 농업생산 과정에서 발생하는 외부효과로 말미암은 시장실패를 수익자부담원칙에 의해 교정하는 국내 조치라는 점이다.

3.6 지역적 지원정책 위한 지불

중산간 지역 같이 농업활동이나 거주에 불리한 조건불리지역(disadvantaged regions)에서 농업생산을 할 경우 직접지불을 지급할 수 있다. 이에 관한 규정이 농업협정 부속서 2의 13이다. 지역의 농업생산 활동과 지역공동체를 유지함으로써 농촌 경관과 지역사회를 유지하고, 나아가 국토의 균형적 발전에 기여할 수 있는 것이다.

부속서 2의 13 조항에 의해 지불을 받을 수 있는 자격요건은 조건불리지역의 생산자에 한정된다. 그 지역적 불리성은 일시적 사정에 의한 것이 아니어야 하고, 경제적 및 행정적 실체를 갖추고 있어야 한다. 지불액은 생산을 감축하기 위한 경우를 제외하고는 기준기간(base period) 이후의 생산 형태나 생산량에 관련되거나 그에 기초해서는 안 된다. 그리고 기준기간 이후의 생산에 적용되는 국내외 가격에도 관련되거나 그에 기초해서는 안 된다. 지불은 해당 지역의 생산자에게만 지급되어야 하나, 그 지역에 있는 모든 생산자에게 일반적으로 지원이 가능해야 한다. 지불이 생산요소와 연계된 경우에는, 그 요소의 일정 한계수준(threshold level) 이상에서는 체감비율(degressive rate)로 지불되어야 한다. 지불은 해당 지역에서 농업생산을 함으로써 발생되는 추가적인 비용이나 손실에 한정된다.

농촌 지역사회 유지는 농업의 다원기능으로 오는 중요한 비상품 결합산출물이다. 농업생산과 경제활동이 지속될 때 농촌고용이 유지되고 소득이 창출되어 지역사회가 유지될 수 있다. 나아가 국토의 균형적 발전이 가능해진다. 그러나 지리적·지형적 조건이 불리한 지역에서의 농업생산은 다른 지역에 비해 비용이 더 들어 소득이 줄어들 수밖에 없다. 이런 부분을 정책적으로 보전해 주는 것이 이 조항에 의한 직접지불이다. 그런데 이때에도 그 지불은 현재나 미래의 생산에 영향을 미치지 못하도록 했다. 같은 맥락에서 지불액은 추가적 비용이나 소득 손실분에 한정함으로써 생산증대 유인을 차단하고 있다.

3.7 기타 직접지불

농업협정은 이상과 같이 감축의무 면제 직접지불을 구체적으로 명시하고 있지만, 허용되는 직접지불이 여기에 규정된 것에 국한되는 것은 아니다. 농업협정 부속서가 정하는 디커플링 요건을 충족한다면 기존의 직접지불이든 새로 도입하든 다른 유형의 직접지불도 얼마든지 가능하다(부속서 2의 5 후단). 즉, 부속서 2의 1 기본요건과 부속서 2의 6 (b)-(e)에서 정하는 세부기준을 충족하면 농업협정에 명시적으로 규정되지 않은 어떤 유형의 지접지불이라도 시행할 수 있다. 부속서 2의 6 (b)-(e)에서 정하는 세부기준은 다음과 같다.

(b) 지불액은 기준기간(base period) 이후의 생산활동에 의한 생산량이나 생산 형태에 연계되거나 이에 기초하여 산정되어서는 안 된다.

(c) 지불액은 그 기준기간 이후의 생산에 적용되는 국내외 가격에 연계되거나 이에 기초하여 산정되어서는 안 된다.

(d) 지불액은 그 기준기간 이후에 투입된 생산요소에 연계되거나 이에 기초하

여 산정되어서는 안 된다.

(e) 지불을 받기 위하여 생산조건이 요구되어서는 안 된다.

부속서 2에서 명시적으로 규정하고 있는 직접지불 외에도 다른 어떤 목적을 위해서라도 요건만 충족한다면 이 조항을 근거로 필요한 직접지불을 새로 도입하여 시행할 수 있다. 예를 들면 청년농 육성을 위한 직접지불은 물론 생태 직접지불, 기후변화 완화 직접지불 등 농업의 다원기능 제고를 위한 지불을 포함하여 농정 전 분야에 지불정책을 시행할 수 있는 길을 열어놓은 것이다.

제4절 생산제한 조건 직접지불

농업협정은 앞서 논의한 시장 중립적 비연계 직접지불과는 성격이 다른 직접지불도 일정한 조건하에 허용되는 국내지지조치로 규정하고 있다. 성격상 시장 왜곡 효과가 존재하고 디커플링 요건을 충족하지 못하지만, 현재나 미래의 생산에 영향을 미치지 않도록 하는 지불이거나, 또는 생산을 인위적으로 제한하는 지불이기 때문에 감축의무에서 면제되는 조치로 인정하고 있다. 생산을 제한하는 조건으로 허용되는 직접지불로 농업협정 제6조의 5에서 규정하고 있다. 그러나 이 직접지불은 성격상으로는 시장왜곡 효과가 분명하지만 생산에 영향을 미치지 않는 지불 방식이거나 생산을 제한하는 조건으로 허용되는 지불이기 때문에 앞서 논의한 시장 중립적인 비왜곡적 직접지불과 다르다.

그 조건은 지불을 고정된 면적과 수량(yields)을 기준으로 한다거나, 또는 기준 생산량의 일정 부분(85% 이하)에 대해서만 지불이 이루어져야 한다는 것이다. 축산의 경우에는 고정된 두수에 지불이 이루어져야 한다. 지불 기준으로서 면적과 수량을 고정시켜 놓으면 지불액을 더 받기 위해 생산을 늘리려는 유인이 사라지게 된다. 생산 면적을 늘린다고 해서 지불금이 더 증가하는 것이 아니기 때문이다.

농업협정(제6조의 5)은 다음과 같이 규정하고 있다. 생산제한 정책하에 수행되는 직접지불은 다음 요건을 충족할 때에는 감축의무에서 면제된다.

(i) 그 지불이 고정된 면적과 수량에 근거하여 지불될 때, 또는

(ii) 지불이 기준 생산량(base level of production)의 85% 이하에 대해 지불될 때, 또는

(iii) 축산의 경우 고정된 두수를 기준으로 지불이 이루어질 때

농업협정은 부속서 2가 정하는 디커플링 요건을 충족하는 지불을 감축의무에서 면제되는 직접지불로 규정하고 있지만, 그 예외로서 제6조의 5에 의한 직접지불도 감축의무에서 면제되도록 했다. 생산을 제한하는 조치의 일환으로 지불되는 경우에도 허용되는 국내지지조치로 간주한다는 것이다. 성격상 왜곡효과가 분명하지만 생산증대 효과를 일으키지 않는 방식의 지불이나 생산감축의 경우 예외적으로 허용하는 이런 조치를 녹색정책(Green Box)과 구별하여 청색정책(Blue Box)으로 부르고 있다. 세계시장에서 공급과잉에 따른 무역왜곡을 방지하기 위한 취지이다.

그리고 농업협정은 이 경우의 지불조치도 직접지불로 보고 있다. 이 외에도 감축이 면제되지 않는, 왜곡효과가 명백한 지불조치까지도 직접지불로 부르고 있다는 점은 이미 언급하였다(부속서 3, 4). 결국 농업협정에서의 직접지불은 시장왜곡 여부나 디커플링 요건의 충족 여부와 관계없이 형식 논리에 따라 직접지불을 부르는 최광의 입장을 견지하고 있는 것이다.

제5절 농업협정과 농업의 다원기능 지원

농업협정은 농업의 다원기능 측면에서도 국제규범으로서 중요한 역할을 하고 있다. 우선 농업협정 규정에 따라 농업의 다원기능 제고를 위해 다양한 직접지불을 시행할 수 있다는 점이다. 직접지불 외에도 농업협정은 식량안보를 제고하기 위한 정부서비스 조항을 두고 있다. 농업의 다원기능과 관련한 농업협정의 규정으로는 서문의 비교역적 관심사항 조항, 직접지불을 규정한 부속서 2의 5와 부속서 2의 12 및 13, 그

리고 정부서비스로서 식량안보를 위한 공공비축 규정인 부속서 2의 3 등이다.

5.1 직접지불

농업협정은 농업의 다원기능을 위한 직접지불 두 유형을 명시적으로 규정하고 있다. 환경보전을 위한 직접지불(부속서 2의 12)과 농촌지역사회 유지를 위한 조건불리지역 직접지불(부속서 2의 13)이 그것이다.

하지만 앞서 살펴본 바와 같이 농업협정은 여기에 규정된 지불만 허용되는 직접지불로 한정하고 있지 않다. 일정한 디커플링 요건을 충족시키기만 하면 새로운 직접지불을 얼마든지 도입할 수 있다(부속서 2의 5 후단). 농업의 다원기능을 위한 다양한 직접지불의 시행은 그래서 가능한 것이다. 농정목표와 정부의 정책의지에 따라서는 제2장 [표 2-1]에 열거된 모든 다원기능을 위해 디커플링 요건을 갖춘 직접지불이 시행될 수 있다. 직접지불이 농업의 다원기능을 위한 미래 중심적 정책수단이 될 수 있는 것은 이런 이유다. 우리나라가 2020년 공익직불제법을 제정·시행하게 된 것도 농업의 다원기능이 미래 지속가능 사회의 중심적 역할이라는 점과 이를 위한 핵심 정책수단이 직접지불이라는 점을 반영하고 있다. 미래 농업의 역할로서의 다원기능 증진과 미래 중심적 농정수단으로서의 직접지불을 이 법률이 규정하고 있는 것으로 미래 농정기조와 방향에 대해 시사하는 바가 크다.

여기서 농업협정의 디커플링 요건을 갖추지 못한 지불이나 다른 국내지지조치가 농업의 다원기능 증진을 위한 정책수단으로 시행될 수 있는지의 문제가 제기될 수 있다. 농업협정은 이런 경우 금지는 아니지만 감축 대상으로서 총AMS 범위를 초과해서는 안 되기 때문에 시행에는 제약이 따르게 된다. 그러나 한편, 농업의 다원기능에 의한 외부효과로 시장실패가 일어나고 있다면 이를 시정하기 위한 정책간섭은 농업협정의 시장지향성이나 자유무역의 원칙에 어긋나는 것은 아니다. 농업협정이 그 서문에서 식량안보나 환경보호 필요성 같은 비교역적 관심사항을 고려하여 농업개혁을 추진하도록 규정하고 있는 것은 이런 취지이다. 그렇다면 농업의 다원기능을 위해, 특히 식량 순수입국의 경우 식량안보를 위해 디커플링 요건을 갖추지 못한 지불이나 다른 국내지지조치를 시행할 수 있다고 볼 것이다. 문제는 시장실패에 대한 정책간섭이라는 것을 입증하기가 현실적으로 어렵다는 점이다. 예를 들면, 농업의 식량안보 제고 기능에 대한 사회적 수요를 추정하는 것이 매우 어렵다는 것이다. 마치 국가안보가 매우 중요하지만 국방에 대한 사회적 수요를 추정하기 어려운 것과 같다.

5.2 식량안보용 공공비축 정부서비스

식량안보 같은 농업의 다원기능을 위한 정책에 대해서 농업협정은 직접지불은 아니지만 정부서비스(government service)로서 재정지출에 의한 지원을 허용하고 있다. 즉, 식량안보용 공공비축에 대한 정부지출을 농업협정에서 정하는 요건을 충족할 경우 허용하는 국내지지조치로 규정하고 있다(부속서 2의 3). 식량안보는 공공재로서 이를 위한 공공 비축사업에 제공되는 재정지원은 감축의무에서 면제된다는 것을 규정하고 있는 것이다.

공급 측면에서 식량안보를 향상시킬 수 있는 방안은 생산, 무역, 그리고 비축이다. 첫 번째 국내 생산을 통한 식량안보에 대해서는 제3장에서 상세히 논의하였다. 이 방안을 통한 식량안보의 제고는 결합생산 관계를 전제로 한 것으로 지불정책이 시행될 수 있다. 다만 이 방식에 의한 식량안보의 제고는 생산에 직접 영향을 미치기 때문에 시장지향성을 추구하는 농업협정에서는 규정하고 있지 않은 것이다. 대신 정부 서비스로서 비축사업에 의한 식량안보 제고를 국가나 공공기관에 의해 수행할 수 있도록 한 규정이 농업협정 부속서 2의 3 조항이다.

농업협정은 식량안보 목적의 공공 비축사업을 위한 정부의 지원이 감축의무에서 면제되기 위해서는 앞서 논의한 공통적 기본요건 외에 부속서 2의 3이 정하는 조건을 충족하도록 했다. 적용 대상은 국내 법령에 명시된 식량안보계획의 주요 품목을 비축하고 재고를 유지하는 데 들어가는 재정지출이다. 그 식량안보계획의 일환으로 수행하는 민간 비축에 대한 정부 지원도 포함할 수 있다. 물량과 비축은 사전에 결정된 목표에 합치되어야 하고 식량안보를 위한 것이어야 한다. 재고의 비축과 처분 과정은 재정적으로 투명하게 이루어져야 한다. 이때 정부의 식량구입은 시장가격에 구매되어야 하며, 판매는 동일 품질의 현행 국내 시장가격보다 낮지 않아야 한다. 현행 시장가격에 사고팔도록 요구함으로써 식량안보를 위한 공공비축 사업이 가격지지 효과가 있어서는 안 된다는 점을 명백히 하고 있다.

제10장
직접지불과 세계의 농정 변화

본 장에서는 WTO 체제 출범 이후 가격지지조치의 축소와 함께 직접지불 정책이 확산돼 가는 세계 농정개혁 과정과 그 성과 문제를 고찰한다. OECD의 농정 평가지표를 통해 세계 주요국들의 농정개혁이 어떻게 그리고 어느 정도 이루어지고 있는지 살핀다. 이를 위해 먼저 농업정책 평가지표로서 OECD의 생산자지지추정치(PSE)에 대하여 논의한다. PSE의 개념, 구성요소, 직접지불과의 관계 등에 대하여 논의한다. 그리고 이를 토대로 세계 주요국들의 농정개혁이 WTO 출범을 전후하여 지난 30여 년 동안 어떻게 진행되었고 그 성과는 어느 정도인지, 직접지불은 어떻게 변해왔는지 비교·고찰한다.

제10장

직접지불과 세계의 농정 변화

제1절 OECD의 농정 평가

1.1 평가지표: PSE와 %PSE

OECD는 1987년 이후 회원국들의 농업보호조치를 포함한 각종 농업정책을 분석·평가하기 위해 몇 가지 지표들을 개발하여 사용해 오고 있다. 그중 대표적인 지표가 생산자지지추정치(Producer Support Estimate: PSE)이다. PSE는 한 나라의 농업정책으로 농업생산자에 대한 지원이 얼마나 또 어떤 방식으로 이루어지고 있는지에 관한 정보를 체계적으로 보여주는 지표이다. PSE 지표를 통해 그 나라 농정의 성격과 방향, 농업보호수준 등에 대한 정보를 얻을 수 있다. 가격지지에서 직접지불로 전환하는 농정개혁의 성과가 어느 정도인지도 이 지표를 통해 알 수 있다. 이처럼 PSE는 한 나라의 농정 변화 평가의 중요한 지표로 사용되기 때문에 직접지불의 문제를 다루는 데 있어서 PSE 분석은 빼놓을 수 없는 요소이다.[1]

OECD가 내리고 있는 정의에 따르면, PSE는 "농업을 지지(지원)하기 위한 정책으로 인해 – 그 정책의 성격, 목적, 농업생산이나 소득에 미치는 영향과 관계없이 – 소비자와 담세자로부터 농업생산자로 이전된 연간 총이전액"[2]이다. 간단히 말하면 농업정책의 시행으로 농업생산자에게 연간 지원된 총액을 의미한다. 이 정의에 나타난 의미들을 좀 더 구체적으로 살펴보자.

첫째, 농업을 지지하기 위한 정책, 즉 농업정책으로 인하여 농업생산자에게 이전되어야 한다. 농업정책이 아닌 통상적인 국가의 복지정책 등을 통해 농가로 이전된 금액은 여기에 포함되지 않는다. 예를 들어 전 국민을 대상으로 하는 자녀 학자금 지원정책에 의해 농가에 지급된 소득 이전액이 있다면, 이는 농업정책에 의한 이전액으로 볼 수 없다. 둘째, 농업을 지지(support)한다는 것은 농산물 생산을 위해 보조(subsidy)를 하는 것을 넘어 서비스나 긍정적 외부효과를 공급하는 데 대한 이전액까지 포함하는 넓은 의미이다. 즉, 여기서 말하는 지지는 단순히 생산자에 대한 보조가 아니다. 셋째, 이전액(transfers)에는 시장가격지지로 인한 (소득) 이전액은 물론 정부의 예산지출에 의한 지불(budgetary payments), 즉 재정지원액이 포함된다. 그리고 이 재정지원에는 실제 이루어진 재정지출 외에 재정수입 감면(revenue foregone)이 포함된다. 명시적으로 농업생산자에게 지불이 이루어지지는 않지만 정부의 재정부담으로 생산자에게 실질적인 금전적 이익을 주는 경우이다. 예를 들면, 세금감면(tax concession), 우대금융(preferential lending), 부채감면(debt concession) 등을 들 수 있다. 이들은 모두 직접 생산자에 대한 재정지출이 발생하지는 않지만 생산 농가에게 이익을 주는 만큼 재정손실이 발생하는 조치이기 때문에 PSE에 포함된다. 넷째, 이전액은 총액(in gross terms) 기준으로 비용 부분은 고려하지 않는다. 다섯째, 이 금액은 농가 판매단계(farm gate level)에서 측정한 금액이다. 따라서 1차 원료 농산물 생산자에 대한 지원조치만 포함한다. 여섯째, 시장왜곡 여부나 그 정도

1 PSE 외에도 OECD의 농업정책 평가지표로는 소비자지지추정치(Consumer Support Estimate: CSE)와 일반서비스지지추정치(General Service Support Estimate: GSSE), 그리고 이 요소들을 모두 종합한 총지지추정치(Total Support Estimate: TSE)가 있다. 그러나 이들은 PSE 같이 생산자에 대한 지원과 농업 보호수준을 직접 평가하는 지표는 아니다. 이들 지표에 대한 상세한 내용은 OECD(2023)를 참조할 수 있다.

2 The annual monetary value of gross transfers from consumers and taxpayers to agricultural producers, measured at the farm gate level, arising from policy measures that support agriculture, regardless of their nature, objectives or impacts on farm production or income. (OECD, 2023)

와 관계없이 모든 이전액이 포함된다. 따라서 가격지지조치에 의한 이전액이든 시장을 전혀 왜곡시키지 않는 직접지불이든 묻지 않는다. 일곱째, 소비자와 담세자로부터 이전된 금액을 모두 포함한다. 소비자로부터 이전된다는 것은 시장에서 소비자가 지불한 가격으로부터 이전된다는 의미로 가격지지조치에 의한 이전액이 여기에 해당한다. 담세자, 즉 정부재정으로부터 이전되는 금액은 모든 유형의 지불정책이 다 포함되는 것으로 시장 비왜곡적 직접지불도 당연히 여기에 해당한다. 여덟째, 상기의 기준을 충족하는 한 중앙정부 정책이든 지방정부 정책이든 모두 포함하고, 또한 반드시 농정 관련 기관의 예산에 의한 지원일 필요도 없다. 예를 들어 만일 환경부가 농업생산자에게 농업정책의 일환으로 관련 환경지불을 지급한다면 이것도 포함될 수 있다.

이렇게 산출된 PSE는 그 나라 농업정책의 방향, 특성에 대한 중요한 정보를 제공해준다. PSE가 크다는 것은 그만큼 농업생산자 및 농업지원 금액이 많다는 것을 의미한다. 그렇다고 이 수치만으로 그 나라의 농업보호수준, 시장왜곡과 무역왜곡 정도를 단정적으로 말하기는 어렵다. 농업보호와 시장왜곡의 정도가 강할수록 PSE 값은 커지지만 그 역이 반드시 성립하는 것은 아니다. PSE를 구성하는 요소들이 시장 왜곡적 요소들뿐 아니라 비왜곡적 요소 등 다양하게 구성돼 있기 때문이다. 그 나라의 경제규모가 크고 농업 생산량이 많을수록 PSE 값은 커지는 경향을 보인다. 그렇기 때문에 PSE의 절대값만으로는 국가 간 농업지원이나 농업보호의 상대적 수준을 비교·평가할 수 없다. 따라서 PSE 규모를 상대적인 지표로 나타내주기 위해 %PSE 개념을 사용한다.

%PSE는 PSE가 농업총수입(gross farm receipts)에서 차지하는 비중이다. 여기서 농업총수입이란 농업총생산액과 농업생산자에 대한 예산지원액, 즉 지불(payments) 총액을 합한 금액이다. 생산자에 대한 지불총액은 PSE에서 시장가격지지(MPS)를 빼준 것과 같아지므로 농업총수입은 '농업총생산액 + PSE - MPS'와 같아진다.[3] 결국 농업총생산액과 생산자에 대한 지불(payments) 총액을 합한 금액에서 PSE가 차

3 PSE에 포함된 시장가격지지(MPS)에 의한 이전액은 이미 농업총생산액에 포함되어 있기 때문에 이를 빼주는 것이다.

지하는 비중이 %PSE이다.

$$\%PSE = PSE \div \text{농업총수입}$$

$$= \frac{PSE}{GAP + PSE - MPS} = \frac{PSE}{GAP + TBP} \qquad (10.a)$$

여기서 GAP는 농업총생산액, MPS는 시장가격지지, TBP는 총(예산)지불액이다. %PSE는 100%를 넘을 수 없지만, 이 값이 0이라고 해서 농가에 대한 이전액이나 그런 정책이 전혀 없다는 의미는 아니다. 왜냐하면 한 부문에서 농가지원이 있었다 해도 다른 부문에서 농가에 대한 세금 등으로 상쇄될 수 있기 때문이다. 여하튼 이 %PSE 지표는 농업총수입에서 농업정책으로 말미암아 농가로 이전된 금액이 얼마나 차지하는지 상대적인 비중을 보여주는 지표로, 각 나라의 농업지원 또는 보호 정책 평가의 국제적인 비교 지표가 된다.

한편, PSE는 농업협정에서 감축 대상 국내지지조치의 지지수준 측정지표인 AMS와는 몇 가지 점에서 차이가 있다. PSE는 시장 왜곡 여부와 관계없이 국내지지조치는 물론 국경조치까지 포함하는 모든 생산자 지원조치가 대상이다. 하지만 AMS는 농업협정 부속서 2의 디커플링 요건을 충족하지 못하는 시장 왜곡적 국내지지조치에만 적용된다. PSE는 농업생산자에 대한 정부의 지원을 측정하는 것이지만, AMS는 국내지지조치로 인한 시장왜곡의 측정을 목적으로 하기 때문이다. 또한 국내 지지가격의 비교 기준이 국제가격(국경가격)이라는 점에서는 같지만, 적용되는 수량에 있어서 양자는 차이가 나기 때문에 동일한 국내지지조치라 해도 두 지표에 의한 지지수준은 서로 다르게 산출된다. AMS는 실제 지지조치를 받고 있는 수량만을 대상으로 계산하지만, PSE는 모든 산출량을 대상으로 한다. 예를 들어, 정부수매 조치에 의해 시장가격이 상승했다고 해보자. 이때 AMS는 실제 수매된 물량만 계산되지만, PSE는 수매조치로 가격이 상승된 농산물의 총생산량으로 계산된다.

1.2 PSE의 계산

PSE가 농업정책으로 인해 농업생산자에게 연간 이전된 총액이라면 실제로 그것을 어떻게 계산하는가? 큰 틀에서 PSE를 구성하고 있는 두 요소, 즉 시장가격지지와 지불정책으로 나누어 살펴본다.

(1) 시장가격지지

시장가격지지 정책은 국내정책이든 무역정책이든 이로 인해 국내 시장가격이 국제가격 이상으로 상승하여 국내외 가격 차이를 생기게 하는 정책이다.[4] 예를 들면, 정부구매, 수입관세, 수출보조 등이다. 시장가격지지의 경우 PSE는 기본적으로 다음과 같이 계산된다.

$$\text{PSE} = [\text{국내가격(지지가격)} - \text{국경가격}] \times \text{지지물량} \qquad (10.b)$$

가격지지조치로 인해 국내가격이 국제가격과 괴리가 생길 때 그 차액에 지지물량을 곱하여 산정한다. 지지물량이란 가격지지조치로 상승한 시장가격이 적용되는 모든 물량, 즉 생산량이다. PSE는 농업정책의 시행으로 이전된 금액을 측정하는 것이므로 농업정책이 전혀 없을 때의 가격과 정책 시행 후의 가격을 비교하는 것이 핵심이다. 아무런 농업정책이 시행되지 않는다면 유통비용을 고려하지 않을 경우 국내가격은 국제가격과 차이가 생기지 않는다고 보는 것이 타당하다. 따라서 비교 기준이 되는 가격은 국제가격이다. 국내정책이든 무역정책이든 농업정책으로 인해 국내 시장가격이 상승했다면 이것과 국제가격 간의 차액이 정책의 시행으로 생산자에게 이전된 단위당 금액이고, PSE는 이 부분을 측정하는 것이다. 결국 PSE

4 가격지지조치는 시장가격을 상승시키는 조치와 시장가격에는 영향을 미치지 않거나 혹은 하락시키지만 농업생산자의 수취가격을 상승시켜 지지해 주는 조치(예, 생산보조) 모두를 일컫는다. 하지만 여기서의 가격지지조치는 전자의 시장가격을 상승시켜 생산자를 지원해주는 조치이다. 후자의 조치는 [표 10-1]의 PSE 구성요소 중 '산출물 기준 지불' 항목에 포함된다.

는 완전개방, 완전경쟁 시장을 전제로 한 농업생산자 지원 정책을 평가하는 지표이다. 여기서 기준이 되는 가격은 국제가격이라는 점이 중요하다. 국내가격이 국제가격으로부터 얼마나 괴리되어 있는지가 PSE 크기를 결정하는 핵심 요소이다. 그렇기 때문에 국내가격이 국제가격보다 높아질수록 PSE 값은 커진다. 이때 국제가격은 국경가격(border price)을 의미하는 것으로 수입은 CIF(Cost, Insurance, Freight), 수출은 FOB(Free on Board) 가격을 사용할 수 있다.

그림을 통해 살펴보자. <그림 10-1>은 소국 가정하에 수입국과 수출국의 농산물시장 상황을 각각 패널 (a)와 (b)에 그려 놓은 것이다. 패널 (a)의 수입국 상황에서 D와 S는 각각 수요와 공급곡선이고 p_w는 국제가격이다. 어떤 농업정책도 시행되고 있지 않다면 국내 생산은 q_o, 소비는 q_3, 그리고 수입은 q_oq_3이다.

이때 수입국이 농업지원을 위해 수입관세 t를 부과하여 국내가격이 p_d로 상승했다고 가정해 보자. 이때의 관세가 가격지지조치이다. 그러면 생산은 q_1으로 증가하고 소비는 q_2로 감소하여 수입은 q_1q_2가 된다. 수입관세 부과로 생산자에게 이전된 금액, 즉 PSE는 사각형 p_dp_wab이다. 단위당 관세 금액, 즉 가격 상승분에 생산량 q_1을 곱한 값이다. 이 PSE는 소비자로부터 이전된 것이다.

패널 (b)는 소국 가정의 수출국 상황이다. 아무런 정책이 시행되지 않는 자유무역 상황에서 p_w는 국제가격이고 생산 q_2, 소비q_1, 수출 q_1q_2이다. 이때 농업지원을 위해 수출보조를 s만큼 지급하는 수출촉진 정책을 시행한다고 가정해 보자. 국내 시장가격은 p_d로 상승하면서 생산은 q_3로 증가하고 소비는 q_o로 감소하여 수출은 q_oq_3로 늘어난다. 국내가격은 p_d로 상승하지만, 소국 가정하에 수출가격은 여전히 p_w이다. 생산자는 수출물량에 대해서도 단위당 보조금 s를 합해 동일한 p_d 가격을 수취하게 된다. 이 수출보조정책으로 농업생산자에게 이전된 PSE는 두 부분으로 구성된다. 하나는 소비자로부터 이전된 부분으로 면적 p_dp_wab이고, 수출보조금 총액 $abcd$는 담세자로부터 이전된 금액이다. 총 PSE는 이 두 면적을 합한 금액이 된다.

결국 동일한 시장가격을 지지해 준다 해도 어떤 정책을 시행하느냐에 따라 PSE 값은 달라진다. 그리고 그 정책비용을 누가 부담하는지도 달라진다. 앞서 언급한

그림 10-1 PSE 계산

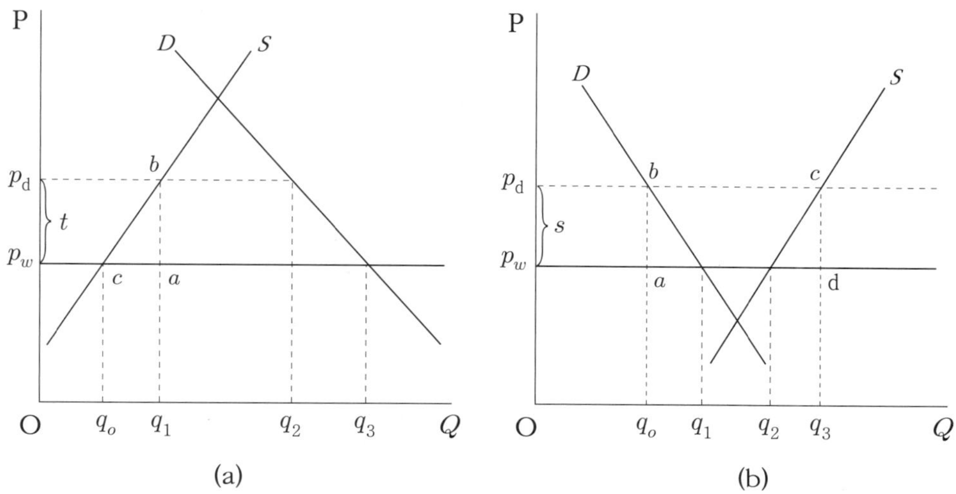

바와 같이 PSE는 비용 부분은 고려되지 않는다. 뿐만 아니라 PSE는 생산자잉여 개념과도 다르다. 예를 들어 패널 (a) 수입국의 경우 관세조치로 인해 생기는 생산자잉여 증가분은 $p_d p_w c b$로 PSE 금액보다 작음을 알 수 있다. PSE는 정부 정책으로 농업생산자에게 이전된 금액으로 소득이나 이윤이 아닌 수입(receipts) 개념이다.

(2) 지불정책

지불(payments) 정책의 경우에는 정부 예산에서 생산농가에 실제 지불된 금액이 PSE 값이다. 그리고 세금감면의 경우와 같이 실제 지불이 이루어지지는 않지만 정부의 재정부담이 일어나는 경우에는 해당 재정 손실액이 PSE 값이 된다. 다시 말하면, 지불에 의한 이전액은 해당 예산 지출액이나 감면액이다.

그것이 시장을 왜곡하든 아니든 관계없이 그 성격이나 목적이 무엇이든 모든 지불은 실제 농가에 지급된 금액으로 PSE 산정에 포함된다. 다만, 정책을 설계하고 시행, 모니터링하는 등 행정적 비용은 포함되지 않는다. 또한 시장가격지지를 위해 사용된 재정지출액(정부구매 비용, 수출보조액 등)은 여기에 포함되지 않는다. 이런 재정지출액은 MPS 항목의 PSE로 계산되기 때문이다.

제2절 PSE의 구성과 직접지불

2.1 PSE의 기본구조

PSE에는 농업정책으로 인해 농업 생산자에게 이전되는 모든 금전적 이익이 포함된다. 이 금전적 이전을 일으키는 정책은 시장을 통한 것이든 정부 재정에 의한 것이든, 또는 시장을 왜곡하는 것이든 아니든 생산 농가에게 금전적 이전을 발생시키는 모든 생산자 지지조치들을 말한다.

[표 10-1]은 생산자 지지조치의 특성에 따른 OECD의 PSE 분류체계를 정리한 것이다. 지지조치는 세 가지 기준에 따라 분류한다. 첫째, 무엇을 기준(근거)으로 지원이 이루어지는가이다. 네 가지로 나누고 있다. ① 생산량, ② 투입요소, ③ 면적/가축 두수/수입/소득, ④ 비상품 기준 등이다. 둘째, 지원조치가 현행(현재) 기준인가 아니면 비현행(과거 또는 고정 시점)인가이다. 예를 들면, 생산량을 기준으로 지불이 이루어질 때 현재, 즉 당해 연도의 생산량 기준인가 아니면 과거 특정 시점의 생산량 기준인가이다. 셋째, 지원조치가 생산을 전제조건으로 하는가 아닌가이다. 이상 세 기준에 따라 PSE 산정 대상 정책들을 분류하고 있다.

OECD는 이상 세 가지 기준을 토대로 농업 생산자에 대한 모든 지원정책을 크게 일곱 개로 유형화하여 분류하고 PSE를 추정하고 있다. 우선 큰 틀에서 두 개의 유형, 즉 산출물 기준 지지(support based on commodity output)와 지불(payment)로 구분한다. [표 10-1]의 첫째 항(A) 산출물 기준 지지 외에 나머지 항목들(B-G)은 모두 지불에 해당한다. 산출물 기준 지지는 다시 시장가격지지(market price support: MPS)와 산출물 기준 지불(payments based on output)로 나뉘는데, 이 산출물 기준 지불도 다른 지불들과 같이 정부예산에 의한 지불이다. 두 번째 항(B) 이후의 지불은 그 성격과

표 10-1 PSE의 정책 구성 요소

PSE 정책 구성	생산 효과[a]	비고
A. 산출물 기준 지지 - 시장가격지지 - 산출물 기준 지불	 매우 강 매우 강	 수매, 수출보조 생산보조
B. 요소 사용 기준 지불 - 가변요소 사용 기준 지불 - 고정자본형성 기준 지불 - 농업 서비스 기준 지불	 매우 강 미약 미약	
C. 현행 A/An/R/I 기준 지불, 생산 조건	강	쌀변동직불, DPP
D. 비현행 A/An/R/I 기준 지불, 생산 조건	중간	
E. 비현행 A/An/R/I 기준 지불, 생산 비조건	미약	
F. 비상품 기준 지불	매우 미약	
G. 기타 지불	미약/매우 미약	

출처: OECD(2023)를 토대로 재구성한 것임. A/An/R/I = Area/Animal number/Revenue/Income.
a 생산 효과는 저자의 판단에 의한 것으로 각국의 세부 정책에 따라 다소 차이가 있을 수 있다.

지급기준에 따라 다시 몇 가지 세부 유형의 지불로 나누어진다. 시장가격지지를 제외한 나머지는 모두 정부의 재정지원에 의한 지불이다. 지불(payment)은 시장가격지지와 함께 지지(support), 즉 지원조치의 한 유형이다. 그런데 지불도 지지의 한 방법이지만, 생산자에 대한 지지가 시장을 통한 (간접적) 지원인가 아니면 정부재정으로부터의 직접적인 지원인가의 차이다. 산출물 기준 지불이 A 항의 지지 항목으로 분류된 것은 재정지출에 의한 지불 형식으로 지원되더라도 다른 지불들과 달리 현행 산출물을 기준으로 지불되어 가격지지와 같은 정도로 시장(생산)에 영향을 미치고 왜곡효과가 있기 때문이다. 생산보조(production subsidy)가 그런 예에 속한다.

지불은 시장가격지지 방식이 아닌 정부의 재정자금으로 농가소득을 직접 지원하는 조치이다. 이 지불은 지급 기준이나 방식, 시장의 왜곡 정도에 따라 다양한 유형의 세부적인 지불로 분류된다. 생산요소 비용 절감을 위한 지불(B), 면적·가축수·수입·소득 기준 지불(C, D, E), 자원은퇴 등 비상품 기준 지불(F) 등이 있다. 지불에는 다시 그것이 현행 기준(A, B, C)이냐 아니냐(D, E)에 따라, 그리고 생산조건

(A, C, D)인가 아닌가(E)에 따라 세분된다.

이상과 같이 시장가격지지를 포함한 다양한 지불정책 수단들을 통해 생산자에게 지원이 이루어지는데, 전형적인 시장왜곡 조치로부터 시장왜곡이 거의 없는 좁은 의미의 직접지불에 이르기까지 다양한 시장왜곡 정도를 보인다. 결국 PSE는 시장가격지지로부터 순수 직접지불에 이르기까지 모든 농업 생산자 지원 정책이 총 망라되어 있기 때문에 세계 농정개혁 평가를 위한 종합적인 판단자료가 될 수 있는 것이다.

[표 10-1]에는 각 PSE 구성요소들의 생산에 미치는 효과의 정도가 표시되어 있다. 이 중에서 농업협정이 허용하는 녹색정책으로서의 직접지불에 속하는 조치는 미약, 또는 매우 미약으로 표시해 놓았다. 예를 들면, E, F, G 항의 지불조치들은 농업협정의 감축면제 대상 직접지불에 해당할 것이다. 시장왜곡이 가장 심한 조치는 시장가격지지, 산출물 기준 지불, 가변요소 사용 기준 지불 그리고 생산을 조건으로 한 현행의 A/An/R/I 기준 지불이다. 이 중에서도 A 항과 B 항의 가변요소 사용 기준 지불은 특히 생산에 미치는 영향이 매우 큰 것으로 분류할 수 있다. OECD는 이들 세 조치 중에서도 영향의 정도를 세분하여 요소 사용 기준 지불이 시장가격지지나 산출물 기준 지불보다 더 강한 생산효과가 있는 것으로 구별하고 있다.[5]

2.2 PSE의 구성요소

(1) 산출물 기준 지지(support based on commodity output)

이 항목은 다시 시장가격지지(MPS)와 산출물 기준 지불(payments based on output)로 구분된다. 시장가격지지에 의한 PSE는 특정 농산물의 국내시장가격과 국제가격, 즉 국경가격(border prices) 간의 차이를 일으키는 정책으로 인해 소비자와 담세자로부터 농업생산자로 이전된 총액이다. 가장 전형적인 가격지지정책으로서 시장왜곡효과가 강하게 나타나는 조치이다. 국내정책은 물론 무역정책 등 국내외 시

5 OECD(2003), p. 68, Table 8.

장가격 차이를 일으키는 모든 조치들이 포함된다. 예를 들면, 정부구매나 생산통제 같은 국내지지조치는 물론 국경조치로서 수입관세나 수입쿼터, 수출보조 등이 여기에 포함된다. 어떤 정책으로 인한 가격지지효과 유무의 판단 기준은 항상 국제가격이다. 그렇기 때문에 국제가격보다 국내가격을 높게 유지시켜 주는 모든 시장가격지지 조치들은 여기에 들어간다. 수출보조는 정부의 재정지출에 의한 지원조치이지만 이로 인해 국내 시장가격이 상승하는 가격지지 효과가 나타난다는 점에서 이 항목으로 분류된다.

다음으로 산출물 기준 지불에 의한 PSE는 특정 농산물의 현행 산출물을 기준으로 담세자로부터 농업생산자로 이전된 총액이다. 이 지불이 [표 10-1]의 B 항 이후의 지불로 분류되지 않고 여기에 포함된 이유는 현행(당해 연도) 산출물을 기준으로 지불액이 결정될 뿐 아니라, 그것이 직접 시장가격을 상승시켜 주지는 않지만 농가의 수취가격 상승을 일으키는 가격지지 성격의 지불이기 때문이다. 생산보조에 의한 지지조치가 여기에 해당하는 지불이다. 이 조치 역시 시장을 강하게 왜곡하는 효과가 있다. 현행 산출물을 기준으로 지불되기 때문에 생산은 지불액의 크기에 직접 영향을 받는다.

(2) 요소사용 기준 지불(payments based on input use)

이 지불은 농업정책으로 인하여 농업 투입요소 사용을 기준으로 담세자로부터 농업생산자로 이전된 총금액이다. 이 항목은 다시 세 유형으로 구분된다.

① 가변요소(variable input) 사용 기준 지불: 가변요소 사용으로 인한 농업 생산비용을 절감시켜주기 위한 지불 ② 고정자본형성 기준 지불: 건물, 기계장비, 관개시설, 토양 개선 등 농업의 고정자본형성 투자비용을 지원해주기 위한 지불 ③ 농업서비스 기준 지불: 기술지원, 훈련, 회계처리, 광고, 위생 등 농업 서비스 비용 지원을 위해 개별 농업생산자에게 지급되는 지불이다. 이 중 첫 번째 가변투입요소 기준 지불은 시장을 직접 왜곡시키고 강한 생산효과를 일으키는 조치이다.

(3) 현행 A/An/R/I 기준 지불, 생산 조건(payments based on current A/An/R/I, production required)

이 지불은 농업정책으로 현행, 즉 당해 연도의 면적(Area: A), 가축수(Animal number: An), 수입(Revenue: R) 또는 소득(Income: I)을 기준으로 담세자로부터 농업생산자로 이전된 총금액으로, 생산을 조건으로 한다. 생산을 조건으로 하고 현행의 A/An/R/I 기준으로 지급하는 것이기 때문에 이런 지불은 생산량에 직접 영향을 미치고 시장왜곡 효과가 크다. 과거 우리나라 쌀 직불제 중 변동직불이나 과거 미국의 DPP가 이 항목 지불의 예가 된다.

(4) 비현행 A/An/R/I 기준 지불, 생산 조건(payments based on non-current A/An/R/I, production required)

이 지불은 농업정책으로 비현행, 즉 역사적(historical) 또는 고정된(fixed) 면적(A), 가축수(An), 수입(R) 또는 소득(I)을 기준으로 담세자로부터 농업생산자로 이전된 총금액으로 생산을 조건으로 한다. 앞의 지불과 다른 점은 과거 또는 고정된 기준시점(base period)의 A/An/R/I을 기준으로 지불한다는 점이다. 이 지불을 받기 위해서는 생산을 해야 한다. 하지만 지불액의 기준이 과거 또는 고정된 기준시점의 면적이나 가축수 등을 기준으로 지급되기 때문에 현재나 미래의 생산에는 직접 영향을 미치지 않는다. 그러나 과거라도 생산을 조건으로 한다는 점에서 온전히 생산 중립적인 지불은 아니며, 따라서 생산효과나 시장왜곡 효과가 일정 정도 존재한다. 즉, 과거 또는 기준시점에서의 면적이나 두수에 따라 지불이 이루어지므로 그 한도 내에서는 생산효과가 있다. 미국의 가격변동대응지불제(CCP)나 가격손실보전제(PLC)가 여기에 속한다.[6]

(5) 비현행 A/An/R/I 기준 지불, 생산 비조건(payments based on non-current A/An/R/I, production not required)

이 지불은 농업정책으로 비현행 면적(A), 가축수(An), 수입(R), 소득(I)을 기준으로

6 CCP와 PLC에 대해서는 제12장에서 상세히 논의한다.

담세자로부터 농업생산자로 이전된 총금액으로, 지불을 위해 생산을 조건으로 하지 않는다. 즉, 생산하지 않고 휴경을 해도 지불을 받는다. 이 지불은 시장왜곡효과가 거의 없는 지불로서 농업협정 부속서 2의 디커플링 요건에 해당하는 직접지불에 속한다. 우리나라의 과거 쌀 고정직불이 여기에 해당한다.

(6) 비상품 기준 지불(payments based on non-commodity criteria)

이 지불은 농산물 생산과 직접 관련이 없는 지불로서 농업정책으로 인해 담세자로부터 농업생산자로 이전된 총금액이다. 이 항목의 지원조치는 다시 세부적 지불 기준에 따라 세 유형으로 분류된다. ① 장기적 자원 은퇴(long-term resource retirement) 기준 지불, ② 특정의 비상품 산출물(specific non-commodity output) 기준 지불, ③ 기타 비상품 요건(other non-commodity criteria) 기준 지불.

(7) 기타 지불(miscellaneous payments)

이 지불은 상기 어떤 항목으로도 분류되기 어려운 기타의 지불로서 담세자로부터 농업생산자에게 이전되는 총금액이다.

2.3 PSE와 직접지불

PSE에는 국내정책이든 무역정책이든 모든 유형의 가격지지와 지불 정책이 포함된다. 품목 지원을 위한 정책은 물론 농업 서비스 등 비상품 정책도 포함한다. 농업의 다원기능 제고를 위한 정책, 즉 농업의 긍정적 외부효과로서의 비상품 결합산출물 공급을 위한 정책도 당연히 대상이다.

PSE 정책 구성요소의 분류체계는 기본적으로 정책의 성격이나 설계 및 운용방식에 의한 분류이다. 즉, 정책의 구체적인 목적과 관계없이 생산이나 무역에 미치는 시장왜곡의 정도에 따라 분류하고 있다. 전체적인 체계는 가격지지와 지불정책으로 구성되어 있고, 지불정책은 다시 그 설계 및 운용 방식 등에 따라 세부적인 지불로 나뉘어져 있다. 시장왜곡의 정도에 따른 다양한 스펙트럼의 지불들이 각 항목별로 들어있다. 그렇기 때문에 PSE는 그 나라의 농업정책의 특징과 방향, 그리고 시장지향적 농정개혁의 성과를 일목요연하게 보여준다. 농업협정 부속서 2가 정하는 디커플링 요건을 충족하는 지불이 여기에 어떻게 구현돼 있는지도 알 수 있다. 그리고 PSE 정책 구성요소는 개혁 대상인 시장가격지지를 제외하면 모두 지불정책, 즉 최광의의 직접지불 조치들이다. 미래 지속가능 사회를 향한 농업의 다원기능적 역할과 직접지불 문제를 집중 조명하는 본서에서 PSE를 깊이 고찰하는 이유도 여기에 있다.

그러나 OECD는 PSE 분석을 통한 농정 평가에서 직접지불이라는 용어를 명시적으로 사용하지는 않고 있다. PSE 정책 구성요소들은 시장가격지지 외에 모두 지불로 통일하여 포괄적으로 표현하고 있다. 이 중에는 협의의 순수한 직접지불이나 디커플링 요건을 갖춘 녹색정책으로서의 직접지불이 포함되어 있지만, 이것을 명시적으로 나타내지는 않은 것이다. 논의한 바와 같이 OECD는 '경제적으로 덜 왜곡된' 지불을 직접지불로 정의한 바 있지만 현실적으로 이런 직접지불을 명확히 구분 짓기가 쉽지 않다는 뜻이기도 하다.

다시 [표 10-1]로 돌아가 보자. 여기에는 PSE 정책 구성요소들의 생산에 미치는 효과, 즉 시장왜곡 효과의 정도를 표시해 놓았다. 명백히 가격지지에 해당하는 조치로서 시장왜곡효과가 매우 강하게 나타나는 조치로는 산출물 기준 지지(A)의 시장가격지지와 산출물 기준 지불, 그리고 요소사용 기준 지불(B) 중 가변요소 기준 지불이다. 이들보다는 약하지만 여전히 강한 생산효과와 시장왜곡 효과를 일으키는 조치는 C 항(현행 A/An/R/I 기준 지불, 생산 조건)이다. 반면, 왜곡효과가 적은 조치로는 ① 요소사용 기준 지불로서 고정자본형성 투자지원을 위한 지불과 농업서비스 지원을 위한 지불, ② 비현행 A/An/R/I 기준 지불, 생산 비조건(E) ③ 비상품 기준 지불과 기타 지불(F, G)이다. 농업협정 부속서 2의 디커플링 요건을 갖춘 녹색정책으로서의 직접지불이 여기에 해당할 것이다. 농업협정 제6조의 5항 생산제한하의 직접지불은 D 항(비현행 A/An/R/I 기준 지불, 생산 조건)이 여기에 해당한다고 볼 수 있다.

농업협정이 요구하는 세계 농업개혁은 이들 생산효과, 시장왜곡효과가 큰 지원 조치를 줄이고 시장지향성에 부합하는 직접지불로 정책 방향을 전환해 나가는 것이다. 따라서 이 PSE 구성요소들의 변화를 보면 그 나라의 농정기조가 어떤 방향으로 진행되고 있는지를 가늠할 수 있다. 농업개혁이 진행될수록 가격지지의 비중이 줄어들고 대신 지불정책의 비중이 늘어나는데, 특히 시장을 왜곡시키지 않거나 덜 왜곡하는 직접지불의 비중이 상대적으로 더 늘어난다. 우리나라의 다양한 지불정책들 역시 [표 10-1]의 여러 구성요소들로 분류되어 PSE 산정에 포함된다. 예를 들면, 현행 공익직불제의 중심을 이루는 기본형 면적직접지불은 E 항의 지불에 포함될 것이다. 또한 최근에 시행하고 있는 전략작물 직접지불은 식량안보와 수급균형을 위한 조치로 이해되고 있지만, C 항의 생산에 영향을 주고 시장을 왜곡시키는 지불로 분류된다.[7]

제3절 세계의 농정 변화와 직접지불

WTO 체제의 출범을 계기로 본격화한 세계 농정개혁의 기본 방향은 농업협정이 정하고 있는 시장지향성의 확립이다. 이를 위한 핵심 정책과제가 가격지지 방식으로부터 생산과 무역에 대한 영향을 최소화하는 직접지불로의 전환이다. PSE 지표를 이용하여 주요국들의 농정개혁 성과를 살펴본다. 먼저 OECD 국가들의 평균적인 개혁 성과를 살펴보고, 세계 농업개혁을 주도하고 있는 EU와 미국, 그리고 우리와 비슷한 농업 보호국 지위를 유지해 온 스위스와 일본을 선정하여 살펴본다. 이들 주요 국가들이 농정개혁을 통해 어떻게 그리고 얼마나 미래 농정수단으로서

7 PSE 외에 국가의 농정과 농업개혁을 평가할 수 있는 지표로 일반서비스지지추정치(GSSE)가 있지만, 이는 본서의 중심 주제인 직접지불과는 관련성이 적어 상세한 논의는 생략하였다. GSSE는 개별 농업생산자에 대한 지불은 포함하지 않는다. 또한 생산자의 수입(receipt)이나 비용 또는 농산물 소비지출에 직접 영향을 미치지 않는다. GSSE에는 농업 지식 및 혁신 시스템, 검사 및 통제, 하부구조(인프라) 개발 및 유지, 마케팅 및 판매촉진, 공공비축 등이 포함된다. 앞 장에서 논의했던 농업협정 부속서 2에 규정된 정부 일반서비스 정책은 모두 이 GSSE로 분류된다.

의 직접지불로 전환해 가고 있는지 시사점을 얻고자 한다.

3.1 OECD의 농정 변화와 직접지불

[표 10-2]는 1980년대 중반 이후 최근까지 장기적 시평에서 OECD 국가들의 PSE 변화를 보여주고 있다. 우루과이라운드 협상 초기 보호주의 농정이 팽배하고 세계 농산물시장이 극심하게 왜곡돼 있던 시기(1986-88)를 기준으로 최근(2020-22)까지 30여 년 동안의 장기 추세적 변화를 비교하고 있다. 농업총생산액과 PSE는 금액으로, 나머지 PSE 구성요소들은 PSE에서 차지하는 비중(%)으로 표시하였

표 10-2 OECD 생산자지지추정치(PSE) 구성의 변화

(단위: 백만$, %)[a]

	1986-88	2000-02	2020-22
농업총생산액(at farm gate)	594,108	673,504	1,390,641
생산자지지추정치(PSE)	230,224	217,203	234,352
· %PSE (PSE/농업총수입)	35.44	28.35	15.20
1. 산출물 기준 지지	81.35	64.21	38.46
· 시장가격지지(MPS)	(75.88)	(57.32)	(35.61)
· 산출물 기준 지불	(5.47)	(6.89)	(2.85)
2. 요소 사용 기준 지불	8.50	8.99	14.62
· 가변투입요소 기준 지불	(3.97)	(3.69)	(5.95)
3. 현행 A/An/R/I 기준 지불, 생산 조건	8.42	19.05	22.70
4. 비현행 A/An/R/I 기준 지불, 생산 조건	0.23	0.03	1.32
5. 비현행 A/An/R/I 기준 지불, 생산 비조건	0.90	6.32	20.35
6. 비상품 기준 지불 및 기타 지불	0.60	1.40	2.55
생산자 명목보호계수(NPC)	1.46	1.26	1.07

출처: OECD(2023) 자료를 토대로 계산하여 재구성한 것임.
주: 1986-88 통계는 OECD 38개 회원국 중 칠레, 콜롬비아, 코스타리카, 이스라엘, 라트비아, 리투아니아, 슬로베니아를 제외한 것이고, 2000-02 수치에는 라트비아와 리투아니아가 제외되었다.
a 농업총생산액과 생산자지지추정치(PSE)의 단위는 백만$, 그 외의 단위는 %.

다. 이를 통해 WTO 출범 후 가격지지에서 직접지불로의 전환을 위한 세계 주요국들의 농정개혁 추진 성과를 살펴보자.

OECD 국가들의 농업생산자에 대한 전반적인 지지수준은 크게 감소했다. %PSE는 30여 년 동안 35.4%에서 15.2%까지 절반 이하로 줄었다. 회원국들의 농업총수입 중에서 농업정책으로 인해 개별 농가들에게 이전된 총수입의 비중이 평균적으로 이만큼 줄었다는 의미이다. PSE의 명목상 총액은 1986-88년 연평균 2,302.2억 달러에서 2020-22년 연평균 2,343.5억 달러로 미세하게 증가했다. 하지만 이 기간 동안 회원국 수가 9개국이 늘어나고 경제규모와 농업생산액이 크게 증가한 점, 인플레율 등을 고려하면 실질적 지원액은 크게 감소한 셈이다. %PSE가 절반 이하로 감소한 사실이 이를 보여준다.

지원방법도 가격지지에서 지불정책으로, 나아가 시장왜곡이 적은 직접지불 방식으로 많이 변했다. 전체 PSE 지원액 중에서 시장가격지지가 차지하는 비중은 75.9%에서 35.6%로 절반 이하로 대폭 감소했다. 대신 정부재정에 의한 지불 방식이 24.1%에서 64.4%로 두 배 이상 크게 증가했다. 이 중에서도 생산을 조건으로 하지 않는 비현행 A/An/R/I 기준 지불과 휴경지불, 환경지불, 동물복지 지불 같은 비상품 기준 지불 등은 1.5%에서 22.9%까지 대폭 증가했다. 한편, 지불 방식이지만 생산에 영향을 미치는 가변투입요소 사용 기준 지불과 현행 A/An/R/I 기준 지불의 비중은 각각 4.0%에서 6.0%, 8.4%에서 22.7%까지 증가했다. 산출물 기준 지불조치는 5.5%에서 2.9%로 감소했다.

생산효과가 강하게 나타나는 산출물 기준 지지조치(시장가격지지 + 산출물 기준 지불)의 비중은 81.4%에서 38.5%까지 대폭 감소했다. 이중 시장가격지지는 75.9%에서 35.6%로 감소했다. 2020-22년의 경우 OECD 국가들이 시장가격지지 조치에 의해 가장 많이 지원한 품목은 쌀이고, 그 다음은 설탕, 해바라기씨 순이다. 이 밖에 닭고기, 쇠고기 등 축산물도 강한 지원을 받고 있는 품목들이다. 반면, 품목정책으로서 농업협정의 감축면제 대상 직접지불(5항)은 0.9%에서 20.4%까지 증가했다. 이런 변화들이 지난 30여 년 간 OECD 국가들의 농정개혁의 성과로 평가될 수 있다. 시장가격지지가 대폭 줄고 시장 비왜곡적인 또는 덜 왜곡적인 지불 정책으로의 농정개혁이 상당 수준 진행되었다는 증거이다.

이 같은 OECD 국가들의 농정개혁 성과는 생산자 명목보호계수(Nominal Protection Coefficient: NPC)의 변화로도 나타나 있다. 생산자 NPC는 국경가격에 대한 생산자 수취가격의 비율을 나타내는 지표이다.[8] 이 값이 1이면 생산자에 대한 가격 지지가 전혀 없어 생산자 수취가격이 국제가격과 같다는 의미이다. 시장가격 지지 조치가 강해질수록 이 값은 커지기 마련이다. 표에 따르면 이 값이 같은 기간 1.46에서 1.07까지 크게 하락했다. 생산자 수취가격이 여전히 국제가격에 비하여 7% 높긴 해도 그만큼 생산자에 대한 지원이 시장을 왜곡하는 가격지지 방식이 줄고 직접지불 같은 비왜곡적 지원이 늘었다는 뜻이다.

이상의 논의를 통해 OECD 국가들의 농정 변화를 몇 가지로 요약할 수 있다. 첫째, 농업정책을 통한 생산농가 지원액의 실질 규모가 크게 줄었다. 둘째, 지원방식에 있어서 시장 왜곡적 가격지지 방식의 비중이 크게 줄고 대신 지불정책 비중이 대폭 증가했다. 농가소득 지원방식이 시장간섭을 통한 간접적 지원에서 재정지출을 이용한 직접지불 방식으로 변했다는 의미이다. 셋째, 농업협정의 디커플링 요건을 갖춘 직접지불 비중이 크게 증가했다. 결론적으로 OECD 국가 전체적으로 볼 때 농정기조가 지불정책, 즉 직접지불 중심으로 상당 수준 전환되었다고 말할 수 있다. 이것이 지난 30여 년 동안 이루어진 OECD 국가들의 평균적인 농정 변화의 모습이다.

3.2 EU의 농정개혁과 직접지불

우루과이라운드 농산물 무역협상이 진행될 때까지만 해도 보호주의 입장을 굳게 견지해 왔던 EU는 1990년대 들어 WTO 출범 이후에는 시장지향적 농정개혁을

8 유사한 개념으로 생산자 명목지원계수(Nominal Assistance Coefficient: NAC)는 농가의 농업총수입(gross farm receipts)이 국경가격으로 평가한 농업총수입에 대한 비율이다. 가격 대신 수입(receipts)을 사용한 지표로 이 값은 생산자 NPC와 사실상 별 차이가 없어 생략하였다.

과감히 추진하기 시작했다. [표 10-3]은 EU의 PSE 변화추이를 미국과 대비하여 보여주고 있다. 30여 년 동안 경제성장은 물론 회원국 수가 두 배 이상 크게 증가했음에도 불구하고 EU의 PSE 규모는 953.8억 달러에서 926.7억 달러로 오히려 감소했다. 그 결과 %PSE가 38.4%에서 16.5%까지 절반 이하로 대폭 감소하였다.

농정개혁이 시작되기 전에는 전체 PSE 중에서 90% 이상을 시장왜곡이 강한 산출물 기준지지 조치가 차지하고 있었다. 이 중에는 시장가격지지가 거의 대부분이다. 이것이 최근에는 15.8% 수준까지 줄어드는 대대적인 개혁조치가 이루어졌다. 시장가격지지조치로부터 과감히 탈피하고 지불정책에 의한 시장지향적 지원방식으로 전환하고 있는 것이다. 특히, 시장가격지지의 비중이 84.6%에서 15.5%까지 현격히 줄었다. 생산자에 대한 지원은 대부분 정부예산을 통한 지불정책 방식으로 바꾼 것이다. MPS 상위 품목은 닭고기, 쌀, 쇠고기, 감자 등이다. 반면 녹색정책인 시장 비왜곡적인 직접지불(5항과 6항)의 비중은 거의 전무한 상태에서 42.9%까지 대폭 증가했다. 이중 품목정책(5항)은 0%에서 41.3%로 급증하였다. 그러나 동시에 가격지지 방식을 대폭 줄이고 지불정책으로 전환했지만, 아직은 왜곡효과가 큰 지불(2항 가변투입요소 기준 지불, 3항)의 비중도 31.6%에 이르고 있다. 생산자 NPC는 1.66에서 1.03으로 크게 감소했다. EU의 농업생산자들이 받는 가격은 사실상 국제시장가격과 차이가 없어진 셈이다. 생산자에 대한 시장가격지지를 대폭 줄이고 시장 중립적인 직접지불을 포함한 지불 방식으로 전환한 결과이다.

EU가 이처럼 가격지지조치를 대폭 줄이고 비연계 직접지불의 비중을 크게 높일 수 있었던 것은 그 동안 수차례에 걸쳐 추진해 온 농정개혁의 결과이다. 1957년 유럽경제공동체(European Economic Community: EEC)를 창설한 로마조약(Treaty of Rome)에 근거하여 1962년 공동농업정책(Common Agricultural Policy: CAP)이 시작된 이래 EU는 가변수입부과금제(variable import levy), 최저수입가격제(minimum import price), 수출보조 같은 국경에서의 가격지지조치로 강한 보호주의 농업정책을 시행해 왔다. 역내의 농산물 시장을 세계시장으로부터 차단함으로써 역내 농산물 가격을 높게 유지시키는 정책을 견지해 왔던 것이다. [표 10-3]에서 보듯이 1980년대 중·후반 산출물 기준 지지의 PSE 비중이 90% 이상에 이르고 생산자 NPC가 1.66에 달했던 것은 이런 가격지지 중심 정책의 결과이다. 또한 최저가격제를 통한 무제한 정부구매조치는 재고 증가와 이에 따른 비용상승을 초래했고, 이는 다시 수출보조에 힘입은 덤핑(dumping)으로 세계시장의 공급과잉과 가격침체 등 무역왜곡을 초래하였다. 동시에 이런 보호주의 농정의 결과 CAP의 정책비용도 크게 증가하였다.[9] 공급과잉과 예산지출이 증가하면서 1980년대에는 우유와 설탕에 대한 생산쿼터제(production quota)가 시행되기도 했다. 나아가 이 같은 일련의 가격지지조치들은 토지의 집약적 이용에 따른 환경 문제까지 일으키게 되었다. 결국 EU 내에서는 CAP 농정개혁에 대한 필요성이 제기되었고, 국제적으로는 GATT 우루과이라운드 무역협상이 시작되는 원인을 제공하기도 했다.

1990년대 들어 EU는 세계 농업개혁 추세에 맞춰 과감한 CAP 농정개혁을 단행하기 시작했다. 1차 개혁은 1992년의 맥셔리 개혁(MacSharry Reform)이다. 과거의 정부구매나 수출보조 같은 시장가격지지 방식을 축소하고 대신 생산자의 소득을 직접 지원하는 지불(payment) 방식으로 근본적인 방향 전환을 시도했다(면적 및 두수 기준 지불). 시장을 통한 생산자 지원을 줄이고 정부재정을 통해 소득을 직접 지원하는 방식으로 농정기조를 전환하기 시작한 것이다. CAP의 농업지원 총지출 규모도 축소하여 공급과잉 해소와 수급균형 회복을 도모하였다. 최저가격 역할을 했던 정부의 개입가격(intervention price)을 인하하고 이에 따른 농가의 소득손실에 대해서는 지불정책을 통해 지원했다(곡물, 쇠고기). 그리고 의무 휴경제도(set-aside scheme)에 대한 지불을 시행하였다. 그러나 이때의 지불은 휴경이나 사육두수 제한 등을 전제로 가격하락에 따른 손실을 보상하는 이른바 보상적 지불(compensatory payments)이었다. PSE 구성요소로 보면 현행 A/An/R/I 기준, 생산 조건 지불(3항)이었던 셈이다. 이 시기에는 또 맥셔리 개혁과 함께 우루과이라운드 협상 결과가 이행되기 시작하면서 가변수입부과금의 관세화 전환과 감축 등의 조치도 이루어졌다.

맥셔리 개혁이 시작되고 나서 8년 후 다시 어젠더 2000(Agenda 2000)을 통한

9 EU 예산에서 CAP 예산이 차지하는 비중은 1980년 65.5%였다. 농정개혁 이후 2020년에는 35%까지 감소했다.

제2차 농정개혁이 단행되었다. 농정의 중심이었던 가격지지조치를 더욱 축소하고, 이에 대한 소득손실은 보상적 지불을 확대하여 보전하였다. 지불을 환경개선 등 생산자가 지켜야 할 상호준수의무(cross compliance) 이행과 연계하는 조건을 처음 시도하기도 했다. 또한 농촌개발규제(Rural Development Regulation)가 CAP의 제2축(Pillar 2)으로 새로 도입되어 조건불리지역이나 환경보전을 위한 규제지역에 대한 직접지불이 제2축 지원사업으로 시행되었다.[10]

CAP 개혁은 계속 이어져 2003년에는 휘쉴러 개혁(Fischler Reform)이 시행되었다. 그때까지의 여러 개혁조치를 더욱 강화하는 한편, 단일지불제(Single Payment Scheme: SPS), 즉 단일농가지불제(Single Farm Payment: SFP)를 새로 도입하여 대부분의 지원조치를 비연계(decoupled) 지불조치로 전환하였다. SPS는 모든 지불을 단일로 통합하여 과거(historic) 고정 시점의 수급요건(entitlements)을 기준으로 농가에 지급하는 생산과 비연계 직접지불이다. 뿐만 아니라 휘쉴러 개혁에서는 환경 등 공공재에 대한 사회적 수요에 부응하기 위해 상호준수의무 조건을 강화하여 시행하였다. 환경보호, 동물복지, 식물보호, 식품안전 관련 규정을 준수하는 농가들에게만 지불하는 것이다. 이런 일련의 시장지향적 개혁조치들에 힘입어 휘쉴러 개혁 이후 EU의 시장가격지지 비중은 현저히 하락하였고 NPC도 크게 감소했다.

그 후 2009년에는 건강검진(Health Check)이라는 이름으로 그 동안의 개혁조치들을 종합적으로 점검·평가하고 개편하는 개혁조치가 이어졌다. 정부의 시장간섭을 더욱 줄이고, 디커플링 조건도 계속되어 거의 대부분의 지불은 비연계 직접지불로 SPS에 포함되었다. 그 동안 유지했던 휴경제는 폐지하고 우유 생산쿼터제도 점진적으로 폐지하기로 했다.

2013년에는 또 한 번의 CAP 개혁조치가 단행되었다. 이때의 중요 개혁조치 내용은 단일지불제(SPS)를 구체적 목적에 따라 세분화하는 지불 시스템으로 전환하는 것이다. 이들은 기초지불(basic payment), 녹색화지불(greening payment), 청년농지불(young farmers payment), 재분배 지불(redistributive payment), 소농지불(small farm

10 통상의 품목 지불조치와 시장가격지지는 제1축(Pillar 1)에 속한다.

표 10-3 EU와 미국의 생산자지지추정치(PSE) 구성의 변화

(단위: 백만$, %)[a]

	EU		미국	
	1986-88	2020-22	1986-88	2020-22
농업총생산액(at farm gate)	233,558	482,391	143,469	455,239
생산자지지추정치(PSE)	95,385	92,669	34,253	44,089
· %PSE (PSE/농업총수입)	38.43	16.49	20.54	8.87
산출물 기준 지지	90.48	15.83	40.96	11.16
· 시장가격지지(MPS)	(84.58)	(15.54)	(31.89)	(5.01)
· 산출물 기준 지불	(5.91)	(0.29)	(9.07)	(6.15)
2. 요소 사용 기준 지불	5.30	16.47	20.61	22.83
· 가변투입요소 기준 지불	(1.01)	(6.86)	(10.79)	(5.14)
3. 현행 A/An/R/I 기준 지불, 생산 조건	3.76	24.78	35.71	51.01
4. 비현행 A/An/R/I 기준 지불, 생산 조건	0.00	0.01	0.00	2.29
5. 비현행 A/An/R/I 기준지불, 생산비조건	0.00	41.34	0.99	8.39
6. 비상품 기준 지불 및 기타 지불	0.50	1.56	1.73	4.30
생산자 명목보호계수(NPC)	1.66	1.03	1.11	1.01

출처: OECD(2023) 자료를 토대로 계산하여 재구성한 것임.

주: EU에는 1986-88년 12개국, 2000-02년 15개국, 2019년 28개국, 2020년 EU 27개국과 영국, 2021년 27개국 포함.

a 농업총생산액과 생산자지지추정치(PSE)의 단위는 백만$, 그 외의 단위는 %.

payment) 등을 포함하는 7개의 다목적 지불 시스템이다. 특히 직접지불의 녹색화(greening)를 통하여 환경과 기후변화 문제가 더욱 강조되었다는 점 또한 이 개혁 조치의 특징이다. 아울러 공급조절을 위해 도입했던 우유와 설탕에 대한 생산쿼터제를 철폐하였다.

이상에서 1990년대 이후 EU가 단행했던 주요 농정개혁의 성과와 그 과정을 살펴보았다. 강한 보호주의 농정에서 탈피하기 위해 강력한 개혁조치를 시행해 왔음에도 불구하고 한 가지 주목해야 할 부분은 여전히 시장 왜곡적 정책도 적지 않다는 점이다. 무엇보다 [표 10-3]에서 보듯이 시장을 직접 왜곡하는 시장가격지지 비중이 15.5%를 차지하고 있다. 또 지불조치 중에서도 시장을 명백히 왜곡하는 제3

항의 현행 A/An/R/I 기준, 생산 조건 지불이 24.8%에 이른다. 여기에 생산효과가 매우 큰 가변요소 사용 기준 지불 6.9%까지 합하면 과감한 농정개혁으로 가격지지를 대폭 줄이고 지불방식으로 농정기조를 전환했지만 시장 왜곡적인 농업정책이 EU에서도 여전히 낮지 않음을 알 수 있다.[11]

그럼에도 불구하고 생산자 NPC가 1.03으로 매우 낮은 이유는 가격지지 수준, 즉 15.8%를 차지하는 산출물 기준 지지에 의한 시장가격 지지수준이 국제가격에 비해 그리 높지 않다는 것을 시사한다. 생산자 NPC가 1.66에서 1.03으로까지 대폭 낮아진 것은 과거 수입부과금제나 최저수입가격제 같은 국경보호조치가 사라지고 대신 생산에 연계되는 각종 지불정책을 통해 농가의 소득을 지원해 주고 있기 때문이다. 시장가격을 왜곡시킨다는 국제적 비난을 피하면서 풍부한 재정력으로 농가소득을 뒷받침하고 있는 것이다. 부분적으로는 지불을 생산과 연계시켜 식량안보를 공고히 하는 농정을 시행하고 있다. 식량의 안정적인 공급은 어느 나라를 막론하고 제1의 농정목표이고 이를 달성하기 위해서는 그 주체인 농가의 소득과 생활이 안정되지 않고는 불가능하다는 점을 시사하고 있다.

EU 농정개혁의 큰 흐름은 전통적 시장가격지지 중심에서 지불정책 중심으로 전환하고, 지불조치는 다시 비연계 지불로, 그리고 최종적으로는 환경과 생태, 기후변화 등을 위한 지불로 이행하였다. 환경과 생태에 대한 국민적 관심이 커지면서 상호준수의무(cross compliance)는 직접지불에 의한 농가소득 지원의 정당성을 부여하는 근거가 되었다. 상호준수의무를 통해 환경과 생태를 보전하는 공공적 기능 수행의 대가로 직접지불이 지급된다는 것을 담세자와 국민이 인식하고 인정하게 된다는 것이다. 어젠더 2000 이후에는 직접지불은 개혁에 따른 단순한 소득 보상이나 보전을 넘어 환경보전, 농촌사회 유지와 발전 등 농업의 다원기능을 증진하는 방향으로 시행되는 경향을 뚜렷이 보여왔다.

1992년 맥셔리 개혁에서 지지가격 하락에 따른 소득 손실을 보상해 주기 위한

---

11 제1축으로 시행되는 시장가격지지조치가 과일과 채소에 대하여 여전히 남아있다. 생산자조직에 의한 시장개입조치를 통해 지원되고, 품목에 따라서는 최저수입가격제도 시행되고 있다.

지불, 즉 보상적 지불로 시작한 EU의 CAP 지불제도는 개혁과정을 거치면서 항구적인 농가소득 지원제도로 정착해 가고 있다. 여기에는 두 가지 측면에서 정당성의 근거를 찾고 있다. 하나는 농가소득이 비농업 도시가구 소득에 비하여 낮기 때문에 형평성 차원에서 소득균형 유지의 필요성이고, 다른 하나는 농업의 다원기능에 의한 공공재 공급에 대한 보상이다. EU 역내 소비자들에 대한 안전한 식량의 안정적인 공급이 무엇보다 중요하고 농지보전과 국토관리, 경관유지와 생물다양성 유지 등 공공재를 공급함으로써 사회적 편익을 제공한다는 것이다. 시장에 의해 보상되지 않는 부분을 지불정책을 통해 국가가 보상해 주는 것이라는 논리이다.[12] 다시 말하면, 식량안보나 환경보호 같은 농업의 다원기능 증진에 대하여 국가가 직접지불을 통해 보상한다는 의미이다. [표 10-3]에서 보듯이 강력한 시장지향적 농정개혁에도 불구하고 3항의 현행 A/An/R/I 기준, 생산 조건 지불이 24.8%에 이르는 것도 같은 맥락에서 이해될 수 있다. 우리나라의 미래 농정방향에 주는 시사점이 크다고 할 것이다.

3.3 미국의 농정개혁과 직접지불

EU와 달리 미국은 일찍부터 농업의 국제경쟁력을 갖추고 세계 농산물 수출을 주도해 온 나라이다. 앞의 [표 10-3]에는 미국의 PSE 상황이 EU와 대비되어 나타나 있다. 1980년대 중·후반 미국의 PSE는 342.5억 달러로 EU의 1/3 수준이었고 %PSE는 20.5%로 절반 수준이었다. PSE의 구성에 있어서도 시장왜곡효과가 가장 심한 산출물 기준 지지의 비중은 40.9%로 90%가 넘었던 EU와는 현격한 대조를 보였다. 미국은 이 당시 이미 시장가격지지가 31.9%에 불과하고 지불조치의 비중이 70%에 가까울 정도로 지불정책의 비중이 컸다. 이 역시 당시 시장가격지지 중심이었던 EU 농정기조와 많이 다른 점이었다. 다른 나라들에서는 볼 수 없는 미국 농정의 특징이다. 그만큼 국가 재정이 뒷받침되고 농업의 국제경쟁력이 있었기 때

12 Swinbank (2015).

문일 것이다. 가격지지에 비해 지불조치의 비중이 훨씬 높긴 했어도 표에서 보듯이 대부분은 시장 왜곡적인 지불이다. 아무튼 농정기조에 있어서 이 같은 근본적 차이가 있었기 때문에 미국은 WTO 출범 이후 나름의 농정개혁을 거쳤음에도 EU에 비해서는 그 성과가 두드러지게 나타나지는 않았다. 당시 미국의 생산자 NPC는 1.11로 국제가격에 비해 생산자 수취가격이 크게 높지 않았던 점도 EU와는 큰 차이를 보인다. 그만큼 국경보호조치가 강하지 않았다는 의미로, 국제경쟁력을 갖춘 제1의 농산물 수출국으로서의 면모를 보여주는 것이다. 일찍부터 시장가격지지의 비중이 작고 지불 중심의 농정이었던 것과 같은 맥락이다.

30여 년이 지난 후 최근(2020-22) 미국의 연간 PSE는 440.9억 달러로 증가했다. 하지만 20.5%였던 %PSE는 더욱 낮아져 OECD 평균보다도 훨씬 낮은 8.9%로 절반 이상 감소했다. 대대적인 농정개혁을 단행했던 EU의 16.5%보다도 크게 낮은 수준이다. PSE에서 시장가격지지가 차지하는 비중은 31.9%에서 5.0%로 큰 폭으로 감소했다. 대신 정부예산에 의한 지불의 비중이 95.0%로 증가했다. 설탕은 시장가격지지를 받는 유일한 품목이다. 지불 조치로는 시장 왜곡적 지불이 PSE의 60% 이상을 차지하고 있다. 그 중 현행 A/An/R/I 기준, 생산 조건 지불이 51.0%, 산출물 기준 지불이 6.2%, 가변요소 기준 지불이 5.1%이다. 비연계 지불(5항, 6항)의 비중은 2.7%에서 12.7%까지 증가했다. 여기에 가변요소 외의 요소 사용 기준 지불도 그린박스에 해당하는 것으로 17.7%에 이른다. 생산자 NPC는 1.11에서 1.01로 하락하여 생산자 가격이 국제가격과 사실상 같은 수준 정도까지 내려왔다. 국제가격보다 1% 높은 요인은 주로 설탕에 대한 관세할당제(tariff rate quota: TRQ)를 포함한 국경보호조치에 기인하지만, 사실상 농산물 무역의 완전 자유화로 볼 수 있다.

미국은 1933년 농업조정법(Agricultural Adjustment Act: AAA)을 기원으로 하는 이른바 농업법(Farm Bill)을 통해 농업과 식품정책 등에 관한 사항들을 포괄적으로 규정하고 있다. 당시의 농업정책은 농업성장을 통해 농가소득을 늘리고 지원하는 품목정책(commodity program)이 주를 이루었다. 그 후 농업법의 개정이 거듭되면서 농업의 외연이 확대되고 농정의 대상도 환경보전, 에너지, 농촌개발, 국민영양 등으로 확대되었다. 그 결과 농업법은 품목정책뿐 아니라 작물보험, 재난지원, 환경보전, 영양지원, 에너지, 농촌개발, 농업연구 등 농업과 직·간접적으로 관련된 모든 사항들을 포괄적으로 규정하게 되었다. 보통 5년 주기로 법 개정이 이루어지는데, 농업정책의 변화나 농정개혁도 주기적으로 여기에 반영되고 있다. 품목정책은 이들 다양한 정책대상 중의 일부를 차지하고 있다.

미국의 품목지원정책은 시장가격지지나 지불 방식을 통해 농가소득의 안정화에 중점을 두고 추진해 왔다. 대표적인 가격지지정책은 유통지원융자제도(Marketing Assistance Loan: MAL)이다. 시장가격이 사전에 품목별로 정해진 융자단가(loan rate)보다 낮으면 그 차액을 지원하는 제도로 융자단가는 사실상 최저가격 역할을 한다. MAL은 농가소득 안정을 위해 계속 유지되고 있는 미국 농정의 근간을 이루는 대표적인 가격지지조치이다. 동시에 결손지불제(Deficiency Payments Pregram: DPP) 같은 지불정책과 휴경제(acreage control)가 시행되고, 공급관리를 위한 비축 프로그램을 통해서도 농가소득을 지원하였다. 이들 품목정책은 1980년대 들어 시작된 농정개혁을 통해 점차 가격지지를 축소하고 생산과 무역을 덜 왜곡시키는 방향으로 변해 왔다.

1985년 농업법[13]에서는 품목정책을 좀 더 시장지향적인 방식으로 전환하면서 환경정책도 도입했다. 상호준수의무 조건 부과와 함께 환경보전계획(Conservation Reserve Program: CRP)을 시행하기 시작했다. 그 후 1996년 농업법[14]에서는 1973년 이래 오랜 기간 곡물을 대상으로 시행해 왔던 결손지불제와 휴경제를 폐지하였다. 대신 생산자율계약제(Production Flexibility Contracts: PFC)를 7년 간 한시적으로 도입하여 과거 시점 기준 지불 방식의 농가소득 지원 프로그램을 시행하였다. 그리고 2002년 농업법[15]에서는 PFC를 폐지하고 고정직접지불(Fixed Direct Payment: FDP)과 함께 가격변동대응지불제(Counter-Cyclical Payments: CCP)를 도입하였다. CCP는 과거 시점의 고정된 면적과 수량(yield)을 기준으로 지급되는 지불로서 현재나 미래의 생산에 영향을 미치지 않는 지불이다. 하지만 CCP는 목표가격에 시장가격을 연계시키

13 Food Security Act of 1985
14 Federal Agriculture Improvement and Reform Act of 1996
15 Farm Security and Rural Investment Act of 2002

고 있다는 점에서 과거의 결손지불제와 유사한 성격을 갖는다. 다만, 결손지불제와 달리 과거의 기준면적과 수량을 기준으로 지불액이 결정된다는 점에서 시장 왜곡 효과가 훨씬 작다고 할 수 있다. 그럼에도 설정된 목표가격으로 인해 과거 시점의 지불대상 물량은 시장가격이 어떻게 형성되든 관계없이 목표가격에 근접한 가격을 보장받기 때문에 생산 의사결정에 일정 부분 영향을 주는 지불이다.[16]

그 후 이 CCP와 고정직접지불은 유통지원융자제도(MAL)와 함께 품목정책의 근간을 이루면서 계속 유지되었다. 그러다가 2008년 농업법[17]에서 CCP에 대한 보완조치로 수입보전지불제(Average Crop Revenue Election: ACRE)가 새로 도입되었다. ACRE는 가격 기준 CCP가 농가소득 보장에 불완전한 측면이 있다는 단점을 보완하기 위해 수입 기준 지불을 보완한 것이다. 농가는 가격기준 CCP와 수입기준 ACRE 양자 중 하나를 임의로 선택할 수 있다. 그 후 2014년 농업법[18]에 와서는 CCP 제도하에서 별 의미가 없었던 고정직접지불을 폐지했다. 그리고 CCP와 ACRE를 각각 가격손실보전제(Price Loss Coverage: PLC)와 농업위험보전제(Agricultural Risk Coverage: ARC)로 대체하였다. 농가는 양자 중 하나를 선택하게 되는데, ARC는 실제 수입이 기준수입(benchmark revenue) 아래로 하락할 경우 그 차액을 지불하게 된다. 그러나 PLC와 ARC는 용어상의 변화일 뿐 각각 CCP, ACRE와 사실상 같은 제도이다. 유통지원융자제도는 계속 유지했다. 2018년 농업법에서는 PLC 품목을 확대하는 등 미세한 변화만 있을 뿐 기본적으로 2014년 농업법 제도들이 그대로 유지되었다.

미국의 농정은 오랜 기간 수차례의 농업법 개정을 통해 일련의 변화를 시도해 왔지만 품목정책에 관한 한 CCP를 도입했던 2002년의 기본 틀을 그대로 유지하고 있다고 볼 수 있다. CCP는 더 거슬러 가면 과거 1973년 도입된 DPP의 변형이다. 그렇게 본다면 미국의 품목정책은 지불제의 설계 방식을 세계 농업개혁에 맞춰 좀 더 시장지향적인 구조로 바꿔왔을 뿐 기본 틀은 그대로 오랜 기간 유지하고

16 CCP의 원리와 작용 메커니즘에 대하여는 제12장에서 상세히 고찰한다.

17 Food, Conservation, and Energy Act of 2008

18 Agricultural Act of 2014

있는 셈이다. MAL을 기반으로 한 CCP/PLC 제도, 이것이 미국 농정에서 품목정책의 근간이다. 품목정책 외에 미국은 작물보험(Crop Insurance), 재난지원 프로그램, 그리고 보전 프로그램 등 재정지원 제도를 시행하고 있다.[19]

앞서 [표 10-3]에서 보듯이 미국 역시 농정개혁 이후에도 여전히 시장을 왜곡하는 조치들이 남아있다. 생산효과가 강하고 시장을 직접 왜곡하는 지불(3항)이 PSE에서 차지하는 비중은 30여 년 전보다 오히려 크게 늘어나 51.0%를 보이고 있다. 생산에 연계되지 않고 시장왜곡 효과가 없는 지불(5, 6항)은 12.7% 수준에 불과하다. EU에 비해 시장 중립적인 직접지불의 비중이 절반 정도에 그치고 있다. 이런 측면에서 보면 우루과이라운드 협상에서 보인 미국과 EU의 입장과는 달리 WTO 출범 이후에는 EU가 미국보다 더 농업개혁에서 앞서가고 있다는 느낌을 준다. 그러나 미국의 국가경제나 농업 규모에 비해 PSE 규모가 작을 뿐 아니라 %PSE가 매우 낮다는 데서 그 배경을 설명할 수 있을 것이다. 생산자 NPC는 1.01로 농가수취가격이 거의 국제가격 수준과 같다는 것도 이를 뒷받침한다. 이것은 미국의 농산물시장은 사실상 완전히 개방돼 있고, 농가 지원은 대부분 정부 재정에 의해 이루어지고 있다는 의미이다.

3.4 스위스의 농정개혁과 직접지불

EU에 속해있지 않은 스위스는 다른 나라와 군사적 동맹관계를 맺지 않는 중립국 지위를 유지해 왔다. 국토 면적이 작을 뿐 아니라 지리적으로도 산악지대가 많고 농경지가 좁아 농업 여건은 좋지 않다. 전체 농지의 대부분(70%)이 초지인 스위스의 농업은 56%가 구릉이나 산간 지역에서 이루어지고 있다. 그래서 식량안보를 핵심적 농정목표로 삼아왔고 북유럽 국가들과 함께 강한 농업 보호국 지위를

19 미국은 품목정책 외에 작물보험, 환경보전정책, 식품지원정책(food assistance program), 농촌개발정책, 에너지정책 등을 통해 재정지원을 하고 있다. 이중 가장 큰 비중을 차지하는 것은 2014년 기준 식품지원정책으로 79.1%를 차지한다. 작물보험, 환경보전, 품목정책까지 포함한 4개 분야 예산이 전체의 99%를 차지한다. 1995-2023년 기간 재정지출액은 품목정책 2,788억 달러, 작물보험 1,351억 달러, 재난지원 프로그램 557억 달러, 환경보전 프로그램 531억 달러이다. (EWG's Farm Subsidy Database)

견지해 왔다. 불리한 지리적 여건 속에서도 비교적 높은 식량자급률을 유지해 왔던 것도 전통적인 보호주의 농정에 기인한다.

그럼에도 스위스는 WTO 회원국으로서 세계 농업개혁의 흐름에서 자유로울 수는 없었다. 국내지지조치와 무역정책 양 부문에서 농정개혁을 추진해 왔고, 그 결과는 OECD의 농정 평가지표로 나타나고 있다. 특히 강한 가격지지정책을 지불정책으로 대폭 전환하였고, 연방헌법(제104조)에 규정된 농업의 다원기능적 역할을 지불정책을 통해 뒷받침해 왔다.

[표 10-4]는 스위스의 농정개혁 성과를 보여주고 있다. 개혁 전 1986-88년 평균 PSE는 68.7억 달러였고, %PSE는 76.6%나 되었다. 농업총수입 중에서 이만큼이 정부의 농업생산자 지원정책의 결과로 얻은 것이다. 30여 년이 지난 후 최근에는 그 비율이 48.6%로 떨어졌다. 그러나 여전히 OECD 평균의 거의 3배나 높은 수준을 유지하고 있다. PSE의 구성을 보면 개혁 전에는 86.4%가 시장가격지지 방식에 의한 소득이전이었고, 나머지 13.6%만이 정부 재정에 의한 지원이었다. 주로 국경보호조치에 기인하는 것으로 생산자 NPC가 높게 유지된 원인이다. 지불 방식에 의한 지원도 가변투입요소 기준 지불이나 생산을 조건으로 한 현행 A/An/R/I 기준 지불 같은 시장왜곡효과가 강한 방식이 대부분(9.9%)이었다. 결국 이 당시 스위스의 생산자 지원 농업정책은 시장가격지지이든 지불정책이든 거의 대부분(97% 이상)이 시장왜곡이 매우 강한 조치였다. 생산자 NPC는 무려 4.4를 상회하였다. 농업생산자들이 받는 가격은 평균적으로 국제가격의 4.4배가 넘었다는 의미이다.

스위스는 1990년대 초까지만 해도 폐쇄경제 기조하에 높은 무역장벽과 강한 국내지지조치를 유지하면서 국내 농업을 세계시장으로부터 완전히 차단하는 강한 보호주의 농정을 펴왔다. 그러다 WTO 출범 이후 세계 농업개혁에 따라 회원국으로서 본격적인 시장지향적 농정개혁을 시작했다. 곡물과 사료에 대한 관세 감축 등 수입장벽을 낮추고 시장가격지지 조치를 대폭 축소해 나가기 시작했다. 생산과 덜 연계된 지불정책을 도입하고 자율적 생태 직접지불도 도입했다. 수출보조와 우유 쿼터제를 철폐하고 직접지불에서는 상호준수의무(cross compliance) 조건을 부과하

표 10-4 스위스와 일본의 생산자지지추정치(PSE) 구성의 변화

(단위: 백만$, %)[a]

	스위스		일본	
	1986-88	2020-22	1986-88	2020-22
농업총생산액(at farm gate)	8,025	9,727	72,767	77,290
생산자지지추정치(PSE)	6,871	6,599	44,611	32,503
· %PSE (PSE/농업총수입)	76.60	48.65	57.42	37.55
1. 산출물 기준 지지	86.83	48.13	91.90	80.21
· 시장가격지지(MPS)	(86.44)	(41.98)	(88.45)	(74.26)
· 산출물 기준 지불	(0.39)	(6.15)	(3.45)	(5.96)
2. 요소 사용 기준 지불	5.21	2.27	3.21	3.50
· 가변투입요소 기준 지불	(4.21)	(1.08)	(0.90)	(1.10)
3. 현행 A/An/R/I 기준 지불, 생산 조건	5.71	16.20	1.39	6.92
4. 비현행 A/An/R/I 기준지불, 생산 조건	0.26	16.88	0.00	0.00
5. 비현행 A/An/R/I 기준지불, 생산비조건	0.00	1.05	3.50	9.32
6. 비상품 기준 지불 및 기타 지불	1.99	15.47	0.00	0.04
생산자 명목보호계수(NPC)	4.41	1.46	2.24	1.50

출처: OECD(2023) 자료를 토대로 계산하여 재구성한 것임.
a 농업총생산액과 생산자지지추정치(PSE)의 단위는 백만$, 그 외의 단위는 %.

여 환경과 자연자원 보존에 노력을 기울였다. 타게팅되고 디커플된 지불조치를 통해 자원의 효율적 이용을 도모하고 시장지향적 지원체제를 추구하고자 했다.

개혁조치 시행 이후 최근 스위스 농정의 모습은 많이 달라졌다. PSE가 미세하나마 66억 달러로 줄었고, 무엇보다 그 구성이 크게 변했다. %PSE가 48.7%로 여전히 높은 수준이긴 하지만 농업지원 구조에 있어서 지불조치가 시장가격지지를 상당히 대체하는 큰 변화를 보였다. 시장가격지지의 PSE 비중은 절반 이상 줄어 42%까지 하락했다. 하지만 여전히 농업생산자 지원의 큰 몫을 이루고 있다. MPS의 대부분은 쿼터 외 수입량에 대해 높은 관세가 적용되는 관세할당제(TRQ)에 의한 국경보호조치이다. 시장가격지지 비중이 크게 줄어든 대신 지불 조치는 58%로

증가했다. 여기에는 농업의 다원기능 증진을 위해 상호준수의무 조건이 부과되고 특정 품목과 연계되지 않는 지불이 많이 도입되었다. 경관보전 지불, 자연자원 보존과 환경보호를 위한 생태 지불, 동물복지 지불, 조건불리지역에서의 영농활동 유지를 위한 지불 등이다.

그러나 여전히 디커플링 요건을 온전히 갖춘 직접지불(5, 6항)의 비중은 16.5% 수준이다. 그것도 품목정책으로서 시장 중립적 지불(5항)은 1%에 불과하다. 시장왜곡이 강한 지불(3항 및 산출물 기준 지불)은 22.4% 수준이다. 여기에는 식량의 안정적 공급을 목적으로 한 지불조치들이 포함되고 이들 조치에 디커플링 요건을 갖추기는 어려울 것이다. 식량안보는 스위스 농정의 핵심 과제이다. 그 동안 시장왜곡 조치들을 완화하는 개혁을 추진해 왔지만 표에서 보듯이 보호수준이 여전히 높은 이유이다. 그럼에도 중요한 것은 농업 여건이 열악하고 군사적 중립국으로서 국내 자급률 증대 수요가 큰 스위스가 시장왜곡이 심한 가격지지 방식에서 지불 방식으로 대폭 전환했다는 점이다. 그 결과는 생산자 NPC가 4.41에서 1.46까지 대폭 감소하는 결과로 이어졌다. 국내시장을 세계시장으로부터 차단하는 국경 보호조치가 크게 줄었다는 의미이다. 이로 인한 가격하락을 직접지불로 보전한 정책의 결과이다.

3.5 일본의 농정개혁과 직접지불

일본도 스위스와 마찬가지로 대표적인 농업보호 국가이다. [표 10-4]는 일본의 농정개혁에 따른 PSE의 변화를 스위스와 대비하여 보여주고 있다. PSE 총액은 같은 기간 446.1억 달러에서 325억 달러로 감소했다. %PSE도 57.4%에서 37.6%로 낮아졌다. 하지만 여전히 OECD 평균 15.2%보다는 두 배 이상 높은 수준이다. 1986-88년의 PSE 구성은 시장가격지지가 88.5%, 나머지 11.5%가 지불 방식으로 시장가격지지가 압도적인 비중을 차지하고 있었다. 지불조치 역시 산출물 기준 지불이나 가변투입요소 기준 지불 같이 시장왜곡이 심한 지불이 대부분이다. 디커플링 요건을 갖춘 지불(5항)은 3.5%에 불과했다. 생산자 NPC는 2.24로 당시 스위스에 비하면 절반 수준이지만 매우 높은 수준을 유지했다. 식량자급률 목표를 철저히 관리하면서 식량의 안정적 공급을 농정의 기본으로 삼는 일본으로서 주로 쌀, 돼지고기, 우유 등 중요 품목들의 높은 국경조치에 기인한다.

농정개혁 시작과 함께 30여 년이 지나면서 일본의 PSE 총액과 %PSE는 큰 폭으로 감소했다. 그럼에도 PSE의 구성은 크게 변하지 않았다. 일본의 시장가격지지 중심의 농정기조의 기본 틀은 거의 바뀌지 않은 것이다. 시장가격지지의 PSE 비중이 74.3%로 매우 높게 유지되고 있는데, 스위스가 86.4%에서 42%까지 대폭 낮아진 것과는 매우 대조적이다. 시장 지향적 세계 농업개혁이 시작된 지 30여 년이 지났어도 일본의 농정기조는 여전히 시장가격지지 중심에서 벗어나지 못하고 있다. 다른 선진국들과 구별되는 일본 농정의 특징이다. 이 외에도 시장왜곡 효과가 큰 가변투입요소 기준 지불과 생산조건의 현행 A/An/R/I 기준 지불이 각각 1.1%, 6.9%를 차지하고 있다. 디커플링 요건을 갖춘 생산 중립적 지불은 9.3%에 불과하다. 생산자 NPC는 관세감축 등의 조치에 힘입어 1.5까지 낮아졌지만, OECD 평균이나 다른 선진국들과 비교하면 여전히 매우 높은 수준을 유지하고 있다. 주요 농산물에 대하여 강한 국경보호조치와 국내지지조치를 계속 유지해 오고 있기 때문이다. 2021년 기준 농산물 평균 관세율은 14.9%이고 100%가 넘는 품목도 전체의 2.9%에 달한다. 비농산물의 평균 관세율이 2.5%인 것과 비교하면 매우 강한 보호조치임을 알 수 있다. 전분이나 낙농품 같은 일부 품목에 대해서는 높은 쿼터 외 관세율의 TRQ가 적용되고 있다.[20]

그러나 일본 역시 PSE에서 차지하는 비중은 여전히 매우 작지만 지불정책을 확대하고 있다. 쌀, 밀, 보리, 콩 등을 대상으로 수입기준(revenue-based) 지불제를 시행하고 있다. 또한 작물 전환을 유도하기 위해 논에서 밀, 콩 그리고 사료용이나 가공용의 쌀을 생산할 경우 면적 기준의 직불금을 지급한다. 일본은 전체 농지와 생산량의 40%를 중산간 지역이 차지하고 있다. 그만큼 중산간 지역의 농업이 생산액, 농가수, 농지면적 측면에서 중요한 위치를 차지하고 있다. 그래서 국토와 농지보

20 본 절 일본 농정의 세부 내용은 주로 OECD(2023)를 참고하였다.

존, 수자원 보존, 지역사회 유지를 위해 조건불리지역 직불제 같은 농업의 다원기능 제고를 위한 직불제를 시행하고 있다. 친환경농업직불제나 온실가스 감축을 위한 지불제, 그리고 50세 이하의 젊은 농업인들에 대한 지불제도 시행하고 있다. 또한 보험제도를 통한 지불제도 시행하고 있는데, 농업상호지원제(agricultural mutual aids)와 수입보험제(revenue insurance)에 의한 지불로 농가들은 이 두 보험제도 중 하나를 선택하여 지원을 받을 수 있다.

종합적으로 보면 일본은 농정개혁에도 불구하고 그 성과가 다른 선진국들에 비해 상대적으로 매우 미흡한 나라에 속한다. OECD 국가들 중에서도 가장 성과가 낮다. 주요 곡물에 대한 수매제 가격지지조치와 국경에서의 높은 보호조치를 계속 시행해 오고 있는 탓이다. 시장 지향적 세계 농업개혁 추세와는 아직 많이 동떨어져 있다고 말할 수 있다. 섬나라로서 전통적으로 식량안보를 중시해 온 배경이 농정개혁 과정에도 나타난 결과일 것이다.

제11장
한국의 직접지불과 농정 변화

시장가격지지 중심의 강한 보호주의 농정을 견지해 온 한국은 1997년 경영이양직불제 도입을 시작으로 다양한 유형의 직불제를 시행해 왔다. 그러다 2020년에는 총체적인 직불제 개편을 단행하고 공익직불제 중심의 새로운 직불제 체제를 갖추게 되었다. 이 장에서는 우리나라의 직접지불 정책과 농정개혁이 어떻게 진행돼 왔는지 논의한다. 먼저 직불제의 도입 배경과 그 의의를 살핀다. 그리고 직불제 시행 현황과 직불제의 개편 및 공익직불제 도입 과정을 논의한다. 마지막으로 세계 농업개혁 과정을 거치면서 이룩한 농정개혁 성과와 한국 농정에서의 직접지불의 위상을 살펴본다.

제11장

한국의 직접지불과 농정 변화

제1절 직접지불제 도입 배경과 의의

1.1 도입 배경

우리나라에 '직접지불'이란 이름으로 정부재정에 의한 지불제가 도입되기 시작한 시기는 1990년대 중·후반이다. 이때는 WTO 체제가 출범하면서 세계 농업개혁이 본격화하고, 동시에 FTA(free trade agreement) 중심의 지역무역협정(regional trade agreement: RTA) 체결도 급증하던 시기이다. 다자주의(multilateralism)와 지역주의(regionalism)에 의한 동시적 농산물 시장개방이 급속히 확대되고, 국내적으로는 농업협정에 의해 가격지지 중심의 보호주의 농정이 본격적으로 규제되기 시작한 시기이다. 오랜 기간 강한 보호주의 정책기조 속에 유지돼 오던 한국농업은 이때를 기점으로 급속히 위축되면서 농업성장과 농가의 농업소득은 장기 침체 국면으로 빠져들게 되었다.

WTO 농업협정은 대외적 시장개방 확대와 함께 국내적으로는 시장왜곡적 가격지지조치를 감축하고 비연계 직불제 도입을 요구하고 있다. 우리나라도 WTO 회원국으로서 시장지향적 세계 농업개혁 흐름에 따라 가격지지 중심의 국내지지조치를 좀 더 시장 지향적인 직접지불 방식으로 전환하는 농정개혁을 단행하기 시작했다. 그때까지 지불 방식의 정책수단이 거의 전무했던 한국으로서는 기존 농정체제의 근본적인 변화를 요구받고 있었던 셈이다. 1997년 도입된 경영이양직불제가 그 첫 번째 시도였다. 그 후에도 여러 유형의 직불제가 도입되었고, 급기야 2005년에는 수십 년 한국의 핵심 농정 역할을 해왔던 쌀 수매제를 폐지하고 직불제를 도입했다. 쌀직불제로의 전환은 사실상 국내 농정기조 변화의 분수령이 되었다.

시장가격지지 방식에서 직불제 체제로 변해갈 수밖에 없었던 데는 몇 가지 배경과 필요성이 작용했다. 첫째는 앞서 언급한 대로 WTO 체제로 넘어오면서 농업협정에 따라 진행되는 세계 농업개혁 추세에 국내 농업정책도 조화시키지 않으면 안 되었다. 둘째, 더욱 중요한 것은 급속한 시장개방 확대로 국내 농업 피해가 커지는 등 많은 문제가 발생하여 이에 대한 정책적 대응 필요성이 생겼다는 점이다. 농업기반 축소와 농가소득 감소의 문제, 식량안보의 위협, 경쟁력 향상과 구조조정의 문제, 그리고 환경 의식의 향상에 따른 친환경농업으로의 전환 등 중요한 당면 문제들이 제기되었다. 이때 대안 정책 수단으로 등장한 것이 직접지불제였다. 세 번째는 농업의 다원기능 제고를 위해 직불제가 필요했다. 1990년대는 농업의 다원기능에 대한 논의가 국제사회에서 활발해지기 시작한 시기이기도 했다. 1992년 리우회의 이후 환경과 지속 가능한 발전의 중요성이 대두하면서 농업 분야에서는 다원기능의 문제가 더욱 부각되었다. 이런 시대적 상황에서 식량안보나 환경보호 같은 농업의 다원기능에 대한 국민적 인식이 국내적으로도 확산되기 시작했고, 이를 제고시킬 수 있는 정책수단으로서 직불제에 대한 관심은 한층 높아졌다. 시장개방 확대는 국내 농업기반 축소와 농업·농촌의 위기로 이어지고, 이는 결국 식량안보와 환경보호 같은 농업의 다원기능에도 심각한 부정적 영향을 미치게 되었다. 농업의 외부효과로 생기는 이런 공공재의 적정 수준 공급을 위해서는 타게팅되고 비연계된(decoupled) 직접지불이 필요했다. 전통적 가격지지조치는 농업의 다원기능 제고처럼 타게팅이 필요한 정책으로는 부적합하다. 세계 농업개혁 이후 스위스, EU 등 유럽 선진국들이 직불제를 확대 강화하고 예산을 늘려가는 배경도 여기에 있다.

이 같은 국내외 요인들이 복합적으로 작용하여 우리나라에도 직불제가 본격적으로 시행되었다. [표 11-1]에서 보게 될 우리나라 직불제 도입 현황은 이런 사정을 반영하고 있다. 여러 유형의 직불제 시행 끝에 2020년에는 공익기능 증진과 농가소득 안정화를 목적으로 하는 현재의 공익직불제 중심의 한국형 직불제 체제를 갖추게 되었다.

1.2 한국 농정에 주는 함의

직접지불제의 도입이 한국 농정사에 주는 의미는 매우 크다. 첫째는 세계 최고 수준의 보호주의 농정을 유지해 왔던 한국이 시장 지향적 자유주의 농정체제로 변화의 첫발을 떼었다는 점이다. WTO 출범 이전 우리나라 PSE의 99%가 시장가격지지였다. 세계적으로도 유례를 찾을 수 없는 높은 수치이다. 농산물 시장이 개방되고 경영이양직불제를 시작으로 직접지불제가 도입되면서 농정기조에 변화가 일기 시작했다. 2005년에는 한국 농정의 근간인 쌀 수매제를 폐지하고 직불제가 도입된 바 있고, 2020년에는 쌀 변동직불제를 폐지하고 시장지향적 공익직불제 중심의 직불제 체제가 등장했다. 그러니까 직불제의 도입·시행 과정은 보호주의 농정을 벗어나 시장지향적 농정체제로 전환해 가는 한국 농정사의 큰 변화였다.

두 번째는 농업의 역할에 대한 국민적 인식이 변화하는 계기가 되었다. 직불제의 도입과 함께 농업이 단순한 생산과 성장 위주의 경제·산업적 역할을 넘어 자연과 환경, 생태 등 다원기능적 공익가치를 증진하는 공공적 역할이 중요하다는 인식의 변화가 시작되었다. 1990년대 중반 이후 농업 성장이 장기 정체기로 들어서면서 친환경농업직불제, 경관보전직불제, 조건불리지역직불제 등이 비슷한 시기에 시행되었다는 것은 농업의 역할에 대한 이런 국민적 인식의 변화를 말해주는 것이다.

세 번째로 직접지불은 농가소득 안정화를 위한 최후의 보루가 되어야 한다는 시사점을 주었다는 데 의의가 있다. 자유주의 농정시대에 시장가격지지 보호막을 대신하여 직불제가 농가소득 안정화를 위한 농정수단이 되어야 한다는 것이다. 직접적인 지불이든 아니면 보험형의 지불이든 농가소득 안정화를 위해서는 정부 재정에 의한 지불제의 강화가 중요하다는 점이다.

이처럼 우리나라는 경영이양직불제 이후 다양한 직불제를 시행하고 2020년에는 총체적인 직불제 개편과 함께 공익직불제 중심의 새로운 직불제 체제를 구축했다. 동시에 농업의 역할이 식량안보와 환경보호를 포함한 공익적 다원기능을 증진시키는 데로 확대되어야 한다는 인식의 변화도 일었다. 그리고 직불제가 농가소득 안정화를 위한 중심적 정책수단이라는 점도 명확히 하였다. 그러나 국내지지조치가 공익직불제를 중심으로 한 시장지향적 직불제 체제로 전환되었다 해도 여전히 시장가격지지 방식의 국경조치가 강하게 남아있다. 국내 정책의 개혁에도 불구하고 우리나라의 %PSE나 생산자 NPC가 매우 높은 이유이다.

제2절 직접지불제 현황과 성격

2.1 직불제 현황

우리나라 최초의 직접지불제는 1997년 도입된 경영이양직불제이다(표 11-1). WTO 체제에서 세계 농업개혁이 시작된 지 2년 만이다. 농지를 소유한 고령의 농가들이 농지를 처분하여 농업경영을 이양하고 영농활동에서 은퇴할 경우 직불금을 지급하는 제도이다. 농업 인력의 구조조정과 토지자원의 효율적 배분을 촉진함으로써 농업 생산성 향상과 경쟁력을 제고하고 동시에 농가의 소득안정을 도모하기 위한 직불제이다.

두 번째로 도입한 직불제는 1999년에 시행한 친환경농업직불제이다. 이 시기 국내외적으로 환경문제와 환경농업의 중요성이 부각되면서 도입되었다. 친환경 또는 유기농업을 위해 농약이나 화학비료를 사용하지 않거나 적게 투입하면 생산성이 떨어지고 농가소득이 줄어들 수밖에 없다. 친환경 설비를 설치할 경우에는 추가적인 비용이 소요된다. 친환경농업직불제는 친환경, 친생태적 방법으로 농업 생산을 하는 농가들에게 소득감소분이나 생산비 차이를 보전하기 위해 지급하는 제도이다. 그로부터 10년 후 2009년에는 축산 분야에 친환경(안전)축산직불제가 도입되었다. 친환경축산 방식을 실천하는 생산자에게 소득감소분이나 생산비 차이를 보전함으로써 친환경축산의 확산을 도모하고 지속 가능한 축산기반을 구축하기 위한 직불제이다.

2004년에는 조건불리지역직불제가 도입되었다. 중산간 지역 같이 지리적 여건이 불리한 지역이라 할지라도 농업 생산활동을 하며 농촌 지역사회를 유지해 나가는 것은 국토의 균형발전을 위해서도 매우 중요한 일이다. 조건불리지역직불제는 이 같이 농업생산이나 주거의 조건이 불리한 농·산촌 지역에 거주하며 농업 생산활동을 하고 살아가는 생산자들에게 직불금을 지급하는 제도이다.

2004년에는 또 FTA피해보전직불제와 FTA폐업지원제가 도입되었다. 우리나라는 1990년대 중반 이후 세계 주요 농업 선진국들을 포함하여 많은 나라들과 FTA를 체결했다.[1] 그 결과 농산물 시장개방이 확대되면서 생산 농가들의 피해도 잇따랐다. 이에 대처하기 위한 직불제가 FTA피해보전직불제와 FTA폐업지원제이다. FTA피해보전직불제는 FTA 이행에 따른 관세의 감축 또는 철폐로 농산물 수입량의 증가로 인하여 가격이 일정 수준 이하로 하락할 경우 해당 품목의 생산자에게 가격 하락분의 일부를 보전해 주는 직불제이다. FTA폐업지원제는 FTA 이행으로 수익성이 떨어져 해당 품목의 생산활동을 계속 유지하는 것이 어려운 경우 생산자에게 폐업 지원금을 지급하는 제도이다. 직불제라는 명칭을 사용하고 있지는 않지만 다른 직불제와 같이 개별 농업생산자에 대한 직접적 재정지원이라는 데서 직불제로 분류하고 있다.

1 한국은 2024년 9월 기준 세계 59개국 21건의 FTA가 발효되었고 그 밖에 많은 나라들과 협상이 계속 진행 중이다(산업통상자원부, FTA 포털).

표 11-1 한국의 직접지불제 시행 현황

도입연도	명 칭	목 적	개편 (2020년)
1997	경영이양직불제	농업구조조정, 소득안정	존속
1999	친환경농업직불제	환경보호, 식품위생	공익직불제(선택형)
2004	조건불리지역직불제	농촌 공동체 유지, 국토 균형발전 등	공익직불제(기본형)
	FTA피해보전직불제	시장개방 피해 보전	존속
	FTA폐업지원제	농업구조조정, 시장개방 피해 보전	존속
2005	쌀소득보전직불제 (고정, 변동)	소득안정, 생산기반 유지, 식량안보	공익직불제(기본형)
	경관보전직불제	농촌경관 보전	공익직불제(선택형)
2009	친환경축산직불제	환경보호, 식품위생	공익직불제(선택형)
2012	밭농업직불제	소득안정, 생산기반 유지	공익직불제(기본형)
2020	공익직불제	농업·농촌 공익기능 증진, 소득안정	

2005년에는 경관보전직불제와 쌀소득보전직불제가 도입되었다. 경관보전직불제는 지역의 특색있는 경관작물 재배를 촉진하여 농촌의 경관을 아름답게 조성·유지하기 위하여 경관작물을 재배하는 생산자에게 직불금을 지급하는 제도이다. 또한 이를 자원으로 하여 녹색관광산업을 육성하고 농촌사회의 경제 활성화를 도모하는 목적도 갖고 있다. 지급대상 품목은 구절초, 국화류, 메밀, 유채, 해바라기 등의 경관작물과 밀, 보리, 호밀, 연꽃 등 준경관작물이다. 쌀소득보전직불제는 2001년 시행되었던 논농업직불제와 2002년 쌀소득보전직불제를 각각 고정직불 및 변동직불로 통합·개편하여 2005년 시행되었다. 가격지지조치인 쌀 수매제도를 폐지하고 좀 더 시장지향적인 직접지불 방식으로 전환한 것이다. 쌀직불제는 2020년 초까지 우리나라 농정의 핵심적 역할을 해 왔다. 쌀직불제 예산은 전체 직불제 예산의 대부분을 차지했다.[2] 쌀직불제에 대해서는 다음 장에서 별도로 상세히 고찰한다.

---

2 2018년의 경우 쌀직불제 예산은 1조 8,890억원(고정 8,090억원, 변동 1조 800억원)으로 그해 전체 직불제 예산(2조 4,390억원)의 77.45%를 차지했다.

그 후 2012년에는 FTA로 인한 시장개방 피해 보전과 논농업(쌀) 직불제와의 형평성 문제 등을 고려하여 밭농업직불제가 도입되었다. 밭작물을 재배하는 농가의 소득안정을 기하고, 주요 밭작물의 자급률 제고와 생산기반 유지를 위하여 지급하는 직불제이다.

최근 2020년에는 직불제 전반에 대한 개편 작업과 함께 공익직불제가 도입되어 시행되고 있다. 이때 한국의 중심 농정이었던 쌀직불제와 밭농업직불제가 공익직불제(기본형)로 통폐합되었다. [표 11-1]에서 보듯이 경영이양직불제, FTA피해보전직불제, FTA폐업지원제는 개편 이후에도 그대로 존속하고 있지만, 나머지는 모두 새로 도입된 공익직불제의 기본형 또는 선택형으로 통폐합되었다. 현재 시행 중인 공익직불제에 대해서는 별도로 제13장과 제14장에서 상세히 고찰한다.

[표 11-2]는 지금까지 논의한 직접지불제의 예산 현황을 보여준다. 직불제 개편 전 2018년의 경우 직불제에 소요된 총예산은 2조 4,390억 원으로 농업예산, 즉 농림축산식품부 총예산의 16.8%를 차지했다. FTA피해보전직불제와 FTA폐업지원제를 제외하면 그 비중은 15.4%이다.[3] 쌀직불제(변동, 고정) 예산은 전체 직불제 예산의 77.5%를 차지한다. 이듬해 그 비중이 크게 축소된 것은 쌀 변동직불이 쌀가격 상승으로 대폭 줄었기 때문이다. 2020년 직불제 개편이 이루어진 후 전체 직불제 예산규모는 증가하였지만, 농업예산에서 차지하는 비중은 2023년 15.9%에 머물렀다. 이 중 공익직불제 예산이 98.6%로 압도적인 비중을 차지하고 있다. 사실상 공익직불제가 곧 한국의 직불제인 셈이다.

이 표에는 포함돼 있지 않지만 농작물재해보험 같이 보험 사업을 통한 정부의 재정지원 역시 직접지불이다. 정부는 이런 유형의 지불을 기타의 직접지불로 분류하여 [표 11-2]에 있는 (순수)직불제와 구분하고 있다. 그러나 자연재해에 의한 손실을 보전하기 위한 농작물재해보험뿐 아니라 소득보험 프로그램에 의한 정부의 재정지원은 농업협정 부속서 2의 7과 8 규정에 의해 당연히 직접지불에 해당한다. 따라서 몇

3 농림축산식품부는 FTA피해보전직불제와 FTA폐업지원제를 순수 직불제로 보지 않고 농업재해보험 등과 같이 기타 직불제로 분류하고 있다(e-나라지표).

표 11-2 한국의 직접지불 예산 현황

(단위: 억 원)

	2018	2019	2020	2023
· 공 익 직 불	-	-	23,610	27,269
· 쌀 변동직불	10,800	2,533	2,384	-
· 쌀 고정직불	8,090	8,028	-	-
· 경영이양직불	497	472	390	215
· 조건불리지역직불	506	546	-	-
· 밭농업직불	1,937	2,078	-	-
· 경관보전직불	93	84	-	-
· 친환경농업직불	435	381	-	-
· FTA피해보전직불	1,005	1,000	200	180
· FTA폐업지원	1,027	1,020	720	-
합 계 (농업예산 중 비중, %)	24,390 (16.8)	16,142 (11.0)	27,304 (17.3)	27,664 (15.9)

출처: e-나라지표, www.index.go.kr. 직접지불금 현황.

몇 품목을 대상으로 현재 시행 중인 수입안정보험 역시 직접지불로 포함시켜야 할 것이다. 다만, 보험 프로그램에 의한 재정지원은 그 자체로 농가의 소득이 바로 증가하는 것이 아니라 보험의 조건이 발생해야 실질적인 소득지원이 이루어진다는 데서 통상적인 직접지불과는 다르다. 예를 들면, 재해보험에 의한 재정지원은 실제 자연재해가 발생하고 보험계약에 따른 조건이 충족될 때 농가의 피해에 대한 보상이 이루어지므로 정부가 보험 프로그램에 의해 보험료를 지원한다고 해서 그것이 바로 농가의 소득으로 이어지지는 않기 때문에 다른 직접지불과 차이가 있다.[4] 정부는 이런 점 때문에 이를 순수직불제로 분류하지 않고 있지만, 이는 정의상 직접지불에 해당한다고 볼 것이다. 더구나 언급한 바와 같이 농업협정은 보험 프로그램에 대한 정부의 재정지원 역시 직접지불로 규정하고 있다는 점은 주목할 필요가 있다.

4 하지만 정부의 보험료 지원 자체가 농가의 소득지원으로 볼 수도 있다.

2.2 직불제의 목적과 성격

고찰한 바와 같이 한국의 직불제는 세계 농업개혁과 시장개방 확대 과정에서 나온 국내 농업정책 수단으로 기본적으로 한국 농업이 처한 국내외 환경변화에 대응하기 위해 도입되기 시작했다. 그리고 시간이 흐르면서 점차 농가소득 지원, 구조조정 지원, 농업의 다원기능 증진 등을 위한 다양한 유형의 직불제로 확대·진화해 나갔다.

농산물 시장개방이 확산되던 초기의 직불제는 대부분 농업의 구조조정, 농산물 시장개방 피해 보전, 환경과 경관보전 등이 주요 목적이었다. 농산물 시장개방 피해 보전이나 농업 구조조정을 위한 직불제로는 FTA피해보전직불제, FTA폐업지원제, 경영이양직불제 등이다. 환경이나 지역의 농업·농촌 유지 같은 다원기능 제고를 위한 직불제로는 경관보전직불제, 친환경농업직불제, 친환경축산직불제, 조건불리지역직불제를 들 수 있다. 본격적인 농가의 소득지원을 목적으로 한 직불제는 쌀직불제, 즉 쌀소득보전직불제이다. 그 후 논농업과 균형을 맞추기 위해 밭농업직불제가 추가로 시행되었다. 공익직불제는 농업·농촌의 공익기능 증진과 농가소득 안정을 위한 목적으로 시행되고 있다.

기존에 시행했거나 시행 중인 대부분의 직불제는 시장지향성의 디커플링 요건을 갖추고 있었다. 생산과 무역에 미치는 영향을 최소화하는 시장 중립적인 직불제로 농업협정 부속서 2의 요건을 충족하는 정책(Green Box)이다. 그러나 쌀직불제(변동)는 예외적으로 디커플링 요건을 충족하도록 설계되지 못했다. 목표가격과 연계된 변동직불로 인해 가격지지 효과가 강하게 나타나 생산에 직접 영향을 미친다. 농업협정상 규제 대상 정책(Amber Box)으로 여기에 소요되는 지불액은 총AMS 산정에 포함된다. 식량안보와 농가의 소득안정을 위한 이유를 들 수 있지만, 미국의 CCP처럼 지불을 과거 시점의 면적과 수량에 연계시키도록 설계되었다면 이런 문제는 피하면서 정책목적을 충분히 달성할 수 있었을 것이다. 정책 설계상의 부주의 결과이다. 쌀직불제는 제도적인 문제뿐 아니라 시장격리 같은 불합리한 운영까지 더해지면서 심각한 공급과잉 문제를 노정함으로써 직불제 개편의 직접적인 원인을 제공했다. 쌀직불제는 결국 직불제 개편을 통해 공익직불제가 새로 도입되면서 폐지되었다. 그러나 디커플링 요건을 갖춘 공익직불제는 쌀 생산에는 전혀 영향을 미치지 않지만, 이런 부분이 오히려 농가소득이나 식량안보 측면에서 문제를 일으키고 있다.

제3절 직접지불제 개편과 공익직불제

3.1 직불제 운용에 대한 평가

시장가격지지 방식의 전통적 농업정책에 익숙해 있던 우리나라는 여러 유형의 직불제를 도입·시행하면서 많은 시행착오를 겪어야 했다. 직불제의 본래 취지는 정부의 시장간섭을 최대한 줄여 농업에 시장기능을 회복시키되, 생산 농가에 대한 지원은 시장왜곡을 최소화하는 지불 방식으로 대체하자는 것이다. 다시 말하면, 산업으로서의 농업은 시장에 맡기고 농업생산자에 대한 지원은 농산물시장과 분리하여 정부재정에 의한 직불제로 하자는 것이다. 그러나 수십 년 지속돼 오던 강한 보호주의 농정에서 바로 온전한 시장 지향적 농정체제로 넘어갈 수는 없었다. 더구나 정부재정에 의한 지불정책이 사실상 전무했던 한국 농정에서 시장가격지지를 지불 방식으로 전환하고, 거기다 생산과 무역왜곡 효과가 없는 디커플링 요건까지 갖추는 일은 현실적으로 어려운 과제가 아닐 수 없다. 무엇보다 국제경쟁력을 갖추지 못한 농산물 순수입국으로서 식량안보 문제, 농업기반 축소의 문제, 농가소득 문제 등 시장개방을 맞은 한국으로서는 쉽지 않은 과제에 직면하게 되었다. 그 동안 직불제를 운용하는 과정에서 나타난 문제점들을 살펴보자.

첫째, 시장중립성 요건의 문제이다. 농업협정이 요구하는 직접지불은 원칙적으로 생산이나 무역에 영향을 미치지 않는 디커플링 요건을 갖추어야 된다. 그러나 한국 직불제의 핵심이라 할 수 있는 쌀직불제(변동)는 이 요건을 충족하지 못한 사실상의 가격지지 조치로 농업협정상 규제대상 지불제다. 한국 농정의 근간을 이루는 쌀직불제가 디커플링 요건을 갖추지 못했다는 것은 농정개혁의 의미를 크게 퇴색시키는 것이다. 결국 쌀의 공급과잉 문제를 야기시키면서 직불제 개편의 직접적 원인을 제공하기도 했다.

둘째, 농가소득 안정화 측면에서의 문제이다. 쌀직불제는 농가에 대한 소득지원이 주요 목적이다. 하지만 이 직불제는 재배면적을 기준으로 지불액의 크기가 결정되기 때문에 대농일수록 비례적으로 많은 직불금을 받는 구조이다. 따라서 형평성 측면에서 부익부 빈익빈의 소득 불평등과 양극화를 심화시키는 문제를 안고 있다. 농업 내의 형평성 문제뿐 아니라 직불제 예산의 부족으로 도·농 간, 농업과 비농업 간의 소득 불평등 완화에도 기여하지 못했다. 오랜 기간 농가소득 지원을 위한 직불제가 시행되었지만, 농가소득은 도시가구 소득의 60% 수준을 벗어나지 못하고 있다.

셋째, 농업의 다원기능 제고 측면에서 직불제의 역할이 어느 정도 기여했는지 의문이다. 예산의 대부분을 차지하는 쌀직불제나 밭농업직불제 같은 경우 상호준수의무가 미약하여 실질적인 다원기능 제고 기능으로서의 역할은 기대할 수 없었다. 또한 공익기능 증진을 중심 목적으로 하는 경관보전직불이나 조건불리지역직불, 그리고 친환경직불도 실질적인 효과는 기대에 미치지 못했다.

넷째, 경영이양직불제나 FTA폐업지원제 같은 구조조정을 위한 직불제가 시행되기는 했지만, 이를 통해 농업의 생산성이 어느 정도 향상되는 효과가 있었는지도 의문이다. 농촌의 고령화 현상은 심화하고 영농규모의 확대도 지지부진했다.

이 밖에도 품목 간 지원의 불균형 문제, 개별 직불제 간 목적의 중복성 등 여러 문제점을 노정시켰으나, 가장 큰 문제는 직불제의 중심인 쌀직불제의 구조적인 공급과잉 문제였다. 쌀직불제는 당초부터 생산을 자극하도록 설계되었기 때문에 구조적인 공급과잉과 가격침체 문제를 내재하고 있었다. 쌀 가격이 하락하면 정부는 시장격리 조치나 생산조정제 같이 직불제의 취지에 역행하는 미봉적 대증요법으로 상황을 더욱 악화시켰다. 이렇게 오랜 기간 쌀 시장에 누적된 공급과잉의 문제가 총체적인 직불제 개편으로 이어졌다.

3.2 새로운 직접지불 체제의 등장

문재인 정부(2017. 5 ~ 2022. 5) 들어서 직불제 중심 농정으로의 전환을 시도하면서 농정기조에 변화가 일어나기 시작했다. 2020년에는 직불제에 대한 총체적인 개편이 단행되고, 「농업·농촌 공익기능 증진 직접지불제도 운영에 관한 법률」(공익직불제법)이 발효되었다. 그 동안 시행되었던 여러 유형의 직불제들을 전면 개편·정비하고 중심적 직불제로서 공익직불제를 출범시켰다.

[표 11-3]에서 보듯이 경영이양직불제, FTA피해보전직불제, 그리고 FTA폐업지원제를 제외한 나머지 기존의 직불제들은 모두 새로 시행되는 공익직불제로 통폐합되었다. 문제가 되었던 쌀 변동직불제는 폐지되고 쌀 고정직불제와 밭농업직불제, 조건불리지역직불제는 기본형 공익직불제로 통폐합되었다. 그리고 친환경농업직불제, 친환경축산직불제, 경관보전직불제는 선택형 공익직불제로 통합되었다. 여기에 논활용직불제를 선택형 공익직불제에 추가하였다. 이로써 우리나라의 중심적 직불제이자 유일한 품목형 직불제였던 쌀직불제는 사라지고 공익직불제 중심의 새로운 직불제 체제를 갖추게 되었다.

공익직불제는 미래 지속 가능한 농업발전을 지향하는 한국 농정의 핵심 정책수단이 될 것이다. 예산 비중도 [표 11-2]에서 보듯이 전체 직불제 예산의 거의 전부를 차지하고 있다. 명시적으로 '공익'이란 명칭을 사용함으로써 농업·농촌의 다원적 공익기능을 의도적으로 강조하고 있다. 새 직불제 체제에서는 모든 직접지불이 성격상 디커플링 요건을 갖추게 됨으로써 시장 지향적 농정개혁에 한 발 더 다가가게 되었다.

결국 새로 개편된 한국의 직불제 체제는 공익직불제를 중심으로 하면서 기존 3개의 개별 직불제와 보험형의 지불제를 포함하는 형식으로 전체 직불제의 기본 틀

표 11-3 한국의 현행 직접지불제 구조

직불제 유형	세부내용
1. 공익직불제	
- 기본형 공익직불	소농직불, 면적직불
- 선택형 공익직불	친환경농업직불, 친환경안전축산물직불, 경관보전직불, 논활용직불
2. 경영이양직불제	고령 농가의 경영 이양에 대한 소득지원. 구조조정
3. FTA 피해보전직불제	FTA로 인한 피해 농가 지원
4. FTA 폐업지원제	구조조정 위한 폐업 지원
5. 보험형 지불제	농업재해보험, 수입보험

을 구성하고 있다. 이 같은 직불제 개편과 공익직불제 중심의 직불제 체제의 등장 배경에는 국내외의 시대적 환경변화가 작용하고 있다. 시장 지향적인 세계 농업개혁과 직불제 중심 농정의 흐름, 농업의 다원기능과 그 공익적 가치의 중요성, 그리고 환경과 생태를 고려한 지속 가능한 농업·농촌 발전의 필요성이다. 미래의 농정은 직불제를 중심으로 하여 그런 방향으로 갈 것이다. 한 가지 농업의 다원기능의 제1요소로서 식량안보를 시장지향적 직불제 중심 농정체제에서 어떻게 확보해 나갈 것인지는 중요한 과제이다. 이 문제에 대해서는 다음 장에서 자세히 고찰한다.

제4절 농정개혁 성과와 직접지불

1990년대 이후 세계 농업개혁 요구에 한국 농정이 어떻게 변해 왔는지 국내지지조치 중심으로 살펴보았다. 그런데 국내지지 분야의 개혁만이 아니라 국경조치에서도 많은 변화가 있었다. 한편으로는 WTO 농업협정에 따라 농산물시장을 개방하면서 다른 한편에서는 세계 주요국들과 동시다발적인 FTA를 체결함으로써 농산물 관세 감축 및 철폐를 추진해 왔다. 한국도 세계적 추세에 맞춰 국내정책과 무역정책 양 분야에서 시장지향적 농정개혁을 지속적으로 추진해 온 것이다. 그렇다면 그 성과는 어느 정도인지, 그리고 직접지불의 확대는 개혁 성과에서 어떤 역할을 했는지 OECD의 PSE 농정평가 지표를 이용하여 살펴보자.

우리나라는 전통적으로 북유럽 국가들이나 스위스, 일본 등과 함께 세계에서 가장 강한 농업보호국의 지위를 유지해 왔다. [표 11-4]에서 보듯이 1980년대 중·후반 PSE 총액은 106.8억 달러로 %PSE가 62.3%에 달했다. OECD 국가들 중 최고 수준이다. 농가의 농업 총수입 중에서 62.3%는 농업정책에 기인한 것이었다는 의미이다. 생산자 NPC도 2.5에 달했다. 우리나라 농가들이 생산한 농산물은 평균적으로 국제가격의 2.5배나 높은 가격을 받고 있었던 셈이다. PSE의 구성을 보면 당시 보호주의 농정의 성격은 더욱 뚜렷해진다. PSE 총액의 거의 전부(98.9%)가 시장가격지지에서 오고 있다. 쌀, 콩, 축산물, 채소 등 주요 농산물에 대한 각종의 국내 및 무역정책(정부수매, 관세, 수입쿼터 등)에 기인하는 것이다. 그 결과가 2.5배에 이르는 국내외 가격차이로 나타났다. 지불정책에 의한 농가 지원은 1% 남짓에 불과한데, 이마저도 가변요소 사용 기준 지불과 생산 조건의 현행 A/An/R/I 기준 지불 같은 강한 시장왜곡 조치가 절반이다. 우리나라 농정이 과거 얼마나 강한 보호주의 성격을 띠고 있었는지 알 수 있다.

그러나 WTO 회원국으로서 우리나라도 세계 농업개혁의 추세를 피해갈 수는 없었다. 농업개혁이 시작된 이후 최근(2020-22) PSE 총액은 235.0억 달러로 30여 년 전에 비해 크게 증가했지만, %PSE는 많이 감소했고 그 구성도 시장 지향적인 방향으로 점차 변해왔다. 그럼에도 국제적 기준에서 보면 변화의 정도는 미약하여 시장가격지지 방식의 시장왜곡적 정책의 비중이 여전히 압도적이고 직접지불의 비중은 매우 낮은 수준에 머물고 있다.

최근 %PSE는 46.3%까지 하락했지만 여전히 앞 장에서 살펴본 OECD 평균치를 훨씬 상회하고 있다. 더구나 한국은 다른 선진국들과 달리 PSE 금액 자체가 지난 30여 년 동안 두 배 이상 증가했다. 살펴보았듯이 스위스와 일본의 PSE는 30여 년 전보다 오히려 감소했고, EU는 미세하게 증가하는 데 그쳤다. 또 한국은 PSE 구성 변화를 보면 대부분(86.9%)을 여전히 직접적 시장간섭 방식에 의한 MPS가

표 11-4 한국의 생산자지지추정치(PSE) 구성의 변화

(단위: 백만$, %)[a]

	1986-88	2000-02	2020-22
농업총생산액(at farm gate)	16,985	26,360	47,514
생산자지지추정치(PSE)	10,682	14,466	23,498
· %PSE (PSE/농업총수입)	62.26	52.66	46.32
1. 산출물 기준 지지	98.88	93.36	86.93
· 시장가격지지(MPS)	(98.88)	(93.36)	(86.93)
· 산출물 기준 지불	(0.00)	(0.00)	(0.00)
2. 요소 사용 기준 지불	0.84	3.25	2.55
· 가변투입요소 기준 지불	(0.27)	(1.43)	(1.09)
3. 현행 A/An/R/I 기준 지불, 생산 조건	0.27	3.39	2.04
4. 비현행 A/An/R/I 기준 지불, 생산 조건	0.00	0.00	0.00
5. 비현행 A/An/R/I 기준 지불, 생산 비조건	0.00	0.00	8.26
6. 비상품 기준 지불 및 기타 지불	0.00	0.00	0.21
생산자 명목보호계수(NPC)	2.50	1.97	1.70

출처: OECD(2023) 자료를 토대로 계산하여 재구성한 것임.
a 농업총생산액과 생산자지지추정치(PSE)의 단위는 백만$, 그 외의 단위는 %.

차지하고 있다. MPS는 단일상품이전액(single commodity transfer: SCT)이 주를 이루고 있는데,[5] 주로 정부구매(쌀, 콩 등)와 국경조치로서 TRQ의 높은 쿼터 외 관세(out-of-quota tariff)가 원인이다. 그 결과 생산자 NPC가 1.7로 여전히 매우 높은 수준을 유지하고 있다. MPS를 제외한 나머지 13.1%의 PSE는 지불조치에 의한 것인데, 이중 비료, 종자 등 가변요소 사용 기준 지불이 1.1%, 쌀 변동직불(2020년) 같은 생산 조건의 현행 A/An/R/I 기준 지불이 2.0%이다. 8.3%만이 5항의 비현행 생산 비조건의 디커플된 직접지불이다. 2020년의 쌀 고정직불과 공익직불제(기본형) 등에 대한 재정지원이 여기에 해당할 것이다.

5 SCT는 특정의 단일 품목에 대하여 계산한 PSE로, 지원을 받기 위해 반드시 생산해야 하는 특정 농산물에 대한 정책으로 인하여 소비자와 담세자로부터 농업생산자에게 연간 이전된 총액이다.

고찰한 바와 같이 %PSE로 표시한 한국의 농가 지원 수준은 매우 높아 OECD 평균의 3배이다. 무엇보다 농정개혁 조치가 지속적으로 진행되어 왔음에도 불구하고 여전히 PSE의 대부분(86.9%)이 시장왜곡 효과가 강한 MPS라는 점이다. 2020년 새로운 직불제 개편이 이루어져 좀 더 시장지향적인 생산자 지원체제의 발판을 마련하긴 했지만, 수매조치나 높은 관세수준 등을 고려할 때 전반적인 지지수준이나 그 구성에 큰 변화를 기대하기는 어렵다. 예를 들면, 513%의 세율로 관세화되어 TRQ 적용을 받는 쌀은 쿼터량 408,700 톤에 대해서는 5%의 낮은 쿼터 내 관세(in-quota tariff)가 적용되고 있다. 하지만 높은 쿼터외 관세가 유지되고 있고 수시로 발동되고 있는 시장격리 같은 국내지지조치로 여전히 국내외 쌀 가격의 차이가 매우 높게 유지되고 있다. 이런 지지조치로 인해 높은 수준의 %PSE와 생산자 NPC가 계속 유지되고 있는 것이다.

이처럼 WTO 출범 이후 나름의 농정개혁을 추진해 왔음에도 불구하고 한국의 농정은 국제적 기준으로 보면 아직도 강한 보호주의 기조가 계속 유지되고 있다. 여기에는 EU나 미국 같은 나라들과 달리 한국 농정이 갖고 있는 구조적 특징이 작용하고 있기 때문이다. 한국 농정에는 강한 국경보호조치(높은 관세 수준)와 국내지지조치(정부구매)가 동시에 존재한다는 점이다. 일본의 농정구조와 유사하다. EU나 미국이 국경조치는 거의 철폐한 상황에서 직접지불에 의한 국내지지조치를 강화하고 있는 것과 대비된다. 앞서 언급한 바와 같이 현행 공익직불제 체제에서는 시장왜곡적 지불은 없다. 새로운 공익직불제 중심 체제로 개편하면서 그 성격은 원칙적으로 모두 시장 중립적 비연계 직접지불로 전환되었다.[6] 지불정책에 있어서는 시장지향성을 충실히 실현하고 있는 셈이다. 그러나 직접지불이 PSE에서 차지하는 비중은 매우 낮아 이 효과가 PSE 지표 변화에는 큰 영향을 미치지 못하고 있다. 남아있는 수매제 등 다른 국내지지조치를 디커플된 직불제로 전환한다 해도 강한 국경조치 때문에 PSE가 높게 나타날 수밖에 없는 구조이다. 국경보호조치가 거의 사라진 미국, EU 등 선진 외국들이 국내지지조치의 개혁을 통해 MPS를 직불제

6 2023년 도입된 전략작물직불제(논활용직불제)만이 시장 왜곡적 지불이다.

로 전환하면서 %PSE와 생산자 NPC가 크게 낮아지는 것과 극명히 대조된다. 한국은 국내정책을 아무리 직접지불 방식으로 전환한다고 해도 국경조치로 높은 관세 수준이 계속 유지되고 있는 한(TRQ 등) %PSE나 생산자 NPC를 국제수준으로 크게 낮추기는 어렵다. PSE나 %PSE, 그리고 NPC 같은 국제적 농정 평가지표들은 자유무역을 전제로 세계시장에서 형성되는 국제가격을 비교기준으로 하여 산정되기 때문이다.

쌀직불제(변동)를 폐지하고 공익직불제를 도입한 것처럼 국내적으로는 시장지향적 개혁 조치들이 이루어졌다. 하지만 이 같은 농정개혁 조치가 높은 관세 수준 등 남아있는 무역장벽 때문에 그 효과가 상당 부분 묻혀버리고 만다. 직접지불의 예산 규모를 크게 늘려 국내지지조치를 비연계 직접지불로 전환한다 해도 이런 문제가 해결되지 않는 한 국제적 농정 평가지표를 개선하는 데는 한계가 있을 것이다. 국경조치의 개혁 없이는 국제기준으로 평가한 시장지향적 농정개혁에서 높은 점수를 기대하기 어렵다는 얘기다. 그렇다고 한국의 농업 현실에서 필요한 국경조치를 쉽게 축소할 수는 없다. 시장지향적 세계 농업개혁 추세에 따라 한국 농정을 국제기준에 조화하려는 정책적 노력은 이 같은 국내정책과 무역정책 간의 불가피한 부조화로 인해 큰 성과를 거두지는 못하고 있다.[7]

7 국내정책과 무역정책 간의 부조화 현상은 스위스, 일본, 북유럽 국가 등 강한 농업보호 국가들이 안고 있는 공통된 특징이다. 이들 국가에서는 농정개혁이 국내적으로는 상당 수준 이루어지고 있으나 무역정책 개혁이 느린 속도로 진행되고 있는 탓이다. 같은 기간(2020-22) 일본의 산출물 기준 지지의 비중은 80.2%(MPS 74.6%)이고 스위스는 48.1%(MPS 42.0%)이다.

제12장

쌀 직접지불제와 미국의 품목 지불정책

본 장에서는 품목 특정적 직불제로서 우리나라의 쌀직불제와 그 모형이 되었던 미국의 가격변동대응지불제(CCP)를 포함한 품목 지불정책에 대하여 고찰한다. 공익직불제 중심의 현행 직불제 체제에서 품목 특정적 직불제가 필요한 이유와 그 중요성에 대한 논의가 될 것이다. 제1의 농업 선진국 미국이 세계 농업개혁 이후에도 계속 품목 지불정책을 유지하고 있다는 점은 우리에게 주는 시사점이 적지 않다. 먼저 쌀직불제에 대한 논의가 왜 필요하고 중요하며, 그 도입 배경은 무엇인지 살펴본다. 그리고 쌀직불제의 모형이 되었던 미국의 결손지불제(DPP)와 CCP에 대하여 고찰한다. 이어서 쌀직불제의 구조와 특성, 경제적 효과와 디커플링 문제를 논의한다. 마지막으로 쌀직불제가 미국의 DPP나 CCP와 어떻게 다른지 살펴보고, 쌀직불제에 대한 평가와 함께 정책적 함의를 찾아본다.

제12장

쌀 직접지불제와 미국의 품목 지불정책

제1절 쌀직불제, 왜 중요한가

쌀직불제는 2005년 도입되어 2020년 직불제에 대한 전면적 개편으로 공익직불제로 통폐합되기까지 한국의 핵심 농정수단이었다. 본 장에서는 쌀직불제와 그 모형이 되었던 미국의 품목 지불제에 대하여 고찰한다. 공익직불제 도입과 함께 폐지된 과거의 제도를 다시 소환하여 별도의 장에서 상세히 살펴보고자 하는 데는 몇 가지 이유가 있다.

첫째, 쌀직불제는 한국 농정사에서 대표적인 핵심 농정수단이다. 오랜 기간 시행해 왔던 정부 수매제를 폐지하고 WTO 세계 농업개혁 이후 본격적인 농정개혁의 일환으로 도입되었던 정책이라는 데서 그 의미가 적지 않다. 쌀은 한국인의 주식이면서 생산 측면에서 우리나라 농업의 근간을 이루는 중요 품목이다. 그런 만큼 쌀 정책은 한국 농정의 기본방향과 성격을 가늠하는 바로미터 역할을 해왔다. 또한 쌀직불제의 도입이 한국 농업에 직불제가 본격적으로 시행되는 계기가 되었다는 점도 간과할 수 없다. 그 전에도 경영이양직불제를 시작으로 여러 직불제가 시행되기는 했지만 직불제가 한국 농정에서 체계를 갖추고 중요 정책수단으로 등장한 것은 쌀직불제가 도입된 이후이다. 국가의 직불제 예산도 이때를 기점으로 급격히 늘어나기 시작했다. 앞서 [표 11-2]에서 보았듯이 그 예산 비중만 보더라도 쌀직불제가 한국 농정에서 차지하는 품목 정책으로서의 위상은 절대적이었다. 이런 측면에서 직불제 문제를 집중적으로 살펴보고 있는 본서에서 쌀직불제 문제는 빼놓을 수 없는 핵심 논의 주제가 되는 것이다.

둘째, 비록 구조적인 공급과잉 문제로 폐지되기는 했지만 앞으로 국내외 농업 여건과 환경변화에 따라 언제라도 유사한 형태의 품목 특정적 직불제가 다시 시행될 수 있다는 점이다. 기후위기가 심화하고 신보호주의 경향이 꿈틀대는 세계 무역질서 속에서 식량안보의 중요성은 점점 커지고 있다. 이런 상황에 대처하기 위해 쌀은 물론 밀, 보리, 콩 등 중요 식량작물에 대해 별도의 품목정책으로서 직불제 시행 가능성을 염두에 두어야 한다. 쌀직불제에 대한 체계적인 고찰은 이 같은 상황 변화를 포함한 미래 직불제 중심의 농정기조 변화에 대비하기 위해서도 매우 중요하다.

셋째, 농산물 무역자유화와 시장 지향적 농업개혁을 앞장서 주장해온 미국 같은 농업 선진국도 대부분의 곡물을 포함한 주요 품목들에 대해서는 유사한 시장왜곡적 품목 지불조치를 시행하고 있다는 점이다. EU와 달리 미국은 품목 특정적 지불제를 오랜 기간 시행해 오고 있다. 우리나라의 쌀직불제는 2002년 이후 미국에서 시행한 가격변동대응지불제(counter-cyclical payment: CCP)를 벤치마킹한 제도이다. 그리고 CCP는 1973년 도입되었던 결손지불제(deficiency payment program: DPP)[1]를 그 기원으로 한다. 최근에는 가격손실보전제(Price Loss Coverage: PLC)로 명칭이 변경되긴 했지만 기본적으로 이 둘은 같은 제도이다. 미국이 DPP의 기본구조를 유지하면서 품목 특정적 지불제 CCP/PLC를 계속 시행하고 있다는 점은 우리에게 시사하는 바가 매우 크다. DPP는 명백히 시장을 왜곡하는 생산자 가격지지정책이다. 여기서 시장 지향적인 구조로 진화하긴 했지만 현재 시행중인 CCP/PLC 역시 엄밀한 의미에서 WTO 농업협정의 디커플링 요건을 갖추지 못한 지불제이다. 다

1 이 제도의 핵심 정책변수가 목표가격이므로 목표가격제(target price program)라고도 부른다.

만 생산제한 하의 직접지불(농업협정 6조의 5), 즉 청색정책(Blue Box)으로 감축면제 조치에 해당할 뿐이다. 우루과이라운드 무역협상 당시 제로 옵션(왜곡조치의 완전 철폐)을 주창했던 미국이 디커플링 요건을 갖추지 못한 이런 제도를 수십 년 계속 유지하고 있는 것이다. 더구나 미국은 이런 시장 왜곡적 지불제도를 15개 중요 품목들에 모두 적용해 왔다. 세계 제1의 농업 선진국인 미국이 WTO 자유주의 농정 시대에도 여전히 이런 제도를 유지하고 있는 데는 그만한 이유가 있을 것이다. 그리고 1992년 맥셔리 개혁 이래 과감한 CAP 농정개혁을 추진해온 EU 역시 부분적으로 시장왜곡적 가격지지조치를 유지하고 있다. 우리나라도 식량안보나 농가소득 안정화 등 필요한 경우에는 이 같은 제도를 주요 품목에 다시 도입할 수 있어야 한다. CCP와 이를 모형으로 한 쌀직불제를 깊이 연구할 필요성이 제기되는 또 다른 이유이다.

끝으로, 쌀직불제(변동)는 제도에 내재된 공급과잉 문제로 공익직불제 중심 체제로 개편되면서 폐지되었다. 그런데 아이러니하게도 여전히 쌀의 과잉생산과 가격하락 문제가 끊이지 않고 정부는 수시로 시장격리라는 이름으로 수매조치를 시행하고 있다. 오랜 기간 숙고 끝에 개편한 새로운 직불제의 취지를 무색하게 만들고 있는 것이다. 새 체제가 시행되자마자 벌써부터 쌀직불제를 부활시켜야 한다거나 양곡관리법을 개정하여 정부수매를 의무화해야 한다는 등 논란도 계속되고 있다. 과거 쌀직불제 문제에 대한 정밀한 분석과 평가 없이 폐지했다는 뜻이기도 하다. 따라서 국가의 핵심 농정수단이었던 쌀직불제에 대한 체계적인 고찰이 필요하고, 이런 토대 위에서 미래 더 나은 직불제 중심 농정을 모색할 수 있어야 한다. 미국의 예처럼 국가의 중요 품목들에 대해서 품목 특정적 직불제를 다시 시행할 필요성은 상존한다.

이상을 종합할 때 쌀직불제에 대해서는 미래 지향적 관점에서 다시 깊이 있게 고찰할 필요성이 크다. 실패한 제도를 성찰함으로써 미래 올바른 방향을 찾아 나가야 한다. 쌀직불제가 모형으로 한 CCP는 미국의 중요 품목정책으로서 20년 이상 안정적으로 지속해 오고 있다. 서로 매우 유사한 제도인데 미국은 성공한 제도로 정착시켰고, 정작 농산물 순수입국인 우리는 실패하여 폐지했다. 더욱 아이러니한 것은 폐지하여 공익직불제로 개편하고 나서도 전과 똑같은 문제를 반복하고 있다는 점이다. 왜 실패했고 어떤 문제가 있으며 운용상 무엇이 잘못인지에 대한 정확한 진단과 평가가 필요하다. 미래 올바른 농정기조를 세워나가기 위해 온고이지신(溫故而知新)의 지혜와 성찰이 필요하다는 의미이다. 본서에서 폐지된 쌀직불제를 재소환하고 그 모형이었던 미국의 품목정책을 집중 조명하고자 하는 이유가 여기에 있다.

제 2 절 쌀직불제의 도입 배경

2.1 보호주의 농정과 쌀 산업의 위상

우리나라는 전통적으로 북유럽 국가들이나 스위스, 일본 등과 함께 세계적으로 강한 농업 보호국의 지위를 견지해 왔다. [표 12-1]에서 보듯이 한국의 %PSE는 OECD 평균을 크게 상회하고 있다. WTO 출범 이후 농정개혁을 추진해 왔어도 이런 기조는 큰 변화를 보이지 않고 있다. 최근(2020-2022)까지도 한국의 %PSE는 46.3%로 OECD 평균(15.2%)의 3배가 넘는다. 같은 기간 생산자 NPC를 비교해 보면 OECD 평균은 1.07까지 하락했는데 한국은 여전히 1.7로 세계 최고 수준이다. 30여 년 전(1986-88) 스위스나 노르웨이, 아이슬란드의 생산자 NPC는 한국보다 훨씬 높은 수준이었지만 그 동안의 농정개혁 성과로 최근에는 한국보다도 낮아졌다.

이처럼 강한 보호주의 농정기조가 수십 년 지속되고 있는 그 중심에는 쌀 산업이 자리하고 있다. %PSE나 생산자 NPC가 높게 나타나는 데에도 결국 쌀이 중심적인 원인을 제공하고 있다. 강한 국경보호 조치를 통해 국내 쌀 시장을 세계시장으로부터 차단함으로써 쌀의 국내외 가격차이를 높게 유지하고 있는 것이 주요 원인이다. 여기에 더하여 정부 수매제와 쌀 변동직불제가 국내 시장가격과 농가수취가격을 더욱 높이는 역할을 했다.

표 12-1 한국 농업보호 수준의 국제 비교

	1986-88		2000-02		2020-22	
	%PSE	생산자NPC	%PSE	생산자NPC	%PSE	생산자NPC
한국	62.26	2.50	52.66	1.97	46.32	1.70
스위스	76.60	4.41	66.40	2.43	48.65	1.46
노르웨이	71.44	4.11	69.03	2.56	51.04	1.49
아이슬란드	77.19	4.16	63.98	2.44	50.16	1.68
일본	57.42	2.24	53.61	2.07	37.55	1.50
호주	9.65	1.08	3.74	1.00	4.26	1.00
뉴질랜드	10.16	1.01	0.52	1.00	0.66	1.01
EU	38.43	1.66	29.77	1.22	16.49	1.03
미국	20.54	1.11	19.47	1.11	8.87	1.01
OECD	35.44	1.46	28.35	1.26	15.20	1.07

출처: OECD(2023)로부터 재구성.

[표 12-2]는 이를 잘 보여주고 있다. 1980년 중·후반(1986-88) 쌀의 %SCT (single commodity transfer)는 82%였다. SCT란 단일 품목의 생산에 연계된 정책으로 소비자와 담세자로부터 농업생산자에게 연간 이전된 총액이다. %SCT는 해당 품목의 총수입에서 SCT가 차지하는 비중이다. 그러니까 쌀로 인한 총수입 중에서 정부의 쌀 정책으로 생긴 수입 비중이 82%라는 의미이다. 농업 전체의 %PSE 62.3%보다 훨씬 높다. 주요 원인은 높은 무역장벽으로 인해 쌀의 국내외 가격 차이가 높게 유지되었기 때문이다. 최근(2020-22)에는 52.5%까지 하락했지만 여전히 매우 높다. 쌀의 생산자 NPC는 5.5였다가 2.1까지 하락했지만, 이 역시 매우 높은 수준이다. 한국의 %PSE가 세계적으로도 가장 높은 강한 보호주의 국가로 평가되는 주요 원인도 결국은 쌀이다.

한편, WTO 체제 출범 당시 농업협정에 의한 우리나라의 총AMS는 1조 7,186억 원으로 이중 91.3%는 쌀 수매정책이 차지했다. 국내지지 정책의 대부분도 결국은 쌀 정책이 차지하고 있었다는 뜻이다. 10년 후 2004년에는 총AMS 한도가 1조

표 12-2 한국 쌀 산업 보호수준의 변화

		1986-88	2000-02	2020-22
농 업	%PSE (%)	62.26	52.66	46.32
	생산자 NPC	2.50	1.97	1.70
쌀 산업	생산자 SCT (10억 원)	4,509	8,355	4,921
	%SCT (%)	82.0	81.1	52.5
	생산자 NPC	5.54	5.29	2.10

출처: OECD(2023)로부터 재구성.

4,900억 원으로 감축되었고, 국내지지조치를 이 범위 내에서 시행해야 하는 국제적 의무를 지게 되었다. 총AMS의 절대적 비중을 차지하는 쌀 정책을 개혁하지 않고는 이 의무를 준수할 수 없는 상황에 직면하게 되었다. 그래서 나온 농정개혁 조치가 2005년 쌀 수매제 폐지와 쌀직불제의 도입이었다.

2.2 쌀 산업 개혁과 직접지불

WTO 출범 이후 한국의 쌀 산업 개혁은 국경과 국내 두 분야에서 동시에 진행되었다. 먼저 국경보호조치의 개혁이다. 농업협정은 비관세 수량제한 방식으로 수입이 규제되는 농산물은 관세화(tariffication) 조치와 관세 감축을 통해 시장개방을 하도록 요구하고 있다. 하지만 당시 한국의 쌀은 별도의 협상을 거쳐 관세화가 유예되었고, 대신 최소시장접근(minimum market access: MMA) 물량의 쌀을 의무 수입하게 되었다. 그 후 2004년 한 차례 더 관세화 유예조치가 10년 간 연장되었고, 최소시장접근 물량은 두 배로 증가하였다.[2] 그러다가 정부는 2015년부터 쌀에 대한 국경조치를 관세화로 전환하면서 관세상당치(tariff equivalent) 513%라는 초고율의 세율로 국제사회에 양허(讓許)하였다. 결국 쌀의 국경조치 개혁은 사실상의 수입금지에서 최소시장접근(MMA) 방식의 수입할당제(import quota)를 거쳐 관세정책으로 전

2 최소시장접근 수입 물량은 1차 관세화 유예 기간에는 205,000톤이었고 다시 10년 간 연장된 기간에는 408,700톤까지 증가하였다. 이때 적용되는 관세율은 5%이다. 이 수입 물량은 WTO 체제하에서 우리나라가 앞으로 계속 수입해야 할 국제사회에 대한 의무이다.

환하여 현재에 이르고 있다.[3] 쌀의 국경조치가 관세로 전환됨으로써 시장접근기회가 확대된 것처럼 보인다. 하지만 초고율 관세가 적용되기 때문에 관세가 크게 인하되지 않는 한 사실상 수입금지나 마찬가지 효과를 그대로 유지하고 있고, 국내 쌀 시장은 여전히 세계시장과 단절되어 강한 보호를 받고 있는 셈이다.

다음으로 쌀의 국내지지조치인 정부 수매제의 개혁이다. 정부 수매제는 오랜 기간 국경보호조치와 함께 시행돼 왔다. 수매제가 없었더라도 무역장벽으로 인해 국내 쌀 가격은 세계시장과 차단되어 국제가격보다 훨씬 높게 형성되었을 것이지만, 여기에 수매제가 추가됨으로써 국내 시장가격을 더 높이는 역할을 했다. 그만큼 생산자에 대한 가격지지효과가 강화되면서 국내 쌀 시장을 더욱 왜곡하는 결과를 초래했다. WTO 농업협정은 부속서 2의 디커플링 요건을 충족하지 못하는 국내지지조치들에 대해서는 국가의 총AMS 산정에 포함시켜 이를 감축하도록 요구하고 있다. 언급한 바와 같이 우리나라는 총AMS의 90% 이상을 쌀이 차지하고 있기 때문에 쌀 수매제의 개혁 없이는 이 국제적 의무를 이행하기 어려운 상황에 처하게 되었다.[4] 결국 정부는 2005년 시장가격지지 방식의 수매제를 폐지하고 대신 재정지출에 의한 지불제를 도입하게 된 것이다.

시장가격지지 조치를 지불제로 전환하는 본래 취지는 수급과 가격결정은 시장원리에 맡기되, 이때 발생하는 농가의 소득 감소에 대해서는 시장 비왜곡적 방법으로 국가 재정을 통해 지원해 주자는 것이다. 그러나 쌀직불제는 이런 농정개혁 본래 취지와 달리 생산자에게 강한 가격지지 효과가 나타나도록 설계되었다. 국내 농업의 근간인 쌀의 생산기반 유지와 농가소득 안정화, 그리고 주식으로서 식량안보 확보라는 현실적인 제약이 있었기 때문이다. 시장 지향적 농정 개혁의 필요성과 이들 현실적 제약조건을 동시에 만족시켜야 하는 딜레마에 처했다. 결국 세계 농업개혁 요구에 따라 강한 시장가격지지 효과가 나타나는 정부 수매제를 폐지하고 직불

3 최소시장접근(MMA)은 일종의 수입할당제(import quota)이다. 다만, MMA는 통상의 수입할당제와 달리 저율의 쿼터 내 관세(in-quota tariff)를 적용한다는 데서 차이가 있다. 관세화 전환 이후에는 MMA를 초과하는 수입량에 대해서는 513%의 쿼터 외 관세(out-of-quota tariff)가 동시에 적용된다. 이런 측면에서 현재의 제도는 관세할당제(TRQ)로 볼 수 있다.

4 당초 우리나라의 총AMS는 1조 7,186억 원으로, 이중 쌀이 91.3%, 콩 4.2%, 보리 3.0%, 옥수수 1.3%, 유채 0.1%였다. 총AMS는 13.3% 감축되어 2004년 이후 1조 4,900억 원을 유지하고 있다.

제를 도입하되, 생산과 연계되지 않는 고정형과 연계된 변동형 두 유형의 혼합형 직불제를 채택했다. 이 불완전한 과도기적 직불제는 15년 동안 시행되면서 공급과잉 문제로 많은 논란을 일으켰다. 그 후 2020년 전체 직불제에 대한 총체적인 개편을 단행하면서 우리나라 농정의 핵심적 역할을 해오던 쌀 변동직불제는 폐지되고 공익직불제 중심의 새로운 직불제 체제가 탄생하였다. 동시에 유일한 품목 특정적 직불제도 사라졌다.

그러나 이런 일련의 개혁조치들이 쌀 산업의 보호수준을 낮추어 주지는 못했다. [표 12-2]의 최근 지표가 보여주듯이 여전히 높은 %SCT와 생산자 NPC를 계속 유지하고 있다. 강한 국경보호조치가 존재하고 있기 때문이다. 뿐만 아니라 여전히 수시로 시행되는 정부의 시장격리 수매조치로 인해 쌀에 대한 강한 가격지지는 공익직불제 중심의 새 직불제 체제에서도 사실상 계속되고 있다. 쌀직불제(변동)가 폐지되었다고 해서 이것이 바로 농업 보호수준이 낮아지는 것을 의미하지는 않는다. 높은 수입관세로 인해 국제가격과 비교되는 시장왜곡 효과는 그대로 남아있다.

제3절 결손지불제

3.1 기본구조 및 효과

미국의 결손지불제(缺損支拂制, Deficiency Payments Program: DPP)의 작용 메커니즘과 효과에 대하여 개념적으로 살펴보자. 결손지불제는 1973년 농업법(Farm Bill)에서 처음 도입하여 1996년 생산자율계약제(Production Flexibility Contract: PFC)로 대체될 때까지 오랜 기간 미국의 생산농가 지원을 위한 품목정책으로 시행되었다. 그 후 2002년에는 그 기본 틀은 그대로 유지한 채 생산 연계를 차단하는 방식으로 CCP라는 새로운 지불제로 재탄생하였다. 우리나라의 쌀직불제(변동)는 이들 미국의 지불제를 모형으로 설계된 것이다.

결손지불제는 대상 품목의 시장가격이 사전에 설정하여 공표한 목표가격(target price)에 미달할 때 그 차액, 즉 결손분(deficiency)을 정부 재정에서 생산자에게 직접 지불해 주는 제도이다. 목표가격은 정책 판단에 의해 결정되는 생산자 지지가격으로 생산자가 받을 수 있는 보장가격인 셈이다. 경쟁시장가격보다 높게 설정된 목표가격에 의해 생산자의 수취가격이 상승하므로 생산량은 늘어난다. 생산이 증가하면서 소비자들이 지불하는 시장가격은 하락하고, 따라서 목표가격과 차이가 벌어지게 된다. 이때 그 차액만큼 재정지출을 통해 생산자에게 지급되어 목표가격을 보장해 주는 것이다.[5] 결손지불제는 경제적 효과 측면에서 보면 생산자에 대한 명백한 가격지지 조치이다. 하지만 시장가격 상승을 통해 간접적으로 생산자 소득을 지원하는 시장가격지지와 달리 정부 재정에 의한 지불정책으로, 생산자에게 바로 지급한다는 데서 제도 시행 당시에도 이를 직접지불로 간주했다.[6] 본서의 직접지불 개념 정의상 최광의의 직접지불이다.

<그림 12-1>은 폐쇄경제를 전제로 결손지불제의 작용 메커니즘을 보여주고 있다. 제도 시행 전 경쟁시장에서의 균형은 수요(D)와 공급(S)이 교차하는 점 $e(p_o, q_o)$에서 성립하고 있다. 균형가격 p_o는 소비자의 지불가격이자 동시에 생산자의 수취가격이다. 이때 결손지불제를 도입하여 정부가 p_t에 목표가격을 설정했다고 가정해 보자. 이 목표가격은 시장가격이 어떻게 형성되든 관계없이 생산자가 받게 되는 지지가격이다. 그러면 생산은 q_o에서 q_1으로 증가하고 가격은 시장이 청산되는 과정에서 p_1으로 하락한다. 소비자들은 낮아진 p_1 가격을 지불하고 더 많은 q_1을 소비할 수 있다. 이때 목표가격과의 차이로 발생하는 결손분 $p_t - p_1$을 정부 재정에서 생산자에게 직접 지불하게 된다.[7] 이 차액이 지불단가인데 여기에 생산량을 곱하면 농가가 받는 총지불액이 된다.[8]

이 제도의 시행으로 생산자는 면적 p_taep_o만큼 실질소득(생산자잉여)이 증가한

5 실제 정책 설계에서는 차액의 일부(예, 85%)를 지불하기도 하지만, 여기서는 본질적 차이는 없으므로 전액 지불하는 것으로 가정하고 논의한다.

6 Helmberger(1991), Gardner(1987) 참조.

7 이때 만일 융자단가(loan rate)가 시장가격을 상회할 경우에는 목표가격과 융자단가의 차액이 이 제도에 의한 지불액이다.

8 이 지불제 시행에서 적용되는 생산량은 실제 생산면적에 기준수량을 곱하여 계산한다.

그림 12-1 결손지불제의 효과

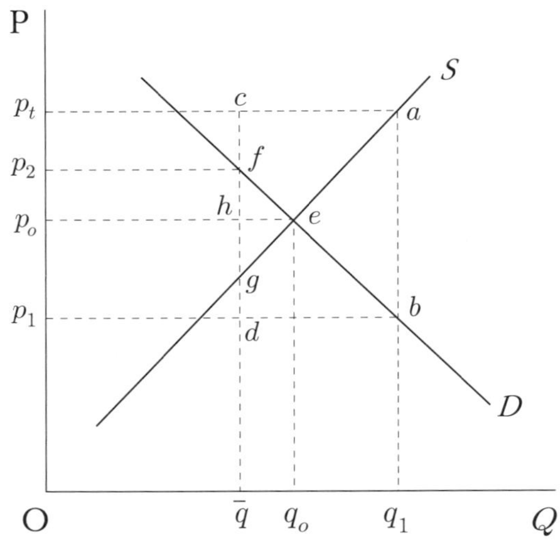

다. 이것이 목표가격을 설정하여 제도를 시행하는 주 목적이다. 시장가격이 하락하고 소비량이 늘면서 소비자도 p_oebp_1만큼의 이익을 보게 된다. 정부의 재정지출 총액은 사각형 p_tabp_1으로 생산농가가 받는 지불총액이 된다. 생산자, 소비자, 정부 등 시장 참여자들의 후생변화를 모두 합하면 삼각형 면적 abe에 해당하는 사회적 순후생손실이 발생한다. 정부의 시장간섭으로 자원배분이 왜곡되어 생긴 효율손실, 즉 자중손실(deadweight loss)이 발생하게 되는 것이다.

이 제도의 특징은 목표가격을 정책변수로 하여 정부가 시장간섭을 한다는 점이다. 목표가격이 높아질수록 공급량은 더 늘어나고 시장가격은 더 하락하면서 지불액은 커진다. 목표가격을 변화시킴으로써 생산과 시장가격, 재정지출, 시장참여자 후생수준 등에 직접 영향을 미치게 된다. 또 하나의 특징은 생산자 수취가격과 소비자 지불가격(시장가격)이 분리되어 이중의 가격구조를 띠게 된다는 점이다. 제도 도입 이전과 비교하여 생산자는 더 높은 가격을 받고, 소비자는 더 낮은 시장가격을 지불하는 구조이다. 따라서 본래 농업 생산자를 지지해 주기 위해 시행하는 농업정책이지만 소비자도 함께 이익을 본다는 점도 이 제도의 특징이다. 시장가격은 하락하지만 생산자 지지가격이 상승한다. 정부구매 같은 통상의 시장가격지지의 경우에는 소비자가 정책비용을 부담하여 소비자는 손해를 보는 것이 일반적이지만, 이 경우에는 정책비용을 재정(담세자)이 부담함으로써 소비자도 이익을 얻게 된다. 따라서 소득의 흐름은 정부 재정으로부터 생산자와 소비자에게 동시에 이전되는 소득재분배가 이루어진다. 일반적인 시장가격지지 정책이 소비자에서 생산자로 이전되는 소득의 흐름과는 차이가 난다. 시장가격 상승을 통한 가격지지가 아니라 재정지출로 농가의 수취가격을 지지해 주는 방식이기 때문에 이런 소득재분배와 이중적 효과가 나타나게 되는 것이다.

3.2 제도적 성격

이 제도에서 생산의사결정에 영향을 미치는 변수는 생산자 지지가격 역할을 하는 목표가격이다. 목표가격이 변하면 생산에 영향을 주고, 이는 다시 공급량 변화로 시장가격에 영향을 미친다. 그리고 목표가격과 시장가격의 차이만큼 단위당 지불액이 결정되므로 지불액은 목표가격에 직접 영향을 받는다. 지불액을 목표가격과 연계시킴으로써 생산이 증가하여 자원이 이 부문으로 집중되면서 자원배분을 왜곡시키게 되고 경제적 효율손실(abe)을 초래하게 된다. 생산의 증가는 무역에 영향을 주고 때로는 세계 시장가격에도 영향을 미칠 수 있다. 목표가격을 올리면 생산은 더 늘어 그만큼 무역에 더 큰 영향을 미치고 시장가격도 더 하락하면서 지불단가는 커진다.

따라서 이 제도는 전형적인 생산자 가격지지 정책으로 농업협정의 규제(감축) 대상이다. 명백히 시장을 왜곡하는 생산자 지원조치이다. 그러나 정부재정에서 생산자에게 직접적으로 지불한다는 데서 언급한 바와 같이 당시에는 직접지불로 불렸다. 그리고 강한 시장왜곡 효과가 나타나기 때문에 이 지불은 본서에서 정의하는 최광의의 직접지불에 속한다고 할 것이다.

우리나라 쌀직불제의 변동직불도 사실상 이 제도와 같다. 지원율을 100%로 조정한다면 우리나라의 변동직불제는 고찰한 결손지불제와 완전히 동일해진다. 지원율은 정책 판단에 따라 얼마든지 조정이 가능하며 그 크기는 이 제도의 본질적 구성요소는 아니다. 우리나라의 쌀직불제(변동)는 결국 결손지불제와 같은 것으로 여기서 이 제도들을 함께 고찰하는 이유이다.

제4절 가격변동대응지불제와 수입보전지불제

4.1 CCP의 기본구조 및 효과

미국은 1996년 오랜 기간 시행해 오던 결손지불제(DPP)를 폐지하고 생산자율계약제(PFC)로 대체하는 정책변화를 시도했다. 생산 비연계 지불제 도입을 위한 시장지향적 농정개혁의 일환이었다. 그 후 2002년부터는 이를 폐지하고 가격변동대응지불제(CCP)를 도입함으로써 생산과의 직접적 연계성을 차단한 지불제를 본격 시행하게 되었다. CCP는 오늘날까지 계속 이어지면서 미국의 중심적인 품목정책으로서 확고한 자리를 지켜오고 있다.

CCP는 품목별로 목표가격을 설정하고 유효가격(effective price)이 여기에 미달할 때 그 차액을 지원하는 지불제도이다. 그리고 총지불액을 고정된 기준생산량을 적용하여 산정함으로써 현재나 미래의 생산에 영향을 미치지 않도록 했다. 시장지향성 측면에서 과거 DPP보다 진일보한 정책이지만, 목표가격과 시장가격의 차액을 보전하는 결손지불제의 기본 틀은 그대로 유지하고 있다. 지불단가를 목표가격과 연계시킴으로써 생산자에게 가격을 지지해 주되, 생산에 미치는 영향을 제한하는 제도이다.

CCP의 기본구조는 앞서 논의한 DPP와 같고, 따라서 핵심 정책변수는 사전에 정해지는 목표가격(target price)이다. 목표가격은 정부가 생산농가에게 보장해 주고자 하는 정책의지가 반영된 가격이다. 시장가격이 이 목표가격에 미달하는 부분을 국가 재정에서 지원해 주는 것이다. 다만, 미국에는 이미 살펴본 바와 같이 유통 지원융자제도(MAL)에 의해 주요 품목별로 농가에게 보장하는 최소한의 지지가격인 융자단가(loan rate)가 있다. 따라서 시장가격이 융자단가 아래로 하락할 때는 목표가격과 융자단가의 차액이 지원 단가가 된다. 여기에 품목별 고정 직접지불(Fixed Direct Payment: FDP) 단가를 더한 유효가격 개념을 이용하여, 유효가격이 목표가격에 미달하는 금액을 지불단가로 지원한다. 즉, 유효가격은 시장가격과 융자단가 중에서 큰 가격에 고정직접지불 단가를 더한 가격이다. CCP는 목표가격과 이 유효가격의 차액을 보전해 줌으로써 생산농가들의 소득안정을 도모하고 있다. 융자단가 등 여러 변수들이 작용하고 있지만, 기본골격은 시장가격이 목표가격에 미달할 때 그 차액을 지원하여 어떤 상황에서도 목표가격을 보장받도록 해준다는 것이다. CCP 제도하에서 단위 생산량의 지불단가는 아래와 같이 계산된다.

지불단가 = 목표가격(target price) – 유효가격(effective price)
= 목표가격 - [Max(시장가격, 융자단가) + 고정직접지불단가] (12.a)

이때 사용되는 고정직접지불(FDP)은 CCP와 함께 2002년 농업법에 의해 도입되었다. 미국은 이런 고정형의 지불을 직접지불이라고 구별하여 부름으로써 직접지불에 엄밀한 시장 비왜곡적 요건을 적용하는 경향을 보이고 있다. 위의 식에서 보듯이 고정직접지불 단가가 줄어들면 그만큼 유효가격이 낮아지지만, 동시에 그만큼 CCP 지불단가가 높아져 생산 농가가 목표가격을 지원받는 데는 영향을 미치지 못한다. 즉, 시장가격이 매우 높아 유효가격이 목표가격에 근접하지 않는 한 고정직접지불이 없다 해도 CCP 제도의 운용이나 효과에는 아무런 영향이 없다. 따라서 이 고정직접지불은 2014년 농업법에 의해 폐지되었다. 뒤에서 살펴보겠지만 우리나라의 과거 쌀 고정직불도 CCP의 이 고정직접지불과 같은 것이다.

목표가격과 유효가격의 차액으로 단위 생산량의 지불단가가 결정되면 여기에 생산량을 곱하여 총지불액이 결정된다. 이때 총지불액 산정을 위한 생산량은 당해 연도의 생산량이 아니라 고정된 생산량을 기준으로 한다. 즉, 사전에 정해진 기준면적(base acre)에 기준수량(base yield)을 곱하여 산정하는 기준생산량 방식을 채택함으로써 생산량을 고정시켜 놓는다. 이 점이 DPP와의 근본적 차이점이다. 실제 생산면적과 수량이 아닌 고정된 기준면적과 수량을 사용함으로써 현재나 미래의 생산에 영향을 미치지 않도록 한 것이다.

기준생산량 = 기준면적(base acre) × 기준수량(base yield) (12.b)

최종적으로 생산 농가에 지급할 총지불액은 지불단가에 기준생산량을 곱하면 얻을 수 있다. 그런데 이 금액을 100% 지불하지 않고 여기에 정책적 판단에 의해 결정되는 지원율(보전율)을 적용하여 최종 지불액이 결정된다. 현재 이 지원율은 85%로 이 비율을 곱하면 총지불액은 다음과 같이 결정된다.[9]

총지불액 = 기준생산량 × 지불단가 × 지원율

= 기준면적 × 기준수량 × (목표가격 - 유효가격) × 0.85 (12.c)

기준생산량과 지원율은 이미 정해져 있으므로 총지불액에 영향을 미치는 요소는 지불단가이다. 그리고 식 (12.a)에서 보듯이 시장가격만이 지불단가에 영향을 미치는 변수이다. 다른 변수들은 모두 사전에 주어지므로 지불단가는 결국 시장가격이 융자단가보다 낮아지지 않는 한 시장가격의 움직임에 따라 정해진다. 시장가격이 낮아지면 지불단가는 커지고 비례적으로 총지불액도 커진다. 반대로 시장가격이 상승하면 지불단가는 줄어들고 총지불액도 작아진다. 제도의 명칭에 들어있는 'counter-cyclical'은 그런 의미를 담고 있다. 어느 경우든 지불단가는 시장가격의 움직임에 따라 가변적이다. 만일 시장가격이 융자단가보다 낮다면 이때는 융자

9 이 제도의 적용을 받는 품목은 밀, 옥수수, 수수, 보리, 귀리, 쌀(장립종, 중·단립종), 대두, 기타 유지작물, 면화, 땅콩, 병아리콩(소형, 대형), 렌즈콩, 건조 완두 등 15종이다.

단가가 지불단가를 결정하게 되는 것은 물론이다. 적용되는 생산량은 기준면적과 기준수량을 사용하기 때문에 불변이다. 다른 어떤 변수들이 변한다 해도 지불액 산정에 적용되는 생산량은 고정이다. 지불액이 현재나 미래의 생산량에 영향을 미치지 못하도록 차단한 것이다.

그렇다고 CCP가 온전히 생산 중립적, 시장 중립적인 것은 아니다. 따라서 농업협정 부속서 2의 디커플링 요건도 갖추지는 못했다. 목표가격을 설정하고 지불단가를 이것과 연계시켜 놓았기 때문에 생산자에 대한 가격지지 효과는 명백히 존재한다. 최소한 기준면적만큼은 생산을 유지하도록 유인하는 인센티브를 제공하고 있는 셈이다. 그만큼 소득도 늘어난다. 온전히 생산 중립적, 시장 중립적이지 않다는 의미이다. 그러나 현재나 미래의 생산을 늘리는 효과는 원천적으로 봉쇄했다는 점이 중요하다. 생산을 균형 생산량 이상으로 더 늘려 보아야 생산 농가에게 추가적인 이익이 생기지는 않고 오히려 손실이 발생한다. 결국 CCP는 생산자 가격지지 효과는 있지만 현재나 미래의 생산에 미치는 효과는 차단해 놓은 지불제인 것이다. 이 문제를 아래에서 좀 더 상세히 고찰해 보자.

4.2 CCP 효과의 개념적 고찰

그림을 통해 CCP의 작용 메커니즘과 효과에 대하여 알아보자. 언급한 바와 같이 CCP의 기본구조는 DPP와 같다. 다만 지불금 산정 기준을 현재, 즉 당년도의 생산량이 아니라 기준 생산량으로 고정시켜 놓았다는 점이다.

<그림 12-1>로 다시 돌아가 보자. 수요와 공급구조에는 변함이 없는 단기적 상황, 즉 수요와 공급곡선의 이동이 없다고 가정한다. 그리고 생산에 영향을 미치는 불확실성 요인도 존재하지 않는다고 가정한다. 그러면 시장균형 생산량은 q_o에서 생긴다. 이때 사전에 정해지는 기준면적과 기준수량에 의해 고정된 생산량이 그림의 $\bar{q}$라고 가정하자. $\bar{q}$는 상응하는 기준면적에 기준수량을 곱한 생산량이다. 분석의 편의를 위하여 지원율은 100%, 시장가격이 곧 유효가격이라고 해 보자 (시장가

격 ≥ 융자단가 가정). 그리고 실제 수량은 기준수량과 같다고 가정한다.

먼저 기준면적을 투입하여 기준생산량 $\bar{q}$ 만큼 생산하는 경우를 보자. 그러면 시장가격은 p_2가 되고 지불단가는 p_tp_2, 총지불액은 p_tp_2fc이다. 제도 시행 전 균형 생산량 q_o과 비교할 때 생산자의 실질소득(생산자잉여)은 면적 $p_tp_ohc - hge$ 만큼 증가한다. 이제 CCP 하에서 면적을 늘려 q_o가 생산되었다고 가정해 보자. 그러면 시장가격은 p_o가 되고 지불액은 p_tp_ohc가 된다. 제도 시행 전과 비교하면 p_tp_ohc 만큼의 이익이 생기게 된다. CCP 시행으로 농가의 실질소득이 그만큼 증가한다. 이때 CCP 하에서 $\bar{q}$와 q_o를 생산할 경우를 비교하면 q_o를 생산할 때 삼각형 hge 만큼의 실질소득이 증가한다. 다시 말하면 CCP 제도 하에서도 생산자는 제도 시행 전 균형 생산량 q_o을 생산할 때 이윤 극대화를 달성할 수 있다는 것을 의미한다. q_o를 생산하되 지불액은 이보다 적은 $\bar{q}$에 해당하는 만큼 받는다.

그렇다면 CCP 하에서 생산을 시장 균형점 q_o 이상으로 늘리면 어떤 결과가 나타나는지 살펴보자. 생산을 q_1까지 늘렸다고 가정해 보자. 그러면 시장가격은 p_1으로 하락한다. 이때 CCP 총지불액은 p_tp_1dc이다. 지불단가는 높아졌지만 적용 생산량은 $\bar{q}$로 변함이 없기 때문이다. $\bar{q}$를 생산할 경우와 비교하여 생산량 $\bar{q}$에 대한 지불총액은 p_2p_1df 만큼 증가했지만 이를 포함한 총수입은 $p_tc\bar{q}O$로 변함이 없다. 따라서 $\bar{q}$에 대한 생산자잉여도 두 경우 동일하다. 그런데 생산이 $\bar{q}$에서 더 늘어난 부분 $\bar{q}q_1$에 대한 수입은 여기에 p_1을 곱한 $\bar{q}q_1bd$이다. 그리고 이만큼의 추가 생산에 들어간 비용은 $\bar{q}q_1ag$이다. 면적 $dbag$ 만큼의 손실이 발생한다. 이런 선택을 할 생산자는 없다. 이것이 고정된 기준생산량을 이용함으로써 현재나 미래의 생산 유인을 차단하는 CCP의 효과이다. 이 제도하에서도 시장 균형 이상으로 생산이 증가하지 않는 것이다.

이해를 좀 더 명확히 하기 위해 <그림 12-2>를 통해 다시 설명해 보자. 여기서는 $\bar{q} = q_o$의 경우를 가정해 보자. 다시 말하면, 기준면적과 기준수량을 제도 도입 전 수급이 균형을 이루는 수준에서 정했다고 가정한다. 여기서 $\bar{q}$는 기준면적과 기준수량을 곱한 생산량이다. 목표가격은 여전히 p_t이다.

그림 12-2 CCP의 작용원리와 효과

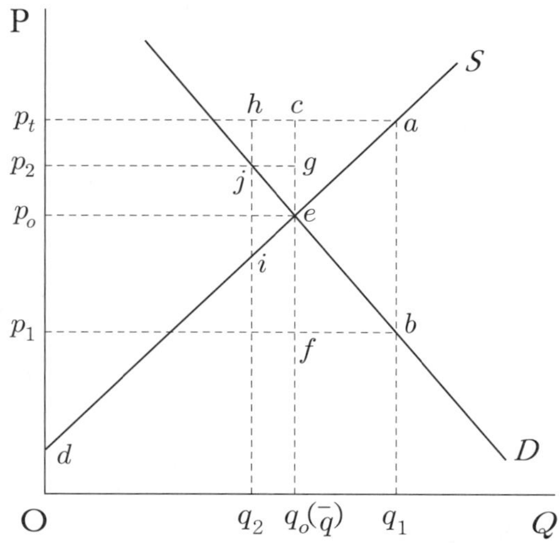

먼저 생산농가들이 기준면적(q_o)만큼을 생산하는 경우이다. 이때 시장가격은 p_o가 되고 지불단가는 $p_t - p_o$이다. 총지불액은 면적 $p_t p_o ec$이다. 따라서 생산자잉여는 면적 $p_t dec$이다. 제도 도입 전 본래의 생산자잉여($p_o de$)에 CCP 지불액($p_t p_o ec$)을 합한 금액이다. CCP가 없을 때보다 지불액 총액만큼 순소득이 증가한다.

다음으로는 농가들이 생산을 늘려 생산량이 목표가격에 상응하는 수준 q_1을 생산한다고 가정해 보자. 이때 시장가격은 p_1으로 하락하고 지불단가는 $p_t - p_1$이 된다. 지불액은 면적 $p_t p_1 fc$이다. 즉, $(p_t - p_1) \times \bar{q}$ 이다. 이때도 q_o 생산량에 대한 생산자잉여는 $p_t dec$로 동일하다. 그런데 추가로 $q_o q_1$만큼 생산을 늘리는 데는 $efba$만큼 손실이 발생한다. 이 추가 생산으로 인한 총수입은 $fbq_1 q_o$이지만 총비용은 $eaq_1 q_o$이기 때문이다. 따라서 생산량 $q_o(\bar{q})$에 비해 순소득이 이만큼 줄어든다. 기준생산량 $\bar{q}$에서 한 단위 더 생산하면 한계수입(p_1)에서 한계비용(공급곡선의 높이)을 뺀 금액, 즉 ef만큼의 손실이 추가된다. 따라서 $q_o q_1$만큼 더 생산이 되면 $efba$ 면적의 순손실이 추가로 발생한다. 결국 이 CCP 제도하에서 생산을 제도 도입 전의 균형생산량 이상으로 늘리는 것은 손해를 보는 일이다.

다음은 반대로 생산량이 $\bar{q}$보다 적은 q_2인 경우를 보자. 이때 시장가격은 p_2로 상승하고 지불단가는 $p_t - p_2$ 로 줄어든다. 지불액은 면적 p_tp_2gc 이다. 생산자잉여는 p_tdih 에 $hcgj$ 를 합한 금액이 된다. $\bar{q}$를 생산할 때보다 $ijge$ 만큼 감소한다. 지불액은 $\bar{q}$를 기준으로 받는다 해도 생산이 이 수준보다 적을 때에는 한계수입이 한계비용을 초과하는 만큼 생산농가는 손해를 본다. 예를 들어, q_2에서 한 단위 더 생산하면 p_2의 수입이 추가로 생기는 반면 비용은 i 점의 높이만큼 추가되므로 ij 만큼의 이익이 생기게 된다. 생산을 얼마나 하든 $\bar{q}$에 해당하는 지불금은 받게 되므로 농가는 여기서 생산을 늘리는 것이 이익이다. 따라서 결국은 $\bar{q}(=q_o)$에 이를 때 극대 이윤이 생긴다.

이상의 분석을 통해 우리는 다음과 같은 정책적 함의를 도출할 수 있다. CCP의 지불금 지급대상 기준생산량(기준면적)이 시장균형 생산량(q_o) 이하라고 하더라도 생산자는 시장균형 생산수준을 유지할 때 최대 이윤을 얻을 수 있다. CCP 하에서 고정된 기준생산량이 적용된다 해도 생산농가는 시장균형 수준만큼 생산할 때 이윤이 극대가 된다. 균형점 이상으로 생산을 늘리면 손실을 초래하게 되므로 이 제도는 자체 내에 균형 수준 이상으로의 생산증대를 억제하는 기제가 내재해 있는 것이다. 그리고 본래의 시장균형을 유지하려는 기제가 그대로 작용한다. 반면 기준생산량 이하로 생산하면 오히려 손해가 된다. 따라서 기준생산량(면적)은 최소의 생산과 생산기반을 유지하는 안전장치가 되는 것이다. 결국 CCP 하에서는 국가적으로 보면 시장균형 이상으로는 생산증대 효과가 나타나지 않도록 하여 현재나 미래의 생산에 영향을 주지 않는 동시에, 이 기준면적 이하로는 줄어들지 않도록 최소한의 생산기반을 유지할 수 있다. 식량안보 차원에서도 중요한 정책적 의미를 지니는 제도적 장점이다.

4.3 CCP의 성격

CCP는 지불단가를 설정된 목표가격에 연계시키고 있기 때문에 생산자에 대한 가격지지 효과가 분명히 존재한다. 시장가격이 아무리 하락해도 생산자에게는 목표가격이 보장된다. 따라서 농업협정 부속서 2의 디커플링 요건을 충족시키지 못한다는 점에서 성격상으로는 감축 대상 정책이다. 생산자에 대한 가격지지 효과가 존재한다는 점에서 그 전신인 DPP와 다를 바 없다.

그런데 CCP가 DPP와 다른 중요한 차이점은 지불액 산정을 위한 생산량이 고정된 기준면적과 기준수량에 의한 기준생산량이라는 점이다. 생산면적을 아무리 늘리고 수량 증가를 위한 노력을 한다고 해도 기준면적과 기준수량을 토대로 기준생산량이 정해지고 총지불액이 산정되기 때문에 생산자 입장에서는 앞에서 살펴보았듯이 생산증대 유인이 존재하지 않는다. 기준면적과 기준수량을 변경하지 않는 한 지불대상 생산량은 변함이 없다. 따라서 이 제도는 현재나 미래의 생산 의사결정에 영향을 미치지 않는다. 그렇다고 생산에 전혀 영향을 미치지 않는 것은 아니다. 앞서 분석에서 살펴보았듯이 기준생산량 이하로 생산이 줄어들면 농가는 손해를 보게 돼 있다. 기준면적 이하로 줄여 손실을 자초할 이유도 없는 것이다. 그런 측면에서 현재나 미래의 생산에 영향을 미치지는 않지만 생산을 기준면적 수준에서 유지하고 생산기반을 유지하는 제한적 생산 효과가 존재한다. 이런 범위에서는 생산에 미치는 효과가 존재하고 생산과 무역에 영향이 있다고 볼 수 있다.

지원율 0.85는 정책의지에 따라 결정되는 정책변수로 반드시 이 수준일 필요는 없다. 그 이상 또는 이하일 수도 있고 100%가 될 수도 있다. 이 지원율 수치는 지불단가의 85%를 보전한다는 의미로 해석할 수도 있고, 또는 생산면적이나 생산량의 85%를 보전한다는 의미로 해석할 수도 있다. 농업협정의 생산제한 하의 직접지불(제6조의 5) 요건 충족을 위한 것이라면 총AMS 감축면제를 위한 조치로 의미가 있을 것이다. 하지만 CCP는 85% 요건이 아니더라도 기준면적과 기준수량 요건을 충족하므로 다음과 같은 농업협정 규정을 충족하는 지불제이다.

농업협정 제6조의 5 (a): 생산제한 프로그램에 의한 직접지불이 다음 조건을 충족하면 국내지지조치 감축 약속에 구속되지 않는다.

(i) 그 지불이 고정된 면적 및 수량(yield)에 따라 이루어질 것; 또는

(ii) 그 지불이 기준 생산량의 85% 이하에 대하여 이루어질 것; 또는

(iii) 가축에 대한 지불은 고정된 두수에 대해 이루어질 것

종합할 때 CCP는 생산자에 대한 가격지지 효과가 존재하지만, 현재나 미래의 생산증대 효과를 일으키는 지불은 아니다. 이런 측면에서 농업협정 부속서 2의 디커플링 요건을 갖추지 못하므로 성격상으로는 감축 대상 정책이다. 하지만 생산제한 직접지불 요건(제6조의 5)을 충족하는 청색정책(Blue Box)에 해당하여 총AMS 감축의무 면제조치로 간주된다. OECD의 농정 평가지표 PSE의 관점에서 보면 '비현행 A(Area) 기준 지불, 생산조건'에 해당할 것이다. 당년도의 생산면적이 아닌 이미 정해진 기준면적에 따라 지불액이 결정되고, 해당 품목의 시장가격이 목표가격에 미달할 때 지급한다는 것은 곧 생산이 전제된다는 의미이기 때문에 생산조건에 해당한다.

4.4 가격손실보전제(PLC)

CCP는 2014년 농업법에서 목표가격의 명칭 변경을 거쳐 가격손실보전제(Price Loss Coverage: PLC)라는 이름으로 바뀌었다. 동시에 이때 고정직접지불(FDP)은 폐지되었다. 이 고정직접지불은 지불단가나 지불액 결정에 아무런 영향을 미치지 못하면서 시장가격이 매우 높을 때는 목표가격 이상으로 과대 지원되는 결과를 초래하는 문제를 안고 있기 때문이다. 고정직접지불 부분이 사라짐에 따라 유효가격도 달라진다. PLC는 목표가격의 명칭이 참조가격(reference price)으로 바뀌고 유효가격이 달라진다는 점 외에는 작용 메커니즘이나 효과, 성격 등 모두 CCP와 동일한 지불제도이다.

지불단가 결정을 위한 유효가격은 시장가격과 융자단가 중 높은 가격이 된다. 목표가격 대신 참조가격을 사용하지만 이것도 명칭만 달리 부를 뿐 동일한 목표가

격 개념이다.[10] 적용 대상 품목도 CCP와 동일하다. PLC 지불단가와 총지불액은 다음과 같이 산출된다.

$$
\begin{aligned}
\text{지불단가} &= \text{참조가격(reference price)} - \text{유효가격(effective price)} \\
&= \text{참조가격} - \text{Max(시장가격, 융자단가)} \qquad (12.d) \\
\text{총지불액} &= \text{기준생산량} \times \text{지불단가} \times \text{지원율} \\
&= \text{기준면적} \times \text{기준수량} \times (\text{참조가격} - \text{유효가격}) \times 0.85 \qquad (12.e)
\end{aligned}
$$

위 지불액 산정식에서 보듯이 PLC는 CCP와 사실상 동일한 것이다. 따라서 CCP에 관한 논의는 그대로 PLC에 적용된다. 그 성격 또한 청색정책임은 물론이다.

4.5 수입보전지불제(ACRE, ARC)

CCP나 PLC는 설정된 목표가격으로 가격변동에 대한 위험을 줄여 농가소득을 지원하는 지불제이다. 즉, 가격지지를 통해 소득을 지원하는 지불조치이다. 그러나 시장 상황에 따라서는 이 조치에 의해 농가의 소득지원이 의도한 대로 온전히 보장되지 못하는 경우가 발생할 수 있다. 농산물시장에는 불확실성 요소들이 상존하기 때문이다. 특히 기상조건에 크게 의존하는 공급 측면에서의 불확실성 요인, 즉 풍흉에 따른 단위 면적당 수량(yield)의 변동은 농가소득의 불안정성으로 이어지기 일쑤이다. 예를 들어, CCP 하에서 흉년이 들어 개별 농가의 수량(yield)이 많이 줄고 소득(판매 수입)은 감소하는데 시장가격이 올라 지불액도 줄어드는 경우가 생길 수 있다. 반대로 풍년이 들어 수량이 증가하고 소득이 늘어나는데, 지불액은 가격의 하락으로 더 증가하게 되는 경우가 발생할 수 있다.

따라서 수량 위험까지 완화시켜 농가소득을 지원하기 위한 조치로 나온 대안이 수입을 보전해 주는 지불제이다. 면적당 수입은 가격과 면적당 수량의 곱으로 얻

10 2014년 농업법에 의해 참조가격은 CCP의 목표가격보다 훨씬 높게 설정되었다(임정빈, 2014).

어지므로 수입손실을 보전함으로써 가격위험과 수량위험을 동시에 커버하기 위한 제도적 장치이다. 그 첫 번째 시도가 2008년 농업법에 의해 도입된 수입보전지불제(Average Crop Revenue Election: ACRE)이다. ACRE는 품목별 단위면적당 실현된 수입이 보장수입(guarantee revenue) 이하로 하락할 때 그 손실을 보전해 주는 지불이다. 농가는 자율적 판단에 따라 CCP와 ACRE 두 제도 중 하나를 선택할 수 있다.

개념적 이해를 돕기 위해 다시 <그림 12-2>로 돌아가 보자. 목표가격 p_t와 기준생산량 q_o에서 CCP가 시행되고 있다. 이제 대표적 생산자가 q_o 생산계획을 세우고 생산을 했으나 불확실성 요소로 인해 단기 공급량이 q_o를 벗어난다고 하자. 예를 들어 어느 해의 기상조건이 평년에 비해 좋아서 단위 면적당 수량이 늘어 시장 공급량이 q_1이 되었다고 하자. 그러면 시장가격은 p_1으로 하락할 것이다. 이때 CCP에 의해 p_tp_1fc에 해당하는 지불을 받으므로 생산자잉여는 생산량이 q_o일 때보다 면적 q_ofbq_1만큼 늘어난다. 예상 외의 풍년으로 가격이 하락하긴 했지만 농가에게는 이익이 된 것이다. 이제 반대로 흉년이 들어 생산량이 q_2가 되었다고 하자. 당초 생산계획은 마찬가지로 q_o이다. 가격은 p_2로 상승하고 지불금은 p_tp_2gc로 줄어든다. 따라서 생산량이 q_o일 때와 비교하여 총수입은 q_2jgq_o만큼 줄어들고, 비용을 고려한 생산자잉여는 $ijge$만큼 감소한다. 시장가격이 상승하긴 했지만 생산량이 q_o일 때보다 농가는 오히려 손해를 본 셈이다. 이 경우 목표가격이 충분히 높지 않아 시장가격과의 차액, 즉 지불단가가 작다면 CCP가 시행되지 않는 경우보다도 손해를 볼 수 있다. 이처럼 가격을 기초로 한 소득지원 지불 방식은 불확실성 하에서의 시장상황에 따라 그 효과를 충분히 거두기 어려운 측면이 있기 때문에 가격변동과 수량변동에 따른 위험을 모두 커버할 수 있도록 수입을 기초로 한 지불제가 도입된 것이다.

이제 CCP 대신 ACRE가 시행된다고 해 보자. 결정된 보장수입이 면적 Op_oeq_o에 해당한다고 가정하자. 그 해의 실현된 가격이나 수량의 변화와 관계없이 이 면적에 해당하는 만큼의 수입을 농가에게 보장하는 것이다. 만일 CCP 대신 ACRE를 선택한 농가가 q_o 생산계획을 세워 생산을 한 후 전체적으로 풍년이 들어 시장가격이 p_1으로 하락했다고 해 보자. 이때 이 농가의 실제 수입은 실현된 생산량에 따라 달라지는데, 보장수입 Op_oeq_o보다 적으면 그 차액을 보전받게 된다. 그러면 이 농가의 생산자잉여는 삼각형 p_ode가 된다. 반대로 흉년이 들어 시장가격이 p_2로 상승했다고 하자. 이때 이 농가의 실제 수입은 실현된 생산량에 따라 달라지는데 보장수입보다 클 수도 있지만, 만일 작을 경우에는 마찬가지로 차액을 지원받아 정해진 수입을 보장받게 된다. 그러면 생산계획은 q_o 수준으로 했으므로 생산자잉여는 여전히 삼각형 p_ode가 될 것이다. 이런 상황에서 개별 농가들의 수입이 어떻게 될지는 이 농가들의 실현된 생산량에 의존한다. 풍년이 들었다고 모든 개별 농가의 생산량이 증가하지 않고, 반대로 흉년이 들었다고 모든 개별 농가의 생산량이 줄어드는 것은 아니다. 그렇기 때문에 대상 농가들이 CCP와 ACRE 둘 중 어느 쪽을 선택하는지에 따라 유불리의 결과가 달라질 수 있다. 만일 실제 수입이 보장수입보다 크다면 CCP를 선택했을 경우 더 유리했겠지만, 불확실성 하에 놓여있는 농가들이 사전에 이를 알 수는 없는 것이다.

결국 CCP와 ACRE 중 어느 쪽 선택이 농가에게 더 유리한지는 단정적으로 말할 수 없다. 두 제도의 구체적인 변수와 파라메타 값을 얼마로 정하여 어떻게 설계하는가, 어떤 조건을 부과하는가, 시장 상황과 농가의 실현된 생산량이 어떤가 등에 따라 달라질 것이다. 이런 상황에서 유불리는 전적으로 수혜 농가의 개별적 판단에 의해 정해진다. CCP와 ACRE는 상호 보완적인 관계이지만 생산자가 어느 쪽을 선택하는지에 따라 CCP만 시행할 때보다 오히려 손해를 볼 수 있는 가능성도 존재한다.

그 후 2014년에는 CCP가 PLC로 바뀌면서 ACRE는 농업위험보전제(Agricultural Risk Coverage: ARC)로 대체되었다. 그러나 CCP와 PLC의 관계처럼 ACRE와 ARC 두 제도 역시 명칭만 다를 뿐 기본구조는 똑같다. 2018년 농업법에서도 PLC와 ARC 두 제도는 계속 이어져 현재에 이르고 있다.

제5절 쌀직불제의 구조 및 특성

5.1 쌀직불제의 구조

쌀직불제[11]는 농정개혁의 일환으로 정부 수매제를 폐지하고 2005년에 도입한 제도이다. 사전에 목표가격을 설정하고 시장가격이 여기에 미달할 때 그 차액을 지불해 준다는 데서 기본적으로 미국의 DPP나 CCP/PLC와 같은 구조를 갖고 있다. 그 차액에 대한 지원은 고정직불과 변동직불 두 부분으로 나누어진다. 고정직불로 차액이 충당되지 못하면 나머지는 변동직불로 지급되는 구조를 띠고 있다. 고정직불은 단위 면적당 일정 금액을 생산 여부나 시장 상황의 변화와 관계없이 요건만 되면 지급하는 지불이다. 2002년 CCP와 함께 도입되었던 미국의 고정직접지불(FDP)과 같은 것이다. 그러나 고정직불 부분은 미국에서도 그렇듯이 이 제도의 핵심 요소는 아니다. 고정직불의 존재 여부 또는 그 크기와 관계없이 목표가격과 시장가격의 차액을 지불하는 구조이기 때문에 변동직불 부분이 쌀 직불제의 핵심적 기능을 한다. 한국의 고정직불과 변동직불은 각각 미국의 FDP와 CCP를 모형으로 하고 있다.

구체적인 지불 조건을 살펴보면, 고정직불은 쌀 생산 여부와 관계없이 단위 면적당 일정 금액, 즉 고정직불단가를 대상 논의 면적에 따라 지급하는 직불금이다. 쌀 생산 여부나 다른 품목을 재배하는 여부와 관계없이, 또는 휴경하는 경우에도 논의 형상을 유지해야 하는 등 최소 요건만 갖추면 별도의 조건 없이 지급된다. 고정직불단가는 사전에 정부에 의해 정해지므로 농가에 지급되는 고정직불 총액은 해당 논의 면적에 고정직불단가를 곱하여 산출한다. 따라서 고정직불 지불총액은 면적에 비례하여 커진다.

변동직불은 생산을 조건으로 하며, 목표가격과 시장가격의 차액 중 고정직불

11 「쌀소득 등의 보전에 관한 법률」에 근거하고 있는 쌀직불제의 공식 명칭은 '쌀소득 등 보전 직접지불제'이다. 이 법은 2015년 1월 1일 폐지되고 「농업소득의 보전에 관한 법률」로 대체되면서 논농업 외에 밭농업 직불제를 포함하게 되었다.

부분을 뺀 나머지 부분이 변동직불에 해당한다. 그리고 목표가격과 시장가격의 차액 전부가 아닌 85%를 보전하도록 돼 있다. 시장가격이 높아 고정직불 부분으로 보전액이 모두 충당되면 변동직불은 지급되지 않는다. 변동직불의 크기는 시장가격의 변화에 따라 가변적이다. 시장가격이 하락하면 증가하고 반대로 시장가격이 상승하면 줄어든다. 미국의 CCP와 같은 구조를 갖고 있다. 변동직불의 단위 생산량(예, 가마)당 지불단가는 다음과 같이 정해진다.

$$변동직불단가 = 0.85 \times (목표가격 - 시장가격) - 고정직불단가 \qquad (12.f)$$

이 식이 말해주는 것은 시장가격이 목표가격에 미달하는 부분의 85%를 직불금으로 지급하는데, 이 중에서 고정직불로 지급되는 부분의 나머지가 변동직불 금액이 된다는 의미이다. 위 식의 고정직불단가 부분은 사전에 정해진 단위면적(ha)당 고정직불단가를 ha당 평균수량을 이용하여 단위생산량(예, 가마)당 가격으로 환산한 단가이다. 고정직불단가가 면적당 금액으로 정해지기 때문에 이런 환산 절차가 필요하다. 만일 고정직불단가가 목표가격과 시장가격의 차액의 85%보다 크다면 이때는 더 이상 변동직불이 지급되지 않는다. 식 (12.f)를 변형하면 다음과 같이 고쳐쓸 수 있다.

$$0.85 \times (목표가격 - 시장가격) = 변동직불단가 + 고정직불단가 \qquad (12.g)$$

위의 식은 항등식이다. 왼쪽 항은 목표가격과 시장가격의 차액의 85%에 해당하는 금액으로 단위 생산량당 지불액이다. 이 금액은 변동직불과 고정직불 두 부분의 합과 같아진다는 것을 보여주고 있다. 여기서 목표가격과 고정직불단가는 사전에 결정되는 정책변수이다. 시장 상황에 따라 변하는 변수는 왼쪽 항의 시장가격과 오른쪽 항의 변동직불단가이다. 따라서 이 항등식이 성립하려면 시장가격이 하락하면 변동직불은 증가하고, 반대로 상승하면 감소해야 하는 관계에 있다. 이처럼 시장가격이 변하면 그와 1:1의 대응 관계를 갖고 항상 변하기 때문에 변동직불이라 부른다. 만일 정책변수인 고정직불단가를 대폭 높여 오른쪽 항이 충분히 커진다면 변동직불은 더 이상 지급되지 않는 상황이 될 수도 있다. 마찬가지로 시장가격이 매우 높아 좌변의 값이 일정 수준 이하까지 작아진다면 고정직불만으로도 충분하므로 변동직불은 지급되지 않는 상황이 될 수도 있다. 결국 고정직불단가가 매우 높거나 시장가격이 높게 형성된다면 변동직불은 지급되지 않는다. 시장가격이 낮을수록, 고정직불단가가 작을수록 변동직불은 커진다.

변동직불은 생산을 전제로 지급하는 것이므로 총지불액은 변동직불단가에 생산량을 곱하여 다음과 같이 산출된다.

변동직불총액 = 변동직불단가 × 생산량
= [0.85×(목표가격-시장가격)-고정직불단가] × 생산면적
× 기준수량 (12.h)

목표가격은 농가의 소득안정을 위한 지지가격 역할을 한다. 정부가 수매정책을 통해 시장에 직접 간섭하는 대신 가격결정은 시장기능에 맡기되 시장가격이 목표가격에 미달할 경우 그 차액을 정부 재정에서 보전해 주는 것이다. 차액의 전부를 보전하지 않고 일부(85%)를 보전하는 방식을 택함으로써 완전한 생산자 가격지지 효과를 피하려는 의도이지만 100% 지원과의 차이는 미미하다. 여기서 기준수량은 단위면적당 평균수량으로 사전에 정해진다. 그러나 생산면적은 농가의 의사결정에 따라 달라지는데, 면적이 늘어날수록 변동직불 총액은 증가한다. 변동직불 부분이 생산에 영향을 준다는 의미가 된다. 결국 쌀직불제 하에서 생산 농가가 받는 직접지불 총액은 식 (12.f)와 (12.h)에 의해 산출된 변동직불 총액에 고정직불 총액을 합한 금액이 되는 것이다.

한편, 쌀직불제 하에서 생산 농가가 실제 수취하는 단위 생산량(가마)당 쌀 가격은 다음과 같이 정해진다. 변동직불이 필요 없을 정도로 고정직불단가가 높지 않

다고 가정한다.

$$\begin{aligned} \text{농가수취가격} &= \text{시장가격} + 0.85 \times (\text{목표가격} - \text{시장가격}) \\ &= 0.85 \times \text{목표가격} + 0.15 \times \text{시장가격} \end{aligned} \tag{12.i}$$

위의 식에서 보듯이 쌀직불제 하에서 가마당 농가수취가격은 목표가격과 시장가격의 가중평균치가 되는 셈이다. 목표가격은 고정되어 있기 때문에 시장가격의 변화에 따라 농가수취가격이 변하게 된다. 시장가격이 상승하면 다른 조건이 불변이라 하더라도 농가의 수취가격은 올라간다. 반대로 시장가격이 하락하면 농가수취가격도 따라서 하락한다. 지원율(0.85)이 높아질수록 농가수취가격은 점점 목표가격에 접근한다. 만일 지원율이 100%라면 농가는 쌀의 시장가격이 어떤 수준으로 결정되든 관계없이 항상 목표가격을 받게 되는데, 이는 결국 앞 절에서 설명한 미국의 DPP와 같아진다는 의미이다. 지원율이 85%라 해도 시장가격이 크게 낮아지지 않는 한 농가는 거의 목표가격에 근접한 가격을 받게 된다. 극단적으로 시장가격이 0원이 된다 해도 이 제도하에서는 농가는 목표가격의 85%를 정부재정으로부터 보전받을 수 있다. 만일 목표가격이 가마당 188,000원이라면 시장가격이 0원으로 폭락한다 해도 농가의 수취가격은 159,800원이 된다.[12] 이는 쌀직불제가 강한 가격지지 조치이자 농가 소득보전 장치라는 것을 의미한다.

5.2 쌀직불제의 성격과 총AMS

고정직불은 쌀 생산 여부와 관계없이 과거 기준시점의 면적당 일정 금액을 지급하는 지불이다. 농업협정 부속서 2의 디커플링 요건을 충족하고, OECD의 PSE 구성요소 중에서 '비현행 면적(A) 기준 지불, 생산 비조건'에 해당하는 지불로서 현재나 미래의 생산에 영향을 주지 않는 비연계 직접지불이다. 반면 변동직불은 고

12 0 + 0.85 × (188,000 - 0) = 0.85 × 188,000 + 0.15 × 0 = 159,800.

정직불로 부족한 부분을 메워주는 역할을 하며 생산을 전제로 지급된다. 이 변동직불로 인해 농가의 가마당 수취가격은 목표가격 수준에 접근하게 된다. 생산자에 대한 가격지지 효과로 생산증대와 가격 하락 등 시장을 왜곡시키는 지불이다. OECD의 PSE 구성요소 중에서는 '현행 면적(A) 기준 지불, 생산조건'에 해당한다.

쌀직불제 하에서 고정과 변동직불을 합한 단위생산량당 지불단가와 총지불액(근사값)은 다음과 같이 표시된다.

$$\text{지불단가(원/가마)} = 0.85 \times (\text{목표가격} - \text{시장가격}) \quad (12.j)$$

$$\begin{aligned}\text{총지불액} &= \text{지불단가(원/가마)} \times \text{생산량(가마)} \\ &= \text{지불단가} \times \text{재배면적(ha)} \times \text{기준수량(가마/ha)} \quad (12.k)\end{aligned}$$

위의 식에서 보듯이 총지불액에 영향을 미치는 변수는 지불단가와 재배면적, 그리고 기준수량이다. 그런데 기준수량은 사전에 정해지는 변수이기 때문에 지불단가와 재배면적이 농가가 수취하는 총지불액에 영향을 미치게 된다. 생산자의 의사결정에 의해 총지불액에 영향을 미치는 변수는 재배면적이고, 재배면적에 비례하여 그 값은 증가한다. 따라서 생산자는 최대한 재배면적을 늘려 직불금 소득을 증가시키려 할 것이므로 생산량은 자연히 증가하게 된다. 변동직불로 인해 농가의 수취가격이 인상되면 생산(면적)증대로 이어지고, 이는 다시 그만큼 직불금 총액의 증가로 이어지는 순환관계에 놓인다. 이런 과정에서 생산량이 증가하면 시장가격 하락으로 이어지면서 직불금(변동) 재정지출은 더욱 늘어나게 된다.

한편, 재정지출의 증가는 총AMS 한도 문제와 직결된다. WTO 농업협정에 따라 회원국들은 감축의무가 면제되는 조치[13]를 제외한 모든 국내지지조치는 총AMS에 포함되어 그 금액을 감축해야 한다. 우리나라는 우루과이라운드 협상 당시 개

13 감축이 면제되는 국내지지조치에는 성격상 시장왜곡이 없어 농업협정 부속서 2의 조건을 충족하는 조치(Green Box), 시장왜곡효과는 있지만 농업협정 제6조의 5 요건을 충족하는 조치(Blue Box), 제6조의 2(개도국 예외) 및 4(최소허용지지, *de minimis*)에 해당하는 조치 등이 포함된다. 이들 감축면제 대상 조치를 제외한 다른 모든 국내지지조치들은 총AMS에 포함되어 감축된다.

도국 지위를 유지하고 있었기 때문에 10년(1995-2004) 동안 총AMS를 13.3% 감축했다. 그 결과 2004년 이후 총AMS는 1조 4,900억 원을 유지하고 있고, 이 한도 내에서는 시장을 왜곡하는 국내지지조치를 시행할 수 있다.

변동직불은 언급한 바와 같이 전형적인 생산자 가격지지 조치로서 감축 대상이다. 목표가격에 연계된 변동직불로 인해 생산을 자극하는 효과가 나타나기 때문이다. 쌀 수요의 장기적 감소 추세에서 만성적인 초과공급과 시장가격 하락으로 변동직불금은 늘어날 수밖에 없고, 결국 총AMS 한도를 초과하는 상황에 직면할 수 있다. 변동직불을 지급할 수 있는 최대 금액은 다른 시장왜곡조치가 없다고 가정하면 1조 4,900억 원이다. 이 한도를 초과하면 WTO 농업협정 위반이 되고 이해 당사국들로부터 제소당할 수 있는 조건이 성립되는 것이다.

제6절 쌀직불제의 효과

쌀직불제는 목표가격, 지원율, 고정직불단가 등 세 개의 정책변수가 상호 작용하면서 시장에 영향을 미친다. 이 정책변수들을 어느 수준으로 정하느냐에 따라 직불제의 효과가 달라진다. 우선 이들 세 정책변수들이 일정 수준에 정해져 있고 고정과 변동직불이 모두 지급된다는 가정 하에 쌀직불제의 효과를 논의한다. 쌀 시장에 아무런 정책이 시행되지 않는 경쟁시장 상황을 기준으로 쌀직불제 도입의 효과를 고찰한다. 그리고 나서 개별 정책변수들이 변할 때 어떤 효과가 나타나는지도 살펴보도록 한다.

6.1 가격지지와 생산 효과

직불제가 시행되면 우선 생산자가격, 즉 쌀 단위생산량의 농가수취가격이 상승한다. 목표가격이 경쟁시장 가격보다 높게 설정되고 지원율이 0보다 큰 한, 목표가격 수준과 관계없이 농가의 수취가격은 제도 도입 전 경쟁시장 가격보다 항상 높아진다. 즉, 생산자에 대한 가격지지 효과가 반드시 발생한다.[14] 지원율이 커질수록 농가수취가격은 목표가격에 접근하고, 100%가 되면 농가수취가격은 목표가격과 같아진다. 결국 쌀직불제는 생산자에게는 가격지지효과로 나타나게 되는데, 시장가격이 어떻게 형성되든 관계없이 농가는 목표가격에 근접한 높은 수취가격을 받게 된다. 지원율이 85%라면 농가수취가격은 시장가격이 아무리 하락해도, 설령 시장가격이 0원이 된다 해도 목표가격의 85%는 최소한 보장되는 장치이다.

농가수취가격의 상승은 쌀 생산을 증가시킨다. 쌀 생산이 얼마나 증가할지는 공급의 가격탄력성에 달려있다. 공급이 탄력적일수록 생산량은 더욱 증가할 것이다. 앞서 논의한 바와 같이 총지불액은 생산면적에 비례한다. 따라서 생산농가 입장에서는 재배면적을 늘리고자 할 것이므로 쌀 생산은 자연히 증가하게 돼 있다. 공급이 감소하는 장기적 추세에서도 쌀직불제는 그 감소 속도를 둔화시키는 역할을 하게 된다. 생산량의 증가는 시장가격, 즉 소비자 지불가격을 하락시킨다. 얼마나 하락할지는 수요의 가격탄력성에 의존한다. 수요 반응이 비탄력적일수록 가격하락 폭은 커진다.

이처럼 쌀 시장에서 생산자가 수취하는 가격과 소비자가 지불하는 가격이 분리된다는 점도 쌀직불제의 특징 중 하나이다. 직불제가 시행되지 않을 때의 경쟁시장 가격과 비교하여 생산자는 더 높은 가격을 받지만, 소비자는 더 낮은 가격을 지불하는 이중적 가격구조를 띠게 되는 것이다. 그 차액은 정부재정을 통해 직불금 형태로 보전된다. 요약하자면, 쌀직불제는 생산자 수취가격 상승, 소비자의 시장가격 하락, 생산 및 소비의 증가 효과를 가져온다.

6.2 무역 효과

그렇다면 무역(수입)에는 어떤 영향을 미치게 될 것인가? 쌀 시장에 무역장벽

14 이 명제는 다음과 같이 증명할 수 있다. 제도 도입 전 경쟁시장 상황에서의 시장가격을 p라고 하자. 직불제 도입으로 목표가격이 $p+\alpha$에 설정되었다고 하자($\alpha > 0$). 그리고 직불제로 인해 생산이 증가하여 시장가격이 $p-\beta$로 하락했다고 하자($\beta > 0$). 그러면 농가수취가격은 $\hat{p} = p + 0.85[(p+\alpha) - (p-\beta)] = p + 0.85(\alpha+\beta) > p$이다.

이 존재하지 않는다면 직불제로 인한 국내생산의 증가로 수입은 그만큼 감소할 것이다. 그러나 우리나라의 쌀에 때한 국경조치가 2015년 관세화로 전환하면서 513%의 관세(상당치)로 시장을 개방하는 대신 MMA 의무 수입량이 408,700톤까지 늘어났다. 이 MMA 수입량에 대해서는 저율의 쿼터 내 관세(in-quota tariff)가 적용되지만, 이 물량을 초과하는 수입에 대해서는 정상적으로 고율의 쿼터 외 관세(out-of-quota tariff)가 적용된다.

그런데 이렇게 높은 관세율은 수입 금지적 관세 수준으로 사실상의 폐쇄시장 상황이나 마찬가지다. 국내정책이 어떻게 변하든 관계없이 국내 쌀 시장은 세계시장의 영향으로부터 완전히 차단되어 보호되고 있다는 의미다. 국제가격의 6배나 되는 높은 가격으로 수입될 수 있는 쌀은 현실적으로 찾기 어렵다. 따라서 MMA에 의한 의무 수입량 이상으로 쌀이 수입될 가능성은 거의 없다고 보아야 한다. 그러나 이것은 직불제 때문이 아니라 높은 관세에 의한 국경보호 조치 때문임은 언급한 바와 같다. 결국 높은 관세장벽이 존재하여 이미 국내외 시장이 사실상 단절된 상황에서 국내조치로서 쌀직불제가 무역에 미치는 영향은 아무런 의미가 없다.

만일 관세가 대폭 낮아져 쌀의 수입가격이 국제가격 수준에 근접할 정도로 하락한다면, 그때는 쌀직불제는 실효성 있는 수입억제 역할을 하게 될 것이다. 하지만 지금처럼 고율의 관세가 적용되는 상황에서는 직불제로 인해 수입량에 변화를 줄 수는 없다. 단지 MMA에 의한 의무 수입량만 지속될 것이다.

6.3 후생변화 및 소득재분배 효과

쌀직불제로 가격, 생산, 소비가 변하면 자연히 시장 참여자들의 후생변화도 동시에 일어난다. 살펴본 바와 같이 직불제는 농가수취가격 상승, 시장가격(소비자가격) 하락, 그리고 생산 증가로 나타난다. 그 결과 생산자의 후생수준은 증가한다. 수취가격 상승과 생산증가로 농가의 실질소득이 늘어난다. 쌀 소비자 역시 가격하락과 소비증가로 후생수준이 증가하게 된다.[15] 정부 부문에서는 고정과 변동직불금 만큼 재정지출의 증가가 수반된다. 토지를 포함한 생산요소시장의 변화를 통하여 지주 등 생산요소 소유자들의 후생에도 영향을 미친다.

쌀직불제는 생산자, 소비자, 정부 그리고 지주를 포함한 생산요소 소유자 등의 후생수준에 변화를 가져옴으로써 소득재분배 효과를 일으킨다. 생산자인 농가의 소득이 증가하는데 농가의 소득증가는 두 부분으로 구성된다. 먼저 시장 판매수입이다. 판매수입은 생산증가 효과와 가격하락 효과에 의해 결정된다. 쌀의 수요탄력성이 작은 점을 고려하면 판매수입은 줄어들 가능성이 높다. 생산 증가율보다 가격하락율이 크기 때문이다. 그러나 고정직불과 변동직불 부분으로 인한 직불금 수입의 증가가 더 커서 전체 소득은 증가하게 된다.[16]

다음으로 소비자들 역시 이익을 본다. 생산 증대에 따른 시장가격의 하락으로 소비자잉여의 증가를 가져오게 된다. 본래의 취지는 생산자 소득지원을 위해 도입한 제도이긴 하지만 소비자에게도 이익이 되는 것이다. 그 정책비용은 정부재정을 부담하는 담세자들의 몫으로 돌아간다. 결국 쌀직불제는 담세자로부터 생산자와 소비자, 특히 생산자로 소득이 재분배되는 정책이다. 과거 수매정책이 시장가격 상승을 통해 소비자로부터 생산자로 이전되는 것과 다르다.[17]

한편, 쌀직불제는 생산을 자극하기 때문에 농지에 대한 수요가 증가하여 임차료의 상승 압력으로 작용한다. 임차농에게는 그만큼 비용이 증가하고 지주에게는 이익이다. 이렇게 되면 임차료가 상승한 만큼 생산자는 직불제의 이익을 지주와 나눠 갖게 되는 셈이다. 직불제가 농지 임차료의 상승을 초래하여 농가의 소득증가를 일정 부분 상쇄하게 되는 것이다. 그러나 장기적 공급감소 추세에 있는 현실에서는 이런 이론적인 효과를 기대할 수는 없다. 다만, 농지감소 추세의 속도가 둔화하는

---

15 장기적 수요감소 추세에서는 수요감소의 둔화 효과를 일으킨다고 말할 수 있다. 이때의 소비자는 쌀을 사먹는 개인 소비자뿐 아니라 가공용이나 사료용 등으로 쌀을 구입하는 기업을 포함한 모든 수요자를 말한다.

16 그러나 우리나라 현실에서는 판매수입도 증가할 가능성이 높다. 왜냐하면 직불제 하에서도 농가들의 요구에 의해 정부는 시장격리라는 수매조치를 통해 가격하락을 인위적으로 차단해 왔기 때문이다. 그래서 직불금 수입이 증가하는 가운데에서도 시장 판매수입 역시 증가할 수 있다.

17 그런데 정부는 가격하락을 막기 위해 수시로 시장격리 조치를 시행해 왔다. 그렇기 때문에 이 경우 소비자들이 이익을 본다고 말할 수는 없다. 하지만 이것은 별도의 수매조치에 따른 것일 뿐 직불제 자체의 효과는 아니다.

효과는 있을 것이다.

쌀직불제로 농가의 소득이 증가한다는 것은 평균적 소득이 증가한다는 의미이다. 농가소득의 안정화 측면에서 평균소득이 증가하는 것 못지않게 소득의 안정성(stability) 또한 중요하다. 기상조건 등 공급의 불확실성이 존재하는 상황에서 위험회피적 성향을 지닌 저소득 농가들에게는 특히 소득의 안정성이 중요하다. 이들은 같은 평균소득이라면 해마다 변동 폭이 심한 것보다 매해 소득편차가 적은 안정적인 소득의 흐름을 선호한다. 실증분석 결과는 직불제가 과거의 수매제에 비해 소득안정성이 훨씬 높은 것으로 나타나고 있다.[18] 높게 설정된 목표가격과 지원율이 수취가격 인상을 통해 시장가격 하락 충격을 흡수해 주기 때문이다. 결국 쌀직불제는 소득수준의 평균적 상승은 물론 소득 안정성을 높여줌으로써 위험 회피적인 농가들, 특히 대부분의 저소득 중·소 농가들의 후생수준을 증대시켜 준다.[19]

마지막으로 쌀직불제는 농업 내에서 역진적 소득재분배 효과를 일으킨다는 점이다. 총지불액은 앞의 식에서 보듯이 면적에 비례하여 증가한다. 고정직불은 과거 기준시점의 면적에, 그리고 변동직불은 현재의 생산면적에 비례하여 증가한다. 따라서 영농규모가 큰 대농일수록 많은 직불금 혜택을 누리게 되는 부익부 빈익빈의 불평등 구조를 띠고 있다. 아무리 목표가격을 높게 설정하고 고정직불단가를 높인다 해도 규모가 작은 영세농 또는 중·소농들의 직불금 소득은 적을 수밖에 없다. 쌀직불제가 농업 부문의 평균소득과 소득 안정성은 향상시키지만 소득 불평등과 양극화 문제는 심화시키는 부정적 효과를 드러내고 있다.

6.4 정책변수 변화의 효과

앞서 우리는 정책변수가 변하지 않고 일정 수준에 머물러 있을 때 직불제 시행의 전반적인 경제적 효과에 대하여 살펴보았다. 여기서는 개별 정책변수가 변할 때

18 소득안정성 평가는 보통 변동계수(Coefficient of Variation: CV)로 측정할 수 있는데, CV는 기댓값(평균)에 대한 표준편차의 비율로 표시된다. 연구 결과는 직불제가 수매제에 비해 CV 값이 훨씬 낮은 것으로 나타난다(이용기, 2006).

19 이용기(2006) 참조.

어떤 효과가 나타나는지 논의한다. 쌀직불제는 목표가격, 지원률, 고정직불 등 세 개의 정책변수들이 작용하고 있는데, 정부는 이들 정책변수를 조정함으로써 의도하는 정책효과를 도모할 수 있다.

가장 중요한 정책변수는 목표가격이다. 다른 조건은 불변인 상태에서 목표가격만 인상할 때 어떤 효과가 나타나는지 보자. 목표가격의 인상은 앞의 식 (12.i)에서 보듯이 농가수취가격 인상으로 이어진다. 자연히 생산이 늘어나고 시장가격을 하락시킨다. 목표가격은 특히 생산물 시장과 요소시장, 시장참여자들의 후생에 큰 영향을 미친다. 그만큼 시장왜곡효과 또한 크게 나타난다. 농지시장에도 영향을 주어 농지 투입량을 늘리고 임차료 인상을 초래한다. 지원율의 인상도 목표가격과 동일한 방향으로 생산물 및 요소시장에 영향을 미친다. 그러나 그 정도는 목표가격에 크게 미치지 못한다.

한편 실증분석 결과는 고정직불단가의 변화는 생산물 시장이나 요소시장에 거의 영향을 미치지 못하는 것으로 나타나고 있다. 고정직불의 인상은 그만큼 변동직불의 감소를 초래하여 농가수취가격에 영향을 미치지 못하기 때문이다. 뿐만 아니라 고정직불은 생산을 조건으로 하지 않는다. 생산의사결정에 영향을 미치는 가격은 농가수취가격(고정 + 변동)인데, 고정직불은 여기에 영향을 미치지 못한다. 변동직불은 고정직불과 시장가격의 변화에 따라 사후적으로 자동 결정되는 변수로서 정부가 임의로 결정할 수 있는 정책변수가 아니다. 고정직불은 단순한 소득이전을 통해 농가소득을 증대시킬 뿐 시장에는 직접 영향을 미치지 못한다.[20] 고정직불이 농업협정의 디커플링 요건을 갖춘 감축 면제 조치가 되는 것은 이런 이유 때문이다.

6.5 쌀직불제의 효과와 디커플링

쌀직불제의 효과를 살펴보았지만 이것이 얼마나 시장을 왜곡하고 어느 정도나

20 정책변수 변화의 효과에 대한 상세한 논의는 이용기(2007a)를 참조할 수 있다.

생산에 연계되어 있는지가 중요 관심사항이 될 수 있다. 쌀직불제는 고정직불과 변동직불, 성격이 다른 두 유형의 직접지불이 혼합되어 있다. 고정직불은 시장 메커니즘과 관계없이 과거 기준시점의 면적을 기준으로 지급단가를 적용하는 지불이다. 시장가격의 움직임과 관계없이 법령에 규정된 최소 요건만 갖추면 자동 지급되는 지불이다. 생산이나 가격에 영향을 주지 않는 시장 중립적인 지불로 농업협정의 허용되는 직접지불에 해당한다.[21]

반면 변동직불은 그 크기가 목표가격에 연동돼 있어 목표가격과 시장가격의 차이에 지원율(85%)을 곱한 만큼의 수취가격이 항상 보장되도록 해주는 역할을 한다. 뿐만 아니라 변동직불은 생산을 전제로 하므로 당해 연도에 쌀을 생산한 농가에 대해 지급한다. 앞서 논의했듯이 목표가격과 지원율의 변화는 변동직불의 변화를 통해 농가의 수취가격에 영향을 미친다. 이는 다시 생산과 시장가격에 영향을 준다. 결국 변동직불로 인해 쌀직불제는 생산자에 대한 가격지지 효과가 나타나게 돼 있다. 목표가격 불변을 가정하면 지원율이 높아질수록 가격지지 효과는 강하게 나타난다.

만일 지원율이 100%가 된다면 생산자는 목표가격과 동일한 가격을 받음으로써 완전한 가격지지정책이 된다. 따라서 변동직불은 농업협정상 디커플링 요건을 갖추지 못한 전형적인 감축 대상 국내지지조치(Amber Box)에 해당한다. 약정수매제를 폐지하고 시장지향적 농정개혁 일환으로 쌀직불제를 도입하긴 했지만 목표가격과 연계된 변동직불로 말마암아 그 의미는 퇴색되었다. OECD의 PSE 구성요소 분류상으로 보면 고정직불은 '비현행 A(면적) 기준 지불, 생산비조건'에, 변동직불은 '현행 A 기준 지불, 생산조건'에 해당한다.

그렇다면 두 지불을 동시에 고려하여 종합적으로 판단할 때 디커플링 여부는 어떻게 될 것인가? 다른 조건이 불변이라면 고정직불 비중이 낮을수록 변동직불의 영향이 커지므로 그만큼 생산효과와 시장왜곡효과는 강해진다. 반대로 고정직불

21 직불금을 받기 위해 농지형상 유지 등 생산자가 이행해야 할 의무(cross compliance) 조건이 있다. 하지만 이것이 생산이나 가격 등에 영향을 미쳐 디커플링 요건 충족을 저해하지는 않는다.

비중이 상대적으로 더 높아지면 시장왜곡효과는 낮아지면서 디커플링도는 높아질 것이다. 만일 고정직불단가가 변동직불이 필요 없을 정도로 충분히 높아진다면 생산효과는 사실상 사라진다.[22] 또한 다른 조건이 불변이라면 목표가격과 지원율이 높아질수록 디커플링도는 낮아지면서 생산효과와 시장왜곡효과는 커진다. 결국 고정과 변동직불이 복합적으로 작용하고 있는 쌀직불제의 디커플링 정도는 관련 정책변수들이 어떻게 움직이는가에 의존한다. 변동직불로 인해 명백히 시장을 왜곡시키는 생산자 가격지지 성격을 그대로 갖고 있지만, 전체적으로 실제 시장에서 어느 정도의 생산과 시장왜곡 효과로 나타날 것인지는 목표가격과 지원율, 고정직불 수준(비중) 등에 따라 달라질 수 있다.

제7절 쌀직불제와 DPP 및 CCP의 비교

지금까지 우리는 미국의 DPP, CCP/PLC 그리고 이를 모형으로 한 우리나라의 쌀직불제에 대하여 고찰했다. CCP와 쌀직불제(변동)는 DPP를 모형으로 하여 나온 지불제로 이들은 모두 같은 유형의 정책 계열에 속한다. 그만큼 정책적 유사성이 매우 강하지만 그렇다고 동일하다고 볼 수는 없다. 앞서 세 제도에 대하여 상세히 살펴보긴 했지만, 서로 어떤 관계에 있고 또 어떤 차이가 나는지 상호관계와 차이점 측면에서 비교·고찰해 본다.

직접지불의 초기 형태는 일찍이 1973년 미국에서 시행했던 DPP이다. 정부 재정으로부터 생산자에게 '직접' 지불한다는 데서 직접지불이라 부르기도 했지만, 이 제도는 효과 면에서 보면 명백한 가격지지조치이다. 1990년대 세계 농업개혁 추세에 따라 시장지향성과 디커플링 요구가 거세지자 미국은 1996년 농업법에서 DPP를 폐지하고 대신 생산자율조정제(PFC)로 대체하였고, 그 후 2002년 농업법에서

22 예를 들어 고정직불단가가 300만 원/ha(5만 원/가마)라면 시장가격이 대폭 하락하지 않는 한 가마당 농가의 수취가격은 목표가격 이상이 될 것이다. 그러면 농가들은 생산을 늘릴 이유가 없어진다. 생산을 늘리면 시장가격이 하락하여 오히려 손해를 본다.

CCP를 도입했다. CCP는 지불액 산정을 위해 고정된 기준면적과 기준수량을 사용하지만, 여전히 목표가격 설정을 통해 지원해 주는 방식을 취하고 있다는 점에서 온전히 디커플링 요건을 충족하지는 못했다.

먼저 쌀직불제(변동)와 DPP의 관계를 보면, 한국의 쌀직불제(변동)는 CCP를 벤치마킹한 것이긴 하나 실제는 DPP에 더 가까운 지불제이다. 변동직불 부분만 놓고 보면 쌀직불제는 DPP와 사실상 같은 제도이다. 정부 수매제를 폐지하고 좀 더 시장지향적인 방향으로 직불제를 도입하면서 미국이 이미 오래 전에 폐지한 지불제 방식을 채택했던 것이다.

다음으로 쌀직불제(변동)와 CCP의 관계이다. CCP도 지불단가가 목표가격과 연계되어 있어 생산자에 대한 가격지지 효과가 강하게 나타난다. 하지만 양 제도 사이에는 지불액 산정을 위한 생산량에 있어서 근본적인 차이가 존재한다. 쌀직불제(변동)는 현재(당해 연도) 생산량(면적)을 기준으로 지불액이 결정되지만(수량은 기준수량), CCP는 고정된 기준생산량(기준면적, 기준수량)에 의해 지불액이 결정되므로 현재나 미래의 생산에 영향을 주지 않는다. 다시 말하면 쌀직불제(변동)는 생산자 가격지지 효과와 생산효과가 강하게 나타나는데 반하여 CCP는 생산자 가격지지 효과는 있지만 생산 효과는 매우 제한적이다. 생산자에게 소득지원을 하면서도 이것이 현재나 미래의 생산증대 효과로 이어지는 것을 차단해 놓았다. 그만큼 CCP가 쌀직불제(변동)에 비해 디커플링도가 훨씬 높다.

쌀직불제의 지원율 0.85 역시 미국의 CCP를 따른 것이기는 하지만 두 수치가 의미하는 바는 약간 다르다. 쌀직불제(변동)는 0.85와 관계없이 농업협정의 감축대상이지만, 미국의 CCP는 농업협정 제6조 5항 생산제한 하의 직접지불(청색정책)로서 0.85는 이 조항의 요건 충족을 위한 하나의 요소가 된다. 또한 쌀직불제의 고정직불 부분은 CCP의 고정직접지불(FDP)에 해당하지만, 디커플링 측면에서 그 역할이 약간 다른 의미를 갖는다. CCP에서는 기준면적과 기준수량을 토대로 지불액을 산정하기 때문에 FDP의 존재나 크기와 관계없이 이는 생산에 영향을 미치지 않는다. 그러나 쌀직불제의 경우에는 고정직불이 커질수록 변동직불의 비중이 작

표 12-3 쌀직불제(변동)와 CCP의 비교

	쌀직불제(변동)	CCP/PLC
시행시기	2005 - 2020	2002 - 현재
목적	생산자 소득지원, 식량안보	생산자 소득지원
목표가격	있음	있음
지불단가	0.85(목표가격-시장가격)-고정단가	목표가격 - 유효가격
지불기준	현재(행) 생산량(면적)	고정된 기준 생산량(면적)
가격지지효과	강함	강함
생산효과	강함	없음(현재, 미래)
디커플링도	매우 낮음	보통
정책유형	황색정책(Amber Box)	청색정책(Blue Box)
PSE 요소	현행 A(면적) 기준, 생산조건	비현행 A(면적) 기준, 생산조건

아지면서 생산에 미치는 영향은 줄어드는 경향을 보인다. 만일 고정직불 단가가 변동직불이 필요 없을 정도로 높다면 생산에 미치는 영향은 없을 것이다. 따라서 쌀직불제는 변동직불 부분만 놓고 보면 DPP와 사실상 같지만, 고정직불을 포함하면 그 운용 방법에 따라 DPP보다는 시장을 다소 덜 왜곡한다고 말할 수 있다. [표 12-3]에 쌀직불제(변동)와 CCP를 비교·정리해 놓았다.

지금까지 살펴본 세 개의 지불제 유형을 전제로 시장지향적 농정개혁 과정에서 예상되는 발전단계를 정리하면 이런 순서가 될 것이다. ① DPP → ② 쌀직불제 → ③ CCP/PLC → ④ 순수 직불제. 가격지지효과가 강한 DPP로부터 개혁과정이 진행되면서 최종적으로는 시장왜곡효과가 나타나지 않는 좁은 의미의 순수 직불제로 이행하는 단계를 거치게 될 것이다. 한국은 2020년 쌀직불제(변동)를 폐지하고 고정형의 시장 비왜곡적 공익직불제를 도입함으로써 품목정책으로서의 직불제는 사실상 사라졌다.[23] 언급한 직불제의 발전단계로 보면 ② 단계에서 바로 마지막 ④ 단계로 넘어간 셈이다. 농업 선진국 미국보다도 앞선 변화로 식량자급률이 OECD

23 2023년부터 전략작물직불제라는 이름으로 논에 쌀 외에 콩, 밀 등의 재배를 유도하기 위한 직불제가 선택형으로 시행되고 있기는 하지만, 이는 품목 특정적 쌀직불제와는 완전히 다른 제도이다.

최하 수준인 우리나라 입장에서는 급진적인 개혁조치로 평가할 수 있다. 미국은 세계 농업개혁 추세 속에서도 여전히 중요 품목들에 대하여 청색정책으로서 CCP/PLC를 계속 시행하고 있다. WTO 농업협정의 감축의무 대상을 피하면서도 중요 품목들에 대해서는 국내적으로 필요한 생산기반과 생산량을 유지하면서 농가소득 안정화 정책기조를 유지하고 있는 것이다. 미래 한국 농정에 주는 정책적 함의가 적지 않다. 식량 순수입국으로서 식량안보의 문제를 늘상 머리에 이고 사는 한국의 농업 현실에서 이렇게까지 미국보다 앞서가는 것이 바람직한지는 재검토가 필요하다. 세계 제1의 농업 선진국도 가지 않은 길을 한국이 앞서간 것이다.

제8절 쌀직불제에 대한 평가와 정책적 함의

2005년 정부 수매제를 폐지하고 쌀직불제를 도입한 것은 오랜 기간 강한 보호주의 농정을 견지해온 한국 농정사에서 보면 획기적인 변화였다. 수매제를 대체한 쌀직불제는 2020년 전면적인 직불제 개편이 단행되기까지 15년 동안 한국의 대표적 농정수단으로서 중요한 역할을 해왔다. 무엇보다 충분하다고 볼 수는 없지만 농가의 소득안정에 일정 부분 기여해 왔다. 평균소득뿐 아니라 소득 변동성을 완화하는 데도 기여했다. 또한 쌀 생산과 농업기반을 유지함으로써 식량안보에도 기여했다. 그럼에도 불구하고 공급과잉에 따른 여러 문제를 노출하면서 끊임없는 사회적 논쟁의 중심에 놓이기도 했다. 제도와 운용 두 측면에서 그 공과에 대해 살펴보고 정책적 함의를 찾아보자.

8.1 제도의 문제

논의한 바와 같이 쌀직불제(변동)는 강한 가격지지효과와 생산증대 효과가 나타나도록 설계되었다. 지불액을 목표가격에 연계시키고 총지불액이 당년도의 생산량에 비례하여 증가하도록 설계되어 있다. 자연히 생산이 늘면서 가격하락을 초래할 수밖에 없다. 고정된 기준면적이 아닌 당해 연도의 생산면적이 지불액 산정의 기초가 되기 때문에 과잉생산의 문제는 처음부터 제도 내에 내재해 있었다. CCP를 모델로 하여 직불제 도입을 시도했지만 실제로는 CCP 훨씬 이전의 DPP를 따라간 셈이다.

이렇게 설계된 쌀직불제는 목표가격이 높게 설정된 상황에서 수요가 따라주지 않는 한 공급과잉과 가격침체는 필연적인 결과이다. 시장가격의 하락은 재정지출 증가로 이어지고 WTO 총AMS 한도 초과의 문제까지 우려되는 상황을 맞기도 했다. 이런 설계상의 문제들은 제도 도입 당시부터 충분히 예상할 수 있었다. 배경이 어디에 있든 정책적 오류임은 부인할 수 없다. WTO 세계 농업개혁의 흐름에 맞춰 시장지향적 농정방향으로 가기 위한 첫 걸음을 뗀 것이긴 하지만, 실상은 변동직불 부분으로 인해 기존의 수매제에 버금갈 정도의 가격지지 효과를 갖고 있었다. 만일 미국의 CCP를 그대로 도입하였더라면 농가소득 지원과 식량안보 목적을 그대로 유지하면서도 공급과잉과 가격하락 문제는 생기지 않았을 것이다. WTO 총AMS 한도 문제로부터도 온전히 자유로울 수 있었을 것이다.

쌀직불제가 안고 있는 또 다른 제도적 문제점은 형평성 문제이다. 이 제도로 인해 농업 내의 소득 불평등과 양극화가 심화하는 역진적 소득재분배 현상이 나타난다는 점이다. 앞에서 살펴보았듯이 지불액의 크기는 대상 농지의 면적(고정직불) 또는 실제 생산면적(변동직불)에 비례한다. 따라서 영농규모가 큰 대농일수록 총 지불액이 비례적으로 많아지는 부익부 빈익빈의 역진적 분배구조를 심화시킨다.[24] 지불제는 국민 세금으로 지원하는 미시적 재정정책이다. 국가의 재정이 투입되는 생산자 지원정책이 소득 불평등을 더 악화시킨다면 이는 사회 정의상 결코 바람직한 정책이 될 수 없다. 생산 농가의 대부분이 저소득 중·소농인 국내 농업 현실을 고려한다면 형평성 측면에서의 제도적 문제점은 더욱 분명해 보인다.

24 미국의 CCP도 생산면적에 따라 지불금의 크기가 결정되긴 하지만, CCP는 기준면적을 초과하여 지불되지 않을 뿐 아니라 면적의 85%만 지급하기 때문에 이런 문제가 쌀직불제만큼 크지 않다.

8.2 운용의 문제

살펴본 바와 같이 쌀직불제는 시장가격이 폭락해도 농가는 목표가격에 근접한 수취가격을 받게 되므로 매우 강한 소득안정화 장치이다. 그럼에도 불구하고 공급과잉으로 시장가격이 하락하자 정부에 대한 생산 농가들의 쌀 수매 요구가 거세졌다. 그럴 때마다 정부는 시장격리라는 이름으로 시중에서 쌀을 매입하여 시장가격을 인위적으로 올려왔다. 제도에 내재한 강한 가격지지 효과에도 불구하고 생산자들에게 추가적인 가격지지 시그널을 계속 보내왔던 것이다. 시장가격이 하락하면 그만큼 지불단가가 늘어나기 때문에 농가소득에는 큰 차이가 생기지 않는다. 공급과잉과 시장왜곡을 심화시키고 수매에 따른 재정지출만 가중될 뿐이다. 직불제에 내재된 가격지지 효과에다가 시장격리에 의한 추가적인 가격지지조치를 이중으로 시행하게 되는 셈이다. 이는 다음 해의 쌀 생산 의사결정에 강한 인센티브로 작용하여 공급과잉과 가격하락 문제를 더욱 심화시켰다. 그럴수록 수매 요구는 더 거세지고 수매조치에 따른 재정부담은 더욱 커졌다. 이런 조치로도 문제가 해결되지 않자 때로는 생산조정제를 시행하여 쌀 생산을 인위적으로 제한하는 이중삼중의 시장왜곡 상황을 만들었다. 직불제에 내재된 과잉생산 요인에 더하여 수매조치에 따른 과잉생산 요인까지 제공하고 나서는 다시 생산을 줄이는 모순 덩어리의 정책 난맥상을 보인 것이다.

이 같은 방식의 시장간섭은 직불제의 소득 흐름에도 영향을 미쳤다. 쌀직불제는 본래 소비자도 이익이 되는 제도이다. 하지만 정부는 수시로 시장격리조치를 단행하여 시장가격을 상승시키고 소득의 흐름을 바꿔놓았다. 시장격리 수매조치로 또 다른 시장간섭을 하면 소비자 이익은 생기지 않고 소득 흐름과 소득재분배 효과도 과거 수매제와 같아진다. 수매에 따른 매입, 수송, 보관, 관리비용이 추가로 들어가 재정지출 규모만 커진다. 일관성 없고 불필요한 이중삼중의 시장간섭으로 인해 직불제 본래의 효과를 제대로 보지 못하고 국민 세금부담만 늘어나게 되는 것이다.

가격지지 효과로 생산이 늘어나는 것은 쌀직불제가 안고 있는 내재적 특성이지만, 그렇다고 이 요인만으로 공급과잉이 심각한 문제로까지 발전하지는 않는다. 사태를 악화시킨 것은 오히려 정부가 운용을 잘못했기 때문이다. 무엇보다 시장격리 조치라는 추가적인 시장간섭을 하지 말았어야 했다. 수요의 장기 감소 추세에서 공급과잉과 가격하락은 필연적이지만, 그럼에도 운용의 묘를 살렸다면 가격하락 효과를 최소화할 수 있는 방법은 있었다. 쌀직불제 내에 그런 장치가 내재해 있다. 다름 아닌 고정직불 비중을 변화시키는 방법이다. 고정직불은 생산과 무관하게 아무런 조건 없이 지불된다. 고정직불단가를 올린다고 생산 의사결정에 영향을 미치는 농가의 수취가격이 변하는 것은 아니다. 주어진 시장가격하에서 가마당 고정직불이 오르면 그만큼 가마당 변동직불이 줄어 농가수취가격은 변하지 않는다. 고정직불의 증가가 쌀 생산의사결정에 영향을 미치지 않는다는 의미이다. 이런 점을 이용하여 운용의 묘를 살리면 비록 가격지지효과가 강한 제도이긴 해도 생산에 미치는 효과를 최소화할 수 있는 여지가 있었다는 얘기다.

고정직불단가가 오를수록 목표가격과 연계되어 생산에 영향을 주는 변동직불은 작아진다. 예를 들어, 변동직불이 필요 없을 정도로 고정직불단가가 충분히 높은 상황을 가정해 보자. 그러면 농가들은 고정직불만으로도 목표가격 또는 그 이상의 가격을 받고 있기 때문에 생산을 더 늘릴 유인이 생기지 않는다. 오히려 그 상황에서 생산을 늘리면 시장가격만 하락한다. 이때는 오히려 시장가격 상승을 위해 쌀 생산을 자제하는 것이 농가들에게 이익이다. 정부의 재정지출 규모도 불필요한 수매조치까지 시행하는 상황에 비하면 줄어들 것이다. 이처럼 운용의 묘를 잘 살려 직불제 총예산의 범위 내에서 최대한 고정직불의 비중을 늘리고 시장격리 같은 불필요한 왜곡조치들만 없었다면 공급과잉에 따른 수급 불균형 문제를 최소화할 수 있었을 것이다.

8.3 종합 및 정책적 함의

한국의 쌀직불제는 제도 자체가 강한 가격지지 성격을 갖고 있는데다 운용을 잘 못하여 상황을 악화시켰다. 직불제 설계상의 잘못이 있지만 운용상의 문제가 더 컸다. 시장가격이 하락해도 본래의 취지대로 그냥 시장에 맡겨두면 시간이 흐르면서 시장은 조정과정을 거쳐 어떤 형태로든 새로운 균형을 찾아갈 수 있었는데, 근시안적인 불필요한 이중삼중의 시장간섭이 이를 방해한 것이다. 이 같은 제도적 흠결과 운용상의 많은 문제들로 인해 2020년 결국 쌀직불제(변동) 폐지와 직불제의 전면 개편으로 이어지게 되었다. 당초부터 미국의 CCP를 그대로 도입했다면 쌀직불제에 관한한 아무런 문제가 없었을 것이다. 제도는 보완하면 되는데 정부의 운용 잘못을 제도 자체의 문제로만 돌려버린 것이다. 공익직불제 중심 체제로 개편된 후에도 여전히 동일한 쌀 문제가 반복되는 것은 시장격리라는 이름으로 수매를 통해 시장간섭을 계속하기 때문이다. 개편의 원인을 제공했던 오류를 개편 후에도 여전히 반복하고 있다. 한국에서 쌀은 정치재(政治財)라는 오명을 벗지 못하는 이유이다.

쌀직불제(변동)는 미국의 CCP를 모방했으면서도 정작 중요한 생산 비연계 장치는 놓쳐버렸다. 한국의 농업 여건에서 볼 때 그럴 이유가 전혀 없었다. 만일 2005년 당시 CCP를 그대로 도입했더라면 15년 이상 쌀직불제를 운영하면서 공급과잉과 가격하락, 그로 인해 파생되는 이중삼중의 추가적인 조치와 재정지출 증가, 그에 따른 사회적 혼란 등의 시행착오는 없었을 것이다. 쌀 시장은 수급균형이 유지되는 상태에서 농가의 소득안정과 식량안보의 문제도 없었을 것이다. 재정의 과다 지출과 총AMS 한도 초과 문제도 없었을 것이다. 직불제 개편의 모습도 지금과 많이 달라졌을 것이다. 세계 제1의 농업 선진국 미국이 왜 50년 이상 품목정책으로서 DPP나 CCP 같은 제도를 주요 품목들에 대하여 계속 유지해 오고 있는지 깊이 새겨야 한다. 그러면서도 우리와 같은 문제를 겪지 않고 오랜 기간 같은 제도를 고수해 오고 있다. 앞 절에서 고찰한 바와 같이 CCP 하에서는 제도의 특성상 시장균형 이상으로 생산을 늘릴 유인이 존재하지 않는다. 공급과잉과 가격하락 문제가 생길 수 없다. 우리에게 시사하는 바가 매우 크다.

결국 문재인 정부가 들어서면서 직불제의 전면적인 개편이 단행되었다. 쌀직불제(변동)는 폐지되고 고정형 방식의 시장 비왜곡적인 공익직불제 중심의 새로운 체제가 들어섰다. 이제 한국의 직불제는 기본적으로 농업협정의 디커플링 요건을 온전히 갖춘 직접지불로 전환된 셈이다. 그런데 아이러니하게도 새로운 직불제 체제로 개편한 후에도 쌀가격 지지를 위한 시장격리 정부 수매조치는 여전히 반복되고 있다. 그렇다면 왜 폐지했는지 묻지 않을 수 없다. 식량안보와 농가소득 안정화의 문제, 특히 식량안보의 문제를 지금의 개편된 공익직불제가 해결해 주지는 못한다. 공급과잉과 그에 따라 파생되는 문제들이 충분히 예상되었는데도 쌀직불제(변동)를 도입했듯이, 식량안보와 농가소득의 문제가 충분히 예상되는데도 이를 폐지하고 공익직불제를 시행한 것이다. 대책 없이 폐지했다는 비판을 면하기 어렵다.

우리나라의 농업 여건상 과연 품목정책 없이 현행 공익직불제만으로 식량안보와 농가소득 안정화를 포함한 중요한 농업 문제를 해결할 수 있을지 큰 의문이다. 직불제 개편 후 얼마 지나지 않아 전략작물직불제를 시행할 수밖에 없었던 것도 새로 도입한 공익직불제가 안고 있는 문제가 무엇인지 보여주는 것이고, 동시에 품목 특정적 직불제가 필요하다는 방증이기도 하다. 농업의 근간인 쌀 정책을 둘러싸고 똑같은 시행착오를 계속해 오고 있다. 직불제 중심 농정시대에 과거 방식의 시장격리조치가 원천적으로 불필요한 근본적인 정책대안이 있어야 한다. 우리는 이 문제를 제14장에서 집중적으로 논의하게 될 것이다.

제13장

한국의 공익직접 지불제

본 장에서는 우리나라 현행 지불정책의 근간을 이루고 있는 공익직접지불제에 대하여 논의한다. 먼저 농업과 농촌의 공익기능의 개념적 고찰과 함께 농업의 다원기능이나 부정적 외부효과와의 관계에 대하여 논의한다. 이어서 한국 농정에서 공익기능이 차지하는 중요성과 위상, 그리고 공익기능의 범위와 유형을 살펴본다. 다음으로 관련 법령의 규정을 중심으로 공익직불제의 기본구조와 내용에 대하여 논의한다. 마지막으로 공익기능 증진을 담보하기 위한 생산 농가의 책임과 의무에 대하여 알아보고, 현행 공익직불제가 안고 있는 문제를 종합적으로 평가해 본다.

제13장

한국의 공익직접지불제

제1절 농업·농촌 공익기능의 의의

1.1 농업의 공익기능

1990년대 무렵 국제사회에서 농업의 다원기능이 본격 논의되고 세계 농업개혁이 추진되던 때 우리나라에서도 농업의 다원기능에 대한 인식이 점차 확산되기 시작했다. 강한 농업보호국으로서 한국은 우루과이라운드 무역협상의 농산물 시장개방에 대한 대응 논리를 위해서도 필요했다. 인식의 확산과 오랜 논의 결과 농업의 다원기능은 그 후 공익기능이란 이름으로 농업기본법에 규정되기에 이르렀다. 그리고 2020년에는 공익직불제법의 제정을 통하여 농업·농촌의 공익기능 증진을 위한 공익직불제를 도입하는 데까지 진화했다. 우리보다 일찍 직불제를 도입하여 시행해 오고 있는 미국이나 유럽의 선진국들은 물론 다른 어느 나라도 농업의 다원기능을 공익기능으로 부르고, 이를 법제화하여 공익직불제를 시행하고 있지는 않다.[1] 우리나라는 본격적인 직불제 중심 농정을 시작하면서 '공익'을 법률 명칭에 사용하면서까지 농업·농촌의 공익기능을 강조하고 있다. 국제적으로 통용되어온 다원기능 개념 대신 공익기능으로 명명하고 있는 것도 한국 농정의 특징이다.[2]

농업의 공익(公益)기능이란 농업생산 과정에서 결합생산물로 나오는 비상품 산출물이 사회에 편익을 제공하는 기능을 말한다. 농업의 긍정적 외부효과가 개인의 사적 이익이 아닌 불특정 다수의 사회적 편익, 즉 공공의 이익에 기여하는 기능이 농업의 공익기능이다. 농업생산 과정에서 생기는 긍정적 외부효과는 공익에 기여하는 것이 일반적이지만 때로는 사적 이익에 도움을 주는 경우도 있다. 외딴 지역 과수원 경영으로 이웃한 특정 양봉업자의 수익이 증가하거나 반대로 양봉업으로 인해 이웃의 특정 과수원 농가의 이익이 증가하는 것이 그런 예이다. 농업의 공익기능은 이 같은 특정 개인의 이익에 기여하는 경우를 제외하고 불특정 다수 공공의 이익을 증진시키는 기능으로서, 이때 외부효과로 생기는 비상품 결합산출물은 보통 공공재이다. 제II부에서 논의한 바와 같이 농업 활동으로 인한 식량안보 제고, 환경과 생태계 보존, 생물다양성 유지, 자연경관 유지, 농촌 지역사회 유지와 국토의 균형발전 등이 그런 예이다. 그리고 농업의 공익기능을 통해 제공된 비상품 결합산출물을 즐기고 소비함으로써 얻는 효용이 수요 측면에서 파악한 농업의 공익가치이다. 즉, 농업의 결합생산물로 나온 공공재 소비로부터 얻는 편익 및 그 총합으로서의 사회적 가치를 일컫는다.

농업이 공익기능을 한다고 해서 농업이 공익산업이라는 의미는 물론 아니다. 농업은 전형적인 사익 추구 산업이지만, 외부효과가 강하게 나타나는 산업으로서 그 긍정적 외부효과가 공익기능을 하고 공공재를 제공하고 있다는 의미이다. 1차 산업으로서의 농업도 다른 산업과 마찬가지로 생산 주체의 사익 추구가 본래의 기능이다. 다만, 다른 산업과 구별되는 특징은 이 사익을 추구하는 생산활동 과정에서 농업의 비상품 결합산출물로서 외부효과가 강하게 나타난다는 점이다. 이런

1 스위스는 연방헌법(제104조)에 농업의 다원기능을 규정하고 있다. 우리는 헌법 대신 법률(농업·농촌 및 식품산업 기본법)에 농업·농촌의 공익기능에 관한 사항을 규정하고 이를 실현하기 위한 별도의 공익직불제법을 갖고 있다.

2 타당성 여부는 차치하고 농업이 공공의 이익 증진에 기여한다는 점을 부각시킴으로써 정부의 재정지원과 직불제 시행의 정당성을 확보할 수 있는 장점이 있다.

특징에서 나온 개념이 제II부에서 집중 논의한 농업의 다원기능이다. 우리는 여기서 한 발 더 나아가 이를 공익기능으로 바꿔 부르고 공익직불제법까지 제정하기에 이르렀다. 국제사회에서 오랜 기간 관행적으로 사용해 오고 있는 다원기능 대신 좀더 구체적이고 좁은 의미의 공익기능 개념을 채용함으로써 농업이 수행하는 공적 역할을 전향적 입장에서 적극 부각시키고 있다. 그리고 공익직불제법 제정을 통해 농업의 공익기능 증진을 향한 국가의 강한 정책적 의지를 보여주고 있는 것이다.

그렇다면 농업의 공익기능은 다원기능과 어떤 관계에 있고 어떻게 다른 것인가? 통상 농업의 공익기능은 다원기능과 혼용되고 있지만, 제2장에서 논의한 바와 같이 양자는 동일한 개념은 아니고 서로 구별되어야 한다. 실증적 접근법으로 파악하는 농업의 다원기능에는 넓은 의미로 공해(公害) 기능, 즉 다원적 역기능도 포함된다. 그리고 농업의 공익기능은 긍정적 외부효과(순기능) 중에서도 앞서 예를 든 특정의 과수원과 양봉농가의 관계처럼 사익에 기여하는 기능을 제외한 공공재를 제공하는 기능이다. 즉, 농업의 긍정적 외부효과를 내는 기능이 모두 공익기능은 아니다. 개념적으로 농업의 공익기능은 다원기능보다 좁은 의미로, 본서의 정의상 최협의(最狹義)의 다원기능을 농업의 공익기능으로 보는 것이다.

한편, 농업의 긍정적 외부효과로서의 비상품 결합산출물이 모두 공익기능을 하는 공공재는 아니다. 이 중에는 사적 재화, 즉 사유재도 있을 뿐 아니라 사유재 역시 공익기능을 할 수 있다. 개방된 가정집 정원에 조성된 화단은 사유재이지만 불특정 지역 주민들이나 행인들이 대가 없이 보고 즐길 수 있다면 이것은 공익기능이다. 농가가 식량을 생산하는 것은 통상 개인의 사적 이윤 추구 행위로 이때 생산되는 식량은 사유재이다. 하지만 이런 사유재의 생산으로 국가의 식량안보 제고에 기여한다면 이는 전체 또는 다수 국민의 편익, 즉 공공의 이익을 증진시키는 것이다. 농업활동으로 생산된 식량은 사유재이지만, 이것을 생산함으로써 국가의 식량안보 제고에 기여한다면 이것은 공익기능이다.

1.2 농촌의 공익기능

산업으로서 농업의 다원기능이나 공익기능을 주로 논의하지만, 농촌의 공익기능도 중요하다. 농촌의 공익기능이란 농업의 생산활동으로 생기는 외부효과가 아니라 지리적 공간 개념으로서 또는 지역사회로서 농촌이 존재함으로써 공공의 이익에 기여하는 기능을 말한다. 농업이 없는 농촌은 존재할 수 없지만 개념적으로는 양자를 구분할 수 있다. 농촌의 전통주택(초가집, 전통 한옥), 담장, 언덕과 오솔길, 나무와 숲, 각종 들꽃, 흙과 돌, 바위, 정자, 연못과 개울, 호수, 문화 유적지 등은 농업 생산과 직접 관계는 없지만 이들 하나하나의 요소들이 모여 농촌 들녘과 어우러져 농촌의 아름다운 전원적 경관을 조성하고 농촌 어메니티(amenity)를 제공하는 공익기능을 수행한다. 양동마을이나 하회마을은 유네스코 문화유산으로 등재되기도 했다. 농업기본법은 제2조(기본이념)에서 농촌은 고유한 전통과 문화를 보존하고 국민에게 쾌적한 환경을 제공한다고 규정하고 있다. 여기서 말하고 있는 전통문화 보존과 쾌적한 환경을 제공하는 공간으로서의 역할이 곧 농촌의 공익기능이다. 농촌 지역사회가 잘 유지되어 국토의 균형적 발전에 기여하는 것도 농촌의 중요한 공익기능이다.

통상적으로는 농업 생산에 의한 비상품 결합산출물이 농촌사회의 다양한 자연·환경·생태·문화적 요소들과 조화를 이루어 함께 공익기능을 하거나 그 기능이 더 강화된다. 이 같은 이유로 농업의 공익기능은 농업·농촌의 공익기능으로 자주 사용되기도 한다. 농업을 전제로 하지 않는 농촌은 존재할 수 없다. 농촌은 농업을 본질적 구성요소로 하고 농산물이 생육되는 지리적 공간이란 점을 고려하면 농촌의 공익기능은 곧 농업의 공익기능을 포괄하는 것이다.

산업으로서의 농업과 지리적 공간으로서 또는 도시에 대한 대립 개념으로서의 농촌은 서로 불가분의 관계이지만, 개념적으로는 서로 구분되어야 한다. 농업은 농촌의 중심적 산업이지만 농촌에만 있는 농촌 특정적인 산업은 아니다. 도시에도 농업 활동이 있을 수 있고, 건물의 옥상이나 공장시설 내에 또는 남극의 빙하 지역에서도 농산물 생산은 얼마든지 가능하다. 마찬가지로 농촌에도 농업 외에 제조업이나 상업, 교육, 복지 같은 서비스업 등 다른 산업도 존재한다. 그러나 농업이 주 산업이 아닌 지역을 농촌이라 할 수 없고, 도시 텃밭이나 건물 옥상, 공장 내에서 이루어지는 생산활동을 산업으로서의 농업이라고 부르는 데는 한계가 있다. 단편적 농사일 수는 있어도 전문 산업으로서 농업일 수는 없다. 그렇다면 농업은 농촌의 중심산업이고 농촌의 본질적 특성은 농업에 있다고 할 것이다. 농업의 공익기능이 농촌의 공익기능과 종종 혼용되는 것은 이런 이유이다. 그러나 다원기능과 관련해서는 그 정의상 산업이 아닌 지리적 개념으로서의 농촌에 대하여는 공익기능을 말할 수 있을 뿐 농촌의 다원기능은 생각할 수 없다.

농촌의 사전적 의미는 '주민의 대부분이 농업에 종사하는 지역이나 마을'을 일컫는다.[3] 법률 규정상의 의미도 크게 다르지 않다. 농업기본법(제3조의 5)은 농촌을 행정구역상의 읍·면 지역과 기타 농림축산식품부장관이 고시하는 지역으로 정의하고 있다. 어느 정의이든 농촌의 핵심 요소는 농업이라는 점을 전제로 한 것이다. 농업이 없는 농촌은 존재할 수 없다는 점에서 농촌의 공익기능은 농업의 공익기능을 포괄한다. 이런 이유로 농업의 공익기능과 농촌의 공익기능을 따로 구별하지 않고 농업·농촌 공익기능으로 부르기도 한다.

1.3 농업의 부정적 외부효과와 공익기능

농업은 부정적 외부효과로서 공해(公害, pollution)를 일으키기도 한다. 이런 농업의 역기능은 농업 생산 과정에서 결합생산물로 나오는 비상품 산출물이 불특정 다수에게 피해를 주고 사회적 비용을 유발하는 부정적 기능을 말한다. 농약과 화학비료의 투입, 축산폐수와 분뇨의 방출, 대형 농기계나 비닐하우스 시설재배 등으로 토양과 수질을 오염시키고, 생물다양성 감소와 자연 서식지 피해 등 생태계를 파괴하고, 온실가스 배출로 기후변화를 일으키는 것들이 모두 부정적 외부효과로서 공

3 「국어대사전」, 금성출판사, 1999.

해기능의 예다. 이 같은 부정적 외부효과를 이유로 농업의 공익기능을 부정하거나 소극적인 태도를 보이는 견해도 있다.

그러나 농업이 부정적 외부효과를 일으킨다고 해서 공익기능이라는 본질적 속성을 부정하는 이유가 될 수는 없다. 농업생산에서 부정적 외부효과를 일으키는 요인들은 대부분 농업의 본래적 속성이라기보다, 생산성 향상을 위한 인간의 부가적인 활동에 기인하고 영농방식이나 기술적인 문제에서 비롯되는 것이다. 과거 전통방식의 농업이 그랬던 것처럼 농약이나 화학비료를 투입하지 않아도, 비닐하우스나 유리온실이 아니더라도 생산성이 떨어질 뿐 농업생산은 얼마든지 가능하다. 공익기능은 자연과 생명을 요소로 하는 농업의 본질적 속성이라는 의미이다. 생산방식의 변화에 의해 그 내재적 속성이 가려지고 퇴색될 뿐이다. 친환경농업이나 유기농업은 그래서 필요한 것이고, 농업 본래의 공익기능을 되살리자는 것이다. 화학물질의 투입량을 줄이고 영농방법을 개선하면 농업의 공익기능은 자연히 되살아나기 때문이다. 농업의 공익기능 제고가 미래 지속 가능한 농업발전을 위해 중요한 요소가 되는 것도 같은 맥락이다. 농업기본법은 제2조에서 농업을 경제적 기능뿐 아니라 '공익적 기능을 수행하는 기간산업'으로 명시적으로 규정해 놓고 있다.

한편, 우리는 농업의 공익기능을 말할 때 자연 본래의 상태를 상상하거나 전제로 하여 그것과 비교하여 부정하는 경향을 보이기도 한다. 토지가 중심 생산요소인 농업은 필요한 농지 확보 과정에서 부득이 자연과 환경을 훼손할 수밖에 없다. 그러나 농업의 공익기능을 말할 때는 원시 자연 상태의 토지나 산림이 아니라 이미 확보된 토지 또는 농지를 전제로 말해야 한다. 인간의 생존과 번영을 위해 농지를 자연 상태로 되돌릴 수는 없고 지속적으로 농업 생산을 해야 한다. 인구가 늘고 식량 수요가 증가하면서 추가적인 농지 확보로 생기는 부정적 효과 또한 같은 논리로 불가피하다. 이것이 농업의 공익기능을 부정하는 이유가 될 수는 없다. 이 땅이 농업이 아닌 다른 산업활동에 이용되고 공장이나 건물, 도로 건설 등 다른 용도로 이용된다면, 아니면 그냥 유휴지 상태로 방치할 경우를 전제로 농업의 공익기능을 말해야 한다. 이때의 상황을 사람들이 농촌 지역사회를 이루고 여기서 농업 활동이 이루어질 때와 비교하여 공익기능을 논해야 하는 것이다. 그러면 농업의 공익기능은 좀 더 명확해진다. 산림을 벌채하면 그만큼 공익기능이 사라지지만 거기에 다시 나무를 심고 가꾸면 공익기능은 다시 살아나듯이 농업도 마찬가지다. 농지를 유휴 상태로 방치하거나 다른 산업용으로 이용하는 것보다 농업 활동을 이어가는 것이 공익기능을 수행하고 공익서비스를 제공하는 것이다. 문명사회의 80억 명이 넘는 인간은 자연 그대로의 야생에서 나오는 것으로 살아갈 수는 없다. 먹거리를 생산해야 하고, 그러려면 필요한 투입(희생)이 있어야 한다. 이 불가피한 투입요소로 생기는 사회적 손실이 있다 하여 이것이 농업의 공익기능을 부정할 이유가 될 수는 없다.

농업도 분명 산업이다. 경제적 실체로서의 산업은 생산활동을 기본으로 한다. 생산은 그 대상이 무엇이든 필연적으로 토지 등 자원을 투입·이용하게 마련이다. 필요 식량을 얻기 위해 농지 확보를 해야 하고, 이 과정에서 자연과 환경, 생태적 훼손이 일어난다. 그러나 이것이 농업의 공익기능을 부정하는 이유가 될 수는 없다. 농업의 내재적·본원적 속성으로서의 공익기능을 말하는 데 있어서의 현실적 한계이다.

농업의 다원기능에서 긍정적 외부효과와 부정적 외부효과는 대부분 한 몸의 두 표현, 동전의 양면 관계이다. 부정적 외부효과를 줄(늘)이면 자연히 긍정적 외부효과는 강(약)화한다. 자연과 생명을 요소로 하는 농업의 본질적 속성 때문이다. 따라서 농업의 공익기능 증진이란 의미에는 긍정적 외부효과를 강화하는 것뿐 아니라 부정적 외부효과를 줄이는 것도 같은 비중으로 포함되어야 한다. 부정적 외부효과를 줄이는 노력을 강화하면 농업의 공익기능은 자연히 증진된다. 그래서 공해를 유발하는 원인을 줄이고 제거하는 일이 매우 중요하다. 농업의 공익기능의 증진은 긍정적 외부효과로서의 공익기능(순기능)을 강화하면서 동시에 부정적 외부효과로서의 공해기능(역기능)을 억제함으로써 달성할 수 있는 것이다. 이것이 공익직불제가 필요한 이유이고, 그 시행에 있어서 생산자의 책임과 상호준수의무가 중요한 이유이다. 구더기가 생긴다는 이유로 장(醬)의 효능과 가치를 부정할 수는 없다. 농업의 식량안보 제고, 아름다운 자연경관 제공, 지역사회 유지와 국토의 균형발전,

홍수조절과 수자원 보존, 휴양과 어메니티 자원 제공, 전통 문화유산의 보존 등 다양한 공익기능들을 부정적 외부효과가 있다 하여 부정하거나 과소평가할 수는 없는 것이다.

제2절 법령에 나타난 공익기능의 위상

우리나라에서 농업·농촌의 공익기능이 얼마나 중요하고 어떤 위상을 갖고 있는지는 한국 농정의 두 핵심 법률에 나타나 있다. 하나는 「농업·농촌 및 식품산업 기본법」(농업기본법)이고, 다른 하나는 「농업·농촌 공익기능 증진 직접지불제도 운영에 관한 법률」(공익직불제법)이다. 농업·농촌의 공익기능에 관한 사항은 2000년 농업기본법에 처음으로 규정되기 시작하였다.

농업기본법은 우리나라의 농업·농촌과 식품산업이 나아갈 방향과 그에 따른 국가의 정책 방향을 규정한 기본법이다. 농업과 농촌, 그리고 식품산업 분야를 규율하는 최상위의 법이다. 농업기본법 제5조는 농업·농촌 및 식품산업에 관하여 다른 법률을 제정하거나 개정하려면 이 법에 부합되어야 한다고 명시하고 있다. 다른 법은 이 법에 저촉되어서는 안 된다는 것을 규정함으로써 농업·농촌 관련 분야의 최상위법적 지위에 있음을 천명하고 있다.

농업기본법 제1조(목적)는 이 법이 지향하는 궁극적 목적을 세 가지로 정리하고 있다. ① 농업·농촌의 지속 가능한 발전의 도모, ② 국민에게 안전하고 품질 좋은 식량을 안정적으로 공급, ③ 농업인의 소득과 삶의 질 향상이다. 농업·농촌의 지속 가능한 발전, 식량안보 제고, 농가소득 안정화 등 세 가지를 국가가 지향하는 농정의 궁극적 목표로 삼고 있는 것이다. 그리고 이 목표 달성을 위해 필요한 제반 사항에 관한 내용들을 이하 조문에서 규정하고 있다.

농업기본법은 농업·농촌의 역할과 존재 이유에 대하여 제2조(기본이념)에서 다음과 같이 규정하고 있다. “농업은 국민에게 안전한 농산물과 품질 좋은 식품을 안정적으로 공급하고 국토환경의 보전에 이바지하는 등 경제적·공익적 기능을 수행하는 기간산업으로서 국민의 경제·사회·문화발전의 기반이 되도록 한다. … 농촌은 고유한 전통과 문화를 보존하고 국민에게 쾌적한 환경을 제공하는 산업 및 생활 공간으로 발전시켜 이를 미래세대에 물려주도록 한다." 전통적인 경제·산업적 역할 외에 공익기능 수행을 농업의 또 다른 핵심 역할로 규정하고, 농업은 이런 역할을 수행함으로써 경제·사회·문화 발전의 토대가 되는 국가의 기간산업이라는 점을 규정하고 있다. 농업·농촌의 공익기능이 구체적으로 무엇인지에 대해서는 제3조(9항)에서 식량의 안정적 공급, 국토환경 및 자연경관의 보전 등 모두 여섯 가지 유형으로 정의하였다. 농업기본법 제2조와 제3조의 정의는 농업의 공익기능이 자연과 생명을 기본 요소로 하는 농업의 본래적 기능이라는 점을 확인해 주고 있다. 부정적 외부효과를 이유로 농업의 공익기능에 소극적 입장이라면 농업 분야 최상위법인 농업기본법에 공익기능을 이렇게 명시적으로 규정하지는 않았을 것이다. 결국 농업기본법 제1조와 제2조는 우리나라가 지향하는 농업의 역할과 존재이유, 그리고 농정 기본방향을 천명한 것이다. 그 이행을 위한 후속 조치가 2020년 공익직불제법의 시행이다.

이어서 법률은 농업·농촌의 공익기능을 증진하기 위해 국가와 지자체 등 관련 경제주체들의 책무를 상세히 규정하고 있다(제4조). "국가와 지방자치단체는 농업과 농촌의 지속 가능한 발전과 공익기능을 증진하고, 생산자단체는 농업과 농촌의 공익기능 제고 등을 통하여 농업과 농촌의 지속 가능한 발전을 위하여 노력하여야 하고, 소비자는 농업·농촌의 공익기능에 대한 이해를 높이도록 노력하여야 한다." 뿐만 아니라 국가와 지방자치단체는 농업·농촌 및 식품산업 정책을 시행할 때에는 효율성을 추구하지만 농업과 농촌의 공익기능을 최대한 고려해야 하고(제6조), 나아가 국가의 균형발전을 위하여 농업·농촌의 공익기능이 최대한 유지·증진되도록 노력하도록 했다(제9조). 또한 정부는 주요 통상 여건의 변화로 인하여 농업·농촌의 공익기능이 약화될 경우에는 보완대책을 시행하도록 규정하고 있다(제13조).

농업기본법은 나아가 별도로 '농업·농촌의 공익기능 증진'이란 제목의 독립 절

(제6절)을 두고 분야별 공익기능 증진을 위한 국가와 지방자치단체의 의무를 상세히 규정하고 있다. 국가와 지방자치단체는 농촌의 자연환경을 보전하고 농촌경관 및 농업 생태계 보전 등에 필요한 정책을 세우고 시행하여야 한다(제44조). 전통 농경문화, 농경 유물, 전통 농법, 재래종의 가축·농작물 및 농촌 공동체를 유지·계승시켜 나가고 그와 관련된 농업 박물관·관람 시설물 등의 전시, 교육, 홍보 등에 필요한 정책을 시행하여야 한다(제45조). 또한 농업·농촌의 공익기능을 최대한 증진하고 국민들이 이를 누릴 수 있도록 하기 위한 연구, 조사, 교육 및 홍보 등에 필요한 정책을 시행하여야 하고 농업·농촌의 공익기능을 증진하기 위하여 농업인, 농업 관련 단체 등을 지원하는 정책을 시행할 수 있다(제46조). 또 국가와 지방자치단체는 농업·농촌이 지구온난화 방지 및 기후변화 완화 등의 공익기능을 수행할 수 있도록 지구 온실가스 감축 등에 필요한 정책을 시행하여야 하고, 바이오에너지에 이용되는 농작물 및 산림자원을 생산·공급하기 위하여 필요한 정책을 시행하여야 한다(제47조).

살펴본 바와 같이 우리나라 농업기본법은 농업·농촌의 공익기능과 그 증진에 관한 사항을 매우 구체적으로 그리고 폭넓게 규정해 놓고 있다. 한국 농정에서 농업·농촌의 공익기능이 차지하는 중요성과 위상이 얼마나 큰지 가늠할 수 있다. 결국 농업기본법에서는 농업·농촌의 공익기능 증진을 통한 지속 가능한 발전이 한국 농정의 기본방향이라는 점을 천명하고 있는 것이다. 동시에 농업의 공익기능을 전통적 경제·산업적 기능과 함께 농업의 2대 핵심적 역할로 명확히 규정해 놓고 있다.

농업기본법에서 농업·농촌의 공익기능 증진을 핵심 농정방향으로 규정하고 있지만, 이를 어떻게 정책으로 반영하여 시행할 것인지는 구체적인 개별법으로 정해야 한다. 2020년 발효된 「농업·농촌 공익기능 증진 직접지불제도 운영에 관한 법률」(공익직불제법)의 시행이 그 일환이다. 이 법은 농업·농촌의 공익기능을 직불제를 통하여 증진시키기 위해 제정된 농업기본법의 특별법적 지위에 있는 셈이다. 농업기본법에서 정한 공익기능에 관한 원칙과 정책방향을 공익직불제법에서 구체화하고 있다. 이에 대해서는 별도로 제4절 이하에서 상세히 논의한다.

제3절 농업·농촌 공익기능의 범위와 유형

3.1 법령상의 정의와 유형

앞서 농업과 농촌의 공익기능의 개념에 대하여 논의했지만 여기서는 법률이 정의하고 있는 농업·농촌의 공익기능과 그 유형에 대하여 살펴본다. 농업기본법 제3조(정의) 9항은 농업·농촌의 공익기능을 아래 여섯 가지 중 어느 하나에 해당하는 기능으로 정의하고 있다. 그리고 공익직불제법(제2조의 2)은 공익직불제 시행에 있어서 이 정의를 그대로 준용하고 있다.

① 식량의 안정적 공급

② 국토환경 및 자연경관의 보전

③ 수자원의 형성과 함양

④ 토양 유실 및 홍수의 방지

⑤ 생태계의 보전

⑥ 농촌사회의 고유한 전통과 문화의 보전

농업기본법은 식량의 안정적 공급을 농업의 첫 번째 공익기능으로 규정하고 있다. 여기서 식량의 안정적 공급은 입법 의도를 고려할 때 공급 측면에서 식량안보의 제고를 의미하는 것으로 해석되지만, 엄밀한 의미에서 보면 이론의 여지는 있다. 사적 재화로서 식량을 공급하는 일은 농업 본연의 경제·산업적 기능으로서 시장에 의해 정해지는 사적 영역이다. 그러나 식량안보(서비스)는 식량공급(생산)의 비상품 결합산출물로 나오는 외부효과이며, 이 부분이 농업의 공익기능이다. 식량공급이 곧 식량안보는 아니라는 의미이다.[4] '안정적' 공급으로 표현함으로써 정책적·공공적 의미를 담고자 하고 있지만, 그렇다고 이것이 결합산출물로서의 외부효과인 식량안보를 나타내 주지는 않는다. 따라서 이 규정은 '식량의 안정적 공급을

4 식량과 식량안보의 관계에 대하여는 제3장 5절 참조.

통한 식량안보의 제고' 정도로 개정하여 식량안보 기능이 농업의 공익기능임을 명확히 할 필요가 있다.

이와 같이 식량공급과 식량안보의 개념상의 차이는 있지만, 그럼에도 입법 의도를 미루어 추정해 볼 때 이 규정을 농업의 식량안보 기능으로 해석하는 것은 타당하다 할 것이다. 어느 나라나 마찬가지겠지만 우리나라도 식량안보를 제1의 농정목표로 삼는 것은 당연하다. 농업기본법이 식량안보를 농업의 첫 번째 공익기능으로 본다는 것은 한국 농정의 기본 방향이 농업의 공익기능 증진에 있다는 것을 의미한다. 이는 농업기본법의 목적(제1조)과 기본이념(제2조)과도 부합하는 것이다.

식량안보 공익기능은 나머지 다섯 유형의 공익기능들과는 구별되는 특징이 있다. 여기서는 농산물(식량)의 생산이 전제된 공익기능이지만, 다른 공익기능들은 농산물 자체보다는 농업생산 활동이나 생산요소로서의 농지(토지)가 기반이 되어 비상품 결합산출물을 제공하는 공익기능이다. 이런 점 때문에 정책적 함의도 달라진다. 식량안보 공익기능 증진을 위해서는 필요시 품목정책으로서의 직불제가 시행될 수 있어야 한다. 그러나 나머지 공익기능들은 품목정책이 아닌 다른 유형의 직불제와 상호준수의무를 통해 더 효과적으로 목적을 달성할 수 있다.

열거된 여섯 가지 공익기능 중 마지막 농촌사회의 전통과 문화 보전을 제외한 나머지는 농업 특정적 공익기능이거나 농업이 중심을 이루는 공익기능들이다. 농업의 공익기능으로 보아도 된다는 뜻이다. 그리고 마지막 농촌사회의 전통과 문화 보전도 따지고 보면 농업이 존재함으로써 형성되는 전통과 문화라고 볼 수 있다. 예를 들어 단오절이나 추석, 윷놀이, 제기차기, 연날리기, 쥐불놀이, 풍물놀이 등은 모두 농경사회의 문화이자 전통 풍습이다. 이렇게 본다면 이 조항이 정하는 공익기능들은 사실상 농업의 공익기능인 셈이다. 그러나 농업 활동이 이루어지는 지리적 공간이 농촌이고, 농업 외의 다양한 자연적·환경적·지리적 요소들이 농업 활동과 함께 조화를 이루면서 공익기능을 더욱 강화한다는 데서 이 기능들을 포괄적으로 농업·농촌 공익기능으로 부를 수 있는 것이다.

한편, 농업기본법에서는 농업·농촌의 공익기능을 여섯 가지 유형으로 정의해 놓고 있지만 이는 공익기능을 너무 제한적으로 규정하고 있는 것이다. 이 법은 별도로 제6절에서 농업·농촌의 공익기능 증진을 위한 조항(제44조~제47조의 2)을 추가로 두고 있다. 여기서는 제3조에서 정의한 범위에는 포함되지 않는 지구온난화 방지를 농업·농촌이 수행하는 공익기능으로 규정하고 있다(제47조).[5] 농업의 공익기능의 복잡성을 감안하더라도 체계적이고 정돈되지 못한 입법이라는 비판을 면하기 어렵다. 농업의 공익기능을 핵심 농정기조로 설정하고 여러 조항에 걸쳐 그에 관한 세세한 규정을 해놓았지만, 정작 그것이 무엇이고 어느 범위까지 포괄하는지에 대해서는 명확히 체계적으로 정리되어 있지 못하다. 이런 점에서 제3조의 공익기능에 대한 정의는 재정립되어야 하고, 다른 관련 조항들은 이 재정의된 조항을 토대로 다시 체계화되어야 할 것이다. 본서는 제2장에서 농업의 다원기능(긍정적 외부효과)을 [표 2-1]로 정리해 놓았다.

이 같은 문제는 근본적으로는 제II부 농업의 다원기능에서 논의했듯이 그에 대한 개념 정의 자체가 어렵고 복잡한 주제이기 때문이다. 학계의 정설이 아직 존재하지 않는 것도 이런 이유이다. 그러나 농업기본법에서 공익기능 수행을 농업의 핵심 역할로 천명하고, 또한 이를 위한 직불제 중심의 농정을 지향하고 있는 상황에서 이는 시급히 해결해야 할 과제이다. 농업·농촌의 공익기능의 개념과 그 포괄 범위를 명확히 정립한 연후에라야 농업기본법을 중심으로 한 관련 법령에서도 제도적 정비가 뒤따를 수 있을 것이다.

3.2 본서의 입장

농업의 공익기능에 대한 학계의 정의나 분류와 관련하여 아직까지 확립된 정설은 존재하지 않는다. 그만큼 경계가 애매하고 복잡한 개념이다. 제II부에서 논의한 농업의 다원기능 문제처럼 연구자에 따라 조금씩은 다르게 정의되고 분류될

5 지구온난화 방지는 농업생산 과정에서 식물의 광합성 작용이나 산림과 토양의 탄소저장 기능 등을 통해 이루어지지만, 농업은 이산화탄소나 메탄 발생 등으로 지구온난화에 기여하는 요소들도 적지 않다.

수밖에 없다.

본서에서는 농업의 다원기능과 공익기능의 개념을 구분하여 정의했다. 농업의 공익기능은 농업의 긍정적 외부효과 중에서 사적 이익에 기여하는 부분을 제외한 공공적 기능을 의미하는 것으로 정의한다. 다시 말하면 농업의 결합생산물로 나오는 비상품 산출물로서 공공재 제공기능을 말한다. 이 문제는 농업의 결합생산물로 나오는 비상품 산출물이 공공재인가의 여부 판단의 문제로 귀착될 것이다. 예를 들면, 식량안보가 공공재인가? 만일 공공재라면 식량안보 제고 기능은 농업의 공익기능이다. 농업의 공익기능은 농업의 다원기능을 최협의로 파악한 기능이다. 또한 국제적으로 통용되고 있는 농업의 다원기능의 긍정적 외부효과 측면에 대한 정부의 정책의지가 반영된 한국식 표현으로 이해할 수도 있을 것이다.

농업기본법(제3조의 9)이 정의하는 공익기능은 본서 제2장 [표 2-1]에서 분류하고 있는 다원기능의 긍정적 외부효과 범위와 비교하면 많은 차이가 난다. 식량안보 공익기능이 정확히 규정되지 않은 점은 이미 언급했다. 우선 농업의 환경보전 측면의 공익기능이 제대로 반영되지 않았다. 생물다양성 유지, 동·식물 서식지 제공, 대기 정화 등을 포함하는 환경 및 생태계 보전 기능을 더 명확히 해야 할 것이다. 농업기본법은 농업을 넓게 정의하여 임업이 포함되는 것으로 보고 있다(제3조의 1). 그렇다면 더욱 환경과 생태계 보전을 농업·농촌의 중요 공익기능으로 명시적으로 규정해야 한다. 다음으로 농촌 지역사회 유지와 국토의 균형적 발전에 기여하는 기능 또한 중요하지만 농업기본법 정의 조항에는 들어가 있지 않다. 여기에 휴양과 여가, 치유를 위한 농촌 어메니티 제공 기능이나 지구온난화 완화 기능도 포함돼 있지 않다. 이처럼 농업기본법은 농업의 공익기능 수행을 핵심 역할로 규정하면서 정작 공익기능의 범위는 매우 제한적으로 정의하고 있다. 본 조항이 앞으로 재정비되어야 할 필요성은 여기서도 발견된다. 본서 제2장 [표 2-1] 같이 확대하고 더 정밀히 체계화하여야 할 것이다.

제4절 공익직접지불제

4.1 공익직불제의 목적 및 구조

우리나라 농업기본법은 농업·농촌의 지속 가능한 발전을 농정목표로 규정하면서 이를 뒷받침하기 위해 경제적 기능 외에 공익적 기능 수행을 농업의 핵심 역할로 천명해 놓고 있다. 앞서 법령에 나타난 공익기능의 위상을 통해 살펴본 바와 같이 공익기능은 농업기본법이 추구하는 핵심 가치이자 미래 방향이다. 이 같은 맥락에서 농업·농촌의 공익기능 증진을 구체화하기 위한 정책이 2020년 직불제 개편과 함께 시행된 공익직불제이다.

2020년 5월 발효된 공익직불제법(제1조)이 규정하고 있는 공익직불제의 목적은 농업·농촌의 공익기능 증진과 농업인 등의 소득안정 두 가지다. 이 법은 제1조의 총론적 규정 외에도 본문의 여러 관련 조항에서도 동일한 목적을 반복적으로 기술하고 있다. 제3조~제5조, 제7조, 제10조, 제21조 등 다수의 조항에서 공익직불제의 목적이 농업·농촌의 공익기능 증진과 농업인 등의 소득안정에 있음을 반복하여 강조하고 있다.[6]

EU나 미국 등 주요 선진국들은 우리보다 일찍 환경보전 같은 농업의 공익적 기능 증진을 위한 정책을 시행하고 있지만, 그렇다고 우리처럼 공익직불제라는 별도의 명칭을 사용하거나 법률을 시행하고 있지는 않다. 스위스가 연방헌법의 한 조항(104조)에서 농업의 다원기능을 규정하고 있는 정도이다.

또 하나 법률 규정상의 특징은 공익기능 증진을 농가의 소득안정보다 먼저 기술함으로써 농업의 중심 역할로서 공익기능 증진을 강조하고 있다는 점이다. 형식상으로 보면 농가의 소득안정을 도모하면서 동시에 공익기능을 증진하는 것이 아

6 법 제정 기술상의 반복인지 아니면 농정기조 변화에 따른 정책 의지가 반영된 것인지는 불분명하지만, 동일한 목적의 내용을 관련된 조항에서 계속 반복하고 있다.

니라, 공익기능 증진이 우선하는 중심적 목적임을 강조하고 있다. 이는 농업기본법이 제1조 목적에서 농업·농촌의 지속 가능한 발전을 먼저 기술한 배경과도 맥을 같이 한다. 이점은 법률 명칭에도 그대로 반영되어 있다. 법률 명칭으로 보면 이 직불제의 주요 목적은 농업·농촌의 공익기능 증진이다. 앞서 논의했듯이 농업기본법이 식량의 안정적 공급을 농업의 첫 번째 공익기능으로 정의하고 있다는 점을 고려하면 자연스러운 일이다. 법률 규정상으로만 보면 주요 선진국들이나 세계적 흐름보다도 앞서가고 있는 농정기조라고 평가할 수 있다.

법률은 이 두 목적을 달성하기 위해 공익직불제의 도입을 규정하고 있다. 1997년 경영이양직불제 이후 시행되었던 다양한 직불제들에 대한 총체적 개편을 단행하면서 새롭게 탄생한 공익직불제이다. 공익직불제는 크게 기본형과 선택형으로 구성된다(제5조). [표 13-1]은 공익직불제의 구조를 정리해 보여주고 있다. 기본형 공익직불제는 다시 소농직불제와 면적직불제로 나뉜다. 과거 시행되었던 쌀직불제(고정), 밭농업직불제, 조건불리지역직불제가 이 기본형 공익직불제로 통합되었다. 선택형 공익직불제는 친환경농업직불제. 친환경안전축산물직불제, 경관보전직불제, 논활용직불제 등 네 개의 세부 직불제로 구성된다.[7]

표 13-1 공익직불제의 기본 구조

공익직불제		주요내용
기본형	소농직불제	0.5ha 미만 소농에 정액 지급 (소득안정)
	면적직불제	면적 기준 지급, 역진적 단가 적용 (소득 안정)
선택형	친환경농업직불제	친환경농업에 대한 소득감소분 보전
	친환경안전축산물직불제	친환경축산에 대한 소득감소분 보전
	경관보전직불제	경관 작물 재배에 대한 지불
	논활용직불제	논에 쌀 외에 밀, 보리 등 주요 작물 재배시 지불

7 공익직불제를 포함한 국가 전체 직불제 체제에 대해서는 제11장 참조.

4.2 기본형 공익직불

기본형 공익직접지불은 소규모 농가를 대상으로 일괄 지급하는 소농직접지불과 그 밖의 농업인 등에게 지급하는 면적직접지불로 구분한다. 기본형 직접지불의 지급 대상 농지는 법에서 정한 일정 기간 논 농업 및 밭 농업에 이용된 농지이다(제8조). 과거 일정 시점의 기준면적을 대상으로 직불금액을 산정하도록 함으로써 현재나 미래의 생산증대로 이어지지 않도록 하고 있다. 지급 대상자는 해당 농지에서 농업에 종사하는 농업인이다(제9조). 농지 소유자가 누구인지는 관계없이 실제 영농활동에 종사하는 자에게 지급된다. 따라서 임대차 관계에 의한 농지이면 임차인이 해당 면적에 대한 직불금을 받게 된다. 기본형 직접지불 지급 대상자 중 1인에게 소농직접지불금을 지급한다(제10조). 형평성 제고 차원에서 0.5ha 미만 농지를 경영하는 소농에게 면적과 관계없이 일정 금액을 지급하는 것이다(시행령 제8조).[8]

면적직접지불은 공익직불제의 중심을 이루는 지불이다. 이 지불은 지급대상 기준면적을 세 유형으로 구분하고, 각 유형의 농지를 구간별로 3개 구간(2ha 이하, 2ha 초과~6ha 이하, 6ha 초과)으로 나누어 역진적 단가를 적용하여 지급한다. 세 유형의 농지는 농업진흥지역 안에서 논농업·밭농업에 이용된 농지, 농업진흥지역 밖 논농업에 이용된 농지, 농업진흥지역 밖 밭농업에 이용된 농지 등이다. 대상 면적의 유형별, 구간별 직불금 단가가 [표 13-2]에 나타나 있다. 진흥지역을 비진흥지

표 13-2 면적직접지불의 유형별·구간별 직불금 지급단가

(단위: 만원/ha)

		2ha 이하	2ha 초과~6ha 이하	6ha 초과
진흥지역 (논·밭)		205	197	189
비진흥 지역	논	178	170	162
	밭	134	117	100

출처: 농림축산식품부 고시 제2020-37호(2020.5. 8) 제2조.

8 2024년 현재 농가당 소농직불금 지급단가는 120만 원이다(시행령 제8조 1항).

역보다 우대하고, 같은 비진흥지역이라면 논을 밭보다 우대하는 지급단가 구조이다. 면적직접지불의 지불액은 기본적으로 해당 면적에 지급단가를 곱하여 산정하되, 지급 상한을 정하여(농업인 30ha, 농업법인 50ha) 지급을 제한하고 있다.

기본형 직접지불은 농가 소득지원을 주 목적으로 하고 있는 만큼 형평성을 고려하여 소득 불균형을 완화하도록 설계되어 있다. 면적직접지불은 [표 13-2]에서 보듯이 역진적 지급단가를 적용하고 있고, 0.5ha 미만의 소농들에게는 일괄적으로 정액을 지급하며, 지급 상한을 설정한 것 등은 모두 공익직불제를 통하여 소득재분배 효과를 거두고자 하는 것이다. 기본형 직접지불은 농가소득 안정이 주 목적이지만 동시에 농업의 공익기능 증진을 위해 지불을 농가의 상호준수의무와 연계하고 있다. 예를 들면, 농약이나 화학비료 사용기준을 위반할 경우에는 직불금을 감액하는 등의 규제조치를 통해 공익기능 증진에 기여하는 제도적 장치를 두고 있다.

4.3 선택형 공익직불

선택형 공익직불제는 친환경농업직불제, 친환경안전축산물직불제, 경관보전직불제, 논활용직불제 등 4개 유형으로 나뉜다(법 제21조~22조, 시행령 제20조~50조). 논활용직불제를 제외한 나머지 3개 직불제는 과거 독립적으로 운영되다 2020년 직불제 개편으로 공익직불제의 선택형으로 통합되었다. 이들에 대해서는 제11장에서 이미 설명이 되었지만, 간략히 다시 살펴본다.

친환경농업직불제는 친환경농업의 활성화를 도모하고 환경보전 등 농업의 공익기능을 증진하기 위해 친환경농업을 실천하는 농업인에게 직불금을 지급한다. 친환경농업은 농약이나 화학비료 등 유해 화학물질의 투입을 줄여 생산활동을 하는 농업으로 식품 안전성을 제고하고 농업환경을 보전하는 데 기여한다. 지급단가는 지급대상 농산물에 대하여 인증기준을 준수하여 생산할 경우 발생하는 소득의 감소분 등을 고려하여 정한다. 지불액은 지급단가에 친환경농업 이행면적을 곱하여 산출한다.

친환경안전축산물직불제는 친환경축산업의 정착을 도모하기 위해 친환경안전축산물을 생산하는 농업인에게 지급한다. 해썹(HACCP)[9] 농장 인증이나 친환경축산물 인증을 받은 농가들의 친환경축산물 생산을 장려하기 위한 직불제이다. 축산물 생산과정에서 축사 환경개선, 가축분뇨나 폐기물의 적정한 처리 등으로 친환경축산을 촉진할 수 있다. 지급단가는 지급대상 축산물에 대하여 인증기준을 준수하여 생산할 경우 발생하는 소득 감소분이나 비용 상승분을 고려하여 정한다. 지불액은 지급단가에 친환경축산물의 생산량을 곱하여 산출한다.

경관보전직불제는 농촌 지역의 경관을 형성·유지·개선하기 위해 경관작물을 재배·관리하는 농업인 등에게 지급한다. 경관작물이란 초화류(草花類)로서 경관을 형성·유지·개선하기 위한 목적으로 재배하는 작물이다. 지급대상 농지는 농지 및 초지이다. 지급단가는 경관작물의 재배·관리에 따른 추가 발생 비용 또는 소득의 감소분 등을 고려하여 정한다. 지불액은 지급단가에 대상 농지면적을 곱하여 산정한다.

논활용직불제는 식량자급률의 향상과 농산물의 품목별 수급 안정을 위해 논활용 작물을 재배하여 논을 활용·관리하는 농업인에게 직불금을 지급하는 제도이다. 논에서 식량자급률이 낮은 작물을 생산하도록 유도하여 식량자급률과 논 활용도의 증진을 도모한다. 논활용 작물이란 논에서 재배하는 쌀 외의 밀, 보리 등 농림축산식품부장관이 정하는 작물이다. 지불액은 면적당 지급단가에 지급대상 농지의 면적을 곱하여 산정한다.[10]

제5절 생산자의 책임과 의무

5.1 상호준수의무

공익직불제는 공익기능 증진과 농가의 소득안정이라는 두 목적을 위해 정부재정

9 해썹(HACCP: Hazard Analysis and Critical Control Point)은 식품 및 축산물의 원료 생산 단계부터 최종 소비자 단계에 이르는 전 과정에서 인체에 영향을 주는 각종 위해요소로 인한 오염을 방지하기 위한 식품위생 관리 시스템이다.

10 논활용직불제는 2023년부터 전략작물직불제로 명칭이 변경되었다.

으로부터 생산자로 소득을 이전시키는 정책이다. 문제는 이 소득 이전으로 어떻게 공익기능을 효과적, 효율적으로 증진시킬 것인가이다. 직불금 지급으로 생산 농가의 소득은 늘어나겠지만, 또 다른 중요 목적인 공익기능이 자동으로 증진되는 것은 아니다. 직불금을 받는다고 농가들이 선의로 다양한 공익기능 증진 노력을 기울인다고 기대하는 것은 비현실적이다. 직불금 지급이 바로 농업·농촌의 공익기능 증진으로 이어지는 직접적 인센티브가 되지는 못한다는 의미이다. 그래서 필요한 조치가 농가들에게 상응하는 의무준수 조건을 부과하는 것이다. 직불금의 재원은 국민 세금으로 조성한 국가의 재정이기 때문에 이에 상응하는, 즉 국민의 편익 증진을 위한 책임과 의무를 수혜 농가들에게 요구할 수 있다. 공익의 증진을 담보하기 위해 상응하는 의무를 이행하지 않으면 지불금의 감액 등 규제와 벌칙이 가해진다. 그런 의미에서 직불금 지원은 단순 시혜가 아니라 조건부 지불인 셈이다.

농업은 긍정적 외부효과뿐 아니라 동시에 부정적 외부효과도 생기는데 그만큼 공익기능의 효과가 상쇄된다. 부정적 외부효과가 매우 심해지면 농업의 공익기능은 사라지거나 혹은 마이너스가 되어 공해를 일으킬 수도 있다. 공익기능을 증진하기 위해서는 긍정적 외부효과를 강화하는 것뿐 아니라 부정적 외부효과를 줄임으로써 가능하다. 따라서 직불금을 지급하면서 긍정적 외부효과가 최대한 발현되도록 유도하고 동시에 부정적 외부효과를 유발하는 행위를 억제하도록 생산 농가들에게 의무를 부과하고 있다. 그리고 이 의무 이행을 직불금 지급과 연계시킴으로써 그 효과를 담보하고 있다. 이를 상호준수의무(cross compliance)[11]라 부른다.

상호준수의무는 공익기능 서비스를 공급하는 생산자와 그로부터 편익을 얻는 국민(주민) 양 주체 간 상호 지켜야 할 책임과 의무이다. 국민이나 주민은 재정부담의 의무, 생산 농가는 공익기능이 최대한 발현될 수 있도록 노력해야 하는 의무로 동시적·쌍무적 준수 의무이다. 생산 농가의 이 의무는 긍정적 외부효과가 촉진되

11 일찍부터 직불제를 시행했던 미국과 유럽에서 사용해온 'cross compliance'를 우리나라에서는 상호준수(의무), 교차준수(의무) 등으로 번역·사용하고 있다. 담세자는 직불제에 소요되는 재정자금을 부담해야 하는 의무가 있다면, 직불금을 받는 생산자는 담세자(국민, 사회)를 위하여 이에 상응하는 환경개선 등 공익기능 증진 의무를 상호 교차적으로(cross) 따라야(comply) 한다는 의미를 담고 있다. 국민의 부담으로 직불금을 받고 있으니 국민(사회, 공익)을 위해 생산자도 그에 상응하는 책임을 다해야 한다는 의미이다.

도록 하는 의무와 부정적 외부효과를 억제해야 하는 양 방향의 의무가 모두 포함된다. 따라서 직불금은 시혜적 성격의 농가소득 지원이 아니라 공익서비스(사회적 편익)를 증진한 데 대한 대가이다. 즉, 상호준수의무는 생산자에 대한 정부 재정지원의 정당성을 부여하는 조건인 것이다. 이렇게 조건부 지불로 이해할 때 생산자가 의무를 준수하지 않을 경우 상응하는 규제나 벌칙을 부과할 수 있다. 이 의무를 준수하지 않을 때에는 직불금 지급의 명분이 사라지기 때문에 직불금을 줄이거나 중단할 수 있다. 부정한 방법으로 직불금을 수령하는 등의 행위에 대해서는 형사벌을 부과할 수도 있다(제43조).

부정적 외부효과를 줄이는 데 재정지원을 하는 것은 오염자부담원칙에 반한다는 데서 그 타당성에 대한 의문이 제기될 수 있다. 제9장에서 우리는 환경오염 문제 해결을 위한 조치의 시행에서 오염자부담원칙과 수혜자부담원칙은 효율성 관점에서 차이가 없다는 사실을 살펴보았다. 즉, 환경세든 보조금이든 생산자가 오염물질 방출을 사회적 최적(적정) 수준으로 조정하도록 만드는 데는 차이가 없다. 농업의 공익기능과 관련해서도 직불금 지급으로 농가들이 부정적 외부효과를 적정 수준으로 줄이는 노력을 하도록 유도할 수 있다면 같은 맥락으로 이해될 수 있을 것이다.

농업은 자연적 요소를 이용하기 때문에 공익기능을 수행하지만, 동시에 그렇기 때문에 자연과 환경(토지, 물 등)을 훼손하고 자연자원을 고갈시키기도 한다. 속성상 순기능과 역기능을 동시에 가질 수밖에 없는 구조이다. 그래서 공익기능 증진을 위한 직불제 시행에서는 상호준수의무 조건이 매우 중요하다. 의무준수 기준을 강화하고 엄정하게 집행하여 역기능을 최소화하는 정책적 운용이 필요하다. 특히, 우리처럼 공익직불제를 법제화하여 시행하는 나라에서는 더더욱 엄격히 적용해야 한다.

5.2 법령상의 상호준수의무

공익직불제법은 농업·농촌의 공익기능 증진을 위해 직불금을 받는 생산자가

준수해야 할 의무사항과 관련한 벌칙 규정을 두고 있다. 법률(제12조)은 기본형 직접지불의 수혜를 위해 생산 농가들이 준수해야 할 의무사항을 다음과 같이 네 가지 유형으로 규정하고 세부적인 내용은 시행령(제12조~15조)에서 정하고 있다.

① 농지의 형상(形狀) 및 기능을 유지할 것,

② 농약 및 화학비료를 대통령령이 정하는 기준에 따라 사용할 것,

③ 농업·농촌 공익기능 증진 관련 교육을 이수할 것,

④ 기타 식량의 안정적 공급, 국토환경 및 자연경관의 보전, 생태계의 보전, 농촌사회의 고유한 전통과 문화의 보전 등을 위하여 대통령령이 정하는 사항을 이행할 것.

이 준수사항들은 농업기본법(제3조)이 정하는 여섯 가지 농업·농촌의 공익기능을 증진하기 위한 의무이다. 여섯 가지 공익기능 중 수자원 형성과 함양, 토양 유실 및 홍수의 방지 기능은 첫 번째 농지의 형상 및 기능 유지 의무를 통해 달성 가능하고, 나머지 네 가지 공익기능은 ②항과 ④항의 의무 준수를 통해 이룰 수 있다. 공익직불제법은 공익기능 증진을 위해 직불금을 지급하는 조건으로 공익기능과 농가의 준수 의무를 상호 매칭시켜 놓은 것이다.

법률은 또 직불금을 수령하는 생산 농가들이 이들 준수 의무를 위반한 경우의 제재조치에 대하여 규정하고 있다. 생산자가 의무를 위반할 경우에는 직불금을 감액하거나 등록을 제한하도록 했다(제19조). 이때 의무 위반 유형별 구체적인 제재 내용에 대해서는 시행령(별표 4)에서 상세히 정하고 있다. 의무 위반의 정도에 따라 직불금을 감액하거나 지급하지 않도록 했다. 예를 들면, 농지의 형상 및 기능을 유지하지 않을 경우에는 해당 농지에 대하여 직불금을 지급하지 않는다. 농약이나 화학비료 사용기준을 위반할 경우에는 1차 위반시 10%, 2차 위반시 20%, 3차 이상 위반시 40%를 감액한다. 교육의무를 위반할 경우와 위 ④항과 관련한 의무를 위반할 경우에도 위반 횟수에 따른 동일한 제재를 가하도록 했다. 나아가 의무 위반자가 이미 수령한 직불금에 대해서는 부당이득금 환수 및 가산금 징수 규정을 두고 있고(제20조), 부정한 방법으로 직불금을 신청하거나 수령한 경우에는 형사

처벌[12] 대상이 되도록 규정하고 있다(제43조).

법률 제12조가 정하는 농가의 준수의무는 기본형 직불제에만 적용된다. 기본형 직접지불은 소득안정을 위해 모든 생산 농가를 대상으로 지급하기 때문에 직불금 지원을 상호준수의무와 직접 연계하고 있다. 하지만 선택형 직불제의 경우는 성격이 다르다. 이 중 친환경농업직불제, 친환경안전축산물직불제, 그리고 경관보전직불제는 각각 해당 요건을 충족하는 농가들을 대상으로 지불하기 때문에 별도의 준수의무가 필요 없다. 농가들이 법령에 규정된 친환경농업이나 친환경축산을 이행하고 또는 경관작물을 재배하는 등의 행위를 하면 그것이 바로 공익기능 증진이고 직불금 지급의 근거가 된다. 친환경농업직불제와 친환경안전축산물직불제는 부정적 외부효과를 억제하는 데 대한 직불금 지급임에 반해, 경관보전직불제는 긍정적 외부효과를 촉진하는 데 대한 지급이다. 또 논활용직불제는 논에 지정 품목을 재배함으로써 농지 기반을 유지하고 식량안보를 제고함으로써 공익기능을 증진하는 데 대한 보상으로 지급하는 것이다. 따라서 선택형 직불제는 어느 경우에나 별도의 상호준수의무는 제도의 성격상 있을 수 없다.[13]

제6절 공익직불제에 대한 평가

6.1 공익기능 증진의 실효성 문제

법률이 정하는 현행 공익직불제의 목적은 공익기능 증진과 농업인 소득안정 두 가지다. 법 규정 형식이나 법률 명칭 그리고 입법 의도로 보면 이 중에서도 공익기능 증진이 더 중요한 목적으로 이해되거나, 아니면 적어도 두 목적은 동등한 비중의 가치와 중요도를 갖고 있다고 보여진다.

12 이 위반 행위를 한 자는 1년 이하의 징역 또는 1천만 원 이하의 벌금에 처해진다(법률 제43조).

13 기본형과 선택형 간 직불금 지급의 중복 문제는 발생할 수 있다. 친환경농업직불제, 경관보전직불제, 논활용직불제 모두 농지를 기반으로 하기 때문에 면적을 기준으로 지급하는 기본형 면적직불도 수령하게 된다.

그런데 실제는 공익기능 증진은 뒷전이고 농가에 대한 소득지원에 중점을 둔 사실상의 소득보전직불제처럼 운영해 왔다. 수혜자인 농가들도 공익기능의 증진보다는 소득 증대를 위해 시행하는 것으로 인식하고 있는 게 현실이다. 농가들을 대상으로 한 여론조사 결과 이 제도에 대한 만족도가 매우 높게 나오는 것은 소득증가에 대한 기여도가 높기 때문이다. 이를 두고 제도 자체를 성공한 것으로 정부는 자평하고 있다. 하지만 정작 농업기본법이 정하고 있는 여섯 가지의 공익기능이 이 공익직불제 시행으로 어느 정도 증진되었는지에 대한 얘기는 없다. 이런 여론조사 결과를 놓고 공익직불제를 성공한 정책으로 평가할 수는 없다. 농민의 만족도가 높다고 해서 공익직불제가 성공했다고 평가할 수 없는 것은 이 직불제의 주요 목적이 식량안보 제고를 포함한 공익기능 증진에 두고 있기 때문이다. 농가의 평가는 자신들 소득증가에 대한 만족도의 표현일 뿐이다. 공익직불제이기 때문에 무엇보다 공공의 이익이 증대되어야 하고, 농민이 아닌 국민이 높이 평가해야만 성공한 정책이라 말할 수 있다.

농업기본법은 첫 번째 공익기능으로 식량의 안정적 공급, 즉 식량안보의 제고를 명시하고 있다. 하지만 쌀직불제 같은 품목 직불제가 폐지된 현행 공익직불제 중심 체제는 미래 식량의 안정적 공급을 담보하기 어렵다. 식량안보를 제1의 공익기능으로 규정하고 있으면서 정작 이를 위한 제도적 장치는 제대로 갖추지 못했다. 현행 공익직불제 중심 직불제 체제가 안고 있는 자기모순을 드러낸 것이다. 이런 문제가 해결되지 않는 한 식량자급률 OECD 최하위 수준을 면하지 못하고, 세계시장의 불확실성 요인들이 상존하는 상황에서 우리는 식량안보 문제를 늘 머리에 이고 살아가게 될 것이다.

식량안보 외에도 농업기본법이 정의하는 공익기능은 국토환경 및 자연경관의 보전, 수자원의 형성과 함양 등 다섯 가지 유형이 존재한다. 그러나 농업기본법은 공익기능의 범위를 매우 제한적으로 규정하고 있다는 점은 이미 지적하였다. 이들 공익기능 증진을 위해 기본형 직불제에서는 생산 농가들의 상호준수 의무사항과 위반시 벌칙조항을 두고 있고, 선택형 직불제를 통해서는 별도로 공익기능 증진을 위한 지불 요건과 기준을 규정하고 있다. 그러나 현행 제도하에서 농업·농촌의 공익기능이 얼마나 효과적으로 발현되어 농업기본법이 농정목표로 천명하고 있는 미래 지속 가능한 농업·농촌 발전을 기대할 수 있는지 의문이다. 지금의 한국 농업·농촌의 현실을 보면 매우 회의적일 수밖에 없다. 제도를 더욱 실효적으로 강화·정비하고 엄정한 집행을 해야 하는 과제를 안고 있다. 무엇보다 농업·농촌의 공익기능 증진에 대한 정부의 인식변화와 강한 정책 의지가 필요하다. 정부가 과거 농업의 경제·산업적 역할에 집중하던 시대의 성장제일주의 농정기조에서 벗어나지 못하는 한 공익기능 증진을 통한 미래 지속 가능한 농업·농촌의 발전은 이룰 수 없을 것이다.

6.2 농가소득 안정과 형평성 문제

공익직불제의 또 다른 목적은 생산 농가의 소득 안정이다. 조사 결과 농가들의 만족도가 높게 나타나듯이 공익직불제 시행으로 농가소득 향상에 도움이 된 것은 사실일 것이다. 그럼에도 여전히 60%까지 추락한 도·농 간 소득격차는 줄어들지 않고 있다. 새 직불제 체제가 들어선 후 2023년 기준 직불제 예산은 2조 7,735억 원으로 농업 예산에서 차지하는 비중은 16%에 불과하다. EU나 스위스 등 선진 외국들에 비해 현저히 떨어지는 것은 물론, 농가소득 안정화 목적을 제대로 달성하기 위해서도 턱없이 부족하다. 공익기능 증진을 위한 농가의 준수 의무를 강화하기 위해서라도 그에 상응하는 소득지원은 강화되어야 한다. 농가소득 수준이 높아질수록 농업·농촌의 공익기능 서비스에 의한 사회적 편익은 더욱 증진되고 국민 행복지수에도 긍정적 영향을 미칠 것이다. 도·농 간, 농업과 비농업 간 소득 불평등을 완화하기 위해서도 현재의 수준은 많이 부족하다. 농가소득 중에서 농업소득이 차지하는 비중이 낮아지는 상황에서는 더욱 문제이다. 미래 직불제 중심 농정체제로의 전환을 고려할 때에도 현재의 직불제 예산 비중은 너무 낮은 수준이다.

직불제는 정부 예산을 재원으로 하는 지원정책이므로 형평성 제고를 위해 소득재분배 효과가 실질적으로 나타나도록 설계되고 집행되어야 한다. 공익직불제법 제1조(목적)가 정하는 소득안정에는 농가의 평균적 소득수준 향상은 물론 농업부문 내의 소득 불평등 완화까지 포함한다. 이 직불제를 통해 대농과 중·소농 간의 소득 불평등 구조를 개선하고 농업 내의 양극화를 완화하는 데 기여할 수 있어야 한다. 현재 기본형 면적직접지불에 역진적 방식의 직불단가를 규정하고 있으나 그 실효성은 크게 떨어진다. 우리는 이 문제를 다음 장에서 상세히 논의할 것이다.

6.3 시장지향성 문제

쌀직불제(변동)가 폐지되고 공익직불제 중심 체제로 개편되면서 한국의 직불제는 국제 기준에 부합하는 시장 지향적 시스템으로 전환되었다고 평가할 수 있다. 선택형 공익직불제에는 생산에 영향을 미치는 전략작물직불제(논활용직불제)가 있긴 하지만, 전반적으로 농업협정의 디커플링 요건을 갖추게 되었다. 그러나 이 같은 새로운 직불제 체제에서도 정부는 여전히 시장격리라는 이름으로 쌀 수매조치를 시행하면서 시장간섭을 반복하고 있다. 과잉생산과 가격하락 문제가 계속되고 있기 때문이다. 이는 직불제 개편이 제대로 되지 않았다는 증거이다. 그럴 바에는 쌀직불제를 폐지하지 말았어야 했다.

한편, 이 문제와 관련하여 품목 직불제를 사실상 폐지한 현 제도하에서 식량안보를 어떻게 확보해 나갈지 의문이다. 시장지향적 농정개혁을 위해 공익직불제 중심 체제로 개편했지만, 제1의 공익기능인 식량안보를 확보하는 문제가 제기될 수밖에 없다. 제도 개편 후에도 시장격리 조치 같은 자기 모순적 정책을 여전히 반복하고 있다는 것은 현 제도의 불완전성을 보여주고 있는 것이다. 시장지향성과 식량안보 공익가치 실현을 조화하기 위해서는 공익직불제를 포함한 현행 직불제 체제를 큰 틀에서 재검토할 필요가 있다. 다음 장에서 이 문제에 대해 상세히 논의한다.

6.4 국민 인식의 문제

사람들은 농업이 어떻게 공익기능을 하고 어떻게 공공의 이익 증진에 기여하여 자신들에게 혜택이 돌아오는지 잘 이해하지 못한다. 대부분은 농업의 공익기능이나 다원기능의 개념조차 잘 모르는 게 현실이다. 한국농촌경제연구원의 2024년 농업·농촌 국민의식 조사 결과에 의하면 도시인의 94.7%가 농업·농촌 공익기능의 가치에 대하여 긍정적으로 생각하고 있다. 그러나 그 공익기능 증진을 추진하기 위해 세금을 부담할 의향이 있는지의 물음에 대해서는 62.3%만 찬성이다. 이런 다소 모순된 입장을 보이는 것도 공익기능을 막연히 이해하고 있을 뿐 구체적으로 그것이 무엇이고 자신의 삶과 사회에 어떤 영향을 미치는지 잘 모르기 때문일 것이다. 정작 공익직불제의 정책비용을 부담하고 있는 국민의 인식이 아직은 부족하다는 의미다. 그러니 예산 확보나 증액에도 한계가 있을 수밖에 없다. 인식 부족의 문제는 정책 담당자들도 크게 다르지 않다. 농업기본법이 지속 가능한 농업·농촌 발전을 농정목표로 규정해 놓은 지가 오래인데도 정부의 성장지상주의 농정기조는 과거에 그대로 머물러 있다. 이런 상황에서 공익직불제의 성공을 기대하기는 어렵다.

막연히 농업·농촌의 공익기능이 중요하다는 추상적이고 구름 잡는 식의 설명으로는 인식변화를 가져올 수 없다. 농업의 다원(공익)기능과 그 정책수단으로서의 직접지불에 대한 정밀한 이론체계의 구축과 이를 토대로 한 적극적인 교육·홍보를 통해 국민의 이해를 제고해야 한다. 공익직불금 수혜자인 농가들조차도 대부분 공익직불제가 농가소득 증대를 목적으로 하는 제도로만 알고 있다. 공익직불제 성공 여부의 상당 부분은 충분한 예산 확보에 달려있다. 정부는 물론 담세자로서의 국민의 이해와 인식 제고는 그래서 중요하다.

또한 법이 규정하는 목적에 맞게 공익직불제 시행으로 실제 농업·농촌 공익기능이 얼마나 증진되었는지에 대한 객관적인 평가작업이 필요하다. 농민들의 만족도가 아니라 세금을 부담하고 공익기능 서비스 혜택을 받는 국민의 평가가 중요하다. 농업기본법이 정하는 공익기능별로 평가지표(예: 식량안보지수, 농촌경관지수)

를 개발하여 국민을 대상으로 공익기능 증진의 정도를 추정하고, 이를 토대로 종합 평가지표(예: 농업·농촌공익가치종합지수)를 추정하는 것이다. 이런 평가작업이 동시에 진행될 때 생산 농가는 물론 국민들의 농업의 다원기능, 공익기능에 대한 인식도 높아지고 공익직불제가 성공할 수 있을 것이다.

제14장
공익직불제의 미래와 품목정책

농업기본법이 지향하고 있는 농업·농촌의 지속 가능한 발전을 위해 공익직불제의 역할은 매우 중요하다. 본 장에서는 미래 공익직불제가 나아갈 방향에 대하여 논의한다. 공익기능 강화 문제, 농가소득 안정화를 위한 소득재분배 문제, 그리고 식량안보 제고를 위한 품목 특정적 직불제 도입 문제를 집중 살펴본다. 공익직불제를 통한 형평성 제고를 위해 새로운 역진형 지급단가 모형을 모색해 보고, 농업의 공익기능과 소득재분배 관계를 논의한다. 그리고 현행 공익직불제 중심의 시장 지향적 직불제 체제에서 식량안보 제고와 농가소득 안정화를 위한 품목 직불제 문제를 살펴본다. 과거 쌀직불제와 달리 WTO 정합성(整合性)을 고려한 새로운 유형의 품목 특정적 직불제 모형을 모색해 본다.

제14장

공익직불제의 미래와 품목정책

제1절 공익직불제의 미래 방향

국내의 농정기조는 세계적 추세에 따라 느리지만 직불제 중심 농정으로 전환돼 가고 있다. 현행 공익직불제 중심의 직불제 체제는 지속 가능한 농업발전 시대에 부응할 수 있는 미래 지향적인 내용과 체제를 갖추어야 한다. 식량안보를 포함한 농업·농촌의 공익기능을 효율적·효과적으로 증진시킬 수 있어야 하고, 농가의 소득안정 장치 역할도 충실히 해야 한다. 우리는 앞 장에서 이런 관점에서 현행 공익직불제의 문제를 평가해 보았다. 본 장에서는 핵심적 논점 중심으로 앞으로의 발전 방향을 모색해 본다.

1.1 공익기능의 강화

농업기본법 제1조는 농업·농촌의 지속 가능한 발전, 안전 농산물의 안정적 공급, 그리고 농가소득과 삶의 질 향상을 농정목표로 규정하고 있다. 이어서 제2조기본이념 조항에서는 제1조가 정하는 목적을 실현하기 위해 농업은 경제적 기능뿐 아니라 공익적 기능을 수행하는 국가의 기간산업임을 규정하고 있다. 이 농업기본법의 목적과 기본이념 규정은 결국 미래 지속 가능한 농업·농촌 발전을 향한 공익 기능의 중요성을 말해주고 있는 것이다. 그렇다면 현행 공익직불제 중심의 국가 직불제 체제는 어떤 방향으로 어떻게 변화·발전해 나가야 하는가?

무엇보다 직불제를 통해 식량안보 공익기능을 강화해 나갈 수 있어야 한다. 튼실한 식량안보 기능을 수행하지 못하는 농업이 지속가능할 수 없고, 식량안보가 뒷받침되지 않고 지속 가능한 국가 발전을 기대할 수 없다. 국가적 식량안보를 공고히 하기 위해서는 일정 수준의 농업기반을 유지하면서 식량을 장기 안정적으로 공급할 수 있어야 한다. 우리나라의 경우 지금과 같은 시장개방 상황에서 현행 공익직불제로는 이 문제를 담보할 수 없다. 시장지향성 여부를 떠나 주요 품목에 대해서는 미국이 CCP/PLC를 시행하고 있는 것처럼 별도의 품목 특정적 직불제를 시행할 필요가 있다.

쌀직불제(변동)의 폐지로 품목정책으로서의 직불제가 모두 사라진 현행 공익직불제 체제는 결국 EU 방식의 단일지불제(SPS)와 유사해졌다. 그러면서도 쌀에 대해서는 여전히 시장격리 같은 추가적인 시장간섭 조치가 시행되고 있고, 생산에 직접 영향을 주는 전략작물직불제도 선택형 공익직불제로 도입되었다. 우리나라 농업이 그런 방식의 직불제에 무리 없이 적응할 정도로 경쟁력을 갖추거나 성숙되지 않았다는 반증이다. 이럴 바에는 품목 특정적 직불제 도입을 검토해야 한다. EU 주요 국가들의 식량자급률은 대부분 100% 이상인데, 우리의 농업 현실에서 이런 EU 모델로 가는 것은 국가 식량안보 측면에서 위험이 크다. 직불제 중심 농정과 농업의 다원기능을 지향하는 기본정책 방향은 EU 모델로 가되, 식량안보에 직접 영향을 미치는 주요 품목들에 대해서는 미국식의 CCP 같은 품목 직불제를 부분적으로 시행하는 절충형 모델의 도입이 필요하다. 이 문제에 대해서는 제3절에서 상세히 고찰한다.

농업기본법이 농업·농촌의 지속 가능한 발전을 농정목표로 규정하고 있고 공익직불제법이 시행되고 있음에도 우리의 농업·농촌 현실은 여전히 이상과는 괴리가 매우 크다. 농업은 오히려 자연과 환경, 생태계를 훼손하고 위협하는 산업으로, 혹은 기후변화에 일조하는 산업으로 비판을 받아오고 있다. 농산물 시장개방이 확대되면서 더욱 수출 주도적 성장 지향 농정에 매몰돼온 결과이다. 화학비료와 농약의 과다 투입, 비닐하우스 같은 시설재배의 무분별한 확산과 이에 따른 화석연료의 과다 사용, 적정 환경 부하를 초과하는 축산업의 육성으로 인한 환경오염 등으로 농촌경관이 훼손되고, 자연과 환경, 생태계 파괴를 초래하고 있다.

이런 현실 속에서 농업기본법이 추구하는 농업·농촌의 공익기능, 공익가치를 말할 수 없다. 국제사회는 한국을 공식 선진국으로 인정했지만, 그 위상과 국격에 맞지 않는 관행이 계속되고 있다. 환경 의식이 높고 이를 위한 직불제를 오래 전부터 시행하고 있는 유럽 선진국이나 북미에서도 공익직불제라는 용어는 사용하지 않는다. 우리는 '공익'이란 용어를 명시적으로 법에 규정하면서까지 강조하면서도 반자연, 반환경, 반생태적인 영농방법이 확산하고 거기에 직불금까지 지급하고 있다. 농업기본법의 정신은 아랑곳하지 않고 국가의 농정기조가 과거 그대로 성장제일주의를 향하고 있기 때문이다.

1인당 소득이 35,000 달러를 넘어서고 여가와 문화, 환경, 생태에 대한 국민적 수요가 늘어나면서 앞으로 농업의 공익기능에 대한 기대는 커질 것이다. 동시에 과학·기술의 발달과 함께 자연, 환경, 생태에 대한 새로운 위험 요소도 생기면서 미래 첨단기술과 농업의 조화를 어떻게 모색할 것인가도 과제이다. 유럽 선진국 수준으로 농업·농촌의 공익기능을 제고해 나가야 한다. 환경과 생태계를 보전하고 농촌의 아름다운 자연경관을 유지하며, 농업을 통해 지구온난화와 기후위기 문제 완화에도 일정 부분 역할을 할 수 있도록 공익직불제가 운영되어야 한다.

엄격한 상호준수의무가 이행되도록 제도적 정비가 필요하다. 상호준수의무 기준을 대폭 강화하여 엄정한 집행을 하고 위반시의 벌칙을 강화하여 농업·농촌의 공익기능이 최대한 발현되도록 해야 한다. 상한선을 정해놓긴 했지만, 형평성 문제에도 불구하고 수십 ha를 경영하는 대농, 부농들에게도 직불금을 지급하는 이유는 농업의 공익기능 증진 목적 때문이다. 농가의 준수 의무를 강화하고 이를 철저히 그리고 엄정히 집행해야 한다. 중·소농들에게도 마찬가지다. 소득을 지원하는 대신 상호준수의무는 철저히 이행하도록 해야 한다. 상호준수의무의 이행은 공익직불제의 성패를 가르는 핵심 요소이다. 이 의무 이행을 통하여 농업은 사회가 요구하는 최적의 공공재 서비스를 공급할 수 있어야 한다.

나아가 농업의 공익기능 제고를 유도하기 위해 직불제의 인센티브 역할을 활용하여야 한다. 자연경관과 환경, 생태계를 해치고 지구온난화에 악영향을 미치는 비닐하우스나 유리온실 등 시설재배에 대해서는 총량제(면적) 및 거래제를 도입하여야 한다. 전국의 경지면적과 환경 부하 정도 등을 고려하여 비닐하우스 재배면적 총량을 정하고 이 범위 내에서 거래제를 시행하는 것이다. 그리고 이를 초과하는 비닐하우스 영농 면적에 대해서는 직불금 지급 대상에서 제외하여야 한다. 농촌의 영농형 태양광 발전시설 역시 농지 훼손과 오염은 물론 환경과 생태계를 파괴하고 경관을 해치는 등 역기능이 심각하다. 공익직불제법을 시행하고 있는 나라로서는 마땅히 규제해야 한다. 농업기본법의 정신과 공익직불제 시행을 무색케 하는 이런 태양광 발전 영농에 대해서는 직불제 대상에서 제외하거나 제한을 두어야 한다. 생산성 향상이란 미명하에 과수나무 형체를 알아볼 수 없을 정도로 강제로 기형으로 만들어 변형시키는 행위도 공익직불제를 통해 규제해야 한다. 생산성 향상 이익과 공익기능 훼손에 따른 손실을 비교하여 후자가 클 경우에는 동물복지와 같이 식물복지(plant welfare) 또는 식물보호 차원에서 직불제 지급 대상에서 제외하거나 감액하여야 한다. 이건 벌을 주어야지 상을 주어야 할 행위는 아니다.

농촌 마을과 지역의 공익기능도 직불제를 통해 강화하여야 한다. 2024년부터 「농촌공간 재구조화 및 재생지원에 관한 법률」이 시행되고 있다. 이 법(제1조)은 그 목적을 다음과 같이 규정하고 있다. “농촌의 난개발과 지역소멸 위기 등에 대응하여 농촌공간의 재구조화와 재생지원에 필요한 사항을 규정함으로써 삶터·일터·쉼터로서의 농촌다움을 회복하고 국토의 균형발전에 기여하는 것을 목적으로 한다.” 결국 농촌다움을 회복하는 것, 다시 말하면 농촌의 공익기능을 회복하는 것이

이 법 제정 취지의 핵심이다. 그 동안 우리의 농촌 현실은 전혀 그렇지 못했다. 농촌의 공익기능이 최대한 발현될 수 있도록 이 법과 공익직불제를 연계할 수 있는 방안을 모색하여야 한다.

이제 농업·농촌을 본연의 자연·환경·생태 친화적인 모습과 영농방식으로 돌려놓아야 한다. 자연의 요소를 투입하여 생명체를 생산하는 농업의 본질적 속성이 직불제 정책을 통해 충분히 발현될 수 있도록 공익직불제가 재정비되고 운영되어야 한다. 궁극적으로는 이를 통해 농업기본법이 천명하고 있는 지속 가능한 농업·농촌의 발전으로 이어질 수 있어야 한다. 또한 국가의 기간 산업으로서 필요한 농업 기반을 유지하고 국민 식량의 장기 안정적 공급을 도모할 수 있어야 한다. 직불제를 중심으로 이 같은 농정목표를 달성할 수 있어야 한다.

1.2 농가소득 안정화와 형평성 제고

다음은 공익직불제법이 정하고 있는 직불제 시행의 두 번째 목적, 농가소득 안정화 문제이다. 농업기본법(제1조)은 농가의 소득과 삶의 질 향상을 농정목표 중 하나로 명시하고 있다. 농업 생산의 주체이고 농촌사회의 핵심 구성원이며 청지기인 농민의 삶이 만족스럽지 않고는 어떤 목적의 농정도 성공적으로 추진할 수 없다. 그런 측면에서 농가소득의 안정화는 매우 중요하다. 농가소득의 안정은 몇 가지 요건이 충족될 때 달성된다. 평균적 소득수준의 향상과 최저소득의 보장, 그리고 형평성 향상이다. 형평성 향상에는 농업과 비농업 간은 물론 농업 내에서의 형평성 제고를 포함한다. 평균적 소득수준 향상을 통해 도·농간이나 농업과 비농업 부문 간의 균형과 형평성을 도모하고, 최저소득을 보장하며 농업 내의 소득 불평등과 양극화 문제도 해결해야 한다. 이렇게 될 때 우리는 농가소득이 안정화되었다고 말할 수 있다.

농가소득은 도시가구 소득의 60% 수준에 머물고 있다. 농가소득 중에서 농업소득이 차지하는 비중이 20% 수준까지 낮아지고, 농산물가격도 침체되어 협상가격차

(鋏狀價格差)가 점점 벌어지고 있는 상황에서 농업소득을 통해 도·농 간 또는 농업과 비농업 간 소득격차를 줄이기는 점점 어려워지고 있다. 더구나 농촌 고령화 현상이 심화되어 농업 부문의 노동생산성도 낮아지고 있다. 도·농 간 소득격차가 더 벌어질 가능성이 잠재해 있다는 의미다. 농업 부문 내에서도 대농과 중·소농 간의 소득격차가 심화하고 있다. 결국 방법은 국가의 재정 수단을 통해 그 갭을 메워주어야 한다. 공익직불제의 형평성 제고 기능을 강화하여 양극화, 소득불평등 문제를 완화해야 한다. 수매제 같은 가격지지 방식은 양극화나 소득불평등을 심화시킨다. 시장가격은 대농, 중·소농을 가리지 않고 모든 농가에게 일률적으로 적용되기 때문이다. 그러나 직불제는 지급할 목표 그룹에 타게팅이 가능하고 설계를 어떻게 하느냐에 따라 소득재분배 효과를 극대화할 수 있는 장점을 갖고 있다. 현행 법령도 기본형 면적직불에 역진적 지급단가를 적용할 수 있는 장치는 갖추고 있다.

직불제를 통해 실효적인 소득재분배가 실현되어야 한다. 농업 내의 소득 불평등 완화는 물론, 도·농 간이나 농업과 비농업 간의 소득 불평등 문제를 직불제를 통하여 해결할 수 있어야 한다. 직불제가 실질적인 소득재분배 장치로서의 역할을 충분히 함으로써 농가소득 안정화에 기여할 수 있어야 한다. 이를 위해서는 충분한 예산이 확보되어야 하고, 농업 예산구조를 직불제 중심으로 개편하여야 한다. 그리고 기본형 공익직불제의 소득재분배 구조를 강화하기 위해 체계화된 새로운 역진적 지급모형의 구축이 필요하다. 이에 대해서는 제2절에서 상세히 고찰한다.

1.3 시장지향성 제고

쌀직불제(변동)를 폐지하고 공익직불제로 개편한 배경에는 농업의 시장기능을 온전히 회복시킨다는 뜻이 전제돼 있다. 농산물의 수급이나 가격 결정은 원칙적으로 모두 시장기능에 맡긴다는 것이다. 이런 전제하에서 농업의 공익기능 증진이나 농가소득 안정화를 위해 국가의 재정 수단을 이용하는 것이다. 직불제 개편을 통해 거의 모든 직불제를 고정형으로 일괄 통합한 것은 이런 이유이다. 그럼에도 불구하고 정부는 쌀가격 하락시 여전히 시장격리란 이름으로 수매조치를 시행하고 있다. 쌀 변동직불제를 폐지하고 공익직불제를 새로 도입한 취지를 무색하게 만들고 있다. 현행 공익직불제하에서 시장격리 같은 강한 가격지지조치를 수시로 시행하는 것은 명백한 자기모순이다.

과거 쌀직불제에서처럼 시장격리라는 이름으로 수시로 시장에 간섭하는 관행을 불식해야 한다. 양곡관리법상의 쌀 매입정책은 공익직불제의 기본 취지에 어긋나는 것으로, 시장왜곡을 심화시키고 재정부담과 사회적 비용만 가중시킬 뿐이다. 공익직불제 하에서 쌀 가격이 하락한다고 해서 다시 가격지지정책을 시행하면 대부분의 이익은 대농, 부농에 귀속되고 양극화는 더욱 심화한다. 시장가격의 상승은 모든 시장 유통 물량에 적용되기 때문이다. 이는 결국 정부재정을 이용하여 대기업을 지원하는 것과 다름없다. 시장지향성에 어긋나는 자기모순적 수매조치가 아니라 공익직불제 내에서 농가소득을 안정화할 수 있는 방안을 찾아야 한다. 이 문제를 우리는 제3절에서 새로운 품목 직불제 모색을 통해 논의하게 될 것이다. 그렇지 않고 현행의 공익직불제에서 쌀 가격이 하락한다는 이유로 수시로 수매조치를 시행하는 잘못된 관행은 반드시 시정되어야 한다.

1.4 직불제 대상의 확대

농업 환경과 시대적 변화에 맞춰 현행 공익직불제는 그 적용대상을 확대·정비해 나가야 한다. 특히 선택형 공익직불제는 현재 네 개 유형의 직불제를 시행하고 있으나 이 밖에도 동·식물복지, 청년농 지원, 식품위생 등을 위해 직불제를 시행할 수 있고, 나아가 기후변화 완화를 위한 직불제나 지속가능 농업 직불제 등 다양한 목적을 위한 직불제를 미래 지향적으로 시행하는 방안을 모색해야 한다. 다만, 이렇게 확대해 나갈 경우 공익과 직접 관련성이 없거나 적은 직불제(예, 청년농 직불제) 도입이 필요할 때에는 공익직불제라는 제약이 따를 수는 있을 것이다. 그런 측면에서는 법률 명칭에서 공익형을 명시적으로 내세울 필요가 있는지의 문제는 있다. 법률 명칭에서 공익증진에 국한하는 듯한 용어는 지양함으로써 미래 정책 선택의 폭을 넓히고 융통성을 기할 필요도 있다.

기후변화 문제에 있어서 농업은 긍정과 부정 두 측면을 모두 갖고 있다. 토양의 탄소저장 기능은 물론 식물의 광합성 작용을 통해 온실가스를 흡수하는 기능이 있는가 하면, 영농 과정에서 다량의 탄소를 배출하기도 한다. 벼를 포함한 각종 곡물들은 물론 과수 등 밭작물들도 이산화탄소를 흡수함으로써 공기 정화와 온실효과를 완화하는 역할을 한다. 동시에 논 농업 과정에서 온실효과가 이산화탄소의 20배에 이르는 메탄을 발생시키기도 한다. 특히 축산분야는 주요 메탄가스 발생원이기도 하다. 농업 부문의 온실가스 배출은 2021년 기준 우리나라 전체 온실가스 배출량의 3.2%를 차지한다. 농업기본법 제47조가 공익기능으로 규정하고 있듯이 농업 부문에서 온실가스 감축을 위한 정책을 적극 시행해야 한다. 현행 공익직불제 체제에서 그 방안을 찾을 수 있을 것이다.[1, 2]

이상에서 핵심 논점을 중심으로 미래 공익직불제 중심 직불제 체제가 나아갈 방향을 살펴보았다. 앞 장에서 언급한 바와 같이 공익기능 증진의 성과를 평가할 수 있는 종합적 평가 시스템의 도입도 필요할 것이다. 이 밖에 직불제 시행을 위해서는 행정 및 거래비용이 많이 소요된다. 정부의 재정지원이므로 각종 행정비용 문제, 부정수급 문제, 상호준수의무 이행 여부 확인 문제 등 관리 감독 비용도 많이 소요된다. 효율적 관리를 위한 농가 경영정보 데이터베이스와 정보화 등 인프라 구축도 필요하다. 이런 문제들이 종합적, 체계적으로 정비될 때 비로소 지속 가능한 농업·농촌 발전을 위한 미래지향적 직불제 중심 농정체제를 갖추게 될 것이다.

---

1 기후변화와 직불제 문제는 별도로 다음 장에서 상세히 고찰한다.

2 과거의 조건불리지역직불제는 현행 공익직불제의 기본형으로 통폐합되었다. 그러나 이 제도의 취지를 고려할 때 다시 독립시키거나 공익직불제 내에서 별도로 차등화할 필요가 있다. 농촌 공동화와 지역소멸 문제가 심화하는 상황에서 비현실적일 수는 있으나, 그렇기 때문에 더욱 농촌 지역사회의 회복과 국토의 균형적 발전을 위해 미래 지향적으로 존치시킬 필요성이 있다.

제2절 공익직불제와 소득재분배

2.1 소득재분배 정책간섭의 중요성

1990년대 중반 농산물 시장개방이 본격화하면서 농업성장의 둔화와 농가당 농업소득의 장기 정체가 시작되었다. 농업소득의 정체는 도·농 간 소득격차를 벌어지게 만든 직접적 원인이 되었다. 여기에 농촌의 고령화와 인구감소 추세가 심화하면서 노동생산성이 둔화하고 상황은 더욱 악화되었다. 도·농 간, 농업과 비농업 간 소득격차가 심화하고 농업 내에서도 대농과 중·소농 간 소득 불평등과 양극화 현상이 깊어졌다. 문제는 여기서 그치지 않는다. 소득의 문제는 농촌사회의 활력 감소와 침체, 나아가 지역소멸 문제로까지 이어지면서 국토의 균형적 발전을 저해하는 등 농업·농촌의 공익기능 증진에도 심각한 문제를 일으키고 있다.

정부는 그 동안 농업성장 정책을 통해 문제를 해결하기 위해 많은 노력과 투자를 해 왔지만 상황은 나아지지 않았다. 도시 가구소득의 60% 수준까지 추락한 도·농 간 소득격차는 줄어들지 않고 농업 부문 내의 소득 불평등도 심화하고 있다. 소득의 불평등은 장기적으로는 자산과 부의 불평등으로 이어진다. 기존의 성장지상주의 농정으로는 농가소득 안정과 소득 불평등 문제 해결에 한계가 있다는 것이 명확히 드러나고 있다. 이제는 직불제 같은 국가 재정 수단을 통한 적극적인 정책간섭이 불가피해졌다. 강화된 직불제를 통해 농가의 소득안정을 기하고 도·농 간 및 농업 내의 소득격차를 완화함으로써 부문 간, 계층 간 형평성을 제고해야 한다. 그리고 이것이 농촌 활력을 되찾고 농업발전으로 이어지는 선순환 구조의 마중물 역할을 할 수 있도록 해야 한다. 직불제에 의한 소득재분배 정책의 중요성이 여기에 있다.

현재 시행되고 있는 기본형 공익직불제의 소농직불이나 면적직불의 역진적 지불단가 방식은 주어진 예산으로 농업 부문 내의 형평성 제고를 위한 소득재분배 방안의 일환이다. 하지만 외형상 소득재분배 방식을 흉내만 냈을 뿐 실효성은 거의 없다. 소득재분배 효과가 강화되도록 새로운 역진 모형을 도입해야 한다. 구조조정을 저해할 수 있다는 비판이 제기될 수는 있지만, 이 문제는 별도의 구조조정직불제로 해결해 나가야 한다. 구조조정은 효율성을 높이기 위한 생산요소의 구조적 변화를 모색하는 조치이기 때문에 양자는 서로 양립할 수 있다. 도·농 간이나 농업과 비농업 간의 형평성 제고를 위해서는 직불제 예산의 대폭적인 확대가 전제되어야 함은 물론이다. 여기서는 농업 부분 내의 형평성 제고에 초점을 맞춰 기본형 공익직불제 중 면적직불의 소득재분배 효과를 중심으로 새로운 역진적 지급모형에 대하여 살펴본다.

2.2 면적직불의 역진적 지급단가

현행 공익직불제의 기본형 면적직불은 역진적 지불단가를 적용함으로써 하후상박(下厚上薄)의 형평성 제고를 시도하고 있지만 실효성은 매우 약하다. [표 13-2]에서 보았듯이 대상 면적의 구간을 세 개로 대분류한 데다 구간 간 지급단가의 차이가 작아 역진적 효과를 제대로 구현하지 못하고 있다.

예를 들어 진흥지역에 각각 2ha 및 6ha의 농경지를 경영하고 있는 A, B 두 농가를 비교해 보자. B 농가의 경영규모는 A 농가의 3배이다. 다른 조건이 동일하다면 농산물 생산으로부터 얻는 소득의 차이가 3배라는 의미이다. 그런데 [표 13-2]에서 보듯이 소농인 A 농가의 ha당 직불금 단가는 대농인 B 농가의 그것보다 겨우 8만 원 더 많아 1.04배에 불과하다. 전체 면적에 대해 두 농가가 받는 직불금 총액 차이는 여전히 영농규모 차이와 거의 같은 2.92배이다.[3] 영농규모에 의한 소득이 3배 차이 나는 상황에서 이런 미미한 직불금 차이를 두고 하후상박의 실질적인 소득재분배 효과를 기대한다는 것은 어불성설이다. 공익직불제가 농가의 소득안정을 목적으로 한다고 규정해 놓았지만, 소득불평등 문제를 해결하지 못하고는 온전한

3 A 농가 직불금: 410만원(205만원 × 2ha), B 농가 직불금: 1,198만원(410만원 + 197만원 × 4ha).

소득안정을 기할 수 없다.

공익직불제의 소득재분배 효과가 미미한 것은 직불금 지급단가의 구간을 너무 넓게 구분한 데다가 구간 간의 단가차이도 매우 작기 때문이다. 뿐만 아니라 2ha와 6ha를 경계로 하여 3개 구간으로 나누고 있지만, 구간 경계선이 왜 2ha, 6ha이어야 하는지에 대한 합리적 근거를 찾을 수도 없다. 구간을 세분화하고 지급단가의 차이를 조정하면 이런 문제는 저절로 사라지고 하후상박의 형평성 원칙을 잘 구현할 수 있다. 문제는 또 있다. 법률은 직불금 상한을 개별 농가의 경우 30ha(법인 50ha)로 정하고 있다. 30ha 이상의 초대형 농가들에게 막대한 재정자금 지원이 과연 필요하며 형평의 원칙에 부합하는지는 매우 회의적이다.[4] 80% 이상을 차지하는 저소득 중·소농들을 위해 30ha 상한을 하향 조정하고 역진적 지급단가 구조도 개선하여야 한다. 30ha 이상의 부농들에게 막대한 재정지원을 하는 것은 경제적으로는 자원 낭비이고 사회적으로는 정의롭지 못한 일이다. 규모의 경제(economy of scale) 측면에서 보더라도 대농일수록 규모의 이익을 얻게 되는데도 불구하고 재정지원을 하는 것은 부당하다. 이런 측면에서도 역진적 지급구조는 크게 강화·개선되어야 한다. 그들에게는 직불금을 지급할 것이 아니라 오염자부담원칙에 따라 생산활동으로 생기는 부정적 외부효과에 대해서는 세금을 부과하는 것이 더 타당할 것이다. 또한 [표 13-2]에 나타나 있듯이 직불금 지급단가는 진흥지역과 비진흥지역, 논과 밭 사이에 단가 차이가 많이 나도록 돼 있다. 이런 차이가 소득재분배 측면에서 타당한 것이지, 어느 정도 합리성을 갖고 있는 것인지도 의문이 아닐 수 없다.

결국 공익직불제법 제1조가 공익기능 증진과 소득안정을 공익직불제의 목적으로 규정하고 있지만, 형평성 제고를 통한 농가의 소득안정이 달성되지 않는 한 공익기능 증진이라는 주 목적의 달성도 어렵다는 얘기다. 나아가 농업기본법이 정하고 있는 농업의 지속 가능한 발전이나 농촌사회의 지속가능성 또한 달성되기 어렵다. 이런 측면에서 공익직불제를 통한 소득불평등 및 양극화 완화는 대단히 중요한

4 어느 농가가 진흥지역에 30ha 이상의 농지를 경영하고 있다면 [표 13-2]의 단가 기준에 의하면 5,734만 원의 직불금을 받게 된다.

정책과제이다. 기본형 면적직불의 역진적 지급단가 방식은 사실상 흉내만 냈을 뿐 그 효과는 전혀 기대할 수 없다. 현행 공익직불제의 소득재분배 기능을 실효적으로 대폭 강화하여야 한다.

2.3 새로운 역진 모형의 모색

현행 면적직불의 역진적 지급구조는 소득재분배 측면에서 실효성이 거의 없기 때문에 새로운 대안이 필요하다. 앞서 언급한 문제점들을 해결할 수 있는 역진적 지급단가 모형이어야 하고, 거래비용을 최소화할 수 있도록 행정적으로 편리하게 시행할 수 있어야 한다.

하후상박 효과가 나타나도록 하기 위해서는 면적이 한 단위 증가하면서 추가되는 직불금, 즉 한계직불이 감소해야 한다. 예를 들어 1ha 미만 100만 원, 1-2ha 90만 원, 2-3ha 70만 원과 같이 동일한 면적이 추가되면서 늘어나는 직불금 단가는 점차 줄어야 한다. 소농일수록 같은 면적당 직불금액이 많아지도록 설계되어야 한다. 다양한 모형을 생각할 수 있겠지만 여기서는 다음과 같은 간단한 모형을 고려해 보자.

$$Y = AX^{\beta} \qquad A > 0,\ 0 < \beta < 1 \tag{14.a}$$

여기서 Y는 직불금 총액이고 X는 대상 면적이다. β는 하후상박의 역진도를 결정하는 계수이다. 이 값이 0에 가까워질수록 역진도가 커져 하후상박 효과가 크게 나타난다. 반대로 이 값이 커질수록 역진도는 작아지는데, 이 값이 1이 되면 완전 비례모형이 되어 공익직불제 이전의 쌀직불제 방식과 동일해진다. 따라서 역진형이 되기 위해 β가 움직일 수 있는 범위는 $0 < \beta < 1$이다. 만일 β의 값이 1이 되는 경우까지 허용한다면 이 모형은 과거의 쌀직불제 같은 비례모형과 새로운 역진형 모형을 모두 설명할 수 있는 모형이 될 것이다. A는 평균 지급단가와 총지급액의 크기를 결정해 주는 계수이다. A값이 커질수록 전반적인 평균 지급단가는 커진

다. 면적이 증가할수록 β의 영향을 많이 받지만, 면적이 작아지면 A값의 영향이 커진다. 면적 X 값이 연속적으로 변한다고 가정하면, 한계직불(dY/dX)과 평균직불(Y/X)은 각각 다음과 같이 표시된다.

$$\frac{dY}{dX} = A\beta X^{\beta-1}, \quad \frac{Y}{X} = AX^{\beta-1} \tag{14.b}$$

$0 < \beta < 1$이므로 한계직불은 평균직불보다 항상 작다. 그리고 두 직불 모두 마이너스 기울기를 갖고 우하향하는 곡선을 그리게 된다. 이는 면적이 작은 소농일수록 한계직불과 평균직불, 즉 지급단가가 커진다는 의미이다. 비례형 직불금 모형의 경우 한계와 평균직불이 모두 일정한 것과 대비된다. 이를 식 (14.b)에 적용하면 비례형의 경우는 $\beta = 1$이므로 한계와 평균직불 모두 일정한 값 A로 같아진다.

여기서 우리는 비례형으로 하든 역진형으로 하든, 아니면 그 밖의 어떤 유형이든 정부의 정책적 판단에 따라 어떤 특정 면적에 대하여 지불하고자 하는 특정의 금액이 있을 것으로 가정해 볼 수 있다. 즉, 정책적으로 이 면적에는 이 정도의 직불금 지급이 적정하다는 기준점이 있을 것이라는 얘기다. 이 기준점을 중심으로 하여 그 이하의 소농들에게는 그보다 더 많은 지급단가가, 그 이상에 대해서는 더 적은 지급단가가 역진적 방법으로 적용되는 방식을 생각할 수 있다. 그 기준이 되는 면적을 X_z라고 하자. 그리고 식 (14.a)의 역진형과 대비되는 비례모형($\beta = 1$)을 $Y = aX$라고 가정해 보자($a > 0$). 이때 기준면적 X_z에서는 비례형이든 역진형이든 모두 동일한 직불금이 지급될 것이므로 두 식으로부터 다음의 관계가 성립한다.[5]

$$X_z = \left(\frac{A}{a}\right)^{\frac{1}{1-\beta}} \tag{14.c}$$

만일 정부가 3ha 농가에게 총직불금 600만 원(지급단가 200만원/ha)을 지불하는 것이 적정하다는 결정을 내렸다고 가정해 보자. 그러면 이때 (14.a) 역진

5 기준면적에서는 $AX_z^{\beta} = aX_z$ 이므로, 이를 X_z에 대하여 풀면 얻을 수 있다.

형 모형이 구체적으로 어떻게 정해지는지 보자. 비례형 $Y = aX$로부터 $X_z = 3$, $a = 200$이 되므로 이를 위의 식 (14.c)에 대입하면 다양한 A값과 β값의 조합 관계를 찾을 수 있다. 여기서 β는 역진도를 결정하는 정책변수로서 외생적으로 정해진다. 만일 $\beta = 0.5$라면 위의 식으로부터 $A = 346.4$만원이 된다. 따라서 역진형과 비례형의 모형은 각각 다음과 같이 정해질 것이다.

$$Y = 346.4X^{0.5}, \qquad Y = 200X \tag{14.d}$$

위의 역진형 모형은 면적이 증가하면서 지불액이 점차 줄어든다. 기준면적 3ha에서는 어느 모형을 적용하든 총지불액은 똑같이 600만 원이 된다. 이 식을 면적 X로 나누어 주면 역진형과 비례형의 평균직불(지불단가)은 각각 다음과 같이 구해진다.

$$\frac{Y}{X} = 346.4\frac{1}{\sqrt{X}}, \qquad \frac{Y}{X} = 200 \tag{14.e}$$

위의 식에서 보듯이 오른쪽 비례형의 지불단가는 200으로 고정이지만, 역진형은 면적이 증가면서 지불단가는 감소한다. 식 (14.e)로부터 $\beta = 0.5$의 역진도가 적용될 때 모든 면적 X값에 대한 지불단가를 구할 수 있다. 앞서 기준면적 $X_z = 3$을 전제로 했기 때문에 이때의 단가는 역진형, 비례형 모두 200으로 같아진다. 그러나 면적이 3ha보다 작아지면 역진형의 지불단가는 200보다 커지는데, 면적이 작아질수록 그 값은 점점 증가한다는 것을 위의 식으로부터 확인할 수 있다. 그리하여 면적이 작아질수록 비례형의 고정된 지불단가 200과의 차이가 점점 더 벌어지는 소득재분배 효과가 나타나게 된다. 반대로 지급 대상 면적이 기준면적 3ha 이상이 되면 역진형의 지불단가는 200 아래로 떨어지고, 면적이 계속 커지면서 그 값은 점점 작아져 소득재분배 효과가 나타나게 된다.

역진도를 더 강하게 만들기 위해서는 β값을 더 작은 값을 취하면 된다. 이것은 정책적 판단의 영역으로 정부가 소득재분배 효과를 강화하려는 목표를 갖고 있다면 더 작은 β값을 사용하면 된다. 여기에 제시된 역진모형은 앞서 언급한 현행 제도의 문제점을 완전히 제거하고 면적의 크기에 상응하는 정확한 역진적 단가모형이 될 수 있다는 점이 중요하다. 대상면적의 구간을 세분하고 위 모형을 이용하여 각 구간에 상응하는 평균직불, 즉 지불단가를 구하여 현행 면적직불제에 적용할 수 있을 것이다. 그렇게 함으로써 농업 내의 소득재분배 효과를 크게 향상시킬 수 있도록 현행 공익직불제를 이론적 토대 위에서 좀 더 합리적으로 운영해야 한다. 구간 설정의 자의성이나 구간 간 단가차이의 불합리성 등에 대한 비판으로부터도 자유로워질 수 있을 것이다.[6]

2.4 소득분배와 농업의 공익기능

소득분배 문제가 농업의 공익기능에 어떤 영향을 미치는지도 정책적 측면에서 매우 중요하다. 통상 소득 불평등과 양극화 현상이 심화하고 소득분배 구조가 악화할수록 농업의 공익기능은 제대로 증진되지 않는 경향을 보인다. 농업과 비농업 간, 도·농 간, 그리고 농업 내의 불평등이 심할수록 농업·농촌의 공익기능 증진은 어려워진다는 얘기다. 형평성 악화가 농업의 공익기능에 미치는 부정적 영향은 공급과 수요 양 측면에서 나타난다.

먼저 공급 측면에서 보자. 저소득 소규모 농가들은 작은 농지에서 더 많은 산출물을 얻기 위해 노력하게 마련이다. 그러자면 농약이나 화학비료를 많이 투입하려는 유혹을 뿌리치기 어렵다. 좁은 경지에서 토지 생산성을 높이기 위해 비닐하우스 같은 시설농업에 의존하려는 경향도 커진다. 저소득 농가들이 많아지고 소득 불평등이 심화할수록 공익기능 증진에 부정적 영향을 미치게 되는 것이다. 또한 농업·농촌의 소득수준이 상대적으로 낮을수록, 즉 도·농 간이나 농업과 비농업 간의 소득 불평등이 심화할수록 이를 극복하기 위해 국가는 농업성장에 매달리는 경향을

6 이 역진 모형의 소득재분배 효과에 대한 구체적인 수치 예시를 포함하여 공익직불제의 소득재분배 문제에 관한 상세한 내용은 이용기(2021)를 참조할 수 있다.

보인다. 한국 농정이 성장지상주의에서 벗어나지 못하는 것도 같은 이유이다. 그러나 그럴수록 경관을 해치고 자연과 환경, 생태계 파괴 등 농업의 공익기능 제고는 멀어진다. 화학비료와 농약 의존도가 높아지고, 집약적 농업 방식과 환경오염이 심한 축산업이 확대되고, 비닐하우스나 유리온실 등 시설형 농업 의존도가 높아진다. 그래서 직불제를 통한 도·농 간, 농업과 비농업 간 형평성 강화가 필요한 것이다.

사회가 아무리 공익기능의 중요성을 강조한다 해도 저소득 농가들에게는 공익기능 증진보다 소득을 늘리는 게 우선이다. 농촌 들녘에 태양광 발전시설이 확산하는 것이나 비닐하우스 시설이 전국 들녘을 뒤덮다시피 하는 것도 무관치 않다. 중국이 세계 제1의 비닐하우스 농업국이라는 점, 그리고 서유럽이나 북미의 선진국들은 비닐하우스 농업을 거의 하지 않는다는 것도 결국은 소득수준과 밀접한 관련성을 갖는다. 선진국 대열에 들어선 우리나라가 중국에 이어 제2의 비닐하우스 천국이 되었다는 것은 아이러니다. 더구나 세계 유례가 없는 공익직불제법까지 시행하고 있는 나라라는 점을 고려하면 더욱 이해하기 어려운 현상이다. 그만큼 농업부문이 상대적으로 빈곤하고 어렵다는 뜻이다.

소득수준이 높아질수록 환경 의식은 높아지는 경향을 보인다. 농업 부문에서 보면 저소득 농가들의 환경 의식이나 공익기능의 중요성에 대한 의식 수준이 낮다는 의미가 된다. 저소득 농가들을 더욱 두텁게 지원하여 소득수준을 높이고 분배구조를 개선해야 농업·농촌의 공익기능이 잘 발현될 수 있다. 그래서 직불제를 통한 소득증대와 소득재분배 정책이 중요하다. 그럴 때에 도덕적 해이에 빠지지 않고 부과된 상호준수의무도 잘 이행할 것이다. 동일한 기준의 상호준수의무를 소농과 대농에게 요구하는 것 또한 공평하다고 볼 수 없다. 마치 지구온난화 문제 해결을 위해 후진 개도국들에게 선진국 수준의 탄소중립을 요구하는 것과 같다. 이 의무를 준수한다는 것은 그에 상응하는 소득감소(비용상승)가 따르기 때문에 같은 의무사항이라면 당연히 저소득 농가들에게 더 큰 부담이 될 것이다. 농업·농촌의 공익기능 서비스를 공급하는 중심 주체는 절대 다수를 차지하는 중·소 농가들이다. 소득불평등 구조 해소를 통해 농업·농촌의 공익기능이 최대한 발현될 수 있도록 해야 한다. 유엔 지구정상회의 리우선언(원칙 5)이 빈곤 퇴치를 지속 가능한 발전의 필수 요건으로 규정한 것도 같은 맥락이다.

수요 측면에서도 소득 불평등은 농업의 공익기능에 부정적 영향을 미친다. 소득 수준이 높을수록 농업의 공익기능 중 자연과 환경, 생태적 가치나 농촌경관, 문화유산 보존 등에 대한 사회적 수요는 커진다. 반면 식량안보에 대한 수요는 저소득 계층일수록 커지는 경향을 보인다. 따라서 사회에 저소득 계층 국민이 많을수록 농업의 역할에 대한 국민의 기대는 자연이나 환경, 생태적 가치보다 생산증대에 집중되고 자연히 생산 농가들의 공익기능 수행에 대한 의지나 청지기 정신도 약화할 것이다.

결국 농업의 공익기능을 효과적으로 발현하기 위해서는 분배구조를 획기적으로 개선하여 절대다수를 차지하는 저소득 농가들을 더욱 두텁게 지원해야 한다. 직불제는 이를 위해 좋은 소득재분배 정책수단이고, 공익직불제의 기본형 면적직불제에서 새로운 역진적 지급단가 모형의 모색이 중요한 이유이다. 그리고 이를 위해 충분한 예산 확보가 뒷받침되어야 한다. 그리하여 도·농 간 및 농업 내의 소득분배 구조와 형평성을 획기적으로 개선해 나가야 한다.

제3절 식량안보와 품목 직접지불제

3.1 품목 직불제의 필요성

공익직불제법은 농업·농촌의 공익기능 증진과 농가소득 안정화라는 두 목적을 규정하고 있지만, 현재의 방식으로 이를 얼마나 효과적으로 실현할 수 있을지는 의문이다. 2023년 현재 우리나라의 식량자급률과 곡물자급률은 각각 49.0%, 22.2%에 머물고 있다.[7] OECD 국가 중 최하위이다. 이런 상황에서 생산 비연계 방식의 현행 공익직불제가 제1의 공익기능인 식량안보 제고를 제대로 달성할 수 없다는

7 농림축산식품부, 「농림축산식품 주요통계」, 2024.

점은 분명해 보인다. 농가의 소득안정 문제도 크게 다르지 않다. 공익직불제 시행 첫해부터 쌀 시장에서 정부가 시장격리 수매조치를 꺼내 들 수밖에 없었던 현실이 이를 증명해 주고 있다. 쌀 가격이 급락할 때 농가소득 안정을 위한 장치로서는 매우 취약하다는 점을 보여주었다. 현행 공익직불제 중심의 직불제 체제에서 식량안보와 농가소득 안정화를 담보하기 위해 별도의 품목 직불제 도입 필요성이 제기되고 있는 배경이다.

어느 나라를 막론하고 식량안보 제고는 국가가 책임져야 할 중요한 공적 기능으로 인식되고 있다. 우리나라와 같이 식량안보 문제를 늘 머리에 이고 사는 농산물 순수입국으로서는 더더욱 그 중요성은 커진다. 농업기본법(제3조)이 식량의 안정적 공급을 첫 번째 공익기능으로 정의하고 있는 이유도 여기에 있다. 불확실성과 불안정성 요인이 상존하는 세계시장 상황에서 자유무역 시스템이 한 나라의 식량안보를 온전히 담보해 주지는 못한다. 탈세계화 신보호주의 경향과 기후위기에 따른 식량공급 부족의 심화, 전쟁과 팬데믹으로 인한 국제 공급망의 불안정 등 미래의 불확실성 요인은 더욱 커지고 있다. 일정 수준의 국내 생산과 지속 가능한 농업 기반을 유지해야 하고, 이를 위한 제도적 장치가 필요하다.

쌀직불제(변동)를 폐지하고 국가의 직불제 체제를 전면 개편하면서 우리는 EU의 단일지불제(SPS) 같은 생산비연계 방식의 공익직불제를 도입했다. 하지만 거의 모든 주요 식량작물에서 자급을 달성하고 있는 유럽 선진국들과 우리는 전혀 다른 농업환경에 처해 있다. 세계 제1의 농업 선진국 미국은 1973년 결손지불제(DPP)를 도입한 이래 지금까지 대부분의 주요 식량작물들에 대하여 CCP 같은 품목 직불제를 시행하고 있다. 이들 나라와 비교하면 우리의 농정은 잘못된 방향으로 가고 있는 것이다. 미국의 경우처럼 품목 직불제를 도입하여 식량안보를 공고히 하면서 농가소득 안정화를 더 튼실히 하여 공익직불제의 불완전성을 보완해 나가야 한다. 현행 공익직불제의 틀 속에서 선택형으로 품목 직불제를 시행하는 방안이다. 시장지향성 조건을 크게 해치지 않으면서 식량안보를 제고하고 농가소득 안정화에도 기여할 수 있어야 한다. 과거 쌀 변동직불제의 시행착오를 반면교사 삼아 공급과잉을 일으키지 않는 수급균형 유지도 동시에 달성되어야 한다.

여기서는 주요 곡물을 대상으로 하는 품목 특정적 직불제로서 두 가지 유형을 제시하고 논의한다. 하나는 사실상 자급을 달성하고 있는 쌀을 대상으로 한 직불제이고, 다른 하나는 수입의존도가 매우 높아 국내 자급률을 높여야 할 필요성이 있는 밀, 보리 등에 적용될 수 있는 직불제 모형을 살핀다.

3.2 제1유형: 면적직불 + CCP

(1) 쌀 시장의 딜레마

한국의 쌀은 2015년 관세화로 전환했지만 매우 높은 관세율로 인해 최소시장접근(MMA)에 의한 수입을 제외하면 세계시장으로부터 사실상 차단되어 있다. 쌀 가격은 국제시장의 영향에서 벗어나 순전히 국내의 수급상황에 의해 결정되는 구조이다. 이런 상황에서 쌀 시장은 장기적 수요감소 추세 속에 고질적인 공급과잉의 문제로 사회적 갈등과 논란을 거듭해왔다. 그 구조적인 문제를 그림을 통해 살펴보자.

<그림 14-1>은 쌀 시장의 딜레마 상황을 개념적으로 스케치하여 보여주고 있다. S와 D_o, D_n은 각각 공급과 수요 곡선이다. D_o는 먼 과거의 수요곡선이고 D_n은 장기적 수요 감소 추세를 반영한 현재의 수요곡선이다. 쌀 수요의 감소 추세에는 여러 요인이 작용하고 있다. 소득증가에 따른 고단백 육류 소비의 증가, 건강에 관심이 높아지면서 과일과 채소 수요의 증가, 대체 식품들의 출현, 젊은 세대의 서구화 지향 식품 소비 선호체계의 변화 등 다양한 요인들이 복합적으로 작용하여 장기간에 걸쳐 D_o을 D_n 방향으로 이동시켜 왔다. 공급구조 역시 기술진보 등의 영향으로 공급곡선을 계속 오른쪽으로 이동시켜 왔지만, 여기서는 분석의 편의를 위해 이를 고려하지 않고 S 곡선 하나로 정태분석(static analysis)으로 설명하고 있다. E_o는 과거 시점에서의 시장균형인데, 이때의 가격과 생산량은 각각 p_o, q_o이다.

수요감소가 계속되는 상황에서 시장의 수급균형이 유지되려면 쌀 생산은 공급곡선 S를 따라 아래로 이동하면서 축소·조정되어야 한다. 장기적 수요감소 추세를 반영

그림 14-1 쌀 시장의 딜레마

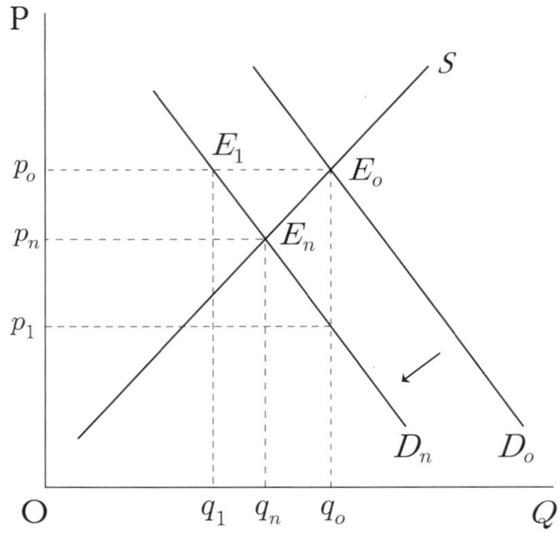

한 시장균형은 D_n과 공급곡선이 교차하는 $E_n(p_n, q_n)$에서 형성되어야 한다. 생산은 줄고 가격도 하락해야 쌀시장이 균형을 유지하면서 안정적으로 움직이게 된다는 의미다. 그럼에도 불구하고 현실에서의 쌀 생산은 수요측 움직임에 반응하기보다 과거 상황에 그대로 머물고자 하는 경향을 보여왔다. q_o에서 q_n으로의 공급조정이 이루어져야 함에도 안 되는 이유는 생각이 과거의 가격(p_o)에 꽂혀 변화된 조건을 수용하지 않기 때문이다. 장기간에 걸쳐 수요의 구조적 변화가 있었음에도 공급측에서는 여기에 부응하는 변화를 보이지 않았다는 점이다. 자연히 수급불균형에 따른 구조적인 문제가 생길 수밖에 없다. 여기에는 정부의 강한 보호주의 정책과 시장격리 같은 일관성 없는 정책간섭으로 시장에 나쁜 시그널을 계속 보내왔던 원인이 크게 작용했다.

시장원리에 의한 변화를 받아들이지 않을 때 문제가 발생하는 것은 당연한 일이다. 새로운 수요 구조(D_n)에서도 생산이 여전히 과거(q_o)에 머물러 있으면 가격은 p_1으로 하락할 수밖에 없다. 이런 상황이 되면 생산 농가와 정치권의 압력이 거세지고 정부는 시장개입에 나설 수밖에 없다. 정부는 현재의 균형 상황을 전제로 q_nq_o만큼의 쌀을 시중에서 사들이는 이른바 시장격리조치로 사태 수습을 도모하게 된다. 그러나 이 정도 수매로는 가격은 p_n 정도로밖에 오르지 않고, 과거 p_o 가격에 생각이 멈춰있는 생산 농가들은 만족할 수 없다. 더구나 인플레이션율이 높은 경제 상황에서는 실질소득 감소와 상대적 박탈감 때문에 농가들은 이를 더욱 받아들일 수 없다. 쌀 시장의 균형 회복을 위한 정상적인 정부의 수매조치($q_n q_o$)로는 문제 해결이 되지 않는 것이다. 그래서 농가들은 정치권을 등에 업고 또 다시 정부에 압박을 가하게 된다. 정부는 p_o를 향한 추가 수매($q_1 q_n$) 요구에 응하게 되고 또 한 번 순리를 거역하는 결과를 초래하게 된다. p_n의 가격을 받아들일 수 없다면 또 다른 방법은 공급을 인위적으로 줄여 균형이 E_1에서 일어나게 하여 가격을 p_o로 유지하는 것이다. 한때 시행했던 생산조정제가 그것이다. 이렇게 쌀은 사실상 정치재(政治財)가 돼버린 지 오래다. 정부의 잘못된 정책개입의 반복으로 시장기능에 의해 움직여야 할 경제재의 지위를 상실해 버린 것이다.

시장지향적 농정개혁의 일환으로 쌀직불제가 시행되었던 과거 15년 동안 시장격리조치는 계속되었다. 시장가격이 아무리 하락해도 목표가격에 근접한 수취가격이 보장되는데도 시장가격 하락을 이유로 계속 시행되었다. 심지어 쌀직불제(변동)가 폐지되고 공익직불제가 시행 중인 지금도 쌀 시장에서는 여전히 똑같은 일이 반복되고, 개미 쳇바퀴 돌 듯 악순환의 고리에서 벗어나지 못하고 있다. 경제적 손실은 물론 양곡관리법 규정을 둘러싼 끊임없는 정치적 공방과 논쟁 등 사회적 손실이 크다. 전형적인 정부실패(government failure) 현상이다. 이것이 지금까지 쌀 시장이 겪어 온 딜레마다. 시장의 원리와 순리를 거역할 때 얻게 되는 대가이다. 문제는 제도적인 변화가 없는 한 이 딜레마 상황은 앞으로도 계속될 것이고, 똑같이 일관성 없는 정책과 정치행위가 반복될 가능성이 높다는 점이다. 이 딜레마에서 벗어날 수 있는 정책적 대안 모색이 필요하다.

(2) 정책 대안: 면적직불 + CCP

그렇다면 어떻게 이 악순환의 고리에서 벗어날 수 있을 것인가? 쌀 시장에 대한 정책개입은 몇 가지 정책목표를 염두에 두어야 한다. 수급균형의 회복과 식량안보 제고, 그리고 농가의 소득안정이다. 여기에 시장지향성 요건, 즉 농업협정의 디커플링 문제도 고려해야 한다.

쌀 시장의 수급불균형은 공급과잉에 기인한 것이다. 공급측에서 생긴 문제를 지금까지는 정부 수매조치로 해결하고자 했다. 정부구매를 통한 시장격리 조치는 수요를 늘리는 수요관리정책이다. 공급이 과잉인 상황에서 수요를 인위적으로 공급에 맞추는 정책은 근본적인 해결이 될 수 없고 부작용이 따를 수밖에 없다. 반대로 근본 원인인 공급을 줄여 장기적 수요 감소 추세에 맞추는 정책이 필요하다. 다시 말하면 공급의 주체인 생산 농가들이 자율적으로 생산을 줄이도록 유도하는 정책이 필요한 것이다.

현행의 공익직불제 중심 체제에서 미국식의 CCP/PLC를 추가로 도입하는 방안이 하나의 대안이 될 수 있다. 면적직불제와 CCP의 혼합형 직불제를 도입하는 방안이다. 현행 기본형 공익직불제의 고정형 면적직불제를 그대로 유지하면서 동시에 쌀 농가에 대해서는 품목정책으로서 CCP를 추가로 시행하는 것이다. CCP 시행을 위해서는 목표가격을 설정하고, 기준면적(base area)과 기준수량(base yield)을 정해야 한다. 기준면적은 예상되는 수요 변화를 고려하여 적정 수준에서 정책적으로 생산에 영향을 미치지 않도록 정한다.

앞의 <그림 14-1>로 다시 돌아가 보자. 목표가격은 과거의 높은 가격 p_o보다 낮지 않도록 설정한다. 그리고 지불대상 기준면적은 변화하는 수요 추세를 고려하여 생산량 q_1에 상응하는 면적을 추정하여 적용한다. 평균수량을 기준수량으로 정하여 생산량 q_1을 기준수량으로 나누면 지불대상 면적인 기준면적을 계산해 낼 수 있다. CCP 하에서는 이 기준면적에 대해서만 직불금을 지급한다. 따라서 농가 입장에서는 생산을 늘릴 유인이 없고 공급과잉 문제를 원천적으로 차단할 수 있다. 제12장에서 살펴본 바와 같이 CCP 제도가 시행되면 생산자의 이윤극대화는 여전히 본래의 시장균형 생산량 q_n에서 발생한다. 따라서 시장기능에 의한 수급균형이 그대로 유지된다는 것이 큰 장점이다. 뿐만 아니라 최소 q_1 이상의 생산을 유지할 수 있기 때문에 식량안보에도 문제가 없다. 더구나 균형 생산량 q_n 이상으로 생산이 늘어날 유인도 존재하지 않기 때문에 공급과잉에 따른 수급 불균형 문제는 원천적으로 생기지 않는다.[8] CCP는 생산 제한 하의 직접지불로서 WTO 농업협정의 총 AMS 감축 의무에서도 벗어나 있다.

이 직불제 하에서 단위(가마)당 지불액(지불단가)과 총지불액은 다음과 같이 계산된다.

$$\text{지불단가} = (\text{목표가격} - \text{시장가격} - \text{면적직불단가}) \times 0.85 \quad (14.f)$$

$$\begin{aligned}\text{총지불액} &= \text{지불단가} \times \text{기준생산량} \\ &= \text{지불단가} \times \text{기준면적} \times \text{기준수량} \end{aligned} \quad (14.g)$$

여기서 면적직불단가는 현재 공익직불제에 의해 지급되는 단가를 가마당 가격으로 환산한 금액으로 고정직불 역할을 한다. 지원율 0.85는 반드시 필요한 것은 아니고 정책적 판단에 따라 조정 가능하다. 이 제도가 도입되면 생산 농가는 목표가격에 근접한 가격을 보장받게 되고, 생산은 균형 생산량 q_n 이상 증가하지 않을 것이므로 수급균형이 유지되면서 공급과잉 문제도 사라질 것이다. 시장격리나 생산조정제 같은 추가적인 시장왜곡조치를 할 필요도 원천적으로 없어진다. 농업협정의 청색정책(Blue Box)으로서 국내지지 감축의무에서 면제되는 것은 물론이다. 이때 기본형 공익직불제의 면적직불에 요구되는 상호준수의무는 그대로 유지된다. 결국 이 혼합형 직불제의 도입은 쌀 시장의 수급균형을 회복하고 농가소득을 지원하면서 동시에 식량안보 제고라는 농업의 공익기능 증진에 기여하게 된다. 면적직불에 부과하는 상호준수의무 조건을 통해 환경보전 등 다른 공익기능 증진에도 기여한다.

여기서 제시된 이 새로운 품목 직불제는 과거의 쌀직불제(고정 + 변동)와 유사한 것이다. 다만 한 가지 중요한 차이점은 현행 생산량이 아닌 고정된 기준 생산량을 적용하여 지불액이 결정된다는 점이다. 따라서 현재나 미래의 생산에 영향을 미치지 않는 직불제로 총AMS 제약도 받지 않는다. 이 제도의 장점은 최소한의 필요

8 CCP의 작용원리에 관한 상세한 논의는 제12장 참조.

한 생산과 생산기반을 유지하면서도 수급균형이 유지되는 시장 메커니즘이 작용한다는 점이다. 다시 말하면 식량안보 제고와 농가소득 안정화에 기여하면서도 시장의 수급균형이 유지되어 원천적으로 공급과잉에 의한 문제가 발생하지 않는다. 수요감소 등 시장 상황의 변화에 대해서는 일정 주기로 목표가격과 기준 생산량(기준면적, 기준수량)을 변경하면서 제도를 운영해 나가면 된다. 미국이 다수의 주요 품목에 대하여 CCP/PLC를 시행하고 있듯이, 쌀뿐 아니라 다른 주요 곡물을 포함하여 고추나 마늘 등 밭작물에도 이 제도를 적용할 수 있을 것이다.

현재 공익직불제의 선택형으로 전략작물직불제(논활용직불제)가 시행되고 있다. 쌀의 공급과잉 방지와 식량안보 차원에서 시행하고 있다. 하지만 이는 지정된 품목을 생산하는 조건으로 직불금을 지급하는 조치로 농업협정의 감축 대상이다. 더구나 그 대상 품목들의 수급 불균형과 가격하락이라는 또 다른 문제를 초래할 수도 있다. 쌀에 대하여 CCP를 추가로 시행한다면 별도로 논 활용을 위한 이런 식의 직불제는 필요하지 않으며 예산 절약에도 도움이 될 것이다. 쌀직불제를 공익직불제로 통폐합하고도 시장가격지지를 위해 정부는 수시로 시장격리조치를 시행하고 있다. 그렇다면 왜 쌀 변동직불제를 폐지했는지 의문을 제기할 수밖에 없다. 그래서 여기에 제시된 모형처럼 다시 품목 직불제로서 CCP를 추가로 시행해야 한다. 이런 유형의 새로운 제도가 확립될 때 시장격리 같은 단기 미봉책을 계속 반복하는 값비싼 시행착오에서 벗어날 수 있다. 다시 말하면 시장격리나 생산조정제, 전략작물직불제 등 이중삼중의 다른 조치들이 추가로 시행될 필요 없이 한국 농정의 고질적인 문제를 해결할 수 있을 것이다.

3.3 제2유형: 면적직불 + DPP

높은 무역장벽으로 인해 사실상 자급을 달성하고 있는 쌀과 달리 밀, 콩, 보리 등 그 밖의 주요 곡물들은 일찍부터 시장이 개방된 품목으로 거의 전량 수입에 의존하고 있다. 우리 국민의 제2의 주식인 밀은 자급률이 1% 수준이다. 이런 품목들에 대해서는 국내 생산을 최대한 끌어올릴 수 있는 정책이 필요한데, 완전 자급을 달성하고 있는 쌀과는 다른 접근이 요구된다. 정부도 오랜 기간 밀의 자급률을 높이기 위해 많은 노력을 기울여 왔지만 실질적인 효과를 거두지 못하고 있다. 식량안보 제고를 위해 쌀 외의 주요 곡물들에 적용할 수 있는 직불제 모형을 생각해 보자.

이들 품목의 경우에는 시장개방 상황에서 정책간섭을 통해 생산을 늘려야 하므로 시장왜곡은 피할 수 없다. 현행 공익직불제 하에서 고려할 수 있는 정책대안은 과거 쌀 변동직불제 같은 미국식 결손지불제(DPP)를 추가로 시행하는 방안이다. 그림을 통해 작용 메커니즘을 살펴보자.

<그림 14-2>는 밀 시장에 DPP를 도입할 때의 효과를 보여주고 있다. 밀은 사실상 자유무역이 이루어지고 있어 한국이 직면한 세계시장 상황도 일부 그려져 있다. D와 S는 각각 밀의 수요와 공급곡선이고, ES는 한국이 세계시장에서 직면한 밀의 초과공급곡선이다. 소국 가정하에 세계시장 균형가격 p_o에서 완전 수평으로 그려져 있다. 세계시장에서의 수입 비중이 미미하여 정부의 무역(수입)정책이 국제가격에 전혀 영향을 미치지 못하는 상황을 반영하고 있다. 세계시장에서 결정된 국제가격 p_o를 그대로 국내가격으로 수용하고 있는 상황이다. 이때 국내 밀 수요는 q_o가 되고, 이중 국내 공급은 q_1이므로 q_1q_o 양을 수입하게 된다. 매우 낮은 자급률 (Oq_1/Oq_o)을 보이고 있다.

시장이 완전히 개방된 상황이기 때문에 국내 생산을 늘려 자급률을 높일 수 있는 정책은 시장에 영향을 주지 않고는 불가능하다. 지불제를 시행한다면 생산에 연계된 지불일 수밖에 없다. 더구나 소비자들의 식품 소비 선호가 변하면서 밀의 수요는 꾸준히 증가해 왔다. 생산에 변화가 없는 상황에서 수요의 증가는 자급률을 더욱 떨어뜨리는 결과를 초래했다. 밀 재배면적에 대해서도 현행 공익직불제의 기본형 면적직불이 적용되고 있음은 물론이다.

이제 자급률 제고를 위해 공익직불제가 시행되는 상황에서 추가로 DPP를 도입해 보자. 목표가격을 p_t에 설정했다고 가정하자. 밀 생산량에 대해서는 목표가격과 시장가격의 차액($p_t - p_o$)을 생산자에게 직접 지불한다. 외생적으로 정해지는 시장

그림 14-2 밀 산업의 직불제 도입 효과

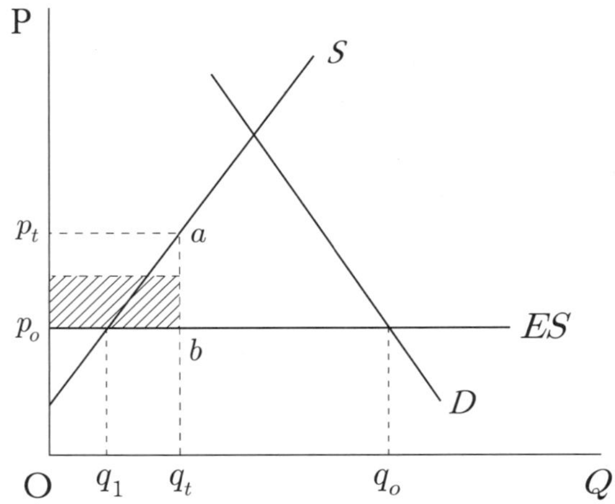

가격 p_o는 세계 밀 시장 상황에 따라 변하지만, 이 시장가격이 어떻게 형성되든 생산농가들은 정부재정에 의한 지불을 통해 목표가격 p_t를 보장받는다. 따라서 밀 생산은 공급곡선을 따라 q_t까지 증가하게 된다. 생산이 증가하여 수입이 감소하지만 이것이 세계시장가격에는 영향을 미치지 못하고 여전히 p_o에 머물러 있다. 소국을 가정하고 있으므로 세계시장의 상황 변화에 의해서만 이 가격이 변한다. 시장가격 p_o가 변하지 않는 한 국내수요 q_o는 그대로 유지되고 수입량은 q_tq_o로 줄어든다. 이때 목표가격 p_t는 정부의 자급률 목표에 상응하는 생산량 q_t를 가능하게 해주는 수준이다. 늘어난 q_1q_t 생산량이 수입을 대체하면서 자급률은 정부의 목표치까지 높아져 Oq_t/Oq_o가 된다. 이때 DPP 추가 시행에 따른 지불단가와 총지불액은 다음과 같이 정해질 것이다.

$$\text{지불단가} = (\text{목표가격} - \text{시장가격} - \text{면적직불단가}) \times 0.85 \tag{14.h}$$

$$\begin{aligned}\text{총지불액} &= \text{지불단가} \times \text{생산량} \\ &= \text{지불단가} \times \text{재배면적(현행)} \times \text{기준수량} \end{aligned} \tag{14.i}$$

여기서 면적직불단가는 현행 공익직불제에 의해 지급되는 고정형의 직접지불이고 0.85는 지원율이다. 앞에서 살펴본 1유형과 비교할 때 지불단가는 같지만 총지불액 산정식이 다르다. 이 유형의 직불제는 현재(당해 연도)의 재배면적과 생산량이 지불액을 결정하게 된다. 현행 공익직불제하에서는 논과 밭, 그리고 진흥지역과 비진흥지역 등에 따라 면적직불단가가 달라진다. 따라서 밀을 어디에서 생산하는가에 따라 위의 식에 의해 정해지는 밀 지불액은 달라질 것이다. 어느 경우든 중요한 것은 밀을 재배할 경우 목표가격 p_t에 근접한 수취가격이 생산자에게 보장된다는 점이다. 생산 농가는 기존의 면적직불 외에 위의 식에 의한 품목 직불금을 추가로 받게 된다. 지원율 85%는 정책적 판단에 따라 다른 비율을 적용하여 탄력적으로 운용할 수 있다.

그림에서 보듯이 생산량(재배면적)은 시장가격보다 높게 설정되는 목표가격 p_t에 의존한다. 따라서 이 지불은 생산에 직접 영향을 미치는 제도이고 농업협정의 감축 대상이 되는 지지조치이다. 앞의 식에서도 보듯이 총지불액은 현재의 재배면적에 의존하므로 자연히 생산에 영향을 미치게 된다. 밀 자급률을 높이려면 시장왜곡을 초래하지 않는 방법은 없다. 다행인 것은 쌀 변동직불제가 폐지되어 그만큼 총AMS 한도에 여지가 생긴다는 점이다. 앞서 논의한 쌀의 경우 CCP 품목 직불제를 시행한다 해도 이것은 총AMS 한도에 영향을 주지 않는다. 그럼에도 불구하고 만일 다른 요인으로 총AMS 한도가 문제된다면 기본형 공익직불제의 면적직불(고정직불) 단가를 높여 부담을 줄일 수 있다.

<그림 14-2>에서 밀 직불제 시행으로 생산이 q_t로 증가할 경우 총 재정지출액은 면적 p_tabp_o이다. 이는 두 부분으로 나누어진다. 하나는 현행 공익직불제에 의한 기본형 면적직불로 빗금친 부분이다. 이 크기는 면적직불 지급단가에 따라 달라진다. 이 부분을 뺀 나머지 면적이 밀의 품목 직불제에 의해 추가로 소요되는 재정지출액이다. 목표가격 p_t가 높아질수록 생산량은 늘고 자급률이 높아지면서 재정지출액도 증가한다. 그러나 만일 국제시장에서 밀 가격이 상승한다면 총 재정지출액과 밀의 품목 직불액은 감소할 것이다. 사실상 시장이 완전히 개방된 밀은 세계시

장가격이 어떻게 형성되는지가 정책 선택에 영향을 미치는 중요한 변수로 작용한다. 만일 국제가격 p_o가 상승한다면 목표가격을 높여 자급률을 더 향상시킬 여유가 생기게 될 것이다.

우리나라 1인당 밀 소비량은 2023년 기준 38.3kg으로 쌀(56.4kg) 다음으로 소비량이 많은 곡물이다. 사실상 한국인의 주식이나 진배없다. 자급률 1% 수준인 밀에 대해서는 현행 공익직불제의 면적직불에 추가로 과거의 쌀 변동직불제 같은 품목 직불제를 시행하여 식량안보를 제고할 필요가 있다. 재정이 문제일 수 있으나 재정 규모는 시장가격 수준에 따라 크게 좌우될 것이다. 세계시장 가격이 상승한다면 재정부담은 줄어든다. 또한 전략작물직불제를 대체한다면 재정부담 문제는 생기지 않을 수도 있다. 현행 면적직불에 부과되는 상호준수의무 조건은 그대로 적용된다. 결과적으로 밀 생산은 증가하고, 식량안보 제고로 농업의 공익기능 증진에 기여하게 될 것이다. 농가소득 또한 증가하는 효과가 생긴다.

밀 외에도 보리나 콩 등 식량안보에 직접 영향을 미칠 수 있는 중요 곡물들에 대해서도 국가의 재정 여건에 따라 같은 방식의 지불정책을 시행할 수 있을 것이다. 상대적으로 자급률이 높은 품목들(예, 콩)에 대해서는 쌀과 같이 CCP를 시행하는 방안이 더 바람직할 수 있다. 공급과잉의 문제나 총AMS 감축 의무로부터 자유롭기 때문이다.

제IV부

미래 지속가능 사회의 농업과 농정

제15장
기후변화와 농업, 그리고 직접지불

제IV부에서는 농업의 다원기능과 직접지불에 대한 지금까지의 논의 내용을 토대로 미래 지속가능 사회의 농업발전과 농정 문제를 고찰한다. 먼저 농업과 불가분의 관계에 있으면서 지속 가능한 발전의 시대 핵심 이슈 중 하나인 기후변화 문제를 다루고자 한다. 농사는 하늘이 짓는다는 말이 있듯이 농업은 기후변화에 매우 민감하게 영향을 받는 떼려야 뗄 수 없는 관계에 놓여 있다. 본 장에서는 기후변화 문제와 농업의 관계에 대하여 살펴본다. 기후변화의 원인과 영향, 국제사회의 대응, 탄소중립 등 기후변화와 관련한 일반론적 주제에 대하여 논의한다. 나아가 기후변화와 농업의 상호관계, 기후변화 대응 정책수단으로서 직접지불의 역할, 그리고 기후변화와 글로벌 시장실패 문제에 대하여 살펴본다.

제15장

기후변화와 농업, 그리고 직접지불

제1절 지구온난화와 기후변화

1.1 기후변화의 의의

2023년 발표된 유엔 정부간기후변화협의체(Intergovernmental Panel on Climate Change: IPCC)[1] 6차 종합보고서에 따르면 최근(2011-2020) 지구 표면의 평균온도가 산업화 이전(1850-1900)[2] 대비 1.09°C 상승했다. 육지가 1.59°C, 해양이 0.88°C 상승했다. 특히, 1970년 이후의 50년 기간 동안 매우 빠르게 상승했는데, 이는 지난 2000년 기간 중 어느 기간의 50년과 비교해도 가장 빠른 온도 상승이다.[3] 인류

1 IPCC는 세계기상기구(World Meteorological Organization: WMO)와 유엔환경계획(United Nations Environment Programme: UNEP)에 의해 1988년 설립된 유엔 산하 정부 간 협의체이다. 기후변화에 관한 과학적 기초, 그 영향 및 미래의 위험, 그리고 적응 및 경감 방안에 관한 정기적인 평가를 정부의 정책 결정자들에게 제공하는 것을 설립목적으로 하고 있다. 2023년 현재 회원국 수는 195개국이다.

2 산업화 이전(pre-industrial)이란 대규모 산업활동이 시작된 1750년경 이전 수 세기의 기간을 말하는 것으로, 이때의 평균 지구 표면 온도를 근사적으로 추산하기(approximate) 위해서 1850-1900년 기간이 참조기간(reference period)으로 사용되고 있는 것이다(IPCC, 2018, Annex: Glossary).

3 IPCC(2023). 한편, 세계기상기구의 최근 보고서에 의하면 2023년에는 산업화 이전 대비 1.45도 상승하여 174년 전 근대 기상관측이 시작된 이래 가장 더웠던 해로 기록했다(WMO, 「State of the Global Climate 2023」).

의 삶터 지구촌이 최근 들어 빠르게 뜨거워지고 있다는 뜻이다. 한반도 겨울철 날씨의 특징으로 여겨져 왔던 삼한사온(三寒四溫)이 사람들의 뇌리에서 잊혀진 지도 오래전 일이 되었다(<그림 15-1>).

이 같은 지구온난화(global warming) 현상은 지구의 기후 패턴을 근본적으로 변화시키고 있다. 극심한 가뭄과 폭염, 대홍수와 폭우, 초강력 태풍, 때로는 극한 한파 등 극단적인 이상 기후 현상이 지구촌 곳곳에서 빈발하고 있다. 남극과 그린란드를 포함한 북극 지역의 빙상과 빙하가 녹아내리고 해수면이 상승하고 있다. 이로 인한 2차 피해도 날로 심각해지고 있다. 생물다양성 감소와 동·식물 멸종 등 자연환경과 생태계의 파괴, 식량위기, 대형 산불의 빈발과 사막화가 가속화하고 남태평양의 일부 섬나라들은 수몰 위기에 직면하고 있다. 바다의 온도 상승과 산성화로 해양 생태계가 파괴되고 수산자원이 크게 감소하고 있다.

지구온난화로 인한 기후변화 문제는 일부 지역이나 국가에 국한된 문제가 아니라 전 지구, 전 인류의 문제이며 동시에 미래 세대와 후손들의 문제이다. 심지어는 현재의 홀로세(holocene)가 끝나고 인류세(人類世, anthropocene)라는 새로운 지질시대가 시작되었다는 주장이 제기되는가 하면, 여섯 번째 지구 대멸종의 도래를 우려하는 견해도 나오고 있다. 에너지 체계의 대변혁과 인간 사회 전 영역에 걸친 삶의 방식 변화를 요구하는 문명의 대전환기를 맞고 있는 것이다.

IPCC에 따르면 좁은 의미에서 기후(氣候, climate)란 수개월에서 길게는 수천 또는 수백만 년의 기간에 걸친 평균적 날씨(average weather)를 말한다. 이때 평균을 내는 그 기간은 통상적으로 세계기상기구(WMO)의 정의에 따라 30년이다.[4] 그러니까 통상적으로는 30년 정도 장기간의 평균적 날씨(기온, 강수량, 바람 등의 평균)를 기후로 보는 것이다. 반면, 날씨(weather)는 어떤 시점이나 기간의 단기적인 기온, 강수량, 바람 등의 기상 상태를 일컫는다. IPCC가 정의하는 기후변화(climate change)란 기후적 특성의 평균 및/또는 변동성이 장기간(통상 수십 년) 지속되는 기후 상태의 변화를 말한다. 기후변화는 자연현상의 내부적 과정에 기인할 수도 있고 또는

4 IPCC(2018), Annex: Glossary.

그림 15-1 세계 연간 온실가스 배출 및 지구 온도 상승 추이

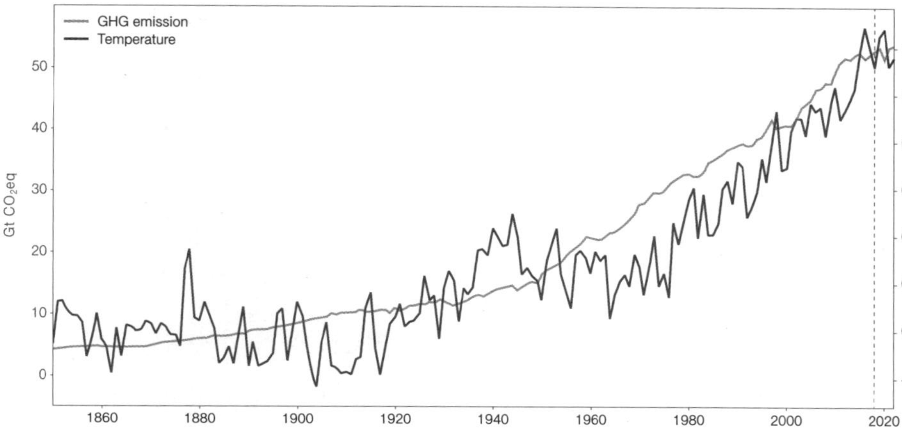

태양 순환기(solar cycles)의 변화, 화산 폭발, 그리고 지속적 인간 활동에 의한 대기 구성의 변화나 토지 이용의 변화와 같은 외부적 요인에 의해 초래될 수도 있다.[5] 유엔기후변화협약(UNFCCC) 제1조에 의한 기후변화의 정의는 상당한 기간에 걸쳐 관측되는 자연적 기후의 변동성에 더하여 대기권의 구성을 변화시키는 인간 활동에 직·간접적으로 기인하는 기후의 변화이다.

기후변화는 단기적인 기상 조건의 변화 현상을 일컫는 날씨 변화 또는 일기(日氣)의 변화와 다르다. 우리가 미디어를 통해 접하는 일기예보는 기후가 아닌 매일매일의 날씨의 변화를 예측·보도하는 것이다. 이에 반해 기후변화는 기상조건이나 패턴의 장기간에 걸친 구조적·추세적 변화 현상을 말한다. 단기적으로 관찰되는 날씨의 변화가 장기간에 걸쳐 축적되어 생긴 평균적인 기상 조건의 구조적인 변화

5 ibid.
6 Jones et al. (2024). Met Office Hadley Centre (https://www.metoffice.gov.uk).

가 기후변화이다.[7] IPCC 보고서가 말해주듯이 지구의 평균적 기후특성이 장기간에 걸쳐 추세적으로 변화하고 이로 인해 가뭄과 폭염, 홍수와 폭우, 초강력 태풍 등 이상 기후 현상이 빈번하게 발생하는 현상, 이것이 기후변화이다. 이런 기후변화 현상이 인류의 삶에 회복하기 어려운 위해가 될 정도로 심각한 상황이 되면 기후위기가 된다.[8]

1.2 기후변화의 원인과 영향

IPCC는 지구 표면의 평균온도 1.09도 상승 중 인간 활동에 의한 상승분을 1.07도(98.2%)로 추정하고, 기후변화의 원인을 명백히(unequivocally) 인간의 활동에 의한 것으로 결론을 내리고 있다. 자연현상이 아니라 전적으로 인간의 활동에 의해 온실가스가 배출되어 벌어진 일이라는 것이다.[9] 여기서 인간의 활동이란 생산, 소비, 유통 등 경제·산업적 활동과 일상적 삶을 영위하는 모든 인간의 활동을 말한다.

기후변화를 일으키는 지구온난화 현상은 이산화탄소(CO_2), 메탄(CH_4), 아산화질소(N_2O) 등 온실가스(greenhouse gas: GHG) 배출로 생기는 온실효과(greenhouse effects)에 기인한다. 2022년 발효된 우리나라 「기후위기 대응을 위한 탄소중립·녹색성장 기본법」(탄소중립기본법)은 제2조에서 온실가스를 다음과 같이 정의하고 있다. 온실가스란 "적외선 복사열(輻射熱)을 흡수하거나 재방출하여 온실효과를 유발하는 대기 중의 가스 상태의 물질로서 이산화탄소, 메탄, 아산화질소, 수소불화

---

7 Climate refers to the long-term regional or global average of temperature, humidity and rainfall patterns over seasons, years or decades. While the weather can change in just a few hours, climate changes over longer timeframes. Climate change is the significant variation of average weather conditions becoming, for example, warmer, wetter, or drier—over several decades or longer. It is the longer-term trend that differentiates climate change from natural weather variability. (World Bank Website)

8 우리나라 탄소중립기본법(제2조)은 기후변화와 기후위기를 다음과 같이 정의하고 있다. 기후변화란 "사람의 활동으로 인하여 온실가스의 농도가 변함으로써 상당 기간 관찰되어 온 자연적인 기후변동에 추가적으로 일어나는 기후체계의 변화"이다. 기후위기란 "기후변화가 극단적인 날씨뿐만 아니라 물 부족, 식량 부족, 해양 산성화, 해수면 상승, 생태계 붕괴 등 인류 문명에 회복할 수 없는 위험을 초래하여 획기적인 온실가스 감축이 필요한 상태"이다.

9 Human activities, principally through emissions of greenhouse gases, have unequivocally caused global warming, with global surface temperature reaching 1.1°C above 1850-1900 in 2011-2020. … The likely range of total human-caused global surface temperature increase from 1850-1900 to 2010-2019 is 0.8°C to 1.3°C, with a best estimate of 1.07°C. (IPCC, 2023)

탄소(HFCs), 과불화탄소(PFCs), 육불화황(SF_6) 및 그 밖에 대통령령으로 정하는 물질"이다.

1850년 이후 지난 170년(1850-2019) 동안 세계 이산화탄소 누적 배출량은 2400±240 $GtCO_2$을 기록했다. 그 결과 대기 중 온실가스 농도는 2019년 기준 이산화탄소가 410ppm으로 지난 200만 년 기간 중 최고치를 기록했고, 메탄과 아산화질소는 각각 1866ppb, 332ppb로 80만 년 만에 최고 농도를 기록했다.[10] 2019년 한 해 동안 인간 활동에 의한 세계 온실가스 배출량은 59±6.6 $GtCO_2eq$이다.[11] 이 중 가장 큰 비중을 차지하는 온실가스는 화석연료 연소와 산업공정에서 발생한 이산화탄소이고, 메탄이 그 뒤를 잇고 있다. 분야별로 보면 79%는 에너지, 산업, 수송 및 건물 분야에서 배출된 것이고 나머지 22%는 농업, 산림, 기타 토지 사용 분야에 기인한다. 최근의 연간 온실가스 배출 현황을 국별로 보면 중국, 미국, 인도 등이 가장 많이 배출하고 있고, 1인당 기준으로는 미국, 한국, 중국 등이 앞 순위를 차지하고 있다(<그림 15-2>, <그림 15-3>).

결국 경제성장과 산업화·도시화, 화석연료 기반의 생산 및 에너지 다소비 생활방식, 인구 및 소득증가에 따른 대량 소비 등으로 온실가스가 다량 배출되면서 온실효과를 가속화시켜 지구온난화 현상이 심화한 것이다. 이로 인해 극심한 가뭄과 폭염, 대홍수와 폭우, 초강력 태풍, 극한 한파 등 극단적인 이상 기후 현상이 발생하고 있다. 세계 곳곳에서 대형 산불도 더 자주 발생하고, 남극과 북극 지역의 빙하가 녹아내리면서 해수면이 상승하고 있다. 생물다양성 감소와 동·식물 멸종, 자연환경과 생태계 파괴, 사막화가 가속화하고 있다. 세계의 농산물 생산감소로 식량안보가 위협을 받고, 각종 질병과 전염병이 만연하여 인간과 동·식물의 생명과 건강을 위협하고 있다. 바다의 온도 상승과 산성화로 해양 생태계가 파괴되고 수산자원이 크게 감소하고 있다. 태평양의 몇몇 섬나라들은 소멸 위기에까지 직면해 가고

10 IPCC(2023). ppm = part per million, ppb = part per billion. 최근의 세계기상기구 보고서(State of the Global Climate 2023)에 따르면 대기의 온실가스 농도는 더욱 심화하고 있다. 2022년 이산화탄소, 메탄, 아산화질소 농도는 각각 417.9ppm, 1923ppb, 335.8ppb로 1750년경 대비 각각 50%, 164%, 24% 상승했다.

11 CO_2eq는 여러 종류의 온실가스 배출량을 이산화탄소 상당량(CO2 equivalent)으로 환산한 단위이다.

그림 15-2 주요 국별 온실가스 배출 현황[12]

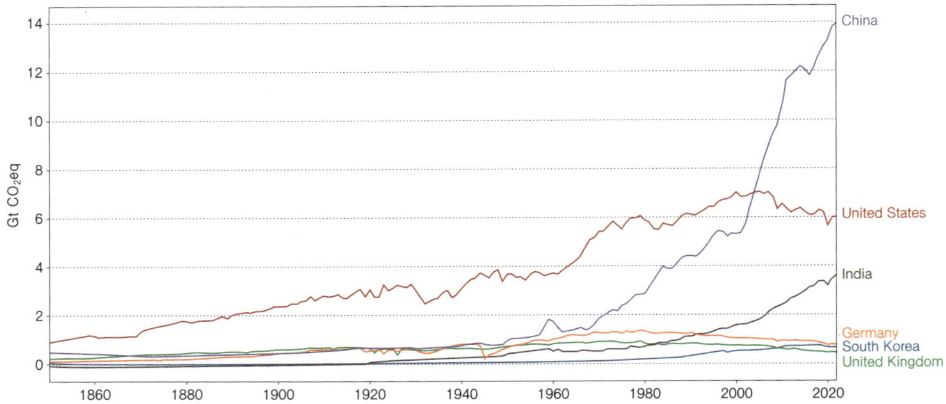

그림 15-3 주요 국별 1인당 온실가스 배출 현황[13]

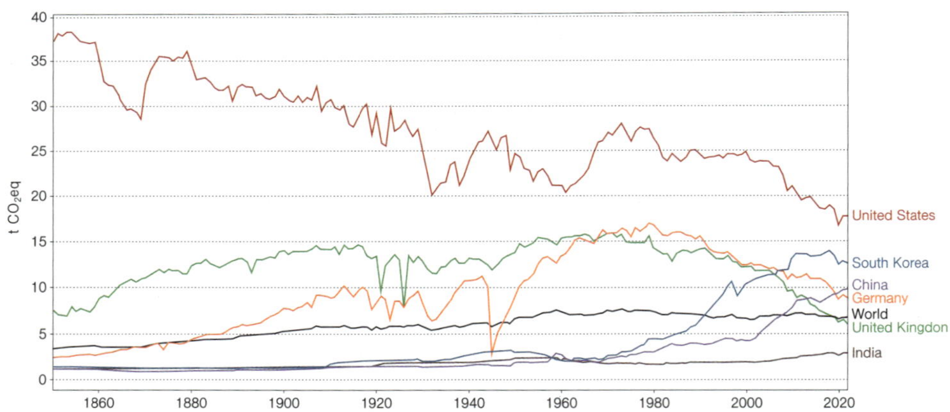

있다. 이런 기후변화 영향들은 미래 지속 가능한 발전에 대한 심각한 위협을 주고, 미래 세대들에게는 엄청난 부담으로 남겨지게 될 것이다.

12 Jones et al. (2024).

13 ibid.

표 15-1 한국의 분야별 온실가스 배출 현황

(단위: 천t CO_2eq)

	2018	2019	2021
총배출량	726,978	699,214	676,648
순배출량	686,643	661,494	638,882
에너지	632,629	609,567	587,731
산업공정	55,796	52,169	51,398
농업	21,136	20,965	21,415
LULUCF	-40,334	-37,720	-37,766
폐기물	17,416	16,513	16,105

출처: 통계청 국가통계포털(KOSIS).
주: LULUCF = 토지이용, 토지이용변화 및 임업

우리나라도 지구온난화에 적지 않은 기여를 해왔다. 1980년대 이후 급속한 경제성장과 산업화·도시화의 진행, 화석연료 중심 에너지 구조, 소득증가에 따른 소비증가 등으로 다량의 온실가스를 배출하면서 국제사회로부터는 기후악당이라는 불명예 별칭을 얻기도 했다. [표 15-1]은 우리나라의 분야별 온실가스 배출 현황을 보여주고 있다. 우리나라 연간 온실가스 총배출량은 최고치를 기록한 2018년 726.9백만t CO_2eq으로 세계 전체의 1.23% 수준을 차지하고 있다. 이를 정점으로 하여 점차 줄어들기 시작하여 2021년에는 676.6백만t CO_2eq를 배출하였다. 토지와 산림은 대표적인 탄소 흡수원이다. 이와 관련한 토지이용, 토지이용변화 및 임업(Land Use, Land Use Change, and Forestry: LULUCF) 분야의 -40.3백만t CO_2eq를 고려한 2018년 순배출량은 686.6백만t CO_2eq이다. 총배출량 중 에너지 분야가 87%를 차지하고 나머지가 산업공정, 농업, 폐기물 등의 순이다. 온실가스 종류별로는 이산화탄소가 91% 이상 절대적 비중을 차지하고 나머지는 메탄, 아산화질소 등이 차지하고 있다([표 15-2]).

표 15-2 한국의 온실가스 종류별 배출 현황

(단위: 천t CO_2eq, %)

	2018	2019	2021
총배출량	726,978	699,214	676,648
이산화탄소	664,976 (91.5)	641,776 (91.8)	617,833 (91.3)
메탄	28,009 (3.9)	27,246 (3.9)	27,272 (4.0)
아산화질소	14,330 (2.0)	14,238 (2.0)	14,788 (2.2)
기타 온실가스	19,663 (2.7)	15,954 (2.3)	16,755 (2.5)

출처: 통계청 국가통계포털(KOSIS).

1.3 국제사회의 논의

기후변화에 관한 국제사회의 공식 논의가 시작된 것은 1992년 브라질 리우데자네이루에서 개최된 유엔환경개발회의(UN Conference on Environment and Development: UNCED)로 거슬러 올라간다. 1989년 몬트리올의정서(Montreal Protocol)가 발효되었지만, 이는 오존층 파괴 물질 염화불화탄소(CFCs)를 규제하기 위한 목적으로 기후변화 문제를 직접 다룬 것은 아니었다. 지구정상회의(Earth Summit)라고도 부르는 유엔환경개발회의에서는 지구환경 보전에 관한 기본원칙을 담은 리우선언(Rio Declaration)이 채택되고, 그 세부 실행계획으로서 21세기 인류의 논의 과제인 어젠더 21(Agenda 21)이 발표되었다. 유엔환경개발회의는 이때 198개 참가국들에 의해 1994년 발효된 유엔기후변화협약(United Nations Framework Convention on Climate Change: UNFCCC)을 채택하고, 선진국과 개도국이 '공동의 그러나 차별화된 책임(Common but Differentiated Responsibilities)'에 따라 각자의 능력에 맞게 온실가스를 감축할 것을 약속하였다. UNFCCC에는 최고 의사결정기구로 당사국총회(Conference of Parties: COP)를 두고 있다.

그 후 1997년 일본 교토에서 개최된 제3차 UNFCCC 당사국총회(COP3)에서는 선진국들의 수량적인 온실가스 감축의무를 규정한 교토의정서(Kyoto Protocol)가 채택되었다. 2005년 2월 발효된 교토의정서는 온실가스의 배출권거래제(Emission

Trading Scheme: ETS)를 도입하였으며, 의무 감축 기간이 종료되는 2012년까지 한시적으로 적용되는 국제협약이었다. 교토의정서에 따라 선진국(부속서 I 국가)들은 온실가스 배출량을 5년(2008-2012) 동안 1990년 대비 전체 평균 5%를 감축해야 했다. 그러나 미국, 캐나다, 일본, 러시아 등 주요국들이 탈퇴함으로써 실질적인 성공을 거두지는 못했다. 여기에 중국, 인도 같이 온실가스를 다량 배출하는 신흥 개도국들이 개도국이라는 이유로 제외됨으로써 더욱 실효를 거두지 못했다.[14]

기후변화에 관한 국제적 협력의 실질적인 진전은 2015년 제21차 UNFCCC 당사국총회(COP21)에서 이루어졌다. 여기서 참가국들은 2020년부터 모든 국가가 참여하는 신기후체제의 근간이 될 파리협정(Paris Agreement)을 채택하였다. 이로써 선진국에만 온실가스 감축 의무를 부과하던 기존의 교토의정서 체제를 넘어 모든 국가가 자국의 상황을 반영하여 참여하는 보편적 협력체제가 마련되었다. 파리협정(제2조)은 지구 평균온도 상승을 산업화 이전 수준(pre-industrial level) 대비 2℃보다 상당히 낮은(well below) 수준으로 유지하되, 1.5℃로 제한하기 위해 노력한다고 규정하고 있다. 결국 파리협정의 장기 목표는 회원국들이 지구의 평균온도를 산업화 이전 수준 기준 1.5°C 상승으로 제한하는 노력을 한다는 것이다. 나아가 전 지구적인 이 장기 목표하에 모든 국가가 2020년부터 기후 행동에 참여하며, 1.5℃ 제한 목표 달성을 위해 회원국들은 각자 처한 여건에 따라 스스로 정한 온실가스 감축 계획, 즉 국별기여계획(Nationally Determined Contributions: NDC)을 마련하여 5년 단위로 제출하고 이행해야 한다(제4조). 그 이행을 위한 후속 조치가 2018년 우리나라 송도에서 개최된 제48차 IPCC 총회에서 이루어졌다. 이 회의에서 회원국들은 '지구온난화 1.5도 특별보고서'[15]를 채택하고, 1.5도 상승 억제를 위해 2050년까지 탄소중립(炭素中立, carbon neutrality)을 달성한다는 내용을 결의하였다. 이렇게 함으로써 2015년 파리협정에서 다소 모호하게 설정한 1.5도 목표를 명확히 하고 국제적 실천 의지를 다짐했다.

14 우리나라는 1993년 유엔기후변화협약에 가입하였고 2002년 교토의정서를 비준하였으나 개도국으로서 감축의무는 없었다.

15 IPCC Special Report on Global Warming of 1.5°C.

1.4 한국의 대응과 탄소중립기본법

기후변화에 관한 국제적 협력 추세에 맞춰 우리나라도 2020년 10월 28일 문재인 정부에 의해 2050년 탄소중립 실현 목표를 선언하였다. 이를 시작으로 탄소중립위원회를 구성하고 이행에 들어가는 한편, 2021년에는 「기후위기 대응을 위한 탄소중립·녹색성장 기본법」, 즉 탄소중립기본법을 제정함으로써 미래 탄소중립 사회로의 이행을 위한 법률적 토대를 마련하였다.[16]

탄소중립기본법은 2050년 탄소중립 실현을 위한 기본적인 정책 방향과 과제를 규정하고 있다. 주요 내용을 살펴보자. 정부는 2050년까지 탄소중립을 목표로 하여 탄소중립 사회로 이행하고, 환경과 경제의 조화로운 발전을 도모하는 것을 국가 비전으로 한다(제7조). 정부는 국가 온실가스 배출량을 2030년까지 2018년 대비 35% 이상의 범위에서[17] 감축하는 것을 중장기 국가 온실가스 감축 목표로 하고 수송, 발전, 폐기물 등 부문별 온실가스 감축 목표를 설정하여야 한다. 이를 위하여 국가 전체와 각 부문에 대한 연도별 온실가스 감축 목표를 설정하여야 한다. 파리협정 등을 고려하여 중장기 감축목표, 부문별 및 연도별 감축목표를 5년마다 재검토하여야 한다. (이상 제8조) 정부는 국가 비전 및 중장기 감축목표 등의 달성을 위하여 20년을 계획기간으로 하는 국가 탄소중립 녹색성장 기본계획을 5년마다 수립·시행하여야 한다(제10조).

이 같은 법적 토대 위에서 정부는 2030년 NDC를 2018년 기준 40% 감축하는 탄소중립 로드맵을 수립하였다. 한국은 국제사회에서 기후악당이라 불릴 정도로 온실가스를 많이 배출하고 있으면서 감축에는 미온적이었다. 최근 2018년까지도 국가 온실가스 배출량은 계속 증가해 왔다. 1990년에 이미 온실가스 배출량이 정점에 도달한 독일이나 영국 등 EU 선진 국가들과는 큰 대조를 보인다. 이 밖에도

16 기후변화와 관련한 우리나라 최초의 법률은 2010년 시행된 「저탄소녹색성장기본법」이다. 이 법은 저탄소를 목표로 하고 있어 탄소중립이 필요한 현재의 기후위기에 대응할 수 없기 때문에 탄소중립기본법 시행으로 폐지되었다. 탄소중립기본법은 과거의 저탄소 체제를 탄소중립 체제로 전환한 것이다.

17 이 법률 조항에 따라 시행령(제3조)에서는 감축목표를 40%로 규정하고 있다.

미국은 2000년, 일본이 2013년에 온실가스 배출량이 정점에 달한 이후 감소 추세로 돌아선 것과 비교하면 우리나라는 많이 뒤진 셈이다.

탄소중립기본법은 또 온실가스 흡수원에 관한 사항도 규정하고 있다. 정부는 산림지, 농경지, 초지, 습지, 정주지 및 바다숲[18] 등에서 온실가스를 흡수하고 저장하는 탄소흡수원[19] 및 그 밖의 바이오매스 등을 조성·확충하거나 온실가스 흡수 능력을 개선하기 위한 시책을 수립·시행하여야 한다(제33조). 그리고 정부는 국가비전과 중장기 감축목표 달성에 기여하기 위하여 이산화탄소를 배출 단계에서 포집하여 이용하거나 저장하는 기술의 개발과 발전을 지원하기 위한 시책을 마련하여야 한다(제34조).

농업 분야에서의 탄소중립에 관한 사항은 탄소중립기본법 제45조에서 별도로 규정하고 있다. 즉, 정부는 농작물 및 가축 생산과정에서 발생하는 온실가스 배출을 줄이고 기후위기에 대응하여 식량안보를 확보함으로써 탄소중립 사회로의 이행에 기여하기 위하여 농림수산의 전환 시책을 수립·시행하여야 한다.[20] 탄소중립기본법 외에도 농업기본법(제47조, 제47조의 2)은 지구온난화 방지를 위해 필요한 정부 정책에 관한 사항을 규정하고 있다.

제2절 탄소중립

2.1 탄소중립의 정의

지구온난화의 진행을 목표 수준에서 제어하기 위해서는 대기 중 온실가스 누적량을 적정 수준에서 관리해 나가야 하는데, 이 목표 달성을 위한 행동 준칙으로 나온 개념이 탄소중립(carbon neutrality)이다. 통상적 의미에서의 탄소중립이란 탄소의 순배출

18 「수산자원관리법」 제2조 제6호에 따른 바다숲.
19 「탄소흡수원 유지 및 증진에 관한 법률」 제2조 제10호에 따른 탄소흡수원.
20 세부 규정 내용은 제4절에서 살펴본다.

량이 제로(net zero)가 되는 상태, 즉 탄소의 배출량과 흡수량을 모두 고려하여 순배출량이 0이 되는 상태를 말한다. IPCC(2018)는 탄소중립에 대하여 다음과 같이 설명하고 있다. 탄소중립은 이산화탄소 순배출 0(net zero CO_2 emissions)이라고도 하며, 일정 기간 동안 인간활동에 의한(anthropogenic) 이산화탄소 배출이 인간 활동에 의한 이산화탄소 제거로 균형을 이룰 때 달성된다.[21] 탄소중립을 이렇게 정의할 때 탄소중립에 도달하기 위해서는 배출량을 줄이는 동시에 흡수·제거량을 늘리는 노력을 해야 한다. 그런데 대기 중의 탄소는 속도가 매우 느리기는 하지만 일정 기간이 지나면 자연 소멸하게 된다. 따라서 이 자연 감소분을 포함하면 흡수·제거량이 배출량보다 적더라도 탄소중립의 달성은 가능해진다. 탄소중립이 달성되면 지속적으로 증가하던 누적 총배출량이 정점에 도달하면서 대기 중 온실가스 농도는 상승하지 않고 지구온난화가 진행을 멈추는 단계로 들어서게 된다. 결국 탄소중립이란 대기 중의 탄소 총 누적량이 더 이상 증가하지 않고 멈추는 상태라고 말할 수도 있다.

탄소중립기본법(제2조)은 "대기 중에 배출·방출 또는 누출되는 온실가스의 양에서 온실가스 흡수의 양을 상쇄한 순배출량이 영(零)이 되는 상태"로 탄소중립을 정의하고 있다. 인간이 경제활동을 하고 삶을 영위해 가는 한 탄소의 배출은 불가피하다. 다만 이를 최대한 줄이는 노력으로 누적 탄소량이 더 증가하지 않도록 만들어 지구온난화의 진행을 멈추게 하자는 것이 탄소중립의 취지이다. 지구 시스템은 식물의 광합성, 토양과 해양의 탄소 흡수 등 자체적으로 탄소를 흡수하는 기능을 한다. 흡수하는 양만큼 대기권의 온실가스 잔존량은 줄어든다. 언급한 바와 같이 우리나라 탄소중립기본법(제33조)도 토지와 산림의 흡수기능을 규정하고 있다. 여기에 기술개발을 통해 탄소를 배출 단계에서 포집·이용하거나 저장하여 인위적으로 제거할 수도 있다(제34조). 탄소중립이란 이런 흡수·제거량을 고려한 순배출량을 0으로 만드는 상태이다. 탄소중립 상태가 되면 대기 중의 온실가스 총누적량은 더 이상 증가하지 않으므로 온실가스 농도의 상승이 멈추고 지구온난화도 진행

21 위키백과의 설명도 비슷하다. 탄소중립은 인간의 활동에 의한 온실가스 배출을 최대한 줄이고, 남은 온실가스는 흡수·제거해서 실질적인 배출량을 0으로 만든다는 개념이다.

을 멈추게 된다.[22] 파리협정이나 2018년 IPCC 제48차 총회의 특별보고서는 2050년까지 이런 상태를 실현해야 한다는 목표하에 국제 협력을 통해 지구의 평균온도를 산업화 이전 대비 1.5°C 상승으로 제한하려는 것이다.[23]

탄소중립을 달성하기 위해서는 국가와 민간 차원에서 다양한 제도와 시책들이 추진되어야 한다. 배출을 줄이는 방법, 흡수를 강화하는 방법, 배출 단계에서 포집하여 저장하는 방법 등 다양하다. 석탄과 석유, 천연가스 등 화석연료를 줄이고, 태양광이나 풍력, 바이오에너지 같은 재생에너지를 늘려나가는 국가 에너지 구조의 개편이 필요하다. 탄소배출을 줄일 수 있는 시설 설치, RE100(Renewable Energy 100%) 참여 확산, 에너지 이용 효율 향상, 일상 소비생활에서의 에너지 절약 노력도 필요하다. 탄소 흡수 측면에서는 광합성을 이용하는 삼림조성, 토양의 탄소저장, 탄소 포집·활용·저장 기술(Carbon Capture, Utilization and Storage: CCUS) 등 기술개발 노력이 종합적으로 이루어져야 한다. 제도적으로는 탄소세 같은 환경세와 탄소배출권거래제 등 정책적 수단도 있어야 한다. EU가 시행을 앞두고 있는 탄소국경조정제(Carbon Border Adjustment Mechanism: CBAM) 같은 국경조치도 생각할 수 있다. 온실가스가 많이 배출되지 않았던 산업화 이전 시기에는 산림이나 습지, 해양, 토양 등에 의해 배출량이 충분히 흡수되어 지구 시스템에 의한 탄소중립이 자연히 이루어지고 있던 셈이다. 18세기 중반 산업혁명이 시작된 이후 경제성장과 산업화·도시화가 진행되면서 온실가스 배출은 급상승한 반면, 산림과 해양 등 자연적 흡수 능력은 줄어들어 지구 탄소 순환 시스템의 평형이 깨진 것이다.

2.2 탄소중립의 이론적 고찰

탄소중립의 목적은 기후변화를 일으키는 지구온난화를 멈추게 하는 것이다. 지

22 엄밀히 말하면 탄소중립이 온실가스 중립을 의미하지는 않는다(IPCC, 2023).

23 2018년 10월 우리나라 송도에서 개최된 IPCC 총회는 「지구온난화 1.5℃ 특별보고서」를 통해 지구의 평균온도 상승을 1.5℃ 이내로 제한하기 위해 전 지구적으로 2030년까지 이산화탄소 배출량을 2010년 대비 45% 이상 감축하고, 2050년에는 탄소중립(net-zero)을 달성해야 한다는 경로를 제시했다(KDI 홈페이지).

구온난화는 온실효과에 기인하는데, 온실효과는 대기 중의 온실가스 농도에 따라 커지고 온실가스 농도는 대기 중에 누적되는 온실가스 총량에 비례하여 증가한다. 이렇게 본다면 결국 지속적으로 쌓여가는 온실가스 누적 총량을 멈추게 하는 것이 기후변화의 진행을 멈추게 하는 핵심이고, 곧 탄소중립이라고 말할 수 있다. 여기서는 이 탄소중립의 개념을 이론적으로 좀 더 엄밀히 이해하기 위해 수식과 그림을 이용해 고찰해 보고자 한다.

인간 활동으로 인해 대기 중에 누적되는 온실가스 총량은 시간이 경과하면서 계속 증가한다. 온실가스 누적총량(TG)은 시간(t)의 연속함수로서 다음과 같이 총배출량(E), 총흡수량(A), 총자연감소량(N) 세 변수의 총합으로 표시될 수 있다.

$$TG(t) = E(t) - A(t) - N(t), \qquad E,\ A,\ N > 0 \tag{15.a}$$

여기서 흡수량 A는 지구의 탄소 순환 시스템에 의한 자연 흡수량 외에 CCUS 같이 기술개발을 통해 온실가스를 제거·저장하는 등 인위적 노력으로 소멸되는 양을 모두 포함한다. 온실가스 누적 총량 TG는 시간이 지나면서 계속 증가하지만 각 나라들이 탄소중립 노력을 강화하면서 점차 증가 속도는 줄어든다. 이 온실가스 누적 총량이 최고점에 도달하여 더 이상 증가하지 않는 상태가 되면 대기 중의 온실가스 농도는 상승하지 않고, 따라서 지구온난화도 멈추게 된다.[24] 이때가 탄소중립 상태가 되는 것이다. 만일 이 함수가 연속적이고 미분 가능하다면 탄소중립은 결국 다음의 조건이 충족될 때 달성된다.

$$\frac{dTG(t)}{dt} = \frac{dE(t)}{dt} - \frac{dA(t)}{dt} - \frac{dN(t)}{dt} = 0 \tag{15.b}$$

24 엄밀히 말하면 탄소중립이 달성되어 대기 중의 탄소 농도가 상승하지 않는다고 해서 지구온난화가 바로 멈추는 것은 아니다. 열을 흡수하는 데 매우 긴 시간이 소요되는 해양이 대기 중의 탄소 농도에 상응하는 만큼 서서히 더워지면서 지구 온도를 추가로 상승시키기 때문이다. (CarbonBrief, https://www.carbonbrief.org)

이 식을 정리하면, 다음과 같이 탄소중립 조건식이 얻어진다.

$$\frac{dE(t)}{dt} = \frac{dA(t)}{dt} + \frac{dN(t)}{dt} \tag{15.c}$$

위 탄소중립 조건식이 말해주는 것은 대기 중의 총배출량의 증가 속도가 총흡수량과 총자연감소량의 증가 속도의 합과 같아질 때 탄소중립이 달성된다는 것이다. 배출된 탄소는 지구 시스템에 의해 흡수되고(해양, 산림, 토양 등) 나머지는 대기 중에 잔류하게 되는데, 잔류된 탄소는 장기간 대기 중에 머물게 되므로 시간이 흐른다고 쉽게 없어지지는 않는다. 온실가스의 대부분을 차지하는 이산화탄소의 대기 잔류기간이 100년 이상이 된다는 점,[25] 그리고 세계 온실가스가 급격히 증가하기 시작한 시기가 1970년경이라는 점을 고려한다면 마지막 항 자연 감소량의 값은 탄소중립을 고려하는 목표 기간, 예를 들면 2050년까지의 기간에는 매우 작거나 0에 가까울 것이라는 추정이 가능하다. 만일 자연 감소량 변수를 고려하지 않는다면, 또는 $dN(t)/dt = 0$이라면 배출 총량과 흡수 총량의 증가 속도가 같아질 때 탄소중립이 달성되는 것이다. 이때 대기 중의 온실가스 누적 총량은 정점에 이르러 더 이상 증가를 멈추게 되고, 대기 중 온실가스 농도도 함께 상승을 멈추면서 지구 온난화가 진행을 멈추게 된다.

위의 식을 연속적 시간이 아닌 단속적(discrete) 기간 단위로 생각하면 이때 탄소중립 조건은 다음과 같이 표시될 수 있다.

$$\frac{\Delta E(t)}{\Delta t} = \frac{\Delta A(t)}{\Delta t} + \frac{\Delta N(t)}{\Delta t} \tag{15.d}$$

일정 기간의 총배출량 증가분이 총흡수량 증가분과 자연 감소량 증가분의 합과 같아질 때 탄소중립이 달성된다는 의미이다. 여기서 오른쪽 두 번째 항 자연감소

25 이산화탄소의 대기 중 잔류기간은 100년 이상, 메탄 9년, 아산화질소 114년이다(남재작, p. 99). 온실가스의 지구온난화 지수(Global Warming Potential: GWP)는 이산화탄소를 1로 볼 때, 메탄 21, 아산화질소 310이다(남재작, p. 88).

부분을 고려하지 않는다면 결국 일정 기간, 예를 들면 1년 동안의 총배출량 증가분이 총흡수량 증가분과 같아져 순배출량이 0이 되는 상태이다. 즉, 식 (15.d)의 오른쪽 항을 왼쪽으로 이항한 값이 0이 되는 상태이다. 순배출량이 0이 된다는 것은 총누적배출량 TG의 값이 최고점에 달한다는 의미이다. 다시 말하면, 특정 기간에 이루어진 배출량과 흡수량이 같아져 순배출량이 0이 된다는 것을 뜻한다. 이것이 앞서 언급한 IPCC나 탄소중립기본법에서처럼 통상적으로 정의할 때 순배출량이 0이 되는 상태의 탄소중립을 의미한다.

이제 그림을 통해 살펴보자. <그림 15-4>는 탄소중립과 지구온난화의 관계를 개념적으로 그려놓은 것이다. IPCC 보고서(2023) 등 관련 자료를 토대로 최대한 실제 상황에 근접하도록 스케치하였다. 패널 (a)에서 원점(G_0)은 파리협정에서 명시하고 있는 산업화 이전 수준(pre-industrial level)의 상태이다. 즉, 시기적으로는 1850년경으로 볼 수 있고 이때의 탄소(온실가스) 총누적량을 원점이 나타내 주고 있다. 횡축은 이 시기를 기점으로 한 시간(t)의 흐름을 나타내고 종축은 총탄소누적량을 표시한다. 시간이 흐르면서 지구 대기권의 탄소배출 누적량은 계속 증가한다. 패널 (b)는 시간 경과에 따른 탄소의 순증가량, 즉 순배출량이다. 시간의 연속함수 형태로 그려놓았기 때문에 이 높이는 온실가스 총누적량의 순간 증가속도(량)로서 패널 (a)의 총누적량곡선의 접선의 기울기이다. 따라서 총누적량곡선의 높이는 그 시점까지의 순증가량곡선의 아래 면적, 즉 그 시점까지 적분한 값이 된다. 대기 중의 총누적량은 계속 증가하는데, t_o 시점에 이를 때까지는 순배출량이 증가하면서 점점 빠른 속도로 증가한다. 그리고 t_o 시점이 되면 순배출량이 극대가 되면서 변곡점(inflection point)에 이르게 된다. 패널 (a)의 총누적량이 증가하는 한 지구온도는 계속 상승하면서 지구온난화로 인한 기후변화 현상은 심화한다. t_o 시점을 지나면 순배출량은 감소하기 시작하면서 총누적량의 증가 속도도 줄어드는 국면에 진입한다. 그러다가 t_1 시점이 되면 순배출량은 0이 되면서 지구의 온실가스 누적 총량은 더 이상 증가하지 않는 탄소중립 상태에 이르게 된다. 패널 (c)는 대기 중 온실가스 총누적량이 증가하여 온실효과가 강해지면서 지구의 표면 온도

그림 15-4 **탄소중립과 지구온난화 개념도**

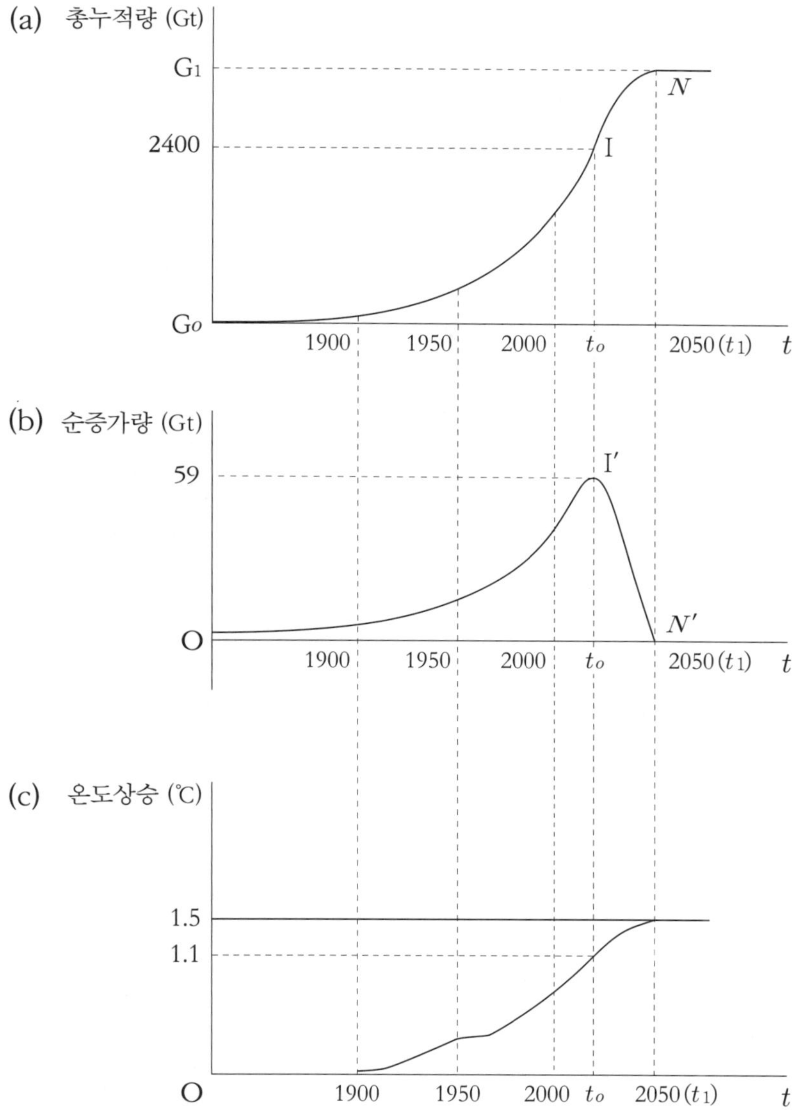

가 상승하는 궤적을 개략적으로 스케치해 놓은 것이다. 1850-1900년 온도를 기준으로 하여 온도 상승분을 측정하고 있다. 파리협정과 2018년 IPCC 총회 특별보고서의 탄소중립 시점 1.5도 상승 억제 목표에 맞춰 그려져 있다.

패널 (a)의 총누적량은 패널 (b)의 순배출량이 증가하면서 지속적으로 증가하는데, 1950년대 들어서, 특히 1970년 이후 그 증가 속도는 더욱 빨라지면서 총누적량곡선의 기울기도 가팔라진다. 그러다가 t_o 시점(점 I)을 넘어서는 증가 속도가 점차 줄어들기 시작한다. 점 I는 패널 (b)의 순증가량이 최고점(I′)에 도달하는 상태에 대응하는 변곡점이다. 연도별로 파악한다면 연간 순배출량이 극대가 되는 점이다. 전 세계적으로 순배출량이 극대가 되는 t_o 시기는 대략 2018년 전후의 시점이다. 언급한 바와 같이 IPCC 보고서는 이 시기의 총누적배출량은 2400±240 $GtCO_2$, 순배출량은 59±6.6 $GtCO_2eq$로 추정하는데, 각각 패널 (a)와 (b)에 근사치로 표시해 놓았다. <그림 15-1>에는 수직 점선으로 표시된 시기이다. 이때는 2015년 파리협정이 발효되고, 이어서 2018년 IPCC 총회 특별보고서에 의한 1.5도 상승 억제를 위한 국제적인 탄소중립 노력이 본격화하기 시작한 시점이다. 그런 측면에서 변곡점을 이루는 이 t_o 시점은 중요한 의미를 지닌다. 그러나 개별 국가별로 본다면 이 변곡점 도달 시기는 나라마다 다르다. 앞서 언급한 바와 같이 영국이나 독일 같은 EU 국가들은 이미 1990년경에 이 변곡점에 이르렀고, 미국은 2000년, 일본은 2013년에 이 점에 도달했다. [표 15-1]에서 보듯이 우리나라는 2018년에 연간 총(순)배출량이 정점에 이르러 점 I′를 지났다.[26] 이 정점을 지난 지 오래된 다수의 선진 외국들에 비하면 많이 뒤진 것이다(<그림 15-2>).

1850년 이후 2019년까지 세계 이산화탄소 누적 배출량은 앞서 언급한 바와 같이 대략 2400 $GtCO_2$, 2019년 한 해 동안 세계 온실가스 배출량은 59 $GtCO_2eq$ 정도로 추정하고 있다. 그 영향으로 지구 온도가 산업화 이전 대비 1.1도 상승했다. 이 시점을 전후로 세계의 연간 온실가스 순배출량은 정점을 지나 점차 줄어들기 시작했다(<그림 15-1>). 영국과 같은 선진국들이 그 훨씬 이전부터 순배출량이 줄어들기 시작한 덕분이다. 점 I(I′) 변곡점을 지나 각국의 탄소중립 노력이 효과를 나타내면 패널 (b)의 온실가스 순증가량은 빠르게 하락하게 된다. 총누적량의 증

26 [표 15-1]에 표시된 총배출량은 LULUCF를 제외한 흡수·제거량까지 포함한 값이다. 따라서 이 표에서의 총배출량은 순배출량과 거의 같은 의미로 사용되고 있다.

가 속도도 둔화하고, t_1 시점이 되면 더 이상 총누적량은 증가하지 않고 정지한다. 이 시점이 탄소중립이 실현되는 때이다. 파리협정에 의한 국제사회의 후속 조치는 2018년 IPCC 총회를 통해 이 시점을 2050년으로 잡고 있다. 이때 총누적량은 최고 수준 G_1에서 정지하고 지구 온도는 1.5도 상승하는 것으로 보는 것이다.[27] 국제사회의 목표대로 2050년까지 지구온도 1.5도 상승에서 묶어 두기 위한 탄소중립이 성공한다면 총누적량은 패널 (a)의 최고점(N)에 도달하고, 패널 (b)의 순증가량은 0(N′)이 된다. 그렇게 되면 지구온난화는 더 이상 진행을 멈추고 기후위기 현상이 더 악화되는 것을 막을 수 있다. 국제사회의 탄소중립 노력이 계획대로 잘 진행된다면 1.5도 상승한 상태에서 지구 시스템은 다시 평형을 이루고 인간을 포함한 모든 생명체는 그 조건에 적응해 살아가야 한다.

만일 탄소중립이 기대 이상으로 성공을 거두고, 더 나아가 기술 수준의 획기적인 발달 등으로 순배출량이 마이너스가 될 수 있다면(매우 낙관적 전망) 패널 (b) 곡선은 0 이하로 내려가고 패널 (a)의 총누적량 곡선은 감소하기 시작할 것이다.[28] 그러면 대기 중 온실가스 농도는 줄어들어 온실효과가 약해지면서 매우 장기간 후의 일이겠지만 지구 표면 온도는 하강하는 국면으로 돌아설 수도 있을 것이다. 설령 온실가스가 더 이상 증가하지 않는다 해도 t_1 이후의 수평 구간은 상당히 긴 시간 계속될 것이다. 온실가스가 자연 소멸되기까지 대기 중에 머무는 기간이 매우 길기 때문이다.

결국 탄소중립이란 지구온난화의 진행이 멈출 수 있도록 대기의 온실가스 누적 총량이 더 이상 증가하지 않는 상태인데, 이는 배출량의 증가 속도와 흡수·제거량의 증가 속도가 같아질 때 달성된다. 배출량을 최대한 줄이고 흡수·제거량을 최대한 늘려 그 시점을 앞당기는 것이 인류가 직면한 과제이다. 그렇다고 이때 바로 지구온난화가 진행을 멈추는 것은 아니다. 온실효과에 의한 지구 표면, 특히 해양의 온도 변화는 매우 느린 속도로 진행되기 때문이다.

27 그러나 불행하게도 IPCC 6차 종합보고서는 1.5도 상승 시점이 당초 목표 시점보다 10년 앞당겨 도달할 것으로 예측하고 있다.

28 IPCC 6차 종합보고서의 가장 낙관적인 시나리오(SSP1-1.9)에 의하면 2050년경 이산화탄소의 탄소중립에 도달하고 그 이후에는 이산화탄소 배출이 마이너스로 돌아선다. 지구 온도는 2050년경 1.5도 상승에 이른 후 점차 낮아지게 된다. SSP = Shared Socio-economic Pathway.

제3절 기후변화와 농업

기후변화와 농업은 상호 매우 밀접한 관계에 있다. 기후변화가 농업에 직접 영향을 미친다는 건 말할 필요도 없지만, 반대로 농업 역시 온실가스 배출을 통해 기후변화에 영향을 준다. 서로 영향을 주고받는 관계에 있다. 특히 기후변화는 식량안보를 포함한 농업의 다원기능에 직접 영향을 주고 지속 가능한 농업·농촌 발전에 부정적 영향을 미친다는 데서 문제의 심각성이 크다.

3.1 기후변화가 농업에 미치는 영향

농업은 토지, 물, 햇빛, 공기 등 자연요소(자원)를 투입하여 호흡하고 생장하고 병들고 사멸하는 생명체를 길러내는 생명산업이다. 농업의 투입 요소와 산출물 모두 기후변화와 기상 조건에 직접적으로 영향을 받는다. 기상조건은 최종 산출물에 직접 영향을 미치기도 하고 투입요소를 통해 간접적으로 농업 생산에 영향을 주기도 한다. 농업은 기후변화에 매우 민감하게 영향을 받는 산업으로서 기후변화와는 떼려야 뗄 수 없는 불가분의 관계에 놓여 있다.

옛날 기우제(祈雨祭) 전통이나 서양의 추수감사절 풍습은 모두 농업이 날씨와 직결돼 있음을 말해준다. 첨단 과학·기술이 발달한 현재에도 농사는 하늘이 짓는다는 말이 여전히 회자되듯이 농업과 날씨는 불가분의 관계에 놓여 있다. 날씨에 따라 그해의 풍·흉이 결정되고, 농산물 가격이 급등락하면서 농가소득에 직접 영향을 미친다. 때로는 세계적인 공급 애로 문제와 겹치면 식량안보 위협은 물론 인플레이션을 일으켜 국가 경제에 심각한 영향을 미치기도 한다. 최근에는 기후플레이션이란 신조어가 유행할 정도로 기후변화가 세계의 농산물과 식품 가격에 미치는 영향이 점차 커지고 있다. 기후변화에 기인하는 농산물 가격 상승의 문제는 미래 지속가능 사회를 향한 여정에 또 다른 장애 요인이 되고 있다. 특히 저소득 국가나 계층에게는 심각한 기아와 빈곤의 문제를 일으키게 된다. 첨단 과학·기술에 힘입어 정밀농업이 발달하고 수직농장(vertical farm)이나 식물공장 같은 공장식 스마트 농업이 낯설지 않은 시대라 해도 농업은 기본적으로 기후변화에 절대적인 영향을 받을 수밖에 없다. 자연과 생명을 본질적 요소로 하기 때문이다. 먼 미래에도 큰 변화는 없을 것이다. 기후변화가 주는 이런 부정적인 영향과 위험을 지칭하여 그린스완(Green Swan)이란 말까지 등장했다.

지구온난화에 따른 기후변화는 어떻게 농업에 영향을 주는가? 극심한 가뭄과 폭염, 홍수와 폭우, 초강력 태풍, 혹은 강력 한파 등을 일으키면서 농업 생산에 영향을 미치고 있다. 첫째로 폭염과 가뭄, 대형 홍수와 초강력 태풍의 빈발 및 심화로 농업생산이 큰 피해를 입고, 토양 침식과 농지 유실 및 침수 등 농업기반이 파괴된다. 폭염으로 인해 가축의 폐사와 질병이 늘고, 면역력이 약해지거나 스트레스가 심해지면서 육류와 유제품 등 축산물 생산성을 저하시킨다. 경제적 손실은 물론 국가적, 글로벌 식량안보에 큰 위협 요소가 된다. 꿀벌의 폐사로 인한 개체수의 급감은 생태계에 영향을 주고 과수와 채소의 수분(受粉)에 악영향을 주어 생산감소로 이어진다. 극심한 가뭄으로 물 부족과 사막화가 진행되면서 농업 생산기반은 더욱 축소된다. 둘째, 온도 상승과 침수에 따라 각종 병해충과 잡초가 증가함으로써 작물의 생산성을 떨어뜨리게 된다. 생산량의 감소는 물론 농산물의 품질 저하를 초래하여 피해를 가중시킨다. 병해충과 잡초의 증가는 농약 사용 의존도를 높임으로써 환경과 생태계에 대한 피해도 더욱 늘어난다. 셋째, 극심한 가뭄으로 인한 대형 산불의 빈번한 발생으로 산림 파괴는 물론 심각한 생태계 파괴와 각종 임산물 감소를 초래한다. 산불 과정에서 나오는 막대한 양의 이산화탄소 등 온실가스는 지구온난화를 심화시키는 역할을 한다. 산불이 아니더라고 기후변화는 산림 내의 다양한 수목을 고사시키고, 유기 생물다양성의 80% 이상을 차지하는 산림의 생물다양성을 크게 위협한다. 넷째, 해수면 상승에 따른 강 하류 지역이나 해안가 저지대의 침수가 진행되고 비옥한 농지와 담수의 염류화로 농업 생산성을 떨어뜨리게 된다. 또한 해양의 수온 상승과 산성화로 해양 생태계가 파괴되고 어패류 등 수산자원을 감소시킨다. 다섯째, 아프리카나 중동 지역 같은 데서는 특히 극심한 가뭄으로 인한 수자원 부족으로 식량 생산에 막대한 피해를 준다. 국가 경제의 농업 의존도가 높은 저개발국 국민들에게는 저성장에 따른 심각한 기아와 빈곤의 문제를 야기하게 된다.

기후변화는 무엇보다 식량안보를 심각하게 위협한다. 극심한 이상 기후 현상으로 식량 공급이 감소하여 가격이 상승하면 소비자들, 특히 저소득 계층의 사람들은 더욱 큰 고통을 겪게 된다. 나아가 식량 공급 부족이 인플레이션으로 이어져 국가 경제 전반에 위기를 초래할 수도 있다. 최근 기후변화 영향으로 국내 과일과 채소의 작황이 나빠져 가격이 천정부지로 치솟는 사태가 발생한 것은 우리의 미래 농업 상황이 어떻게 될지 시사하는 바가 크다. 저소득 계층은 물론 다수의 중산층 국민들까지도 치솟는 식품비용으로 고통을 겪는 상황이 기후변화로 인해 벌어지고 있다. 기후변화는 단기적 생산감소뿐 아니라 농업 생산기반 자체를 붕괴시킨다. 농지 유실과 토양 침식, 농지의 사막화, 장기적 침수에 따른 황폐화, 해수면 상승에 따른 농지 감소와 토양의 염도 증가 등은 생산기반 자체를 축소·붕괴시켜 식량안보에 근본적인 위협이 되고 있다. 기후위기는 곧 식량안보 위기인 셈이다. 여기에 간접적으로 식량안보에 영향을 미치는 요소들도 있다. 탄소중립 실현을 위한 재생에너지 확대 정책으로 태양광 발전이나 풍력 발전 설비가 증가하면서 농지를 잠식하고 바이오에너지용 곡물 수요도 증가하면서 미래 식량안보를 위협하고 있다.

기후변화는 농가소득은 물론 농촌 지역사회에 미치는 영향도 적지 않다. 생산감소와 가격의 불안정성이 커지면 농가소득이 감소하고 소득의 불안정성 또한 커진다. 나아가 극심한 가뭄과 홍수, 태풍의 영향으로 농촌경관 훼손, 환경과 생태계 파괴, 생물다양성 손실, 수자원 보존과 홍수조절 기능 훼손 등 식량안보 외에도 전반적인 농업·농촌의 공익기능에 미치는 악영향 또한 크다.

FAO(2016)는 2030년 이후 기후변화가 농업 생산성에 미치는 부정적 영향이 세계 모든 지역에서 점차 심화하고, 기후의 변동성(volatility)으로 농산물의 가격 불안정성도 가속화할 것으로 분석했다. 그리고 기후변화로 인한 농업 생산성 저하는 세계 식량안보에 심각한 영향을 미칠 것으로 전망하고 있다. IPCC(2023)는 단기적으로는 중·저위도 지역의 식량 생산은 감소하지만, 고위도 지역의 생산이 증가하여 긍정과 부정적 효과가 일정 부분 상쇄되지만 세계 전체의 생산은 감소할 것으로 전망하고 있다. 그러나 장기적으로 지구온난화가 지속될 경우, 세계 전 지역에서 식량 생산이 감소할 것으로 IPCC는 분석하고 있다. 결국 장기적으로는 부정적 영향이 우세하여 식량안보가 위협을 받게 될 것이라는 전망이다. 기후변화로 인한 생산감소는 특히 농업 의존도가 높은 국가의 저소득 계층에게는 소득감소로 이어지고 빈곤 문제를 심화시켜 식량 접근성을 제약하는 중요한 요인이 되기도 한다. 뿐만 아니라 극심한 가뭄과 홍수는 농지 유실 등 자산 손실로 이어져 미래 소득까지 감소시키고 엥겔계수가 높은 이들 빈곤국의 식량안보를 더욱 위협하게 된다. 기후위기는 곧 식량위기인 것이다.

한편, 기후변화는 해당 지역의 기상 및 지리적 조건에 따라 그 유형이나 정도가 다르게 나타나기 때문에 식량안보를 포함한 농업에 미치는 영향도 지역이나 국가에 따라 그 양태나 정도는 다를 것이다. 지구의 표면 온도가 평균적으로 1.09도 상승했지만 지역에 따라 그 편차는 크다. 이상 기후 현상도 이 같은 지역적 차이에 따라 다른 정도와 다른 양상으로 나타난다. 지구촌 어디는 폭염이 계속되지만, 다른 어느 지역에서는 폭우가, 또 다른 어디는 대형 산불이나 때아닌 한파가 일어나기도 한다. 아시아 지역에서는 폭염은 물론 홍수나 폭우가 문제이지만 아프리카나 근동 지역 국가들에게는 폭염과 가뭄이 큰 피해를 준다. 영향의 크기도 많은 차이가 난다. 따라서 식량안보나 농업에 미치는 영향은 개별 국가나 지역별로 접근할 때 좀 더 정확한 예측이 가능할 것이다.

그럼에도 분명한 것은 각국의 현재의 농업 생산체계는 아주 오랜 세월 시행착오를 거치면서 그 지역의 기후조건에 맞도록 최적화된 결과라는 점이다. 각 나라와 지역에서 생산되는 작물의 종류와 품종은 현재의 지구 기후환경에 적합한(최적화된) 자연선택의 산물이다. 기후변화는 새로운 기후환경에 적응하지 못하는 종자나 품종의 생산성을 떨어뜨리고 결국에는 소멸시킬 것이다. 변화된 기후환경과 조건에 적합한 새로운 품종, 극한기후에도 잘 견디고 적응하는 새로운 종자 개발이 중요해진다. 기후변화로 인한 농업의 피해는 식량생산 감소뿐 아니라, 우리나라에도 아열대 작물이 확산하고 있듯이 생산지역의 북상 등 식생대가 변하고 농업 생물다양성(품종의 다양화)의 손실을 초래하게 된다. 변화된 기후조건에 적합한 새로운 농업생산체계가 형성될 때까지는 장기간이 소요될 것이고, 새로운 생산체계가 정착하는 시점까지 오랜 기간 생산에 미치는 부정적 영향은 불가피할 것이다. 여기에 농업 생산기반의 축소 또는 붕괴가 더해지면 글로벌 식량안보는 물론 개별 지역이나 국가의 식량안보에 심각한 영향을 줄 것이다. 나아가 농가소득 감소는 물론 농업·농촌의 공익기능을 크게 훼손하는 등 농업 전반에 걸친 기후변화의 부정적 영향은 목전에 가까이 와있다. 기후변화 시대에 선제적인 정책적 대응의 중요성이 점차 커지고 있다.

3.2 농업이 기후변화에 미치는 영향

농업은 기후변화로부터 영향을 받지만, 역으로 온실가스 배출이나 흡수를 통해 기후변화에 영향을 주기도 한다. 농업이 기후변화에 미치는 영향은 부정적 영향뿐 아니라 긍정적 영향도 적지 않다. 농업 생산 과정에서 온실가스를 배출하는 것은 기후변화에 대한 부정적 영향이지만, 탄소를 흡수·저장하는 기능을 통해 기후변화에 긍정적인 영향을 미치기도 한다. 이점이 다른 산업과 구별되는 농업의 특징이기도 하다. 경종(耕種)과 축산 분야에서 배출되는 3대 온실가스는 이산화탄소, 메탄, 아산화질소이다.

농업 분야에서 온실가스를 배출하는 요인은 우선 농지 확보 과정에서 발생한다. 간척사업이나 산림의 전용 등을 통한 농지 개발, 초지 조성 등이 그 예다. 브라질 열대우림 지역이 콩 생산이나 축산을 위해 농경지나 초지로 전환되고, 인도네시아 등 동남아시아 열대우림이 팜유 생산 농장 조성을 위해 파괴되는 것도 같은 예다. 이 같은 농업용 경지 확보를 위한 숲이나 습지의 파괴는 바로 탄소 배출로 이어진다. 둘째, 농업 생산성 향상을 위해 투입되는 생산요소나 설비, 또는 영농 방식이 생산과정에서 온실가스를 배출한다. 화학비료의 투입량 증가는 수질과 토양을 오염시키고 생물다양성 손실과 생태계 파괴는 물론 온실가스 배출로 기후변화에 영향을 준다. 특히 질소비료는 강과 바다, 호수의 부영양화(富營養化, eutrophication)를 촉진하고 이산화탄소의 삼백 배의 온실효과를 일으키는 아산화질소를 배출한다. 논 농업에서 벼를 재배하는 과정에서 발생하는 메탄은 이산화탄소의 20배 이상 온실효과를 낸다. 셋째, 축산 분야에서의 온실가스 배출이다. 소나 염소 같은 반추동물의 장내 발효과정과 방귀에서 나오는 메탄, 그리고 분뇨를 통해 나오는 메탄과 아산화질소는 우리나라 농업 분야 전체 온실가스 배출의 거의 절반을 차지한다. 마지막으로, 우리나라는 농업 분야에서의 수출 주도적 성장지상주의 농정 추진으로 온실가스 배출을 더욱 촉진했다. 어느 정부가 들어서든 우리는 농업을 미래 성장산업으로 내세우고 수출 주도적 성장 농정을 펼쳐왔다. 그러다 보니 생산성 향상을 위해 화학비료 사용을 늘려야 하고 비닐하우스 등 시설농업에 투자를 늘려야 했다. 오래 전부터 친환경농업이 시행돼 오고 있지만 성장 농업에 밀려 확산되지 못하고 있다. 온실가스 배출이 자연히 늘어날 수밖에 없다. [표 15-1]에서 보듯이 2018년을 기점으로 국가 전체의 온실가스 배출량은 줄어들고 있지만, 농업 분야는 오히려 늘어나 국가 전체에서 차지하는 비중도 2.9%에서 3.2%로 증가했다. 영농형이라는 미명하에 추진되는 농경지 내 태양광 발전설비의 확산도 탄소 배출을 늘리는 데 일조하고 있다.

살펴본 바와 같이 농업 분야에서의 온실가스 배출은 다른 분야와 달리 주로 비에너지 농업 활동에서 배출된다. 에너지 부문에서는 온실이나 축사의 냉난방 전기 사용, 각종 농기계나 농기구에 사용되는 연료의 연소 과정에서 이산화탄소가 배출된다. 그 외에는 경종과 축산 등 농업 생산과정에서 배출되는 온실가스가 차지한다. 세계적으로 보면 농업 관련 분야(농업, 산림, 토지이용 변화, 축산 등)가 전체 온실가스 배출량에서 차지하는 비중은 20%에 이른다.[29] 이산화탄소 배출은 주로 농지 이용 전환(산림의 목초지, 농경지 전환)과 과잉 방목에 의한 농지 황폐화로부

29 IPCC(2023), FAO(2016).

표 15-3 우리나라 농업 분야 온실가스 배출 현황

(단위: 천t CO_2eq)

	2018	2019	2021
총배출량	21,136	20,965	21,415
장내 발효 (메탄)	4,471 (21.2)	4,589 (21.9)	4,908 (22.9)
가축분뇨 처리 (메탄, 아산화질소)	4,936 (23.4)	4,897 (23.4)	5,381 (25.1)
벼재배 (메탄)	6,251 (29.6)	5,913 (28.2)	5,432 (25.4)
농경지 토양 (아산화질소)	5,462 (25.8)	5,549 (26.5)	5,682 (26.5)
작물잔사소각 (메탄, 아산화질소)	0.015 (0.00)	0.016 (0.00)	0.011 (0.00)

출처: 통계청 국가통계포털(KOSIS).
주: 괄호 내의 수치는 총배출량 중의 구성비(%).

터 온다. 메탄과 아산화질소는 가축의 장내 발효와 분뇨, 질소비료를 투입하는 논 농업 등에서 발생한다.

정점을 찍었던 2018년 기준 한국의 온실가스 총배출량은 727.6백만톤 CO_2eq이다([표 15-1]). 그 구성을 보면 에너지 연소로 배출되는 온실가스는 전체의 87.0%를 차지하는 632.6백만톤이고, 산업공정 55.8백만톤(7.7%), 농업 21.1백만톤(2.9%), 폐기물 17.4백만톤(2.4%)이다. 그리고 LULUCF 분야에서 흡수한 양은 40.3백만톤으로 이를 고려하면 2018년 우리나라 온실가스 순배출량은 686.6백만톤이다. 최근 2021년에는 우리나라 농업 부문에서 배출된 온실가스는 에너지 부문은 제외할 때 21.4백만톤 CO_2eq으로 다른 부문과 달리 오히려 늘었다. 국가 전체 배출량에서 차지하는 비중도 2.9%에서 3.16%로 증가했다.[30] 이 중에는 벼 재배(메탄) 25.4%, 농경지 토양(아산화질소) 26.5%, 가축분뇨 처리(메탄, 아산화질소) 25.1%, 가축 장내 발효(메탄) 22.9%, 기타 작물 잔사 소각(메탄, 아산화질소) 0.0% 등이다([표 15-3]).

30 농림업 에너지 부문(농기계 연료, 시설재배 냉난방 등)의 온실가스 배출은 국가 에너지 분야의 기타 항목으로 분류된다. 2018년 기준 배출량은 9.9백만톤 CO_2eq이다(최은정, 2021).

표 15-4 우리나라의 LULUCF 분야 온실가스 배출 현황

(단위: 천t CO_2eq)

	2019	2020	2021
총배출량	-37,720	-37,887	-37,766
산림지	-40,262	-40,522	-40,389
농경지	2,772	2,834	3,009
초지	-0.023	-0.016	-0.007
습지	0.301	0.307	0.304
기타	-0.509	-0.490	-0.684

출처: 통계청 국가통계포털(KOSIS).

한편, 농업은 다른 산업과 달리 온실가스를 흡수하는 중요한 역할을 하고 있다. 이점이 다른 산업과 구별되는 농업의 특징인데 산림은 대표적인 탄소 흡수원이다. 토지(토양의 적정한 관리)와 농작물도 흡수원이다. 모든 농작물은 광합성 과정에서 이산화탄소를 흡수·저장하고 산소를 배출하여 공기를 정화하는 역할을 한다. 앞에서 논의했던 농업의 다원기능 중 하나이다. 특히 과수와 같은 다년생 나무들은 좋은 흡수원이다. 대기 중의 이산화탄소를 작물 내에 바이오매스로 고정시킨다. 만일 수확 후 생기는 볏짚이나 나무 같은 농업 부산물들을 땔감으로 사용한다면 그만큼 화석연료를 대체하는 셈이므로 온실효과 완화에 기여하는 것이다. 이때 연소 과정에서 나오는 이산화탄소는 본래 대기 중에 있던 것이 흡수되었다 다시 대기 중으로 나오는 것이므로 땔감 사용으로 인한 화석연료 대체효과에 영향을 미치는 것은 아니다.

또한 옥수수, 콩, 유채, 사탕수수 등을 이용하여 재생에너지인 바이오연료(바이오에탄올, 바이오디젤)를 생산, 화석연료를 대체함으로써 기후변화에 긍정적 영향을 미치기도 한다. 탄소중립기본법(제33조)은 정부가 탄소흡수원의 조성·확충을 위해 정책을 시행해야 하는 근거 규정이다. 이 조항은 산림지, 농경지, 초지 등이 탄소흡수원이 된다는 점을 전제로 하고 있다. 다만, 바이오연료 생산을 위해 사용되는 농지만큼 식량 생산 농지가 줄어든다는 데서 식량안보에 부정적 영향을 미친

다는 비판이 따르고 있음은 물론이다. [표 15-4]에서 보듯이 우리나라의 탄소 흡수원은 전적으로 산림지에 의존하고 있으며, 연간 흡수량은 4천만 톤 이상이다. 농경지는 흡수가 아니라 오히려 3백만 톤 정도의 온실가스를 배출하고 있다. 우리나라의 농지는 화학비료나 농약의 과다 투입, 경운(耕耘) 농법 등으로 토양의 탄소 흡수 기능을 제대로 발현하지 못하고 있다.

제4절 기후변화 정책 대응과 직접지불

4.1 기후변화와 농업 분야의 정책 대응

기후변화 상황에서 제기되는 농업 분야의 정책적 대응은 상호 미치는 영향에 따라 두 방향으로 나누어 접근할 수 있다. 하나는 기후변화가 농업에 미치는 영향에 대하여 어떻게 대응할 것인가, 그리고 다른 하나는 반대로 농업이 기후변화에 미치는 영향을 어떻게 줄여나갈 것인가이다. 두 방향의 정책적 대응 모두 중요하다.

먼저 기후변화가 농업에 미치는 부정적 영향, 즉 기후변화로 인한 농업 생산감소와 생산기반의 축소 문제에 대한 정책적 대응이다. 농업 생산 감소나 생산기반의 축소는 농산물 수요자인 국민과 공급자인 생산 농가에 동시에 영향을 미친다. 수요 측면에서는 다시 식량안보를 포함한 농업의 다원기능에 미치는 영향과 소비자 및 국민 경제에 미치는 영향으로 나누어 볼 수 있다. 생산 농가에 미치는 영향은 농가 소득의 문제와 직결된다. 이들 각 영향에 대한 정책적 대응이 필요하다.

기후위기는 곧 식량위기이자 자연과 환경, 생태계의 위기이다. 공익직불제법이 규정하고 있는 식량안보 등 농업·농촌의 공익기능에 대한 위협으로 이에 대한 정책 대응이 필요하다. 소비자와 국민 경제에 미치는 영향 역시 식량안보 위협에서 비롯되는 문제이기 때문에 기후위기 상황에서 식량안보를 어떻게 확보할 것인지의 정책적 대응이 중요하다. 또한 기후변화로 농업 생산량 감소와 불안정성이 높아지는 상황에서 생산 농가의 소득 문제에 대한 정책적 대응이 필요하다. 결국 크게 보면 기후변화가 진행되는 가운데 식량안보를 포함하여 약화되는 농업의 공익기능을 어떻게 강화할 것인지, 그리고 이로 인해 심화되는 농가소득 불안정성에 어떻게 대처할 것인지의 문제로 요약된다.

따라서 현행 공익직불제 중심의 직불제 체제를 기후변화 상황에서 어떻게 보완하고 강화해 나갈 것인지의 문제로 귀착될 것이다. 우리는 이미 앞에서 공익직불제 문제를 상세히 논의했다. 주요 곡물에 대해서는 현행 공익직불제 체제에서 CCP, DPP의 도입 필요성에 대해서도 살펴보았다. 여기에 기후변화라는 또 다른 상황이 추가되면서 현행 직불제 체제를 어떻게 더 보완해 나갈 것인지를 논의해야 한다. 기후변화는 자연재해로 인한 생산감소와 농가소득 감소를 초래하고, 농산물 가격변동과 농가의 소득변동을 심화시킨다. 그래서 수입보험이나 재해보험 같은 보험형 직접지불이 더욱 필요하고, 공익직불제의 농가소득 안정화 기능이 강화되어야 한다. 채소나 과채류 등 일부 품목에 대해서는 원활한 공급을 위해 시설형 스마트 농업에 대한 지원도 필요하다. 또한 신품종 기술개발 및 확산 등 기후변화 적응을 위한 정책지원도 있어야 한다. 이런 유형의 지원은 직접지불이 아닌 정부서비스로서 농업협정상 허용되는 정책으로 시행될 수 있다.

다음으로는 농업이 기후변화에 미치는 영향에 대한 정책 대응이다. 이는 농업 분야에서 발생하는 온실가스 배출을 줄이고 궁극적으로는 탄소중립을 어떻게 실현해 나갈 것인지의 문제이다. 농업 분야의 온실가스 배출은 우리나라 전체 배출량의 3.2%로 세계 기준으로 보면 작은 비중이다. 우리나라 농업 부문이 지구온난화에 미치는 부정적 영향은 상대적으로 크지 않다는 의미이다. 그렇다고 이것이 농업에서 탄소중립 노력을 소홀히 하는 행위를 정당화할 수는 없다. 농업에서의 온실가스 배출은 멀리는 지구온난화에 영향을 미치지만, 환경보호 같은 농업의 공익기능에 직접 악영향을 미친다. 공익직불제법을 시행하면서까지 농업의 공익기능을 제고하고자 하지만, 정작 농업은 온실가스 배출로 그 기능을 스스로 훼손하고 있는 셈이다. 그렇기 때문에 농업에서의 온실가스 배출 문제는 기후변화 이전에 공익기능 제고 차원에서라도 적극 대처해야 한다. 장기적으로는 지속 가능한 농업·농촌 발전을 위한 길이다. 농업기본법 제47조의 지구온난화 방지 관련 규정이나 공익직불제법에 의한 선택형 직접지불 관련 규정들은 기후변화에 대한 정책적 대응을 위한 근거 규정이 될 것이다.

4.2 농업 생산구조의 문제

앞서 살펴본 바와 같이 최근 우리나라의 국가 전체 온실가스 배출량은 줄어들고 있지만, 농업 부문의 배출량은 줄지 않고 오히려 증가하고 있다. 지속적으로 성장하고 있는 다른 부문과 달리 성장이 장기 정체되고 농가의 농업소득이 30년 가까이 제자리걸음을 하고 있는 농업 부문은 오히려 온실가스 배출량이 증가하고 있는 것이다. 생산 구조적 측면을 살펴보자.

농업 내에서 부문별로 보면 [표 15-3]에서 보듯이 재배업(경종)과 축산업 각 부문에서 거의 비슷한 비중으로 온실가스를 배출하고 있다. 2021년 기준 재배업과 축산업의 배출 비중은 각각 52%, 48%이다. 그런데 두 부문의 부가가치 비중을 비교하면 재배업 부문이 훨씬 크다. 2022년 경상가격 기준으로 재배업 부문의 부가가치는 축산업의 3.7배이다.[31] 그러니까 부가가치 한 단위당 온실가스 배출량은 축산업이 재배업에 비해 3.4배 크다는 의미가 된다. 다시 말하면, 온실가스 배출량 한 단위당 부가가치가 축산업이 그만큼 작다는 뜻이다. 온실가스 배출 측면에서만 보면 우리나라의 축산업은 매우 비효율적인 산업이다. 축산업은 재배업에 비해 상대적으로 온실가스 배출에 훨씬 더 많이 기여하는 반환경적 산업이라는 의미이다. 부가가치 창출에 비해 사회에 주는 환경 부하가 너무 크고, 토지를 기반으로 하는 재배업 부문에 비해 공익적 가치가 훨씬 떨어진다. 미래 지속 가능한 농업발전을 지향한다면 우리나라는 축산업의 비중을 줄이는 농업 부문의 생산구조 조정이 필요

31 2022년 기준 재배업 부가가치는 경상가격으로 24조 2,445억 원, 축산업은 6조 5,583억 원이다(농림축산식품주요통계, 2023).

하다. 육류와 낙농품의 부족한 부분은 무역을 통해 조달하는 것이 기후변화 완화와 환경 측면은 물론 효율적인 글로벌 자원배분 측면에서도 바람직할 것이다.

이 문제는 미래 농산물 소비구조가 어떻게 변할 것인지와도 직결된다. 국민의 의식 변화와 함께 소비행태가 친자연, 친환경적으로 변하면 농업 내의 생산구조도 이런 방향으로 변화가 일어날 것이다. 붉은 고기나 가공육 소비가 줄고 채소와 과일 등 식물성 식품 소비를 늘리면, 장기적으로 국내 축산업의 상대적 비중도 자연히 줄어드는 생산구조의 변화가 일어날 것이다. 그리고 농업 부문의 온실가스 배출 감소와 기후변화 완화에도 기여하게 될 것이다.

4.3 농업 분야의 탄소중립

(1) 관련 법령의 내용

우리나라의 농업 분야 탄소중립 정책에 관한 사항은 농업기본법과 탄소중립기본법에서 규정하고 있다. 먼저 농업기본법(제47조)에 따르면 국가와 지방자치단체는 농업·농촌이 지구온난화 방지 및 기후변화 완화 등 공익기능을 수행하도록 지구 온실가스 감축에 필요한 정책을 시행하여야 한다. 농업은 기후변화 완화라는 공익기능을 수행하는 산업이며[32] 국가와 지자체는 이를 위한 정책을 시행해야 하는 책임을 규정해 놓은 것이다. 이 법 제47조는 그 방안의 하나로 바이오에너지에 이용되는 농작물 및 산림자원을 생산·공급하기 위한 정책을 시행하도록 규정하고 있다. 농업은 재생 가능한 바이오에너지를 생산함으로써 기후변화 완화에 기여하는 공익기능을 수행한다는 점을 규정해 놓은 것이다.

다음으로 탄소중립기본법에서는 농업 분야 온실가스 배출에 관한 사항(제45조)과 흡수에 관한 사항(제33조)을 동시에 규정하고 있다. 탄소중립기본법 제45조가 규정하는 주요 내용은 다음과 같다. 정부는 농작물의 생산 및 가축 생산 등의 과

32 여기서는 같은 법 제3조의 9(공익기능 정의)와 달리 부정적 외부효과를 방지하는 기능을 농업·농촌의 공익기능으로 규정하고 있다.

정에서 발생하는 온실가스 배출을 줄이고 기후위기에 대응하여 식량안보를 확보함으로써 탄소중립 사회로의 이행에 기여하기 위하여 농림수산의 전환 시책을 수립·시행하여야 한다(제1항). 이 전환 시책에는 다음 사항이 포함되어야 한다. ① 정밀농업, 유기농업 등 농림수산구조의 전환에 관한 사항, ② 농림수산 분야 온실가스 감축 기술·기자재·시설의 개발 및 보급에 관한 사항, ③ 농림수산 분야의 화석연료 사용량 감축, 신·재생에너지 보급과 에너지 순환 및 자립 체계 구축에 관한 사항, ④ 기후위기로 인한 농림수산업 여건 변화 예측과 신품종 개량 등을 통한 식량자급률 제고에 관한 사항이다(제2항). 또 정부는 농업·농촌 및 식품산업 발전계획을 수립·시행할 경우 온실가스 감축과 기후 회복력을 높일 수 있는 시책을 반영하여야 한다(제3항). 한편, 온실가스 흡수에 관한 제33조는 다음과 같이 규정하고 있다. 정부는 산림지, 농경지, 초지, 습지, 정주지 및 바다숲 등에서 온실가스를 흡수하고 저장하는 탄소흡수원 및 그 밖의 바이오매스 등을 조성·확충하거나 온실가스 흡수 능력을 개선하기 위한 시책을 수립·시행하여야 한다(제1항).

(2) 탄소중립 방안

임업을 제외한 우리나라 농업 부문의 온실가스 비중은 2021년 국가 전체의 3.2%(에너지 부문 제외)로 세계적 기준으로 보면 낮은 수준이다. 그럼에도 공익직불제를 시행하고 있는 나라로서 미래 지속 가능한 농업발전을 위해서는 농업 부문에서 탄소 배출을 줄이는 노력을 추진해 나가지 않을 수 없다. 농업에서 저탄소, 나아가 탄소중립을 이루기 위해서는 우선 온실가스 배출을 최소화해야 하지만, 동시에 농업의 다원기능적 특성을 살려 온실가스의 흡수·저장 기능을 극대화하는 것도 매우 중요하다. 탄소중립기본법이 농업 분야의 온실가스 배출과 흡수에 관한 조항을 별도로 동시에 두고 있는 것도 이런 이유일 것이다.

우선 농업 생산 과정에서 온실가스 배출을 최소화할 수 있는 영농 방식을 채택하는 것이다. 화학비료 투입을 최소화하는 친환경적 영농, 메탄을 다량 발생시키는 논농업의 논물 간단 대기, 축산에서 가축분뇨 자원화 처리나 저 메탄가스 소 사료 사용 등이 여기에 속한다. 에너지 부문에서는 온실이나 축사의 냉·난방 전기와 연료 사용을 줄일 수 있는 방법을 강구하고 각종 농기계 연료 사용을 최소화해야 한다. 여기에 바이오에너지 사용을 늘려 화석연료를 대체하는 것도 필요하다. 원예작물에 주로 사용되는 비닐하우스나 유리온실 등 시설농업은 난방용 전기, 석유 등 농업 분야의 에너지 다소비 분야로 온실가스를 다량 발생시키고 있다. 뿐만 아니라 대규모 비닐하우스 온실 단지에서는 열섬효과 같은 온도 상승효과도 크다. 이 같은 시설농업의 규모 자체를 사회적 최적 수준에 맞게 축소·조정해야 한다.

다음은 농업의 공익기능적 특성인 긍정적 외부효과를 최대한 촉진함으로써 온실가스를 흡수·제거해야 한다. 산림이나 과수를 포함한 모든 농작물은 식물의 광합성 작용으로 스스로 이산화탄소 흡수기능을 한다. 이 기능이 최대한 발현될 수 있는 자연·환경·생태 친화적 농업 방식이 이루어지도록 해야 한다. 또 무경운(無耕耘) 농법 등 영농기술 개발과 영농방법의 개선, 토양의 적정 관리 등을 통해 토양의 탄소 고정 기능을 극대화하여야 한다.

농업 분야에서 온실가스를 줄일 수 있는 세부적인 기술과 방법이 [표 15-5]에 정리되어 있다. 그러나 온실가스 배출 양태나 특성을 고려할 때 농업 부문에서 탄

표 15-5 온실가스 감축을 위한 방안

분 야	세부 기술 및 방법
농경지 메탄, 아산화질소 배출 감축	유기농업 및 친환경 농법 확대, 영농방법 개선으로 화석연료 사용량 감축
휴경 농경지 초목 조성	휴경지 조림 및 초지 조성, 휴경지 피복작물 재배
토양 내 유기탄소 저장	보전경운(홑경, 무경운), 윤작, 화학비료 유기물 대체(작물잔사, 슬러지 활용), 토양 피복, 관개 방법(물관리 방법) 개선
반추 동물 장내 발효 개선	사료의 에너지 함량과 소화효율 개선, 가축개량, 양질 조사료 급여, 반추위 발효 조정제 투여
축산 분뇨 처리시설 개선	슬러리의 호기처리시설 확대, 메탄 포집 및 자원화
바이오매스 활용	바이오에너지 작물 재배로 화석연료 대체, 바이오가스·바이오매스 자원화 기술 확대, 쌀겨 이용

출처: 김창길(2009).

소중립을 실현하기는 생각만큼 쉽지는 않아 보인다.[33] 정책적으로는 공익직불제가 역할을 할 수 있는 방안을 모색해야 한다. 설령 세계의 탄소중립 노력이 성공하여 2050년까지 지구의 표면 온도를 산업화 이전 대비 1.5도 상승에 묶어 놓을 수 있다 해도 문제가 모두 해결되는 것은 아니다. 탄소중립은 지구온난화의 진행을 정지시켜 기후위기 상황을 그 이상 악화되지 않도록 막는다는 의미이다. 1.5도 상승 제한은 임계치(tipping point)를 넘는 상황을 방지하는 것일 뿐 지구의 온도가 상승한 만큼 지금보다 기후위기는 더 심화될 것은 틀림없다. 그렇다면 기후변화 완화를 위한 탄소중립 노력 외에 새로운 기후변화 환경에 적응(adaptation)하는 것이 중요하다. 영농방법 및 기술의 변화, 새로운 품종 개발 등 미래 지속 가능한 농업발전과 생산성 유지를 위해 새로운 기후환경에의 적응과 복원력(resilience)을 높이는 노력도 동시에 이루어져야 한다.

4.4 기후변화와 직접지불의 역할

기후변화 상황에서 농업 부문의 정책적 대응 방안에 대하여 살펴보았다. 이제 그 실행을 위한 정책수단으로서 직접지불이 어떻게 활용될 수 있는지 논의해 보자. 이때 직불제의 역할은 두 측면에서 접근할 수 있다. 첫째는 기후변화가 농업에 미치는 영향의 관점에서 직접지불의 역할이다. 농업생산 및 생산기반 축소에 따른 식량안보 위협, 애그플레이션으로 인한 국가 경제에 대한 악영향, 그리고 농가소득 감소 및 불안정성 증가에 직불제가 어떤 역할을 할 수 있을 것인가이다. 둘째는 반대로 농업이 기후변화에 미치는 영향의 관점에서 직접지불의 역할로, 농업 부문의 탄소중립을 위해 직불제가 어떤 역할을 할 수 있을 것인가이다. 이 외에 기후변화에 적응할 수 있는 농업 생산체계로의 전환을 위한 신품종 개발 등의 정책도 필요하다. 그러나 이는 직불제가 아닌 연구·개발 투자지원 같은 정부서비스 정책으로

33 농업 분야의 메탄이나 아산화질소 같은 온실가스는 현재나 미래 예상되는 기술로 완전히 제거하기 어렵다(IPCC, 2023). 이런 측면에서 농업 부문의 탄소중립 달성은 매우 어려운 과제로 보인다.

추진해야 한다.

(1) 식량안보와 직접지불

FAO와 IPCC는 2030년 이후 기후변화가 농업 생산성에 미치는 부정적 영향이 세계 전 지역에 걸쳐 심각해질 것으로 보고 있다. 생산성 저하는 공급량 부족으로 이어져 식량안보에 중대한 악영향을 미치고 농산물 가격의 불안정성도 높아질 것이다. 기후위기는 곧 세계의 식량위기이다. 기아와 영양실조, 소득감소에 따른 빈곤 문제를 심화시키고 저소득 저개발국에 더 큰 피해와 고통을 주게 된다.

글로벌 기후위기 상황에서는 다자주의든 지역주의든 자유무역 시스템이 개별 국가의 식량안보를 담보해 줄 수 없다. 국내 생산과 생산기반을 유지하는 것이 무엇보다 중요하다. 이를 위해 직접지불 정책 수단이 어떻게 역할을 할 수 있는지 고민해야 한다. 우리는 이미 이 문제를 제12장에서 상세히 고찰했다. 식량안보에 직접 영향을 미치는 주요 곡물(쌀, 밀, 콩, 보리 등)에 대해서는 현행 공익직불제 내에서 CCP나 DPP 같은 품목별 직불제를 추가로 도입하는 방안이다. 이 제도들은 기후변화 상황에서도 일정 부분 생산과 생산기반 유지에 기여하게 될 것이다. 뿐만 아니라 기후변화로 인한 생산감소 상황에서 농가소득 안정화에도 기여할 수 있을 것이다.[34]

기후변화에 따른 공급감소와 변동성 심화는 농산물의 가격 불안정성을 확대시키고 생산 농가의 소득 불안정으로 이어진다. 이때 직접지불이 가격과 소득 불안정을 완화시키는 위험관리 수단으로 역할을 할 수 있다. 현행 기본형 공익직불제가 어느 정도 소득 안전망 역할을 할 수 있겠지만, 기후변화가 심화하는 상황에서는 보험형의 지불정책이 추가로 필요하다. 농업재해보험이나 수입보험 같은 보험제도는 농업협정(부속서 2의 7-8)이 허용하는 직접지불로 농가소득 안정화를 위한 장치로서 중요한 역할을 할 수 있다.

34 여기에 직불제는 아니지만 극심한 가뭄과 대홍수 등 극한 기후에 대비하기 위해 관개와 치수 등 물관리를 위한 시설 투자지원도 정부서비스 정책으로 병행되어야 한다.

농산물 가격의 상승은 이를 원료로 하는 가공식품과 다른 공산품 가격을 인상시키고, 나아가 임금과 서비스 가격의 인상으로 파급이 확산되면서 경제 전체에 인플레이션을 일으키게 된다. 그만큼 기후변화로 인한 식량안보 문제가 사회에 미치는 영향은 막대하다. 식량안보 확보를 위한 직접지불 정책의 중요성은 아무리 강조해도 지나치지 않다.

(2) 탄소중립과 직접지불

타게팅이 가능한 직접지불은 농업 분야의 탄소중립을 위해 다양한 방법으로 활용될 수 있는 효율적인 정책수단이다. 농업기본법(제47조)은 온실가스 감축을 통한 지구온난화 방지 역시 농업의 공익기능으로 규정하고 있다. 따라서 농업 분야의 탄소중립 시책을 공익직불제의 틀 내에서 추진할 수 있다. 그러나 현행 공익직불제법은 기후변화 완화를 위한 별도의 직불제를 규정하고 있지는 않다. 다만, 기본형 공익직불제의 상호준수의무 규정(제12조)은 화학비료 사용 규제 등 온실가스 배출을 억제할 수 있는 내용을 일부 포함하고 있다. 또 선택형 공익직불제로서 친환경농업직불제와 친환경안전축산물직불제는 온실가스를 줄일 수 있는 제도이다. 그러나 이들 규정은 기후변화 완화를 위한 온실효과 감축이나 탄소중립을 직접 목적으로 한 규정은 아니기 때문에 이를 위한 보완과 별도의 직불제가 필요하다.

탄소중립의 실효성을 높일 수 있도록 공익직불제법 제12조의 상호준수의무의 범위를 확대할 필요가 있다. 화학비료 사용 기준을 강화하고 농업 부산물 소각 억제나 비닐 사용 제한 등을 기본형 직불금 지급의 조건으로 확장할 필요도 있다. 다음으로 선택형 직불제를 활용하는 방안이다. 현행 친환경농업직불제와 친환경축산물직불제를 온실가스 감축과 연계하는 것이다. 또 온실가스 감축을 위한 새로운 유형의 선택형 직불제를 도입할 필요도 있다. 예를 들면, 바이오에너지 생산을 위한 직불제나 논물 간단대기 등 추가적인 탄소 감축 영농행위에 대한 직불제이다. 또 산림보존, 토양 보존 등 흡수원 관리를 위한 직불제도 시행할 수 있다. 선택형 직불제로서 통합적인 기후변화대응직불제나 탄소중립농업직불제 같은 직불제를 도입하는 방안도 있을 것이다.

통상적으로는 기후변화에 대응하기 위한 정책수단으로 탄소배출권이나 탄소세, 저탄소 농산물 인증제 등이 사용되지만 여기서는 직불제 시행에 대하여 고찰하였다. 이런 정책들은 시장기능을 활용하여 직접 탄소 배출을 줄이도록 규제하거나(배출권거래제, 탄소세) 정부의 공식적 인증을 제공하여 온실가스 감축을 장려하는 제도이다. 이와 달리 직불제는 재정지원을 통해 탄소중립을 유도하는 것으로, 배출 억제는 물론 흡수기능을 촉진하기 위해 사용할 수도 있다. 현행 기본형 공익직불제의 상호준수의무 조건처럼 농가의 소득지원과 직접 연계시킬 수도 있다. 직불제가 다양한 방식으로 탄소중립을 유도할 수 있는 것은 타게팅이 가능한 정부의 재정지원 정책이기 때문이다. 특히 우리나라는 공익직불제법이 시행되고 있고 농업기본법에서 농업의 공익기능과 기후변화 정책을 명시하고 있는 점을 고려할 때 미래 기후변화 대응 정책수단으로서 직불제가 역할을 할 수 있는 방안을 모색해야 한다.

미래 지속 가능한 발전을 향한 농업의 역할이 무엇인지 생각해 보면 농업에서의 탄소중립 노력은 매우 중요하다. 그것은 농업의 역할이 경제·산업적 역할을 넘어 다원기능적 공익 서비스 제공을 통한 사회적 편익을 증대시키는 역할로 확대되고 있음을 뜻한다. 탄소중립 노력에 따른 소득감소나 비용상승에 대해서는 직접지불을 통해 농가소득을 보전해야 한다. 기후변화 문제에 대응하기 위해서도 직접지불 정책의 역할이 중요한 이유이다.

제5절 기후변화와 글로벌 시장실패

IPCC가 결론을 내린 것처럼 기후변화가 순전히 인간 활동에 기인한 것이라면, 즉 화석연료 기반의 경제활동에 의한 온실가스가 원인이라면 현재의 기후위기는 명백히 외부효과에 의한 시장실패 현상이다. 기업들의 공해 물질 배출로 인한 부정적 외부효과가 시장실패를 일으키는 것처럼 온실가스에 의한 지구온난화는 전 지구적 공해 문제로 글로벌 시장실패 사례이다. 외부효과에 의한 결과이기 때문에 기후변화로 인해 세계 곳곳에 큰 피해가 생겼다고 해서 온실가스를 다량 배출한 국가들에게 직접 책임을 묻고 보상을 요구할 수도 없다.

지구 대기권은 특정 국가나 특정인의 배타적 지배하에 놓여있지 않은 개방자원으로 글로벌 공공재다. 소비의 비배제성과 비경합성 특성을 갖는 공공재이므로 세계 누구든 대가를 지불하지 않아도 아무런 제한 없이 원하는 만큼 그 자원을 이용할 수 있다. 그래서 경제성장과 산업화 과정에서, 혹은 일상생활과 소비과정에서 무분별한 온실가스 배출로 대기권을 마구 오염시킨 결과가 지구온난화로 이어진 것이다. 글로벌 공유의 비극(tragedy of the commons) 현상이다. 만일 지구 대기권에 대한 소유권 관계가 확립될 수 있다면, 코우즈 정리가 말해주듯이 자율적 시장기구에 의해 시장실패가 교정되어 이 같은 지구온난화 현상은 막을 수 있었을 것이다. 그러나 대기권에 소유권을 정한다는 것은 생각할 수 없는 일이다. 또 만일 이 글로벌 외부효과를 내부화할 수 있는 강력한 국제적 정책간섭 메커니즘이 존재한다면 이때에도 온실가스 배출은 크게 줄고, 따라서 오늘날 이와 같은 기후위기를 맞지는 않았을 것이다. 개별 국가와 기업들은 생산량을 조정하거나, 아니면 재생에너지 사용이나 새로운 기술개발 등 일찍부터 온실가스 배출 감축 노력을 했을 것이기 때문이다.

한 나라의 경제활동에서 배출되는 온실가스는 그 나라에만 머물지 않고 국경을 넘어 지구 전체의 대기권에 온실효과를 일으켜 기후변화로 이어진다. 이로 인한 피해 또한 전 지구적으로 확산된다. 온실가스 배출에 직접 책임이 없거나 적은 나라들까지도 무차별적으로 피해를 받는다. 특히 선진국들이 경제성장과 산업화·도시화 과정에서 발생시킨 온실가스로 인해 저소득 저개발국들이 더 큰 피해를 본다. 극심한 가뭄과 홍수로 직접 농업생산 피해를 보기도 하지만 식량안보 측면에서도 엥겔계수가 높은 저소득 저개발국의 국민이 훨씬 큰 고통을 겪는다. 그렇다고 온실가스를 많이 배출하여 지구온난화 책임이 큰 국가들이 다른 나라들이 입는 손실에 대하여 보상하지는 않는다. 그래서 온실가스는 글로벌 최적 수준보다 과다하게 배출될 수밖에 없고 시장실패에 이르게 된다. 선진국들의 성장과 물적 풍요는 이같이 다른 나라들에게 피해를 주고 얻은 결과물이다. 만일 이 부정적 글로벌 외부효과를 내부화하여 시장실패를 교정할 수 있는 메커니즘이 존재했다면 오늘날 부국들은 그만큼의 부와 성장의 과실을 누리지는 못했을 것이다. 교토의정서가 개도국은 제외하고 선진국들의 온실가스 감축 의무를 규정한 것은 그만한 근거를 갖고 있는 것이다. 탄소 배출권거래제나 시행이 예정된 EU의 탄소국경조정제(CBAM) 같은 조치들은 부정적 외부효과를 내부화하여 글로벌 시장실패를 시정해보고자 하는 노력이다.

기후변화와 그 영향은 전 지구적 시장실패 문제이기 때문에 한두 나라의 노력으로는 해결될 수 없다. 진정성 있는 국제적 공조와 협력이 매우 중요하다. 국제규범과 협력체제의 구축 같은 자율적 규제 시스템이 작동해야 하지만 자국 이익이 우선인 국제사회의 현실에서 제대로 실현되지 못하고 있다. 지구 대기권은 공공재이고 개방자원이므로 누구도 그 이용으로부터 배제될 수 없다. 뿐만 아니라 공공재의 또 다른 특성인 무임승차 문제로 인해 어느 나라도 선뜻 나서 탄소중립을 적극적으로 실천하려 들지 않는다. 그래도 그 자원을 이용하는 데 아무런 지장을 받지 않기 때문이다. 이것이 기후변화 문제가 직면한 딜레마이다. 그래서 글로벌 시장실패를 치유할 수 있는 강력하고 진정성 있는 국제 협력이 필요하다. 2015년 파리협정도 그런 배경에서 나온 국제협약으로 탄소중립을 위한 국제적 움직임이 본격 시작되었다고 볼 수 있다. 그 성공 여부가 미래 지속 가능한 발전의 시대를 열어갈 시금석이 될 것이다.

제16장
성장의 한계와 미래의 농업·농정

지금까지 농업의 다원기능과 직접지불이라는 두 개의 큰 주제에 대하여 집중적으로 살펴보았다. 이 두 주제가 중요한 이유는 그것이 미래 지속 가능한 농업발전과 농정 실현의 중심에 놓여있기 때문이다. 다음 장에서 마지막으로 다루게 될 지속 가능한 농업발전문제에 앞서, 본 장에서는 한국의 농업성장의 한계와 미래의 농업·농정 문제를 논의한다. 먼저 수십 년 집착해온 수출 주도적 성장지상주의 농정이 어떤 결과를 낳았는지 살펴본다. 그리고 나서 미래 농업의 모습과 역할 재정립, 농정이 나아갈 방향에 대하여 논의한다. 끝으로 이를 위한 직접지불 중심 농정체제의 확립 문제를 논의한다.

제16장

성장의 한계와 미래의 농업·농정

제1절 농업성장의 한계

1.1 농업성장의 둔화와 소득 정체

한국 농업은 1990년대 중반 신자유주의적 시장개방의 충격이 가해진 이후 장기 성장 정체기로 접어들었다. WTO 출범 전후의 실질성장률을 비교해 보면, 그 전 10년간에는 연평균 2%의 속도로 성장해 오다 그 후 10년에는 1%로 성장 속도가 절반으로 급격히 둔화하였다. 같은 기간 경상가격 기준 연평균 성장률은 8.6%에서 0,9%로까지 급감했다. 이 같은 농업성장 둔화 현상은 정부의 지속적인 성장정책 추진에도 불구하고 최근까지 계속 이어졌다. WTO가 출범하던 1995년 재배업과 축산업을 포함한 농업 GDP는 실질가치로 21조 969억 원이었는데 최근 2022년에는 27조 6,261억 원에 불과했다. 27년 동안 연평균 1% 성장한 셈인데, WTO 출범 이후 빠져버린 성장 둔화 추세에서 벗어나지 못하고 있는 것이다.[1]

농업성장의 둔화는 바로 농가의 농업소득 정체로 이어졌다. 1990년대 중반 이후 수십 년째 농가당 농업소득은 천만 원 수준에 그대로 머물러 있다. 실질 농업소득은 크게 감소한 셈이다. 1995년 10,469천 원이던 가구당 농업소득은 계속 비슷한 수준에 머물다가 지난 2022년에는 그나마 천만 원 아래로 떨어져 9,485천 원으로 추락하기도 했다. 같은 기간 농가소득은 21,803천 원에서 46,153천 원으로 증가했지만, 이 중 농업소득은 그대로인 채 농외소득과 이전소득만 늘었을 뿐이다. 농가의 가계소득 중 농업소득의 비중은 2022년 기준 20.6%까지 떨어져 농가의 중심 소득원으로서 농업의 지위도 잃어가고 있다.[2] 농업소득의 정체로 인해 도·농간 소득격차는 계속 벌어졌다. WTO 출범 당시까지만 해도 도시가구 소득과 거의 비슷한 수준을 유지하던 농가소득이 지금은 62%까지 추락했다.

이 지표들이 보여주는 한국 농업 현실의 모습은 결국 농산물 시장개방이 본격 시작된 이후 농업성장이 장기 침체기에 빠져버렸기 때문이다. 한국 농업은 성장의 한계에 직면한 것이다. 근 30년 동안 농업 생산활동에서 얻은 농가의 농업소득이 변하지 않고 그대로라는 현실은 매우 우려할 상황이 아닐 수 없다. 분명 무언가 잘못 되었다는 증거다.

정부는 이를 극복하기 위해 농업 성장정책을 적극적, 지속적으로 추진해 왔다. 하지만 불행히도 한번 빠진 성장 정체의 큰 흐름을 바꿔 놓지는 못했다. 농업 생산성과 국제경쟁력 향상을 위해 막대한 투자와 구조조정, 기술개발 노력을 해왔다. 그러나 과거 1990년대 중반 이전의 성장 추세로 회복시키는 근본적 변화를 이끌어내지는 못했다. 수십 년 보호주의 농정에 익숙해 있던 국내 농업이 시장개방의 충격과 치열한 국제경쟁을 극복하는 데는 한계가 있을 수밖에 없었다. 여기에는 한국 농업이 안고 있는 몇 가지 구조적인 요인이 자리하고 있다.

무엇보다 부존자원과 영농규모 요인이다. 국가의 토지(농지)자원 부족과 농

---

1 경상가격으로는 1995년 19조 9,667억 원에서 2022년 30조 8,028억 원으로 연평균 1.6% 성장했다. 같은 기간 국민총소득(GNI)은 연평균 3.4%, 광업·제조업은 5.0% 성장한 것과 크게 대비된다. (농림축산식품주요통계, 2023)

2 여기서 농업소득은 직접 농업 생산을 통해 얻어진 소득을 말한다. 이전소득으로 분류되는 직접지불 소득에는 농업 생산과 직·간접적으로 연계된 소득이 있다. 예를 들면, 과거 쌀의 변동직접지불은 생산을 전제로 하여 지급되는 것인데, 이런 유형의 소득을 농업소득에 포함한다면 농업소득 금액과 비중은 더 늘어날 것이다.

업경영체의 영농규모가 영세한 데 근본적 한계가 있다. 통상적으로 대부분의 산업은 자본축적과 기술혁신을 통해 성장해 간다. 자체 기술이나 자본이 부족하면 해외 도입을 통해 성장을 추구해 나가는 전략도 가능하다. 하지만 농업은 부존된 토지자원이 핵심 생산요소이기 때문에 사정이 많이 다르다. 토지자원은 부족하다고 수입으로 해결할 수 없고, 기술개발로 생산성을 향상시킨다고 해도 토지집약 산업인 농업은 한계가 있다. 첨단 과학·기술 농업 시대라 해도 농업은 기본적으로 토지 집약적 산업의 속성을 크게 벗어날 수 없다. 농지자원, 즉 자연자본이 상대적으로 부족한 한국 농업이 국제경쟁력을 키워 성장해 가는 데는 한계가 있는 것이다.

국가의 농지자원이 외국과 비교하여 상대적으로 부족하다는 것은 국가 차원에서 토지 집약적인 농업이 비교열위(comparative disadvantage)에 놓이게 된다는 의미이다. 생산비용의 상당 부분을 차지하는 농지 사용료의 상대가격이 높아 농업 생산의 기회비용이 클 수밖에 없다. 더 중요한 제약 요인은 농업경영 단위, 즉 농가당 농지 규모이다. 국가의 농지자원 규모에 비해 농가 수가 너무 많아 농가당 경영규모가 작을 수밖에 없다. 외국의 대규모 농가들이 규모의 경제(economy of scale) 이익으로 생산해낸 값싼 농산물과 경쟁이 될 리 만무하다. 유럽의 작은 나라들조차도 농가 단위의 영농규모 면에서는 우리와는 비교되지 않을 정도로 크다. 농산물 시장개방으로 외국 농산물과의 치열한 경쟁이 벌어지는 상황에서 국내 농업은 자연히 위축될 수밖에 없다.

설상가상 비교열위에 놓인 국내의 농업 생산이 위축되면서 농지 수요가 줄어 유휴농지와 농지 전용이 늘어나는 사태가 발생하고 있다. 농지자원이 부족한 나라에서 농지가 오히려 더 빠른 속도로 줄어드는 아이러니 상황에 빠지고 있는 것이다. 뿐만 아니라 유휴농지가 늘수록 농지자원은 황폐화되고 다른 용도로 전환되기도 하면서 농업의 다원기능은 약화되어 식량안보 불안과 농촌경관 훼손은 물론 자연과 환경, 생태계에도 악영향을 미치고 있다.

부존자원과 영농규모 요인 다음으로는 노동력 문제이다. 이농 문제는 경제발전

과정에서 나타나는 자연적인 현상이지만 농산물 시장개방 확대는 이를 더욱 촉진시켰다. 농업 부문의 노동력이 절대 부족한데다 젊은이들의 이농으로 고령화가 급속히 진행되어 농업 생산성은 떨어질 수밖에 없다. 농가의 65세 이상 고령 인구 비중이 이미 절반을 넘었다. 기술발전이 빠르게 진행되고 정보화가 확산되는 환경에서 고령 농민들이 이를 이용하여 생산성을 올리는 건 어려운 일이다. 생산성 높은 젊은 노동력의 부족은 농업 성장 정체의 큰 요인이다. 디지털혁명 시대 기술농업이 확산되고 있지만, 농업 현장에 적용되는 데는 많은 한계를 갖고 있다. 특히 농경지의 절반을 차지하는 밭 농업의 다품종 중·소 규모의 조방농업 방식은 기술농업을 더욱 어렵게 하고 있다. 우리 농업이 안고 있는 이런 구조적인 문제 상황에서 기술혁신이 일어난다고 해서 농업 경쟁력이 자동으로 살아나지는 않는다.

살펴본 바와 같이 토지자원과 영농규모의 문제, 노동력의 문제, 그에 따른 기술진보 이용의 한계 등으로 인해 시장개방 상황에 직면하면서 한국 농업은 장기 침체의 늪에 빠지게 된 것이다. 그 결과 농가당 농업소득이 근 30년 천만 원 수준에 그대로 고착돼 있는 심각한 상황에 처해 있고, 나아가 농촌의 공동화(空洞化) 현상과 지방소멸을 촉진하는 원인이 되고 있다. 국가는 막대한 예산을 투입하면서 필사의 노력을 해왔지만 침체의 늪에서 한국 농업을 과거의 성장 추세로 회생시키지는 못했다. 우리 농업은 사실상 성장의 한계에 직면한 것이다.[3]

1.2 성장지상주의 농정의 한계

농산물 시장개방 확대 이후 농업성장의 둔화와 소득 정체 문제를 살펴보았다. 시장개방이 본격화한 이후 정부는 세계시장에서의 경쟁력 향상 노력과 함께 공격적인 수출 주도적 농업성장 정책을 지속적으로 추진해 왔다. 구조조정과 기술개발

3 한국 농업의 구조적 요인 외에도 농업이 안고 있는 저부가가치 산업으로서의 본질적 문제들도 한몫했다. 농산물시장과 투입 요소시장 간 시장구조의 상이성에서 오는 비용-가격 압착(cost-price squeeze) 현상, 농산물 수요의 소득 비탄력성, 유통구조의 문제 등이다. 여기에 필수 식량이란 이유로 물가 안정화 정책(할당관세 등)으로 인한 농산물 가격상승의 한계, 전방연관산업인 식품산업이 국산 농산물 수요를 통해 성장을 견인해 주지 못한 점도 농업성장이 장기 정체되는 요인으로 작용했다.

투자 확대, 기계화와 자동화 등 생산성 향상을 위한 다양한 성장정책을 시도했다. 그러나 이런 노력에도 불구하고 성장은 둔화 국면을 벗어나지 못하고 농가의 농업소득은 아직도 천만 원 벽에 갇혀 있다. 성장정책을 추진해 오는 과정에서 얻은 것은 보잘것없는데 반면 많은 것을 잃고 말았다. 국가 자원의 효율적 배분 측면에서 그렇고, 자연과 환경을 파괴하고 경관을 훼손하는 등 농업·농촌의 공익기능이 훼손된 측면에서도 그렇다. 막대한 국가 예산과 자원을 투입했는데도 불구하고 농업 부문의 경제성적표가 이렇다면 국가의 자원이 많이 낭비되었다는 의미다. 더구나 농업의 제1의 공익기능으로 내세우고 있는 식량안보 상황도 전혀 나아지지 않았다는 데서 한국의 성장지상주의 농정에 대한 회의가 들지 않을 수 없다.

수출 주도적 양적 성장에 몰입할수록 농업은 치열한 국제경쟁에 내몰릴 뿐 상황은 나아지지도 않으면서 농촌경관을 망치고 자연과 환경, 생태계를 파괴하는 사회적 손실만 키우게 된다. 불행히도 현재의 한국 농업·농촌 상황으로는 미래 지속가능 사회를 향한 다원기능을 말할 수 없다. 그 동안의 토지생산성 향상을 통한 성장전략은 농약과 화학비료, 각종 시설농업 방식 의존도를 높이면서 농촌경관을 훼손하고 자연과 환경, 생태계를 파괴해 왔다. 무분별한 수출 주도적 성장정책으로 한국의 농촌 들녘은 비닐하우스 천국으로 변해버렸다. 농업기본법에서 첫 번째 농업의 공익기능으로 정의하고 있는 식량안보 제고에도 전혀 기여하지 못했다. 수출 주도적 농업성장을 추구했던 지난 이삼십 년 동안에도 우리나라의 식량자급률은 계속 하락해 왔다. 1970년 80.5%였던 곡물자급률은 2023년 22.2%로 추락했고, 같은 기간 사료용을 제외한 식량자급률은 86.2%에서 49.0%로 줄었다.[4] 세계 기준으로 본 우리나라의 곡물자급률은 비교가 안 될 정도로 낮은 수준이다.[5] 중요 농업자원과 투자가 수출을 늘리는 데 집중되었기 때문이다. 그러는 사이 농지의 유휴화와 전용이 늘고 농업 생산기반은 계속 줄어들었다.

농업 부문이 비교열위에 놓인 국가가 의욕만 앞서 무리하게 수출 주도적 성장

4 농림축산식품부, 「농림축산식품주요통계」, 2024.

5 최근 3개년(2020-22) 평균 곡물자급률은 세계 평균이 100.3%인데 한국은 19.5%이다(한국농촌경제연구원, 「통계로 본 세계 속의 한국농업」, 2023).

제일주의 농업정책을 추진해 옴으로써 발생한 기회비용은 너무 크다. 국가의 자원배분 측면, 부정적 외부효과에 의한 사회적 비용 측면, 그리고 소득분배 구조의 악화에 따른 경제·사회적 불평등과 양극화 심화 측면 등에서 농업의 성장지상주의 정책이 어떤 문제를 남겼는지 살펴보자.

(1) 국가 자원의 낭비

한 나라의 가용 자원은 총량적으로 한정돼 있다. 이 한정된 자원을 효율적으로 배분할 때 국가 전체의 부가가치, 즉 GDP를 극대화할 수 있다. 개방경제하에서 국가의 비교우위 산업을 전략적으로 육성하고 여기에 자원을 집중 투자하는 것도 한정된 자원을 효율적으로 배분하는 성장전략이다. 효율성 원칙에 어긋나는 투자와 자원배분은 결국 국가의 한정된 자원을 낭비하는 것이다.

우리는 앞서 1990년대 중반 이후 우리나라의 농업성장이 둔화하고 농가의 농업소득이 정체될 수밖에 없는 구조적인 문제를 살펴보았다. 농업의 생산성과 국제경쟁력 향상을 위한 정부의 지속적인 노력에도 불구하고 이런 결과를 피할 수 없었다. 무엇보다 비교열위 산업을 대상으로 무리한 수출 주도적 성장제일주의 농정으로 일관해 온 것은 국가 자원의 효율적 배분 측면에서 잘못이었다. 대외 의존도가 높은 우리나라의 경제정책 방향이 기본적으로 수출 중심의 성장전략을 추진하는 것이지만, 그렇다고 모든 분야에 같은 전략이 타당한 것은 아니다.

농업에서조차 수출을 통한 성장전략에 매달리는 것은 잘못이라는 점을 비교우위론(theory of comparative advantage)은 분명히 말해주고 있다. 수출 주도적 성장지상주의 농정은 농업 부문에 과도하게 자원이 집중됨으로써 국가 차원의 자원배분의 효율성을 저해하게 된다. 의욕만 앞서 비교열위 산업에 수백억 불 수출 목표와 미래 성장산업이라는 정치적 구호를 내걸고 자원이 과다 투입되면 비효율과 낭비만 초래하는 건 당연하다. 결국 국가 전체적으로 보면 효율적 자원배분에 실패함으로써 파이의 크기를 극대화하지 못한 셈이다.

지금까지 수출은 주로 가공식품 중심으로 이루어졌다. 그마저도 원료 농산물 대부분을 수입에 의존했다. 그러다 보니 농식품 수출은 늘어나도 농업 부문의 성장이나 농가의 농업소득 증가로 이어지지는 않았다. 오랜 기간 수출 농정에 매달려 왔어도 농가의 농업소득이 30년 가까이 천만 원대를 벗어나지 못하고 있는 원인이다. 비교열위에 놓인 국내 농산물의 상대가격이 비싸기 때문에 그럴 수밖에 없다. 시장개방 상황이긴 하지만 우리의 농업자원은 5,200만 내수를 충족하는 데도 턱없이 부족하다. 국가적으로 보면 국제경쟁력을 갖춘 산업 중심으로 좀 더 효율적인 자원배분 성장전략으로 가야 한다. 동시에 농업 부문에서는 적절한 수입관리와 함께 더 커진 경제성장의 과실을 직불제 같은 분배정책을 강화하여 농가소득을 보전하는 방향으로 가야 한다. 국가의 한정된 자원을 효율적으로 배분하지 못하여 낭비를 초래했다는 측면에서 수출 주도적 농업성장 전략은 득보다 실이 크다.

(2) 부정적 외부효과에 따른 사회적 비용

다음은 농업의 다원기능이 제대로 발현되지 못해 생기는 사회적 손실이 매우 크다는 점이다. 토지자원이 상대적으로 부족한 나라에서 수출로 성장하고 소득을 늘리려면 토지생산성을 향상시켜야 한다. 그러기 위해서는 화학비료와 농약을 과다 투입하게 되고 나아가 집약적 시설농업에 의존하게 될 수밖에 없다. 자연과 환경, 생태계를 파괴하고 농촌경관 훼손으로 이어지게 된다. 이때 수출농업에서 오는 이익은 결국 부정적 외부효과에 의한 사회적 비용의 대가로 얻은 셈이다. 그래서 기회비용의 관점에서 희생된 모든 가치를 비용으로 본다면 비교열위에 놓인 한국이 수출농업에 자원을 집중하는 것은 바람직하지 못한 것이다.

대표적인 예가 원예작물 수출을 늘리기 위해 비닐하우스 농업에 의존하는 것이다. 토지자원이 부족한 우리나라에서 생산성을 높이기 위해 흔히 행해지는 영농 방식이다. 수출하여 소득을 얻기 위해 비닐하우스에서 참외를 집약적으로 생산한다고 하면, 이때 발생하는 비용은 직접 생산에 들어간 금전적 비용만이 아니다. 환경과 생태, 자연경관을 해치고, 온실가스 배출로 인한 지구온난화 등 이들 부정적 외부효과로 인한 사회적 비용이 비닐하우스 농업의 기회비용으로 모두 고려되어야 한다. 그런데 부정적 외부효과로 인한 이 부분은 계산되지 않아 사회적으로 과잉 생산되고 전국 들녘이 온통 비닐하우스로 덮혀 가는 시장실패 현상이 일어나게 된다. 경북 성주의 대규모 참외 비닐하우스 집산지가 그런 예다. 과잉 생산된 참외는 저렴한 가격에 수출로 밀어내고, 생산은 다시 늘어나면서 비닐하우스 단지는 확산돼 간다. 뿐만 아니라 값싸게 수출한 만큼 국내 소비자들은 높은 가격을 지불하고 참외를 사 먹어야 한다. 그러는 사이 전국의 들녘은 비닐하우스 천국으로 변해가면서 자연과 환경이 파괴되고 농촌경관은 무너지고 있다.

이런 농업은 누구를 위한 것인가? 해당 농가의 이익은 늘어나겠지만, 혜택은 주로 수출 대상 국가와 그 나라의 소비자들이 본다. 그 나라 입장에서는 값싸게 참외를 맛보면서 자기네 국내 농업자원과 환경도 보전할 수 있으니 일석이조의 이익이다. 국내 소비자들은 값이 오르니 손해다. 세상의 작동원리는 기본적으로 제로섬 게임이다. 그들이 얻은 이익은 고스란히 우리 국민과 미래 세대들의 피해로 돌아온다. 그래서 농가들에게 직접지불이 필요한 것이다. 생산은 사회적 최적 수준으로 조절하고 소득이 줄어드는 부분을 직접지불로 보전해 주는 정책이 필요하다. 그래야 자원과 환경, 생태계를 보전하고 경관을 아름답게 유지하여 국민이 행복해질 수 있다. 장기적으로는 농업·농촌의 지속 가능한 발전으로 가는 길이다. 토지자원이 부족하여 농업이 비교열위에 놓인 국가가 사시사철 시설농업을 통해 환경과 자원, 경관을 희생하면서 수출하는 것은 사회적으로 비효율적이다. 자원배분, 환경과 생태, 경관, 기후변화 모든 측면에서 그렇다. 농업기본법이 정하는 농정방향이나, 법률 제정까지 하면서 적극 추진하고 있는 공익직불제의 목적 측면에서 보면 더욱 그렇다. 이 문제는 계속 이어서 좀 더 논의해 보자.

(3) 비닐하우스 시설농업의 사회적 비용

백색혁명으로 포장된 비닐하우스 영농은 토지생산성의 향상으로[6] 농가소득을

6 토지생산성이 향상되었다는 것은 다른 관점에서 보면 토지가 집약적으로 사용되어 토양이 오염되고 비옥도가 떨어지고 있다는 뜻이기도 하다.

증대하는 효과가 있지만, 부정적 외부효과로 인한 사회적 손실은 그 이익을 초과할 것이다. 세계 최대 비닐하우스 공화국이 되어 전국 농촌의 경관과 환경을 망쳐놓고, 에너지 다소비 농업 분야로 기후변화에도 악영향을 미치고 있다. 이 사회적 비용을 내부화하는 정책 시행이나 제도적 장치가 없기 때문에 전국의 농촌 들녘은 장소를 가리지 않고 비닐하우스로 덮여가고 있다. 명백한 시장실패 현상이다. 수출용 시설 원예작물 생산을 위해 냉·난방용 에너지 보조금을 지급하는 정책은 기후위기 시대에 탄소중립 정책 방향이나 공익기능 증진이라는 농정목표에 어긋나는 것이다. 이런 방식으로 가격경쟁력을 향상시켜 수출을 장려해 왔지만 이제는 미래 지속 가능한 농업발전 차원에서 재고해야 한다. 앞으로는 농업 분야에도 RE100을 요구하는 날이 올 것이고, EU의 탄소국경조정제(CBAM)도 예정돼 있듯이 이런 국제적 추세에 따라 우리도 변해야 한다. 더 이상 집약적 영농 방식의 시설농업 정책은 지속가능하지 않을 것이다. 고령화 문제 대처와 청년농 유치를 위해 스마트 시설농업이 확산되고 있지만, 장기적으로 미래 지속 가능한 농업발전의 관점에서 그 적정수준과 방법을 판단해야 한다.

비닐하우스 농업은 최대한 내수용으로 제한하고 수출을 위한 비닐하우스 시설농업은 규제해야 한다. 언급한 바와 같이 비닐하우스 재배로 값싸게 수출하여 농가소득을 올리지만, 부정적 외부효과를 고려하면 사회적으로는 손실이 크고 외국의 소비자들만 이익이다. 농가소득이 늘어나고 농업성장에 보탬이 된다고 해서 환경과 경관을 해치고 탄소 배출이 늘어나는 것을 감수하면서 외국의 소비자들에게 값싼 농산물을 공급할 이유는 없다. 글로벌 자원배분의 효율성 관점에서도 바람직하지 않다. 농경지 자원이 풍부하고 기후조건이 유리하여 비교우위가 있는 나라에서 생산이 되었더라면 환경과 자연 자원의 희생을 줄이면서 더 저렴하게 누구나 소비할 수 있었을 것이다. 온실가스 배출도 줄어 글로벌 기후변화 대처에도 더 도움이 되었을 것이다.

부정적 외부효과까지 고려한 사회적 최적 수준을 찾아 그 범위에서 허용되어야 한다. 다시 말하면, 최대한 국내 자연자원과 환경, 농촌경관을 희생하지 않고 지속 가능한 농업발전을 저해하지 않는 범위에서 허용해야 한다. 한 가지 방안은 비닐하우스 영농 총량제와 거래제를 통해 부정적 외부효과를 일으키는 사회적 비용을 내부화하는 경제적 인센티브제를 시행하는 것이다. 공익직불금 지급도 제한하여야 한다. 심지어는 이런 사례도 있다. 알로에 같은 아열대 작물을 국내에서 비닐하우스 시설농업으로 생산하여 태국 등 아열대 국가로 수출하고 있다는 것이다. 해당 농민은 수익이 남아 그런 영농을 한다고 강변하겠지만 이 얼마나 모순인가? 아열대 작물은 기후조건이 맞는 아열대 국가에서 생산하는 것이 효율적이지 않은가? 개별 농민에게는 이익이 될 수도 있겠지만, 부정적 외부효과에 따른 사회적 비용을 고려하면 국가 전체적으로는 분명 손실이 클 것이다.

영농형 태양광 발전 사업도 같은 논리로 말할 수 있다. 해당 사업자나 개별 농민 입장에서 보면 이익이 될 수 있겠지만 사회적 관점에서 평가해야 한다. 태양광 발전으로 발생하는 부정적 외부효과의 사회적 비용까지 비용-편익 분석(cost-benefit analysis)에 포함하여 판단해야 한다. 신선 농산물의 수출을 늘리기 위해 국내 환경과 생태, 자연을 훼손·파괴하는 시설농업 방식의 생산증대는 안 된다. 비닐하우스 같이 환경과 경관을 훼손하며 농업의 다원기능의 공익적 가치를 떨어뜨리고 부정적 외부효과를 일으키는 생산 방식은 내수용 충족을 위한 범위에서 제한되어야 한다. 수출농업의 성장지상주의는 우리나라처럼 좁은 경지면적 국가에서는 집약농업(intensive agriculture) 영농 방식으로 가게 돼 있다. 자본과 기술력을 갖고 영농형이란 이름으로 추진하는 태양광 발전 사업이나 스마트 팜 명분을 내세워 무분별하게 농촌지역에 투자를 확대하는 관련 기업들도 경계해야 한다. 미래 지속가능 사회를 위해 농업이 어떤 모습으로 발전해 가야 하는지 생각해야 한다.

농업 분야에 대한 투자사업에는 반드시 식량안보와 환경보호 등 농업의 다원기능에서 오는 공익적 가치가 고려되어야 한다. 비용-편익 분석에서도 경제적 수익성뿐 아니라 농업의 다원기능적 특성을 충분히 반영하여 그 공익적 가치가 편익에 반드시 포함되어 투자 여부가 결정되어야 한다. 단순히 경제적 수익성만 고려한 비용-편익 분석이 되어서는 안 된다. 이것이 농업의 공익기능을 농업의 핵심 역할로 규정하고 있는 농업기본법의 정신이다.

(4) 소득분배 구조의 악화

수출 주도적 성장제일주의 농업정책은 소득분배 구조를 악화시키는 결과를 초래했다. 이런 성장전략으로는 도·농 간, 농업과 비농업 간, 농업 내의 대농과 중·소농 간의 소득 불평등과 양극화를 줄일 수 없다는 것도 판명되었다. WTO 출범 전 도시가구 소득과 거의 같았던 농가소득은 60% 수준까지 추락했다. 농업성장 정책을 계속 추진해 왔음에도 불구하고 한 번 벌어진 소득격차는 회복되지 않고 있다. 신자유주의적 성장지상주의는 오히려 무한경쟁 속에 소득 불평등 상황을 더 악화시켰다. 농업 부문 내에서도 자본과 기술, 정보력을 갖춘 대농과 고소득 계층, 농업 관련 기업들에만 그 열매가 돌아가고 그들에게 더 큰 기회를 줄 뿐이다. 정작 성장을 통해 소득의 증가가 절실한 계층은 중·소농, 저소득 농가들이다. 그래서 소득재분배를 통한 형평성 제고를 위해서라도 재정지원 정책으로서 직불제 역할이 필요하다.

30년 가까운 오랜 경험을 해왔음에도 정부는 여전히 농업은 미래 성장산업이라는 홍보를 하며 거기에 매달리고 있다. 성장산업이라고 하는데 아이러니하게도 농업의 GDP 비중은 1%대까지 계속 떨어지고 있다. 북미나 EU 등 선진 농업국들에게나 타당할 수 있는 얘기를 한국 정부가 의욕만 앞서 하고 있는 것이다. 오히려 그들은 농업을 미래 성장산업이라고 말하지 않는다. 우리나라 농가의 대부분을 차지하는 중·소농들에게는 희망 고문일 뿐이다. 관료사회의 타성과 관성에서 벗어나는 발상의 전환이 얼마나 어려운지 말해주고 있다. 그 동안 수출과 성장전략을 위해 투자하고 지원하면서 낭비된 예산을 일찍부터 직불제 재원으로 사용했더라면 지금의 농업과 농촌은 많이 달라져 있을 것이다.

종합하면, 농산물 시장 개방이 본격화한 이후 한국 농정이 추구해 온 수출 주도적 농업성장 정책은 성공하지 못했다. 농가의 농업소득이 30년 가까운 기간 그대로 정체되어 있고 농촌의 지역 소멸 문제가 심각한 수준에 이르게 된 현실이 그 증거다. 여기에 제1의 공익기능으로 규정하고 있는 식량안보 여건도 전혀 향상되지 못했다. 비교우위론의 관점에서 보더라도 토지 집약적 특성을 가진 농업에서 그런 전략으로 한국이 성공할 가능성은 애초부터 매우 낮았다. 지금까지의 수출 주도적 성장지상주의 농정은 많은 노력과 투자에도 불구하고 이렇다 할 성과를 내지 못한 채 농촌 경관 훼손, 환경과 생태계 파괴, 자연자원의 고갈, 온실가스 배출로 인한 지구온난화에 기여 등 막대한 사회적 비용만 초래하고 만 것이다.

1.3 기술진보의 양면성

성장에는 물적 투입요소 외에 기술진보가 따르게 마련이다. 물적 투입요소의 성장 기여도보다 기술진보의 기여도가 큰 경우가 일반적이다. 기술진보로 인한 생산성 향상 효과가 획기적으로 현저할 때 우리는 기술혁신, 기술혁명이라고 부른다. 1960년대의 녹색혁명(Green Revolution)은 농업 생산성을 획기적으로 향상시킨 기술진보였다. 세계의 기아와 식량 문제를 일거에 해결하는 성과를 거두었다. 우리나라가 1970년대 초 다수확 통일벼 품종의 개발과 함께 보릿고개를 벗어난 것도 그 덕이다.

하지만 성장의 동력인 기술진보의 이면에는 부작용과 어두운 그림자도 적지 않다. 특히 토지를 기반으로 한 자연적 요소를 투입하여 생명체를 길러내는 농업에서는 문제는 더욱 커진다. 농약과 화학비료 등 화학적 기술, 대형 트랙터와 콤바인 같은 기계적 기술, 그리고 신품종 종자 개발을 위한 생물학적 기술진보는 농업 생산성을 크게 향상시켜 놓았다. 하지만 동시에 수질과 토양 오염, 생물다양성 감소, 대규모 단작 방식 영농에 따른 생태계 문제, 식품 안전성 문제, 기후변화 문제 등을 일으켰다. 성장 과정에서 보여주는 기술진보의 양면성이다.

1980년대 이후 백색혁명이라는 이름으로 확산된 비닐하우스 영농기술도 마찬가지다. 백색혁명 영농기술은 전국의 자연경관까지 망쳐놓았다. 전통적 기술진보는 물적 투입요소와 자원의 유한성을 극복하고 성장을 이루는 데 초점이 맞춰져 있다. 그러니 기술이 발전할수록 자연과 환경, 생태계, 그리고 농촌경관도 함께 훼손되고 파괴된다. 기술진보의 역설(paradox)이라고도 말하지만 성장을 지향하는 전통적 기술진보의 필연적 양면성이다.[7]

자원이 부족한 한국의 눈부신 경제성장도 우수한 노동력과 기술진보의 힘이었다. 자동차, 반도체, 철강, 조선 등 한국 경제를 이끄는 대표적인 기술집약적 산업들은 모두 엄청난 화석연료를 사용하고 오염물질을 배출한 결과로 성장했다. 농업 분야도 마찬가지다. 녹색혁명 기술은 생산성 향상에 크게 기여했지만, 환경과 생태계를 파괴하는 반녹색적이었고 농업의 다원기능을 희생시켰다. 기술진보의 양면성이다. 지난 수십 년 추진해 온 수출 주도적 농업성장은 기술진보, 기술혁신이란 이름으로 우리 사회에 깊은 그림자를 드리워 놓은 것이다.

그러나 미래 지속 가능한 발전의 시대에는 성장 과정에서 나타나는 기술진보의 양면성을 극복해야 한다. 기술진보로 무너진 농업·농촌의 자연환경과 경관을 또 다른 새로운 기술진보, 디지털혁명으로 복원시켜야 할 과제를 안고 있다. 기술진보의 역설을 극복할 친자연·친환경·친생태적 새로운 첨단 기술혁신이 나와야 한다. 화학비료와 농약의 힘을 빌어 토지생산성을 높이는 전통적 영농 방식은 더 이상 지속가능하지 않다. 토양이 망가지는 순간 자연환경과 생태계도 함께 무너진다. 미래 지속 가능한 농업성장을 위해서는 토지생산성이 아닌 노동생산성 향상에 초점이 맞춰져야 한다.

제2절 미래의 농업과 역할 재정립

한국 농업의 성장 둔화와 수출 주도적 성장제일주의 농정의 문제점을 살펴보았다. 그렇다면 앞으로 지속 가능한 발전의 시대에 농업은 어떤 모습이어야 하고 그 역

7 기술이 환경과 자연생태계에 미치는 영향은 다음과 같이 IPAT 방정식에도 잘 나타나 있다(도넬라 메도즈 외, 2012 p. 207). 환경에 미치는 영향(I) = 인구(P) × 풍요(A) × 기술(T).

할은 어떻게 정립해 나가야 하는지, 그리고 미래의 농정은 어떤 방향으로 나아가야 하는지에 대한 의문이 제기된다. 본 절과 다음 절에 걸쳐 이 문제에 대해 논의한다.

2.1 첨단 기술농업 시대의 도래

디지털혁명 시대를 맞아 기술진보의 속도는 현기증을 일으킬 정도로 빠르다. AI, 로봇, 드론, 사물인터넷(IoT), IT 기술 등 첨단 과학·기술의 발달이 농업 분야에도 큰 변화를 일으키고 있다. 전통적인 물적 투입요소의 역할, 특히 노동의 역할은 크게 축소되고 기술력이 이를 대체하는 첨단 기술농업 시대다. 노동력 부족과 고령화가 급속히 진행되는 한국농업 현실에서는 기회이다. 드론으로 볍씨를 뿌리고 항공 방제를 하며, 자율주행 무인 트랙터가 논밭을 누비고, 인공지능이 탑재된 스마트 로봇이 힘들고 어려운 농업 노동력을 대체해 가고 있다. 단순 기계화·자동화 단계를 넘어 농업생산 활동에 사람이 필요 없는 고도 기술농업 시대로 넘어가고 있는 것이다. 농부는 컴퓨터와 스마트 폰만 있으면 가만히 앉아 전 생산과정을 제어하고 모니터링하는 시대가 도래하고 있다. 아니 이 모든 과정을 인공지능 AI 기술이 인간을 대신하여 알아서 척척 하는 시대가 오고 있다. 첨단기술을 이용한 정밀농업, 스마트 농업은 디지털혁명 시대 미래 기술농업의 모습이다. 첨단 기술농업은 시설농업뿐 아니라 노지 농업에서도 느리지만 점차 진행되고 있다. 오히려 절대적으로 큰 비중을 차지하는 노지에서의 첨단 기술농업의 확산이 중요하다. 바야흐로 첨단 기술농업 시대가 눈앞에 다가오고, 머잖은 미래에 우리는 그런 시대를 살아가게 될 것이다.

그러나 미래의 첨단 기술농업은 과거 생산성 향상에만 목적을 둔 전통적 기술농업과는 확연히 다른 그 이상이어야 한다. 자연과 환경, 생태계를 보존하고 조화를 이룰 수 있는 기술이어야 하고, 날로 심각해지는 기후변화와 이로 인한 식량위기 해결에 기여할 수 있어야 한다. 궁극적으로는 농업의 다원기능적 공익가치를 최대한 발현할 수 있고 지속 가능한 발전 목표에 부합하는 그런 기술농업이어야 한다. 우리는 그 가능성을 빅데이터를 기반으로 한 정밀농업기술, AI와 로봇기술, 그리고 드론기술에서 보고 있다.

머지않은 미래 우리는 분명 첨단 기술농업 시대에 살게 될 것이다. AI와 로봇이 일상화된 새로운 문명사회에서 과거와는 다른 새로운 농업 모습을 보게 될 것이다. 그러나 그 기술은 자연과 환경, 지구생태계와 잘 조화를 이루는 기술이어야만 한다. 과거 성장지상주의 시대의 기술농업과는 분명히 달라져야 한다. 다가올 미래 첨단 기술농업 시대에 우리가 농업의 존재 이유를 다시 생각하고 그 역할을 재정립해야 하는 이유가 여기에 있다.

2.2 스마트 농업과 그 명암

스마트 농업(smart agriculture) 혹은 스마트 팜(smart farming)은 첨단기술을 농업에 접목시킨 농법으로 주로 수직농장, 식물공장 같은 시설형 첨단기술농업을 일컫는다. AI, 로봇, 드론, 무인 트랙터 등 최신 디지털 기술을 이용한 첨단 기술농업이다. 사실 생산성 향상을 위한 기술농업은 이미 오래 전부터 시작되었다. 스마트 농업은 이 기술진보의 연장선에서 이른바 4차산업혁명 시대의 디지털혁명에 힘입어 농업기술이 더 고도화·첨단화된 결과물일 뿐이다. 기술농업은 극한 환경이나 기후조건에서 농산물 생산을 위한 방법으로 시도해 오기도 했다. 남극 기지 같은 극지방이나 우주 공간에서도 먹거리 문제 해결을 위해 시도해 온 것이 그 예다. 중동 같은 사막 지역에서도 유용한 영농기술이다.

스마트 농업은 노동력이 부족한 고령화 시대에, 그리고 기후위기와 자연재해가 심화하는 상황에서 대안적 기술농업으로도 떠오르고 있다. 정부가 법률 제정을 해가면서 스마트 농업을 적극적으로 추진하는 배경이다.[8] 스마트농업법(제1조)은 농업과 첨단 정보통신기술 등의 융합을 통하여 농업의 자동화·정밀화·무인화 등을 촉진함으로써 농업인의 소득증대와 농업·농촌의 성장·발전에 이바지하는 것을 법

8 「스마트 농업 육성 및 지원에 관한 법률」(스마트농업법)이 2024년 7월 시행되었다.

제정의 목적으로 규정하고 있다. 그리고 이 법 제2조에서는 스마트 농업을 농업의 생산성·품질 향상과 경영비·노동비 절감 등을 위하여 농업 분야에 정보통신기술 등 첨단기술을 접목한 농업이라고 정의하고 있다.

스마트 농업은 막대한 시설 투자가 필요한 자본 및 기술 집약 농업이다. 자본력을 갖춘 대농·부농과 기업농, 첨단기술 적응력을 갖춘 사람들이 할 수 있는 영농 방식이다. 중·소농이 대부분이고 고령화한 현재의 우리나라 농업 현실에는 쉽지 않은 영농 방식이다. 자연경관과 환경, 생태계에도 부정적 영향을 미친다. 스마트 시설농업은 결국 과거의 식물공장에 첨단 디지털 기술을 적용한 농업으로 일종의 농업의 공업화인 셈이다. 건물과 시설, 각종 기계 및 전기 장치 등 인공적 인프라가 있어야 한다. 뿐만 아니라 시설 운영을 위한 많은 에너지가 필요하고 온실가스 배출로 인한 지구온난화에도 악영향을 미친다. 농업의 공익기능의 토대인 자연과 환경, 생태와는 양립하기 어려운 요소들이다. 농업기본법이 규정하고 있는 지속 가능한 농업·농촌 발전 목표에도 부합하기 어렵다. 무분별한 사업 추진은 농업이 아닌 관련 사업자들만 배불리고 농업 내의 소득 불평등과 양극화 문제를 심화시킬 가능성도 높다. 과거 어느 기업의 유리온실 토마토 생산 사례에서 경험했듯이 공장식 대량 생산이 가격하락으로 이어지면 대부분의 저소득 농가들에게는 피해를 주기도 한다.

중요한 것은 친환경적 스마트 팜이어야 한다. 시설이든 아니면 노지이든 스마트 농업은 친자연, 친환경, 친생태적이어야 한다. 이렇게 될 때 그 농업기술을 비로소 스마트하다고 말할 수 있다. 단순히 생산성만 향상된다면 과거 성장지상주의 기술농업과 다를 바 없고, 따라서 이를 스마트한 농업이라고 말할 수는 없다. 미래 지속 가능한 발전을 위한 디지털 첨단 기술농업은 그런 기술이어야 한다. 시설 스마트 팜은 채소나 일부 과채류, 그리고 시설 축산에 적합할 뿐 대규모 농지가 필요한 곡물류에는 적용할 수 없다. 노지에 적용할 수 있는 친자연, 친환경적 스마트 농업의 확산이 이루어져야 한다.

스마트 농업은 첨단 시설농업의 시대를 상징하고 있다. 하지만 첨단기술로 전 생산과정을 제어하는 공장식 실험실 농업으로는 미래 국가적 식량안보를 충분히 담보할 수 없고 지속 가능한 사회를 위한 대안이 될 수 없다. 기술과 자연·환경·생태가 잘 조화를 이루는 지속 가능한 농업 방식을 생각해야 한다. 그래서 시설이 아닌 노지의 스마트 농업 확산이 중요한 것이다. 스마트 팜으로 이익을 보는 그룹은 주로 농민이 아닌 농기업, 농업 사업가들이다. 자본과 기술력, 정보력과 마케팅 능력을 보유한 자본가들이다. 대다수 농민들은 스마트 팜과 거리가 멀다. 스마트 팜 만능주의에 빠지는 것을 경계해야 하고 첨단이라 하여 기술이 모든 걸 해결할 수 있다는 기술만능주의, 기술맹신주의도 경계해야 한다. 북미나 유럽의 주요 농업 선진국들이 자본이 부족하고 기술 수준이 낮아서 공장식 시설형 스마트 팜 사업에 적극적이지 않은 것이 아니다. 첨단 기술농업이 스마트라는 이름으로 포장되어 빠르게 확산하고 있지만, 미래 지향적 관점에서 세심하고 신중하게 접근해야 한다. 미래는 첨단 기술농업의 시대가 될 것임은 틀림없다. 그러나 지속 가능한 농업·농촌의 발전에 기여할 수 있는 방법과 범위 내에서 기술농업이 이루어져야 한다. 기술혁신과 농업의 다원기능적 공익가치 실현이라는 두 조건이 동시에 충족되어야 한다.

2.3 미래 농업의 역할 재정립

세상은 빠르게 변하고 농업을 둘러싼 국내외 환경 또한 변하고 있다. 우리의 1인당 GDP는 이미 35,000 달러를 넘어서고 국제사회에서도 공식 선진국 대열에 진입했다. 국민소득이 증가하면서 사람들의 교육, 문화, 의식 수준도 높아졌다. 자연히 환경 의식도 높아지고 그에 대한 사회적 수요도 증가하고 있다. 기후위기가 심화하고 탈세계화·신보호주의 경향이 나타나면서 식량안보의 중요성은 더욱 커지고 환경과 생태계 문제에 대한 인식도 높아지고 있다. 로마클럽의 「성장의 한계」가 나온 지도 반 세기가 지나고 유엔을 중심으로 지속 가능한 발전 이슈가 본격 논의되기 시작한 지도 40년이 되었다. 유엔의 2030 지속가능발전목표(SDGs)에서 보듯이 우리는 분명 그런 미래를 향해 가고 있다.

이런 변화 속에서 국가적 식량안보를 책임지고 자연과 생명을 키워드로 하는 농업의 역할은 마땅히 재정립되어야 한다. 농업을 통해 성장하고 소득을 늘리는 경제·산업적 역할을 넘어 농업의 다원기능적 공익가치 실현을 통해 국민 행복에 기여하는 역할로 변해야 한다. 국내 농업의 GDP 비중이 1%대로 떨어진 지 이미 10년이 지난 상황에서 정부는 아직도 농업은 미래 성장산업이라며 경제적 역할에만 집중하고 있다. 더구나 농업자원이 상대적으로 부족해 비교열위에 놓인 나라에서 수출 주도적 성장 기조를 계속 이어가고 있다. 정부는 더 이상 농업은 미래 성장산업이라는 시대착오적 정책구호에 매달려서는 안 된다. 미래를 내다보는 농업의 역할은 국가의 지속 가능한 발전에 기여할 수 있는 데서 찾아야 한다. 그러기 위해서는 경제·산업적 역할을 넘어 식량안보와 환경보호를 포함하는 농업의 다원기능적 공익가치 제고에 정책의 초점이 맞춰져야 한다.

미래 농업의 역할은 우리나라 농업기본법에도 잘 나타나 있다. 농업기본법 제1조(목적)는 "… 농업·농촌의 지속 가능한 발전을 도모하고, 국민에게 안전한 농산물과 품질 좋은 식품을 안정적으로 공급하며, 농업인의 소득과 삶의 질을 높이기 위하여 …"라고 농정방향을 규정하고 있다. 이어서 제2조는 "농업은 국민에게 안전한 농산물과 품질 좋은 식품을 안정적으로 공급하고 국토 환경의 보전에 이바지하는 등 경제적·공익적 기능을 수행하는 기간산업으로서 …"라고 농업의 역할을 규정하고 있다. 그리고 제3조(정의)는 식량의 안정적 공급, 국토 환경 및 자연경관의 보전 등을 포함하여 농업·농촌의 공익기능에 관해 정의를 내리고 있다. 이들 규정 어디에도 농업은 미래 성장산업이 되어야 한다는 주장을 뒷받침할 근거를 찾을 수 없다. 농업기본법 규정을 종합하면, 식량안보와 환경보전을 포함한 농업의 다원기능, 공익기능을 수행함으로써 지속 가능한 농업발전을 도모하는 것이 미래 농업의 역할이고 농정이 추구해야 할 궁극적 지향점이라는 의미이다. 국제규범인 농업협정 서문에서도 30년 전 이미 식량안보와 환경보호 같은 비교역적 관심사항의 중요성을 규정해 놓았다. 과거처럼 성장과 이윤 추구에 매달리는 경제·산업적 역할을 넘어 지속 가능한 농업으로 발전해 가야 한다. 그렇게 될 때에 농촌 또한 지속 가능한 지역사회로 자리를 잡고 지역소멸 문제에서 벗어나 국토의 균형적 발전도

가능해질 것이다.

농업의 다원기능적 역할은 미래 첨단 기술농업 시대에 더 중요해진다. 과거 녹색혁명 시대의 기술농업과 달리 미래 첨단 기술농업은 자연과 환경, 생태와 조화를 이루어야 하기 때문이다. 미래 기술농업 시대에는 농업을 통해 '인간, 자연, 기술'이 조화·공존하는 새로운 농업발전 모델이 구축되어야 한다.

농업의 다원기능이 중요해진다는 것은 농업의 역할의 공적 영역으로의 확대를 의미한다. 사적 재화를 공급하는 전통적 경제·산업적 역할을 넘어 다원기능에 의한 최적 수준의 공공재 공급을 통해 사회적 편익을 제고하는 역할이 미래 지향적인 농업의 모습이다. 그래서 미래의 농업을 위해서는 큰 정부가 필요하고 국가 재정에 의한 직접지불 정책이 중요해지는 것이다. 우리가 지금 기후위기, 환경과 생태 위기, 자연자원 고갈이 예상되는 상황에서 식량안보와 환경보호 등 농업의 다원기능을 다시 소환하여 역할을 재정립하고자 하는 이유다. 농업은 단순한 경제·산업적 역할을 넘어 자연과 생명이란 그 본래의 속성을 토대로 미래 지속 가능한 발전의 시대에 국민의 삶의 질 향상과 행복 증진에 기여하는 산업이 되어야 한다.

제3절 미래의 농정방향

미래 농업의 역할은 전통적 경제·산업적 역할을 넘어 농업·농촌의 지속 가능한 발전을 향한 농업의 다원기능으로 확대되어야 한다고 했다. 그렇다면 정책적으로는 앞으로 어떤 변화가 있어야 하는가? 큰 틀에서 농정방향과 농정기조가 어떻게 변해야 하는지 살펴본다.

3.1 농정기조의 대전환: 성장지상주의 탈피

수출 주도적 성장지상주의 농정의 결과는 장기적 성장 둔화와 농가의 농업소득

정체에 그치지 않고 그 과정에서 막대한 사회적 비용도 초래했다. 농촌경관의 훼손, 환경과 생태계 파괴, 농촌 공동화(空洞化)와 지방소멸 문제 심화까지 이르렀다. 농업의 제1의 공익기능으로 규정하고 있는 식량안보 상황도 전혀 나아지지 않았다. 비교열위에 있는 한국 농업 현실에서 국제경쟁이 치열한 레드 오션에 뛰어드는 전략이 옳은 선택이 아님을 경험을 통하여 스스로 증명해 온 셈이다.

성장에 집중해 온 기존의 농정기조에 대전환이 있어야 한다. 농업기본법은 궁극적인 농정목표를 지속 가능한 농업·농촌의 발전에 두고 있다. 미래의 농정기조는 이 목표에 부합하도록 바뀌어야 한다. 그러기 위해 수출 주도적 성장지상주의로부터 탈피하여 농업의 다원기능이 최대한 발현되고 지속 가능한 농업발전을 실현할 수 있는 농정으로 패러다임이 바뀌어야 한다.[9] 우리는 이미 선진국 대열에 진입했다. 그만큼 국가의 경제력과 재정 규모도 커졌다. 농업 성장에 집착하여 농가소득을 늘리려는 농정기조에서 벗어날 수 있는 여건이 마련된 것이다. 무리한 성장이 아니더라도 국가 재정을 통한 직접지불로 소득안정과 소득 불평등 문제를 해결할 수 있어야 한다.

한때 우리는 네덜란드 농업을 벤치마킹한 적이 있다. 아직도 그런 생각에서 벗어나지 못하고 수출에 집착하고 있는 사람들도 적지 않다. 국토면적이 우리보다도 훨씬 좁은 데서 시설농업과 수출농업에 특화하여 농업 선진국으로 앞서가는 네덜란드를 배워야 한다고 했다. 그들과 우리는 기본적으로 농업구조가 많이 다른데도 그들을 따라가려고 했다. 우리나라의 유리온실이나 비닐하우스가 확산하는 계기가 되기도 했다. 그런데도 정작 그들을 포함한 유럽 선진국들의 높은 환경의식과 환경농업 실천은 배우지 못했다. 네덜란드는 한국 농업의 발전 모델이 될 수 없다. 무엇보다 농가당 농지규모 면에서 우리는 그들과 비교가 되지 않는다. 우리는 농산물 수출하기 위해 희생하는 대가, 즉 자연·환경·생태계 파괴를 포함한 사회적 기회비용이 너무 크다. 무비판적으로 농업성장에 국가 자원을 집중하는, 성장에 매몰된 성장지상주의에서 벗어나지 않는 한 우리나라 농업의 지속 가능한 발전은 어렵다. 농업이 비교열위에 놓

9 지속 가능한 발전의 일반론과 지속 가능한 농업발전에 대해서는 다음 장에서 상세히 논의한다.

인 한국에서 성장지상주의와 지속 가능한 농업발전은 양립할 수 없다.

지금까지는 농업도 국가의 경제정책 기조인 수출지향형 성장지상주의를 그대로 모방해 왔다. 그러나 수출 주도적 성장지상주의는 근 30년 동안 농가의 농업소득을 천만 원 수준에 고착시켜 놓고, 도시와 농촌 간 소득격차를 확대하여 농가들을 상대적으로 더욱 빈곤하게 만들었다. 한국에서 벌어지고 있는 성장의 역설이다. 가공식품 중심의 수출이 국가 경제에는 도움이 되었겠지만, 농업성장과 농가의 농업소득에는 기여하지 못했다. 라면 수출액이 연간 10억 달러를 넘는다 한들 값싼 수입 밀가루를 사용하는 한 국내 밀 생산 농가들의 소득에는 아무런 도움이 되지 않는다. 농식품 수출을 늘린다고 우리 국민의 식량안보가 더 공고해지는 것도 아니다. 수출은 식량안보와는 무관하다.

디지털혁명 시대 기술농업을 지향해야 하지만, 그렇다고 이것이 한국의 농업이 미래 성장산업이고 그럴 수 있다는 것을 의미하지는 않는다. 선진 농업국에 타당한 논리가 우리에게도 그대로 적용되는 건 아니다. 다른 산업은 획기적 기술혁신이 생산성의 전부일 수 있지만 토지, 물, 햇빛 등 자연자원을 기반으로 하는 농업은 기술혁신만으로 되는 것이 아니다. 무역의존도가 높은 경제구조에서 수출로 먹고사는 나라라고 하여 농업도 그럴 수 있다고 따라가서도 안 된다. 인간의 모든 먹거리 수요를 식물공장이나 시설형 스마트 농업 방식으로 해결할 수는 없다. 설령 가능하다 해도 미래 지속 가능한 발전 측면에서는 바람직하지 않다. 4차산업혁명 시대 스마트 팜 바람을 일으키며 농업은 미래 성장산업이라고 내세우는 농정은 국가의 자원배분을 왜곡하는 잘못된 방향으로 가고 있는 것이다.

생산과 고용, 부가가치 등 양적 성장을 농업에서 기대하거나 정책 방향으로 삼는 것은 국가 전체의 효율적 자원배분 측면에서 타당하지 않다. 국가의 자원 총량은 한정돼 있다. 적어도 단기적으로는 그렇다. 국가 전체의 효율적 자원배분과 지속가능성 관점에서 농업은 성장지상주의에서 벗어나야 한다. 국가의 경제성장과 부를 늘리는 것은 농업 외에 국제경쟁력을 갖추었거나 그럴 잠재력이 충분한 분야에 맡겨야 한다. 그리고 농업은 다른 분야, 즉 식량안보와 환경보호를 포함한 농업의 다원적 공익기능을 통해 사회에 기여하고 국민의 복지수준을 증진시키는 방향으로 가야 한다. 직불제는 그래서 나온 것이다. 우리처럼 경제력은 커져 선진국 대열에 들어섰지만, 농업의 경쟁력은 상대적으로 떨어지는 나라에 필요한 정책이다.

북미나 유럽의 선진국들은 우리처럼 의도적으로 농업을 미래 성장산업으로 포장하지 않는다. 그들은 비교우위에 놓인 농업이 국제경쟁력을 갖추고 있어 굳이 그렇게 하지 않아도 자연과 환경을 해치지 않으면서도 자연히 농산물 수출이 늘고 계속 성장해 간다. 우리는 원천적으로 농업이 비교열위에 있는데도 억지로 미래 성장산업으로 몰고 가니까 실제 성장은 제대로 하지도 못하면서 농업의 다원기능에 의한 사회적 가치의 손실만 초래한다. 농촌의 들녘에 자연과 환경, 생태가 잘 보존된 녹색의 들판을 회복해야 한다. 성장에 매몰되지 않으면서 국민 행복에 기여할 수 있는 농업으로 가야 한다. 아무리 식물공장이나 수직농장 같이 토지가 필요 없는 기술농업의 시대라 해도 토지(농지) 부존도는 그 나라 농업의 비교우위와 국제경쟁력을 결정짓는 핵심 요소다. 수출 주도적 성장지상주의 농정은 국내의 부존 자연자원, 환경과 생태자원을 파괴·고갈시킬 뿐이다.

자본은 물론 노동까지도 국가 간 자유 이동이 보편화하고 있지만 토지는 여전히 자유 이동이 사실상 불가능한 생산요소이다. 그리고 농업은 첨단 과학·기술 시대에도 여전히 토지집약 산업이다. 헥셔-오린 정리(Heckscher-Ohlin theorem)가 말해주듯 비교열위에 놓인 한국이 수출을 통한 농업 성장에 집중해서는 국가적 자원배분의 효율성을 제고시킬 수 없다. 외국에 환경자원까지 헐값으로 수출하여 국내 환경을 악화시키는 셈이다. 그 기회비용은 수출로 인한 무역의 이익을 능가할 수 있다. 신선 농산물 수출은 토지자원이 풍부하여 시설농업의 필요성도 없고 환경부하도 적은 미국, 캐나다, 호주 같은 나라들의 몫이다. 그렇지 못한 나라들이 시설농업을 이용하여 수출을 목적으로 내수 이상으로 생산을 늘리는 것은 국내적으로나 세계적 관점에서도 비효율적이고 바람직하지 않다. 수출 주도적 성장제일주의 농정기조는 농업기본법이 농정목표로 정하고 있는 지속 가능한 농업발전과 결코 양립할 수 없다. 여기서 벗어나는 농정기조의 대전환이 있어야 한다.

3.2 농업 구조조정과 농촌 재구조화

미래 지속 가능한 농업·농촌 발전을 위한 또 다른 중요 과제는 농업·농촌의 구조적 틀을 다시 바꿔 나가는 일이다. 현재의 농업구조는 WTO 출범 이후 농산물 시장개방이 본격화하면서 생산성을 높이고 국제 경쟁력 향상에 맞춰진 구조조정이다. 다시 말하면, 그것이 정책에 의한 것이든 아니면 시장기능에 의한 자연 발생적인 것이든 수출 중심의 성장제일주의 농정기조 하에 일어난 농업의 구조조정 결과이다. 성주 지역의 대규모 비닐하우스 참외 생산단지가 대표적인 예이다. 오로지 생산성과 효율성, 수출을 늘리기 위한 농업 생산구조의 현재 모습이다.

미래 지속 가능한 농업발전이라는 농정목표 달성을 위해서는 농업구조가 달라져야 한다. 먼저 농업의 다원기능 관점에서 자연·환경·생태 친화적 농업생산구조로 농업 전 분야에 걸쳐 구조조정이 다시 이루어져야 한다. 예를 들면, 앞서 언급한 경북 성주의 대규모 비닐하우스 단지는 물론 해외 수출 목적으로 과잉 투자된 시설농업, 창출되는 부가가치 대비 환경부하와 온실가스 배출이 과다한 축산 부문, 무분별하게 설치된 영농형 태양광 발전 농업 단지 등이 조정 대상이 될 것이다. 식량안보와 환경보호 등 농업의 다원기능 서비스를 사회적 최적 수준으로 공급할 수 있는 방향으로 구조조정이 새롭게 진행되어야 한다.

또 고려되어야 할 구조조정 방향은 미래 첨단 기술농업 시대에 부응할 수 있는 조정이다. 앞서 우리는 첨단 기술농업 시대가 다가오고, 이 기술농업은 과거 생산성만 강조한 기술과 달리 자연·환경·생태와 조화를 이루는 그런 기술이어야 한다고 말했다. 농업의 구조는 이런 기술농업 시대에 부합하는 방향으로 재조정되어야 한다. 첨단 기술농업에 필요한 훈련된 젊은 노동력이 농업 분야에 유입되어야 하고, 미래 기술농업에 적합한 생산 품목의 조정과 농지 규모의 조정도 필요할 것이다. 고령화된 농업 노동력은 디지털 기술에 익숙한 젊은 노동력으로 대체되고, 로봇과 드론, 무인 트랙터 등 스마트 정밀농업에 적합하도록 농지 규모도 확대되고 재조정되어야 한다. 그리하여 미래 첨단 기술농업 시대에 인간, 자연, 기술이 조화하는 새로운 농업구조로 재탄생되어야 한다.

다음으로 국가 차원에서 농촌 지역사회의 전반적인 재구조화도 이루어져야 한다. 농촌을 자연·환경·생태 친화적으로 재정비하고 효율적으로 재구조화하여 아름다운 농촌사회를 조성함으로써 미래 지속 가능한 농업·농촌 발전을 도모해 나가야 한다. 때마침 2024년 3월 농촌공간재구조화법[10]이 시행되었다. 이 법(제1조)은 그 목적을 농촌의 난개발과 지역소멸 위기 등에 대응하여 농촌 공간의 재구조화와 재생지원에 필요한 사항을 규정함으로써 삶터·일터·쉼터로서의 농촌다움을 회복하고 국토의 균형발전에 기여하는 데 두고 있음을 명시하고 있다.

농업·농촌의 구조조정과 재구조화를 위한 정책수단은 직접지불을 포함한 정부재정이 중심이 되어야 할 것이다. 앞서 제9장에서 살펴본 바와 같이 농업협정은 일정한 요건을 갖출 경우 구조조정을 위한 직접지불을 허용되는 국내지지조치로 분류하고 있다. 농가들에 대한 지불을 조건으로 소득안정과 함께 의도하는 농업 구조조정과 아름다운 농촌 조성을 도모해 나갈 수 있다. 필요한 경우에는 직접지불이 아닌 정부 일반서비스 지출을 통해 구조조정이나 재구조화를 추진할 수 있을 것이다.

한국 경제는 실물시장은 물론 자본시장도 거의 개방된 사실상의 완전 개방경제이다. 이런 개방경제를 전제로 할 때 경제성장을 극대화하는 전략은 국가의 비교우위 산업에 특화하여 수출산업으로 육성해 나가는 것이다. 농업 같은 비교열위 산업을 억지로 수출 중심의 성장산업으로 지원하면 국가적 자원 낭비를 초래하게 된다. 농업은 수출 주도적 성장지상주의에서 벗어나 사회가 요구하는 농업의 다원기능적 공익가치를 최대한 실현하면서 지속 가능한 발전을 추구해 나가야 한다. 장기간이 소요되겠지만 새로운 농업 구조조정과 농촌 재구조화를 통해 국가 경제는 물론 농업 부문 내의 효율성을 높이면서 지속 가능한 농업·농촌 발전을 이룰 수 있어야 한다. 그때가 되면 농업은 지속 가능한 성장을 하면서 농업소득이 늘어나고, 농촌은 자연과 환경, 생태 친화적인 아름다운 공간으로 새로운 모습을 보여주게 될 것이다.

---

10 이 법의 공식 명칭은 「농촌 공간 재구조화 및 재생지원에 관한 법률」이다.

3.3 농가소득 안정과 형평성 제고

지속 가능한 농업·농촌 발전을 향한 또 다른 중요 정책과제는 농가의 소득안정과 형평성 개선이다. 도·농 간, 농업과 비농업 간 소득격차가 심화하고 농업 내의 소득 불평등과 양극화 현상이 깊어지는 상황에서는 미래 지속 가능한 농업·농촌 발전을 이룰 수 없음은 자명하다. 농업생산의 주체이자 농촌지역 주민인 농민의 삶이 안정되지 않고는 아무리 이상적인 농정목표를 제시한다 해도 실현될 수 없다. 그래서 농가의 소득안정은 지속 가능한 농업·농촌 발전을 위한 핵심 요건이 되는 것이다. 농가소득 안정의 핵심은 형평성이다. 도·농 간, 농업과 비농업 간, 그리고 농업 내의 형평성 유지가 중요하다. 형평성은 지속가능성(sustainability)의 중요 구성요소이기도 하다. 미래의 농정은 소득재분배 정책을 강화해 이 형평성을 제고해 나가야만 한다. 형평성 제고는 경제민주화 정신을 구현한 우리나라 헌법 정신이기도 하다. 헌법(제119조 ②)은 다음과 같이 규정하고 있다. "국가는 균형있는 국민경제의 성장 및 안정과 적정한 소득의 분배를 유지하고, 시장의 지배와 경제력의 남용을 방지하며, 경제주체간의 조화를 통한 경제의 민주화를 위하여 경제에 관한 규제와 조정을 할 수 있다."

국가 차원의 효율적 자원배분과 농업의 구조조정으로 더 커진 성장의 과실은 분배정책을 통해 농업 분야와 나눠야 한다. 조세제도, 직접지불제, 무역이득공유제(무역이익 분배) 등을 통해 국가의 분배구조를 개선함으로써 도·농 간, 농업과 비농업 간의 소득균등화를 도모하고 농업 내의 소득 불평등과 양극화도 해소해야 한다. 그 중에서도 중요한 분배정책 수단은 국가 재정을 이용한 직접지불이다. 도·농 간 소득 균형이 회복되도록 직불제 예산이 충분히 늘어야 하고, 농업 내의 소득 불평등 개선을 위한 실효적인 직불금 지급모형이 구축되어야 한다. 그리고 농가는 농업 생산활동을 통해 사회가 요구하는 다원기능적 공익가치를 제공함으로써 국민의 후생 증대와 행복지수를 높이는 데 기여해야 한다. 식량안보를 제고하고 자연·환경·생태·경관이 잘 보존된 농촌 어메니티 자원을 공급하여 국민 모두가 더 행복해지는 나라를 만드는 데 기여할 수 있어야 한다.

농업의 결합산출물로 나오는 식량안보, 환경보전, 농촌 지역사회 유지와 국토 균형발전 등은 공공재다. 국가가 맡아 사회적 적정 수준을 공급하고 유지해야 한다. 우리나라 국민 누구도 곡물자급률 22%의 위험한 식량안보 수준을 원치 않을 것이다. 누구도 국토 환경과 경관이 훼손되고 농촌이 공동화하여 지방소멸 문제가 임계점에 이르는 국가 불균형 상황을 원치 않을 것이다. 누구도 생물다양성과 자연생태계가 망가지는 상황을 원치 않을 것이다. 누구도 미래 지속 불가능한 사회를 후손들에게 물려주기를 원치 않을 것이다. 국가는 정책을 통해 시장이 하지 못하는 농업의 다원기능적 공익가치에 대한 사회적 수요를 충분히 충족시켜 주어야 한다.

그래서 농업생산의 주체이자 농촌지역의 청지기로서 농가의 소득안정이 중요한 것이다. 농업기본법(제1조)과 공익직불제법(제1조)이 각각 농가의 소득향상과 소득안정을 중요 목적으로 규정하고 있는 이유다. 정책수단은 물론 직접지불이다. 직접지불은 단순 지원이 아니라 국가가 해야 할 공공재 공급, 즉 식량안보 제고나 환경보호 등을 농업 생산자들이 대신 하는 데 대한 정당한 대가이다. 국가의 자원을 효율적으로 배분하여 성장을 이루고 국부를 키우면 그 과실은 사회 전체의 후생 증대 차원에서 재분배되어야 한다. 성장지상주의, 특히 수출 주도적 성장지상주의로 부익부 빈익빈의 악화된 소득분배 구조가 개선되어야 미래 지속 가능한 농업·농촌 발전이 가능해진다. 이를 위해 큰 정부에 의한 미시적 재정정책, 즉 직불제 중심 농정이 필요한 것이다.

제4절 직접지불 중심 농정체제의 확립

4.1 필요성

농업기본법은 지속 가능한 농업·농촌 발전을 농정목표로 규정하고 있지만, 농업·농촌의 현실은 지속가능성과 너무 멀리 떨어져 있다. 농업 성장의 장기 둔화,

농가의 농업소득 장기 고착, 도·농간 소득격차 확대, 고령화 추세 심화, 농업자원 감소와 기후변화에 따른 식량안보 문제, 농촌 경관 훼손과 환경 파괴, 나아가 농촌 공동화(空洞化)와 지역소멸 문제에 이르기까지 우리나라 농업·농촌의 지속가능성은 심각한 위험에 직면해 있다.

이들 농업·농촌의 지속 가능한 발전을 저해하는 복잡한 문제들에 대처하기 위해서는 기존의 방식과는 다른 새로운 농정기조, 새로운 정책수단이 필요하다. 성장지상주의에서 벗어나는 농정기조의 대전환이 필요하다는 점은 이미 살펴보았다. 여기에 미래 농정의 기본 틀로서 국가 재정을 이용한 직불제 중심 농정체제가 새로이 확립되어야 한다. 전통적 시장가격지지는 농업의 다원기능 제고나 지속 가능한 발전과 조화할 수 없다. 형평성 문제를 포함한 농가소득 안정화를 위해서도 가격지지조치가 적합한 수단은 아니다. 소득 불평등과 양극화 심화는 지속 가능한 발전 사회와 양립할 수 없다. 미래 복잡해지는 농정목표에 타게팅이 가능하고 시대적 추세에 부응한 직접지불이 필요하다. 특정 목적을 위한 단편적인 프로그램으로서의 직접지불제가 아니라 미래 지속 가능한 농업·농촌 발전을 실현할 수 있는 중심 농정기조로서의 직접지불정책, 즉 직접지불 중심 농정체제가 확립되어야 한다.

그러기 위해 정부의 역할은 더 커져야 하고 정부의 손이 시장에 강하게 나타나야 한다. 시장의 실패를 교정하고 공공성을 강화하며, 분배구조를 개선하기 위해서 정부 재정의 역할이 커져야 한다. 농업기본법이 정하고 있는 지속 가능한 농업·농촌 발전을 위해 새로운 틀의 직접지불 중심 농정체제를 구축해 나가야 한다. 그 기본 구조와 방향에 대해 살펴보자.

4.2 직접지불 중심 농정체제의 구축

미래 직접지불 중심 농정체제의 기본 틀은 다음과 같이 4개의 직접지불 축(pillar)으로 구성될 수 있다. ① 공익직불제, ② 품목 특정적 직불제, ③ 보험형 직불제, ④ 구조조정직불제. 현행 공익직불제를 중심축으로 하여 여기에 품목 직불제를 제2축으로 추가하고, 재해보험이나 수입보험 같은 보험형 직불제를 제3축으로 편입한다. 그리고 제4축으로 구조조정직불제를 더하여 농업의 효율성을 제고하면서 지속 가능한 농업발전을 이루고자 하는 것이다.

중심이 되는 첫 번째 축은 현행 공익직불제이다. 디커플링 요건을 갖춘 현행 공익직불제를 미래 직불제 중심 농정체제의 중추가 될 수 있도록 지속적으로 발전시켜 나가야 한다. 기본형은 역진적 지급단가를 개선하여 형평성을 강화하고 상호준수의무 조건도 강화해 나가야 한다. 선택형은 기후변화직불제, 청년농직불제 등 직불제 유형을 다양화하고 상응하는 필요한 의무사항도 강화해야 한다. 나아가 공익직불제 전체 예산을 대폭 증액하여 실질적인 직접지불 중심 농정체제를 갖출 수 있어야 한다. 그리하여 농업·농촌의 공익기능 증진과 농가소득 안정화라는 본래 목적이 실효적으로 달성될 수 있도록 제도개선과 운용을 해 나가고 궁극적으로는 지속 가능한 농업·농촌 발전을 도모해 나간다.

제2축은 품목 특정적 직불제로 농가소득 안정이나 식량안보 측면에서 공익직불제의 취약점을 보완해주기 위한 직접지불이다. 우리는 이미 제14장에서 이에 대하여 상세히 논의했다. 시장중립적인 공익직불제만으로는 농가의 소득안정이나 식량안보 문제를 충분히 해결할 수 없다는 것을 공익직불제 시행 이후에도 생생히 경험하고 있다. 그 대안으로서 주요 품목들에 대하여 미국식의 CCP나 DPP를 현행 공익직불제에 추가로 도입하는 것이다. 제2축의 품목직불제 시행을 통해 식량안보와 농가소득 문제 대처는 물론 주요 농산물시장의 수급균형을 회복해 나갈 수 있다.

제3축의 직접지불은 보험형 지불제이다. 품목형 직불제를 시행한다고 해도 농업의 속성상 시장의 불안정성으로 농가소득 안정 측면에서 한계는 있다. 특히 지구온난화로 인한 기후변화가 심화하면서 농업생산과 가격의 변동성, 불확실성은 더욱 커지고 있다. 각종 농업재해도 날로 심화하고 있다. 자연히 농가소득의 불안정성이 함께 커지고 있다. 이런 미래의 위험 상황에 대처하기 위해 보험형의 직접지불이 필요하다. 재해보험, 수입안정보험 등 보험제도를 통해 정부의 재정적 지원을 강화하여 농가의 소득 불안정성을 완화하는 것이다. 농업협정 부속서 2의 7, 8 조항은 이런 지불을 디커플링 요건을 갖출 경우 허용되는 직접지불로 규정하고 있다. 재해보험과 소득 또는 수입보험이 그것이다.[11] 농가소득 안정화의 보완 장치로서 공익직불제와 품목직불제로 부족한 부분을 채워줄 수 있는 제3축의 직접지불이 될 것이다.

마지막 제4축은 농업의 구조조정을 위한 직접지불이다. 한국의 전반적인 농업 구조는 다른 농업 선진국들에 비하면 매우 비효율적이다. 국가의 농지자원은 부족한데 농가수가 많아 선진 외국에 비해 가구당 영농규모가 매우 협소하다. 이는 농업 생산성 향상에 큰 제약 요인으로 작용하고 있다. 농가수가 많아 한정된 예산으로 직불제를 통한 농가소득 향상 효과를 거두기도 쉽지 않다. 또한 부족한 농지자원 극복을 위해 토지생산성을 높이는 집약적 영농 방식으로 환경과 생태, 농촌 경관에도 부정적인 영향을 미친다. 농약과 화학비료의 과다 투입, 비닐하우스 등 시설농업, 공장식 축산 등이 그런 예이다. 가구당 영농규모의 확대와 환경 친화적 축산을 위한 지속적인 구조조정이 필요하다. 첨단 기술농업 시대를 앞두고 고령화 추세에 대응한 노동시장의 구조조정도 필요하다. 농업협정(부속서 2)은 구조조정을 위해 허용되는 직접지불에 대하여 규정하고 있다.

우리는 앞서 미래의 농정방향 문제를 다루면서 농업의 구조조정과 농촌 재구조화 문제에 대하여 논의했다. 미래 첨단 기술농업에 최적화된 효율적 구조이면서 동시에 자연·환경·생태 친화적이고 농업의 다원기능에 조화되는 생산구조로의 변화가 필요하다. 우리나라는 농업의 구조조정을 위해 경영이양직불제를 시행해 오고 있다. 하지만 미래 지속 가능한 농업·농촌 발전에 기여하고 첨단 기술농업의 시대에 부합하는 새로운 농업구조조정, 새로운 농촌지역 재구조화를 위한 직접지불제가 필요하다.[12] 종합적이고 장기적인 관점에서 제4축의 구조조정 직불제의 틀을 새로 정립하는 방안을 강구해야 한다.

직불제 중심 농정체제를 통해 우리가 궁극적으로 지향하는 것은 지속 가능한

11 농가의 생산비용 추정이 쉽지 않은 측면을 고려하면 현실적으로는 소득보험보다는 수입보험이 더 유용할 수 있다.
12 농촌 재구조화는 농가에 대한 직불제 외에도 농촌의 인프라 개선 등에 대한 정부 서비스 재정지원을 통해 이루어질 수 있다.

농업·농촌의 발전을 이루는 것이다. 이렇게 되기 위해서는 동시에 농가의 소득 안정화가 이루어져야 하고, 식량안보와 환경보호 등 농업의 다원기능이 사회적 수요에 부응하여 최대한 발현되어야 한다. 이것이 우리나라 농업기본법(제1조)이 규정하고 있는 농업·농촌의 미래상이다. 과거의 수출 주도적 성장제일주의 농정에서 벗어나 미래 지향적 직불제 중심 농정체제로 농정기조가 온전히 바뀔 때 가능해질 것이다.

직불제는 국가의 재정지원 정책이다. 따라서 직불제 중심 농정체제가 제대로 정착되기 위해서는 무엇보다 정부의 농업 예산구조가 직불제 중심으로 개편되어야 하고 과감한 재정 투입이 필요하다. 중앙정부 예산은 물론 각 지자체의 직불제 관련 예산을 대폭 증액하여야 한다. 자연히 정부의 손은 강하게 작용해야 한다. 통 큰 재정지원과 함께 예산 집행 및 감시에 있어서 강한 정부의 역할이 있어야 한다. 직접지불은 바로 농가의 소득증가로 이어지기 때문에 정책효과가 클 수밖에 없다. 과감한 재정지원을 하되 상호준수의무 같은 상응하는 조건을 엄격히 부과해야 한다. 농촌의 주택이나 각종 건축물의 구조와 색깔, 배치 등도 주변 자연경관과 잘 조화될 수 있도록 직불금 지급을 조건으로 유도해 나가야 한다. 농촌 정비와 재구조화를 위해서도 직불제가 중요한 역할을 할 수 있는 것이다.

제17장
지속 가능한 농업 발전과 통섭 농정

이곳 마지막 장에서는 한국 농정의 궁극적 지향점으로서 미래 지속 가능한 농업발전 문제를 논의한다. 먼저 지속 가능한 발전(sustainable development)에 관한 총론적 논의와 함께 지속 가능한 농업발전의 개념을 살핀다. 이어서 경제성장의 정상상태(steady state) 장기 균형과 지속 가능한 농업발전의 핵심 요소로서 지속 가능한 농업성장 문제를 고찰한다. 다음으로 지속 가능한 농업발전을 이루기 위한 조건에 대하여 살펴보고, 지속 가능한 발전의 관점에서 한국 농업의 현실 진단과 미래 비전을 그려본다. 마지막으로 지속 가능한 농업·농촌 발전을 실현하기 위한 통섭적 농정 문제, 그리고 농업의 다원기능과 이를 통한 지속 가능한 농업·농촌 발전을 헌법적 가치로 승화하여 규정하는 문제를 논의한다.

제17장

지속 가능한 농업발전과 통섭 농정

제1절 지속 가능한 농업발전 서설

1.1 지속 가능한 발전의 의의

지속 가능한 발전(sustainable development) 개념이 국제사회에서 주목을 받기 시작한 것은 1987년 유엔의 환경과 개발에 관한 세계위원회(World Commission on Environment and Development: WCED) 보고서 '우리들의 공동의 미래(Our Common Future)'가 나오면서부터이다.[1] 일명 브룬트란트(Brundtland) 보고서로 부르는 이 연구위원회의 보고서는 지속 가능한 발전의 개념을 다음과 같은 의미로 설명하고 있다. 즉, "미래 세대가 자신들의 욕구를 충족시킬 수 있는 능력에 피해를 주지 않으면서

1 지속 가능한 발전(sustainable development)이라는 용어가 최초로 문헌에 사용된 것은 1980년 출간된 「세계환경보전전략: 지속 가능한 발전을 위한 살아있는 자원 보호(World Conservation Strategy: Living Resource Conservation for Sustainable Development)」이다(제프리 삭스, 2015). 그러나 지속가능성 개념은 그보다 훨씬 전 1713년 폰 카를로비츠가 그의 저서 「산림경제(*Sylvicultura Oeconomica*)」에서 '벌목량은 새로 심은 나무의 성장에 의해 보충될 수 있을 만큼만 허용된다'라고 한 데서 유래한다(비르기트 브로이엘, 2000, p. 29).

현재의 욕구를 충족시키는 발전(개발)"이다.[2, 3]

그 후 지속 가능한 발전은 1992년 유엔환경개발회의(UN Conference on Environment and Development: UNCED)에서 채택된 리우선언(Rio Declaration on Environment and Development)과 그 행동강령으로서의 어젠더 21(Agenda 21)에 미래 인류사회가 추구해야 할 핵심 가치로 규정되었다. 리우선언은 각국이 미래 지속 가능한 발전을 향해 나아가기 위한 27개 원칙을 선언했다. 제1원칙에서 인간은 지속 가능한 발전 목표의 중심에 놓여있고 자연과 조화되는 건강하고 생산적인 삶을 영위해야 한다고 규정하고 있다. 이어서 지속 가능한 발전의 의미와 그 핵심 요소가 무엇인지 다음과 같이 규정하고 있다. 즉, 개발의 권리는 현재와 미래 세대의 개발 및 환경적 욕구를 공평하게 충족시키도록 이행되어야 한다(제3원칙). 지속 가능한 발전을 이루기 위해서는 환경보호가 개발과정의 핵심 부분을 구성해야 하며 그것과 분리되어서는 안 된다(제4원칙).[4]

지속 가능한 발전은 브룬트란트 보고서가 나온 이후 전 세계적으로 많은 사람들에 의해 일상적 언어처럼 자주 사용되고 있지만, 그것이 정확히 무엇을 의미하는지에 대해서는 여전히 논란의 여지가 많다. 데일리(H. E. Daly)가 설파하고 있듯이 지속 가능한 발전은 모든 사람이 좋아하지만, 누구도 그 의미가 무엇인지 확신하지 못하는 개념이다.[5] 그만큼 그 의미가 모호하고 사용자에 따라 다양하게 정의될 수 있는 개념인 것이다.[6]

한 가지 분명한 것은 지속 가능한 발전은 규범적(normative) 개념이라는 점이다.

2 Humanity has the ability to make development sustainable to ensure that *it meets the needs of the present without compromising the ability of future generations to meet their own needs* (Report of the World Commission on Environment and Development: Our Common Future).

3 'development'는 사용자에 따라 '발전' 또는 '개발'로 번역되고 있다. 발전은 통상 질적 향상을 나타내는 의미로 사용되는 데 반해, 개발은 양적 성장의 의미가 강하게 내포되어 있다. 본서에서는 원칙적으로 지속 가능한 '발전'으로 사용하되, 성장의 의미를 나타내야 할 경우에만 '개발'을 제한적으로 사용한다.

4 PRINCIPLE 3: The right to development must be fulfilled so as to equitably meet developmental and environmental needs of present and future generations. PRINCIPLE 4: In order to achieve sustainable development, environmental protection shall constitute an integral part of the development process and cannot be considered in isolation from it.

5 Daly(1996), p. 1.

6 비르기트 브로이엘(2000)은 브룬트란트 보고서의 정의를 포함하여 지속 가능한 발전에 대한 다양한 개념 정의를 소개하고 있다(p. 33, <표 1>).

인류가 지향해야 할 바람직한 사회상 또는 그런 세상을 향한 변화의 과정을 나타내는 규범적 개념이다. 그리고 그런 미래 바람직한 사회를 향한 발전은 경제발전, 사회통합, 환경의 지속가능성 등 세 핵심 요소를 총체적으로 포괄하고 있다. 따라서 지속 가능한 발전은 이런 상태를 미래 바람직한 사회로서 지향해야 할 규범적 목표로 보는 것이다.[7] 유엔이 2015년 채택한 지속 가능한 발전을 위한 2030 어젠더 역시 지속 가능한 발전을 이 같은 맥락에서 파악하고 있다. 유엔은 "미래 세대가 그들의 욕구를 충족시킬 수 있는 기회를 침해하지 않으면서 현재의 욕구를 충족시키는 발전"으로 정의하고 있는 데서 알 수 있듯이 기본적으로 브룬트란트 보고서의 정의를 그대로 따르고 있다. 그러면서 지속 가능한 발전은 경제적 지속가능성, 사회적 지속가능성, 환경적 지속가능성 등 세 기둥(pillars)이 동시에 3차원적 특성과 연관성을 갖고 총체적으로 조화를 이루는 상태로 보고 있다.[8] 그리고 세계가 지속 가능한 발전을 이루기 위해 추구해야 할 세부적인 행동 계획을 17개로 구성된 2030 지속가능발전목표(Sustainable Development Goals: SDGs)로 설정하였다.[9]

한편, 지속 가능한 발전에 대하여 데일리는 좀 더 근원적인 입장을 보이고 있다. 그에 따르면 지속 가능한 발전 개념의 힘은 인간의 경제활동이 자연의 세계(natural world) - 유한하고 성장하지 않으며 물적으로 닫혀있는 생태계 - 와 어떻게 관련되는지에 대한 상상력(vision)의 잠재적 변화를 반영하고 또 불러일으키는 데 있다고 본다. 그리고 투입 원료를 재생하고 산출 폐기물을 흡수하는 생태계에서의 이런 인간 활동은 지속 가능한 발전의 조건으로서 생태적으로 지속 가능한 수준으로 제한되어야 한다고 주장한다. 그 상상력의 변화는 양적 팽창으로서의 성장(growth)의 경

---

7 제프리 삭스(2015).

8 지속 가능한 발전의 구성요소로서 통상적으로는 이 세 지속가능성을 들고 있지만, 연구자에 따라서는 이 외에 제도적, 문화적, 정치적 또는 기술적 지속가능성을 추가하기도 한다(Wikipedia).

9 유엔의 17개 지속가능발전목표는 다음과 같다. 빈곤 퇴치(no poverty). 기아 퇴치(zero hunger), 건강과 복지(good health and well-being), 양질의 교육(quality education), 성평등(gender equality), 깨끗한 물과 위생(clean water and sanitation), 청정에너지(affordable and clean energy), 근로와 경제성장(decent work and economic growth), 산업, 혁신, 인프라(industry, innovation and infrastructure), 불평등 완화(reduced inequality), 지속 가능한 공동체(sustainable cities and communities), 책임 있는 소비와 생산(responsible consumption and production), 기후 행동(climate action), 해양 생명(life under water), 육상 생명(life on land), 평화, 정의, 제도(peace, justice and strong institution), 협력(partnership for the goals).

제 규범을 미래의 진보 경로로서 질적 향상, 즉 발전(development)으로 대체하는 것을 포함한다. 그는 브룬트란트 보고서에 의한 지속 가능한 발전의 개념 정의는 단지 '미래를 빈곤하게 만들지 않는 발전'의 의미를 말해 줄 뿐이라고 비판한다. 나아가 이 개념은 1857년 밀(J. S. Mill)이 말한 정상상태(stationary state), 즉 인구와 물적 자본 스톡은 성장을 멈추지만 기술과 윤리는 지속적으로 향상되는 상태와 밀접히 관련된다고 본다. 지속 가능한 발전은 자원의 재생과 폐기물을 흡수하는 지속 가능한 환경 수용력을 초과하지 않는 범위 내에서 인구와 생산의 증가가 일어나는 것이다. 일단 이 수준에 도달하면 생산과 재생산은 이를 유지하기 위해 필요한 대체를 위해서만 이루어진다. 물적 성장은 멈추고 질적 개선은 지속되는 상태이다.[10]

우리나라도 지속 가능한 발전을 미래 사회가 지향해야 할 궁극적 가치임을 인식하고 이를 법제화하였다. 2022년 제정·시행된 「지속가능발전기본법」은 제1조(목적)에서 "경제·사회·환경의 균형과 조화를 통하여 지속 가능한 경제성장, 포용적 사회 및 기후·환경 위기 극복을 추구함으로써 현재 세대는 물론 미래 세대가 보다 나은 삶을 누릴 수 있도록 하고 국가와 지방 나아가 인류사회의 지속가능발전을 실현하는 것을 목적으로 한다."라고 규정하고 있다. 또 이 법 제2조(정의)에서는 지속 가능한 발전 관련 개념을 다음과 같이 정의하고 있다. "지속가능성이란 현재 세대의 필요를 충족시키기 위하여 미래 세대가 사용할 경제·사회·환경 등의 자원을 낭비하거나 여건을 저하시키지 아니하고 이들이 서로 조화와 균형을 이루는 것을 말한다." "지속가능발전이란 지속 가능한 경제성장과 포용적 사회, 깨끗하고 안정적인 환경이 지속가능성에 기초하여 조화와 균형을 이루는 발전을 말한다." 이 법이 규정하는 지속 가능한 발전의 정의도 통상적인 정의에 따라 세대 간의 균형을 전제로 경제발전, 사회적 통합, 환경적 지속가능성을 총체적으로 포괄하는 개념으로 보고 있다. 이 같은 관점에서 지속 가능한 발전이 이루어지는 사회가 곧 지속 가능한 사회이다.

10 Daly(1996), pp. 1-3.

1.2 지속 가능한 농업발전

우리나라 농업기본법(제1조)은 농업·농촌의 지속 가능한 발전을 국가가 지향하는 첫 번째의 궁극적 농정목표로 규정하고 있다. 그렇다면 농업·농촌의 지속 가능한 발전이란 무엇인가?

언급한 바와 같이 발전(development)은 질적 향상을 의미한다는 데서 양적 증가를 뜻하는 성장(growth)과 구별된다. 그러나 개념적으로는 이렇게 구별하지만 성장 없이 발전을 이룰 수는 없다. 유엔이 지속가능발전목표에 빈곤과 기아 문제의 해결, 노동과 경제성장 등을 포함시키고 있는 것도 같은 맥락이다. 브룬트란트 보고서의 지속 가능한 발전 역시 미래 세대의 욕구 충족을 훼손하지 않으면서 현재의 욕구를 충족하는 개발로 정의하고 있듯이 그 자체에 이미 성장의 의미를 담고 있다. 그런데 이때 발전이 내포하고 있는 성장은 단순한 양적 증가가 아니라 그것을 넘어 환경적으로 지속 가능해야 한다는 데서 그것은 지속 가능한 성장이어야 한다. 데일리가 얘기하듯 지속 가능한 환경 수용력을 초과하지 않는 범위에서의 양적 확대를 의미한다고 볼 것이다.

같은 맥락에서 농업의 지속 가능한 발전은 지속 가능한 농업 성장이 전제되어야 한다. 과거처럼 성장지상주의적 양적 확대에 그치는 성장이 아니라, 사회적·환경적 지속 가능한 범위 내에서의 양적 증가이다. 토지 등 농업자원과 환경이 잘 보존되어 지속가능성이 담보되는 성장이 전제될 때 지속 가능한 농업발전이 가능해진다. 여기에 생산 농가의 소득안정과 삶의 질 향상이 보장되고 농촌지역 공동체의 사회적 통합과 지속가능성이 달성되면, 이때 농업 또는 농업·농촌의 지속 가능한 발전이라 할 수 있다. 이를 통해 궁극적으로는 지역소멸 문제 해소와 국토의 균형적 발전에 기여하여 지속 가능한 국가 발전으로 나아갈 수 있게 되는 것이다.

지속 가능한 농업발전을 이와 같이 파악할 때 이는 결국 본서의 중심 주제 중 하나인 농업의 다원기능 문제로 연결된다. 지속 가능한 농업성장과 함께 농업의 다원기능적 공익 서비스가 지속가능성을 유지하면서 사회적 수요에 부응하여 최대한 발현되는 상태가 지속 가능한 농업발전이라고 말할 수 있다. 다시 말하면, 농업의 지속 가능한 발전이란 농업의 다원기능이 최적적(最適的)으로 발현되면서 지속 가능한 농업 성장이 이루어지는 동태적 과정을 말한다. 이때는 농업이 자연·환경·생태 친화적으로 미래 세대의 농업·농촌의 공익가치 수요를 손상하지 않는 방법으로 성장하는 상태이다. 농업의 다원기능적 관점에서만 보면, 현재 세대가 식량안보나 환경보전 등 농업의 다원기능 서비스 충족을 위해 농업을 성장·발전시키는 것은 미래 세대가 동일한 욕구 충족에 피해가 되지 않는 방법과 범위 내에서 이루어져야 한다는 것이다. 농업의 다원기능 서비스 충족에 있어서 세대 간 형평성이 유지되어야 한다. 지속 가능한 발전이 지구환경과 자원의 유한성에서 비롯되듯이, 지속 가능한 농업발전은 한정된 농업(자연)자원의 지속가능성 여부에 달려있다. 농지의 타용도 전용이나 황폐화로 미래 세대의 식량안보를 위협한다면 이는 지속 가능한 농업발전을 저해하는 것이다. 농약이나 화학비료의 남용 등으로 인한 토양 오염, 환경과 경관의 훼손도 마찬가지다. 기후변화 완화를 위해 노력해야 하는 이유도 같다. 기후위기는 미래 세대의 식량안보 등 다원기능적 공익 서비스 욕구 충족을 위협하는 것이다. 농업 활동 역시 환경적 수용 능력 범위 내에서 이루어져야 하고, 그로 인한 편익의 세대 간 형평성이 유지되어야 지속 가능한 농업발전에 기여할 수 있다.

한편, 여기서 말하는 지속가능성(sustainability)은 반드시 자원의 재생 가능 여부에 따라 정해지는 개념은 아니라는 점이다. 산림자원이나 해양자원이 재생 가능한 자원(renewable resources)이기는 하지만, 과도한 벌채나 남획이 자행되어 임계점을 지나면 지속가능하지 않다. 반면 재생 불가능한 자원(non-renewable resources)이라도 기술진보로 대체 자원이 개발되면 지속 가능할 수 있다. 예를 들면, 화석연료를 태양광이나 풍력, 바이오 에너지 같은 신재생에너지로 충분히 대체할 수 있다면 지속 가능한 발전이 가능하다. 결국 지속가능성 여부는 자원의 재생 가능성이 아니라 인간이 어떻게 활용하고 대처하느냐에 따라 결정되는 것이다. 지속 가능한 발전이 중요한 의미를 갖는 것은 이런 이유이다. 또한 지속가능성의 기한의 문제도 있다. 우리가 지금 말하고 있는 지속가능성이 무한한 기간, 즉 영원을 의미하는 것은 아니다. 인류가 문명 시대를 살아온 기간이 1만 년이란 점을 고려하면, 미래 많은 세대를 거쳐 충분히 긴 기간 정도로 이해할 수 있다. 그렇다면 인간의 지혜와 노력에 의해 얼마든지 지속 가능한 자원 이용과 발전은 가능할 것이다. 농업의 핵심 자원인 토지 자원은 그 양이 유한할 뿐만 아니라 한번 오염되고 황폐화하면 회복이 거의 불가능하다. 토지 자원을 지속가능하도록 유지·보존해야 하고 친환경적으로 잘 이용하는 것이 중요한 이유이고 지속 가능한 농업발전의 핵심 전제이다.

1.3 성장과 행복의 상관관계

지속 가능한 발전은 성장을 내포한다고 했다. 물론 이때의 성장은 지속 가능한 성장을 의미한다. 그렇다면 성장은 무한히 지속될수록 바람직한 것인가? 즉, 물질적 풍요는 다다익선(多多益善)인가? 성장과 인간 행복의 관계 문제이다.

사람들은 보통 소득이 증가할수록 행복지수도 같이 상승한다고 믿고 있다. 소득의 증가는 곧 소비의 증가이고, 물질적 풍요는 개인의 욕구를 충족시켜 행복지수를 끌어올린다고 보는 것이다. 인간이 끊임없이 경제성장을 추구하는 이유이다.

화폐소득의 증가는 사람의 효용을 증가시키지만 그 증가 속도는 소득 수준에 따라 달라진다. 소득 한 단위 증가가 개인의 효용 변화에 미치는 효과, 즉 소득(화폐)의 한계효용은 일반적으로 체감하는 것으로 알려져 있다. 한계효용체감의 법칙(law of diminishing marginal utility)은 상품이든 화폐이든 마찬가지로 적용되는 원칙이다. 소득은 궁극적으로는 상품 소비를 통해 가치가 실현되는 것이지 화폐 그 자체가 가치를 갖는 것은 아니다. 따라서 소비하는 상품의 한계효용이 체감한다는 것은 화폐의 한계효용이 체감하는 것과 결국 같은 것이다. 저소득 수준에서는 화폐소득에 대한 효용의 증가가 빠르지만, 어느 수준에 이르면 더 이상 소득이 늘어난다고 해서 효용 증가에 영향을 미치지 못한다. 일종의 포만점(saturation point)인데 이 수준을 넘어서면 소득증가의 한계효용은 0이 된다. 똑같은 백만 원이라 해도 월급 삼백만 원을 받는 사람에게 주는 효용 증가는 상당히 크겠지만, 재벌 그룹 회장에게 백만 원은 효용 증가에 아무런 영향을 미치지 못할 것이다.

소득 수준이 높아져 물적 수단이 효용 증가를 일으키지 못하는 단계에 이르면 정신·문화·사회적, 자연·환경·생태적 요소 등 비경제적 요소들이 행복지수에 영향을 주게 된다. 그런 수준에 이르기 전이라도 소득의 한계효용이 감소하면서 사람들은 이런 비경제적 요소들에 대한 수요를 늘려가는 것이 일반적이다. 빈곤층, 빈곤국가가 아닌 한 환경자원에 대한 수요의 소득 탄력성은 플러스이고 소득이 늘어날수록 그 값은 커진다. 깨끗한 환경과 자연, 아름다운 경관에 대한 수요는 소득증가와 함께 계속 증가하게 마련이다. 미래 농업의 역할로서 다원기능이 주목을 받아야 하는 이유도 여기에 있다.

소득의 한계효용이 체감하는 현상을 거시적으로 접근하면 경제성장 문제와 맞닿게 된다. 거시적 관점에서 성장과 인간 행복의 관계에 관한 연구에 의하면 경제성장이 개인의 주관적 행복(well-being)에 중요한 영향을 미치지만, 성장이 일정 수준을 넘어서면 더 이상의 성장은 거의 또는 전혀 영향을 미치지 못하게 된다. 경제성장의 한계효용 체감(diminishing marginal utility of economic growth) 현상이 나타난다는 것이다.[11] 경제성장 초기 단계에서는 성장과 함께 1인당 국민소득이 증가하면서 행복지수는 가파르게 상승한다. 그러나 그 속도는 점차 감소하여 소득이 어느 수준을 넘어서면 행복지수의 상승 속도는 급격히 떨어지고 마침내 소득수준과 관계없이 행복지수는 변하지 않게 된다는 것이다. 행복지수에 영향을 미치지 못하게 되는 그 소득수준을 디커플링 포인트(decoupling point)라고 하는데,[12] 소득 수준과 행복 간의 상관관계가 사라지는 이 지점에 도달하면 물질적으로는 인간을 더 행복하게 만들 수 없다.

잉글하트의 연구는 잘 알려져 있는 소득의 한계효용이 체감한다는 일반적인 원리를 거시적 경제성장의 관점에서 파악한 것에 불과하지만 한 가지 주목할 점은 디커플링 포인트가 존재한다는 점이다. 성장이 일정 수준에 이르면 행복에 미치는 효과가 없어지는 그런 소득수준이 존재한다는 것이다. 과연 이 디커플링 포인트가 실제 존재

11 Inglehart(1996). 이정전(2011, p. 51)에서 재인용.

12 ibid.

하는지, 이 가설이 보편적 원칙이 될 수 있는지는 검증이 필요하다. 그리고 그 수준이 얼마인지는 나라마다 개인마다 다 다를 것이고, 따라서 더 많은 실증적 연구가 축적되어야 할 것이다. 하지만 상품 소비에서 포만점이 존재하듯, 경제성장에서 그런 디커플링 포인트가 존재할 것이라는 점은 일견 충분히 가능해 보인다.

이는 결국 그 한계수준을 넘어서는 무한한 경제성장의 무용론으로 연결될 수 있다는 점을 시사한다. 인간의 행복과 복지 향상에 영향을 미칠 수 없는 성장이라면 그런 성장은 필요 없기 때문이다. 자원을 낭비하고 환경과 생태계만 훼손시킬 뿐이다. 그리고 양적 성장이 아닌 질적인 발전을 추구해야 인간이 행복해질 수 있다는 지속 가능한 발전 문제로 귀착하게 된다.

다양한 비경제적 요소들이 질적 발전과 인간 행복에 영향을 미친다. 소득이 일정 수준 이상으로 늘어나면 농촌경관이나 자연·환경·생태적 요소 등 환경적, 정신·문화적, 사회적 요소들이 인간의 행복에 직접 영향을 미치게 될 것이다. 국가의 자원 총량은 한정돼 있다. 한정된 자원 한 단위를 성장에 투입하여 소득증가로 얻는 효용보다 같은 자원을 이 비경제적 요소들의 증진에 투입하여 얻는 효용이 더 커 행복지수를 높일 수 있다는 의미이다. 우리나라는 이미 1인당 국민소득 35,000달러를 넘어섰다. 서유럽이나 북유럽 선진국들의 농업과 농정이 그런 것처럼 미래 농업의 역할이 식량안보나 환경보호 등 다원기능에 의한 공익적 가치를 증진시키는 방향으로 옮겨감으로써 우리 국민과 미래 세대들의 복지, 행복지수 향상에 기여할 수 있어야 한다. 성장제일주의 농정으로는 미래 지속 가능한 농업발전을 이룰 수 없다.

제2절 지속 가능한 농업성장과 정상상태 균형

2.1 지속 가능한 농업성장: 거시적 관점

앞 장에서 우리나라 농업성장 정책의 문제점을 지적하고 성장지상주의에서 벗어나야 한다는 점을 얘기했다. 특히 수출 주도적 농업성장 전략의 문제점을 언급했다. 그렇다고 성장지상주의에서 탈피해야 한다는 것이 농업 성장을 포기해야 한다는 의미는 아니다. 발전을 위한 성장이 필요하듯, 지속 가능한 농업발전을 지향한다면 성장은 필요하다. 다만 부존된 농업자원과 환경, 생태계가 잘 보존되는 방법으로, 즉 환경적 수용 능력의 범위 내에서 성장해 가자는 것이다. 이것이 지속 가능한 농업성장이다. 궁극적 지향점인 지속 가능한 농업발전 단계로 가기 위해서는 지속 가능한 농업성장이 필요하다. 본 절에서는 이 문제에 대하여 거시적 국가 경제 관점에서 논의해 본다.

이런 거시적 시스템을 상상해 보자. 산업으로서의 농업은 그 상위의 국가 경제 시스템 내에 존재한다. 그리고 국가 경제 시스템은 그것을 포괄하는 국가 또는 글로벌 자연·환경·생태 시스템 내에 하위 시스템으로 존재한다. 우리는 의식하든 아니든 이런 자연·환경·생태 및 경제 시스템 내에 살고 있다.

농업은 국가의 경제 시스템 내에 존재하면서 동시에 자연·환경 및 생태 시스템 내에서 그것과 밀접히 연결돼 있다. 그리고 경제 시스템은 그 상위의 자연·환경·생태 시스템의 하위 시스템으로 존재한다. 그러니까 농업 시스템은 자연·환경·생태 시스템 내에서 그것과 밀접히 연결된 상태에서 위로는 국가 경제의 하위 시스템으로서 존재하고 있는 것이다. 그런데 농업은 다른 산업과 달리 경제 시스템 내에 온전히 포함되는 하위 시스템으로서 기능하고 있지는 않다. 경제적 실체이면서 동시에 비경제적 구성 요소들을 많이 갖고 있어 상위의 경제 시스템과 독립적으로 최상위의 자연·환경·생태 시스템과 직접 연결돼 있다는 점이다. 왜냐하면 농업은 토지, 물, 햇빛, 공기를 핵심 요소로 하는 산업이기 때문이다. 농업의 존립은 이처럼 3차원적 체계와 관계 속에 놓여있다. 농업의 지속 가능한 성장은 이 같은 경제 및 자연·환경·생태 시스템과 맺고 있는 관계적 속성을 고려하여 접근해야 하고, 지속 가능한 농업성장 전략 역시 이런 총체적 상호 시스템적 관계 속에서 이루어져야 한다.

첫째, 농업은 국가의 경제 시스템 내의 한 산업으로서 전체적인 합리적 자원배분 관점에서 지속 가능한 성장이 이루어져야 한다. 국가의 경제적 자원은 한정돼 있다. 그렇다면 농업은 국가 경제의 하위 시스템으로서 자원 총량의 효율적 배분 관점에서 성장이 이루어져야 한다. 이 원칙을 벗어날 때 농업은 국가 경제에 부담을 주고 국가 차원에서 자원배분의 비효율성을 낳게 된다. 농업으로 인해 국가 전체의 파이를 극대화하지 못한다는 의미이다. 국가 경제를 구성하는 각 부문이나 산업은 각자도생 식으로 한정된 자원 확보 경쟁을 벌여서는 안 된다. 세계는 기본적으로 자유무역 체제 내에서 움직이고 있다. 따라서 국가 차원의 비교우위론 관점에서 한정된 경제적 자원이 효율적으로 배분되어야 한다.

헥셔-오린 정리에 의하면 세계의 경쟁 상대국들과 비교하여 한국의 농업은 비교열위에 놓여있다. 농업은 기본적으로 토지 집약적 산업이고 한국은 상대적으로 토지(농지) 부존도가 낮기 때문이다. 이런 나라가 농업에서도 수출 주도적 성장 전략을 추진해 온 것은 국가 자원의 효율적 배분 측면에서 잘못된 것이다. 1990년대 중반 이후 농업 성장이 장기 정체에서 벗어나지 못하고 농가의 농업소득이 천만 원에서 장기 고정돼 있다는 것이 이를 증명한다. 수십 년 성장을 위해 막대한 투자 지출과 노력을 해 왔지만, 결과적으로 보면 국가의 자원만 낭비한 셈이다. 이것이 지속가능하지 않은 농업 성장의 예이다. 국가적 손실은 자원 낭비에만 그치지 않는다. 경제 시스템을 넘어 최상위 자연·환경·생태 시스템의 관점에서 엄청난 부정적 외부효과를 유발하고 있다는 점에서 농업 성장정책으로 야기된 기회비용은 매우 크다. 우리가 식량안보를 늘 걱정하고 농업의 제1의 공익기능으로 법률에 규정하고 있지만 실은 이것도 전혀 나아지지 않았다. 국가 경제 시스템 내의 하위 산업의 관점에서 경제원리에 어긋나는 방식의 농업성장은 미래에는 더 이상 지속가능하지 않다. 정책의지만 앞서 추진하는 수출 주도적 성장전략으로는 더더욱 지속가능하지 않다.

농업의 성장은 개방경제 상황을 고려하여 국가 전체의 효율적 자원배분이란 관점에서 이 조건을 충족시키는 수준의 성장이어야 한다. 그 수준을 판단하는 것은 매우 어렵기는 하지만, 분명한 것은 지금까지 그래왔듯이 의도적으로 수출에 집착하여 성장하는 방식은 안 된다는 것이다. 수출은 비교우위 원리에 따라 국제시장에서 경쟁력이 생기면 자연히 늘어나게 돼 있다. 이를 무시하고 정부가 나서서 정책적으로 밀어붙이는 식이 되어서는 국가 자원만 낭비하게 된다. 대신 농업은 자연·환경·생태 시스템과 밀접히 연결된 본질적 속성을 살려 다원기능적 공익 서비스를 증진함으로써 국민에게 그 공익적 가치를 제공하는 데 기여해야 한다. 그런 과정에서 농업은 환경적 수용 가능성 범위 내에서 자연스럽게 성장해 가야 한다. 그리고 국가적으로 더 커진 파이(GDP)는 효율적 자원배분에 기여하고 공익 서비스를 제공한 데 대한 반대급부로서 소득재분배 정책을 통해 농업 부문으로 이전시키도록 해야 한다. 이것이 미시적 재정정책으로서 직접지불의 역할이다. 이런 방식의 성장이 국가 경제 시스템 내에서 농업의 지속 가능한 성장이다. 국가 경제 시스템의 효율적 자원배분에 따른 농업성장이 지속가능하고 이익이 되는 것은 농업이 다원기능에 의한 공익 서비스를 국민에게 제공하고 사회적 편익을 증진하기 때문이다.

둘째, 농업은 국가 경제 시스템의 하위 시스템이지만, 국가 경제는 그 상위 시스템으로서의 자연·환경·생태 시스템 내에 존재한다. 국가 경제가 아무리 양적으로 성장한다 해도 그 상위 시스템을 벗어날 수는 없다. 다시 말하면 최상위 자연·환경·생태 시스템의 지속가능성 수용 능력에 영향을 줄 정도로 자연자원이 고갈되고 환경이 파괴되는 방식으로 경제는 커질 수 없고 커져서도 안 되는 것이다. 최상위 시스템의 한정된 자연자원과 환경자원이 감내할 수 있는 지속가능성 범위 내에서 국가의 경제성장이 이루어져야 한다. 이것이 지속 가능한 발전의 요건이다. 마찬가지로 농업 시스템도 국가 경제 시스템 내에 있지만 동시에 자연·환경·생태 시스템의 하위 시스템으로서 당연히 이 질서를 벗어날 수 없다. 자연·환경·생태 시스템 내의 구성 부문으로서의 성장 요건을 충족하는 것이 또 다른 농업의 지속 가능한 성장이다. 농지자원과 토양, 물, 산림, 자연경관 등의 지속가능성이 유지될 때 여기서 말하는 지속 가능한 농업성장이 될 수 있고, 궁극적으로는 지속 가능한 농업발전으로 이어질 수 있다. 그러기 위해 자연·환경·생태 친화적 영농 방식, 나아가 온실가스의 발생을 최대한 줄이는 방식의 농업생산이 되어야 한다.

최근 바람이 일고 있는 공장식 스마트 팜 영농 방식도 지속 가능한 농업성장 측면에서 신중히 접근해야 한다. 농업은 미래 성장산업이라는 정책 슬로건을 내걸고 디지털 혁명 시대의 첨단 기술농업에 편승하여 많은 투자가 이루어지고 있다. 하지만 동시에 자연과 환경파괴, 경관 훼손은 물론 온실가스 배출도 크게 늘고 있어 지속 가능한 농업성장에 부정적 영향을 미치고 있다. 미래 지속 가능한 발전을 지향한다면 그 어떤 농업생산 활동도 최상위 자연·환경·생태 시스템과 조화를 이루는 것이 중요하다. 농촌지역의 고용기회 창출은 젊은 인력 유입과 지역 활성화를 위해 중요하다. 그러나 그것이 반자연, 반환경, 반생태적인 일자리라면 고용 창출이란 이름만으로 정당화되지 않는다. 농업자원을 잘 보존하고 자연, 환경, 생태 친화적으로 농가소득 증대에 기여하면서 삶의 질을 향상시킬 수 있는 고용 창출이어야 지속 가능한 농업발전에 기여하게 될 것이다. 대규모 비닐하우스나 스마트 팜 시설은 제한적으로 대도시 인근 지역이나 산업단지 같은 곳에만 허용되어야 한다. 영농형이라는 이름으로 농촌 들녘을 뒤덮고 있는 태양광 발전시설도 억제되어야 한다. 우리같이 좁은 국토를 가진 나라에서 소득이 늘어난다는 이유만으로 농촌 들녘을 발전설비들로 뒤덮는 것은 미래 지속 가능한 발전 측면에서 보면 근시안적인 행위이고 정당화될 수 없다.

이상에서 논의한 두 관점에서의 요건을 모두 갖출 때 비로소 농업의 지속 가능한 성장이라 말할 수 있다. 다시 말하면, 국가 경제 시스템 내에서 조화되는 성장(경제적 지속가능성) 그리고 자연·환경·생태 시스템 내에서 조화를 이루는 성장(환경적 지속가능성), 이 두 지속가능성 요건을 동시에 충족하는 성장이 거시적 관점에서 미래 지속 가능한 농업성장이다. 그렇지 못한 성장, 예를 들면 상위 국가 경제 시스템에 조화되지 않고 농업 부문만의 크기를 늘리기 위한 성장은 지속가능하지 않다. 수출은 무조건 좋은 것이라는 왜곡된 인식과 첨단 기술이라는 미명 하에 무작정 추진하는 농업성장이 그것이다. 국가 전체의 합리적 자원배분 원칙에 어긋나는 방식으로 농업이 커지면 그 상위의 국가 경제 시스템은 그렇지 않은 경우에 비해 더 작아질 수밖에 없고 이는 국가 전체의 성장을 해치는 결과를 초래할 것이다. 또 다른 상위 시스템인 자연·환경·생태 시스템만 훼손할 수 있다. 국가의 한정된 자원 측면에서 보면 농업과 비농업 간의 자원배분 관계는 제로섬 관계이다. 최상위 시스템의 자연(농업)자원과 환경·생태자원 역시 한정돼 있다.

결국 농업의 지속 가능한 성장은 거시적 관점과 미시적 관점을 동시적으로 균형 있게 볼 때 가능해진다. 거시적으로는 자연·환경·생태 시스템, 즉 지구환경 시스템과 국가 전체 경제 시스템을 동시에 고려하여 그 안에서 시스템 상호 간에 조화를 이루는 방식으로 성장해 가야 한다. 미시적 관점에서 독립적으로 농업 내부만 보고 성장 전략을 추진해서는 지속 가능한 발전에 이를 수 없다. 전체 시스템과 조화하기 위해서는 농업 문제와 현상을 접근하는 방식이 바뀌어야 한다. 국가 경제 전체 차원에서, 그리고 자연·환경·생태 시스템 차원에서 새로운 정책적 접근이 필요하다. 이것이 뒤에서 설명할 통섭 농정이다. 이 같은 거시적, 시스템적 접근을 고려하지 않고 농업 내부만 볼 때 농업은 물론 국가 경제와 자연생태계에 바람직하지 못한 결과를 초래한다. 그 결과는 다시 농업 시스템으로 돌아오는 부메랑이 될 것이다. 나무는 홀로 존재하는 것이 아니라, 숲이 있어 그 속에 존재한다는 시스템적 접근방법이 필요하다. 이것이 농업의 지속 가능한 성장이고 미래 지속 가능한 농업발전으로 가는 길이다.

인간은 생존과 번영을 위해, 궁극적으로는 행복한 삶에 필요한 물적 욕구 충족을 위해 성장은 불가피하다. 성장에는 자원의 투입이 필요하고 그 자원은 모두 지구로부터 온다. 그래서 성장을 하는 한 자원의 이용에 따른 고갈 위험, 환경 훼손과 생태계 파괴 문제는 필연적이다. 그런데 자원이 나오는 원천인 지구는 플랜 B가 없는 유일한 존재로 복제가 불가능하다. 그래서 성장을 하되 지구환경이 감내할 수 있는 범위, 지속가능성을 유지할 수 있는 그 임계점(tipping point)을 넘지 말아야 한다. 현생 인류가 지금까지 수십만 년 살아오면서 지구 자원을 이용하며 고갈시켜 왔다. 질량보존의 법칙 관점에서 보면 자원고갈은 곧 환경의 파괴이다. 인류의 삶은 미래에도 지속되어야 한다. 지속 가능한 발전을 위해 필요한 성장을 하되 지속 가능한 성장이어야 한다.

재생에너지, 재생 가능한 자원을 개발·이용하는 노력이 지속된다 해도 지구의 유한성은 변하지 않는다. 태양광 발전 사업은 지구 자원의 유한성을 극복하기 위한 일환이다. 하지만 영농형이라는 이름으로 농촌 들녘을 뒤덮고 있는 태양광 발전 사업은 농지 등 농업자원을 훼손·파괴하고, 농촌 경관을 해치고, 환경과 생태계를 파괴하게 마련이다. 기존의 화석연료를 대체하여 자연자원과 환경을 보존하기 위한 태양광 발전 사업이 오히려 그것을 파괴하고 있는 것이다. 농업의 다원기능이 미래 지속 가능한 발전 시대에 농업의 중심 역할이 되어야 하는 건 이런 이유이다. 우리는 먼저 지구상에 발을 딛고 산 사람으로서 미래 세대를 위해 책임 있는 행동을 해야 한다. 지속 가능한 미래 사회 실현에 기여하기 위해서는 국가 경제 및 자연·환경·생태 시스템에 조화되는 지속 가능한 농업성장을 이루어야 한다.

2.2 농업성장의 장기 균형

(1) 솔로우 성장모형

지속 가능한 발전의 정의에서 살펴보았듯이 지속가능성은 세대 간의 형평성 같이 장기·동태적 과정의 규범적 속성을 내포하고 있다. 그렇다면 지속 가능한 농업성장이 되기 위해 농업은 어떻게 성장해 가야 하고 또 장기적으로는 어떤 상태에 이르게 된다는 것인가? 본 절에서는 솔로우(R. M. Solow)의 경제성장 모형을 이용하여 농업성장의 장기 균형 문제를 살펴보고, 이 장기 균형이 지속 가능한 농업성장과 어떤 관계에 있는지 논의해 본다. 먼저 솔로우 성장모형에 대하여 개략적으로 살펴본다.

경제가 성장한다는 것은 한 국가의 국민소득, 즉 국내총생산(GDP)이 증가해 가는 동태적 과정을 일컫는다. 따라서 국가의 총생산이 시간의 경과에 따라 어떻게 변해가는지 그 과정에 대한 분석이 성장이론의 중심을 이룬다. 폐쇄경제(closed economy)를 전제로 거시적 생산함수는 통상 다음과 같이 노동(L), 자본(K), 그리고 기술(A) 변수에 의존하는 함수관계로 설정할 수 있다.

$$Y = AF(L, K) \tag{17.a}$$

이 식에 의하면 경제성장은 국가의 총생산(Y)이 증가하는 것으로 물적 투입요소의 증가나(와) 기술진보에 의해 이루어진다. 특히 자본축적과 기술진보가 경제성장에 중요한 역할을 하게 된다. 이것이 솔로우를 중심으로 한 신고전학파의 생산함수이다. 인구(노동력)가 변하고 자본축적이 일어나고, 기술이 진보하는 과정은 모두 장기적 시평에서 일어나는 동태적 현상이다. 따라서 성장이론은 기본적으로 장기적 동태 과정에 대한 분석이다.

솔로우 성장모형은 자본축적($\Delta K > 0$)이 진행되면서 경제가 성장해 가는 과정을 설명하고 있다. 먼저 기술진보에 변화가 없다고 가정해 보자(A=1). 그리고 폐쇄경제 가정을 유지하고, 생산요소의 한계생산 체감과 규모수익 불변(constant returns to scale)을 가정하자.[13] 생산의 기술적 특징이 규모수익 불변의 성격을 띤다는 것은 생산함수가 1차 동차함수(homogeneous function of degree one)라는 의미이다. 그러면 생산함수 식 (17.a)는 다음과 같이 1인당 소득(생산)의 함수관계로 전환할 수 있다.[14]

$$y = f(k) \tag{17.b}$$

여기서 $y = Y/L$, $k = K/L$이다. 식 (17.b)가 보여주듯이 1인당 생산량(소득)은 1인당 자본량에 의존한다. 결국 경제성장은 1인당 자본이 축적되면서 1인당 산출량, 즉 소득이 증가하는 과정이다. 그런데 1인당 자본이 증가하면서 1인당 소득도 증가하지만, 무한히 증가하지는 않는다. 자본의 한계생산이 체감하므로 장기적으로는 자본의 축적이 더 이상 소득을 증가시키지 못하는 단계가 온다. 이때가 되면

---

13 이 밖에도 솔로우 모형에서는 인구 증가율은 노동 증가율과 같고, 저축률과 자본의 감가상각률이 불변이라는 등의 가정들이 전제된다.

14 1차 동차함수 가정으로부터 식 (17.a)는 $\frac{Y}{L} = AF\left(1, \frac{K}{L}\right)$이 성립한다. 여기서 기술진보의 불변($A$=1)을 가정하고 있으므로 이 식은 $y = f(k)$로 표시될 수 있다.

1인당 자본량도 늘어나지 않고 결국 1인당 소득도 정지하게 된다. 장기적으로 경제가 이런 균형상태로 수렴하게 되는데, 이 장기균형을 정상상태(定常狀態; steady state, stationary state) 혹은 균제상태(均齊狀態)라고 한다. 1인당 자본량과 1인당 소득의 증가율이 0이 되는 상태이다. 그러나 이때 경제 전체의 자본과 소득은 인구(노동) 증가율 속도로 성장한다.[15] 즉, 국가의 경제 성장률은 인구(노동) 증가율과 같아진다. 장기 균형 정상상태에서도 인구가 계속 증가하여 동일한 속도로 노동력이 늘어난다면 국가 경제는 이 노동력 증가율만큼은 성장한다는 것이다. 이 장기 균형에서 인구도 더 이상 늘어나지 않는다면 국가의 경제 성장률도 0이 될 것이다. 솔로우 모형이 말해주는 중요 메시지는 자본축적이 경제성장에 중심적 역할을 하지만, 자본축적만으로는 경제를 지속적으로 성장시킬 수 없다는 것이다.

이제 위 모형을 외생적 기술진보가 존재하는 경우로 확장하면 이때는 $A > 1$이 된다. 여기서는 복잡한 분석 과정은 생략하고 장기 정상상태에서의 결과만 언급하고자 한다. 기술진보가 계속 이루어진다 해도 자본의 한계생산이 체감하는 한 경제는 장기적으로 정상상태에 수렴하게 된다. 이때 1인당 자본과 소득은 기술 진보율과 같은 속도로 증가하게 되고, 국가 전체의 GDP는 인구(노동력) 증가율과 기술진보율을 합한 속도로 성장하게 된다.[16] 경제성장에 있어서 기술진보의 중요성을 말해주고 있다. 장기 정상상태에서도 기술진보가 계속된다면 1인당 소득은 그 속도로 영원히 성장할 수 있다는 것이다. 만일 기술진보도 더 이상 일어나지 않는다면 1인당 국민소득의 증가율은 장기균형 수준에서 멈추게 된다. 결국 솔로우 모형에서는 자본축적과 기술진보가 성장의 동력이지만 자본의 한계생산이 체감하므로 결국에는 정상상태에 이르게 된다. 그런데 기술진보는 장기균형 정상상태에서도 계속 경제를 성장시키는 동력이 된다는 점을 말해주고 있다. 만일 장기 정상상태에

15 $k=\frac{K}{L}$에서 양변에 자연대수(natural logarithm)를 취하면 $\ln k = \ln K - \ln L$이다. 이를 시간에 대하여 미분하고 시점 간 성장률 식으로 전환하면 $\frac{\Delta k}{k} = \frac{\Delta K}{K} - \frac{\Delta L}{L}$이다. 따라서 장기 정상상태 균형에서 이 값은 0이므로 $\frac{\Delta K}{K} = \frac{\Delta L}{L}$이다. 즉, 국가의 자본량은 노동 증가율과 같은 속도로 증가한다. 마찬가지로 $y=\frac{Y}{L}$에 대해서도 동일한 방법을 적용하면, 정상상태에서 국가의 경제 성장률 역시 노동 증가율과 같아진다.

16 솔로우 성장모형의 구체적인 내용과 분석 과정에 대해서는 이종화·김진일(2021), 이종화·신관호(2019), Mundlak(2000)을 참조할 수 있다.

서 인구증가도 멈추고 기술진보도 더 이상 일어나지 않는다면 1인당 소득과 국가의 경제성장은 그 장기 균형 수준에서 멈추게 될 것이다.

(2) 농업성장의 장기 균형

이제 앞서 살펴본 솔로우 모형을 농업 부문에 적용하여 지속 가능한 농업성장 문제를 논의해 보자. 농업 분야에서 자본은 자연자본으로서의 토지(농지), 물(수자원) 등과 기타 통상적인 자본(인공자본)으로 구성된다. 인공자본에는 각종 기계장치로서 트랙터, 이앙기, 제초기, 분무기, 드론, 로봇 등과 축사와 각종 영농시설이 포함된다. 총자본은 이들 자연자본과 인공자본을 합한 총량이 될 것이다. 특히 토지자본은 농업 성장에서 매우 중요한 역할을 한다. 그런데 인공자본과 달리 토지는 수입할 수도 없고 장기적으로도 그 총량이 크게 변하지 않는다. 총량이 변하지 않는 상황에서는 농업인구 1인당(또는 농가당) 농지자본이 성장의 중요한 변수가 된다. 솔로우 모형의 식 (17.b)를 농업 부문에 한정하여 해석하면 농가의 농업소득은 농가당 자본에 의존한다는 의미이다. 농업 부문 전체의 성장이 아니라 농가당(농가 1인당) 농업소득의 증가가 중요하다. 따라서 농가소득이 늘어나기 위해서는 농가당 자본축적이 계속 일어나야 한다. 여기 농가당 자본에는 농지 등 자연자본과 인공자본이 모두 포함되지만, 농업에서는 특히 농지자본이 중요하다. 농업성장을 위해 영농규모를 확대하는 노력은 그래서 중요하다. 농가당 영농규모가 커진다는 것은 농가당 자본축적이 일어난다는 의미이고, 이에 따라 농가당 농업소득이 증가하면서 농업이 성장해 나가게 되는 것이다.

한국은 전체 농지의 절대 규모가 작아서 문제라기보다 상대적 규모, 즉 농가당 또는 1인당 농지 규모가 작아서 생산성이 떨어지고 성장이 정체되는 것이다. 우리나라의 농가 호당 경지규모는 2022년 기준 149.4a로, 선진 외국과는 비교할 수 없을 정도로 작은 규모다. 1995년 132.3a와 비교하면 연평균 0.45%로 매우 미미하게 증가한 셈이다. 1970년(92.5a)부터 1995년까지 연평균 1.44% 증가한 것과 비교하면 WTO 출범 이후 농가당 농지자본 축적 속도가 오히려 크게 둔화했다. 이 기간 수출 주도적 농업성장 정책을 시행했지만, 성장이 둔화하고 농가의 농업소득이 천만 원에 고착된 주요 원인일 것이다. 유럽의 작은 나라들도 전체 농지 규모는 우리보다 작지만, 농가당 농지는 훨씬 크다. 그만큼 농가당 자본축적이 많이 되어 있다는 뜻이다. 우리는 앞으로 농가당 농지 규모 확대를 통하여 자본축적을 계속해 나가는 것이 매우 중요하며, 그래야 농가의 농업소득을 늘려나갈 수 있다. 그런 측면에서 보면 농업 부문의 인구와 가구수가 줄어드는 것은 농가당 자본(농지자본)이 증가한다는 데서 바람직한 현상이다. 농업 구조조정이 필요한 이유도 여기에 있다. 농가당 농지자본이 증가하면 동시에 인공자본의 증가와 함께 농가당 총자본이 계속 증가하면서 농가당 농업소득은 지속적으로 증가할 것이다. 여기에 자본축적이 진행되는 과정에서 기술진보도 함께 일어난다면 농가당 농업소득은 더욱 빠른 속도로 증가하게 될 것이다. 농가당 적정 농지 규모가 얼마까지 늘어야 하는지는 알기 어렵다. 하지만 솔로우 성장모형 내에서 생각해 본다면 자본의 한계생산이 체감하므로 결국 장기적으로는 정상상태에 도달하면서 농지자본을 포함한 농가당 자본축적이 정지하고 농가당 농업소득의 성장도 멈추는 단계가 오게 될 것이다.

농업 부문이 솔로우 성장모형에 따라 장기 정상상태 균형에 도달한다고 가정하면 다음과 같은 가설을 세워볼 수 있다. 장기 정상상태에서 농업 부문은:

① 농가인구 1인당(또는 농가당) 농업소득 증가율은 기술 진보율과 같아지고,

② 농업 부가가치 성장률은 인구(노동) 증가율과 기술 진보율의 합과 같아진다.

솔로우 모형 내에서 이 같은 가설을 세울 수 있는 것은 농가당 자본도 같은 속도로 증가한다는 것을 내포하고 있다. 즉, 자본축적과 기술진보가 계속 이루어진다면 정상상태에서 농가당 소득은 농가당 자본과 함께 기술 진보율로 성장하게 된다고 말하는 것이다. 만일 농지를 포함한 농가당 자본이 증가하지 않는다면 설령 기술진보가 있다고 해도 위의 가설은 성립하지 않는다. 그러나 기술진보는 통상 자본(인공자본)에 체화되어 일어나기 때문에 자본의 축적과 기술진보는 함께 진행된다고 볼 수 있다. 그럼에도 농업의 경우에는 언급한 바와 같이 자연자본으로서의 농지가 총자본의 중요한 부분을 차지하고 있기 때문에 이런 양자 간의 관계가 달라

질 수 있는 것이다. 어쨌든 농업에서도 자본축적과 기술진보가 농가의 농업소득과 농업성장에 매우 중요한 역할을 한다는 점이다. 만일 장기 정상상태에서 기술진보가 더 이상 일어나지 않는다면 이때는 농가당 농업소득 증가율은 0이 된다.

자본(자연 및 인공)의 한계생산 체감으로 인해 장기 정상상태 균형에 이르면 토지를 포함한 농가당 자본의 한계생산은 0이 되고, 따라서 농가당 농업소득은 기술진보율 이상을 넘어설 수 없게 된다. 기술수준이 최고조에 달해 더 이상 기술진보도 일어나지 않는다면 농가당 농업소득(노동생산성)의 증가율 역시 0이 된다. 토지자본과 인공자본은 대체를 위한 증가 외에 순증가는 없이 최적의 현 수준을 그대로 유지하게 될 것이다.

여기서 다시 1990년대 중반 이후 우리나라의 농업 성장 상황을 살펴보자. 농가의 농업소득은 장기간 전혀 늘지 않았고 농업 전체의 성장은 크게 둔화했다. 그 원인을 솔로우 모형 내에서 찾아볼 수 있다. 먼저 자본축적 측면에서 농업에서는 농지 등 자연자본이 매우 중요한데 농가당 농지자본이 거의 증가하지 않았다는 점이다. 농가당 영농규모의 영세한 수준이 장기간 변함없이 계속됨으로써 농가의 농업소득 증가에 큰 걸림돌이 되었다. 기술진보 측면에서도 젊은 층의 이농과 고령화 추세 심화 등으로 기술진보가 있었음에도 실질적인 생산성 향상으로 이어지는 데는 한계가 있었다고 할 수 있다. 이런 상황을 탈피하기 위해서는 농가당 자본축적, 특히 농지자본 증가와 실효적인 기술진보가 일어나야 한다. 그러기 위해서는 농가당 영농규모가 계속 확대되어야 하고, 동시에 기술진보의 생산성 향상 효과가 실질적으로 나타날 수 있도록 젊은 노동력의 농업 부문 유입이 매우 중요하다. 만일 농지자본과 노동력에서 이런 구조조정이 성공할 수 있다면 솔로우 모형이 함의하는 바와 같이 농가의 농업소득은 지금까지의 장기간 천만 원 함정에서 벗어나 성장해 나갈 수 있을 것이다.

(3) 지속 가능한 농업성장

솔로우 모형을 통해 농업 부문의 자본축적과 기술진보의 중요성을 살펴보았다. 이 모형대로라면 농가당 자본(농지)축적이 계속 일어나면 농가당 농업소득은 현재의 정체 국면을 벗어나 성장경로에 들어서게 되고 장기 정상상태에서는 기술 진보율로 성장해 나갈 수 있다. 기술진보가 더 이상 일어나지 않는다 해도 미래 세대(농가)는 정상상태의 높아진 농업소득 수준을 누리게 된다. 그러나 지속 가능한 농업성장을 위해서는 여기에 환경적 지속가능성 조건을 충족해야 한다. 자본축적과 기술진보를 통해 농업이 성장해 가되 최상위 자연·환경·생태 시스템에 조화되어야 지속 가능한 농업성장이 가능해진다. 그러기 위해 생산방식은 친자연, 친환경, 친생태적이어야 한다. 아무리 경제적 효율성 조건을 갖추어 상위의 국가 경제 시스템에 부합하는 성장이라 해도 이 최상위 지구환경 시스템에 조화하지 않으면 농업의 성장은 지속가능하지 않을 것이다. 농지나 수자원 등 농업자원이 고갈되고, 토양과 수질이 오염되고, 농촌의 자연환경과 생태계가 파괴된다면 농업성장은 더 이상 지속가능할 수 없다. 기술진보 역시 지속 가능한 농업성장에 부합해야 한다. 과거 녹색혁명 같은 기술혁신은 오직 생산성 향상에만 초점을 맞추고 있어 지속 가능한 농업성장과는 양립할 수 없는 기술진보였다. 미래에는 환경적 지속가능성을 갖춘 최첨단 기술농업이 필요하다.

솔로우 성장모형이 주는 중심 메시지는 자본축적과 기술진보가 성장의 동력이며, 장기균형 정상상태에서 1인당 소득은 기술 진보율만큼 성장해 간다는 것이다. 이 모형이 한국 농업에 그대로 적용될 수 있는지 확신할 수는 없어도, 미래 지속 가능한 농업성장을 위한 정책적 시사점을 얻기에는 충분하다. 우리가 중요시하는 것은 농업 부문 전체의 부가가치 성장보다 농가 1인당(농가당) 농업소득이 얼마나 늘어날 수 있을 것인가이다. 농가당 농업소득의 증가가 중요한 것은 그렇지 않고는 농업이 지속가능하지 않기 때문이다. 지속 가능한 발전의 첫 번째 기둥, 경제적 지속가능성 요건이다. 정상상태에서 이것이 기술 진보율만큼 성장한다는 것은 기술진보로 인한 생산성 증대 효과가 그대로 나타난다는 전제, 즉 그 기술을 적용할 수 있는 유효 노동력이 뒷받침된다는 것을 전제하고 있다. 농업 부문에 젊은 노동력으로의 대체가 중요한 이유이다. 디지털 혁명의 첨단기술이 도입된다 해도 이를 활용할 수 있는 훈련된 노동력이 유입되지 않으면 농업성장으로 이어질 수 없다. 이 같은 조건이 충족되고 동시에 자본축적이 계속 일어난다면 농가의 농업소득은 현재의 장기 정체에서 벗어나 성장 국면으로 들어설 것이다.

종합하면, 한국 농업이 지속적으로 성장하기 위해서는 자본축적(자연자본, 인공자본), 기술진보, 그리고 기술진보를 활용할 수 있는 노동력의 확보가 매우 중요하다. 자본축적에서는 농가당 농지규모의 확대가 특히 중요하다. 이때 솔로우 모형에 따라 성장해 간다고 가정하면, 농가당 농업소득은 성장경로를 따라 지속적으로 증가하고 장기 정상상태에 이르면 기술 진보율로 성장해 나갈 것이다. 만일 장기적으로 기술 수준이 성숙 단계에 이르러 더 이상 기술진보가 일어나지 않는다면 농가의 농업소득은 그 높아진 수준을 계속 유지해 나가게 될 것이다. 이 같은 성장 과정에서 지속 가능한 발전의 세 번째 기둥인 환경적 지속가능성 요건이 충족되면, 즉 농업 시스템이 최상위 자연·환경·생태 시스템과 조화를 이루면서 성장해 간다면 지속 가능한 농업성장이 되는 것이다.

한편, 데일리는 정상상태 경제(steady-state economy)를 성장 경제(growth economy)와 대비하면서 다음과 같이 정의하고 있다. 상품의 생산 및 소비의 경제활동을 지속시켜 주는 물질/에너지 총처리량(aggregate throughput)이 일정 불변인 상태이다. 반면, 이 규모가 증가하는 경제가 성장 경제이다. 이런 의미에서 정상상태 경제는 발전할 수 있지만 성장할 수는 없다고 그는 보고 있다. 그렇다고 정상상태라는 것이 정지된(static) 상태를 의미하지는 않는다. 사람과 인공물 스톡의 질적 개선을 포함하여 감가상각과 생산에 의한 지속적인 재생이 일어난다. 정상상태 경제의 또 다른 특징은 그 일정한 처리량 수준이 좋은 삶을 영위하는 데 충분한 표준적 자원으로 사는 사람들에게 생태적으로 지속 가능한 수준이어야 한다. 이것은 국내총생산 같은 양적 지표로 정의되지 않기 때문에 GDP 성장률이 0인 상태를 의미하는 것은 아니다.[17]

결국 장기적으로 보면 지속 가능한 농업성장은 지속 가능한 농업발전 상태에서의 성장으로, 정상상태에서 농가 1인당(농가당) 농업소득이 자본축적과 함께 기술진보율로 증가해 가면서 환경적으로 지속 가능한 수준과 방식으로 성장해 가는 것

17 Daly(1996), pp. 31-32.

이라고 말할 수 있다. 만일 앞으로도 농가의 농업소득이 과거 30년처럼 성장률이 0% 수준에 그대로 머물러 있게 된다면 농업과 농촌은 더 이상 지속 가능할 수 없다. 아마도 농촌 인구의 자연 감소가 종료되는 시점이 되면 농가는 모두 사라질지 모른다. 지속 가능한 농업발전의 필요조건으로서 농가의 소득안정과 지속 가능한 농업성장이 중요한 이유이다.

제3절 지속 가능한 농업발전의 조건

그렇다면 농업기본법이 천명하고 있는 미래 지속 가능한 농업발전을 실현하기 위해서는 어떤 조건이 충족되어야 하는가? 지금까지 논의한 내용에 이미 답이 들어있다고 보지만, 정리하는 의미에서 지속 가능한 발전의 세 기둥, 즉 경제적·사회적·환경적 지속가능성 요소 측면에서 좀 더 상세히 살펴보고자 한다.

3.1 지속 가능한 농업성장

지속 가능한 농업발전을 위해서는 무엇보다 첫 번째 경제적 지속가능성 요건으로서 지속 가능한 농업성장이 이루어져야 한다. 앞 절에서 우리는 이 문제를 거시적 관점에서 국가 경제 및 환경 시스템과 조화를 이루면서 지속적으로 성장해야 한다는 점을 살펴보았다. 여기서는 추가하여 농업 부문 내에 초점을 맞춰 미시적 관점에서의 지속 가능한 농업성장 문제에 대하여 논의한다.

지속 가능한 농업성장을 이루기 위해서는 농업이 세대를 거듭하면서 먼 미래까지 지속적으로 성장해 갈 수 있어야 한다. 앞서 논의한 바와 같이 자본축적과 기술진보가 진행되면서 농가당 농업소득이 증가해야 한다. 장기 정상상태에 이르게 되면 자원이 최적으로 배분된 상태에서 농가당 농업소득은 기술 진보율로 성장해 나가게 된다. 국가 전체적으로는 이들 조건이 거시적 국가 경제 시스템과 조화를 이루어야 하고, 최상위 시스템인 자연·환경·생태 시스템과도 조화를 이루어야 한다. 그리고 이 과정에서 자원(생산요소)의 효율적 배분을 위한 새로운 구조조정과 이를 추진하기 위한 정책적 뒷받침도 있어야 한다.

자본축적과 기술진보가 지속적으로 이루어져야 하되, 과거와는 다른 친자연·친환경·친생태적이어야 한다. 농업의 기술진보가 생산성 향상과 성장 효과로 이어지도록 하기 위해서는 이 기술을 활용할 수 있는 노동력과 기술 적용에 최적화된 규모화된 농지도 있어야 한다. 그리고 이때의 기술진보는 친환경적 기술진보여야 한다. 자연 생산성과 생태 효율성을 향상시킬 수 있는 기술이어야 한다. 다시 말하면, 사용되는 자연자원과 환경자원 단위당 생산량이 증가하는 기술진보를 통해 자연과 환경자원을 절약할 수 있는 기술이어야 지속 가능한 농업성장에 기여할 수 있다. 동일한 산출물을 생산하는 데 더 적은 자연과 환경이 소모되고 오염되는 기술이어야 한다는 의미이다.

지속 가능한 농업성장을 위해서는 농업 부문의 구조조정이 있어야 한다. 지금까지 효율성 중심으로 구조조정이 이루어졌다면, 앞으로는 환경 요소까지 고려하여 새롭게 구조조정이 되어야 한다. 무엇보다 농가당 영농규모 확대를 위한 구조조정이 중요하다. 장기적으로는 미래 첨단 기술농업에 적합한 규모로 농가당 농지를 확대할 수 있는 구조조정이 이루어져야 한다. 여기에 첨단 기술농업 환경에 필요한 젊은 인력 중심으로 농업 노동시장 구조의 변화도 필요하다. 그리고 생산 품목의 구조조정도 중요하다. 식량안보 품목과 첨단기술 적용에 적합한 품목 중심으로 구조조정이 이루어져야 하고 기후변화 적응 품목으로의 구조조정도 필요하다.

다음으로 농지자원, 수자원 등 농업자원이 지속적으로 잘 보존되어야 한다. 양적 보존은 물론 농지의 질적 보존이 병행되어야 한다. 식량안보 확보 차원에서 농지면적 총량을 유지해야 하고, 농지의 질적 보존은 환경적 지속가능성을 위해 중요하다. 생물다양성과 자연생태계가 잘 유지되고, 동·식물 서식지로서의 역할, 나아가 탄소저장 능력이 최대화되도록 농지는 잘 보존되어야 한다. 화학비료와 농약 투입을 최소화하고 비닐하우스나 유리온실 같은 시설농업도 최소화해야 한다. 영농형이라는 이름으로 태양광 발전설비가 무분별하게 농촌 들녘을 뒤덮어서도 안 된다. 환경부하가 크고 온실가스 배출 대비 부가가치가 낮은 축산 분야도 적정 규모로 축소·조정이 이루어져야 한다.

마지막으로 지속 가능한 농업성장을 추진하기 위한 농정수단이 재정비되어야 한다. 앞 장에서 논의한 바와 같이 공익직불제, 구조조정 직불제를 포함하여 직불제 체제를 총체적으로 개선해 나가야 한다. 그리고 이 직불제 중심 농정체제를 통해 농업의 새로운 구조조정이 원활히 이루어지도록 일관성 있게 정책이 추진되어야 한다. 나아가 농업 분야에 환경과 기후변화 영향평가제도를 도입하여 농업성장 과정에서 생기는 지속가능성 저해 요소들을 관리해 나가야 한다. 예를 들면 비닐하우스 단지 농업이나 식물공장, 수직농장, 스마트 팜 등 시설농업, 환경부하가 큰 축산업, 영농형 태양광 발전시설 지역에 이 평가제도를 적용할 수 있을 것이다.

이런 여건들이 충족될 때 농업의 지속 가능한 성장이 가능해질 것이다. 농업자원이 지속가능하게 유지되면서 농가당 농업소득이 지속적으로 증가해 가야 한다. 지속가능성이 유지되어야 할 농업자원이란 농지와 수자원 등 농업생산에 직접 투입되는 자원은 물론 넓게는 산림, 초지, 습지 등 농업·농촌의 자연·환경·생태 자원을 포함한 자연자원을 말한다. 이들 농업자원이 미래 세대의 욕구 충족에 피해를 주지 않으면서, 즉 세대 간 형평성을 유지하면서 성장해 갈 때 지속 가능한 농업성장이 가능해질 것이다. 특히 미래 세대에 피해를 주지 않도록 농지자원의 총량을 적정 수준으로 잘 보존하는 것이 중요하다.

3.2 농가소득의 안정화

농민은 농업생산의 주체이자 농촌 지역사회의 청지기이다. 그들의 소득이 안정되고 삶의 질이 일정 수준 이상 유지되지 않고는 농업생산이 지속될 수 없고 농촌 지역사회가 유지될 수 없다. 농가소득의 안정화는 그런 의미에서 지속 가능한 농업 발전을 위한 또 다른 핵심 조건이다. 농업기본법(제1조)이 농업인의 소득향상을 중요 농정목표로 규정한 이유이다.

농가소득은 농업 생산활동을 통해 얻는 농업소득과 그 외에 정부의 재정지원이나 농업 외 활동에서 오는 소득 등으로 구성된다. 농가의 농업소득은 30년 가까이 천만 원 수준에서 고정돼 있고, 농가소득은 도시가구의 60%에 머물고 있다. 이런 상황에서 사람이 떠나고 젊은이들이 돌아오지 않아 농촌의 공동화가 심화하는 것은 자연스러운 현상이다. 무엇보다 젊은 세대들이 외면하고 있다는 데서 문제의 심각성이 크다. 이런 상태가 앞으로도 계속된다면 한국의 농업·농촌이 지속 가능할 수 없을 것임은 명약관화하다. 지속 가능한 농업성장을 통해 농업소득이 증가해야 하지만, 그 외에도 정부의 재정지원으로 농가소득을 안정시켜야만 지속 가능한 농업발전이 가능해진다. 직불제가 중요한 이유이다.

농업성장으로 농가당 농업소득이 증가한다고 해서 농가의 소득안정이 자동으로 이루어지는 것은 아니다. 농가소득의 안정은 세 가지 요건이 충족되어야 한다. 첫째는 평균적인 소득수준이 향상되어 도·농 간이나 농업과 비농업 간의 불균형이 해소되어야 한다. 둘째, 농업 부문 내의 소득불균형과 양극화 문제가 해소되어야 한다. 셋째, 농산물 가격의 불안정성에 기인하는 소득의 불안정성을 완화하여야 한다. 지속 가능한 농업발전이 실현되려면 특히 국가의 소득재분배 시스템이 잘 작동되어 형평성이 개선되어야 한다. 형평성은 지속 가능한 발전의 두 번째 기둥인 사회적 지속가능성, 사회통합의 핵심 요소이다. 도시와 농촌 간, 농업과 비농업 간, 농업 부문 내, 그리고 현세대와 미래 세대 간의 공평한 분배가 이루어져야 지속 가능한 농업발전에 이를 수 있다.

이 같은 농가소득의 안정화를 위해 정책적으로는 직불제의 역할이 매우 중요하다. 직접지불은 농업소득으로 부족한 부분을 보충하여 농가소득 수준을 향상시킬 뿐 아니라, 소득재분배를 통해 형평성을 제고하고 가격 불안정에서 오는 소득 변동성을 크게 완화할 수 있다. 농가소득 안정화가 미래 세대에 걸쳐 지속적으로 이루어질 때 지속 가능한 농업발전이 가능해진다.

3.3 농업의 다원기능의 최적 발현

지속 가능한 농업발전을 위한 세 번째 조건은 식량안보나 환경보호 등 농업의 다원기능이 사회적 수요에 부응하여 최적 상태로 발현되어야 한다. 농업이 성장하여 농가의 농업소득이 지속적으로 증가하고 안정화한다고 해도 지속 가능한 발전의 세 번째 기둥인 환경적 지속가능성 조건이 충족되지 않는다면 농업의 지속 가능한 발전은 이룰 수 없다. 우리는 앞서 지속 가능한 농업성장과 구조조정 문제를 다루면서 성장 과정은 자연·환경·생태 친화적이어야 한다는 점을 이미 설명했다.

환경 문제 외에 또 중요한 농업의 다원기능은 식량안보의 제고이다. 농업은 국민에게 안전한 농산물을 장기 안정적으로 공급하는 역할을 제대로 수행하지 못하면 그 존재 의미를 상실하는 것이고, 따라서 지속가능할 수 없다. 농업기본법이 식량의 안정적 공급을 중요 농정목표로 천명하면서(제1조) 제1의 공익기능으로 정의하고(제3조) 있는 이유이다. 지속 가능한 농업성장이 이루어진다고 해서 국가의 식량안보 문제가 자동으로 해결되는 것은 아니다. 농업성장은 식량안보의 필요조건일 뿐 충분조건이 되지는 못한다. 더구나 제3장에서 논의한 바와 같이 국가의 식량안보 개념은 식품 안전을 내포한다. 안전한 농산물을 장기 안정적으로 공급할 수 있을 때 국가의 식량안보가 확보되는 것이다. 결국 식량안보와 환경보호 등 농업의 다원기능이 사회적 최적 수준으로 충분히 발현되어야 농업의 지속 가능한 발전이 가능해진다.

농업의 다원기능은 지속 가능한 발전의 두 번째 사회통합 요소도 포함하고 있다. 제2장 [표 2-1]에서 보았듯이 농촌 지역사회 유지, 전통 문화유산 보존, 아름다운 농촌경관 유지 등의 기능들은 모두 지속 가능한 발전의 사회적 지속가능성에 중요한 역할을 하는 요소들이다. 농업의 다원기능적 공익 서비스의 공급이 사회적 수요에 부응할 때 농가에 대한 재정적 지원의 정당성을 확보할 수 있고, 농업의 역할에 대한 국민적 이해를 얻어 농업은 지속가능할 수 있다. 결국 농업의 다원기능의 구성요소들은 지속 가능한 발전의 세 기둥인 경제, 사회, 환경 요소를 모두 포괄하고 있다고 볼 수 있다. 그런 측면에서 농업의 다원기능 제고는 지속 가능한 농업

발전의 핵심 요건인 셈이다. 미래 지속 가능한 발전의 시대에 농업의 경제·산업적 역할을 넘어 다원기능으로의 역할 재정립이 필요한 이유이고 정책수단으로서 직접지불 중심 농정이 중요한 이유이다.

제4절 한국 농업의 현재와 미래

4.1 한국 농업의 지속가능성

지속 가능한 발전 측면에서 본 한국의 농업·농촌 현실은 어디쯤 와 있는지 살펴보자. 여러 측면의 모습을 얘기할 수 있을 것이다. 농업성장의 장기 정체와 농가의 농업소득 천만 원 수준 고착, 도·농간 소득격차와 농업 내의 소득 불평등 심화, 급속한 고령화와 젊은 유효 노동력 부족, 농지자원의 지속적 감소, 계속되는 식량안보 문제, 농촌 경관 훼손과 환경 파괴 문제, 농촌 공동화(空洞化)와 지역소멸 문제 등에 이르기까지 많은 문제를 안고 있다. 경제적, 사회적, 환경적 세 기둥의 지속가능성이 모두 위협받고 있는 우리나라 농업·농촌의 현주소이다.

이 중에서도 우리 농업의 지속가능성을 위협하는 가장 큰 요인은 농가의 농업소득이 30년 가까운 장기간 천만 원 벽에 갇혀 있다는 사실, 그리고 이로 인해 농가소득이 도시 가구소득의 60%까지 추락한 후 도·농 간 소득격차가 좁혀지지 않고 있다는 사실일 것이다. 위에 예시한 다른 문제들은 대부분 여기서 직·간접적으로 파생돼 나오는 문제들이다. 농가의 소득안정은 지속 가능한 농업발전의 핵심 조건이라는 점을 앞에서 살펴보았다. 이 문제가 해결되지 않는 한 한국의 농업·농촌은 지속가능하지 않다. 다른 변화 없이 이런 추세가 지속된다면 농가인구의 자연감소 추세가 끝나는 시점에 농업·농촌은 큰 위기를 맞게 될 것이다. 직접지불 정책이 중요한 이유도 여기에 있다. 농가의 농업소득이 30년 간 정체라는 것은 결국 농업의 노동생산성이 그 동안 변하지 않았다는 뜻이다. 가장 큰 원인은 성장의 핵심 요소인 자본축적, 특히 농가당 농지자본의 축적이 거의 이루어지지 않았다는 점이다. 농가당 경지 규모가 확대되지 않는 한 농업소득 천만 원 벽의 함정을 벗어나는 것은 매우 어렵고, 따라서 한국 농업은 더 이상 지속가능하지 않다. 노동생산성이 향상되지 않은 또 다른 요인은 기술진보가 노동력으로 체화되지(embodied) 않아 생산성 향상 효과로 나타나지 않았기 때문이다. 농업의 지속 가능한 성장을 위해 농가의 영농규모 확대와 젊은 노동력 유입을 위한 농업 구조조정이 시급하고 중요한 이유이기도 하다.

그런데도 국가의 농지자원은 빠른 속도로 줄어들고 농가수의 큰 변화가 없는 가운데 농가당 농지 규모 확대는 진전을 보이지 못하고 있다. 자연자본인 농지자원의 보존은 농업의 지속 가능한 발전의 핵심 요소이다. 인공자본과 달리 자연자본으로서의 농지는 일단 다른 용도로 전환되거나 황폐화하면 쉽게 회복시킬 수 없는 불가역성을 지닌다는 점에서 농업의 지속가능성에 매우 중요하다. 우리나라 농경지는 2023년 기준 1,512천ha로 국토면적의 15.1%를 차지한다. WTO 출범 당시 20.0%였던 비중이 28년 사이 4.9% 포인트나 줄었다. 만일 이런 감소추세가 앞으로 장기간 계속된다면 우리 농업이 지속 불가능해질 것은 명약관화하다. 농업성장뿐 아니라 식량안보 측면에서도 농지자원 보존의 중요성은 말할 필요 없다. 농지자원은 질적으로도 지속가능해야 한다. 농약과 화학비료, 비닐하우스, 각종 농자재, 태양광 발전 설비 등으로 토양이 오염되고 비옥도가 떨어지고 있다.

다음으로 한국 농업의 지속가능성을 위협하는 요소는 식량안보나 환경보호 등 농업의 다원기능 문제이다. 변함없이 우리의 식량자급률은 OECD 국가들 중 최하위 수준을 벗어나지 못하고 지속 가능한 농업발전의 저해 요인이 되고 있다. 농업기본법(제3조)이 제1의 공익기능으로 규정한 취지를 무색하게 만들고 있다. 환경보호나 농촌 경관 보존 등 다른 다원기능도 사정은 마찬가지다. 백색의 비닐하우스 구조물들은 전국의 농촌 들녘을 뒤덮을 기세로 확산하고 있다. 무질서하게 늘어선 각종 시설물과 도시를 본떠 만든 각양각색의 건물들은 농촌다움의 정체성도, 조화와 통일성의 미도 찾아볼 수 없는 난개발 현장으로 변해가고 있다. 재생에너지란 이름으로 무분별하게 확산되는 태양광 발전시설이 농촌 들녘을 뒤덮고 있다. 이름은 농촌이되 모습은 농촌이 아니고, 그렇다고 흉내만 냈을 뿐 도시도 아니다. 농촌 마을 좁은 길도 콘크리트로 포장되어 흙을 밟을 수 없고, 집 앞마당까지 시커먼 아스팔트를 깔아놓기도 했다. 이런 데서 누가 농업·농촌의 공익기능을 말하고 농촌의 어메니티를 얘기할 수 있는가? 세계 유례가 없는 공익직불제법까지 시행하면서 농업·농촌의 공익기능을 강조하는 나라의 참 모습이라고 볼 수 없다. 지속 가능한 발전의 중심 기둥인 환경적 지속가능성과는 너무나 거리가 멀다.

한국의 농업·농촌이 이렇게 된 주요 원인은 농업을 순전히 돈벌이 수단으로만 보고, 그런 방향에서 정책을 추진해 왔기 때문이다. 농업의 역할을 경제·산업적 관점에서만 보고 수출 주도적 성장제일주의 농정을 펼쳐왔기 때문이다. 돈벌이 산업, 성장제일주의로 갈수록 농업성장은 오히려 정체되고 농가의 농업소득은 30년 가까이 천만 원 수준을 벗어나지 못하는 아이러니 상황에 빠져있다. 곡물자급률도 22% 수준까지 추락해 식량안보를 위협하고 있다. 농업을 돈벌이 산업으로만 보는 한 한국의 농업·농촌은 지속가능하지 않다. 농업·농촌의 지속 가능한 발전을 위해 농업의 역할을 재정립하고 농정기조를 바꿔야 한다.

1990년대 중반 이후 세계 농업개혁에 따른 농산물 시장개방 확대도 한국 농업의 지속가능성 저해에 큰 몫을 했다. 시장개방으로 농업성장의 장기 둔화는 물론 농지의 유휴화와 황폐화가 가속화하고 생산성 향상을 위해 농약과 화학비료의 투입이 늘어 환경과 생태계 파괴가 심해졌다. 기술진보도 환경적 지속가능성에 대한 고려 없이 생산성 향상에만 치중한 기술 중심이었다. 농민들도 소득감소에 따른 위기감으로 더욱 농업의 다원기능에 대한 인식 없이 오직 생산과 소득증대에만 매몰돼 왔다. 농산물 시장개방은 한국 농업의 지속가능성에 상당한 부정적 영향을 미쳤던 것이다.

살펴본 바와 같이 우리나라의 농업·농촌 현실은 지속 가능한 발전의 세 기둥인 경제적, 사회적, 환경적 지속가능성 측면 모두에서 심각한 위협을 받고 있다고 말할 수 있다. 농업·농촌이 지속 불가능하여 망가지면 국가의 기초가 망가지는 것이다. 지속 가능한 농업발전 측면에서, 더 나아가 미래 국가의 지속 가능한 발전을 위해 농업의 역할에 대한 재정립과 농정기조의 큰 변화가 모색되어야 한다.

4.2 미래 지속 가능한 농업발전의 모습

앞 절에서 우리는 지속 가능한 농업발전의 실현을 위해 필요한 조건들에 대하여 살펴보았다. 지속 가능한 농업성장이 이루어져야 하고, 농가소득의 안정화가 온전히 달성되어야 하며, 식량안보와 환경보호 등 농업의 다원기능이 사회적 최적 상태로 발현되어야 한다고 했다. 그리고 거시적 관점에서 지속 가능한 농업성장이 장기 정상상태 균형에 진입할 때의 변화에 대해서도 고찰했다. 이 조건들이 모두 충족될 때의 농업이 미래 지속 가능한 농업발전의 모습일 것이다. 우리는 여기서 그 미래의 이상적인 농업·농촌의 변화된 모습을 그려볼 수 있다.

매우 긴 시간이 소요되겠지만 이때가 되면 우리의 농업 시스템은 상위의 국가경제 시스템 내에서 조화를 이루면서 장기균형으로 들어서게 될 것이다. 모든 농업생산활동은 지속 가능한 자원·환경 수용력 범위에서, 즉 환경적 지속가능성이 유지되는 범위에서 이루어질 것이다. 농업 구조조정과 농촌의 재구조화로 자원이 최적 상태로 재배분되고 첨단 기술농업이 필요한 분야에 확산돼 있을 것이다. 농가수가 크게 줄어 농가당 농지 규모는 대폭 늘고, 동시에 젊고 숙련된 유효 노동력이 첨단 기술농업 분야를 이끌고 있을 것이다. 농가당 농업소득은 지금보다 훨씬 높아진 수준에 이르고, 기술진보가 여전히 계속 일어난다면 농가의 농업소득도 그 속도만큼 성장해 갈 것이다. 기술농업이 성숙 단계에 이르러 더 이상 기술진보가 일어나지 않는다 해도 농가들은 그 높아진 농업소득 수준을 계속 누리며 살게 될 것이다. 이 장기 지속 가능한 농업발전 정상상태 균형에서는 동시에 농업·농촌 관련 서비스 산업도 성장하게 될 것이다. 자연·환경·생태 자원들, 그리고 농촌지역의 지리적 특성과 고유문화, 경관 등은 관광자원이 되고 국민의 여가와 휴식, 치유의 공간이 될 것이다. 스위스, 독일 등 유럽의 선진국들처럼 농업·농촌의 자연·환경·생태 자원으로부터 오는 서비스업이 농가의 또 다른 소득원으로 등장하면서 농업 본연의

1차 산업과 3차 산업이 융합한 농촌지역의 새로운 지속 가능한 성장모델이 될 수 있을 것이다. 직접지불 예산 규모도 크게 증가하고 농가수 감소와 함께 농가의 직접지불 소득도 크게 늘어날 것이다. 국민들은 농업·농촌의 공익기능 서비스를 충분히 체감하게 되고 농업의 가치와 존재 의의를 새롭게 인식하게 될 것이다.

이때가 우리가 꿈꾸는 미래 비전으로서 지속 가능한 농업발전 단계에 이르는 시기이다. 장기균형 정상상태에서 지속 가능한 농업성장이 이루어지고, 자연·환경·생태적 지속가능성이 유지되고, 식량의 안정적 공급을 포함한 농업의 다원기능적 공익 서비스가 최대한 발현되어 사회적 수요를 충족시키고, 농가소득의 안정화가 온전히 이루어지는 단계이다. 그리고 농촌 지역사회가 활력을 찾고 국토의 균형적 발전도 이루어지는 단계이다. 이때는 또 거시적 관점에서 농업이 그 상위 시스템으로서 국가 경제 시스템과 조화를 이루어 국가 차원에서 효율적 자원배분이 달성되고 최상위 자연·환경·생태 시스템과도 조화를 이루는 상태이다. 궁극적으로는 미래 지속 가능한 국가발전으로 이어지는 단계가 될 것이다.

제5절 지속 가능한 농업발전과 통섭 농정

한국 농업이 나아갈 궁극적 지향점으로서 지속 가능한 농업발전 문제를 살펴보았다. 이제 마지막 주제로 여기에 이르기 위한 접근방법으로서 통섭적 농정에 대하여 논의한다. 그리고 지속 가능한 농업·농촌 발전과 이를 위해 필요한 농업의 다원기능적 역할을 국가의 헌법적 가치로 명문화해야 한다는 점을 다음 절에서 언급하면서 이 책을 마무리하고자 한다.

5.1 통섭적 접근의 필요성

통섭(統攝, consilience)이란 에드워드 윌슨의 저서 *Consilience*를 번역한 용어로[18],

최재천·주일우는 이를 "서로 다른 요소 또는 이론들이 한데 모여 새로운 단위로 거듭남"의 과정으로 정의하고 있다. 그리고 통섭은 단순한 병렬적 수준의 통합(統合)이나 융합(融合)을 넘어 새로운 이론체계를 찾으려는 노력이라는 데서 이들 유사한 개념들과 다르다고 설명한다.[19] 학문 영역 간 물리적 통합이나 단순 융합에 그치지 않고 이를 통해 새로운 지식의 큰 틀과 이론체계를 창조하는 것이라는 의미이다.

이 통섭의 원리를 우리의 농업 문제와 농정에도 적용해야 한다. 시대는 바뀌었고 농업을 둘러싼 국내외 환경도 크게 변했다. 과거처럼 오로지 경제·산업적 역할에서 농업의 존재 의미를 찾고 생산증대와 성장, 소득 문제에만 매몰되는 농정에서도 벗어나야 한다. 이윤만을 추구하는 상업적 농업에 그쳐서는 농업은 더 이상 지속가능하지 않다는 것도 알게 되었다. 미래의 농업은 그 이상의 새로운 모습이어야 한다. 농업이 정작 중요한 이유는 국가의 식량안보나 환경보호 등 공공적 기능을 한다는 특성, 즉 다원기능적 공공성 역할 때문이다. 농업성장의 장기 둔화로 농가의 농업소득이 근 30년 천만 원 수준을 벗어나지 못하고 있는데도 정부는 여전히 농업은 미래 성장산업이라며 성장지상주의 농정에 매달리고 있다. 우리나라 농업기본법(제1조)은 우리가 바라는 미래 비전으로서 농업·농촌의 지속 가능한 발전을 궁극적 농정목표로 천명하고 있다. 그런데도 농업에 대한 인식과 국가의 농정기조는 여전히 과거의 틀, 과거의 방식에서 벗어나지 못하고 있는 것이다. 이제 새로운 농정기조, 새로운 접근이 필요하다.

통섭적 접근이 필요한 이유는 크게 두 가지다. 언급한 바와 같이 국가가 지향하는 궁극적 농정목표는 지속 가능한 농업·농촌 발전이라는 점, 그리고 농업 문제의 복잡성과 농업의 다원기능성(multifunctionality) 때문이다. 농업의 다원기능의 발현은 지속 가능한 농업발전을 위한 필요조건이라는 점에서 이 둘의 관계는 깊이 연결돼 있다. 농업은 공장에서 규격화된 상품을 기계적으로 찍어내는 그런 간단한 산업이 아니다. 토지, 물, 햇빛, 공기 등 자연적 요소가 투입되어 생명체를 길러내는 매우

---

18 Edward O. Wilson, *Consilience: The Unity of Knowledge*, 1998.
19 최재천·주일우(2007), pp. 306-307.

복잡한 다기능적 산업이다. 복잡하고 다원기능적 특성을 지닌 농업을 통해 성장과 소득증대를 넘어 환경적 지속가능성을 유지하면서 인간 생존과 행복 증진을 위해 지속적 발전을 이루어야 하는 어려운 과제가 우리 앞에 놓여 있는 것이다. 지금까지 그래왔던 것처럼 단순한 효율성 준거나 생산성 중심의 경제적 논리, 경제·산업적 접근만으로는 결코 가능하지 않다. 농업의 역할과 존재 이유에 대한 인식이 바뀌어야 하고 새로운 접근, 새로운 농정 패러다임이 필요하다. 기존의 수출 주도적 성장지상주의에서 벗어나 지속 가능한 농업발전을 이룰 수 있는 농정기조로 바꿔야 한다. 지속 가능한 발전의 세 기둥으로서 경제적·사회적·환경적 지속가능성 요건을 총체적으로 충족하며 발전해 가야 한다. 그래서 농업 문제를 인식하고 접근하는 데 있어서 오직 경제성 중심의 단선적 방식이 아니라 통섭적 지식과 마인드, 통섭적 농정이 필요한 것이다.

반복 언급하듯 농업은 자연적 요소(자원)를 이용하여 생명체를 길러내는 산업이다. 자연요소의 핵심인 농지를 바라보는 인식부터 변해야 한다. 농지(토지) 자원은 단순한 생산수단이 아니라 인간 삶의 기초 터전으로서 미래 세대에까지 지속적으로 잘 보존해야 할 대자연이다. 미래 지속 가능한 국가발전의 토대이다. 토지자원이 지속가능하지 않고는 국가의 지속가능성을 말할 수 없다. 토지를 기반으로 한 농업 시스템은 자연, 환경, 생태적 요소가 매우 복잡하게 얽혀 있는 복잡계(複雜系, complex system)이다. 그렇기 때문에 효율성이나 생산성 같은 단편적인 경제적 접근만으로는 지속 가능한 농업발전에 이를 수 없다. 농업의 그 본래적 속성이 인간 사회에 기여할 수 있도록 다원기능적 관점에서 문제에 접근해야 한다. 국민에게 식량을 안정적으로 공급하고 농가소득을 안정화하고 환경과 생태 문제, 에너지와 자원 고갈의 문제, 기후위기 문제, 식품 안전성 문제, 동물복지 문제 등 농업을 통해 이루어야 할 목표는 매우 다양하고 복잡하다. 생산을 늘리고 성장만 한다고 해결되지 않는다. 농업의 다원기능적 공익 서비스가 최적으로 발현되어 지속 가능한 농업·농촌 발전을 이루기 위해서는 이 복잡한 문제들을 모두 포괄할 수 있는 다원기능적 통섭적 접근이 필요한 것이다. 그래서 기존의 경제학과 농학적 지식을 넘어 환경·생태학, 지리학, 사회학, 인문학 등을 총체적으로 아우르는 통섭적 지식을 토대로 농업·농촌 문제를 접근해야 한다.

5.2 통섭 농정의 특징

농업은 산업으로서의 경제적 비중은 낮지만 간단히 설명하고, 간단히 예측하고, 간단히 해결책을 찾을 수 있는 그런 단순한 평면 구조적 산업이 아니다. 국가 경제에 효자 노릇을 하는 한국의 대표적 산업인 반도체, 자동차, 철강, 조선 등 어느 산업도 농업처럼 복잡한 현상으로 얽혀 있지는 않다. 단순히 수출과 고용을 늘리고 성장만 하면 되는 산업이 아니다. 미래 지속 가능한 발전을 지향하는 시대의 농업은 더욱 그렇다. 과거 성장지상주의 돈 버는 농업에서는 경제학 지식과 이론에 생산기술을 위한 농학적 지식이면 충분했다. 그러나 미래 지속 가능한 발전 시대 복잡계의 농업 문제를 다루기 위해서는 그 이상의 통섭적 접근이 필요하다. 단순한 평면적 지식의 통합이 아니라 그것을 통해 지속 가능한 농업·농촌의 발전이라는 미래 새로운 가치와 비전을 실현할 수 있는 통섭적 지식체계, 통섭적 농정이 필요하다.

[표 17-1]은 기존의 농정과 미래 통섭 농정의 특징을 비교해 보여주고 있다. 기존 농정의 중심 목표는 농업성장이다. 농업의 경제·산업적 역할에 바탕을 두고 생산과 수출, 고용을 늘려 성장하고 소득을 증대시키는 데 중점을 두었다. 지금까지 추진해 온 수출 주도적 성장제일주의 농정이 그것이다. 그러나 통섭 농정이 추구하는 중심 목표는 지속 가능한 농업·농촌의 발전이다. 농업의 경제·산업적 역할을 넘어 식량안보와 환경보호를 포함하는 농업의 다원기능을 통한 공익적 서비스를 공급하는 데서 농업의 역할과 존재 이유를 찾고자 한다. 양적 성장에 매몰되지 않고 지속 가능한 농업·농촌의 발전을 지향하면서 경제적, 사회적, 환경적 지속가능성 충족을 통해 현재는 물론 미래 세대의 행복 증진까지 고려하는 농정이다.

기존 농정은 생산성 향상과 효율성 제고를 추구한다. 생산성은 좁은 경지 면적에서 생산량을 최대한 많이 늘리기 위한 토지생산성 향상이 주를 이루었다. 자연히

표 17-1 기존 농정과 통섭 농정의 비교

	기존 농정	통섭 농정
농정 목표	농업성장	지속 가능한 농업·농촌 발전
농업 역할	경제·산업적 역할	다원기능적 역할로 외연 확대
중심 가치	생산성(토지), 효율성	지속가능성, 생산성(노동), 자연·환경·생태, 형평성
정책 대상	농민(현세대)	국민(농민 포함), 미래 세대
농정 이념	폐쇄적 보호주의	개방적 자유주의
농정 수단	시장간섭, 가격지지	정부재정, 직접지불
기술 수준	녹색혁명(생물·화학·기계적 기술), 시설농업(비닐하우스, 유리온실)	디지털 혁명 첨단기술(AI, 빅데이터, IT, 로봇, 드론), 스마트 정밀농업
거버넌스	주무 부처 주도 단선적 농정	범정부 협업 기반 통섭적 농정
이론 토대	경제학, 농학 중심 개별 학문	경제학, 농학, 생물학, 생태학, 지리학, 기상학, 인문학 등 학제적 통섭

환경과 생태계를 파괴하고 농촌 경관을 훼손할 수밖에 없다. 온실가스 배출을 늘려 지구온난화에도 기여했다. 하지만 통섭 농정은 생산성 향상에 그치지 않고 그 이상의 자연과 환경, 생태적 가치를 중시하고, 나아가 기후변화 완화에도 기여하는 농업을 지향한다. 생산성은 자연과 환경, 생태계 보전 측면에서 노동생산성 향상에 중점을 둔다. 생산성이나 효율성을 유지하되 지속가능성 가치를 훼손하지 않고 미래 세대의 욕구 충족을 위한 발전을 저해하지 않는 방식이어야 한다. 토지를 포함한 자연자본, 환경과 생태자원의 지속가능성이 담보되어야 한다. 또한 통섭 농정은 효율성 외에 사회적 지속가능성 요소인 형평성 가치를 중시한다. 농업과 비농업 간, 농촌(지방)과 도시(수도권, 대도시) 간, 그리고 농업 부문 내의 소득 불평등과 양극화, 부의 불평등 문제 해소가 중요 정책과제가 된다.

누구를 위한 농정인가, 즉 정책 대상도 다르다. 기존 농정의 중심적 정책 대상은 농민이다. 농업 생산 주체로서의 농민의 소득증대와 농민의 삶의 질 향상에 초점이 맞춰진 농정이다. 이에 반해 미래 통섭 농정은 농민의 소득안정과 삶의 질 향상은 물론 전체 국민의 행복 증진을 위한 농정이고 미래 세대의 행복까지 고려한 지속 가능한 농정이다. 자연히 정부의 역할은 커지고 행정부서 관할 문제도 달라진다. 농민을 위한 농정은 주무 부처에 국한하지만, 국민과 미래 세대를 위한 지속 가능한 통섭적 농정은 범정부적 차원에서의 긴밀한 협업이 필요하다. 따라서 농정을 추진하는 정부의 거버넌스도 달라진다. 기존의 농정은 농림부, 농촌진흥청, 산림청 등 주무 부처 중심으로 각자의 영역에서 독립적인 농정 추진 방식이다. 그러나 이런 농정으로는 미래 지속 가능한 농업·농촌의 발전과 농업의 다원기능적 문제를 다룰 수 없다. 지속 가능한 농업·농촌 발전이라는 국가적 목표 실현을 위해 주무 부처를 포함한 관련 기관들의 범정부적 협업을 통한 통섭적 농정 추진체계가 필요하다. 또한 전국의 지자체들과 농업 관련 공공기관, 농협 등의 체계적인 역할 분담과 협업도 중요하다.

농정 이념에 있어서도 폐쇄적 보호주의에 기반을 두고 있는 기존 농정과 달리 미래 통섭 농정은 개방적 자유주의를 지향한다. 따라서 농정수단에 있어서 기존 농정은 시장가격지지 중심의 폐쇄적 보호주의 농정이 주를 이루지만 통섭 농정에서는 시장개방을 전제로 한 자유주의 농정이다. 시장에서 획일적으로 작용하는 가격지지 방식이 아니라 복잡하고 다양한 농업·농촌 문제에 맞춤형으로 타게팅할 수 있는 국가 재정을 통한 지불정책이 중심 수단이다.

기술진보의 수준이나 방향도 다르다. 전통 농업의 기술은 토지생산성 향상을 위한 기술이다. 농약과 화학비료, 다수확 품종, 대형 기계화 등 토지생산성 향상에 초점을 맞춘 기술이기 때문에 동시에 자연과 환경, 생태계 파괴와 농촌 경관을 훼손하고 온실가스 배출을 늘리는 결과를 초래했다. 1960-70년대 녹색혁명이라고 불렀던 기술이 그 예다. 전국의 들판을 온통 비닐하우스로 뒤덮고 있는 이른바 백색혁명 기술도 마찬가지다. 지속 가능한 발전과 양립할 수 없는 기술진보이다. 그러나 통섭 농정 시대의 미래 기술은 토지생산성이 아닌 노동생산성 향상에 초점이 맞춰지고 자연과 환경, 생태계와 조화를 이루는 지속 가능한 첨단 녹색기술이다. 디지털 혁명 첨단기술에 기반한 스마트 정밀농업 기술이 그 역할을 할 수 있을 것이다.

농정을 뒷받침하는 지식과 이론적 토대도 달라진다. 과거처럼 경제학이나 농학적 지식만으로는 미래 지속 가능한 농업발전을 이룰 수 없다. 경제학, 농학, 생물학, 지리학, 생태학, 기상학, 인문학 등이 총체적으로 통섭 농정을 뒷받침해야 한다. 농업의 개별적 다원기능 관점에서 보면 경제·산업적 측면(경제학, 경영학), 자연·환경·생태 측면(생물학, 생태학, 토양학, 기상학 등), 농촌 경관(생태학, 조경학, 예술과 문학 등), 농촌 지역사회 유지와 국토의 균형 발전(사회학, 지리학 등), 민족 고유의 전통문화 유산 보존(역사학, 민속학 등) 등 다양한 학문과 지식이 필요하다. 이들 모두가 총체적으로 모여 미래 지속 가능한 농업·농촌 발전의 새로운 모습을 창출하는 데 기여할 수 있는 통섭적 접근이 필요한 것이다.

한국 농업이 지속 가능한 발전을 향해 나아가기 위해서는 경제·산업적 현상으로만 접근하는 기존의 좁은 틀에서 벗어나야 한다. 농업 현상은 전통 경제학이나 경영학, 혹은 농학적 지식과 방법론만으로는 설명할 수 없는 복잡한 경제·사회·문화·환경·생태·토양·기후 등 다양한 현상들의 복합체이다. 따라서 복잡한 사회과학적, 자연과학적 혹은 인문학적 농업 관련 현상을 융합하고 통괄할 수 있는 새로운 통섭적 접근이 필요하다. 통섭적 농정을 통해 미래 지속 가능한 농업·농촌 발전을 이루고 국민 행복 증진에 기여할 수 있어야 한다.

제6절 헌법적 가치로 승화

지속 가능한 농업·농촌 발전이라는 국가의 장기적 농정목표를 위해서는 좀 더 강하고 실효적인 법적·제도적 뒷받침이 필요하다. 지속가능성 이념을 헌법적 가치로 승화시켜 지속 가능한 미래사회 구현을 위한 농업·농촌의 다원적 공익기능을 헌법 규정으로 명시해야 한다. 현행 헌법의 제9장 경제조항 중 농업 관련 조항인 제121조와 123조도 개정해야 한다. 이 두 조항은 농업이 오직 경제적 역할에 국한하던 성장과 개발 시대의 산물이고, 가격지지 중심의 보호주의 농정 시대의 결과물이다. 미래 지속 가능한 발전의 시대를 향한 농업의 국가적 역할과 존재 이유를 재

설정하고, 농업의 다원기능과 공공성을 강화하는 방향으로 개정해야 한다. 이런 방향의 개정은 헌법이 규정한 국민의 기본권 중 행복추구권(제10조)과 환경권(제35조 1항)을 보장하고[20], 나아가 균형 있는 성장과 소득분배를 규정한 헌법상의 경제민주화(제119조 2항)[21] 정신을 구현하기 위한 농업의 역할이기도 하다.

1987년 현행 헌법이 전면 개정될 당시에는 적어도 국내적으로는 지속 가능한 발전이나 지속가능성 개념에 대한 인식이 거의 없었을 때다. 그러나 헌법 전문에는 지속가능성의 단서가 될 수 있는 내용이 간접적으로 제시되어있다. "… 우리들과 우리들의 자손의 안전과 자유와 행복을 영원히 확보할 것을 다짐하면서 …" 현재 세대의 행복뿐 아니라 미래 후손들의 행복까지 영원히 확보한다는 것은 당시 입법자의 의도나 인지 여부와 관계없이 지속가능성의 의미가 일부 담겨있다고 볼 수 있다. 그러나 이 규정은 지속 가능한 발전의 본래 의미와 국가적 실천 의지가 명시적으로 나타나도록 구체화할 필요가 있다. 미래 세대도 그들이 원하는 행복한 삶을 누릴 수 있도록 하기 위해서는 지속 가능한 사회, 지속 가능한 국가 발전이 이루어지지 않으면 안 되기 때문이다.

같은 맥락에서 농업·농촌에 관한 내용도 이에 부합하는 방향으로 새롭게 정립되어야 한다. 현행 헌법의 농업 관련 조항은 제121조와 123조로 다음과 같이 규정하고 있다.

> 제121조 ① 국가는 농지에 관하여 경자유전의 원칙이 달성될 수 있도록 노력하여야 하며, 농지의 소작제도는 금지된다. ② 농업 생산성의 제고와 농지의 합리적인 이용을 위하거나 불가피한 사정으로 발생하는 농지의 임대차와 위탁경영은 법률이 정하는 바에 의하여 인정된다.
>
> 제123조 ① 국가는 농업 및 어업을 보호·육성하기 위하여 농·어촌종합개발과 그 지원

20 헌법은 행복추구권과 환경권에 대하여 다음과 같이 규정하고 있다. "모든 국민은 인간으로서의 존엄과 가치를 가지며, 행복을 추구할 권리를 가진다. … " (제10조). "모든 국민은 건강하고 쾌적한 환경에서 생활할 권리를 가지며, 국가와 국민은 환경보전을 위하여 노력하여야 한다" (제35조 1항).

21 헌법 제119조: ① 대한민국의 경제질서는 개인과 기업의 경제상의 자유와 창의를 존중함을 기본으로 한다. ② 국가는 균형 있는 국민경제의 성장 및 안정과 적정한 소득의 분배를 유지하고, 시장의 지배와 경제력의 남용을 방지하며, 경제주체간의 조화를 통한 경제의 민주화를 위하여 경제에 관한 규제와 조정을 할 수 있다.

등 필요한 계획을 수립·시행하여야 한다. ② 국가는 지역 간의 균형 있는 발전을 위하여 지역경제를 육성할 의무를 진다. ③ 국가는 중소기업을 보호·육성하여야 한다. ④ 국가는 농수산물의 수급균형과 유통구조의 개선에 노력하여 가격안정을 도모함으로써 농·어민의 이익을 보호한다. ⑤ 국가는 농·어민과 중소기업의 자조조직을 육성하여야 하며, 그 자율적 활동과 발전을 보장한다.

헌법상 농업과 직접 관련된 조항은 이 두 개 조항이다.[22] 헌법 제9장 '경제' 항목에 규정된 아홉 개 조항(제119조~127조) 중 두 개 조항이 직접 농업에 관한 규정이라는 것은 헌법이 농업 문제를 매우 중요시하고 있다는 점을 시사한다. 당시 농업 부문의 국가 경제적 위상이 컸던 점도 반영되었을 것이다. 그런데 이 헌법 조항은 농업의 역할이 변하고, 국제적으로 지속 가능한 발전 개념의 확산과 WTO 세계 농업개혁의 추진 등 많은 변화를 겪은 지금의 농업 현실과는 너무나 동떨어진 내용들이다. 뿐만 아니라 매우 복잡해진 농업·농촌 문제에 관한 최상위 규범으로서는 지나치게 단순하고 단편적이다. 보호주의 농정시대, 생산 중심의 농정시대, 농업을 단순히 경제·산업적 역할에만 국한하던 시절의 구시대적 낡은 규정들이다. 농업의 공익적 다원기능의 중요성이 커지고 지속 가능한 발전을 지향하고 있는 시대에는 사실상 별 의미가 없는 조항들이다. 농업·농촌의 지속 가능한 발전을 농정목표로 규정하고 있는 하위 법으로서의 농업기본법과도 조화할 수 없다.

현행 헌법은 변화된 시대 상황을 반영하여 미래 지향적으로 다시 개정되어야 한다. 지속 가능한 국가 발전을 향한 농업의 역할을 재정립하고, 농업·농촌의 지속 가능한 발전과 농업의 공익적 다원기능에 대한 원칙론적 내용을 큰 틀에서 명시적으로 규정해야 한다. 이것이 헌법 서문에서 천명하고 있는 "우리들과 우리들의 자손의 … 행복을 영원히 확보"하는 데 기여할 수 있는 농업의 역할이다. 현행 헌법 규정은 하위 법인 농업기본법이나 공익직불제법이 지속 가능한 발전, 농업의 공익기능, 기후변화 등을 규정한 내용을 총체적으로 포괄하여 담을 수 있도록 최상위법으로서의 모습을 다시 갖추어야 한다. 그럴 때에 비로소 실효적으로 미래 지속 가능한 농업·농촌

22 국토의 효율적이고 균형 있는 개발과 보전에 관해 규정한 제122조도 간접적으로 농업·농촌과 관련된다고 볼 수 있다.

발전을 이룰 수 있고, 나아가 지속 가능한 국가 발전에 기여할 수 있다.

농업기본법이나 공익직불제법 등 하위 법령에 관련 내용이 규정되어 있기 때문에 헌법에서는 대원칙과 기본 방향만 규정하면 될 것이다. 예를 들면, 다음과 같은 식의 규정이 필요할 것이다. "국가는 농업의 공익적 다원기능이 최대한 발현될 수 있도록 정책을 추진하여야 하며, 지속 가능한 농업·농촌 발전을 이루고 현재와 미래 세대의 행복을 위해 지속 가능한 사회를 만드는 데 노력하여야 한다." "국가는 농업·농촌의 지속 가능한 발전을 위해 식량안보, 환경보전 등 농업·농촌의 다원적 공익기능을 증진하는 데 노력하여야 한다."

농업의 공익기능적 요소인 식량의 안정적 공급, 자연·환경·생태와 전통문화 보존, 국토의 균형적 발전 등은 특정 산업만의 문제가 아니라 국민적 관심 사항이자 국가 존립의 문제이다. 농자천하지대본(農者天下之大本)의 정신처럼 농업은 하늘 아래 인간 세상의 큰 근본이고 기초라는 인간 존재론적 관점에서도 중요하다.[23] 농업은 자연·환경·생태가 바탕이 되는 인간 생존의 필요적 대전제이자 경제, 사회, 문화의 기반으로서 지속 가능한 국가 발전의 토대이다. 따라서 지속 가능한 농업·농촌의 발전과 이를 위한 농업의 공익적 다원기능의 증진은 국가 차원에서 추구해야 할 헌법적 가치로 고양해야 한다. 스위스 연방헌법의 예처럼 이를 헌법에 명시적으로 규정하여 미래 지속 가능한 행복한 사회 실현을 위한 기본원리로 삼아야 할 것이다.[24]

---

23 농업이 세상의 큰 근본인 이유는 대자연인 토지를 기반으로 생명체를 길러내는 산업이라는 데 있다. 편협한 농업 근본주의가 아니라 첨단 과학·기술 시대에 인간, 자연, 기술이 조화를 이루면서 지속 가능한 발전에 기여할 국가 기간산업으로서 그 정신을 현대적 의미로 재조명할 필요가 있다.

24 "나는 우리나라가 세계에서 가장 아름다운 나라가 되기를 원한다. 가장 부강한 나라가 되기를 원하는 것은 아니다. … 우리의 부력(富力)은 우리의 생활을 풍족히 할 만하고, 우리의 국방력은 남의 침략을 막을 만하면 족하다. 오직 한없이 갖고 싶은 것은 높은 문화의 힘이다. 문화의 힘은 우리 자신을 행복하게 하고 나아가 남에게 행복을 주기 때문이다." <나의 소원> (김구, 2008).

참고문헌

곽승준·전영섭 (1995), 「환경의 경제적 가치」, 학현사.

권오상 (2014), 「환경경제학」, 제3판, 박영사.

김구 (2008), 「백범일지」, 김상렬 엮음, 백범학술원총서 ⑦, ㈜나남.

김수린·박혜진 (2024), 「2024년 농업·농촌 국민의식 조사」, KREI 농정포커스, 제225호, 한국농촌경제연구원.

김수린·유찬희·박혜진 (2024), 「2023년 농업·농촌 국민의식 조사」, KREI 농정포커스, 제221호, 한국농촌경제연구원.

김창길 (2009), "Post-Kyoto 대비 농업 부문 대응 방향", KREI-농촌진흥청 기후변화 대응 전문가 워크숍 자료, 한국농촌경제연구원.

김태연 (2022), "농업의 공익적 기능: 그 실체와 정책", 「농업·농촌의 길 2022」 발표 자료집, GSnJ.

김태화·양승룡 (2021), "농업진흥지역과 비진흥지역의 공익직불금 지급단가 차등의 타당성 및 적정성 분석", 농업경영·정책연구 제48권 제3호.

김태화·양승룡 (2021), "소농직불금 지급기준의 적정성 및 소득분배 효과 분석", 농업 경제연구 제62권 제3호.

김태훈·임영아·임준혁 (2021), 「농업·농촌의 공익증진을 위한 선택형 공익직불제 운용 방향」, 한국농촌경제연구원.

나성린·전영섭·홍성훈 (2016), 「공공경제학」, 제4판, 박영사.

남재작 (2022), 「식량위기 대한민국」, ㈜웨일북.

도넬라 메도즈·요르겐 랜더스·데니스 메도즈 (2012), 「성장의 한계 (Limits to Growth: The 30-Year Update)」, 김병순 옮김, 갈라파고스.

레이첼 카슨 (2002), 「침묵의 봄 (Silent Spring)」, 김은령 옮김, 에코리브르.

미야모토 겐이치 (2016), 「환경경제학」, 이재은·김순식 옮김, 한울 아카데미.

비르기트 브로이엘 (2000), 「아젠다 21」, 편저, 윤선구 옮김, 생각의 나무.

안병일 (2015), "농정방식 개혁: EU CAP의 진화를 보라", 시선집중 GSnJ 제192호.

에드워드 윌슨 (2005), 「통섭: 지식의 대통합(Consilience: the Unity of Knowledge)」, 최재천·장대익 옮김, ㈜사이언스북스.

엘리너 오스트롬 (2010), 「공유의 비극을 넘어(Governing the Commons)」, 윤홍근·안도경 옮김, 랜덤하우스.

유찬희·박준기·김종인·박지연 (2016), 「직접지불제 효과 분석과 개선방안 연구(1/2차년도)」, 한국농촌경제연구원.

유찬희·조원주·김선웅 (2018), 「농업의 다원적 기능 확충 방향과 과제」, 한국농촌경제 연구원.

이민우·김민지 (2019), “농업·농촌의 공익기능 법제 비교분석을 통한 개선방안 연구”, 한국지방행정학보, Vol. 16 No. 2.

이용기 (2001, 2016), 「국제농업통상론」, 도서출판 해남.

이용기 (2002), “Agricultural Trade and the Role of Externalities”, 농업경제연구, 제43권 제4호.

이용기 (2003), “WTO와 농업의 다원적 기능성”, 농업경제연구, 제44권 제4호.

이용기 (2004), “농산물 무역자유화와 지속가능한 발전의 조화: NTC와 최적 시장개방”, 농업경제연구, 제45권 제2호.

이용기 (2005a), “농업의 공익적 가치와 무역정책의 정당성”, 농업경제연구, 제46권 제2호.

이용기 (2005b), “한국의 쌀 산업 직접지불제와 디커플링”, 농업경제연구, 제46권 제4호.

이용기 (2006), “쌀 산업 직접지불제의 생산 및 소득효과”, 농업경제연구, 제47권 제2호.

이용기 (2007a), “쌀 직접지불제 누구의 이익인가?: 정책변수 변화의 효과”, 농업경제연구, 제48권 제2호.

이용기 (2007b), “직접지불을 통한 쌀 농가 소득지원정책의 효율성 분석”, 농업경제연구, 제48권 제4호.

이용기 (2014), “쌀 고정직불금 인상의 효과와 적정수준에 관한 연구”, 농업경영·정책 연구, 제41권 제4호.

이용기 (2021), “직접지불제의 소득재분배 모형에 관한 연구”, 농업경영·정책연구, 제48권 제1호.

이정전 (2000), 「환경경제학」, 박영사.

이정전 (2011), 「환경경제학 이해」, 박영사.

이정환 (2021), “EU 농정의 맥락: 오해를 넘어서”, 시선집중 GSnJ 제289호.

이종화·김진일 (2021), 「동태적 거시경제학: 성장과 변동」, 박영사.

이종화·신관호 (2019), 「거시경제학」, 제3판, 박영사.

이준구 (2019), 「미시경제학」, 제7판, 문우사.

이창훈 (2021), “탄소중립 추진 방향과 과제”, 한국농업경제학회 연례학술대회 발표자료집.

임정빈 (2014), “2014년 미국 신농업법의 주요 개정 내용과 정책 시사점”, 세계농업 제172호, 한국농촌경제연구원.

정도채·박혜진 (2021), 「농업농촌에 대한 2021년 국민의식 조사결과」, 연구자료 D519, 한국농촌경제연구원.

정학균 (2021), “저탄소 농업 활성화를 위한 정책과제”, 한국농업경제학회 연례학술대회 발표자료집.

정학균·이용건·정선화 (2021), 「주요국 저탄소 농업 정책」, 연구자료-1 R941, 한국농촌경제연구원.

정혜경·김승규·김태균 (2021), “농업·농촌의 공익기능에 대한 우선순위 결정”, 농업경영·정책연구, 제48권 4호.

제프리 삭스 (2015), 「지속가능한 발전의 시대(The Age of Sustainable Development)」, 홍성환 옮김, 21세기북스.

최은정 (2021), "2050 탄소중립 실현을 위한 저탄소 농업 R&D 추진전략", 한국농업경제학회 연례학술대회 발표자료집.

최재천·주일우 (2007), 「지식의 통섭: 학문의 경계를 넘다」, 이음.

한두봉 (2021), "탄소중립 시대 한국 농업과 통상의 정책과제", 한국농업경제학회 연례학술대회 발표자료집.

e-나라지표, www.index.go.kr.

농림축산식품부 (2023, 2024), 「농림축산식품주요통계」.

한국농촌경제연구원 (2023), 「통계로 본 세계 속의 한국농업」.

Abler, David (2001), *A Synthesis of Country Reports on Jointness Between Commodity and Non-Commodity Outputs in OECD Agrculture*, Workshop on Multifunctionality, OECD.

Aebi, A. T. (2015), *Swiss Agriculture*, 농업·농촌의 길 2015 발표자료집.

Baumol, W. J. and W. E. Oates. (1988) *The Theory of Environmental Policy*, 2nd Edition, Cambridge University Press.

Beattie, B. and C. R. Taylor (1985), *The Economics of Production*, John Willey and Sons, New York.

Cahill, S. A. (1997), "Calculating the Rate of Decoupling for Crops under CAP/Oilseeds Reform", *Journal of Agricultural Economics*, Vol. 48, pp. 349-378.

Coase, R. H. (1960), "The Problem of Social Cost", *Journal of Law and Economics*, Vol. 3, pp. 1-44.

Cornes, R. and T. Sandler (1996), *The Theory of Externalities, Public Goods and Club Goods*, Cambridge University Press.

Daly, H. E. (1996), *Beyond Growth*, Beacon Press.

Diamond, P. A. and J. A. Hausman (2000), "Contingent Valuation: Is Some Number Better Than No Number?" in *Economics of the Environment*, Edited by Robert N.Stavins, W. W. Norton & Company.

Doll, J. P. and F. Orazem (1978), *Production Economics : Theory with Appilcations*, 2nd ed., John Willey and Sons, New York.

FAO (2016) *The State of Food and Agriculture: Climate Change, Agriculture and Food Security*.

Field, B. C. and M. K. Field (2002), *Environmental Economics: An Introduction*, 3rd ed., McGraw-Hill.

Freeman III, A. M. (1979), *The Benefits of Environmental Improvement: Theory and*

Practice, Johns Hopkins University Press.

Gardner, B. L. (1987), *The Economics of Agricultural Policies*, Macmillan Publishing Company.

Hanley, N., J. F. Shogren, and B. White (1997), *Environmental Economics In Theory and Practice*, Oxford University Press.

Hardin, G. (2000), "The Tragedy of the Commons", *in Economics of the Environment: Selected Readings*, Fourth ed., Edited by R. N. Stavins, W.W. Norton & Company, Inc.

Helmberger, P. G. (1991), *Economic Analysis of Farm Program*, McGraw-Hill, Inc.

Henderson, J. M. and R. E. Quandt (1980), *Microeconomic Theory: A Mathematical Approach*, Third Edition, McGraw-Hill, Inc..

Honma, M. and Y. Hayami (1986), "The determinants of agricultural protection levels: an econometric analysis" in Anderson K. and Y. Hayami, *The Political Economy of Agricultural Protection: East Asia in International Perspective,* Allen & Unwin, pp. 39-49.

Inglehart, R. (1996), "The diminishing utility of economic growth: From maximizing security toward maximizing subjective well-being", *Critical Review,* Vol. 10.

IPCC (2018), *Special Report on Global Warming of 1.5°C: Summary for Policymakers.*

IPCC (2023), *Climate Change 2023: Synthesis Report.*

Johansson, P. (1987), *The Economic Theory and Measurement of Environmental Benefits,* Cambridge University Press.

Jones et al. (2024), *National Contributions to Climate Change.*

Just, R. E., D. L. Hueth, and A. Schmitz (2004), *The Welfare Economics of Public Policy: A Practical Approach to Project and Policy Evaluation,* Edward Elgar Publishing, Inc.

Katz, M. L. and H. S. Rosen (1991), *Microeconomics,* Richard D. Irwin, Inc.

Meadows, D. H., D. L. Meadows, J. Randers, and W. W. Behrens III (1972), *The Limits to Growth*, Universe Books, New York.

Meister, A. D. (2001), *Synthesis and Evaluation of the Evidence from the Country Case Studies Concerning Different Arrangements and Institutional Options for Providing Non-Commodity Outputs,* Workshop on Multifunctionality, OECD.

Mundlak, Y. (2000), *Agriculture and Economic Growth: Theory and Measurement,* Harvard University Press.

Nunes, Paul A.L.D., Jeroen van den Bergh, and P. Nijkamp (2003), *The Ecological*

Economics of Biodiversity: Method and Policy Application, Edward Elgar Publishing Ltd.

OECD (1994), *Agricultural Policy Reform: New Approaches, the Role of Direct Income Payments.*

OECD (2000), *Valuing Rural Amenities*, OECD Proceeding.

OECD (2001a), *Multifunctionality: Towards an Analytical Framework.*

OECD (2001b), *Decoupling: A Conceptual Overview.*

OECD (2003), *Multifunctionality: The Policy Implications.*

OECD (2005), *Decoupling: Policy Implications.*

OECD (2008), *Multifunctionality in Agriculture: Evaluating the Degree of Jointness, Policy Implications.*

OECD (2016), *OECD's Producer Support Estimate and Related Indicators of Agricultural Support: Concepts, Calculations, Interpretation and Use.*

OECD (2023), *Agricultural Policy Monitoring and Evaluation 2023: Adapting Agriculture to Climate Change.*

Pearson, C. S. (2000), *Economics and the Global Environment*, Cambridge University Press.

Pindyck, R. S. and D. L. Rubinfeld (2005), *Microeconomics*, 6th Edition.

Steedman, I. (1984), "The Empirical Importance of Joint Production" in *Joint Production of Commodities*, edited by Salvadori, N. and Ian Steedman, Edward Elgar Publishing Company, 1990.

Sumner, D. A., J. W. Glauber, and P. E. Wilde, "Poverty, Hunger, and US Agricultural Policy: Do Farm Programs Affect the Nutrition of Poor Americans?", American Enterprise Institute, 2017.

Swinbank, Alan (2015), "Evolution of the European Union's Common Agricultural Policy", Paper prepared for the GS&J Institute's 2015 Conference.

van Tongeren, F. (2008), "Agricultural Policy Design and Implementation: A Synthesis", OECD Food, Agriculture and Fisheries Papers, No. 7, OECD Publishing, Paris.

Varian, H. R. (1992), *Microeconomic Analysis*, 3rd Ed., W. W. Norton & Company, Inc.

Vatn, Arild (2001), *Transaction Costs and Multifunctionality*, Workshop on Multifunctionality, OECD.

찾아보기

ㄱ

ㅇ